U0171674

生物产业高等教育系列教材（丛书主编：韦革宏）
科学出版社"十四五"普通高等教育本科规划教材

细 胞 工 程

（第二版）

主　　编　杨淑慎
副 主 编　武　浩　赛务加甫　陈丽静　李月梅
编　　委　（按姓氏笔画排序）

尹美强（山西农业大学）

冯金林（山西师范大学）

朱　勇（西安翻译学院）

安志兴（河南科技学院）

李　焘（陕西师范大学）

李月梅（山西师范大学）

李向臣（浙江农林大学）

杨淑慎（西北农林科技大学）

张　洁（河北农业大学）

张小红（西北农林科技大学）

陈丽静（沈阳农业大学）

陈晓明（西南科技大学）

邵景侠（西北农林科技大学）

武　浩（西北农林科技大学）

周景明（郑州大学）

康杰芳（陕西师范大学）

赛务加甫（石河子大学）

樊保国（山西师范大学）

科 学 出 版 社

北 京

内 容 简 介

本书系统地介绍了细胞工程的基础理论、基本技术和最新研究成果。全书共分为三篇17章，第一篇为细胞工程基础，主要概述了细胞工程的研究内容、发展简史及应用前景，细胞工程实验室的组成及无菌操作技术；第二篇为植物细胞工程，主要包括植物细胞与组织培养的基本原理，植物离体无性繁殖和脱病毒技术，植物细胞培养和次生代谢产物生产，植物原生质体培养和体细胞杂交，植物花药和花粉培养及单倍体育种，植物胚胎培养，植物体细胞无性系变异与突变体的筛选，植物种质资源的离体保存及植物遗传转化；第三篇为动物细胞工程，主要包括动物细胞培养技术，动物细胞融合，胚胎工程，动物干细胞技术，转基因动物及动物染色体工程。各章依循基本原理、基本技术、生产实践应用、最新研究成果及操作实例的体系编写，注重突出具体的实践操作和工艺技术。各章附有思考题以便于读者自学和掌握有关内容。

本书可作为生物工程、生物技术和生物科学等生物类专业及农林和医学等相关专业本科生与研究生的教材，也可作为相关专业教师和科技人员的参考用书。

图书在版编目（CIP）数据

细胞工程/杨淑慎主编. —2版. —北京：科学出版社，2023.6
科学出版社"十四五"普通高等教育本科规划教材
 ISBN 978-7-03-073008-4

Ⅰ．①细… Ⅱ．①杨… Ⅲ．①细胞工程－高等学校－教材 Ⅳ．①Q813

中国国家版本馆CIP数据核字（2022）第156354号

责任编辑：丛 楠 赵萌萌/责任校对：严 娜
责任印制：赵 博/封面设计：迷底书装

科 学 出 版 社 出版
北京东黄城根北街16号
邮政编码：100717
http://www.sciencep.com

三河市春园印刷有限公司印刷
科学出版社发行 各地新华书店经销

*

2009年2月第 一 版 开本：787×1092 1/16
2023年6月第 二 版 印张：24 1/4
2024年11月第三次印刷 字数：620 000
定价：88.00元
（如有印装质量问题，我社负责调换）

丛 书 序

　　人类社会的发展历程始终伴随着对各类自然资源的开发和利用。生物资源因其具有的易用性、可再生性和功能多样性等特征，在社会生产中扮演着重要角色。随着科技进步，人们基于生物学原理，通过生物技术和生物工程手段，开发出一系列服务于食品、医药、能源、环境等领域的产品与技术，推动了现代生物产业的蓬勃发展。生物产业涵盖农业、畜牧业、渔业、林业、食品、生物医药、生物能源和环境保护等多个领域，已成为21世纪最具创新活力、影响最为深远的新兴产业之一。以生命科学前沿领域的不断创新为主要动力，通过保护性开发与利用生物资源，大力发展生物产业，有助于解决目前人口增长、粮食安全、气候变化和环境污染等全球性挑战，既是我国经济高质量发展的强大助力，也是新质生产力发展的重要增长点。

　　生物产业的发展关键在于科技创新，这既包括生命科学领域基础理论的突破，也涉及生物技术和生物工程的工艺与设备的革新和升级，是一个横跨多学科的系统性工程。在这一发展过程中，迫切需要大量具备坚实理论基础、创新理念素养和综合实践能力的优秀人才，在生物产业发展的各环节发挥关键性支撑作用。国家和社会发展的这种强烈需求对我国高校的生物相关专业教育教学提出了更高的要求，不仅要夯实基础教学，还要加强知识更新、学科交叉、实践能力培养，以及学科体系的综合性和系统性建设。为此，西北农林科技大学牵头组织福建农林大学、内蒙古农业大学、东北农业大学、湖北大学等多所国内院校的百余位教师，联合科学出版社，合作编写了本套"生物产业高等教育系列教材"，期望以新形态教材建设带动课程建设，通过构建系统化、现代化的教材体系，完善生物产业课程教学体系，满足新兴生物产业发展对创新人才培养的需求。

　　"生物产业高等教育系列教材"的编写人员均为长期从事生命科学领域教学的一线教师，并且具有丰富的生物产业技术研发与生产实践经验。他们基于自己对生物产业发展历程和趋势的深刻理解，按照本领域课程教学的要求与学生学习的习惯和规律，围绕着生物产业发展这一主线，编写了13本教材，涵盖了从基础研究到技术工艺和工程实践的完整产业体系。其中，《生物化学》《微生物学》《免疫学基础》是对生命学科基础知识的介绍；《细胞工程》《基因工程》《酶工程》《发酵工程》《蛋白质工程》《生物分离工程》是对生物产业发展几个核心工程技术的分别论述；《生物工艺学》和《生物技术制药》介绍了当前生物产业中的核心行业及其关键技术；而《生物工程设备》和《生物发酵工厂设计》则聚焦生物资源产业化过程中至关重要的设备与工厂建设。

　　"生物产业高等教育系列教材"具备两个突出特点，一是农业特色鲜明，二是形式和内容新颖。农业作为生物产业的重要组成部分，凭借新兴工程技术推动农业现代化，是我国生物产业发展的重要任务之一。本系列教材的编写人员，多数来自农林院校，或者有从事农林相关领域教学和研究的经历。因此，本系列教材在涵盖生命科学基础理论知识和通用工程技术的同时，特别注重现代生物技术在农林牧渔业中的应用，为推动现代农业发展和培养相关领域的人才提供了有力支持。此外，为了丰富教学形式，提升知识更新速度，以及加强实践教学效果，本系列中的多本教材采用了数字教材或纸数融合教材的形式。这种创新形式不仅拓展了教材的内容，也有助于将生命科学领域的最新研究成果与生物产业发展的最新动态实时融入教学过程，从而有效地实现培养创新型生物产业人才的目标。

2024 年 1 月 1 日

前　　言

　　细胞工程是细胞水平上的生物工程，是现代生物技术的重要组成部分，也是该领域中最直接应用于生产实践并取得显著效益的应用科学。随着现代科学技术的迅速发展，细胞工程的研究内容更加深入和丰富，研究方法也得到了不断改进和提高，研究成果给工农业生产和人民生活带来了极大的改变。细胞工程是目前各高校生物类专业普遍开设的主干课程。为了使生物类专业及相关专业学生对迅速发展的本学科有更深入的学习和了解，编委会于2009年编写了《细胞工程》教材。教材出版后，受到了较多高校师生的认可和支持，先后印刷了17次，总印数达30 000余册。在此，对兄弟院校的支持与鼓励表示感谢。

　　本次修订是在保持了原书基本体系的基础上，对部分内容做了相应调整和完善，并融入了有关领域最新研究成果，力求教材的研究内容和专业知识更加丰富，专业技术更加先进，对细胞工程的学习和掌握有更大的帮助。

　　全书分为三篇，共17章，第一篇为细胞工程基础，第二篇为植物细胞工程，第三篇为动物细胞工程。第一章绪论，由武浩和杨淑慎编写；第二章细胞工程实验室的组成及无菌操作技术，由张洁编写；第三章植物细胞与组织培养的基本原理，由陈丽静编写；第四章植物离体无性繁殖和脱病毒技术，由张小红编写；第五章植物细胞培养和次生代谢产物生产，由邵景侠和杨淑慎编写；第六章植物原生质体培养和体细胞杂交，由李月梅编写；第七章植物花药和花粉培养及单倍体育种，由李泰编写；第八章植物胚胎培养，由樊保国和冯金林编写；第九章植物体细胞无性系变异与突变体的筛选，由冯金林编写；第十章植物种质资源的离体保存，由尹美强编写；第十一章植物遗传转化，由康杰芳编写；第十二章动物细胞培养技术，由陈晓明编写；第十三章动物细胞融合，由周景明和朱勇编写；第十四章胚胎工程，由武浩编写；第十五章动物干细胞技术，由安志兴和李向臣编写；第十六章转基因动物，由赛务加甫编写；第十七章动物染色体工程，由陈丽静编写。书中引用的部分图片由西北农林科技大学生命科学学院生物工程教研室张小红整理并绘制。

　　本书经杨淑慎、武浩、赛务加甫、李月梅和陈丽静统稿，由杨淑慎定稿。在本书的编写及出版过程中，科学出版社丛楠编辑、西北农林科技大学及各参编者所在学校都给予了大力的支持和帮助，在此表示衷心感谢。

　　细胞工程虽然已有100多年的发展历史，但在知识不断更新的时代，本学科及各相关学科的快速发展与相互渗透为细胞工程的进一步发展拓展了广阔的天地。因此，在这浩瀚的知识体系中要凝练出一本较为满意的教材对我们来说是一个极大的挑战。在教材的编写和本次修订过程中，尽管各位编委都对所承担的相关内容进行了反复补充完善，付出了很大的心血和努力，但由于我们的水平有限，书中难免还有不足之处，敬请读者批评指正，以便再次修订完善。

此外，在教材编写和修订过程中，参考了大量国内外相关文献及同类教材，由于篇幅限制，仅列出了 2010 年后出版的部分文献，其他参考文献未能一一列出，敬请谅解，在此一并致谢。

　　值此付梓之际，再次感谢所有为本书圆满完成给予支持和关注的人们。

杨淑慎

2022 年 12 月

目　　录

第一篇　细胞工程基础

第二篇　植物细胞工程

第三篇　动物细胞工程

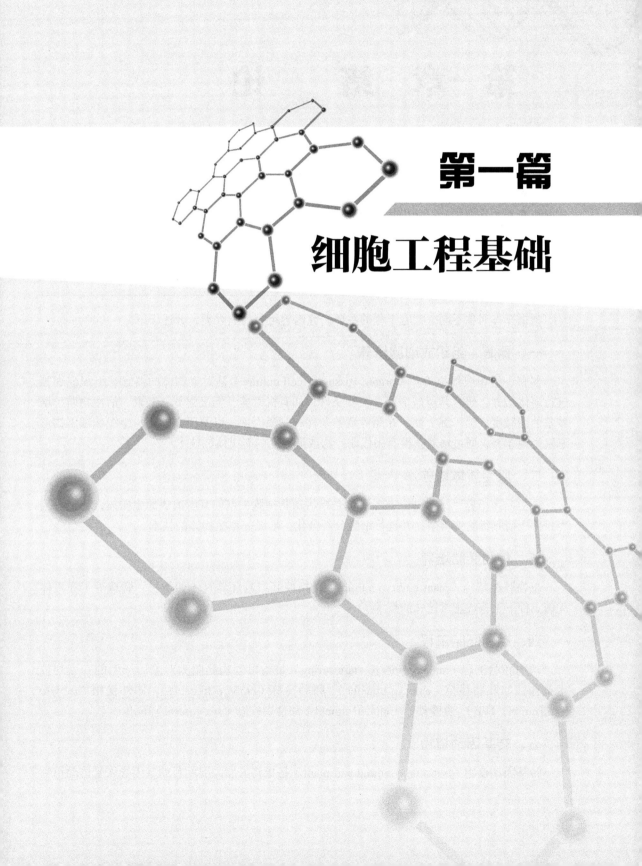

第一篇

细胞工程基础

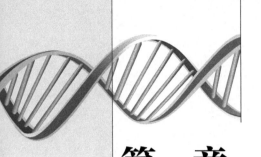

第一章 绪 论

细胞工程（cell engineering）是一门以生物细胞或组织为研究对象，应用生命科学理论，利用工程学原理和技术，在细胞水平上有目的地进行遗传操作及大规模的细胞和组织培养，从而改变其生物性状，以获得生物产品或新型物种，为人类生产和生活服务的学科。细胞工程是生物工程的重要组成部分，也是现代生物技术的重要组成部分。

第一节 细胞工程的研究内容

根据操作对象不同，细胞工程的主要研究内容可分为七大类，分述于下。

一、器官、组织或细胞培养

器官、组织或细胞培养（organ, tissue or cell culture）是对生物体的器官、组织或细胞进行离体培养，研究其所需培养系统和条件，如有机营养、无机营养、激素、活性物质、培养基的酸碱度、温（湿）度、光照等营养条件和刺激因素，以及研究器官、组织或细胞的形态发生规律等，通过培养获得有用代谢产物或形成新的有机体的技术。

二、原生质体培养

原生质体培养（protoplast culture）是指将植物细胞去壁使其游离成原生质体，在适宜培养条件下使其细胞壁再生，并进行细胞分裂分化，形成完整植物体的技术。

三、植物胚胎培养

植物胚胎培养（plant embryo culture）是指使胚或具胚器官（如子房、胚珠等）在离体无菌条件下发育成正常植株的技术。

四、动物胚胎工程

动物胚胎工程（animal embryo engineering）是指以动物胚胎为对象而产生的一系列技术操作，如胚胎移植（embryo transfer）、胚胎冷冻（embryo freezing）、体外受精（*in vitro fertilization*，IVF）、克隆动物（cloned animal）和性别控制（sex control）等。

五、转基因动植物

转基因动植物（transgenic animal and plant）是指将人们需要的目的基因导入受体动植物

基因组中，使外源基因与其发生整合，并随细胞分裂而增殖，在动植物体内表达，并稳定地遗传给后代。

六、胚胎干细胞

胚胎干细胞（embryonic stem cell，ES cell）是指胚胎或原始生殖细胞经体外抑制分化培养后，筛选出的具有发育全能性的细胞。ES 细胞可以定向诱导分化为几乎所有种类的细胞，甚至形成复杂的组织或器官。ES 细胞的研究将在未来的人体器官发育、基因功能、药物开发、细胞或组织及器官替代治疗中发挥重要作用，并将成为组织器官移植的新资源。

七、染色体工程

染色体工程（chromosome engineering）是指借助于物理和化学等方法，使生物染色体数目、结构和功能发生改变的技术。

第二节 植物细胞工程发展简史

1902 年，德国植物学家 Haberlandt 根据 Schwann 和 Schleiden 创立的细胞学说提出了细胞的全能性（totipotency）理论，并开创了细胞工程学的探索和研究，迄今已有 100 多年的历史，可概括为以下三个阶段。

一、探索阶段（1902～1929 年）

1902 年，Haberlandt 提出了细胞全能性学说，预言植物细胞在适宜条件下，具有发育成完整植株的潜在能力。为了证实这一观点，他用野芝麻（*Lamium barbatum*）和紫鸭跖草（*Commelina communis*）等植物的栅栏组织和表皮细胞进行离体培养，由于受当时的技术条件和研究水平限制，仅在栅栏组织中看到了细胞的生长、细胞壁的加厚等，而没有观察到细胞分裂。Haberlandt 实验失败的原因现在看来主要有两点：第一，他所选用的实验材料都是已经高度分化了的细胞。第二，所用的培养基过于简单，特别是培养基中没有包含诱导成熟细胞分裂所必需的生长激素。然而，作为植物组织培养的先驱者，Haberlandt 的贡献在于他首次进行了离体细胞培养实验，对植物组织培养技术的发展起了先导作用。1904 年，Hanning 在加有无机盐和蔗糖溶液的培养基中培养萝卜和辣根的幼胚，得到了充分发育的胚并提前萌发成小苗，这是离体培养的第一个成功例子。1922 年，美国的 Robbins 和德国的 Kotte 分别报道离体培养根尖获得成功，并在含有无机盐、葡萄糖和琼脂的培养基上使豌豆、玉米、棉花茎尖和根尖培养成苗，这是有关根培养的最早实验。1925 年和 1929 年，Laibach 将由亚麻（*Linum usitassimum*）种间杂交形成的幼胚在人工培养基上培养获得成功并得到了杂种，证明了胚培养在远缘杂交中利用的可能性。

二、培养技术与理论的建立及发展阶段（1930～1959 年）

1934 年，美国植物生理学家 White 由培养番茄根建立了第一个活跃生长的无性繁殖体系，并在第一个人工合成培养基上将番茄根培养了 30 年之久，证明了根的无限生长特性。在此基础上，1937 年，White 研发了综合培养基（White 培养基），并发现了 B 族维生素（维生素

B₆、维生素 B₁、烟酸）和生长素——吲哚乙酸（IAA）对离体培养的促进作用。几乎与此同时（1937～1938 年），法国学者 Gautheret 和 Nobecourt 在三毛柳、黑杨和胡萝卜根形成层的培养过程中成功得到了愈伤组织，同时也发现 B 族维生素和生长素对形成层组织生长有显著促进作用。因此，White、Gautheret 和 Nobecourt 一起被誉为植物组织培养的奠基人。现在所用的若干培养方法和培养基，基本上都是这三位学者在这一时期所建立的方法和培养基演变而来的。

20 世纪 40～50 年代初期，以 Skoog 为代表的研究者活跃在植物组织培养领域里，研究的主要内容是利用嘌呤类物质处理烟草髓愈伤组织以控制组织的生长和芽的形成。

1944～1948 年，Skoog 和崔澂等相继在烟草离体培养中发现，腺嘌呤或腺苷不但可以促进愈伤组织的生长，还能解除生长素对芽形成的抑制作用，诱导芽的形成，从而确定了腺嘌呤与生长素的比例是控制芽和根形成的主要条件之一。1941 年，Overbeek 等首次把椰子汁作为附加物添加到培养基中，使曼陀罗的心形期幼胚能够离体培养至成熟。到 20 世纪 50 年代初，Steward 等在胡萝卜组织培养中也使用了这一物质，从而使椰子汁在组织培养的各个领域中都得到了广泛应用。

20 世纪 50 年代以后，植物组织培养的研究日趋繁荣，其中引人注目的进展主要有以下几个方面：1952 年，Morel 和 Martin 首次证实，通过茎尖分生组织离体培养，可以从已受病毒侵染的大丽花中获得无病毒植株。1953～1954 年，Muir 进行单细胞培养获得初步成功。方法是把万寿菊（*Tagetes erecta*）和烟草（*Nicotiana tabacum*）的愈伤组织转移到液体培养基中，放在摇床上振荡，使组织破碎，形成由单细胞和细胞聚集体组成的细胞悬浮液，然后通过继代培养进行繁殖。1955 年，Miller 等从鲱鱼精子 DNA 中分离出一种首次为人所知的细胞分裂素，并把它定名为激动素（kinetin，KT）。1957 年，Skoog 和 Miller 提出了有关植物激素控制器官形成的概念，指出根和茎的分化是生长素对细胞分裂素比率的函数，通过改变培养基中这两类生长调节物质的相对浓度可以控制器官的分化。1958～1959 年，Reinert 和 Steward 分别报道，在胡萝卜愈伤组织培养中形成了体细胞胚。这是一种不同于通过芽和根的分化而形成植株的再生方式，该实验第一次证实了植物细胞的全能性。

综上所述，在这一发展阶段中，通过对培养条件和培养基成分的广泛研究，特别是对 B 族维生素、生长素和细胞分裂素在组织培养中作用的研究，已经实现了对离体细胞生长和分化的控制，从而初步确立了组织培养的技术体系，为以后的发展奠定了基础。

三、快速发展和实践应用阶段（1960 年以后）

20 世纪 60 年代以后，随着离体培养技术的不断完善及其他生命学科的迅速发展，细胞工程的技术和内容不断得到提高和拓展，并广泛地应用于生产实践。

（一）原生质体培养取得重大突破

1960 年，英国学者 Cocking 等用真菌纤维素酶和果胶酶分离植物原生质体获得成功，开创了植物原生质体培养和体细胞杂交研究的新领域。1971 年，Takebe 等在烟草上首次由原生质体获得了再生植株，这不但在理论上证明了除体细胞和生殖细胞外，无壁的原生质体同样具有全能性，而且在实践上可以为外源基因的导入提供理想的受体材料。1972 年，Carlson 以甘露醇和硝酸盐为诱导剂培养两个不同种的粉蓝烟草（*Nicotiana glanca*）和郎氏烟草

（*N. langsdorfii*）的原生质体时，获得了两种原生质体的融合体，得到了细胞杂种。随后，由加籍华人高国楠在聚乙二醇（polyethylene glycol，PEG）的诱导下，使大豆和粉蓝烟草（科间）融合成功，而且得到3%的异核体。1974年，Bonne和Eriksson成功地完成了细胞器（叶绿体）的摄入。将具有叶绿体的海藻和不具有叶绿体的胡萝卜根原生质体，在PEG诱导下融合成功，并观察到16%的活胡萝卜原生质体中，含一至多个叶绿体。实验证明原生质体是引入外源遗传物质的极好材料，为基因工程奠定了良好基础。1978年，Melchers进行了马铃薯和番茄的融合实验，获得了第一个属间体细胞杂种植株。1981年，Zimmermann开发了利用改变电场诱导原生质体融合的电融合法。1985年，Fujimura获得了第一例禾谷类作物——水稻原生质体培养再生植株。1986年，Spangenbeng获得了甘蓝型油菜（*Brassica campertris*）单个原生质体培养再生植株。1989~1990年，Harris和Ren等相继在小麦上获得了原生质体再生的成功，将植物原生质体研究推向新的阶段。

到目前为止，已在多个物种中获得了原生质体，并诱导了不同种间、属间，甚至科间及界间的细胞融合，获得了一些具有优良特性或抗性的种间或属间杂种。

（二）花药培养及单倍体育种

1964年，印度学者Guha和Maheshwari离体培养毛曼陀罗的花药，获得了世界上第一株花粉单倍体植株，极大地提高了植物单倍体育种技术及单倍体育种的速度。1967年，Bourgin和Nitsch通过花药培养获得了完整的烟草植株。由于单倍体在突变选择和加速杂合体纯合过程中的重要作用，这一领域的研究在20世纪70年代得到了迅速发展。1970年，Kameyah和Hinata用悬滴法培养甘蓝×芥蓝的杂种一代成熟的花粉，获得单倍体再生植株。1974年，我国科学家育成了世界上第一个作物新品种——烟草'单育1号'，之后又育成水稻'中华8号'、小麦'京华1号'等一批优良品种。目前，世界上已有约300种植物成功地获得花粉植株，其中包括很多种重要的栽培植物，如烟草、水稻和小麦等，并在生产上大面积推广种植。

（三）植物脱毒和快繁技术得到广泛应用

早在1943年，White就发现植物生长点附近的病毒浓度很低，甚至无病毒，利用茎尖分生组织培养可脱去病毒，获得脱毒植株。1960年，Morel用兰花茎尖离体培养，既脱除了兰花的病毒，又建立了兰花的快速繁殖体系，繁殖效率极高。这一方法由于有巨大的实用价值，很快就被兰花生产者所采用，带动了欧洲、美洲和东南亚许多国家兰花工业的兴起。随后，植物微繁技术和脱毒技术得到迅速发展，实现了试管苗产业化，取得了巨大的经济与社会效益。用这种方法繁殖的兰花至少已有35个属150种。除兰花外，利用组织培养脱毒技术生产脱毒苗，已在很多观赏植物和经济作物（如马铃薯、甘薯、甘蔗、草莓、大蒜等）中实现了工厂化生产。目前，在世界上建立起了许多年产百万苗木的组培工厂，成为一个新兴产业，组培苗市场已国际化。植物脱毒技术和离体快速繁殖方法在观赏植物、园艺植物、经济林木、无性繁殖作物上广泛应用。

（四）次生代谢产物的生产

植物细胞中存在着许多难以人工合成但具有显著药用或经济价值的特殊物质。但由于植物资源缺乏及环保的要求，限制了这些重要物质的生产和工业化。20世纪60年代后，植物细胞和组织培养技术已成为很有发展潜力的研究和生产植物次生代谢产物的技术。1967年，Kaul和Staba采用发酵罐从对阿米芹（*Ammi visnaga*）的细胞培养中首次得到了药用物质呋喃色酮（visnagin）。进入70年代，随着分子遗传理论、DNA重组、单克隆抗体等生物技术的突破，工程技术人员采用了连续培养和固定化新技术，通过诱变产生高产细胞株，通过优化细胞生长条件及对产物合成的深入研究，极大地推动了植物细胞培养技术的发展。80年代后，部分植物细胞培养生产次生代谢产物的产业化将植物细胞培养工程推到了一个更高的发展阶段。1983年，日本三井石油公司首次利用培养的紫草（*Lithospermum erythrorhizon*）生产出紫草宁。迄今为止，全世界已对近1000种植物进行了细胞培养方面的研究，包括由烟草细胞培养生产尼古丁、黄连细胞培养生产小檗碱、毛地黄细胞培养生产地高辛、长春花细胞培养生产长春花碱、黄花蒿细胞培养生产青蒿素、红豆杉细胞培养生产紫杉醇、玫瑰茄细胞培养生产花青素、银杏细胞培养生产银杏黄酮和银杏内酯、大蒜细胞培养生产超氧化物歧化酶和番木瓜细胞培养生产木瓜凝乳蛋白酶等相继取得成功。现已实现工业生产的有紫草宁、人参（*Panax ginseng*）皂苷、小檗碱和抗癌药物紫杉醇（taxol）。另外，随着植物基因工程的发展，出现了基于发根农杆菌的毛状根培养和基于根瘤农杆菌的冠瘿瘤组织培养的转基因器官培养技术，将传统植物细胞培养推向了新阶段。目前，已在长春花、烟草、紫草、人参、丹参、曼陀罗、颠茄、甘草和青蒿等几十种植物中建立了毛状根培养系统，人参毛状根培养已开发出商品投入市场。

（五）离体保存

植物种质资源保存是世界性重要课题，包括两大方面：一是用于一些珍贵、濒危植物资源的保存；二是用于不断大量增加的种质资源保存。这些种质资源若利用常规田间保存耗资巨大，有益基因丢失严重。利用离体组织细胞培养低温或冷冻保存技术，既可长期保存种质，又可大量节约人力、物力和土地，还可避免病虫害侵染，而且不受季节限制，便于种质资源的交流。我国目前已在多处建立了植物种质离体保存设施。

（六）基因转化受体的建立

植物的遗传转化是组织培养应用的另外一个重要领域，到目前为止的大多数遗传转化方法仍需通过植物组织培养技术来完成。离体培养条件下的茎尖分生组织、愈伤组织、单细胞及脱除细胞壁的原生质体等都是基因工程中遗传转化的良好受体。外来的遗传信息（基因），通过一定的基因载体（T_i或R_i）可以引入上述各种类型的细胞，然后利用细胞工程技术，使转基因细胞再生成完整的植物体。

1983年，Zambryski等用根癌农杆菌转化烟草，在世界上获得了首例转基因植物，使农杆菌介导法很快成为双子叶植物的主导遗传转化方法。1985年，Horsch等建立了农杆菌介导的叶盘法（leaf disca），开创了植物遗传转化的新途径。1987年，美国的Sanford等发明了基因枪法（particle bombardment），克服了农杆菌介导法对单子叶植物遗传转化困难的缺陷。

进入20世纪90年代，农杆菌介导法在单子叶植物的遗传转化上取得突破性进展。1991～1997年，Gould、Chan、Cheng和Tingay相继用农杆菌介导法分别高效转化玉米、水稻、小麦、大麦等单子叶植物获得成功。植物遗传转化是目前植物细胞组织培养领域研究的热点。到目前为止，已相继有 200 余种植物获得转基因植株，其中约 80% 是通过农杆菌介导法实现的。转基因抗虫棉、抗虫水稻、抗虫玉米、抗虫油菜、抗除草剂和抗病毒木瓜、抗虫大豆等一批植物新品种已在生产上大面积推广种植。尤其是转基因抗虫棉花（*Bt* 基因抗虫棉、R-33-1-R33-7 系列抗虫棉）的推广取得了巨大的成功，使农药的使用量减少了70%～80%，大幅度降低了生产成本，减少了环境污染；中国科学院遗传与发育生物学研究所利用修饰豌豆胰蛋白酶抑制剂基因 *SCK*，研制出的抗虫水稻及其配置的杂交稻组合 II '优科丰 6 号'对二化螟、三化螟和稻纵卷叶螟等鳞翅目害虫的抗虫效率不低于 95%，且表现出明显的增产效果。

能够生产某些重要蛋白质和次生代谢产物的转基因植物称为植物生物反应器。利用组织培养途径生产的次生代谢产物有皂苷类、甾醇类、生物碱、醌类、氨基酸和蛋白质等。目前，研究最多的是生产抗体和疫苗的植物生物反应器。随着科学技术的快速发展，细胞工程的研究将会有更为广阔的发展和应用前景。

第三节　动物细胞工程发展简史

一、细胞培养技术

1907 年，美国胚胎学家 Ross Harrison 首创了悬滴培养法。他将蛙胚神经管区的一片组织移植到蛙的淋巴液凝块中，结果发现这片组织不但在体外能存活若干星期，而且还从细胞中长出了轴突，从而建立了动物细胞培养的基本模式系统。1923 年，Carrel 发明了卡氏培养瓶。1925 年，Maximow 改良了悬滴培养法，建立了双盖片法。1926 年，Strengeway 设计了表玻璃培养法。从此，动物细胞培养技术基本建立。

1933 年，Gey 创立了旋转管培养法，避免了传统静置培养导致的培养细胞周围物质环境不均匀现象。1948 年，Sanford 创立了分离细胞培养法，第一次成功地从单层细胞分离出单个细胞，使建立遗传性状相同的细胞株成为可能。1953 年，Gey 利用这种培养方法以人的肿瘤组织为材料成功地建立了 HeLa 细胞系。1962 年，Capstick 等首先成功地进行了仓鼠肾细胞的大规模悬浮培养。

1967 年，van Wezel 首次提出了"微载体"培养系统，使贴壁依赖型细胞贴附在微载体上悬浮于液体培养基中生长，兼具平板培养和悬浮培养的优势，增加培养面积的同时获得均匀的环境培养条件，本系统便于控制和放大，并能获得高密度的培养细胞。

1972 年，Richard Knazek 首次报道了中空纤维培养系统，该系统是模拟细胞在体内生长的三维状态，利用一种人工的"毛细管"，即中空纤维培养的细胞提供物质代谢条件而建立的一种体外培养系统。与此同时，微囊化培养技术也应运而生。

此后，随着细胞培养原理与方法的完善和微载体培养技术的发展，培养细胞的产量大幅度提高。大规模培养的动物细胞可用于规模化生产疫苗、干扰素、单克隆抗体等。微生物细胞的大规模培养可用于生产抗生素、维生素及其他生物制品（如菌苗等）。

二、细胞融合技术

1838 年，Muller 在肿瘤组织内首次发现细胞融合所形成的多核细胞，随后又有学者在病毒感染的病理组织中发现了多核细胞。1875 年，Lange 在实验中观察到蛙类血液细胞的融合现象。

1958 年，日本的冈田善雄（Okada）用高浓度灭活的仙台病毒（Sendai virus）在体外成功地融合了小鼠艾氏腹水癌细胞，创建了人工细胞融合技术。

1964 年，Littlefield 设计出了杂种细胞筛选的系列方法。1965 年，Harris 等使用灭活的病毒作为促融剂进行实验，得到了存活的杂种细胞。1975 年，三位科学家 Köhler、Milstein 和 Jerne 利用动物体细胞杂交技术创立了淋巴细胞杂交瘤技术，并借此制备出了单克隆抗体。之后，人们很快建立了 PEG 诱导的淋巴细胞杂交瘤融合技术。由于杂交瘤技术能制备出纯度高、特异性较强的单克隆抗体，短短数年间，杂交瘤技术便已得到广泛推广应用。

1979 年，人们首次实现了细胞的电融合，同时，电穿孔技术还被应用于基因转移领域，可利用该技术向不同细胞导入外源基因。

人工诱导细胞融合技术的创立，促进了生命科学的基础理论和应用研究。例如，单克隆抗体在医学、农业、工业及蛋白质检测相关领域的应用，极大地推动了这些领域的科学进展，并使人们在疾病诊断、病因调查及疾病治疗方面有了更新的突破。

三、动物胚胎移植技术

1890 年，英国剑桥大学学者 Walter Heape 首次进行兔胚胎移植，取得成功。20 世纪 30 年代，胚胎移植逐渐受到畜牧兽医工作者的重视，研究工作也越来越深入。但直到 20 世纪 70 年代才开始被应用于生产实践。1971 年，首家商业性胚胎移植公司（Alberta 公司）成立，1974 年国际胚胎移植协会（International Embryo Transfer Society，IETS）成立。经过 40 多年的实践和发展，胚胎移植越来越受到畜牧兽医工作者的关注，先后在绵羊（1934 年）、山羊（1949 年）、猪（1951 年）、牛（1951 年）、雪貂（1968 年）、小鼠（1972 年）、马（1974 年）、人（1978 年）、猫（1978 年）、犬（1979 年）和大鼠（1993 年）上获得成功。一些家畜的胚胎移植技术日趋成熟并应用于商业化生产和良种胚胎的国际交易。目前，胚胎移植在一些优良品种家畜的引种、快速扩繁、品种改良和育种中正发挥着巨大的作用。

四、体外受精技术

1951 年，张民觉和 Austin 分别从兔子和大鼠中同时发现了哺乳动物精子的获能现象，由 Austin 定名为"获能"，从此开创了哺乳类体外受精研究的新纪元。张民觉于 1959 年把体外受精的兔胚胎移植给受体母兔，获得了世界上第一例体外受精的哺乳动物"试管小兔"，拉开了人工制作"试管动物"的帷幕。

20 世纪 60 年代以后，体外受精研究迅速发展，特别是对精子获能技术和细胞培养方法的许多重要改进，使体外受精由实验动物的研究跨入了家畜的研究领域。已先后从 20 多种动物中获得了体外受精的细胞学证据，将体外受精卵移植给受体动物后，有 10 多种动物获得了试管后代。

除此之外，人们正在通过生理、生化和细胞生物学等现代生物学手段揭示受精这一生命现象的奥秘。有关获能精子的代谢活性和免疫学特性，受精过程中的顶体反应及皮质颗粒反应等问题的研究都有了令人鼓舞的进展。

在显微受精研究方面，1962 年，日本学者 Hiramoto 首次借助显微操作方法将海胆精子注射到海胆卵中，但未能激活卵母细胞。1976 年，Uehara 等将仓鼠和人的精子注入仓鼠卵胞质中，观察到精核去致密并可发育形成雄原核，虽未观察到卵裂，但证明雌雄配子膜融合并非精核去致密和原核发育所必需。1988 年，Hosoi 和 Mann 分别报道了兔单精子细胞质内受精和小鼠单精子透明带下受精成功，并获得后代。此后，该项技术先后在多种动物中取得成功。

体外受精技术的研究有助于发育生物学、遗传学、分子生物学及基础医学等相关学科的发展。同时，应用体外受精技术可以人工生产大量胚胎，实现了动物胚胎的工厂化生产，为提高动物繁殖效率提供了技术支撑。体外受精技术同胚胎工程的其他技术相结合，为改进动物的部分遗传性状和培育出遗传上全新的品种开辟了途径。另外，体外受精技术在动物种质资源保存和珍稀濒危动物保护方面有巨大的应用前景。

五、动物克隆技术

1938 年，Spemann 提出了用核移植方法生产克隆动物的设想。限于当时的实验条件，未能将其付诸实施。1939 年，法国学者 Commandon 和 Fonbrune 通过核移植方法获得了核质杂交变形虫（*Amoeba proteus*），该变形虫可以分裂产生子代。

1952 年，King 和 Briggs 将核移植技术应用于两栖类，成功地把豹蛙（*Rana pipiens*）的囊胚细胞核移入同种蛙的成熟去核卵子中，获得了正常发育的胚胎。

从 20 世纪 70 年代末期开始，科学家开始进行哺乳动物细胞核移植的研究，Willadsen 于 1984 年培育出世界上第一只克隆羊。随后，克隆鼠、牛、猪、兔和猴等动物相继诞生。尤其是 1997 年，英国学者 Wilmut 等用体细胞核克隆出绵羊"多莉"（Dolly）之后，于 1999 年，我国陈大元等将大熊猫的体细胞核植入去核的兔卵细胞中，培育出了大熊猫的早期胚胎。2000 年，我国张涌等用成年山羊的耳部皮肤细胞培育出世界首批体细胞克隆山羊"元元"和"阳阳"。2001 年，Loi 等将欧洲盘羊的颗粒细胞核移植到去核的绵羊卵母细胞中克隆出欧洲盘羊。2002 年，新西兰与澳大利亚科学家合作获得了转基因体细胞克隆牛。2003 年，李宁等培育了 10 头体细胞克隆牛，其中包括两头转基因体细胞克隆牛，标志着我国转基因体细胞克隆的新突破，也标志着我国转基因体细胞克隆牛的生产技术体系已经成熟。2017 年，中国科学院神经科学研究所通过提取猕猴胎儿体细胞核移入已去核的猕猴卵细胞中，以假孕性母猴作为重构胚载体，首次成功以体细胞克隆出了两只猕猴——"中中"和"华华"，在国际上首次实现了非人灵长类动物的体细胞克隆。灵长类动物的成功克隆，对模拟人类疾病更有效的动物模型建立及广泛的新药测试与筛选意义重大，引起了人们对克隆技术及其所产生的克隆动物和疾病治疗研究的极大关注。

六、转基因动物技术

1974 年，Jaenish 和 Mintz 应用显微注射法，在世界上首次成功地获得了 AV40 DNA 转基因小鼠。1982 年，Palmiter 等把大鼠的生长激素基因用同样的方法导入小鼠基因组中，得到转基因小鼠的成年体重是对照组的两倍。1988 年，Clark 从转基因绵羊的乳汁中获得抗凝血因子Ⅸ（coagulation factor Ⅸ）。

1991 年，美国《生物技术》同时报道了三个研究小组分别用转基因绵羊、山羊和牛生产外源蛋白喜获成功。Wright 小组转基因绵羊乳汁中 α1-抗胰蛋白酶的含量高达 35g/L；

Ebert 小组的转基因山羊乳汁中组织型纤溶酶原激活剂（tPA）的含量为 1~3g/L；Kimperfort 小组把人的乳铁蛋白 cDNA 导入牛的基因组中获得成功。

1999 年，上海交通大学医学遗传研究所培育出携带有人体蛋白基因的中国首例转基因试管牛。2000 年，McGreath 等首次利用基因打靶技术生产了转基因克隆羊，证实了基因打靶技术可用于生产转基因大动物。2003 年，Yutaka 等利用基因敲除的方法获得了 α-1,3 半乳糖苷转移酶基因灭活的转基因牛。

2005 年，日本的 Mayuko Kurome 等在猪上导入了人血清白蛋白基因（hALB）及加强的绿色荧光蛋白。2006 年，美国密苏里大学哥伦比亚分校的赖良学等获得了转线虫 fat21 基因（ω23 去饱和酶基因）的体细胞克隆猪，共有 10 头"转基因猪"成功诞生。转基因兔、羊、猪、牛、鸡和鱼等动物的相继问世，动物克隆及干细胞技术与转基因动物技术相结合，极大地加快了动物生物反应器的研究与应用，促进了生物工程技术的现代化进程。

转基因技术的发展为研究真核生物的基因结构、基因表达调控等提供了可行性手段。在免疫学、人类疾病发病机制研究及建立人类遗传疾病的转基因动物模型、建立动物生物反应器生产天然活性药物蛋白和基因治疗、人类器官替代品生产等方面也极具研究潜力。在动物品种改良、抗病育种方面也具有广阔的应用前景。

七、胚胎干细胞技术

1981 年，Evens 和 Kaufman 分别从小鼠早期胚胎囊胚期内细胞团（inner cell mass）中建立了具有发育全能性的胚胎干细胞（embryonic stem cell，ES cell）系。1998 年，Thomson 等成功地建立了人类 ES 细胞系和人类发育多能性的胚胎生殖细胞（embryonic germ cell，EG cell）系。ES/EG 细胞系的建立为哺乳动物发育和遗传及细胞分化的研究创立了一个理想的实验模型。在 ES/EG 细胞建系成功的基础上，干细胞工程技术获得快速的发展，为临床细胞治疗和组织工程的发展奠定了基础，展示了 ES/EG 细胞临床应用的前景。

1999 年，Bjornson 等发现在成体组织中也存在一些在特定微环境下具有向其他组织类型细胞分化潜能的干细胞，因而称其为组织干细胞。组织干细胞的发现改变了干细胞一旦分化为特定的成熟细胞，就不再分裂增殖，也不再具有再分化为其他组织类型细胞能力的传统观点。以后的许多研究报告表明，这些组织专一性干细胞的发育潜能已超越了胚层的界限。例如，造血干细胞和骨髓间质干细胞在脑组织中可能分化为神经细胞，神经干细胞可在骨髓中分化出血液细胞。这类成年组织干细胞虽然不属于胚胎干细胞，但具有分化为该组织谱系外的其他类型细胞的能力。

1999 年，干细胞生物学被美国《科学》杂志推举为 21 世纪最重要的十项科学领域之首。2000 年，有关干细胞研究成果再度入选当年《科学》杂志评选的十大科技成就。

2007 年，Whitehead 将成年小鼠体细胞诱导逆转进入干细胞状态，为干细胞技术提供了新的思路。

2008 年，英国纽卡斯尔大学约翰·伯恩从人体皮肤细胞提取细胞核，植入几乎全部剔除了遗传物质的牛卵细胞后，成功地培育出了人牛混合胚胎。美国康奈尔大学的研究人员成功培育出世界上第一个转基因人类胚胎，用于疾病发展和药物治疗试验研究。

2012 年，瑞士研究人员成功地利用小鼠胚胎干细胞诱导出甲状腺组织。

2013 年，复旦大学张素春教授团队首次证明人类胚胎干细胞经诱导可转化为神经细胞，帮助小鼠重新获得学习和记忆能力。

2015 年,《科技日报》援引报道:美国密歇根大学医学院发育生物学家杰森·斯佩斯及团队首次成功诱导干细胞发育成人体肺部类器官"三维迷你肺",它能模拟人体肺部的复杂结构,有助于科学家研究肺部疾病并找到新疗法。

2018 年,《自然》杂志报道,日本京都大学的科学家诱导 iPS 细胞转化为多巴胺前体细胞,植入帕金森病患者的大脑中,首次利用诱导多功能干细胞治疗帕金森病患者。

美国生物学家戴利说:"20 世纪是药物治疗的时代,21 世纪却是细胞治疗的时代。"干细胞技术在生物学基础研究、移植医学和药品靶性治疗等方面具有广阔的应用前景,其研究必将引起人类临床医学的一场革命。

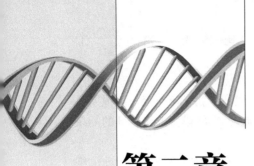

第二章 细胞工程实验室的组成及无菌操作技术

第一节 细胞工程实验室的组成

细胞工程实验室是基于无菌条件下进行的细胞培养和细胞遗传操作的场所,因此要建立一个具备无菌操作和无菌培养条件的实验环境极为重要。

一、实验室的组成

(一)动物细胞工程实验室的组成

动物细胞工程实验室主要进行无菌操作、孵育、制备、清洗、消毒和灭菌、观察及储藏等几个方面的工作。由无菌操作室、细胞培养室、风淋室、细胞学鉴定室、制备室、储藏室和清洗灭菌室组成。

1. 无菌操作室 无菌操作室是进行无菌操作的区域。无菌操作室最好能与外界隔离,避免穿行,防止空气流动引起污染。无菌操作室包括操作间、缓冲间和更衣间。操作间专用于无菌操作及细胞培养,一般采用紫外灯或电子灭菌灯进行空气消毒。房间大小要适当,且顶部不宜过高,以保证紫外线的有效灭菌效果,要求墙壁光滑、无死角,以便清洗和消毒等。缓冲间的作用是保证操作间的无菌环境,避免因空气对流使外界空气直接进入操作间。同时,还可以放置恒温培养箱和离心机等实验仪器,使实验在相对无菌条件下完成,而不必携带出室外。更衣间主要用于更换隔离衣、鞋子及穿戴帽子和口罩。

2. 细胞培养室 细胞培养室主要是进行细胞(组织)的培养。培养室对无菌的要求虽然没有无菌操作室严格,但仍需保持清洁无尘,因此也应设在干扰少而非来往穿行的区域。孵育可以在孵育箱或可控制温度的温室中进行,后者费用较高,一般实验室多采用在孵育箱内培养的方式。

3. 风淋室 风淋室(air shower)又称为风淋房、吹淋室、风淋通道。它是一种安装在洁净区与非洁净区之间的局部净化设备。在人员与货物进入洁净区之前,需要经过风淋室吹淋,其吹出的洁净空气可以去除外来人员与货物所携带的尘埃,从而有效减少尘源进入洁净区。它不仅可以减少带入洁净室的灰尘量,而且兼有气闸室的功能,可防止非洁净空气的侵入。根据风淋室空气消毒方式的不同可以分为紫外线消毒和红外线感应消毒两种,目前较为普遍应用的是后者。

4. 细胞学鉴定室　细胞学鉴定室用于对培养物的观察分析与培养物的计数等，一般设在培养室的隔壁。

5. 制备室　制备室主要进行培养基及有关培养用试剂的配制。在有天平、酸度计和磁力搅拌器等基本设备的条件下完成配制，然后在超净工作台上进行过滤除菌。培养基的配制直接关系到组织细胞培养的成败，因此必须严格无菌操作与质量控制。

6. 储藏室　储藏室主要存放冰箱、干燥箱、液氮罐、储物柜、无菌培养液和培养瓶等。储藏室要求取放方便、清洁无尘。

7. 清洗灭菌室　清洗灭菌室主要进行所有细胞培养器皿的清洗、准备、消毒及重蒸水制备等工作。清洗灭菌室应与其他区域分开。

（二）植物细胞工程实验室的组成

植物细胞工程实验室除具备动物细胞工程实验室的基本组成外，还包括植物材料培养室和温室两个区域。

1. 植物材料培养室　植物细胞工程的植物材料培养室是将接种的材料进行培养生长的场所。其设计以充分利用空间和节省能源为原则。室内墙壁要求有绝热防火的性能，地板要求是磨光水泥的或油漆过的，窗户上要装双层密封玻璃。

培养材料放在培养架上培养。培养架大多由金属制成，一般可分4～5层，最低一层离地约10cm，其他每层间隔30cm左右，安装30～40W日光灯照明，光照强度为2000～3000lx。培养架长度都是根据日光灯的长度而设计，如采用40W日光灯，培养架长1.3m，宽度一般为60cm。照明时间以培养材料要求而定，采用自动定时器控制。由于以日光灯为光源难以模拟自然光照条件，目前一些公司根据植物吸收光谱的特点，设计了全新的特定光谱光源，光谱组成与自然光相近，较适宜在细胞培养阶段为植物提供光照，并已在部分实验室中应用。现代大型植物组织培养实验室大多设计为采用天然太阳光照作为主要能源，这样不但可以节省能源，而且组培苗接受太阳光生长良好，驯化易成活，只需在阴雨天用灯光作补充。

温度对于植物组织和细胞培养十分重要，不同材料对温度要求不同，培养室温度一般保持在（25±2）℃，应具备供热装置，并安装窗式或立式空调机。由于热带植物和寒带植物等不同种类要求不同温度，最好不同种类有不同的培养室。

室内湿度也要求恒定，相对湿度以保持在70%～80%为好，当培养室的相对湿度降到50%以下时，应采取放置加湿器等措施增加湿度。

2. 温室　植物细胞工程的最终产物为试管苗，试管苗首先要在温室中炼苗，然后才能够移栽到大田中。一般温室都配置人工光源并且能够控制室内温度，为试管苗的正常生长提供适宜的环境。

二、基本设备及使用

（一）无菌操作的仪器设备

无菌操作的仪器设备用于培养材料的无菌操作，以及培养基和各种器皿的灭菌。主要有超净工作台、高压蒸汽灭菌锅、过滤除菌装置、干热灭菌烘箱等。

1. 超净工作台　超净工作台是进行无菌操作的主要设备之一（图2-1）。常用超净工作台主要有两种，一种是侧流式（或者称为垂直式），另一种为外流式（或者称为水平层流式）。两者的基本原理大致相同，都是由三相电机作鼓风动力，通过鼓风机将外界空气从低效过滤器粗滤尘埃，再将空气通过特制的微孔泡沫塑料片层叠组成的高效过滤器过滤消毒，这一步能除去直径 0.3μm 的尘埃、细菌和真菌孢子，吹出的气体形成连续不断的无尘无菌空气层流，从而形成高洁净度的工作环境。工作人员在这样的无菌条件下操作，保持无菌材料在转移接种过程中不受污染。如果长时间使用，易造成超净工作台过滤器堵塞，一般低效过滤器每半年清洗一次，高效过滤器视情况 3～4 年更换一次。

2. **高压蒸汽灭菌锅**   直接或间接与细胞接触的物品均需灭菌处理。高压蒸汽灭菌法因灭菌效果好而被广泛应用。常用的高压蒸汽灭菌锅有立式、卧式和手提式等几种形式，目前市场上已供应具有高效、安全、方便性能的全自动灭菌锅，可以供使用者在灭菌时监测灭菌容器内的压力和温度，并通过记忆支持系统改变各种参数，即使在进行灭菌时发生停电故障，仍可保留所设定的参数（图 2-2）。

图 2-1   超净工作台   图 2-2   高压蒸汽灭菌锅

3. **过滤除菌装置**   培养基中某些成分是热不稳定的，在高温湿热灭菌条件下可能会降解，这类物质需要进行过滤除菌。目前常用的滤器有不锈钢滤器（图 2-3）、玻璃漏斗式滤器（图 2-4）和微孔滤膜滤器（图 2-5）。前两者适用于大量液体的快速灭菌，而后者适用于小量液体的过滤。

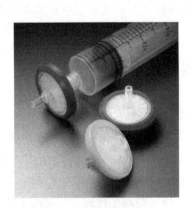

图 2-3   不锈钢滤器   图 2-4   玻璃漏斗式滤器   图 2-5   微孔滤膜滤器

4.干热灭菌烘箱　主要用于烘干湿热消毒的玻璃器皿，也可用于干热灭菌。细胞培养实验室常用的干燥箱为鼓风式电热干燥箱，其温度均匀，灭菌效果较好。

（二）培养仪器设备

植物细胞工程常用培养仪器设备主要有光照培养箱、人工气候室、培养架（见植物细胞工程实验室的组成）和摇床等。动物细胞工程常用培养仪器设备为恒温培养箱、冷冻储存器、显微操作仪等。植物和动物细胞工程实验还需要相应的培养器皿，如锥形瓶、试管、动物细胞培养瓶、T型管、广口瓶等。无菌操作过程也需要使用各种操作器械，如镊子、解剖刀、接种针、剪刀等。另外，接种器械的消毒还需要用到酒精灯或接种器械消毒器。

1.光照培养箱　光照培养箱是能够控制光照和温度的精密设备，用来培养对环境条件尤其是对光照条件要求较高的植物细胞或原生质体等。一般选用隔水式或晶体管自控式培养箱，这些培养箱比普通培养箱灵敏度高，温度也比较稳定。

2.人工气候室　人工气候室是能够模拟自然界各种气象条件，按照实验要求精确控制室内的温度、湿度、光照及 CO_2 等指标的大型培养设备。其广泛应用于植物的发芽、育苗、组织培养等领域，对温度、湿度、光照、CO_2 等条件进行编程控制，24h 或任意设定周期循环。

3.恒温培养箱　用于动物细胞培养的培养箱分为变通电热恒温培养箱和 CO_2 培养箱。温控变化一般不超过 ±0.5℃，最适温度为 37℃，因此要求培养箱具有较高的灵敏度。

CO_2 培养箱在细胞培养实验室已得到普遍的使用。它能提供较为恒定的 5% CO_2，使培养液的 pH 保持稳定，适用于开放式或半开放式的培养（图 2-6）。需要注意的是：为了避免污染，要对培养箱定期进行紫外线照射消毒或乙醇擦拭消毒。另外，要维持箱内温度、湿度的恒定，可将无菌蒸馏水定期注入外箱内，以保持湿度，避免培养液蒸发而影响细胞生长。

4.冷冻储存器　目前，细胞冷冻储存最常用的是液氮冷冻保存法。常用的细胞冷冻储存器为液氮储存器，规格有几升至几十升不等。

5.显微操作仪　显微操作仪是进行细胞核移植、染色体操作、显微注射、胚胎分割等动物细胞工程实验的必备仪器。目前应用最广泛的显微操作仪主要有标准手动、标准电动显微操作仪（图 2-7）及超精细手动和超精细电动显微操作仪等几种类型。标准手动、标准电动显微操作仪 X、Y、Z 方向的最大行程分别为 37mm、20mm、20mm，具有粗调和微调两

图 2-6　CO_2 培养箱

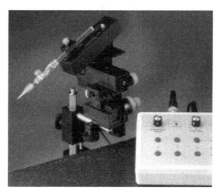

图 2-7　标准电动显微操作仪

种方式，位移控制精度为 0.5μm。超精细手动和超精细电动显微操作仪在 X、Y、Z 方向的最大行程均为 25mm，通过控制器可提供不同的步进速率，最高为 36mm/s，最低为 0.01μm/s，位移控制精度为 ±0.01μm，能够满足实验室所有微操作的要求。

（三）细胞学观察设备

细胞工程实验室应备有普通显微镜和倒置显微镜。前者用于细胞计数和一般观察，后者用于观察细胞的生长情况和有无污染。若条件许可，还应配置照相系统和荧光显微镜等。

（四）化学实验设备

化学实验设备指用于配制、储存培养基和实验所需各种液体的设备，主要有实验台、搅拌器、离心机、天平、酸度计、移液器、水纯化装置、冰箱和超声波清洗器等仪器设备，下面主要介绍水纯化装置和离心机。

1. 水纯化装置　　细胞培养对水的质量要求很高，无论是配制细胞培养液还是试剂等都应使用蒸馏两次以上的重蒸水。重蒸水一般采用离子交换装置或蒸馏器纯化。离子交换装置处理的水不能完全去除有机物，需要进一步蒸馏后才能使用。外售蒸馏水常用金属蒸馏器蒸馏，易混入金属离子，须用玻璃蒸馏器重新蒸馏几次后才能使用。目前，国内普遍使用的是自动双重纯水蒸馏器，较为安全、方便，蒸馏速度也较快，但不宜直接用自来水蒸馏。

2. 离心机　　培养细胞经常需要离心分离细胞、调整细胞密度、收集细胞等，所以细胞工程实验室应配有普通离心机，最好配置高速冷冻离心机。普通离心机转速在 4000r/min 以下，用于制备细胞悬液、漂洗、分离细胞。若进行细胞脱核、DNA 或 RNA 抽提、组织匀浆等研究，需使用高速、大容量和能进行调温的离心机。

（五）其他仪器设备

其他仪器设备主要包括用于细胞学和组织学研究的各种仪器设备及一些特殊要求的仪器设备，如流式细胞仪、激光共聚焦细胞仪和细胞融合仪等。

第二节　无菌操作技术

一、实验器皿的洗涤

在细胞工程实验中，离体细胞对任何毒性物质都十分敏感。毒性物质包括解体的微生物和细胞残余物及非营养的化学物质。例如，某些化学物质仅 0.01μg/L 就会对细胞产生毒性作用，所以细胞培养所用器材的清洗、消毒处理是培养成功的关键环节。每次实验后器皿都必须及时、彻底清洗，不同的器皿清洗方法和程序也有所不同，必须进行分类处理。

（一）玻璃器皿的洗涤

常用的玻璃器皿有各种规格的培养瓶、培养皿、吸管、离心管等，洗涤步骤如下。

1. 浸泡　　无论是初次使用还是培养后重复使用的玻璃器皿均需要进行消毒处理，首先需用水浸泡。首次使用的玻璃器皿常带灰尘，同时由于生产的原因，常呈碱性并带有一些对细胞有毒的物质，如铅和砷等。在使用前要经稀盐酸（5%）浸泡，中和其中的碱性物质以便于清洗。用过的玻璃器皿往往带有大量蛋白质附着物，干涸后不易刷洗掉，故用后要立即用清水浸泡。

2. 刷洗　　浸泡后的玻璃器皿用毛刷蘸洗涤剂洗去玻璃器皿上的杂质。刷洗次数太多，会损害器皿的表面光洁度，洗涤剂有使 pH 上升的趋势，所以宜选用软毛刷和优质的洗涤剂。器皿数量大时，可使用超声波清洗器清洗，冲洗干净后晾干。

3. 酸洗　　刷洗不掉的微量杂质经过清洗液的强氧化作用可被除掉。常用清洗液由浓硫酸、重铬酸钾及蒸馏水配制而成。酸洗对玻璃器皿无腐蚀作用，去污能力很强，是清洗过程中最关键的一个环节。

常用清洗液具有高度腐蚀性，操作时必须穿长筒胶靴、戴防酸橡皮手套和眼镜，系围裙，以防清洗液溅出而被灼伤。在配液时还需注意将酸缓慢放入水中，以防酸遇水放热导致酸溅出或使玻璃及陶制容器开裂而使洗液外泄。细胞培养所用物品清洗所需配制的清洗液浓度常为 50% 和 75% 两种。

4. 冲洗　　洗液浸泡和刷洗后都必须用水充分冲洗，不留任何残迹，然后用蒸馏水漂洗数次，置烘箱内烘干备用。

（二）塑料器皿的洗涤

用于细胞培养的塑料器皿主要有多孔培养板（图 2-8）、培养皿及卡氏瓶（图 2-9）等。这些产品多数为进口产品，已消毒、灭菌、密封包装，可直接使用。有一次性使用的，也有可以反复使用的。

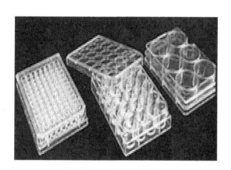

图 2-8　多孔培养板

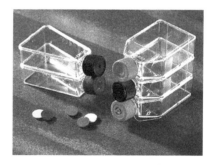

图 2-9　卡氏瓶

塑料器皿耐腐蚀能力强，但质地较软，且不耐热，因此它和玻璃器皿清洗方法不同。通常先用自来水浸泡冲洗，晾干，再用 3% HCl 或 2% NaOH 溶液浸泡过夜，用自来水充分冲洗。或先用 2% NaOH 处理之后再用 3% HCl 浸泡 30min，最后用自来水冲洗干净，并用蒸馏水冲洗 3 次以上，晾干备用。

（三）金属器材的洗涤

细胞培养中需用多种金属器材，用于解剖、取材、剪切组织及接种材料等。新的金属器材，先用纸擦去表面的油脂，再用洗衣粉溶液煮沸，或用 1% $NaHCO_3$ 煮沸 15min，擦干后再用 95% 酒精纱布擦干，包装或置铝盒内于 121℃高压蒸汽灭菌 20min。已用过的金属器材，应及时用酒精棉球擦干净，利用酒精火焰灼烧消毒或高压蒸汽灭菌消毒。

（四）滤器的洗涤

玻璃滤器与玻璃器皿清洗相同。无论是水浸泡还是酸浸泡，都可用抽滤法。具体操作如下：使用后，立即将清水注入滤器，抽气过滤，反复抽滤 5 次；将清洗液或热浓硫酸注入滤器，进行抽气过滤至酸液过滤完毕；用清水抽气过滤 10 次后再用蒸馏水抽气过滤 3 次。不锈钢滤器使用后弃去石棉滤膜，金属部分刷洗干净，最后用蒸馏水漂洗 2～3 次，晾干备用。

（五）其他物品的洗涤

新购置的胶塞带有大量滑石粉，应先用自来水冲洗干净，然后自然风干。每次用后的胶塞用水浸泡，然后用 2% NaOH 煮沸 15min 左右，自来水冲洗，再用 1% HCl 浸泡 30min，最后用自来水冲洗和蒸馏水漂洗，晾干后备用。

二、常用的灭菌和消毒方法

灭菌是指杀灭或者去除物体表面和孔隙内的所有微生物，包括抵抗力极强的细菌芽孢在内。消毒是指杀死物体上的病原微生物，但细菌芽孢和非病原微生物可能还是存活的。保持无菌是进行动物和植物离体培养成功的必要条件。所有培养器皿、培养基、用于离体培养操作的各种工具及离体培养的材料都要经过严格的消毒和灭菌。动植物离体培养的培养基含有丰富的营养，稍不小心就会引起杂菌污染。要达到彻底灭菌的目的，必须根据不同的对象采取不同的切实有效的灭菌方法，才能保证培养时不受杂菌影响而正常生长。

常用的灭菌和消毒方法可分为物理方法和化学方法两类。物理方法包括湿热灭菌、过滤除菌、干热灭菌、紫外线灭菌等；化学方法是使用氯化汞、甲醛、过氧化氢、高锰酸钾、漂白粉、次氯酸钠、抗生素、乙醇等化学药品处理。

（一）物理方法

1. 湿热灭菌　　该方法也称为高压蒸汽灭菌，它适用于一般培养基、玻璃器皿、布类、橡胶制品、金属器械等的灭菌。高压蒸汽对生物材料有良好的穿透力，能造成蛋白质变性凝固而使微生物死亡，是一种最有效的灭菌方法。一般在 103～137kPa 压力下（121～126℃），15～30min，所有微生物包括芽孢在内都可被杀死。如果是对培养基或液体溶液灭菌，灭菌时间与需要灭菌的培养基的容积或液体溶液的体积密切相关（表 2-1），时间不足达不到灭菌效果，时间过长培养基内的化学物质遭到破坏，影响培养基成分。对高压灭菌后不变质的物品，如无菌水、支持介质、接种用具，可以延长灭菌时间或提高压力。

表 2-1　不同容积培养基高压蒸汽灭菌所需时间

容积 /mL	在 121℃下灭菌时间 /min	容积 /mL	在 121℃下灭菌时间 /min
1～50	15	500～1000	30
75～150	20	1000～2000	40
250～500	25		

2. 过滤除菌　　动物细胞培养常采用的培养液，包括人工合成培养基、血清、消化液

等，常含有维生素、蛋白质、多肽、生长因子等物质，而植物细胞培养常用一些生长调节剂如赤霉素、玉米素、脱落酸等，这些物质在高温或射线照射下易变性或丧失功能，不能用高压灭菌处理，通常采用过滤除菌方法。细菌滤膜的网孔直径一般小于 0.45μm，当溶液通过滤膜后，细菌细胞和真菌孢子等因大于滤膜直径而被阻。在需要过滤除菌的液体量大时，常使用较大型号的金属滤器配以过滤泵使用；液体量小时，常用注射器推动直径为 2.5cm 的微孔滤膜滤器过滤，滤器中的微孔滤膜一般采用孔径为 0.45μm 和 0.22μm 的两种，后者可以有效除去细菌。使用前将滤膜装入滤器中一同高压灭菌后备用。过滤时，将待过滤的液体装入注射器，套上滤器，推压注射器活塞杆，溶液压出滤膜，得到无菌溶液。

3. 干热灭菌 干热灭菌是使烘箱加热到 160～180℃ 来杀死微生物，主要用于玻璃器皿的灭菌。由于在干热条件下，细菌的营养细胞抗热性大为增强，接近芽孢的抗热水平，通常采用 170℃ 持续 90～120min 来灭菌。干热灭菌存在能源消耗大、浪费时间、安全性差等问题。

4. 紫外线灭菌 在接种室、超净工作台或接种箱内常用紫外线灭菌。紫外线灭菌是利用辐射因子灭菌。细菌吸收紫外线后，蛋白质和核酸发生结构变化，引起细菌的染色体变异，造成死亡。紫外线的波长为 200～300nm，其中以 260nm 时杀菌能力最强，但是由于紫外线穿透物质的能力很弱，所以只适于空气中和物体表面的灭菌，而且要求距照射物以不超过 1.2m 为宜。

（二）化学方法

化学消毒剂的种类很多，它们能够使微生物的蛋白质变性，或竞争其酶系统，或降低其表面张力，增加菌体细胞质膜的通透性，使细胞破裂或溶解，从而达到杀菌的作用。

1. 熏蒸消毒 利用加热焚烧、氧化反应等方法，使化学药剂变为气体状态扩散到空气中，以杀死空气中和物体表面的微生物。这种方法简便，只需要把消毒的空间关闭紧密即可。常用熏蒸剂是甲醛与高锰酸钾，熏蒸时，按每立方米 2mL 甲醛＋1g 高锰酸钾，使高锰酸钾氧化挥发，处理 1～3d 后可达到消毒空气的目的。

2. 药剂消毒 物体表面常用一些药剂涂擦、喷雾灭菌，如台面、墙面、双手、植物材料表面等，可用 70% 的乙醇，或 1%～2% 的来苏尔溶液，或 0.25%～1% 的新洁尔灭反复涂擦消毒。

三、无菌操作室的消毒

接种过程中如果空气中存在微生物或工作人员手臂消毒不严，或未按操作规程进行操作，则易引起污染。因此无菌操作室要严格进行空间消毒。一般常用甲醛和高锰酸钾熏蒸法定期熏蒸消毒，在实验室用甲醛和高锰酸钾封闭消毒期间，不宜进入消毒空间。消毒后通风换气，等气味散尽后再出入。使用前用 20% 新洁尔灭擦洗接种室内墙壁、地板及设备，用 70% 乙醇喷雾（使灰尘迅速沉降），再用紫外线灭菌 20min 或更长时间，照射期间关闭接种室的门窗。一般无菌室内的无菌状况要定期检测，通常每周一次，方法为在灭菌后的接种室内桌上和桌下各放一套培养基平皿，暴露 15min，盖上盖子，37℃ 培养 24h，每个平皿的菌落数≤4，则认为效果良好，否则需延长照射时间或加强其他措施。

四、无菌操作

（一）动物细胞培养无菌操作技术

1）实验前，无菌室及无菌操作台用紫外灯照射 20～30min 灭菌，关闭紫外灯并开启无菌操作台风机运转 10min，然后用 70% 乙醇擦拭无菌操作台面及四周，并开始实验操作。每次操作只处理一株细胞，以免造成细胞交叉污染。实验结束后，将实验物品带出工作台，如需要继续进行下一个实验，则用 70% 乙醇擦拭无菌操作台面，再让无菌操作台风机运转10min 后，才可进行下一个实验操作。

2）无菌操作工作区域应保持清洁与宽敞，试管架、移液管或管头等必要物品可以暂时放置在操作区，其他实验用品用完后应及时移出，以利于气体流通。实验用品要用 70% 乙醇擦拭后才能带入无菌操作台内。实验操作应在操作台中央无菌区域内进行，尽量不要在边缘非无菌区域操作。

3）在取出无菌实验用品时，不能碰触吸管与吸管头部或容器瓶口，也不要在已打开的容器正上方进行操作。容器打开后，用手夹住瓶盖并握住瓶身，倾斜约 45° 取用，尽量不要将瓶盖盖口朝上放在台面上，以防止污染。

4）工作人员应注意自身的安全，必须穿戴实验服与手套后再进行实验。对于人源性或病毒感染的细胞株应特别小心，并选择适当等级的无菌操作台（至少二级）。操作过程中应避免引起气溶胶的产生，小心有毒性试剂，如二甲基亚砜（DMSO）及苯二甲酸（TPA）等。

5）定期对重要仪器设备进行检查，检查 CO_2 培养箱内的 CO_2 浓度，检查超净工作台内气流压力是否正常，定期更换超净工作台的紫外灯管。

（二）植物材料无菌培养操作技术

1. 材料的消毒处理　　从外界或室内选取的植物材料，都不同程度地带有各种微生物。这些污染源一旦带入培养基，便会造成培养基污染。因此，植物材料必须经严格的表面消毒处理，再经无菌操作接到培养基上，这一过程叫作接种。接种的植物材料叫作外植体（explant），步骤如下。

第一步，选择无病斑、无虫害植株作为取材母株。将采来的植物材料去掉多余部分后，置于自来水水龙头下流水冲洗几分钟至数小时，冲洗时间视材料清洁程度而定。

第二步，将流水冲洗干净的材料置于超净工作台上进行表面浸润消毒。一般先用 70% 乙醇浸泡 10～30s，由于乙醇具有使植物材料表面被浸湿的作用，加上 70% 乙醇穿透力强，也很易杀伤植物细胞，因此浸润时间不能过长。

第三步，用消毒剂对外植体进行消毒处理。表面消毒剂的种类较多，可根据情况选取不同消毒剂（表 2-2）。

表 2-2　常用消毒剂使用浓度、持续时间及消毒效果比较表（朱至清，2003）

常用消毒剂	使用浓度 /%	持续时间 /min	消毒效果
次氯酸钙	饱和溶液	5～20	很好
次氯酸钠	0.3～0.5	5～20	很好
氯化氢	10～12	5～15	好
氯化汞	0.1～0.5	5～10	非常好

上述消毒剂应在使用前临时配制，消毒后用无菌水冲洗 3～4 次即可。如果用氯化汞消毒，可以在消毒液中加入少量吐温，除去轻度附着在植物表面的污物和脂质性的物质，便于消毒液与植物材料的直接接触，另外，氯化汞残毒比较难去除，所以应当用无菌水冲洗

8～10 次，每次不少于 3min，以尽量去除残毒。

2. 接种 已消毒好的外植体，往往需要切割成小段或小块，然后接种到培养基中培养。现以氯化汞消毒法为例，将从外植体消毒到接种的过程介绍如下。

1）在接种前打开超净工作台内紫外灯照射 20～30min，关闭紫外灯后，打开超净工作台的风机 10min 以上，开始无菌操作。

2）接种人员先清洁双手，在缓冲室内换好经过消毒的工作服，戴上口罩、帽子并换上拖鞋等。

3）使用超净工作台操作时，用 75% 酒精棉球认真擦拭双手，特别是指甲处，然后擦拭工作台面及四周，装有培养基的培养器皿和盛外植体的烧杯也要用乙醇擦拭消毒后，再放进工作台。

4）先用酒精棉球擦拭接种工具，然后在酒精灯火焰上进行灼烧灭菌或放在接种器械灭菌器中灭菌，灭菌后放在器械架上使其自然冷却。

5）把植物材料放进 75% 的乙醇中浸泡约 30s，再用 0.1% 的氯化汞浸泡 5～10min，浸泡时可进行搅动，使植物材料与消毒剂有良好的接触，然后用无菌水冲洗 3～5 次。

6）接种时要将培养瓶瓶口置于酒精灯火焰附近（无菌区），并在接种前后灼烧瓶口。夹取外植体时用力要适当，用力过大时外植体易受伤害，用力过小时外植体易脱落。用镊子夹取外植体时，角度要便于外植体放入培养瓶内并不碰瓶口。将消毒后的培养材料迅速放入培养瓶中，包好瓶口，标记好接种日期等。操作期间应经常用 75% 乙醇擦拭工作台和双手，接种器械应反复灭菌，防止交叉污染。

7）接种结束后，清理和关闭超净工作台。若连续接种，每 5～7d 彻底消毒一次。

第三节 培养基组成及其配制

培养基是离体培养的组织或者细胞赖以生存的营养基质，是为离体培养材料提供的近似于生物体内生存的营养环境，以满足其正常生长和维持其完整结构及功能。动植物间由于存在着组织和细胞结构等多方面的差异，因此对体外培养条件的要求也不尽相同。即使是同一种植物或动物材料，取材部位不同对营养的要求也不相同。只有根据它们的各自特点，提供不同的营养条件才能满足其正常生长发育的需求。因此，培养基成分和配制方法也会不尽相同。下面分别介绍动植物培养基的配制方法和注意事项。

一、植物细胞培养基的组成及其配制

（一）培养基的成分及种类

一个完整的植物培养基配方中，除植物生长所必需的水分外，还应包括无机化合物、有机化合物、生长调节物质和培养材料的支持物等，这样才能提供离体培养的植物材料正常生长发育所需的营养物质。

1. 培养基的成分

（1）无机化合物（inorganic compound） 无机化合物是细胞或植物组织培养过程中必不可少的营养物质，可以分为大量元素和微量元素两大类。大量元素是指浓度大于 0.5mmol/L

的元素，如氮（硝态氮或铵态氮）、磷（磷酸盐）、钾、钙、镁和硫（硫酸盐）等。微量元素则主要包括碘、锰、锌、钼、铜、钴和铁等。培养基中的铁离子大多以螯合铁的形式存在，即 $FeSO_4$ 与 Na_2-EDTA（螯合剂）的混合。

（2）有机化合物（organic compound）　培养基中若只含有大量元素与微量元素，常称为基本培养基。根据不同的培养目的往往要在基本培养基中加入一些有机物以利于其快速生长。常用的有机化合物主要有以下几类。

1）碳水化合物（carbohydrate）。蔗糖是植物组织或细胞培养过程中重要的碳水化合物。蔗糖除作为培养基内的碳源和能源外，对维持培养基的渗透压也起重要作用。另外，葡萄糖、果糖、麦芽糖、半乳糖、甘露糖和乳糖等碳水化合物，可促进许多组织生长。

2）维生素（vitamin）。维生素类化合物在植物细胞内主要是以辅酶的形式参与多种代谢活动，在培养基中加入维生素，对外植体的生长、分化等有很好的促进作用。大多数的植物细胞在培养中都能合成少量的维生素，但不能满足植物细胞生长需要。因此，通常需加入几种维生素，以促进外植体的良好生长。维生素类化合物主要有盐酸硫胺素（维生素B_1）、盐酸吡哆醇（维生素B_6）、烟酸（维生素B_3）、抗坏血酸（维生素C），有时还使用生物素、叶酸、维生素B_2等，一般用量为0.1～1.0mg/L。

3）肌醇（inositol）。又叫环己六醇，在糖类的相互转化过程中起重要作用，它是培养基中必不可少的有机营养。肌醇通常是由磷酸葡萄糖转化而成，它还可进一步生成果胶，用于构建细胞壁。肌醇还可以与6分子磷酸残基相结合形成植酸，植酸可进一步形成磷脂，参与细胞膜的构建。在培养基中的使用浓度一般为50～100mg/L。适当使用肌醇，能促进愈伤组织的生长及胚状体和芽的形成。

4）氨基酸（amino acid）是很好的有机氮源，可直接被细胞吸收利用。培养基中最常用的氨基酸是甘氨酸，用量为2～3mg/L，有时也用丝氨酸、谷氨酰胺、天冬酰胺、水解乳蛋白（lactalbumin hydrolysate，LH）或水解酪蛋白（casein hydrolysate，CH）等。水解乳蛋白和水解酪蛋白通常从牛乳中获得，对培养材料的细胞分化有良好的促进作用，用量在10～1000mg/L。

（3）激素（hormone）　植物激素是植物细胞生长最适宜的调节物质，它能诱导细胞分裂、愈伤组织再分化及胚状体发育。植物激素主要包括生长素类、细胞分裂素类和赤霉素类，有时也使用脱落酸、乙烯等物质。

1）生长素类（auxin）。它们的共同特点是具有促进细胞伸长生长和分裂的作用，用于诱导愈伤组织形成和根的分化，与一定量的细胞分裂素配合共同诱导不定芽的分化、侧芽的萌发与生长及胚状体的形成。最常用的生长素类物质有2,4-二氯苯氧乙酸（2,4-dichlorophenoxyacetic acid，2,4-D）、吲哚乙酸（indole-3-acetic acid，IAA）、α-萘乙酸（α-naphthaleneacetic acid，NAA）、吲哚丁酸（indole butyric acid，IBA）等。IAA是天然植物生长素，热稳定性差，高温高压或受光易被破坏，也易被细胞中的IAA分解酶降解。所以，植物离体培养中常用人工合成的生长素类物质，即2,4-D、NAA和IBA，它们在120℃仍然很稳定。其中，NAA和IBA广泛用于生根，并与细胞分裂素互作促进芽的增殖和生长，2,4-D对愈伤组织的诱导和生长非常有效。

2）细胞分裂素类（cytokinin）。细胞分裂素是腺嘌呤的衍生物，可促进细胞分裂，诱导愈伤组织或器官分化，促进侧芽增殖，抑制根的分化。因此，细胞分裂素多用于诱导不定芽的分化及苗的增殖，而生根培养时尽量避免使用。常用细胞分裂素主要有 6-苄基腺嘌呤（6-benzylaminopurine，6-BA）、激动素（kinetin，KT）、玉米素（zeatin，ZT）、2-异戊烯基腺嘌呤（2-isopentenyladenine，2ip）等。其中 ZT 和 2ip 活性最强，6-BA 次之，KT 最弱。另外，人工合成的苯基脲衍生物苯基噻二唑脲（thidiazuron，TDZ），具有很强的细胞分裂素活性，对于一些难以增殖的木本植物具有一定效果。

3）赤霉素（gibberellic acid，GA）。赤霉素有 20 多种，生理活性及作用的种类、部位、效应等各有不同，植物培养基中添加的是 GA_3，主要用于促进幼苗茎的伸长生长，还能促进胚状体发育成小植株。赤霉素和生长素协同作用，能影响形成层的分化，当生长素/赤霉素高时有利于木质部分化，低时有利于韧皮部分化。

（4）培养材料的支持物 培养基有固体和液体两种。琼脂（agar）是固体培养基中最常用的固化剂，是一种从海藻中提取的高分子碳水化合物，本身并不提供任何营养。琼脂能在热水中溶解成为溶胶，冷却至 40℃即凝固为固体状凝胶，成为培养材料良好的支持物。琼脂的用量在 3～10g/L，若浓度太高，培养基就会变得很硬，营养物质难以扩散到培养的组织中去；若浓度过低，凝固性不好。目前，销售的各种琼脂几乎都含有杂质，特别是 Ca、Mg 及其他微量元素。因此，在研究植物组织或细胞的营养问题时，则应避免使用琼脂。另外，单细胞和细胞团可以在液体培养基中进行悬浮培养，效果比琼脂固化的培养基好。

除琼脂外，在植物的离体培养中用作固化剂的还有脱乙酰吉兰糖胶（gelrite）和琼脂糖（agarose）等。脱乙酰吉兰糖胶在 100℃可以熔化，30～45℃凝固，在 pH 4～7 时凝胶强度变化不大。琼脂糖在原生质体培养中应用较多，凝固温度比琼脂低，将原生质体植板在琼脂糖中培养，比在薄层液体培养基中更有利于细胞分裂。

培养基的组成除上述四类成分外，有时还添加一些其他物质，如防止菌类污染的抗生素、抗酚类氧化药物及具有吸附能力的活性炭等。

2. 培养基的种类 植物离体培养的基本培养基有许多种类，根据不同植物、不同组织、不同细胞生长发育需选用不同的培养基。但是大多数培养基是在几种常用基本培养基（表 2-3）基础上演变而来的，其中应用最为广泛的是 MS 培养基，以下着重介绍几种常用基本培养基的特点。

表 2-3 常用植物离体培养的基本培养基（王蒂，2003）

培养基成分	培养基/（mg/L）							
	MS（1962 年）	ER（1965 年）	B_5（1968 年）	N_6（1974 年）	Nitach（1963 年）	NT（1971 年）	White（1963 年）	Heller（1953 年）
NH_4NO_3	1 650	1 200			720	825		
KNO_3	1 900	1 900	2 527.5	2 830	950	950	80	
$CaCl_2 \cdot 2H_2O$	440	440	150	166		220		75
$CaCl_2$					166			
$MgSO_4 \cdot 7H_2O$	370	370	250	185	185	1 233	750	250
KH_2PO_4	170	340		400	68	680		
$(NH_4)_3PO_4$			134	463				
$Ca(NO_3)_2 \cdot 4H_2O$						300		

培养基成分	培养基/（mg/L）							
	MS（1962 年）	ER（1965 年）	B$_5$（1968 年）	N$_6$（1974 年）	Nitach（1963 年）	NT（1971 年）	White（1963 年）	Heller（1953 年）
NaNO$_3$								600
Na$_2$SO$_4$							200	
NaH$_2$PO$_4$·H$_2$O			150				19	125
KCl							65	750
KI	0.83			0.80		0.83	0.75	0.01
H$_3$BO$_3$	6.20	0.63	0.75	1.60	10.00	6.20	1.50	1.00
MnSO$_4$·4H$_2$O	22.30	2.23	3.00	4.40	25.00	22.30	5.00	0.10
MnSO$_4$·H$_2$O			10.00			0.25		
ZnSO$_4$·7H$_2$O	8.60		2.00	3.80	10.00		3.00	1.00
ZnSO$_4$·4H$_2$O						8.60		
Zn·Na$_2$·EDTA		15.00						
Na$_2$MoO$_4$·2H$_2$O	0.25	0.025	0.25		0.25	0.25		
MoO$_3$							0.001	
CuSO$_4$·5H$_2$O	0.025	0.002 5	0.025		0.025	0.025	0.01	0.03
CoCl$_2$·6H$_2$O	0.025	0.002 5	0.025					
CoSO$_4$·7H$_2$O						0.03		
AlCl$_3$								0.03
NiCl$_2$·6H$_2$O								0.03
FeCl$_3$·6H$_2$O								1.00
Fe$_2$（SO$_4$）$_3$							2.50	
FeSO$_4$·7H$_2$O	27.80	27.80	27.80	27.80	27.80	27.80		
Na$_2$·EDTA·2H$_2$O	37.30	37.30	37.30	37.30	37.30	37.30		
肌醇	100		100		100	100		
烟酸	0.50	0.50	1.00	0.50	5.00		0.05	
盐酸吡哆醇	0.50	0.50	1.00	0.50	0.50		0.01	
烟酸硫胺素	0.10	0.50	10.00	1.00	0.50	1.00	0.01	
甘氨酸	2.00	2.00		2.00	2.00		3.00	
叶酸					0.50			
生物素					0.05			
蔗糖	30 000	40 000	20 000	50 000	20 000	10 000	20 000	
D-甘露醇					127 000			

（1）MS 培养基　　MS 培养基是 1962 年由 Murashige 和 Skoog 为培养烟草细胞而设计的。特点是无机盐和离子浓度较高，是较稳定的平衡溶液。其养分的数量和比例较合适，对保证组织生长所需的矿质营养和加速愈伤组织的生长十分有利，可满足植物的营养和生理需要。它的硝酸盐含量较其他培养基高，广泛地用于植物的器官、花药、细胞和原生质体培养，效果良好。

（2）B₅ 培养基　　B₅ 培养基是 1968 年由 Gamborg 等为培养大豆根细胞而设计的。其主要特点是含有较低的铵，这是因为铵对不少培养物的生长有抑制作用。经过实验发现，有些植物的愈伤组织和悬浮培养物在 B₅ 培养基上比 MS 培养基上生长得要好，双子叶植物特别是木本植物更适宜在 B₅ 培养基上生长。

（3）White 培养基　　White 培养基是 1943 年由 White 为培养番茄根尖而设计的。1963 年对培养基成分进行了调整，提高了 $MgSO_4$ 的浓度，增加了硼元素，称作 White 改良培养基。其特点是无机盐数量较低，适于生根培养。

（4）N₆ 培养基　　N₆ 培养基是 1974 年朱至清等为水稻等禾谷类作物花药培养而设计的，其特点是成分较简单，KNO_3 和（NH_4）$_3PO_4$ 含量高。在国内已广泛应用于小麦、水稻及其他单子叶植物的花药培养和其他组织培养。

（5）KM8P 培养基　　KM8P 培养基是 1974 年由 Kao 和 Michayluk 为原生质体培养而设计的。其特点是有机成分较复杂，包括了所有的单糖和维生素，广泛用于原生质融合培养。

（二）培养基的配制

1. 母液（stock solution）的配制和保存　　为了避免每次配制时都要称量各种化学药品，常常把培养基中必需的一些化学药品，以 10 倍、50 倍或 100 倍量配制成一种浓缩液，这种浓缩液称为母液。配制母液不但可以保证各物质成分的准确性及配制时的快速移取，而且还便于低温保存。基本培养基中的大量元素、微量元素、维生素等一般都分别配制成母液。各种植物生长调节物质如 IBA、KT、6-BA 等，在各种培养基中需要灵活搭配使用，通常也单独配成母液。现以 MS 培养基（表 2-4）为例，说明母液的配制方法。

表 2-4　MS 培养基母液配制表（王蒂，2003）

种类	成分	规定量/（mg/L）	扩大倍数	称取量/mg	母液体积/mL	配 1L 培养基吸取量/mL
大量元素	KNO_3	1 900		19 000		
	NH_4NO_3	1 650		16 500		
	$MgSO_4 \cdot 7H_2O$	370	10	3 700	1 000	100
	KH_2PO_4	170		1 700		
	$CaCl_2 \cdot 2H_2O$	440		4 400	1 000	100
微量元素	$MnSO_4 \cdot 4H_2O$	22.3		2 230		
	$ZnSO_4 \cdot 7H_2O$	8.60		860		
	H_3BO_3	6.20		620		
	KI	0.83	100	83	1 000	10
	$Na_2Mo_4 \cdot 2H_2O$	0.25		25		
	$CuSO_4 \cdot 5H_2O$	0.025		2.5		
	$CoCl_2 \cdot 6H_2O$	0.025		2.5		
铁盐	$Na_2 \cdot EDTA$	37.30	100	3 730	1 000	10
	$FeSO_4 \cdot 4H_2O$	27.80		2 780		
有机物质	甘氨酸	2.00		100		
	盐酸硫胺素	0.10		5		
	盐酸吡哆醇	0.50	50	25	500	10
	烟酸	0.50		25		
	肌醇	100		5 000		

（1）大量元素母液配制　　大量元素主要包括含氮、磷、钾、硫和钙的无机盐，MS 培养基的大量元素主要包括硝酸铵、硝酸钾、磷酸二氢钾、硫酸镁和氯化钙 5 种化合物。大量元素一般配制成 10 倍的母液。配制时注意一些离子之间易发生沉淀，如 Ca^{2+} 与 SO_4^{2-}、Mg^{2+} 和 $H_2PO_4^-$ 等在一起可能发生化学反应，产生沉淀物。所以需要先将各种化合物按指定扩大倍数准确称量，再用少量蒸馏水或重蒸馏水分别充分溶解后，依次加入容量瓶中，最后用蒸馏水定容。$CaCl_2 \cdot 2H_2O$ 往往要单独配成母液或者要在最后加入。溶解 $CaCl_2 \cdot 2H_2O$ 时，蒸馏水需加热沸腾，除去水中的 CO_2 以防沉淀。另外，$CaCl_2 \cdot 2H_2O$ 放入沸水中易沸腾，操作时要防止其溢出。

（2）微量元素母液配制　　MS 培养基的微量元素由 7 种化合物（除 Fe 外）组成。微量元素用量较少，特别是 $CuSO_4 \cdot 5H_2O$、$CoCl_2 \cdot 6H_2O$，因此在配制时常常将表 2-4 配方的微量元素前三种配成微量 I，浓缩 100 倍，而后四种配制成微量 II，浓缩 200 倍或 500 倍。按照规定量，用感量为 0.0001g 的电子分析天平称量，其他同大量元素。

（3）铁盐母液配制　　有些培养基配方中的铁盐，如柠檬酸铁，只需和大量元素一起配成母液即可。而目前常用的 MS 培养基中的铁盐是四水硫酸亚铁（$FeSO_4$，$4H_2O$）和乙二胺四乙酸二钠（$Na_2 \cdot EDTA$）的螯合物，必须单独配成母液。这种螯合物使用起来方便，又比较稳定，不易发生沉淀。在配制铁盐时，如果搅拌时间过短，会造成 $FeSO_4$ 和 $Na_2 \cdot EDTA$ 螯合不彻底，此时若将其冷藏，$FeSO_4$ 会结晶析出。为避免此现象发生，配制铁盐母液时，$FeSO_4$ 和 $Na_2 \cdot EDTA$ 应分别加热溶解后混合，并置于加热搅拌器上不断搅拌至溶液呈金黄色（加热 20~30min），调 pH 至 5.5，室温放置冷却后，再冷藏。

（4）有机物质母液的配制　　MS 培养基的有机物质有甘氨酸、肌醇、烟酸、盐酸硫胺素和盐酸吡哆素。培养基中的有机物质原则上应单独配制。配制时直接用蒸馏水溶解，注意称量时用电子分析天平。由于维生素母液营养丰富，因此储藏时极易染菌。配制母液时应用无菌重蒸水溶解维生素，并储存在棕色无菌瓶中，或缩短储藏时间。

（5）激素母液配制　　植物组织培养中使用的激素种类及含量需要根据不同的研究目的而定。一般激素母液配制的终浓度以 0.5~1.0mg/mL 为好。

1）配制生长素类如 IAA、NAA、IBA，应先用少量 95% 乙醇或无水乙醇充分溶解；2,4-D 用 1mol/L 的 NaOH 溶解，然后用蒸馏水定容。

2）细胞分裂素如 KT 和 BA，应先用少量 95% 乙醇或无水乙醇加 3~4 滴 1mol/L 的盐酸溶解，再用蒸馏水定容。玉米素则需要先溶于少量 95% 乙醇中，然后用蒸馏水定容。

上述所有母液都应保存在 0~4℃ 冰箱中，若母液出现沉淀或污染则不能继续使用。配制好的母液瓶上应分别贴上标签，注明母液名称、配制倍数、日期及配 1L 培养基时应取的量。

2. 培养基的配制过程

（1）配制溶液　　按照培养基的配方计算吸取母液的量并依次吸取各母液，再用无菌水定容。之后将配好的液体培养基煮沸，加入称好的琼脂，继续加热至完全熔化，并不断搅拌，以免琼脂糊底烧焦。注意使用提前配制的母液时，应在量取各母液之前，轻轻摇动盛放母液的瓶子，如果发现瓶中有沉淀、悬浮物或被微生物污染，应重新进行配制。

（2）调节 pH　　用 pH 试纸（或 pH 电位计、氢离子浓度比色计）测试培养基的 pH，如不符合需要，可用 10% HCl 或 10% NaOH 进行调节。一般在调节时要比目标 pH 偏高

0.2～0.5 个单位，因为培养基在灭菌过程中经过糖等物质的降解，pH 会有所下降。

（3）分装　　熔化的培养基应该趁热分装。分装时，先将培养基倒入烧杯中，然后将烧杯中的培养基倒入锥形瓶（50mL 或 100mL）中。注意不要让培养基沾到瓶口和瓶壁上。锥形瓶中培养基的量为锥形瓶容量的 1/5～1/4。每 1L 培养基，可分装 25～30 瓶。

（4）包扎　　分装完毕后，及时用封口膜封口，并且注意标记好培养基的代号，准备灭菌。通常采用棉塞封口，外边包裹一层牛皮纸。有条件的可用封口膜，封口膜不虫蛀、不霉变，对培养物无毒害作用，耐高温高压。

（5）培养基的灭菌与保存　　培养基配制完毕后，应立即灭菌。培养基通常在高压蒸汽灭菌锅内，在 120℃条件下，灭菌 20min。经过灭菌的培养基应置于 10℃下保存，特别是含有生长调节物质的培养基，在 4～5℃低温下保存要更好些。含吲哚乙酸或赤霉素的培养基，要在配制后的一周内用完，其他培养基也应在灭菌后两周内用完。

二、动物细胞培养基的组成及其配制

（一）培养基的成分

动物细胞对培养基的要求较高，不同细胞系的要求也不尽相同，要尽可能提供与体内生活条件接近的培养环境。培养基的主要成分包括糖类、氨基酸、维生素、无机盐类、生长类因子及激素。

1. 糖类　　糖类可以提供细胞生长的碳源和能源，其中主要是葡萄糖，分解后释放出 ATP。不同细胞对葡萄糖的利用相似，可以进行有氧与无氧酵解，在无氧条件下可产生乳酸等有机酸。一般细胞对葡萄糖的吸收能力最强，半乳糖最弱，所以体外培养动物细胞时，几乎所有的培养基或培养液中都以葡萄糖作为必需的能源物质。

2. 氨基酸　　氨基酸是细胞合成蛋白质的原料。必须在培养基中添加至少 12 种必需氨基酸，才能满足细胞的生长。此外，还需要谷氨酰胺，它是体外动物细胞培养的重要碳源和能源，所含的氮是核酸中嘌呤和嘧啶碱基合成的来源，在细胞代谢过程中有重要作用。

3. 维生素　　维生素是一类微量的小分子有机生物活性物质，既不是细胞的物质基础，也不是能量物质，对代谢和生长起调节和控制作用。生物素、叶酸、烟酰胺、维生素 B_2、维生素 B_1、维生素 B_{12} 等都是动物细胞培养基常有的成分。

4. 无机盐类　　细胞内的无机盐是细胞代谢所需酶的辅基，同时维持细胞的渗透压和缓冲 pH 的变化。胞外无机盐对保证正常生长环境很重要。Na^+ 和 Cl^- 参与生理电活动，具有维持水平衡、保持渗透压和平衡酸碱的作用。Ca^{2+}、Mg^{2+} 是细胞的构成成分，对细胞间的相互黏附稳定起重要作用。碳酸盐缓冲液是重要的体内缓冲体系，与 K^+、Cl^- 等在维持酸碱平衡上具有重要作用。微量元素 Fe、Zn、Cu、Mn、Co、Mo、F、Se、Cr、I 等是酶的组成成分，调节酶活性。

5. 生长类因子及激素　　各种激素、生长因子对于维持细胞的功能、保持细胞的状态（分化或未分化）具有十分重要的作用。有些激素对细胞生长有促进作用，如胰岛素，它能促进细胞利用葡萄糖和氨基酸，使用浓度为 1～10μg/mL。有些激素对动物机体某些部位的细胞有明显促进作用，如氢化可的松可促进表皮细胞的生长，泌乳素有促进乳腺上皮细胞生长的作用等。常用其他激素有促卵泡激素、甲状腺素、催乳素、生育酚等。

细胞因子有表皮生长因子、成纤维细胞生长因子和神经细胞生长因子，根据不同细胞添加。为了细胞能贴壁生长，必需添加贴附因子，如纤维结合蛋白、胶原等。

（二）常用培养基的配制

1. 天然培养基（natural medium）　天然培养基是早期人们采用的细胞培养基，直接取动物组织提取液或体液作为培养基，如血浆凝块、血清、淋巴液、胚胎浸出液等。这类培养基营养价值高，但成分复杂且不稳定，来源也受到限制，不宜大量培养和生产使用。水解乳蛋白和胶原是两种较好的天然培养基，富含氨基酸。

血清是天然培养基中最有效和最常用的培养基，血清中含有丰富的营养物质，包括大分子的蛋白质和核酸等，对促进细胞生长繁殖、黏附及中和某些毒性物质的毒性有一定作用。血清的来源有胎牛血清、新生牛或成牛血清、马血清、鸡血清、羊血清及人血清，其中胎牛血清和新生牛血清应用最广。血清和水解酪蛋白应用于许多细胞系和原代及传代细胞培养。另外，血清使用前必须进行鉴定，只有无菌、无病毒、无支原体、无内毒素、无溶血，蛋白质及必需营养素达一定标准的血清才能使用。

2. 合成培养基（synthetic medium）　合成培养基是人工设计、配制的培养基，化学成分明确，组分稳定。合成培养基发展至今已有几十种，大部分已商品化。由于细胞种类和培养条件不同，适宜的合成培养基也不同，在动物细胞培养中最常用培养基有 BME、MEM、DMEM、IMEM、HamF12、PRMI1640、M199 等。

由于天然培养基中的一些成分仍不清楚，不能用已知的化学成分代替，因此在合成培养基中往往添加 5%～10% 的小牛血清。在杂交瘤培养中，添加浓度要求更高，一般为 10%～20% 的胎牛血清。血清的加入对培养非常有效，但对培养产物的分离纯化和检测会造成不便。

3. 无血清培养基（serum-free medium，SFM）　无血清培养基是全部用已知成分组配的不含血清的合成培养基，通常在含有细胞所需营养和贴壁因子的基础培养基中加入促细胞生长因子，保证细胞良好生长，是最适合制药生产的培养基。应用无血清培养技术可以排除血清培养时血清中许多未知因素的干扰，使实验结果更为可靠，还可能发现一些在血清培养中不容易发现的因子，如细胞生长调节因子和激素等。在生物制品的生产中应用无血清培养，可提高生物制品的质量和纯度，方便产物的分离纯化，减少由血清带来的污染，减少过敏原，降低成本，便于在生物反应器中进行代谢流分析，实施在线过程监控，精确投料。一些合成培养液可以作为无血清培养液的基础，如 TC199、IMDM、HamF10 和 HamF12。另外，也有其他商品化的无血清培养液，如淋巴细胞无血清培养基、内皮细胞无血清培养基、杂交瘤细胞无血清培养基、巨噬细胞无血清培养基等。

无血清培养基添加的附加成分主要有 4 类：细胞外基质（extracellular matrix，ECM）、低分子营养成分、激素与生长因子和酶的抑制剂，如胰岛素、孕酮、硒酸钠、腐胺、转铁蛋白等。其中，细胞外基质能帮助细胞附着和贴壁；低分子营养成分是细胞生长和代谢所必需的；激素与生长因子促进细胞生长增殖；酶的抑制剂保护细胞不受培养基内残留酶的损伤。

4. 动物细胞体外培养的其他常用溶液　细胞培养过程中，除需要上述培养基成分外，还经常用到一些平衡盐溶液、pH 调节液和抗生素溶液等。

（1）平衡盐溶液（balanced salt solution，BSS）　体外培养细胞对水质特别敏感，对水的纯度要求较高，最低要求电阻率在 $1\times10^6\Omega\cdot cm$ 以上。培养用水中如果含有一些杂质，即使含量极微，有时也会影响细胞的生长，甚至导致细胞死亡。配制培养液应使用经石英或玻璃蒸馏器三次蒸馏的三蒸水或超纯水净化装置制备的超纯水。超纯水存放时间一般不应超过 2 周。

平衡盐溶液主要由无机盐和葡萄糖配制而成，可以维持渗透压、调节酸碱度及供给细胞生存所需的能量和无机离子成分，主要作为合成培养基的基础溶液及用于洗涤细胞、组织等。平衡盐溶液中一般加入少量酚红作为酸碱指示剂，溶液变酸时呈黄色，变碱时呈紫红色，中性时为樱桃红色，可肉眼检测 pH 的变化。最常用的平衡盐溶液主要是 Hank's 液和 Earl 液两种，二者的区别主要是缓冲能力不同。前者的 $NaHCO_3$ 含量低，缓冲能力弱；后者的 $NaHCO_3$ 含量高，缓冲能力强（表 2-5）。

表 2-5　几种常用平衡盐溶液配方（g/L）（章静波，2002）

成分	Ringer	PBS	Earl	Hank's	Dulbecco	D-Hank's
NaCl	9.00	8.0	6.80	8.00	8.00	8.00
KCl	0.42	0.20	0.40	0.40	0.20	0.40
$CaCl_2$	0.25		0.20	0.14	0.10	
$MgCl_2\cdot 6H_2O$	0.20	0.20			0.10	
$Na_2HPO_4\cdot 2H_2O$		1.56		0.06		0.06
$NaH_2PO_4\cdot 2H_2O$			0.14		1.42	
KH_2PO_4		0.20		0.06	0.20	0.06
$NaHCO_3$			2.20	0.35		0.35
葡萄糖			1.00	1.00		
酚红			0.02	0.02	0.02	0.02

（2）pH 调节液　常用的 pH 调节液主要有 $NaHCO_3$ 溶液和 HEPES 缓冲液两种。

1）$NaHCO_3$ 溶液。$NaHCO_3$ 是培养基中必须添加的成分，一般情况下按说明书的要求添加，以保证培养基在 5% CO_2 的环境下 pH 达到设计标准。如果是封闭环境，所使用的培养基不需要按说明书加入 $NaHCO_3$，只需要使用 5.6% 或 7.4% 的 $NaHCO_3$ 调整 pH 到所需条件。此时常用 5.6% 或 7.4% 的 $NaHCO_3$ 溶液调节培养基，使其达到所要求的 pH 环境。配制时用重蒸水溶解后，经过滤除菌，分装到小瓶中，4℃冰箱保存。

2）HEPES 缓冲液。HEPES（4-羟乙基哌嗪乙磺酸）是一种具有较强缓冲能力的氢离子缓冲剂，对细胞无毒性。在开放式培养条件下，观察细胞时培养基脱离了 5% CO_2 的环境，CO_2 气体迅速逸出，pH 发生变化。若加了 HEPES 可以维持 pH 7.0 左右。通常使用浓度为 10～15mmol/L。配制时，称取所需量的 HEPES，用培养液溶解，用 1mmol/L NaOH 调节 pH 至 7.0，过滤除菌后分装到小瓶中，4℃冰箱保存。

3）消化液。原代培养的组织块需要经过消化解离形成细胞悬液，传代培养时也需要将贴壁细胞从瓶壁上消化下来，常用的消化液有胰蛋白酶溶液和 EDTA 溶液，有时也用胶原酶溶液。

4）胰蛋白酶溶液。来自牛、猪等动物胰脏的商品胰蛋白酶是一种黄白色粉末，易受潮，一般密封放置阴暗干燥处。它的主要作用是使细胞间的蛋白质水解，从而使贴壁细胞从瓶壁上脱落并使细胞游离分散开。组织培养用胰蛋白酶溶液一般配制浓度为 0.1%~0.25%，要用不含 Ca^{2+}、Mg^{2+} 及血清的平衡盐溶液配制，因为这些物质会对胰蛋白酶产生抑制作用。胰蛋白酶作用及溶解的最佳 pH 是 8~9，配制胰蛋白酶溶液应将液体调至 pH 为 8 左右，充分溶解后，过滤除菌。

5）乙二胺四乙酸（EDTA）溶液。EDTA 是一种化学螯合剂，其溶液又叫 Versene 液。对细胞毒性小，具有一定的非酶性解离作用，可以离散贴壁细胞，是常用的细胞消化液。一般使用浓度为 0.02%，经 Hank's 液溶解后，进行高温高压灭菌，然后分装到小瓶中，4℃或室温保存。

6）胶原酶溶液。胶原酶在上皮类细胞原代培养时经常使用，胶原酶作用的对象是胶原组织，因此不容易对细胞产生损伤。胶原酶的使用浓度为 0.1~0.3mg/L，作用的最佳 pH 为 6.5。胶原酶不受 Ca^{2+}、Mg^{2+} 及血清抑制，配制时可采用磷酸缓冲液。

（3）抗生素溶液　　为防止细胞培养过程中发生污染，一般在培养液中加入青霉素钠盐和硫酸链霉素，俗称"双抗溶液"。青霉素主要是对革兰氏阳性菌有效，链霉素主要对革兰氏阴性菌有效。加入这两种抗生素可预防绝大多数细菌污染。通常用磷酸缓冲液或培养基配制成 100 倍浓缩液，其他抗生素多在双抗溶液不能控制污染时使用。

第四节　实验室生物安全

一、生物安全的基本概念

生物安全（biosafety）是指对动物、植物和微生物等生物体给人类健康和自然环境可能造成的不安全的防范，主要是针对病原微生物或具有潜在危害的重组 DNA 等生物危险的防范。生物安全是一个系统的概念，即从实验室研究到产业化生产，从技术研发到经济活动，从个人安全到国家安全，都涉及生物安全性问题。实验室工作人员在处理病原微生物、含有病原微生物的实验材料或寄生虫时，为确保实验对象不对人和动植物造成生物危害，确保周围环境不受其污染，对实验室的设计与建造都有特别的要求。依据生物安全水平（biosafety level，BSL）的等级及从事病原微生物的危害程度，一般把生物安全实验室（biosafety laboratory）分为四级，即 BSL-1（P1）、BSL-2（P2）、BSL-3（P3）和 BSL-4（P4），如果是动物生物安全实验室，其表示符号前加上字母"A"。其中一级对生物安全隔离的要求最低，四级最高。三级和四级属于高级别生物安全实验室，有时也称为生物安全洁净室，即常说的 P3、P4 实验室。生物安全实验室的分级见表 2-6。

表 2-6　生物安全实验室分级

实验室分级	处理对象
BSL-1 级	对动植物和环境危害较低，不会引发疾病
BSL-2 级	对动植物和环境有中等危害或具有潜在危害的致病因子
BSL-3 级	可通过气溶胶使人传染上严重的甚至是致命的致病因子，对动植物和环境有高度危害；通常有预防治疗措施
BSL-4 级	对动植物和环境有高度危险性。通过气溶胶途径传播或传播途径不明，没有预防措施

二、生物安全实验室的组成

生物安全实验室由主实验室、其他实验室和辅助用房组成。主实验室的设备主要有生物安全柜和动物隔离器，须穿正压防护服在其中操作，是生物安全实验室中污染风险最严重的区域。其他实验室进行辅助实验，辅助用房有缓冲室、更衣室、洗浴室等。

P4 实验室由更衣区、过滤区、缓冲区、消毒区和核心区组成。在实验室的四周装有高效空气过滤器。到达实验室的核心区，共有 10 道门，最里面的 7 道门是互锁的，更衣区依次为外更衣室、淋浴室和内更衣室。消毒区为化学淋浴室，工作人员离开主实验室时必须经过化学淋浴对正压防护服表面消毒。核心区任何相邻的门之间都有自动连锁装置，防止两个相邻的门被同时打开。对于不能从更衣室携带进出主实验室的材料、物品和器材，应在主实验室墙上设置具有双门结构的高压灭菌锅、浸泡消毒槽、熏蒸室或带有消毒装置的通风传递窗，以便进行消毒或传递。核心区里配有生物安全柜、超低温冰箱、离心机、细胞培养箱、显微镜和实验台、小型动物实验室等。

三、生物安全水平及相关操作规程

体外培养时，不仅要保证培养物不受污染，也要保证培养物不会对实验人员和环境造成污染。目前，细胞工程实验室尚无单独的安全标准，一般可根据培养材料所含有的致病病原情况，参照相应级别的生物安全实验室进行设计和管理。就大多数动物细胞培养而言，如果没有被灵长类动物病毒或者致病的细菌、支原体、真菌感染，可以考虑按一级生物安全（P1）要求，即按照细胞培养最基本的要求进行操作。主要包括限制随便进出实验室；操作前后要消毒；所有操作要用专门机械吸取，不能口吸；禁止在实验室进食及吸烟，不允许在实验区域存放食品；要着专门实验服；处理细胞前要洗手；细胞应放在超净工作台上操作。所有源自灵长类动物的材料或细胞系、接触过灵长类病毒或被其转化了的细胞系及含支原体的细胞系都要按照二级生物安全（P2）要求进行操作。二级生物安全在一级生物安全要求的基础上，增加以下内容：所有可能产生气溶胶的操作都应使用垂直层流生物安全小室；所有污染物都应放入装满蒸馏水的防漏不锈钢桶内；大的塑料器皿盖紧后放入高压消毒袋中进行高压消毒；在处理或冲洗用过的器皿前，应先进行高压消毒；当皮肤不可避免要与感染材料接触时，应戴上乳胶手套。

思　考　题

1. 常用的植物细胞培养基种类有哪些？各有什么特点？
2. 简要说明 MS 培养基的基本组成。
3. 配制培养基时，为什么要先配制母液？如何配制母液？
4. 常用的灭菌方法有哪些？各有哪些优缺点？
5. 动物细胞培养常用的培养基成分有哪几类，在离体培养中的功能是什么？
6. 接种的植物材料如何进行预处理？如何接种？
7. 配制培养基时，需加入一定量的植物生长调节物质，它们在离体培养过程中有哪些作用？
8. 什么是生物安全实验室？目前，生物安全实验室的种类有哪些，各有什么特点？

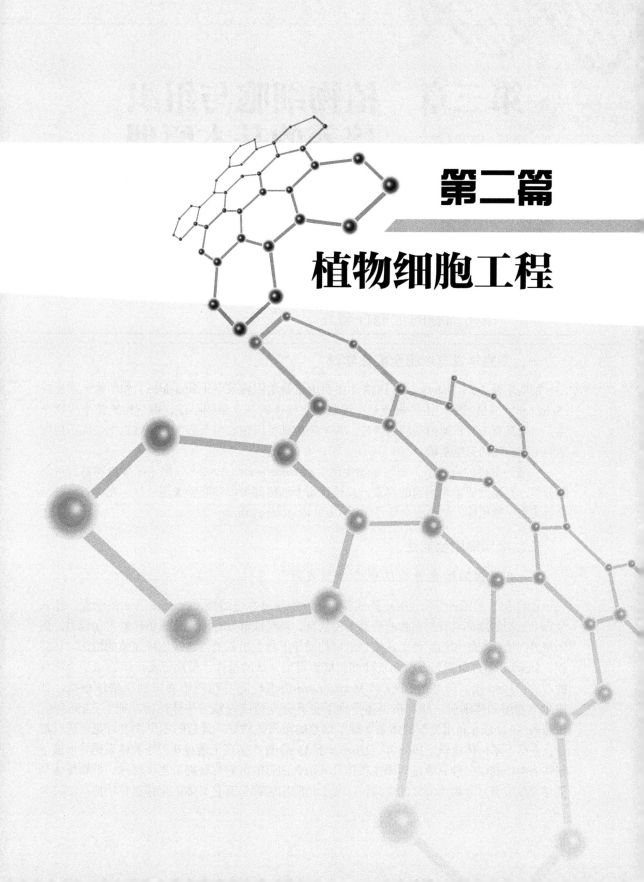

第二篇

植物细胞工程

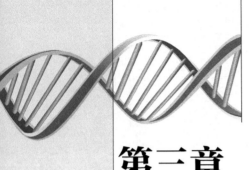

第三章　植物细胞与组织培养的基本原理

植物细胞与组织培养是指将植物的细胞与组织离体后，在人工控制条件下进行培养，使其生长、增殖或再生成完整植株的技术。细胞与组织培养技术是细胞工程的基本技术，其理论基础是细胞的全能性。

第一节　植物细胞的全能性概述

一、细胞学说与细胞全能性学说

细胞学说（cell theory）是 1838 年由德国植物学家施莱登（Schleiden）和动物学家施旺（Schwann）提出来的。主要观点是：细胞是生物体的基本结构单位，由它构成整个生物个体。如果具有与有机体内相同的条件，每个细胞都可以独立生活和发育。细胞学说成了植物细胞工程研究的思想基础。

在细胞学说的启示下，德国植物生理学家 Haberlandt（1902）提出了高等植物器官可不断分割，直至分成单个细胞的观点，并预言每个细胞都可以和胚胎细胞一样，在经过体外培养后成为完整植株，即细胞全能性学说（cell totipotency theory）。

二、植物细胞全能性

（一）植物细胞全能性的概念及其发展

1943 年，美国科学家 White 正式提出植物细胞具有全能性（totipotency）的学说。他认为每个植物细胞都具有该物种的全部遗传信息，具有能够发育成为完整植株的潜在能力。离体培养的植物组织和细胞可以在植物激素的诱导下再生出新的器官或生成完整的植株。1958年，Steward 通过对胡萝卜根韧皮部细胞培养得到完整的植株，首次证实了植物细胞全能性的存在。1966 年，印度的 Guba 和 Meheshiwari 由毛曼陀罗花药培养得到单倍体植株，证明生殖细胞和体细胞一样，在离体条件下也具有发育成完整植物体的潜在能力。1967 年，Bourgin 和 Nitsch 利用类似的体系实现了烟草的单倍体诱导。其后的不少学者对花药进行培养，获得了单倍体植株。1968 年，Niizeke 和 Oono 首次实现了通过花粉培养体系诱导形成单倍体谷类作物。另外，通过对原生质体及其融合细胞的培养均获得了再生植株。植物细胞全能性至少应有以下两个方面的含义：①每个植物细胞都具有它母体的全部遗传特性；②每个细胞都可以在特定条件下发育成为与母体一样的植株。

（二）植物细胞具有全能性的原因

在高等植物的有性生殖过程中，两个单倍体的配子（卵细胞和精细胞）融合后形成二倍体的单细胞受精卵，并继续发育成胚胎，最终形成完整的新植株。因此，单细胞受精卵具有发育成完整植株的能力，是植物中典型的全能性细胞。植物体的全部细胞都是由受精卵经过有丝分裂产生的。受精卵是一个特异性的细胞，它具有本种植物所特有的全部遗传信息。因此，植物体内的每一个体细胞也都具有和受精卵相同的 DNA 序列和细胞质环境，当这些细胞在植物体内的时候，由于受到所在器官和组织环境的束缚，仅仅表现一定的形态和局部功能，可是它们的遗传潜力并没有丧失，全部遗传信息仍被保持在 DNA 序列之中，一旦脱离了原来器官组织的束缚，成为游离状态，在一定的营养条件和植物激素的诱导下，细胞的全能性就能表现出来，像一个受精卵那样，由单个细胞形成愈伤组织或胚状体，进而长成完整的植物体。细胞全能性学说为植物细胞工程的发展提供了坚实的理论基础，同时也为研究胚胎发育的分子机制提供了体外实验模型。在自然界中，许多特殊的植物能够在卵细胞未受精的情况下产生胚胎，即无融合生殖现象。在无融合生殖植物中，胚胎可以由胚珠孢子体组织或未退化的配子体细胞直接发育而成。植株上大多数组织和器官的体细胞只能表现一定的形态和生理功能，这是因为它们受控于其所在植株部位的特定生长发育环境。而当它们一旦脱离植株而处于离体状态，失去特定发育环境条件的束缚，在一定的条件下（如胁迫、创伤或激素等外界条件刺激下），植物体细胞就会进入重编程过程，进而表现出细胞全能性。

高等植物主要再生途径可分为以下三种：①组织修复（tissue repair）；②器官从头再生，包括根从头再生和芽从头再生；③体细胞胚再生（图 3-1）。组织修复是指组织或器官在损伤或缺失后，可以修复或重新生长出能够替代原来组织器官行使功能的结构。根和芽的从头再生是指受伤或离体的植物组织长出不定根或不定芽的过程。器官从头再生是植物再生的重要方式，与体细胞胚再生不同，植物器官从头再生的过程仅需诱导外植体（explant，离体组织

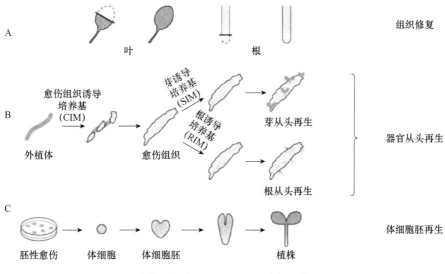

图 3-1　高等植物主要再生途径（许智宏等，2019）

或器官）形成茎端分生组织（SAM）和根端分生组织（RAM），无须经过类似胚胎发育的过程。体细胞胚再生是指已分化的体细胞在一定条件下脱分化获得分生能力，经过类似胚胎发育的过程形成完整植株。

三、植物细胞全能性的实现

（一）细胞全能性表达的条件

一个已分化的细胞要实现其全能性一般要经历两个过程：一是脱分化，使外植体的细胞转变成胚性细胞，从而获得分生能力；二是再分化，使胚性细胞分化形成器官。理论上，植物任何体细胞都具有全能性，具有再生完整植株的潜能。但在细胞工程实践中，不是所有体细胞都易再生成完整植株。不同分化程度的细胞其脱分化的能力不同。Gautheret（1942）指出，一个细胞向分生状态恢复所能进行的程度，取决于它在原来所处的自然部位上已经达到的分化程度和生理状态。要实现细胞全能性必须满足两个条件：①具有较强全能性的细胞从植物组织抑制性影响下解脱出来，使其处于独立发育的离体条件下；②赋予离体细胞一定的刺激，包括营养物质、植物激素、光周期、温度、酸碱度方面等。

（二）离体条件下植物细胞全能性实现的途径

1）以植物的体细胞（如根、茎、叶、花、果实、木质部、形成层、韧皮部、中柱鞘等）为培养材料，可以诱导形成完整植物体。

2）以植物的性细胞（如小孢子和大孢子）为培养材料，可以诱导形成完整植物体。

3）用酶解法去除植物细胞的细胞壁，培养裸露的原生质体，可使原生质体发育成完整植物体。

4）加入促融剂，可以诱导两个不同种的原生质体融合，继续培养可发育成杂种植物。

5）将外源基因通过不同基因载体（Ti 质粒或 Ri 质粒）引入植物细胞，使植物细胞在分子水平上发生修饰，经离体培养后可再生成具有新性状的植物体。

第二节　植物细胞的分化

一、植物细胞的分化概述

（一）植物细胞分化的概念

所谓细胞分化（cell differentiation）是指由发育起始状态的合子沿个体发育方向不断分化出形态结构、生理功能不同的细胞、组织、器官而最终形成完整植株的过程，即细胞的分工导致其结构和功能改变或发育方式改变的过程。在细胞水平上，细胞分化就是指细胞在形态、结构和功能上发生改变的过程。

植物体中的任何一个生活细胞都携带有这个物种全部的遗传信息，即整套基因组。据估计，一个高等生物体有几万至十几万个基因，这些基因又组成了数百个基因类群，其中某些基因类群的有序表达，就使原始分生细胞发育成具有特定形态结构和功能的细胞，这就是在分子水平上的细胞分化。通过细胞分裂和分化，原来遗传同质的分生细胞就可以发育为在形态、结构、功能上具有稳定性差异的细胞、组织或器官。植物细胞的分化表现在细胞多个方面上的差异，如形状、大小、细胞器和细胞壁的组成与类型等，但细胞核内的 DNA 组成一般不发生改变，也就是说，分化的细胞仍包含与受精卵相同的遗传信息。全能性概念是理解分化的基础，分化细胞的这种差异一般与其功能相适应，它包含两方面含义：①细胞变得与先前状态不同；②细胞变得与相邻细胞不同。细胞分化的实质是基因组保持相同而表达的基因有所不同，从而使同一基因型细胞在形态、结构和功能等方面具有不同表型。

（二）植物细胞分化的现象

细胞分化的现象普遍存在于植物界，无论是高等植物还是低等植物，都存在细胞分化的现象。低等植物，如细菌、黏菌、真菌、藻类、地衣等均具有简单的细胞分化现象，细菌芽孢的形成、真菌孢子的形成、藻类异配子的形成等都是细胞分化现象；高等植物中的种子，经双受精后形成合子，细胞分化从合子的第一次分裂开始，形成具有根端和茎端的胚胎（种子），根端和茎端分生组织细胞不断分裂和分化，形成具有不同功能的器官，最终完成植物个体的发育周期（图 3-2）。高等植物细胞的分化比低等植物复杂得多。

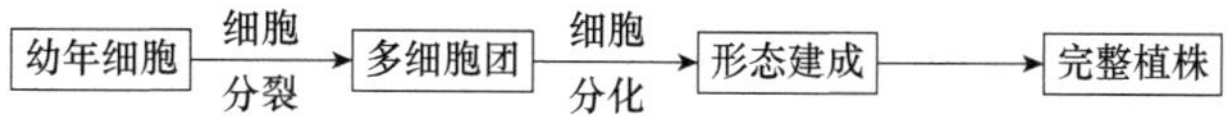

$$\boxed{\text{幼年细胞}} \xrightarrow[\text{分裂}]{\text{细胞}} \boxed{\text{多细胞团}} \xrightarrow[\text{分化}]{\text{细胞}} \boxed{\text{形态建成}} \longrightarrow \boxed{\text{完整植株}}$$

图 3-2　高等植物个体的发育周期示意图

（三）植物细胞分化的分子遗传学学说

早在 19 世纪末，Haberlandt 就提出了一种研究植物分化的新思路，他认为，就整株植物而言，分生细胞是分化的起始点，细胞的分化状态在很大程度上取决于该细胞所处的位置，或者说是该细胞所处的微环境，若将细胞离体培养，通过培养条件的人为控制，观察其对植物细胞分化的影响，就可能了解分化的本质。

细胞分化过程都受位置效应控制。植物体任何细胞都是由受精卵经历若干阶段发育而成的，是发育过程中特定阶段的产物，一系列基因类群的有序表达使该细胞在生物系统中占有特定的位置。在一个完整生物体中每一个细胞、组织或器官均受其邻近细胞、组织或整个植株的制约，在一般情况下各自执行其功能，以适当方式改变其位置效应，该细胞的发育形式也就有可能随之发生变化。这种相互制约的关系使其形成一个完整协调的整体。

植物细胞分化过程中，分生细胞可以通过逐渐液泡化而进行成熟生长。分化程度较低的细胞是薄壁细胞，具有脱分化的潜能和较高的可塑性，在特定的条件下又可产生分化程度高的细胞和组织，如不定芽、表皮细胞及愈伤组织等。一般已分化细胞具各种细胞器，但不同功能的细胞其细胞器的差异很大。分化程度较高的细胞存在不可逆分化，如程序性细胞死亡（programmed cell death，PCD）。

细胞分化是多细胞生物个体形态发生的基础，它是由基因决定和调节的。在一个已分化的成熟细胞中，通常仅 5%～10% 的基因处于活化状态，而其他大部分遗传信息不再表达。不同基因活化，合成不同的酶或蛋白质分子，故而可以认为具有同样基因型的细胞合成不同的酶或蛋白质时，即表现出分化，最终使细胞表现出执行特定功能的特性。基因表达的差异也会导致代谢途径的差异，从而导致细胞结构的差异。生物遗传性决定了其基因表达的时空程序和模式，遗传调节机制决定一个细胞在何时、何地、何种情况下表达哪一个（类）基因，使其在机能和形态结构上产生显著的质变。

二、离体条件下植物细胞的脱分化和再分化

（一）细胞的脱分化和再分化

一般而言，分化细胞的表型较稳定，以执行特定功能。但在某些特定条件下，分化细胞的表型也不稳定，其基因活动模式也发生可逆的变化，细胞脱离原状态而回到分生状态，这一变化过程叫脱分化或去分化（dedifferentiation）。细胞脱分化往往产生愈伤组织（callus）。脱分化细胞失去了分化的特征，但在特定条件诱导下，可再次开始新的分化发育进程，最终形成各种组织、器官或胚状体等，即再分化（redifferentiation）（图 3-3）。在大多数情况下，再分化过程是在愈伤组织（callus）细胞中发生的，有时则直接发生于脱分化的细胞中，无须经过愈伤组织阶段。

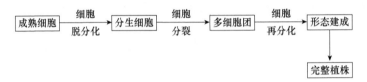

图 3-3 高等植物细胞脱分化和再分化示意图

（二）离体条件下细胞脱分化和再分化的过程

植物各器官外植体经过离体培养到再分化形成各器官的过程大致可分为三个时期。

1. 诱导期 诱导期是指细胞准备进行分裂的时期。外植体接受外界条件刺激，应激改变了原有的代谢，加强了核酸和蛋白质的合成代谢。此时距伤口较近的薄壁细胞略有增大，细胞质开始增多，相应的液泡缩小，核变大，呈球形，并由细胞边沿向中央移动；核仁明显变大，RNA 含量增加，细胞回复到具有分裂能力的状态，进入分裂的准备阶段，开始脱分化。

诱导期持续的时间因植物种类、外植体来源、培养基及培养条件等不同有差异。例如，菊芋诱导一般只需 1d，而胡萝卜需 2d，刚收获的菊芋块茎只需 22h。

2. 分裂期 如果说诱导期是脱分化的开始，那进入分裂期则是脱分化的完成，同时也是再分化的开始。若外植体上存在分生组织，这些组织可不经脱分化而直接分裂，而成熟细胞必须在细胞分裂之前脱分化，由成熟向幼态逆转，恢复其分裂能力。

分裂期的主要特征是被启动的细胞全面地进行活跃分裂。启动分裂的细胞体积变小，细胞内有旺盛的物质合成，并逐渐恢复到分生组织状态。在细胞形态上，细胞呈多边形，细胞核和核仁变大，细胞质更浓厚，液泡少而小，RNA 含量继续增加，很像处于分生组织状态的根尖或茎尖细胞，细胞分裂形成的分生细胞团形成生长中心。细胞反复增殖，突破外层的组织向外生长，形成一团团愈伤组织。启动细胞的分裂面是多方向、不规则的，既有平周分裂，又有垂周分裂，还有斜向分裂。这个时期细胞分裂快，结构疏松，未器官化，颜色浅而透明，如果在原培养基上继续生长，则不可避免地发生再分化，若立即转移到新鲜的培养基

上，则愈伤组织可无限地进行细胞分裂，并保持不分化状态。

3. 分化期　分化期也称形成期，其特征是出现组织分化，如周皮分化和维管组织分化等。这一时期与分裂期没有明显界限，一方面细胞不断分裂增殖，形成大量愈伤组织，另一方面细胞开始再分化。此时愈伤组织表层细胞的分裂逐渐减慢，直至停止；而愈伤组织内部细胞开始分裂，并且改变分裂面的方向，出现瘤状结构的外表面，内部开始分化。这一时期细胞组织学的特点主要是：第一，脱分化形成的分生细胞再分化形成薄壁细胞，组成愈伤组织中主要的细胞类群，这些薄壁细胞在适宜的条件下又能脱分化形成分生细胞；第二，在薄壁细胞中，有些长形的薄壁细胞在纵向壁上出现木质化的增厚条纹，细胞质解体，形成管状分子。随着愈伤组织表层细胞分裂的减缓和停止，组织内部的管状分子横向壁木质增厚，呈网状，多个管状分子端壁上形成穿孔，首尾相连，形成一纵行排列的导管。

离体条件下器官再生都必须经过细胞的脱分化过程，除原有的芽（包括潜伏芽在内）和根原基外，培养外植体多数情况下需经过细胞的脱分化形成愈伤组织后器官再发生。

以上三个时期的划分并不严格，特别是分裂期和分化期，往往在同一块愈伤组织中并存。在整个分裂期和分化期，愈伤组织都在生长着。

愈伤组织转移到分化培养基后，出现器官分化，进入形态发生期，从愈伤组织团块上产生不定根或不定芽、胚状体。这一时期的主要特点是形成器官或体细胞胚。

愈伤组织如不及时继代培养，就会进入衰退老化期，丧失细胞分裂和形态发生能力，最终褐变而死亡。

三、愈伤组织的生长和继代

植物愈伤组织（callus）通常是指植物受到机械、动物或微生物等伤害后，创伤部位的细胞脱分化而不断增殖形成松散排列、无特定结构和功能的非器官化组织。植物愈伤组织一般为淡黄色或白色，也有淡绿色或红色等，老化的愈伤组织多转变为黄色或褐（黑）色。植物器官或组织进行离体培养时，外植体也能产生愈伤组织。愈伤组织的形成是成熟细胞脱分化的结果，愈伤组织形成后，通过器官或体细胞胚胎发生可实现植株再生。

（一）生长特性

1. 愈伤组织的类型　根据组织学外观特征及其再生方式，将愈伤组织分成两大类，即胚性愈伤组织（embryonic callus，EC）和非胚性愈伤组织（non-embryonic callus，NEC）。一般胚性愈伤组织质地较坚实，颜色有乳白色或黄色，表面具有球形颗粒，其生长缓慢；而非胚性愈伤组织松散易碎，颜色有黄色或褐色，表面粗糙，生长迅速（图3-4）。从细胞学角度来看，前者由等直径细胞组成，细胞较小，原生质浓厚，无液泡，常富含淀粉粒，核大，分裂活性强；后者由不规则的薄壁细胞组成，细胞大，高度液泡化，核质比小，分裂活性弱。

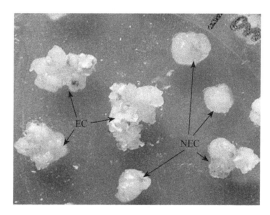

图3-4　小麦幼胚诱导形成的胚性愈伤组织（EC）和非胚性愈伤组织（NEC）（由张小红提供）

尽管胚性愈伤组织和非胚性愈伤组织在外部形态和内部结构上差异很大，但在多数培养物中这两者同时并存。一般只有胚性愈伤组织有再生能力，而非胚性愈伤组织在分化培养基上往往只能再生出不定根，很难分化出不定芽。某些植物的非胚性愈伤组织经适当继代培养，可转变为胚性愈伤组织。

胚性愈伤组织又可分为致密型和易碎型两类（图3-5，图3-6）。致密型胚性愈伤组织表现为结构致密、表面有许多疣状突起，继代培养中不易松散；易碎型胚性愈伤组织质地松散，无疣状突起，继代培养中易散碎，这类愈伤组织适宜建立悬浮细胞系。这两类胚性愈伤组织都能在分化培养基上再生为完整植株。在玉米愈伤组织培养中，有人将其胚性愈伤组织分为3种类型：Ⅰ型胚性愈伤组织呈乳白色或绿色，结构致密，复杂多样，生长缓慢，不易长时间保持胚性，其再生方式有体细胞胚胎发生和器官发生两种途径；Ⅱ型胚性愈伤组织为淡黄色或黄色，结构松散、松软，呈颗粒状，生长较快，能够长时间保持胚性；Ⅲ型胚性愈伤组织呈白色或灰色透明水渍状，软散无结构，形似冰针或絮状，此类愈伤组织继代易褐化而死亡。这三类胚性愈伤组织间可以相互转化。

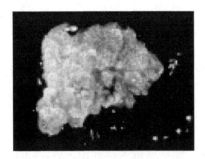

图3-5   百合致密型胚性愈伤组织
（陈丽静，2000）

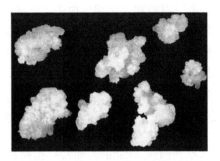

图3-6   水稻易碎型胚性愈伤组织
（马慧，2004）

2. 愈伤组织的细胞组成   愈伤组织由不同类型的细胞组成，主要有分生细胞、薄壁细胞、厚壁细胞和管状分子等。

1）分生细胞存在于分生组织和胚状体内，其细胞小，细胞核占比例大，细胞质着色深，无或少有液泡。

2）薄壁细胞较大，细胞非圆形，核小，且被中央大液泡挤到边缘，很多薄壁细胞中不见核的存在，部分薄壁细胞已解体，细胞质内无或残留少量物质，残留物着色均一。

3）厚壁细胞存在于愈伤组织表面，其细胞质已解体，细胞壁是通过木质化或栓质化加厚而形成的。

4）管状分子是由薄壁细胞经细胞壁木质化次生加厚形成的，有环纹、网纹和孔纹三种类型。愈伤组织生长过程中不同类型的管状分子存在方式与活体植株组织中的存在方式相同，幼嫩的环纹式管状分子大都以单独的或少数聚集的方式存在，以适应细胞延长；网纹和孔纹管状分子次生壁坚固，大量成团，出现在生长缓慢的部分。管状分子存在于愈伤组织与培养基相连接的部位，是分生细胞中心与培养基之间的输导通道。

3. 愈伤组织的结构   外植体细胞遗传组成的差异、细胞间互作、营养和水分供应及生长调节物质的刺激等作用，造成愈伤组织块中不同区域组织结构的不同，进而表现出细胞增殖速度、器官分化能力和分化程度的不同。因此，愈伤组织的结构是不均一的，同时还具有生理和遗传上的嵌合性和变异性。

曹清波（1992）等对小麦愈伤组织的结构进行了研究，认为愈伤组织内细胞排列是有一定规律的。愈伤组织内的细胞表现了结构与功能的统一。从愈伤组织与培养基接触处开始，向外可以看到三层结构：第一层（内层）以管状分子为主，早期表现为具有中央大液泡的长形薄壁细胞，细胞增长的同时，细胞壁木质化，薄壁细胞逐渐演变为管状分子。第二层（中层）以分生细胞中心为核心，由大量薄壁细胞包围而成。分生细胞区域为圆形或冠形，生长过程中可以发育成几个分生细胞中心。第三层（外层）以薄壁细胞为主，有少量厚壁细胞，此层细胞均为死细胞，呈细砂粒状的愈伤组织几乎都是这种薄壁细胞。层与层之间均由薄壁细胞相连，无明确的界线。另外，少数愈伤组织最外面还有一层排列紧密的表皮状结构。

4. 愈伤组织细胞增殖　分生细胞中心对愈伤组织的生长和发育起作用，而其活动使分生细胞中心分散，某些新的中心向外移动；在愈伤组织表面形成局部突起，而分散的分生细胞中心之间靠液泡化的薄壁细胞介导物质交换，分生细胞中心与培养基之间的物质交换是通过薄壁细胞或管状分子进行的。

（二）愈伤组织的保持和继代

愈伤组织在诱导培养基上生长一段时间（约4周）后，诱导培养基中营养物质的消耗，水分散失，培养物分泌产物在培养基中积累等因素，导致愈伤组织生长减缓或停止，其内部开始细胞分化，这样就很难保持一个旺盛分裂的、均一的愈伤组织群体，甚至老化死亡。因此要及时将愈伤组织转移到新鲜培养基上进行继代培养，使其长期处于旺盛的生长状态，以供后期的研究使用。继代培养的最适时间是愈伤组织的生长达到高峰期之前，这时的细胞处于旺盛分裂中，继代后很容易恢复生长，继续分裂。

继代培养方法有固体培养和液体培养两种。继代培养首先要将诱导的愈伤组织分割成小团块，每个小团块必须具有一定的细胞群体，以确保其在新鲜培养基上定植。如果转移的团块太小，会导致细胞缓慢生长甚至不生长；若转移团块太大，由于营养物质供应的梯度差异，很难获得均一的细胞群体。一般接种的愈伤组织块大小为 $5mm^3$，鲜重为 $20\sim100mg$比较适宜。

固体培养简便易行，只要具备一般实验条件就可进行，因而应用广泛。但缺点是：①由于被培养的愈伤组织仅一部分和培养基接触，在培养过程中，接触部位的营养物质很快被吸收掉，而从培养基其他区域补充较慢，造成愈伤组织生长的不平衡；②愈伤组织在培养过程中排出的有害物质在培养物附近积累；③在静止放置情况下，受重力作用和单向受光等因素影响，愈伤组织极易出现极化和分化，产生微管分子和结节等分化细胞，最终难以获得均一的细胞群体。

液体培养的优点是：①在液体培养中愈伤组织吸收营养均衡，易获得均一的细胞群体；②愈伤组织块在液体振荡培养中会分裂成更小的细胞团或单细胞，因而产生更大的吸收表面积。

在液体培养基中，体细胞胚胎发生比固体培养基更容易。因此，在愈伤组织继代增殖中，也可在液体培养基中培养一段时间后，再转移到固体培养基上进行分化再生形成完整植株。

事实上，外植体诱导产生的愈伤组织都是胚性和非胚性细胞的混合物。随着培养时间的延长和继代次数的增多，部分胚性愈伤组织将转化为非胚性愈伤组织，导致愈伤组织的再生能力逐渐下降甚至完全丧失。为保持愈伤组织的胚性潜力，在其对数生长期应及时继代培养，并适当降低培养基中 2,4-D 浓度。一般在胚性愈伤组织形成后，对其进行筛选，以减少细胞培养物染色体的变异并保持胚性。

（三）长期培养物形态发生潜力的丧失

在离体培养条件下，有些愈伤组织或悬浮培养物起初具有器官发生或胚胎发生潜力，但经过多次继代培养之后，这种形态发生能力逐渐下降，甚至完全消失，这是一个普遍现象。目前对这种现象有三种学说。

1. 生理学说　　生理学说认为培养物形态发生潜力的下降可能是细胞或组织内激素平衡关系改变造成的。

Fridborg 和 Eriksson（1975）观察到，将愈伤组织在含有 2,4-D 的培养基中培养 8 周后，本来具有全能性的胡萝卜培养物完全停止了胚胎发生过程，然而，若在这种含有生长素的培养基中加入 1%～4% 的活性炭，又可以恢复其全能性。这一现象说明，在这个培养系统中，胚性潜力的丧失可能是内源生长素水平提高所致。对甜橙驯化愈伤组织的研究也证实了生长素对胚胎发生的重要作用。起初，甜橙的珠心愈伤组织需要 IAA 和 KT 才能生长和发生胚胎分化，经过反复继代培养之后，愈伤组织的成胚潜力逐渐下降，大约在 2 年之后，某些后代组织已具备自身合成激素的能力而变成驯化组织，培养基中低至 0.01mg/L 的 IAA 也会抑制胚胎发生，这说明，甜橙驯化愈伤组织成胚潜力的下降，也是内源生长素水平太高所致。

2. 遗传学说　　这一学说认为，长期培养物形态发生能力的下降，是由于在培养细胞中常见的自发体细胞突变，包括染色体数目变异、染色体重排及 DNA 的甲基化等。这种由遗传引起的形态发生能力的丧失是不可逆的。

离体培养组织的细胞绝大多数都已分化，而一些植物的这些细胞在分化过程中不进行正常的有丝分裂，而是进行核内有丝分裂及核内复制而形成多倍性的体细胞。另外，已分化细胞在去分化培养的初期往往进行无丝分裂，导致染色体分配不均，产生多倍体和非整倍体细胞，而在去分化诱导、培养和继代中一些诱导因素（如激素）及环境条件可能加剧这一现象的发生，从而导致了长期培养物中细胞遗传组成上的不稳定。Sree 等（1983）测定了培养 0d、3d 和 7d 的马铃薯原生质体的核型变化，发现随着培养天数的增加，出现了一些多核细胞和双核细胞，他们直接从马铃薯外植体诱导出的愈伤组织在 1～6 周内也遵循一个相似的核型变化过程。

3. 竞争学说　　这一学说实质上是前两种学说的结合，其倡导者是 Smith 和 Streel（1974）。在胡萝卜细胞长期连续继代培养期间，有两个过程可能与胚胎发生能力的下降以至最终丧失有关。首先，细胞对于生长素 2,4-D 抑制全能性表达的作用变得比较敏感；其次，由于培养细胞在细胞学上的不稳定性，出现了缺乏胚性潜力的新的细胞系。这些细胞学上的变化不一定是染色体数目的变化，而可能只是遗传信息的小突变、丢失或易位。Jones（1974）已经证实，在胡萝卜培养物中，细胞群体在成胚能力上的不稳定性，可能是建立该培养物的组织带来的。在复杂的多细胞外植体上，只有少数细胞能产生胚性细胞团，其他细胞都是非全能性的。按照竞争学说，如果非胚性细胞在所使用的培养基中具有生长上的选择优势，在反复的继代培养中，非胚性的群体将会逐步增加，并且培养物中不再含有任何胚性细胞。如在培养基中仍含有少量胚性细胞，可通过改变培养基成分，使其有选择地促进全能性细胞的增殖，即可恢复其形态发生潜力。

四、影响植物细胞脱分化和再分化的因素

离体条件下植物细胞的脱分化和再分化受外植体内部因素、培养基、植物激素对愈伤组织培养的调控作用和培养条件等外部因素共同影响。

（一）外植体内部因素

1. 外植体基因型　理论上所有的植物细胞都具有全能性，可以诱导产生有再生能力的愈伤组织，但不同植物种类诱导形成愈伤组织的难易程度有很大差别。裸子植物、蕨类植物及苔藓植物诱导较难，而被子植物对愈伤组织的诱导较敏感；双子叶植物比单子叶植物容易诱导成功；草本植物比木本植物易产生愈伤组织及进行其后的形态建成。同科不同属、同属不同种、同种不同基因型个体在愈伤组织的诱导及植株再生能力上都有差异。研究表明，外植体基因型不同，在其脱分化的时间，形成愈伤组织的频率、质地及继代特性等方面都有一定的差异。

2. 外植体类型　同一种植物不同外植体类型对诱导愈伤组织的敏感性也有较大差异。一般而言，分生细胞和薄壁细胞较易诱导出愈伤组织。分生细胞不必经脱分化就可进行细胞分裂；分化程度低的薄壁细胞也具有较大的发育可塑性。无论使用哪种外植体，最初的细胞分裂总是始于靠近形成层和维管束的幼嫩部位的分生细胞或薄壁细胞。

目前，在胚性愈伤组织诱导中，应用最为广泛的外植体是幼胚，包括水稻、小麦、玉米、高粱、大麦、燕麦、黑麦等各种重要的禾谷类作物；幼穗也是高粱、小麦和大麦的适宜外植体来源；在小麦、高粱和黑麦上也有以幼叶为外植体成功的报道；此外，以根尖、茎尖、叶鞘、花药或花粉为外植体，也可诱导产生愈伤组织。

3. 外植体发育状态和取材时期　在胚性愈伤组织的诱导中，外植体的发育状态是一个十分重要的因素。同一外植体的不同发育时期诱导产生愈伤组织的质量差异很大，这可能是起始细胞生理生化状态存在差异的结果。Brackpool（1986）认为，外植体在发育过程中，存在一个很短暂的时期，此期外植体内的某些细胞处于未分化或部分分化状态，这些细胞具有形成胚性愈伤组织的能力，而处于这一发育时期之前或之后的外植体都只能形成非胚性愈伤组织。因此，选择适宜的取材时期可获得理想的培养结果。

来源于烟草幼嫩茎和叶片的离体组织比成株期茎和叶片的组织易于诱导产生愈伤组织并可继代培养；对于同一叶片，正在展开的离体叶组织比已充分展开的叶组织易于诱导愈伤组织；在胡萝卜根培养时，选择正处在膨大时期的根为外植体，易于诱导愈伤组织。

在小麦幼胚培养中，常以小麦授粉时间（10～14d）来确定取材时期。但是由于不同基因型小麦开花后幼胚发育速度不同，甚至同一麦穗不同部位的籽粒幼胚的发育状态都有很大差异，因此应根据实际情况确定相应的取材时期。

4. 外植体极性　所谓极性（polarity）通常是指在器官、组织甚至细胞中，在不同的轴向上存在某种形态结构和生理生化上的梯度差异。例如，用于扦插的枝条，不管是将其正插还是倒插，形态学下端总是长根，上端总是长芽。极性是植物分化中的一个基本现象，极性造成了细胞内生活物质的定向和定位，建立轴向，并表现两极的分化，导致两极的不对称

性。在一些植物的组织、器官诱导愈伤组织的培养中，外植体的固有极性对愈伤组织的诱导影响很大，烟草离体叶的背面朝下直接接触培养基容易诱导出愈伤组织，而叶背面朝上时在一些品种中很难或不易形成愈伤组织。小麦幼胚培养中，盾片向下直接接触培养基，多由胚根和胚芽形成愈伤组织，盾片诱导愈伤组织率低；而盾片朝上，则多由盾片产生愈伤组织。在玉米幼胚培养中也发现了类似情况。

5. 外植体损伤反应　　Haberlandt（1902）指出，受到伤害的植物细胞所释放出的物质对诱导细胞分裂具有重要的影响。他研究发现，在马铃薯块茎的切面上，由于形成了几层新细胞和多酚类物质沉积的保护层，从而使表层细胞停止分裂，在保护层下面才是创伤形成层。Steward 等（1951）把 2,4-D 和椰子汁加到马铃薯块茎的切片上，分裂可以继续，并形成了愈伤组织。Fosket 和 Roberts（1965）将胡萝卜根圆柱形外植体培养在不加 2,4-D 和椰子汁的培养基上，3d 后看到了外植体自外向内分成四层：①最外一层为破裂层，细胞内含物消失；②第二层为休眠细胞，这些细胞在组织切割时也受到了撞伤和压挤，但是是完整的；③第三层为分裂层，通常有 1~6 层细胞；④第四层为不进行分裂的中心细胞。用组织化学方法研究的结果表明，在培养 3d 后的分裂细胞层中琥珀酸脱氢酶、细胞色素氧化酶活性很高。

Yeoman 等（1968）把菊芋块茎的圆柱形外植体培养在含有 2,4-D 和椰子汁的培养基上，也能分辨出与上述相似的分层现象。但有一个重要的区别，就是在第二层不分裂的休眠细胞中含有很高的酸性磷酸酶活性，这种酶可以作为细胞正在自溶的一个指标。因而他们认为在分裂层上面未破坏的细胞的自溶产物提供了一种物质，在与外加生长物质的相互作用下，导致了下层细胞的分裂。把菊芋块茎组织的自溶产物取出来，加在培养组织上确实增加了细胞分裂的百分率。外层细胞在切离组织后立即开始释放出自溶产物，一直继续到外层细胞解体。但在不加 2,4-D 的情况下只有少数细胞分裂，并且不能形成愈伤组织，只有在加入 2,4-D 后才形成愈伤组织，可见形成愈伤组织是自溶产物和 2,4-D 相互作用的结果。

（二）培养基

培养基是影响愈伤组织培养效果的重要因素，合理选用培养基并根据愈伤组织的生长状态改变培养基有效成分及其配比，对于诱导愈伤组织和促使非胚性愈伤组织向胚性愈伤组织转化都具有重要的作用。

一般选择盐浓度较高的基本培养基，如 MS、B_5 及它们的改良培养基来进行愈伤组织诱导。在不同的培养基中，不同基因型植物其外植体诱导形成愈伤组织的难易程度不同。如在培养基中还原态氮（如铵态氮）含量高时，有利于愈伤组织的诱导；若硝态氮含量相对铵态氮较高，则有利于愈伤组织的分化；氨基酸、水解酪蛋白（CH）、嘌呤、嘧啶及天然添加物（如椰乳）等可促进愈伤组织的分化。但这些添加物对愈伤组织分化的效果与基本培养基的种类有关，如在 MS 培养基中加入 250μmol/L 色氨酸，可使水稻幼胚愈伤组织的再生频率提高 2 倍，而在 N_6 培养基上则表现为较强的抑制作用；在 MS 中加入 1mg/L CH 对再生能力影响不大，但在 N_6 培养基中则可使再生能力增加 3 倍。在培养基中添加高浓度的脯氨酸有利于维持玉米愈伤组织的胚性能力。

培养基渗透压对愈伤组织诱导、胚状体发生和植株再生有显著影响。高渗透压改变了细胞团的状态，使愈伤组织细胞质更浓、结构致密、生长缓慢，易使其分化，并有利于稳定其再生潜力。

（三）植物激素对愈伤组织培养的调控作用

愈伤组织的生长和分化受植物内源激素和外源生长调节物质的调控。内源激素通过与其受体结合和信号转导调控基因表达，引发体内一系列生化反应，产生特定生理作用，最终影响到植物细胞胚性潜力的诱导和维持。因而植物胚性愈伤组织的形成和维持在很大程度上受内源激素调控；外源生长调节物质对内源激素具有补充作用，其种类、浓度及配比应根据植物的基因型和外植体内源激素的浓度水平而定。外植体的幼嫩程度、生理状态及其在植株中生长部位的不同，使其对植物生长调节物质的需求也不相同。

1. 生长素 生长素是启动细胞分裂的重要激素，尤其是 2,4-D 对启动植物细胞脱分化很重要。人们用 ^{14}C、^{32}P、^3H 标记化合物，研究植物激素在细胞脱分化中的作用，发现植物生长素与含有精氨酸高的组蛋白结合，可使一部分基因活化、转录并表达，最终形成酶和蛋白质，细胞的代谢开始活化，进入脱分化过程。

2. 细胞分裂素 细胞分裂素的主要作用是促进细胞分裂，能使已经脱分化的细胞保持持续的有丝分裂。进一步用 ^{14}C、^{32}P、^3H 标记化合物研究细胞分裂素的作用时发现，在细胞周期中，细胞分裂素的调节作用发生在有丝分裂准备期，即 G_2 期。

3. 脱落酸 脱落酸（abscisic acid，ABA）在胚性愈伤组织诱导中有重要作用。一般高水平的内源 ABA 与胚性诱导的启动有关，而低水平的 ABA 有利于胚性愈伤组织的形成。Javed 等（1989）证明，ABA 的效应与外植体的发育时期有关，当以较为成熟的小麦胚为外植体时，ABA 促进胚性愈伤组织的发生；而以较为幼嫩的胚为外植体时，则抑制胚状体的发生。在分化培养过程中，胚性愈伤组织的 ABA 含量及 ABA/IAA、ABA/GA_3 的值高于非胚性愈伤组织。

4. 乙烯 离体培养的植物细胞会产生乙烯（ethylene，Eth）。在玉米愈伤组织培养中，应用乙烯抑制剂（如 $AgNO_3$）可促进高度胚性愈伤组织的形成。对烟草髓愈伤组织诱导的研究发现，乙烯的产生具有两个高峰，即在接种外植体或继代后数小时内产生大量乙烯，随后消失，经过一定时间后又出现一个乙烯产生高峰期。不仅细胞分裂素和生长素对乙烯生成有调控作用（有时表现增效作用，有时则相反），而且乙烯的产生也取决于培养基中其他生长调节物质的存在，甚至受光照或黑暗等条件的影响。

（四）培养条件

1. 光照 光照对愈伤组织培养的作用因植物种类和基因型而有差异，对于有些植物种类的外植体，光照有利于其愈伤组织的形成；而对于另一些植物种类的外植体，黑暗则有利于其愈伤组织的形成。光照的强度、波长及光周期等对愈伤组织培养的影响也存在差异。

2. 干燥处理 干燥处理除降低细胞含水量外，还可造成细胞的饥饿，引起细胞生理、生化的变化，而这些变化能促进愈伤组织分化再生。干燥处理曾用于大豆、水稻等作物，收到良好效果。对小麦愈伤组织进行干燥处理，在适宜的时间内可有效地提高植株分化频率。但如果处理时间过长，会使愈伤组织失水过多而导致一些细胞死亡。

3. 温度 愈伤组织的诱导及继代培养都需要一定的温度范围，一般 22～28℃对愈伤组织培养较为有利。例如，在 26℃时，烟草愈伤组织可在不加外源细胞分裂素的培养基上生长，而在 16℃时，则需加入外源细胞分裂素。

愈伤组织诱导、增殖与分化对温度的需求有所差异。例如，甜菜叶片的愈伤组织诱导率在31℃时要比在25℃时高，而其形态建成则在25℃时表达较好（形成较多的体细胞胚胎或不定芽）。

变温处理在某些情况下对外植体愈伤组织分化有利。如40℃下热处理0.5h，可促进红瑞香愈伤组织继代培养生长及芽和根的分化，还能消除芽的玻璃化，降低根的褐化率。

五、器官发生

（一）器官发生的概念

器官发生（organogenesis）是指植物根、茎、叶、花、果实等器官的分化与形成。在植物组织和细胞培养中会形成各种器官，包括根、芽或茎、叶、花及各种变态的器官，如吸器、鳞茎、块茎、球茎等。White（1939）曾报道了保存在液体培养基中的烟草组织培养物的茎芽发生。Nobecourt（1939）首先在胡萝卜培养物中观察到根的形成，但早期的工作对再生的控制缺乏解释。Skoog（1944）分析证实了生长素能刺激根的形成和抑制芽的发生。之后，Skoog（1948）在烟草茎段和愈伤组织培养中发现腺嘌呤能促进芽的形成并抑制生长素对培养物的作用。Levine（1950）在向日葵和烟草茎段培养中也证实了这一点。然而，器官形成研究中最有意义的事件是激动素（6-糠氨基嘌呤，动力精，KT）这一细胞分裂素的发现，在应用于器官发生的研究中，激动素比腺嘌呤具有更大的潜力。KT的应用导致了组织培养中器官发生方面一个经典模式的形成，即生长素和细胞分裂素之间的平衡控制器官发生（Skoog and Miller，1957），生长素和KT是烟草培养中组织生长所必需的两类物质，当KT与生长素之比高时，有利于芽的形成，低时有利于根的形成，在一定配比水平时有可能既形成芽，也形成根，或者不形成器官。这些开创性的研究，奠定了植物组织培养中器官发生研究的基础，在后来的工作中证实，离体培养物器官的分化受许多复杂因素的影响（Zhang and Sun，2017）。

（二）器官发生的方式

在植物组织离体培养中，茎芽和根是普遍发生的。在一些情况下，茎芽等器官是由外植体中已存在的器官原基发育而成，但在很多情况下是经诱导后通过器官发生途径重新形成的。器官发生有以下三种方式。第一种是先形成芽，然后在芽形成的茎基部长根而形成小植株，这种形式在大多数植物组织离体培养中可见到，如小麦、芦荟和苹果等；第二种是先根后芽，先形成根，对于多数植物，先形成根后就很难有茎芽的分化，但在一些植物组织培养中，也有先形成根，而后在根上长出芽的现象，如枸杞、苜蓿等；第三种是在愈伤组织的不同部位分别形成芽和根，然后两者结合起来形成一株植物，这种情况在很多植物中均有发生。器官发生的这三种方式，可以由外植体通过器官直接发生途径或间接发生途径而完成。

1. 器官直接发生途径　　器官直接发生途径为外植体上直接产生不定芽，这类不定芽通常是从表皮细胞或表皮以下几层细胞脱分化后直接转为胚性细胞而产生的，有时带有少量的愈伤组织。

2. 器官间接发生途径　　器官间接发生途径表现为先诱导外植体产生愈伤组织，再从愈伤组织中产生不定芽。在这种途径中，外植体的细胞首先要进行脱分化，由分化状态的细胞回复到具有分裂能力的分生细胞，进而形成一些分生细胞团，这些细胞有时呈有规律的排列，较大的细胞在外，较小的细胞排列在内，排列紧密，细胞质浓厚，细胞核相对较大，中心的一些细胞可以认为是分生组织，以后由这些分生组织形成器官原基，在构成器官的纵轴上表现出单向极性，进一步发育成不定芽。这种方式是在愈伤组织的不同部位先形成芽和根，再通过维管组织的联系形成完整植株，如胡萝卜、石刁柏和甘蔗等。

（三）影响器官发生的因素

1. 外源激素的影响 生长素是一类促进生根的物质（图 3-7），同时也是愈伤组织诱导和持续生长所必需的生长调节剂，天然生长素 IAA 易分解，人工合成的生长素 NAA、IBA 和 2,4-D 相对稳定。2,4-D 在高浓度时能引起培养组织遗传上的不稳定，这种不稳定的积累可能导致以后形态发生能力的丧失，尽管如此，2,4-D 仍然是大多数禾本科植物组织培养中广泛被选用的生长素。在大多数禾谷类植物中，当把愈伤组织由含有 2,4-D 的培养基转移到不含 2,4-D 或含有 IAA 或 NAA 的培养基上以后，都会出现器官发生现象。然而，这些愈伤组织究竟是形成芽还是形成根，则取决于该组织的内在能力。

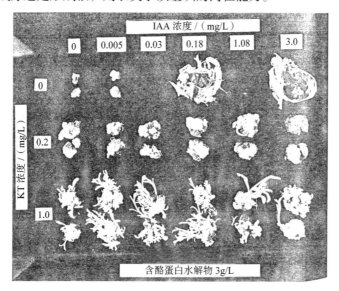

图 3-7 外源激素对烟草器官形成的影响（Skoog and Miller，1957）

细胞分裂素都能显示其促进茎芽分化的作用，在已使用的 KT、6-BA、2ip、玉米素等细胞分裂素中，6-BA 是最有效的。细胞分裂素对茎芽分化的作用能被培养基中加入的生长素类物质所改变，浓度低至 5μmol/L 的 IAA 可以完全抑制烟草茎芽在培养下的自发分化。

生长素和细胞分裂素的平衡能调节大多数植物的器官发生，特别是茄科植物。然而，在仙客来属植物块茎组织培养中发现，腺嘌呤决定了器官形成的数目，而萘乙酸（NAA）的浓度决定了形成器官的类型（根或茎）。Margara（1977）报道来源于花椰菜花序的外植体仅在有生长素存在的条件下能引起茎芽分化。Walker 等（1981）发现苜蓿属的一些植物组织培养中，高浓度的生长素和低浓度的细胞分裂素配比诱导了茎芽的发生，而在相反配比时则诱导了根的形成。

在烟草组织培养中，赤霉素趋向于抑制器官的发生，而且这种表现很难被赤霉素的拮抗物所逆转。在烟草中，若把正在分化的愈伤组织在黑暗条件下以 CA₃ 处理，时间即使短至

30~60min，也会减少芽的分化，而且在处理之后48h，所有拟分生组织的茎芽全部不复存在。Thorpe（1978）认为，烟草中的内源赤霉素可能参与芽的形成过程，而外源赤霉素所表现的抑制作用，可能是因为愈伤组织本身合成的这种激素在数量上对于器官的发生是最适宜的。

2. 物理因素　　不同的植物组织培养物对光周期的反应不一样，如烟草器官原基的形成可以在连续光照条件下发生，也可以在黑暗培养条件下发生，天竺葵愈伤组织在光照和黑暗的交替培养中能分化出茎芽，在连续光照条件下则没有器官的分化；光质对器官分化也有一定的影响，如蓝光对烟草组织茎芽的分化很重要；Skoog（1949）研究了温度（3~33℃）对烟草愈伤组织生长和分化的影响，发现直到33℃下烟草愈伤组织都不能形成茎芽，然而，在亚麻下胚轴节段培养中，较高的温度（30℃）对茎芽的分化却很理想。

3. 外植体的生理状态　　一般来说，与成熟及高度分化的细胞相比，由分生细胞和胚细胞产生的愈伤组织具有较高的再生能力。玉米授粉后18d的胚形成的愈伤组织再生能力最好，随着胚龄的增加，愈伤组织再生能力呈下降趋势，大于23d的胚虽能形成愈伤组织，但不能分化出茎芽。在木本植物中，具有再生能力的愈伤组织主要是从胚外植体中得到的，成年植株和已分化的细胞一般不表现这种能力。在可可中，只有未成熟胚（2.5~10mm）的子叶能产生体细胞胚。较老的胚、胚珠、果皮和叶片只能形成无结构的愈伤组织。

在一些植物中，由同一植物的不同器官或组织所形成的愈伤组织，在形态及生理上差别并不大。例如，对烟草的根、茎、叶肉细胞、叶脉、种子等不同器官或组织进行培养时，均能在同样条件下诱导形成愈伤组织并进而再生成植株。在水稻中，用种子、根、幼苗、茎节、花药和子房等器官组织培养时也得到了类似的结果。但在有些植物中，也观察到了取材的器官或组织的类型与随后器官的分化类型有密切的关系。

外植体的发育阶段和不同部位对器官分化也有一定影响。例如，处于开花阶段的烟草植株，其上部茎组织在离体培养时能诱导形成花芽。Tran等（1973）研究发现，在烟草开花植株的顶中部存在着一个由下到上形成花芽潜在能力递增的梯度。Kato（1974）在一种百合科植物的叶片培养中观察到，从其成熟叶片不同部位取下的组织的再生能力有一明显梯度，其基部的再生能力最低，而远基端的再生能力高，但在幼叶中无这种梯度。

外植体的大小也影响到器官的发生，这点在茎尖培养中特别明显，如所取的外植体太小，很难形成不定芽。在马铃薯块茎组织培养中，发现仅有最大的组织块（16mm×10mm）在培养基上可以形成芽，小的外植体难以形成器官。

4. 培养物的年龄　　一般而言，愈伤组织如果在增殖培养基上生长过久，会致使组织衰老，当移至分化培养基上后器官的分化会推迟。所以，一般用生长早期的旺盛愈伤组织作材料来诱导器官形成。很多研究证明，具有较强再生能力的组织往往在继代培养过程中，器官形成能力逐渐降低以至丧失。这种分化潜力的丧失在不同植物间有很大的差异，如烟草和胡萝卜的一些材料可以保持一至数年。

第三节　植物体细胞胚胎发生与人工种子

一、植物体细胞胚的概念

正常生长条件下的高等植物胚胎发生是从受精卵（又称合子）开始的，受精卵在胚珠内经过分裂、增殖和分化，最终发育成一个完整的合子胚（zygotic embryo）。除合子胚之外，在自然界的某些植物中，胚囊内其他细胞也可通过胚胎发生过程形成胚，如助细胞、反足细胞，甚至珠心细胞产生的不定胚。这些胚有一个共同的特点，即都发生在植物的雌性器官中。随着植物组织培养技术的发展，人们发现一些离体培养植物的体细胞，也可经胚胎发生过程形成在形态上与合子胚相似的结构，这种结构同样具有再生出完整植株的能力。人们把这种类似胚的结构称为体细胞胚（somatic embryo，SE）或胚状体（embryoid）。这一定义包括了如下含义：①体细胞胚是离体培养的产物，只限于离体培养范围使用，以区别于无融合生殖胚；②体细胞胚起源于非合子细胞，区别于由受精卵发育而成的合子胚；③体细胞经过了胚胎发育过程，具有胚根、胚芽和胚轴的完整结构，并与原外植体的维管组织无联系，是个相对独立的个体，区别于组织培养中以器官发生方式分化的不定芽和不定根。

　　与器官发生相比，体细胞胚胎发生在组织学上具有明显的特点。第一，体细胞胚最根本的特征为两极性（bipolarity），即在发育的早期阶段从方向相反的两端分化出茎端和根端；而器官发生是单极性的，要么先分化出不定芽，要么就先形成不定根，但要成为完整植株，还需要将不定芽或不定根切离并转移至其他培养基后，再诱导不定芽或不定根的形成。第二，体细胞胚的维管组织分布是独立的"Y"形结构，与外植体组织无结构上的联系，出现所谓的生理隔离（physiological isolation）现象，这种结构便于细胞的分化和全能性的表达；而愈伤组织上分化的不定芽一般在愈伤组织的表面，不定根一般发生在愈伤组织较深的部位，且二者与外植体或愈伤组织的维管组织相联系。第三，由体细胞胚形成的再生植株其遗传性相对较稳定，变异性远小于由器官发生途径形成的再生植株（图 3-8）。

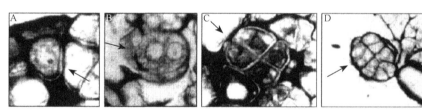
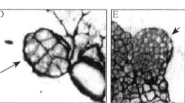

图 3-8　咖啡外植体培养中起源于愈伤组织的体细胞胚早期发育过程（Figueroa，2002）
A. 胚性细胞产生；B. 第一次均等分裂为 2 个细胞；C. 2 个子细胞分裂为 4 个细胞原胚；
D. 早期球形胚；E. 具完整结构的早期体细胞胚

　　体细胞胚结构完整，类似一颗种子，因此体细胞胚发生途径其萌发率和转换率（conversion rate）都远远高于器官发生途径。此外，体细胞胚还具有诱导数量多、速度快等特点，在胡萝卜细胞悬浮培养的一个培养瓶中，可产生近 10 万个体细胞胚（Steward et al.，1958），且体细胞胚是从单细胞直接分化成小植株，成苗速度快，成苗率高。

二、植物体细胞胚胎的发生途径

（一）植物体细胞胚胎的来源

Sharp 等（1980）把体细胞胚发生方式概括为两种：一是直接方式，即不经过愈伤组织阶段，从外植体某个部位直接产生体细胞胚；二是间接方式，从外植体首先诱导产生愈伤组织，再在愈伤组织上产生体细胞胚。这两种方式所需要的条件不同，直接发生方式中体细胞胚起源于预定的胚性细胞，需要诱导物的合成或抑制物的消除，以恢复有丝分裂活动和促进胚胎的发生与发育。间接发生方式则相反，体细胞胚起源于分化细胞的重新决定，需要一种能促进细胞分裂的物质，诱导细胞脱分化而进入分裂周期。这两种胚胎发生的方式中，后者比较常见。根据目前的资料，植物胚状体产生的方式见图 3-9。

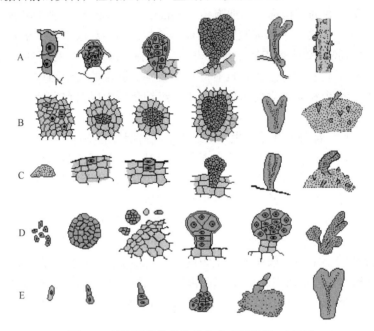

图 3-9　植物胚状体产生的方式（周俊彦，1981）

A. 由外植体的表皮细胞直接产生胚状体；B. 由外植体组织内部的细胞产生胚状体；C. 由愈伤组织表层细胞产生胚状体；
D. 由胚性细胞复合体的表面细胞产生胚状体；E. 由单个游离细胞直接产生胚状体

1. 由外植体的表皮细胞直接产生胚状体　　在一定的培养条件下，许多离体培养的植物器官，如茎表皮、叶、子叶、下胚轴等外植体表面已分化细胞脱分化后均可产生胚状体。例如，从石龙芮花芽愈伤组织产生的体细胞胚形成幼苗后，培养在含 10% 椰子汁、1mg/L IAA 的 White 培养基上，可在下胚轴上形成许多体细胞胚（图 3-10）。

2. 由愈伤组织产生　　由愈伤组织发生胚状体的植物很多，如玉米、西洋参、猕猴桃等。在离体培养时，存在于愈伤组织内部的一些薄壁细胞开始分裂，形成一个球形的分生中心（球形胚），球形胚进一步发育形成心形胚至鱼雷形胚。体细胞胚在发育过程中，不断地从周围细胞吸取营养，其周围的薄壁细胞也随着体细胞胚的增长而解体，最后体细胞胚撑破其相邻的表皮细胞或脱离开愈伤组织结构表面，孤立出来成为一个单独的个体。

从愈伤组织表面产生体细胞胚最为常见，将胡萝卜根、莳萝的体细胞胚、石刁柏叶肉细胞原生质体的愈伤组织，在含有细胞分裂素、生长素及腺嘌呤的 MS 培养基上培养一段时间后，转移到无激素的培养基上生长，在新形成的组织边缘区域，能产生许多不同发育时期的体细胞胚。成熟体细胞胚的结构和单子叶植物的合子胚相似。当这些体细胞胚被转移到含有 IAA 和玉米素的固体培养基上后能发育成完整植株。

3. 由胚性细胞复合体的表面细胞产生胚状体　　这类体细胞胚的发生类型首先是培养

的邻近细胞分裂、聚集形成胚性细胞复合体。这种复合体转入固体培养基上之后，复合体表面的胚性细胞分裂产生体细胞胚。

4. 由单个游离细胞直接产生胚状体　Reinert（1958）在显微镜下追踪研究了胡萝卜悬浮培养中一个游离单细胞发育成体细胞胚的过程。培养4d，可以看到游离单细胞开始一次不均等的分裂，形成两个大小不等的子细胞；培养8d，可以看到较小的子细胞继续一次分裂、较大的一个子细胞伸长为丝状细胞；培养15d，丝状细胞继续伸长，其余细胞已分化为一些薄壁细胞和原胚；培养23d，丝状细胞经过几次分裂，原胚已发育为心形胚。此外，薄壁细胞已不明显。这些观察虽然看得不很详细，但它证明了胡萝卜悬浮培养中游离单细胞经过一个胚性细胞团发育成为体细胞胚的过程。

5. 由单倍体细胞产生　在一些植物，如曼陀罗、烟草、青椒、茄子、柑橘、荔枝（$n=15$）、龙眼、玉米和小麦等的花药离体培养中，体细胞胚可直接由小孢子产生。

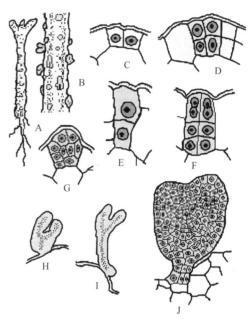

图3-10　石龙芮幼苗下胚轴产生胚状体的过程（Kinar et al.，1965）
A. 培养一个月的幼苗，下胚轴上产生许多胚状体；B. 下胚轴一部分放大；C. 两个表皮细胞，可由此产生胚状体；D~G. 原胚的发生过程；H. 心形胚状体；I、J. 已分化子叶、胚根及原维管束的胚状体

（二）植物体细胞胚胎的发育过程

体细胞胚是由外植体培养物的胚性细胞发生的。通常体细胞胚的诱导分两个阶段，首先外植体在培养基上通过诱导产生胚性细胞，胚性细胞的体积较小，细胞质浓厚，细胞核较大且位于细胞的中央，中央大液泡消失，在细胞质中出现许多小液泡、原质体和淀粉体等，这些细胞分裂形成胚性细胞团（一般只有胚性细胞才能形成体细胞胚）；其后胚性细胞在诱导培养基上进行胚的发育。

（三）影响植物体细胞胚胎发生的因素

1. 氮源　研究发现，NH_4^+和NO_3^-的相对和绝对量都影响体细胞胚胎发生。Halperin（1966）报道，从野生胡萝卜叶柄外植体诱导形成的愈伤组织，只有在含有一定数量还原态氮的培养基上才能进行体细胞胚胎发育。虽然在以KNO_3为唯一氮源的培养基上也可形成愈伤组织，但去掉生长素后却无法形成体细胞胚。然而在含有55mmol KNO_3的培养基中加入5mmol NH_4Cl，胚胎发育就会发生。他们发现，诱导培养基中还原态氮的存在与否最为关键，如果在KNO_3+NH_4Cl的培养基上形成愈伤组织，那么在分化培养基中无论NH_4Cl存在与否，都将形成体细胞胚。

与KNO_3不同，NH_4Cl作为单一氮源可以形成相当于KNO_3和NH_4Cl最优组合下形成的体细胞胚数目，但必须保持培养基的pH为5.4。因为NH_4Cl单独存在时，培养基中的pH在4d内会从5.4降至4~3.5，这对体细胞胚胎发生有抑制作用，所以通常将NH_4^+和NO_3^-配合使用。

2. 生长素   内源 IAA 含量的上升或维持在相对高水平是诱导胚性细胞发生的基础。在香雪兰（*Freesia refracta* Klatt）花序离体培养中，培养前外植体切段两端的内源 IAA 含量无明显差别，但培养 6d 后，只有花序的原形态学下端分化出体细胞胚，而在形态学上端无体细胞胚的形成，且体细胞胚发生端 IAA 含量明显高于非发生端，培养 15d 后 IAA 含量差别更加明显。在水稻的早期胚性愈伤组织中，胚性细胞出现时伴有较高的内源 IAA 水平，并且在胚性细胞转换时期，加入外源 IAA 或用阻止生长素流出细胞的抑制剂，均可促进水稻胚性愈伤组织的形成。在皇冠草、甘蔗、小麦等植物胚性愈伤组织的诱导和分化过程中同样发现，胚性愈伤组织内源生长素的含量远高于非胚性愈伤组织，特别是 IAA 含量在胚性细胞分化早期明显升高。

2,4-D 是愈伤组织诱导中常用的生长素类物质，它对内源生长素具有重要的调节和平衡作用，其作用机制是促进 IAA 结合蛋白的形成或提高 ATP 酶的活性，从而提高了细胞对 IAA 的敏感性，诱导胚性细胞的发生。2,4-D 的作用具有阶段性，在诱导胚性愈伤组织阶段通常起促进作用，而在体细胞胚分化发育阶段一般起抑制作用。

3. 组织起源   胡萝卜和毛茛属一些植物几乎所有部分都有高的体细胞胚形成潜力。在胡萝卜中，已报道从主根、胚、花梗、叶柄、幼根和下胚轴等组织诱导了体细胞胚的发生。与胡萝卜不同，许多植物体细胞胚的形成与其组织特性有关。在柑橘属中，一些物种在活体条件下胚珠能产生许多能发育成小植株的不定胚，同样在离体条件下，这些植株的胚珠也是一个良好的体细胞胚形成的组织来源。番木瓜的花梗和子房、萱草未成熟的子房、葡萄子房等在离体条件下也能形成体细胞胚。

在禾本科植物中，幼穗和幼胚易分化产生体细胞胚，这已在麦雀草、黑麦草、高粱、玉米、小麦、水稻、黑麦、大麦等上证实。另外，体细胞胚也从棉花等一些双子叶植物的下胚轴、豆科植物的子叶组织上离体产生。

总之，对多数植物来说，诱导体细胞胚的组织起源是非常重要的。对于距活体胚胎发育较近的组织和成熟及未成熟的胚在离体条件下可能更有利于体细胞胚的诱导。

三、人工种子技术

（一）人工种子的概念

1958 年，Reinert 和 Steward 分别在胡萝卜的细胞培养中发现了体细胞胚的形成。20 年后，Murashige（1978）首次提出了制造人工种子（artificial seed）的设想，即将组织培养增殖的体细胞胚胎或珠芽，包埋在胶囊内形成球状结构，使其具有种子的机能，可以直接播种在土壤中。这种通过将植物组织培养中所产生的体细胞胚胎或珠芽（bulbil）包埋在"人工胚乳"和"人工种皮"里，制成的具有播种功能、类似天然种子的颗粒就称为人工种子。

Kitto 和 Janick（1985）首次用聚氯乙烯（polyvinyl chloride）包埋胡萝卜体细胞胚制成人工种子。不过他们包埋的是成簇的而非单个体细胞胚。Rendenbaugh（1986）用海藻酸钠包裹苜蓿和芹菜的单个体细胞胚，并使苜蓿的人工种子在无菌条件下的成苗率由 0.5% 逐步上升到 86%；用挑选的健壮体细胞胚制作的苜蓿和芹菜人工种子分别以 7% 和 10% 的出苗率在温室沙槽及移植槽中长成植株，在所做的人工种子田间播种试验中，结果虽不令人满意，但还是说明包装的体细胞胚可以适应机械化播种。至此，经过 Kitto 和 Rendenbaugh 等卓有成效的研究工作，已初步建立起胡萝卜、苜蓿及芹菜体细胞胚大量诱导及同步化筛选技术并找到了对体细胞胚无害的包埋介质海藻酸钠。此外，在机械包装，人工种皮、人工胚乳、人工种子的贮藏运输，遗传变异，田间试验程序、技术和经济等方面，进行了许多有成效的研究，已能在土壤条件下使 20% 的苜蓿人工种子长成植株（Gray et al.，1987），人工种子的制备成本已与自然种子相近。

20 世纪 80 年代末，我国也开展了人工种子的相关研究，相继研发了胡萝卜、芹菜和水稻等作物的人工种子。李宝键等（1989）在中国苜蓿人工种子的研究中，首次制成含外源基因的苜蓿人工种子，并筛选出人工种皮材料高分子化合物 Zp-1 号。

（二）人工种子的结构及研制意义

1. 人工种子的结构　　人工种子由以下三部分组成（图 3-11）。

1）良好发育的体细胞胚，并能发育成正常完整植株；广义的体细胞胚由组织培养中获得的体细胞胚即胚状体、愈伤组织、原球茎、不定芽、顶芽、腋芽或小鳞茎等繁殖体组成。

2）人工胚乳，一般由含有供应胚状体养分的胶囊组成，养分包括矿质元素、维生素、碳源及激素等。

3）胶囊之外的包膜称为人工种皮，有防止机械损伤及水分干燥等保护作用。

2. 人工种子的研制意义　　人工种子作为一种新的生物技术，之所以引起不少科学工作者的关注和兴趣，主要是人工种子具有以下优点。

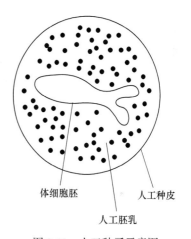

体细胞胚　　　　　人工种皮

人工胚乳

图 3-11　人工种子示意图

1）人工种子能代替试管苗快速繁殖，开创了种苗生产的又一新途径。体细胞胚具有数量多（1L 液体培养基可产生 10 万个胚状体）、繁殖快、结构完整的特点。提供营养的"种皮"可以根据不同植物对生长的要求来配制，以便更好地促进体细胞胚的快速生长及适于进行机械化播种，特别是在快速繁殖苗木及人工造林方面，采用人工种子比用试管苗繁殖更能降低成本和节省劳力。

2）体细胞胚是由无性繁殖体系产生的。因此，利用优良的 F_1 植株制作人工种子，不需年年杂交制种，从而可以固定杂种优势。

3）利用人工种子可使在自然条件下不结实或种子生产成本昂贵的植物得以繁殖。

4）在人工种子制作过程中，可以加入植物激素及有益微生物或抗虫、抗病农药，从而赋予人工种子比自然种子更优越的特性。

（三）控制胚性细胞同步化的方法

体细胞胚中发生的一个普遍现象，就是胚状体发生的不同步性，所以在同一悬浮培养液中可以观察到单个原始细胞、多细胞原胚、球形胚、鱼雷形胚，直至成熟胚的各个发育时期。如何控制胚状体的同步发生和同步化生长，以获得整齐一致的体细胞胚，是人工种子技术应用于实际生产的重要问题。

1. 抑制剂法促进细胞同步分裂　　在细胞培养初期加入 DNA 合成抑制剂，如 5-氨基尿嘧啶，使 DNA 合成暂时停止，当除去 DNA 合成抑制剂时，细胞开始进入同步分裂。

2. 低温处理促进细胞同步分裂　　低温处理抑制细胞分裂，经过一段时间后再把温度恢复到正常培养温度，也能使胚性细胞达到同步分裂的目的。

3. 渗透压控制同步化法　　不同发育阶段的胚，具有不同的渗透压要求，调节渗透压可以控制胚性细胞的同步发育。例如，向日葵胚发育的不同阶段对糖浓度的要求不同，球形胚期为 17.5%，心形胚期为 12.5%，鱼雷形胚期为 8.5%，成熟胚期为 0.5%。可以用调节渗透压的方法来控制胚的发育，使其停留在某一阶段，然后同步发育。

4. 同步胚的分段收集筛选法　　用不同孔径的尼龙网选择不同发育阶段的胚或采用密度梯度离心来选择不同发育阶段的胚，然后再转入适宜它们发育的培养基上，使幼胚继续发育。

5. 通气法　　乙烯的产生与细胞分裂密切相关，在细胞分裂达到高峰前，有一个乙烯合成高峰。在培养基中通入乙烯或氮气，每 10h 或 20h 通一次，每次 3~4s，可控制细胞同步分裂。

（四）人工种子包埋技术与贮存

人工种子的包埋是将体细胞胚等繁殖体包埋于有一定营养成分和保护功能的介质中，组成便于播种的类似天然种子的单位，即构建成人工种子。

1. 繁殖体的处理

1）体细胞胚形成后，需要在无激素培养基上经过一定阶段的后熟培养，然后进行脱水干燥，再将畸形胚选出后才能进行包埋。在脱水之前用 ABA 处理体细胞胚强迫其休眠，更有利于长期贮存。

2）微型变态器官繁殖体不能过度脱水，但也需要适当干燥，除去表面多余的水分，同时要进行表面消毒处理以防止包被后的感染。为了延长贮存时间，需根据使用季节进行适当的休眠处理。

3）以微芽为繁殖体时，不能进行脱水处理，但必须筛选生长健壮、组织充实的芽进行包埋。

2. 繁殖体的包埋

（1）包埋介质的要求　　包裹体细胞胚的介质必须具备以下基本条件：①能保护被包埋的体细胞胚免受外部伤害；②能使体细胞胚在其中萌发并突破胶囊出苗；③在包裹材料中能加入营养、植物生长调节物质、农药及有益微生物等，以保证发芽和生育初期的需要；④包裹的体细胞胚能适于贮藏运输（有一定的机械强度）及现代农业机械播种操作；⑤能单个包装。

目前筛选的用于包被体细胞胚的几种水凝胶中（表 3-1），海藻酸钠是比较理想的，它对体细胞胚毒性小，既可作为构建雏形人工种子的种皮，又可作为人工胚乳的基质。海藻酸钠是从海藻中提取的一种多糖类高分子化合物。包裹时将溶胶性的海藻酸钠水溶液滴入氯化钙溶液中，因离子置换作用生成的海藻酸钙极易胶化形成球状胶囊。但海藻酸钙胶囊黏性较大，并会在空气中很快变干，使操作和机器播种困难。

表 3-1　用于包被体细胞胚的几种水凝胶

水凝胶名称	浓度（质量/体积）/%	络合剂名称	浓度/（mmol/L）
海藻酸钠	0.5~5.0	钙盐	30~100
海藻酸钠及明胶	2.0~5.0	钙盐	30~100
角叉聚糖	0.2~0.8	KCl 或 NH₄Cl	500
洋槐豆胶	0.4~1.0	KCl 或 NH₄Cl	500

（2）常用的人工胚乳　　人工胚乳即包裹胚状体的营养基质，其外部包裹的就是人工种皮。人工胚乳的成分主要包括无机盐、碳水化合物（糖和淀粉）、蛋白质等。不同种类的碳水化合物对人工种子的成株率影响不同。例如，苜蓿人工种子制作时，如果胚乳以 1/2 SH 培养基为基本成分，成苗率为 0，若在其中加入 1.5% 的麦芽糖后，成苗率可达到 35%。通常是把各种营养成分配制成培养基（胶体），同时在其中加入防腐剂、抗生素、农药等。现在常用的有在 MS（SH、White）培养基加入 1.5% 的马铃薯淀粉水解物和在 SH 培养基加入 1.5% 的麦芽糖两种。

人工胚乳的制作方法：①可直接将营养基质与海藻酸钠混合，一起包裹体细胞胚；②先将营养基质制成微型胶囊，然后再和种胚一起放入海藻酸钠（人工种皮）中。

（3）包埋的方法　　主要有液胶包埋法、干燥包埋法和水凝胶法等。液胶包埋法是将胚状体或小植株悬浮在一种黏滞流体胶中直接播入土壤的方法；干燥包埋法是将体细胞胚干燥后再用聚氯乙烯等聚合物进行包埋的方法；水凝胶法是用离子交换或温度突变形成的凝胶包裹材料进行包埋的方法。

（4）以海藻酸钠作包埋剂的操作程序　　用无菌水或液体培养基（如 1/2 MS、1/4 MS 的无机盐成分或植株再生培养基的无机盐成分）配制 1%~5% 的海藻酸钠溶液，再配 0.1mol/L 的氯化钙溶液作凝固剂。

用滴球法制作胶囊，人工种子制备示意图见图 3-12。具体方法是将成熟的体细胞胚放入海藻酸钠溶液中，然后用吸管吸起滴入氯化钙溶液中（每滴含一个体细胞胚），停留

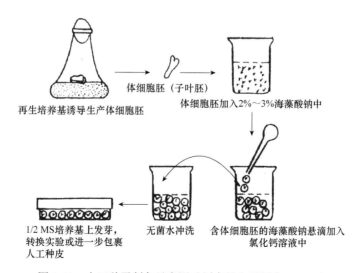

图 3-12　人工种子制备示意图（刘庆昌和吴国良，2006）

10～30min 后，通过离子置换反应形成包有体细胞胚的海藻酸钙小珠，小珠直径为 5～8mm，再用无菌水冲洗，风干后即成为雏形人工种子。

3. 人工种皮的装配 理想的人工种皮应具有一定的封闭性以保证人工胚乳的各种成分不易流失，同时又具有良好的透气性；具有一定的坚硬度，以加强人工种子的耐贮运性和适于机械化操作的特性；无毒无害，能保证繁殖体顺利穿透发芽；配制简单易行，成本低。

Redenbaugh 等（1986）筛选出一种 Elvax 聚合种皮物质，可用来包裹海藻酸钙胶囊。Elvax 为乙烯乙酸丙烯酸三元共聚物，它凝结在海藻酸钙胶囊的周围，形成一层疏水外皮。由此包好的胶囊可以大大减缓胶囊的干燥速度和减轻黏性，能经受 1d 的操作过程，可用机械播种。

陆续研究发现，二氧化硅化合物材料包括疏水的 Tullanox 和微亲水的 Cab-O-Sil，二者均可以粉末状包裹在人工种子胶囊外层，操作时只需将胶囊在上述材料中滚动即可完成包被过程，操作简单易行，易大量生产，还可以机械化操作；用一种硅酮作种衣，不仅可以抗真菌，而且可渗入水蒸气和氧气。

用 Elvax 聚合种皮的包裹程序如下：①将以上的海藻酸钙小珠在预处理液（10% 甘油＋5% 葡萄糖＋2% 氢氧化钙）中浸泡 30min，以获得亲水性表面。②将 5g Elvax 聚合物溶于 50mL 环己烷中，再在 40℃下加入 5g 硬脂酸、10g 十六烷醇和 25g 鲸蜡替代物（spermaceti wax substitute），使其溶解，另加入 295mL 石油醚和 155mL 二氯甲烷。③将海藻酸钙小珠在上述热混合液中浸泡 10s，取出后热风吹干，如此重复 4～5 次。Elvax 即在海藻酸钙小珠周围沉淀，形成涂膜（人工种皮）。④用石油醚漂洗并使其风干。这样，成熟的体细胞胚包埋于人工胚乳（以海藻酸盐为基质）中，外包人工种皮，就构建成人工种子。将制备好的人工种子立即放入密闭容器内，在低温条件下贮藏、运输。

（五）人工种子研制存在的问题

目前，人工种子仍有许多问题有待解决，如体细胞胚的高频诱导及获得的体细胞胚可能发生变异，人工种皮还存在缺陷，贮藏、发芽技术不够成熟，人工种子工厂化生产配套设施成本过高等。这些问题一旦解决，人工种子的应用就会展现出更为广阔的前景。

思 考 题

1．名词解释：细胞全能性、外植体、愈伤组织、极性、细胞分化、去分化、再分化、体细胞胚、人工种子。

2．愈伤组织的形成大致可分为几个时期？各有何特点？

3．愈伤组织有何生长特征？

4．外植体的发育程度对愈伤组织的诱导和继代有何影响？

5．培养条件下的器官发生有哪些方式？影响其发生的因素有哪些？

6．生理学说、遗传学说和竞争学说如何解释长期培养物形态发生潜力丧失的现象？

7．离体培养条件下，茎、芽和根的再生方式有几种？

8．影响器官发生的主要因素有哪些？

9．何谓胚状体？胚状体与合子胚有何异同？

10．离体培养条件下，胚状体的产生有几种方式？

11．胚状体的发育大约要经过哪几个时期？

12．影响胚状体发生的主要因素有哪些？

13．如何区分离体培养条件下的不定芽与胚状体？

14．目前研制的人工种子结构是怎样的？

15．控制胚性细胞同步化的方法有哪些？

16．人工种子繁殖体如何处理？人工种子的制备要点有哪些？

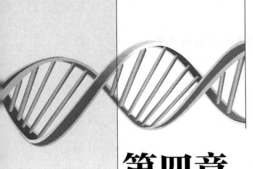

第四章　植物离体无性繁殖和脱病毒技术

植物离体无性繁殖和脱病毒技术目前仍是植物细胞工程技术研究的主要内容，也是生物技术应用于生产取得明显经济效益的一种先进方法。该技术与农业生产紧密结合，为农业生产培育大量的优质种苗和脱病毒种苗，已广泛应用于园艺观赏植物、农作物、药用植物及经济林木的种苗生产。

第一节　植物离体无性繁殖技术

植物的繁殖方式分为有性繁殖和无性繁殖两种，无性繁殖产生的后代在遗传上和供体植株完全一致，能完整地保存供体材料的遗传性状。无性繁殖在农业生产中具有重要的作用和意义，生产上常用扦插、嫁接、压条及分株等即传统的无性繁殖方法，但这往往只限于少数植物，且繁殖周期长，繁殖系数低，难以满足实际需要。植物组织培养技术为植物离体无性繁殖提供了一条快速、有效途径。

一、植物离体无性繁殖的概念和意义

（一）植物离体无性繁殖的概念

离体无性繁殖（*in vitro* clonal propagation）又称微体繁殖（micropropagation）或离体快繁（*in vitro* rapid propagation），是指在离体培养条件下，将来自优良植株的茎尖、腋芽、叶片、鳞片等器官、组织和细胞进行无菌培养，经过不断地切割和重复培养，使其增殖并再生形成完整植株，在短期内获得大量遗传性均一的个体的方法。

（二）植物离体无性繁殖的意义

1）离体无性繁殖能够有效地保持优良品种的特性。

2）利用较少的植物材料，在无菌和人工控制条件下，不受季节限制，在有限的空间内实现规模化连续生产，生长周期短，繁殖速度快，可实现工厂化和集约化育苗，节约大量的土地和人力资源。

3）与脱病毒技术相结合，可以为生产上提供健康无病毒植株，防止品种退化。

4）繁殖苗体积微小、不携带病原菌，可减少病虫害的传播，便于储运和种质材料交换。

5）可以使原来难以通过无性繁殖的植物进行无性繁殖，或选择性只繁殖需要的或生产价值较高的雄株或雌株，从而保持杂种植株的杂种优势及三倍体与多倍体植物的多倍性。

二、植物离体无性繁殖的一般程序

植物离体无性繁殖常与种苗的商业性大量生产相联系。1978 年，Murashige 将商业性离体繁殖的过程划分为 4 个阶段：即无菌培养物的建立（阶段Ⅰ）、培养物的增殖（阶段Ⅱ）、生根培养（阶段Ⅲ）和试管苗的移栽及染色体鉴定（阶段Ⅳ）。至今绝大多数植物的离体繁殖仍然遵循这 4 个阶段（图 4-1）。1980 年，Debergh 和 Maener 提出在离体培养之前应增加供体植株的准备（阶段 0）。试管苗在进入市场之前还需要对其质量进行相应的鉴定。

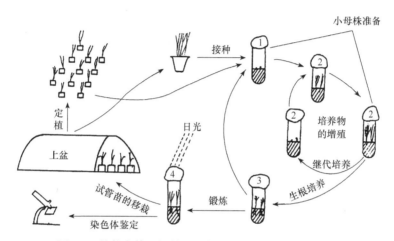

图 4-1　植物离体无性繁殖程序示意图（周维燕，2001）

（一）供体植株的准备（阶段 0）

供体植株应生长旺盛、健壮、无病虫害，并尽可能生长在干净的环境中。离体培养前，一般要将供体植株在温室控制条件下栽培 1～3 个月，以改良其卫生状况和生理状态。这样可以减少初代培养时的污染并使外植体有较高的启动生长率。

（二）无菌培养物的建立（阶段Ⅰ）

这一阶段的目的是获得无菌材料，并诱导外植体生长和发育。包括从供体植株上采取外植体进行消毒、接种及启动外植体生长等程序。

植物的种子、根、茎、芽、叶、花器官和组织等均可作为外植体，但不同器官、组织的离体培养特性不同。熟悉供体植株的自然繁殖机制，有利于确定哪些外植体更适宜诱导再生。为了能快速启动外植体生长，一般选取植物自然繁殖器官的适当部位为外植体，并要考虑培养物的增殖途径。通过腋生枝途径增殖时，一般选用带有顶芽或腋芽的部分为外植体；通过不定芽途径增殖时，在自然界中能够产生不定芽的器官应当首先被采用；通过体细胞胚发生途径进行增殖时，常使用胚分生组织或生殖器官作为外植体；也可由种子培养而成的无菌小植株上获取外植体。

不同基因型材料对培养基的要求不同。培养基中附加的激素种类、浓度及组合对诱导外植体生长和分化影响很大。诱导腋芽或不定芽时通常附加较高浓度的细胞分裂素；诱导愈伤组织或体细胞胚时多用 2,4-D 或 NAA；赤霉素类有利于茎尖的伸长和成活。除激素外，无机盐及有机成分等对培养效果也有重要影响，适宜的培养基成分要通过反复筛选和改进才能确定。

外植体培养一段时间后可形成一个或多个芽、带根的植株、胚状体、愈伤组织或原球茎等，如果将这些材料进行切割并继续培养且能进行连续生长繁殖的话，那么可认为已经建立了无菌培养物，可以进入离体繁殖的下一个阶段。

（三）培养物的增殖（阶段 Ⅱ）

这一阶段的目的是通过反复培养使第一阶段获得的数量有限的嫩枝、芽苗、胚状体或原球茎等培养物的总量增加。方法是每次培养周期结束时，对培养物进行分割、剪切等操作后转接于新鲜的培养基上再培养。一般在固体培养条件下，植物材料的一个培养周期为 30d 左右，每培养一次，培养物就会增加数倍，重复进行这一过程，培养物就能够按几何级数增殖，在一个较短的时间内即可形成大量的芽或芽丛、胚状体或原球茎等。

1. 培养物增殖的方式　由于植物种类及外植体的不同等因素，离体条件下培养物的增殖一般有 4 种不同方式。

（1）腋生枝型　腋生枝（axillary shoot）型是指利用外植体上已有的顶芽和腋芽，在离体条件下诱导其发育成枝并培养成苗的增殖方式。细胞分裂素可以解除由生长素引起的顶端优势，离体条件下促使腋芽和顶芽共同发育成枝，形成多枝多芽的微型丛状结构，将这个丛状结构分割成较小的芽丛或枝段继续培养又可以形成新的芽丛或枝丛，重复这个过程可以在较短时间内增殖大量嫩枝，嫩枝通过生根培养可以得到完整小植株（图 4-2）。

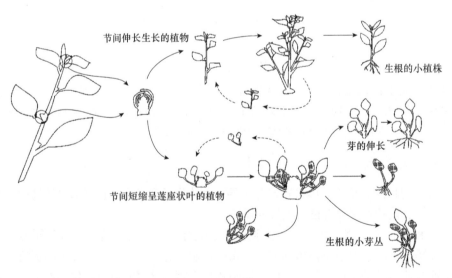

节间伸长生长的植物

生根的小植株

芽的伸长

节间短缩呈莲座状叶的植物

生根的小芽丛

图 4-2　腋生枝形成芽丛或枝丛增殖示意图（George，1993）

诱导顶芽和腋芽成苗是一种"芽生芽"的增殖过程，方法简单，也称为"无菌短枝扦插"或"微扦插"，获得的再生植株遗传性状稳定，增殖能力不易退化，繁殖速度低于其他几种类型。一般来讲这种繁殖技术适用于任何能产生侧枝并对细胞分裂素起反应的植物，但有些植物的外植体只能长成一个不分枝的枝条，可以通过节段扦插法加以繁殖（图 4-3）。

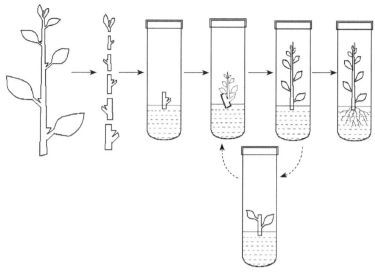

图 4-3　节段扦插法增殖示意图

（2）不定芽型　　不定芽（adventitious bud）型是指利用外植体上形成的不定芽培养成苗的繁殖方式。相对于顶芽和腋芽，由植物的其他部位或器官、组织上通过器官发生重新形成的、无固定着生位置的芽统称为不定芽。

不定芽有直接分化和间接分化两种方式（图 4-4）。外植体经愈伤组织阶段而间接分化为不定芽的繁殖后代易产生变异，且愈伤组织的分化能力会随继代周期的增加而降低甚至丧失，变异也会增多。而由外植体直接分化不定芽的再生植株遗传稳定性好，繁殖速度较快，在商业性的快速繁殖中应用很普遍，特别是在一些有特化贮藏器官且不定芽再生能力较强的植物上，如百合、风信子、虎眼万年青等。但用于繁殖一个具有遗传嵌合性的植物时，通过不定芽分化会导致嵌合体裂解而出现纯型植株。

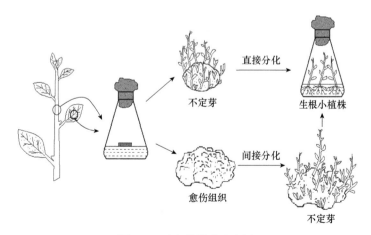

图 4-4　不定芽增殖示意图

（3）体细胞胚型　　体细胞胚（somatic embryo）型是指通过诱导外植体胚发生形成体细胞胚，再由体细胞胚发育成苗的繁殖方式。体细胞胚也称为胚状体（embryoid），可以由外植体直接或间接发生。在石龙芮、白菜、曼陀罗、毛茛和高粱等植物幼株的下胚轴或子叶外植体上，由外植体的表皮或亚表皮细胞经脱分化后可直接发育形成胚状体（图 4-5）。但对大多数植物来说，胚状体的形成要经历愈伤组织阶段，再形成胚性愈伤组织，最后分化为胚状体。

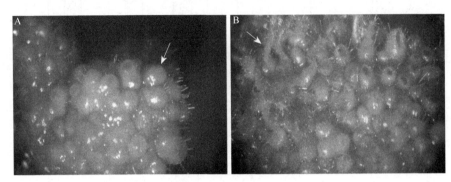

图 4-5　单座苣薹叶外植体表面形成的体细胞胚（A）及体细胞胚的萌发（B）
（箭头所指）（Yao et al., 2016）

　　胚状体起源于单个细胞，遗传相对稳定；胚状体与周围愈伤组织或母体组织之间几乎无结构上的联系，容易分散，可以通过悬浮培养大量获得，利于机械化操作，繁殖系数极高；而且胚状体是一个具胚芽和胚根的双极性结构，可一步成苗。因此，通过胚状体进行无性繁殖无疑是一种最理想的繁殖方式。但目前首先很多重要的经济植物还不能诱导形成胚状体，或胚状体成苗率太低；其次，胚状体的发生和发育情况极为复杂，远不如腋生枝或不定芽形成易于控制；再次，通过胚状体途径获得的再生植株存在明显的遗传变异及返幼特性。通过体细胞胚发生和发育的途径进行快速繁殖目前只局限于少数植物，如柑橘、枣椰、油棕和咖啡等。

　　（4）原球茎型　　原球茎（protocorm）型是指由外植体培养形成原球茎，通过原球茎进行增殖并培养成苗的方式。通过原球茎进行繁殖是兰科植物所特有的一种繁殖方式。兰科植物的种子在萌发初期并不出现胚根，只是胚逐渐膨大，之后种皮的一端破裂，膨大的胚呈小圆锥状，称作原球茎。原球茎可以发育形成具根和芽的完整小苗。

　　离体培养中，兰科植物的茎尖、侧芽、花茎、叶、根等都可作为外植体诱导产生类似于原球茎的结构，即类原球茎（protocorm-like body，PLB），也称作原球茎。从叶片外植体上可产生几个至几十个这样的原球茎（图 4-6A），若将原球茎继续培养，在其顶端和基部会发育出芽和根，每一个原球茎可发育形成完整的小植株（图 4-6 B、C）。若将单一原球茎或丛生状的原球茎切成小块进行继代培养，可以增殖出更多的原球茎，这个过程可以反复进行，繁殖速度极高，一年中由一个茎尖或芽增殖形成的原球茎数量可达数百万。

　　原球茎型繁殖方式是由法国人 Morel 在 1960 年开创的，并成功应用于商业性兰花的生产，形成了闻名一时的"兰花工业"。兰花离体繁殖的成功应用，不仅对兰花种植业是革命性的，而且极大地推动了组织培养快繁技术在其他植物上的研究和应用。目前，有 60 多个属的几百种兰花可以用组织培养的方法来繁殖，国际市场上 80%～85% 的兰花是由组织培养途径繁殖的。

　　2. 增殖速度　　在离体繁殖过程中一种植物增殖的快慢，通常用增殖（或繁殖）速度、

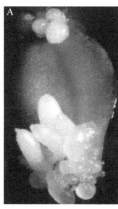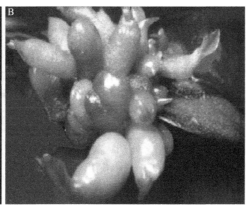

图 4-6 兰花幼叶外植体上原球茎的增殖及萌发成苗（Chugh et al.，2009）

A. 幼叶外植体上形成的原球茎；B、C. 原球茎发育及小植株形成

倍数或系数等表示，即经一次增殖培养或在一定时间段内由一个繁殖体所增殖获得的总繁殖体数或苗数。

繁殖（或增殖）速度可以利用以下公式计算：

$$Y = M \cdot X^n$$

式中，Y 为年繁殖总数；M 为起始繁殖的无菌母株数；X 为每个培养周期增殖的倍数；n 为全年可进行增殖培养的周期次数。

在数量较大时可以培养物瓶数为单位进行计算。外植体增殖速度的快慢，除遗传因素外，关键取决于培养基成分和培养条件。因此，选择适宜的基本培养基，注意添加的激素种类和浓度，调整培养基的渗透压和酸碱度及培养室的光照、温湿度等非常重要。

不同培养物之间的增殖速度差异很大，增殖速度与植物种类、外植体类型、增殖方式、培养基成分及培养方式等有关，但对一个确定的繁殖体系来说，增殖速度一般是稳定的。离体繁殖时并不一定增殖速度越快越好，选择一种增殖速度较慢但性状不易发生变异的繁殖途径可能更适宜。

（四）生根培养（阶段Ⅲ）

生根培养是将增殖阶段形成的无根芽苗转移到生根培养基上诱导产生不定根，获得健壮的具有根、茎、芽（生长点）的完整小植株。

以胚状体或原球茎进行增殖的，其生根较为简单，胚状体或原球茎均是双极性结构，转入基本培养基或附加一定生长素类物质的培养基中，即可形成良好根系。而以芽苗进行增殖的，一般是将增殖阶段形成的丛状芽或嫩枝，分割成单个芽或小芽丛，或剪切成 2～3cm 长的单枝茎段后转入生根培养基中，诱导芽苗基部形成不定根。

如果增殖培养阶段形成的芽苗较小或较弱，在诱导生根之前需要将其分割成单枝或小的芽丛转入降低或去除细胞分裂素的培养基中进行一次壮苗培养，使芽苗伸长而健壮。许多植物不需要进行单独的壮苗过程，在生根培养基上芽苗既可伸长生长又可产生根。

生根培养基常要去掉细胞分裂素，添加生长素类物质诱导根的形成。常用的生长素有 IBA 或 NAA，IAA 可以改进苗的质量。降低生根培养基中的无机盐浓度和蔗糖浓度、增强光照等有利于促进生根及随后的移栽成活。

对于生根较困难的植物，可以使用高浓度的生长素处理嫩茎基部或微枝嫁接以促进根的形成，苹果、梨等蔷薇科果树，可在生根培养基中加入适量的根皮苷或间苯三酚。

当植株生根容易或生根时根茎部易产生大量愈伤组织，可利用生长素或商品生根粉对微插条进行适当处理后直接进行试管外扦插生根。试管外扦插生根不仅生根质量好，还可以简化繁殖程序，降低生产成本。

（五）试管苗的移栽及染色体鉴定（阶段Ⅳ）

移栽是将具根试管苗转移到土壤中的过程，是试管苗从离体培养逐步适应温室或田间生长环境的过程，也称驯化（domestication）或炼苗（acclimatization）。

1. 试管苗的特点　　试管苗长期生长在高湿、弱光、恒温、异养及无菌的特殊环境中，其各器官组织结构和生理功能与自然条件下生长的种子苗或温室苗有很大差异。试管苗的特点主要表现在：①叶片面积小，叶表面保护组织不发达或无；②气孔功能差，叶片持水能力低，极易失水萎蔫；③试管苗根茎的输导组织和机械组织发育不完善，根毛少或无，吸收及运输水分效率低；④试管苗茎部组织幼嫩，易倒伏，受伤害易腐烂；⑤长期异养状态下，叶片光合能力差。

2. 试管苗移栽的基本方法　　试管苗移栽时，首先要开瓶锻炼（称炼苗），一般提前一周打开培养瓶盖，逐渐降低瓶内湿度，增强光照。之后将试管苗从瓶内小心取出并洗去根上附着的培养基，移栽进合适的基质中。在移栽初期的10~15d，小苗周围的空气湿度要尽量接近培养瓶内的高湿度环境，随移栽时间延长再逐步降低，向自然状态过渡。移栽初期以散射光为好，避免阳光直射，光照强度可随移出时间的延长而增加。

一般移栽后2~4周，小植株即可长出新根和新叶，逐渐加强通风锻炼和光照，直至完全过渡到温室或自然环境状态，其间注意定期增施肥料，保证营养供应。成活后的植株可由育苗盘或小营养钵定植入更大的容器或田间进行常规管理。

3. 试管苗的质量鉴定　　由于离体培养技术的特殊性，离体繁殖的再生植株及其后代中会出现各种变异，这种变异具有普遍性，可以出现在任何物种及其各种培养形式获得的再生植株中，变异的性状也相当广泛。这些变异统称为体细胞无性系变异（somaclonal variation）。

离体培养中发生的变异影响繁殖苗木的质量，试管苗是否保持了原品种的优良特性，需要在试管苗的生产、生长及生殖的各个阶段对其进行质量鉴定。目前试管苗质量鉴定主要包括商品性状、健康状况、遗传稳定性及农艺性状等方面。

（1）商品性状　　包括苗龄、株高、叶片颜色、茎粗、根数等形态特征及繁殖能力、均一性等方面。

（2）健康状况　　试管苗是否携带流行性病菌和病毒，是否存在生理变异。

（3）遗传稳定性　　利用细胞学和分子学等方法对试管苗的核DNA含量、染色体数目及分子水平的变异进行鉴定，以确保培养后代在遗传物质上的稳定性和完整性。

（4）农艺性状　　如生育期的长短、抗性、开花结实性、株型等方面，农艺性状的鉴定往往要经历较长的时间。

离体繁殖时，尽量采用不易产生变异的"芽生芽"的繁殖方式、限制继代时间、选用适当的生长调节剂种类和浓度、取幼年的外植体材料等措施，减少变异的发生频率；扩增起始材料基数，尽量避免少量离体材料的再循环，减少繁殖过程中产生高比率突变株的危险；定期检测、及时剔除变异植株及各种生理、形态异常苗十分必要，对试管苗进行多年跟踪检测，调查再生植株的开花结实特性，以确定其生物学性状和经济性状是否稳定。

三、影响植物离体无性繁殖的因素

植物离体无性繁殖是一个由离体的组织或器官等外植体经诱导、增殖、分化，最后形成完整植株的复杂的演变过程，其中基因型、外植体生理状态、培养基和培养条件是影响植物离体无性繁殖的主要因素。

（一）基因型

离体培养时基因型效应表现在不同的植物种类、同一种类的不同品种之间，离体培养的难易程度差异较大，对培养条件的要求也不同。作为离体繁殖的供体材料应该具备良好的遗传性状，在生产或应用中具有较高的实用价值，离体培养的特性较好。多数情况下，离体繁殖是针对特定的材料，因此在基因型的选择上受到限制。

（二）外植体生理状态

外植体生理状态是由供体植株的年龄、取材季节、生长环境及外植体在植株上的部位等多种因素决定的，其对离体培养有重要的影响。一般由活跃生长的器官上取外植体能取得较好的培养效果，取接近植株生长中心的幼嫩组织和器官培养易成功。对多年生木本植物，成年树较幼年树的培养要困难。在同一株成年树上，根蘖苗、不定芽等具幼年特征的组织比老态组织具有较高的形态发生能力。随每年成熟季节的来临，外植体的离体再生潜能降低。生长季节与外植体的再生能力密切相关，如马铃薯，从春季和夏初的茎尖外植体获得的再生植株更易生根，而郁金香花茎外植体只有在休眠过程中取材才能产生茎芽。参薯节间外植体只有取自16h光周期下栽培的供体植株才能产生侧枝。

（三）培养基

培养基中无机盐、糖、维生素、铁盐、激素和有机附加物等各种成分都会对快繁过程产生影响，培养基的精确组成需要根据不同植物种类和快繁阶段进行调节。在快繁的Ⅰ和Ⅱ阶段常可以使用相同的培养基，而生根阶段需要对培养基进行一些调整，如糖浓度在阶段Ⅰ和Ⅱ时一般为2%～5%，在生根阶段可降低至1%～1.5%，无机盐浓度也可降低。

MS培养基是目前应用最为广泛的一个基本培养基。培养基中，激素类物质影响最大。对大多数植物来说，激素在器官分化中的调控作用仍然遵循"Skoog-Miller模式"（图4-7），但不同的植物种类所要求的激素水平不同，需要通过实验进行确定。在最初的外植体培养中，常使用较高浓度的生长素或细胞分裂素来启动外植体生长和促进增殖；在反复继代培养中，由于外源激素在培养物中的积累可能导致培养物玻璃化、变异、生根困难

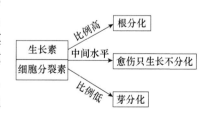

图4-7 激素调控器官分化的"Skoog-Miller模式"

或再生植株延迟开花等问题，因此，继代培养一定时间后，要适当地调整激素浓度或改变环境条件。

培养基通常以琼脂固化，但液体培养基对有的植物和有些植物的某个培养阶段更适合。例如，凤梨试管苗在液体培养基中生长更好，文心兰的原球茎增殖时利用液体和固体培养基交替进行培养增殖效果较好。

某些植物需要补充其他物质来维持良好的生长，如许多兰花品种，常需要添加香蕉汁、马铃薯汁、椰子汁或活性炭等物质。

（四）培养条件

大多数植物在20~25℃可以正常生长，低于15℃或高于35℃均会产生不利的影响。但不同的植物对最适生长温度要求不同，如文竹以17~24℃生长较好，水仙属约在18℃下最适宜，离体条件下也需要尽可能满足植物对环境温度的要求。

植物组织培养中一般均需要光照。光照的作用在于保障形态发生和叶绿素形成。光强一般在1000~5000lx。强光照对芽的增殖和茎的伸长有抑制作用。增殖阶段宜减弱光强，生根阶段和移栽前宜增加光强。离体培养植株对光周期的要求不是很严格，大多数植物每天光照12~16h即可达到满意的效果。

培养容器中的相对湿度一般达到100%，要求环境中相对湿度为70%~80%。若环境湿度低，培养基易失水干裂影响生长，而过高则易引起污染。

植物生长需要氧气，离体培养时培养物必须要有一部分组织与空气接触。固体培养时，培养物直接与容器中的空气接触，液体培养时常通过振荡、培养基通气或间歇式地暴露于空气中来满足培养物对氧气的需求。容器的封口材料影响容器内外的气体交换，使用透气性较好的封口材料可以促进容器内外的空气流通，增加O_2和CO_2的供应量，并能及时排出有害的气体，促进培养物生长。

四、植物离体无性繁殖过程中的常见问题及预防

（一）污染

污染（contamination）是指在组织培养过程中培养基和培养材料滋生杂菌，导致培养失败的现象。引起污染的微生物主要有细菌和真菌两大类。污染主要是因外植体带菌、培养基及器皿灭菌不彻底或操作人员未遵守操作规程而引起。培养过程中，培养室内不洁净，培养容器内外气体交换也会引起污染。

外植体带菌是污染的最主要原因。外植体带菌引起的污染有两种情况：一是由于外植体消毒不彻底而表面携带有杂菌；二是由生活于健康植物的各种组织和器官的细胞间隙或细胞内的微生物即内生菌引起的污染。严格的表面消毒方法可以消除外植体表面大部分的杂菌，但通常对内生菌无效。

在建立培养体系时，对初期培养物要进行严格的检查，除去任何已污染的培养物。对那些缓慢生长或难以直接观察到的污染的检测，可利用一些细菌学培养基，通过微生物方法进行检测。这对一些重要植物或大规模商业性繁殖是必要的。外植体热处理、取小的茎尖培养或使用抗生素等方法可以防止外植体带菌引起的污染。

（二）褐变

褐变（browing）是指在组织培养中，由于材料被切割，多酚氧化酶活化将组织中的酚类物质氧化形成棕褐色的醌类物质，并向培养基中扩散，抑制培养物生长甚至导致其死亡的现象。含酚类物质丰富的植物，如核桃和柿树的芽或茎段，离体培养时易发生褐变。一些木本植物的外植体离体培养时也易发生褐变，在成年树中尤其严重。例如，来自欧洲栗幼年树的芽不易褐变，而来自成年树的芽易褐变，取材时间也对褐变有影响。香椿幼嫩枝条上的腋芽茎段易褐变，而半木质化的腋芽茎段不易褐变。

培养基中高浓度的无机盐和肌醇会加剧外植体的褐变，强光、高温、培养时间过长也会引起培养材料褐变。许多植株只在初始外植体上易发生褐变，由初始外植体上得到的新枝或芽进行继代培养时褐变会减轻或无褐变。防止褐变的措施有：①向培养基中添加抗氧化剂或吸附剂，如抗坏血酸（维生素 C）、柠檬酸、半胱氨酸或硫代硫酸钠及活性炭（AC）和聚乙烯吡咯烷酮（PVP）等；②用抗氧化剂溶液预处理外植体，或在抗氧化剂溶液中切割、剥离外植体；③将褐变外植体及时地转移到新鲜培养基上；④将培养物置于相对较低温度及黑暗或弱光条件下有助于减轻褐变。

（三）试管苗玻璃化

试管苗玻璃化（vitrification）也称为"超水化作用"，是离体培养过程中试管苗发生的形态、生理和代谢异常的现象。发生玻璃化的苗往往细胞过度吸水，叶片肿胀、扭曲，枝条和叶呈水浸状、半透明状，脆弱易碎。玻璃化多发生在以枝、芽、苗为繁殖体的长期离体培养的繁殖体系中。

玻璃化苗叶表皮缺少角质层和蜡质，没有功能性气孔，不具有栅栏组织，仅有海绵组织；细胞含水量高，纤维素、蛋白质等干物质含量低。玻璃化一旦发生很难逆转，幼苗的增殖、分化能力降低，难以用作继代或生根培养。

至今对玻璃化现象的发生规律及机制仍缺乏真正的了解。已有的研究结果显示，培养基成分、培养条件等多种因素对玻璃化苗的产生有重要影响。通过以下措施有助于防止玻璃化苗的产生：①降低细胞分裂素的浓度，调整激素配比；②提高培养基中蔗糖和琼脂的浓度或加入渗透剂，降低培养基渗透势；③降低铵态氮、提高硝态氮的含量；④改善容器的气体交换状况，降低容器内的相对湿度；⑤降低培养温度，增加自然光照；⑥在培养基中添加间苯三酚、根皮苷或生长抑制剂等物质。

五、光自养快繁技术

（一）光自养快繁技术的概念

光自养快繁技术是由日本千叶大学 Kozai 教授在 20 世纪 80 年代末首先报道的。在离体培养条件下，大部分含有一定量正常结构形态的叶绿素和叶绿体的培养物都具有进行光合作用的潜能。但在一般的植物组织培养体系中，培养物主要以培养基中的糖类为碳源进行异养生长，一般认为这种异养行为是容器中浓度过低的 CO_2 造成的。如果改善 CO_2 的供应量，适当提高光照，就可以促进培养物自身的光合作用，使其能够在无糖培养基上通过光合作用进行自养生长，这种培养方式被称为光自养培养（photoautotrophic culture）或无糖培养（sucrose-free culture）。根据这个原理，人们已在实验室和生产上开展了一定的尝试和应用。

光自养生长系统的建立，降低了培养基的制作成本，减少了污染损失，简化了生根和移栽程序，使试管苗移栽成活率提高，降低了生产成本。为植物生理学和植物组织培养的研究提供了一个新的实验体系，并开创了一个全新的植物快繁技术领域。

（二）光自养快繁技术的应用

光自养繁殖中，繁殖体材料常直接被诱导形成具根的小植株。因此，在常规离体快繁的生根阶段结合无糖培养技术，可以改良试管苗质量，提高移栽成活率，使二者优势互补。既能降低生产成本又能在短期内培育出大量合格的组培苗，在生产中具有实际意义。

目前，应用光自养快繁技术已成功地进行了非洲菊、康乃馨、兰花、桉树等多种植物的繁殖。与常规快繁相比，组培苗的质量和产量得到了大幅度提高，生产成本降低20%左右，更利于规模化、工厂化生产。但培养容器内各种环境因素及其对培养物生长及形态的影响还不十分清楚，光自养繁殖的大型培养容器和智能化苗床、设施及机械化、自动化系统也有待进一步开发与完善。

六、操作实例

月季（*Rosa chinensis*）品种多，花期长，花色丰富，是四大鲜切花之一，深受人们喜爱。一些名贵品种扦插不易生根，其繁殖受到很大影响，利用离体繁殖技术可以大量繁殖常规扦插困难的品种，也可用于加速新品种的推广。月季的离体繁殖步骤如下。

第一步，取当年生枝条，去除叶片及顶部和基部部分，留腋芽饱满的枝条中段，流水下冲洗，表面消毒后在无菌条件下剪成带一个腋芽的茎段，将下端竖直插入诱芽培养基（MS＋0.5mg/L BA）中，置25℃、12h/d光下培养。

第二步，2～3周后腋芽萌发，将大于1cm的无菌新枝从原茎段上切下，转入继代培养基（MS＋1～2mg/L BA＋0.1～0.2mg/L NAA）上，在继代培养基上腋芽萌发会形成具有3～4个侧枝的小枝丛。

第三步，每隔1个月，将小枝丛切割成带1～2节的茎段，再转入相同的继代培养基上进行增殖培养，直至达到满意的数量。

第四步，增殖倍数高的品种，往往形成的嫩枝较弱，在生根前可将嫩枝转入壮苗培养基（MS＋0.3～0.5mg/L BA＋0.01～0.1mg/L NAA 或 0.3mg/L IBA）上进行一次壮苗培养；增殖倍数低的品种，将嫩枝剪成2cm左右的茎段，直接转入生根培养基（1/2MS＋0.5mg/L IBA）上诱导生根。在壮苗、生根阶段，可适当提高光照强度。

第五步，生根培养20d左右，根长约0.5cm、具2～4条根时可出管移栽。

第二节　植物脱病毒技术

至今已发现的植物病毒种类达900多种，且分布广泛，几乎所有植物都会受到一种或多种病毒的侵染。病毒病可使植物的产量和品质降低，给农业生产造成极其重大的损失。特别是通过无性繁殖的植物，病毒危害更严重。

植物病毒病防治困难，有植物"癌症"之称，其危害仅次于真菌病害，防治病毒病已成为生产上的迫切任务。将植物脱病毒技术和植物离体无性繁殖技术相结合，是防治病毒病和减轻其危害的最有效措施，可为农业生产培育大量的无病毒植株（virus-free plant）。

一、病毒在植物体内的分布、传播和危害

（一）病毒在植物体内的分布

病毒（virus）粒子极其微小，多数单个病毒粒子的直径在 0.1μm 左右，只有在电子显微镜下才可识别。病毒在植株体内的扩散是通过两种形式进行的：一是通过胞间连丝在植物细胞间短距离移动，其扩散速度慢，如烟草花叶病毒运转速度为 6～13μm/h；二是通过维管束输导组织系统长距离转移，其扩散速度快，如水稻条纹叶枯病病毒运转速度为 25cm/h。因此，当病毒粒子侵入植物，一旦进入韧皮部后，通过维管组织与营养主流方向一致进行双向转移，会在植物体内全面扩散。

早在 1934 年，White 在培养被烟草花叶病毒（TMV）侵染的番茄根时发现，越接近根尖的部分，病毒的含量越低，在根尖部分，则未发现病毒。1949 年，Limasser 和 Cornnet 发现在茎中也有同样的现象，茎尖 0.1～0.5mm 处几乎没有病毒。现已明确的是：病毒在植物体内的分布是不均匀的，较老的组织含病毒较多，幼嫩的组织含病毒较少，通过有性繁殖过程形成的种子及旺盛生长的根尖（root tip）、茎尖（shoot/stem tip）等一般都无病毒或很少有病毒。

对茎尖和根尖分生组织病毒含量少的原因有以下几种解释：①传导抑制，在分生组织中，维管组织还不健全，胞间连丝也不发达，从而阻碍了病毒的传导。②能量竞争，分生组织的细胞不断进行活跃的分裂，需要消耗大量的能量，代谢旺盛，抑制了病毒核酸的复制。③激素抑制，在分生组织中，内源激素浓度水平较高，因而阻滞了病毒的侵入或者抑制了病毒的复制。电子显微镜观察结果和荧光抗体技术也证实，茎尖和根尖存在一个特殊的病毒免疫区。分子生物学研究表明，这种现象可能与 RNA 干扰有关。

（二）病毒的传播和危害

病毒在植株个体间的传播分为介体和非介体传播两类。介体传播指病毒借助生物体的活动而进行的传播，如昆虫、螨类、线虫、真菌、菟丝子等，其中昆虫是最主要的传播介体；非介体传播是指无其他机体介入的传播方式，包括自然接触和汁液接触传播、嫁接传播和花粉传播、病毒随种子和无性繁殖材料传播等。

植物一旦感染病毒会终生带毒。受病毒侵染的植株多表现为系统发病，如植株发育不良、矮小，叶片变小、畸形，产生花叶、杂斑等症状；果实和种子变小，严重的引起组织、器官或整个植物坏死；有的植株感染病毒后并不表现明显的症状，但感染会造成生长衰退、产量下降、品质变劣、需肥量增多、寿命缩短等慢性危害；许多优良品种受病毒侵染导致种性退化，严重的已在生产上失去应用价值。

二、脱病毒的方法及原理

脱病毒（或简称脱毒）是指用人为的方法将植物体内的病毒去除掉。经过人为的物理、化学或生物学方法脱去特定的某种或几种病毒的苗称为脱病毒苗或无病毒苗。

（一）物理方法

物理方法脱毒是根据病毒对光谱的吸收特性和对温度的敏感性等物理特性，使材料携带的病毒钝化或失活，从而达到抑制病毒的目的。方法包括热处理，低温处理，紫外线、X射线照射等，其中热处理最常用。

1. 热处理　　热处理（heat treatment）脱毒又称温热疗法（thermo therapy），是依据病毒和植物体对高温的忍耐性差异，选择适当的温度和时间处理感病植株，使植物体内的病毒被钝化或失活，失去侵染能力，而植物仍然存活，从而达到脱毒的目的。热处理又分温汤浸渍处理和热空气处理。

温汤浸渍处理是将要脱毒的植物材料浸入50℃左右的温水中数分钟或数小时，一般适用于休眠器官或较老的接穗和插条。

热空气处理是将植株置于高温生长室或生长箱中一段时间，然后切取新长出的枝条作接穗进行嫁接或取茎尖组织进行离体培养。此法适用于生长较幼嫩的材料，一般在35～40℃下处理几十分钟到几个月。例如，康乃馨茎尖经38℃处理2月，可使其全部的病毒失活；马铃薯块茎在37℃下处理10d，可使其卷叶病毒消失。大约有一半以上的园艺作物可以用此法使病毒钝化。

热空气处理时要注意逐渐升温，并保持环境中85%～95%的相对湿度，增强光照强度也有辅助作用。有时采用高低温交替处理既可以脱毒又能提高植株生活力。例如，马铃薯带毒小苗在35℃下处理4h，再在31℃下处理4h，交替处理1月后，脱毒效果达80%。

热处理是一种简单有效的脱毒方法，但常会使植物材料受伤，而且有的病毒对热处理温度不敏感或钝化温度较高，热处理效果甚微。

2. 低温处理　　低温处理（cryogenic treatment）又称冷冻疗法（cryotherapy）。例如，菊花植株经5℃处理4个月，67%的植株可以脱去矮化病毒（CSV），22%的可脱去褪绿斑驳病毒（CCMV）；处理7.5个月，CSV和CCMV的脱毒率分别可达73%和49%。

近年来，在植物超低温保存研究中发现，经超低温保存处理后再生的植株，其病毒含量降低，大部分材料完全无病毒。例如，马铃薯1～1.5mm长的茎尖，经超低温处理后，马铃薯卷叶病毒（PLRV）和Y病毒（PVY）的脱毒率分别达到了83%和91%甚至更高，显著高于单一热处理（50%和65%）或茎尖分生组织培养（52%和62%）的脱毒效果。但超低温处理程序复杂，对植物材料及操作技术要求较高，目前仅在少数植物上有报道。

（二）化学方法

化学方法脱毒是应用化学药剂防治病毒病的方法，简单方便，适于病毒的大面积防治。但由于病毒寄生于寄主细胞内，与寄主细胞代谢联系紧密，对病毒有杀伤力的药品，往往对寄主植物也有害，要谨慎使用。

一些化学物质，如孔雀绿、2-硫脲嘧啶、8-氮鸟嘌呤、蛋白质与核酸合成抑制剂及抗生素类等在不同程度上可以抑制病毒的复制。这类物质对整株植物的效果并不好，但却能有效地抑制离体培养的组织、细胞和原生质体中的病毒。例如，培养基中100μg/L的2-硫脲嘧啶可除去烟草愈伤组织中的PVY病毒；放线菌酮和放线菌素D也能抑制原生质体中病毒的复制；培养基中加入病毒唑，可脱除马铃薯茎尖中的X、Y、S和M病毒。

（三）生物学方法

生物学脱毒是通过茎尖分生组织培养、微嫁接、愈伤组织诱导、珠心胚培养等除去病毒的方法。

1. 茎尖分生组织培养

（1）茎尖分生组织的概念　　严格意义上来说，茎尖分生组织（shoot apical meristem）仅指茎尖最幼龄叶原基上方的由2～3层分生细胞组成的很小区域，一般最大直径不超过0.1mm，长度约0.25mm，最小的茎尖长度仅有几十微米，有的也称顶端分生组织（apical meristem）（图4-8）。这一区域通常不含病毒，取这个组织进行培养可获得无病毒植株。但这样小的分生组织在分离时很困难，而且成苗时间也很长。在大多数报道的茎尖分生组织脱毒培养中，实际是取大小为0.1～1mm由茎尖分生组织及1～3个叶原基（leaf primordium）组成的幼小茎尖（shoot apex/tip）进行培养，这样大的茎尖也能获得无病毒植株，且诱导成功率较大。因此，对以分生组织细胞为主的含少数叶原基的这类茎尖的培养，通常也称为茎尖分生组织培养。而较大的几毫米至几十毫米长的茎尖、顶芽及侧芽的培养，常用于植株的离体快速繁殖，这类茎尖培养技术简单、操作方便，茎尖易成活，成苗所需时间短。

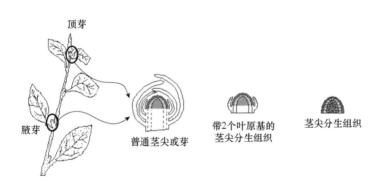

图4-8　茎尖分生组织和普通芽的区别

茎尖分生组织培养是目前培育植物脱病毒苗的最主要方法。不仅可以脱除病毒，还可以消除植物中其他各种病原菌，包括类病毒、类菌质体、细菌和真菌等。

（2）供体植株的选择和预处理　　供体植株选择首先要考虑该品种在生产中的实用性及品种的典型性；其次，尽量选择生长健康、感病程度轻的植株，这样的植株携带病毒量少，更容易获得脱毒植株；再次，还应考虑外植体的生理状态和部位。

虽然茎尖分生组织通常不带病毒，但有研究证明，有些病毒，如烟草花叶病毒（TMV）、马铃薯X病毒（PVX）和黄瓜花叶病毒（CMV）等可以侵入植物的顶端分生组织，这时单一采用热处理或茎尖分生组织培养很难去除，将热处理和茎尖分生组织培养相结合可提高脱毒效果，而且经热处理后可以切取较大的茎尖外植体（0.5～2mm）进行培养，提高了茎尖培养的成活率。例如，将大樱桃置于45℃下培养35d后再切取0.2～0.4mm的茎尖培养，脱毒率可达98%；将感染X、Y病毒的马铃薯芽用35℃处理7～28d，然后取5mm长的茎尖培养，获得了无病毒植株。

（3）茎尖分生组织的分离

1）茎尖分生组织的分离。在超净工作台上，将已消毒的芽放在铺有无菌湿润滤纸培养皿中，借助实体解剖镜逐层剥去芽体外幼叶，暴露出光滑的茎尖分生组织，迅速切下带1~2个叶原基的茎尖接种到培养基上。剥取茎尖时避免损伤茎尖，解剖镜的光源宜选择冷光源。

2）茎尖大小与脱毒效果。茎尖越小，脱毒的效果越好，但茎尖的成活率低（表4-1）。因此，茎尖大小的选择要兼顾脱毒率和成活率两个方面。

表4-1   马铃薯离体茎尖的大小对脱毒率及成活率的影响（朱至清，2003）

茎尖大小/mm	叶原基数	发育的小植株数	去除马铃薯病毒的株数
0.12	1	50	24
0.27	2	42	18
0.60	4	64	0

利用茎尖分生组织培养脱除植物病毒时，最好找出茎原基所带叶原基的数目与生长点（茎尖）大小的相关性，这样取材时就方便多了。

例：苹果

茎原基	0.05~0.08mm
茎原基带2片叶原基	0.1~0.2mm
茎原基带4片叶原基	0.3~0.4mm
茎原基带6片叶原基	0.6~0.8mm

3）不同病毒种类在同一种植物中分布部位不同：取不同大小的茎尖培养可以脱除不同的病毒种类（表4-2）。

表4-2   病毒在植物不同种类和茎尖中的分布及脱毒效果（裘文达，1986）

植物种类	病毒	去除病毒茎尖大小/mm	品种数
甘薯	斑纹花叶病毒	1.0~2.0	6
	缩叶花叶病毒	1.0~2.0	1
	羽毛状花叶病毒	0.3~1.0	2
马铃薯	马铃薯Y病毒	1.0~3.0	1
	马铃薯X病毒	0.2~0.5	7
	马铃薯卷叶病毒	1.0~3.0	3
	马铃薯G病毒	0.2~0.3	1
	马铃薯S病毒	0.2以下	5
大丽菊	花叶病毒	0.6~1.0	1
康乃馨	花叶病毒	0.2~0.8	5
百合	各种花叶病毒	0.2~1.0	3
鸢尾	花叶病毒	0.2~0.5	1
大蒜	花叶病毒	0.3~1.0	1

续表

植物种类	病毒	去除病毒茎尖大小 /mm	品种数
矮牵牛	烟草花叶病毒	0.1～0.3	6
菊花	花叶病毒	0.2～1.0	3
草莓	各种花叶病毒	0.2～1.0	4
甘蔗	花叶病毒	0.7～8.0	1
春山芥	芜菁花叶病毒	0.5	1

4）同一植物不同部位的茎尖脱毒效果不同。如 0.3～0.5mm 带 1～2 个叶原基的大蒜茎尖对花叶病毒的脱毒率是 45.5%，而 2～3mm 的花茎茎尖（scape tip）的脱毒率达 77.6%（Ma et al.，1994）。

5）植物病毒的种类不同其去除的难易程度不同。如由只带一个叶原基的茎尖所产生的植株，全部除去了马铃薯卷叶病毒，其中 80% 的植株除去了马铃薯 A 病毒和 Y 病毒，约 50% 的植株除去了马铃薯 X 病毒。

（4）茎尖分生组织的培养　茎尖分生组织的培养常用固体培养和滤纸桥液体培养。固体培养简单方便，适于大多数植物的茎尖培养。有的植物茎尖在琼脂固体培养基上培养时易形成愈伤组织或易褐化，可以使用滤纸桥液体培养。方法是在培养容器中置入一个滤纸桥，将桥的两臂浸入液体培养基中，外植体放在桥面上（图 4-9）。这种培养方法的最大优点是培养基为液体培养基，营养物质能通过滤纸均衡而持久地供给外植体，减少褐变，减少愈伤组织的分化，有利于外植体的健壮生长，缺点是操作过程较为复杂。

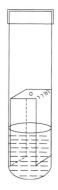

图 4-9　滤纸桥液体培养

离体茎尖越小培养越困难，对培养条件要求越严格。培养基中较低浓度的无机离子和相应较高浓度的铵盐和钾盐，有利于茎尖的成活。生长素一般是在茎尖第二对叶原基中形成的，因此在茎尖分生组织培养中必须提供适宜的外源生长素和细胞分裂素，促进其生长直接发育成苗。尽量避免使用可使茎尖愈伤组织化的 2,4-D，有时低浓度 GA$_3$ 可抑制愈伤组织形成，促进茎尖的成活和伸长。不同植物对生长调节剂的反应差异较大，必须结合材料类型和培养条件灵活掌握。

茎尖组织一般在恒温光照下培养。正常情况下接种 1～2 月后，茎尖逐渐变绿，基部增大，有时形成少量愈伤，茎尖逐渐伸长，叶原基形成可见小叶，3～4 个月可伸长成具数片叶的小植株。有的植物茎尖分生组织可先诱导形成愈伤，然后再分化成苗。

2. 微嫁接　微嫁接（micrografting）也称茎尖嫁接（shoot-tip grafting），是在无菌条件下将带 1～3 个叶原基的茎尖作接穗，嫁接于在试管中培养的无菌实生苗砧木的上胚轴上，嫁接好的小苗用滤纸桥液体培养成为完整植株。嫁接时要考虑砧木和接穗的嫁接亲和性。许多木本植物的茎尖分生组织培养后难以生根，成株困难，利用微嫁接能较好地解决木本植物特别是果树类植物的脱毒。

3. 愈伤组织诱导　从感病毒外植体诱导的愈伤组织再分化出的植株中，有很大一部分无病毒，且随愈伤组织培养时间和周期的增加，无病毒苗比率提高。例如，从感 TMV 病毒的烟草髓组织诱导的愈伤组织中病毒含量降低，经 4 次继代培养后，植株体内几乎不存在病毒。在马铃薯茎尖愈伤组织再生植株中，不含 PVX 病毒植株的比率（46%）比由茎尖直接产生的植株中的比率要高得多。用这种方法已在草莓、大蒜、洋葱、唐菖蒲上获得了去病毒植株。

由愈伤组织培养除去病毒的可能原因是：①外植体在脱分化形成愈伤组织过程中细胞分裂增殖迅速，病毒复制不能与细胞增殖同步；②一些细胞通过突变获得病毒感染的抗性（拉兹丹，2006）。

4. 珠心胚培养　　柑橘类植物的成熟种子中常有多胚现象，其中一个是由受精卵发育形成的合子胚，其余是由珠心组织发育形成的无性胚，称为珠心胚。珠心胚分化能力较强，而且与植株的维管组织没有直接联系，由珠心胚再生形成的植株是无病毒的。珠心胚来源于母体组织，能保持品种的优良特性，但由珠心胚形成的植株有返幼特性，在果树类植物的应用中要注意。

在实际生产中，采用一种方法脱毒效果往往并不理想，通常几种方法配合使用方能取得令人满意的效果。

三、植物病毒的检测及无病毒苗的保存和繁殖

通过各种脱病毒技术获得的植株，可能只有其中部分植株是无病毒的。在作为无病毒种源利用和繁殖之前，必须进行病毒检测，以确定植株是无病毒的或不携带某种特定的病毒。

通过离体培养产生的植株中，很多病毒具有 6～12 个月的潜伏期，在离体培养最初的 10～18 个月，每隔一定时期需对植株重复检测一次；另外，无病毒植株在试管外保存和繁殖期间，仍有可能再次感染病毒。因此，植物病毒的检测在无病毒苗的培养及生产繁殖过程中常要重复进行多次。

（一）植物病毒的检测方法

1. 指示植物检测法　　指示植物（indicater plant）或称敏感植物，是指对某一种或某一类病毒非常敏感的植物，一经病毒感染就会在其叶片乃至全株上表现特有的病症，用于鉴定具有可见症状的病毒。病毒的寄主范围不同，应根据不同的病毒选择合适的指示植物，有时不同的病毒在同一种指示植物上出现相似的症状，就需要用一套指示植物来鉴定。表 4-3 列出了几种马铃薯常见病毒侵染植物后表现出的主要症状及其用于检测的指示植物。一种理想的指示植物应该一年四季都可栽培，生长迅速，具有较大的叶片，并对病毒保持较长时间的敏感性，容易接种，在较广的范围内具有同样的反应。

表 4-3　几种马铃薯常见病毒侵染植物后表现出的主要症状及其用于检测的指示植物（潘瑞炽，2000）

病毒种类	症状	鉴定植物
马铃薯 X 病毒，PVX	脉间花叶	千日红（*Gomphrena globosa*）、曼陀罗（*Datura stramonium*）、辣椒（*Gapsicum annuum*）、番茄（*Solanum lycopersicum*）、黏毛烟草（*Nicotiana glutinosa*）
马铃薯 S 病毒，PVS	叶脉深陷皱缩	千日红（*Gomphrena globosa*）、杖藜（*Chenopodium amaranticolor*）、洋金花（*Datura metel*）、藜麦（*Chenopodium quinoa*）
马铃薯 Y 病毒，PVY	随品种而异，有些轻微花叶或皱缩，敏感品种反应为坏死	马铃薯（*Solanum tuberosum*）、酸浆（*Physalis alkekengi*）、曼陀罗（*Datura stramonium*）
马铃薯卷叶病毒，PLRV	初侵染幼叶尖呈浅黄白色，有些品种呈紫色或红色	酸浆（*Physalis alkekengi*）

病毒的检测工作必须在防虫网室内进行。对于主要通过汁液传染的病毒可采用汁液感染法（sap transmission）来检测。方法是在指示植物的叶片上撒少许金刚砂，将受检植物汁液涂于其上，适当用力摩擦，使叶表面细胞受到侵染，但又不损伤叶片，然后用清水冲洗叶片。接种后的指示植物在15～25℃下生长一周或几周时间，即可表现症状。

多年生木本果树或草莓等无性繁殖的植物，可以用嫁接的方法，以指示植物为砧木，待检植物作接穗，在嫁接后4～6周可鉴定出有无病毒。

2. 血清学检测法 血清学检测法是利用抗体和抗原在体外的特异性结合进行病毒检测的方法。血清学检测快速、灵敏、准确，成本较低，目前在植物病毒研究和检测中应用最为广泛，对潜隐性和非潜隐性病毒均可鉴定。基本程序包括抗原制备、抗血清制备和病毒鉴定三步（图4-10）。

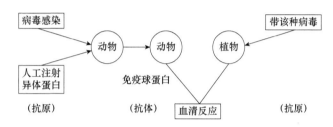

图4-10 血清学检测法示意图（周维燕，2001）

常见的鉴定方法有沉淀反应、凝聚扩散反应、免疫扩散、免疫电泳、荧光抗体技术和酶联免疫吸附测定（ELISA）等，一些新的方法和技术还在不断的发展和改进，如快速免疫滤纸测定法、免疫胶体金技术等。

酶联免疫吸附测定（enzyme linked immunosorbent assay，ELISA）是将抗原或抗体包被在固相载体上，借助结合在抗原或抗体上的酶与底物反应所产生的有颜色产物来检测抗原或抗体。可检测出浓度为0.1～10ng/mL的病毒，ELISA自动化程度高，可同时测定多个样品，试剂用量少并可以较长时间保存，商品化试剂盒检测技术已很成熟。

血清学检测的前提是制备抗血清，有许多病毒未能制备出特异的抗血清，而有些病毒在某些情况下缺乏外壳蛋白，类病毒也没有外壳蛋白。因而，就不能通过血清学方法对其进行检测。

3. 电子显微镜检测法 利用电子显微镜可以直接观察病毒是否存在及病毒粒体的大小、形态和结构特征。另外，病毒侵入寄主细胞后会引起寄主细胞的一些病理变化，尤其是内含体（inclusion body）的结构特征，是检测病毒的重要依据。电镜检测是最直接的病毒检测手段，但设备昂贵，常与指示植物法和血清学检测法联合使用，使鉴定结果相互印证。

4. 分子生物学检测法 分子生物学检测法是通过检测病毒核酸来证实病毒的存在，几乎可以检测出所有类型的病毒和类病毒，主要方法有核酸分子杂交、双链RNA电泳、多聚酶链式反应和实时荧光定量PCR等技术。分子生物学方法灵敏度高，特异性和可靠性强，能实现多重反应，可用于大量样品的检测。

（二）无病毒苗的保存和繁殖

经过特定的脱毒程序及病毒检测，不带某种或几种特定病毒的植株称为无病毒苗。经过脱毒培养及病毒检测后得到的无病毒试管苗十分珍贵，是繁育大量无病毒苗的种源，但经脱毒培养获得的无病毒苗并没有获得特殊的抗性，在保存和繁殖期间有可能重新感染。因此，无病毒苗的保存和繁殖必须要在隔离条件下进行。

1. 无病毒苗的保存　　无病毒苗是异地引种和交换材料最安全的方式。保存好的无病毒苗作为种源，可以利用5～10年甚至更长时间，保存的方式有离体保存和隔离保存两种。

（1）离体保存　　离体保存（*in vitro* conservation）指在离体条件下以试管苗的形式进行保存。一般是将试管苗置于1～10℃低温下或在培养基中加入生长延缓剂，使试管苗保持缓慢的生长状态，延长继代培养的周期（一般每隔6～12个月继代一次），达到长期保存的目的。保存期间要注意保湿和防污染，并要提供一定的光照。Mullin 等（1976）将无病毒草莓试管苗在4℃下保存6年，每隔3个月加几滴培养液于培养基上即可；傅润民（1994）将葡萄试管苗在9℃下每年继代一次，保存长达15年。

（2）隔离保存　　隔离保存是将脱毒苗种植在隔离区内加以保存。有些木本植物，试管苗继代成本较高，移栽成活率低，或以嫁接繁殖为主要繁殖方式的，可以将无病毒苗种植在隔离区内，建立无病毒母本园，以供采集接穗。隔离区最好选择在高海拔、气候较冷凉、病虫害少的地域，与毒源作物有一定距离。保存期间要定期检查，一旦发现病毒及时清除。

2. 无病毒苗的繁殖　　利用无病毒种源，通过大量繁殖可以源源不断地为生产上提供无病毒的优良种苗。无病毒苗的繁殖可以通过实验室离体快繁和田间隔离繁殖两种途径进行。

实验室离体繁殖可防止病毒的再侵染，繁殖的无病毒试管苗可以直接供生产上利用；田间隔离繁殖无病毒苗时，最重要的是防止病毒再度感染，因此必须建立一套严格的生产体系（表4-4）。生产场所一般在培育室或防虫网内，土壤或基质须经过灭菌处理。在繁殖的各个阶段还需要对种苗重复进行病毒检测，一旦发现感染需要再利用无病毒种源进行繁殖。

表 4-4　大蒜无病毒株系生产体系

生产体系	无病株等级	隔离条件	负责单位
无病毒植株培养和鉴定		培育室/防虫网	研究室
↓			
繁殖和淘汰劣株	原原种	防虫网	研究室
↓			
繁殖和淘汰劣株	原种	防虫网	种子公司
↓			（原种场）
隔离采种（Ⅰ）	良种（母球）	繁殖田隔离	种子公司
↓			（原种场）
隔离采种（Ⅱ）	良种（母球）	繁殖田隔离	种子公司
↓			（原种场）
农家生产	市售良种		农民

植物常受多种病害的侵染，可能携带多种病毒，经过脱毒及扩繁的无病毒苗是相对而言的，一般是指经过鉴定而确定不携带某种特定病毒的种苗，因此称其为"无特定病毒苗"更确切。

四、植物组培脱毒的应用举例

草莓（*Fragaria* spp.）是栽培面积最大的小浆果，为多年生宿根草本植物。常规采用分株繁殖，繁殖效率低，易感病毒。用于草莓脱毒的方法有茎尖分生组织培养、热处理结合茎尖分生组织培养、愈伤组织培养和花药培养等。草莓离体繁殖容易，增殖速度快，将脱毒与离体快繁相结合可以为生产提供大量优质无病毒种苗。草莓茎尖分生组织脱毒技术步骤如下。

第一步，于6~8月取生长健壮的葡匐枝，除去较大的叶片，流水下冲洗2~4h，在超净工作台上进行常规表面消毒后，在解剖镜下分离带1~2个叶原基的茎尖组织，大小为0.2~0.4mm。

第二步，将分离下的茎尖组织迅速接到固体培养基（MS+0.5~1.0mg/L 6-BA）中，22~25℃、16h/d光照下培养。

第三步，培养35~45d，茎尖分化可形成丛生芽，当苗高1~2cm时，分成单株转入与初代接种相同的培养基中扩繁一次。

第四步，繁殖到20株左右，分成单株转入生根培养基（1/2MS+0.2mg/L IBA），培养20~30d即可准备移栽。移栽前开瓶锻炼3~5d，小心取出试管苗，清洗掉试管苗根部的培养基，移植进消毒处理过的沙土基质中，管护条件下直至成活。

第五步，利用指示植物通过小叶片嫁接法进行病毒鉴定。

第三节　试管苗生产

一、试管苗生产成本核算的意义

试管苗工厂化生产是以经济效益为目的的商业性生产经营行为，作为商品的试管苗生产成本核算有重要意义。

1）为制定产品市场价格提供依据，避免在制定价格时的随意性，成本是确定价格的最低界限，在确保成本的前提下应保证生产单位有一定的经济效益。

2）可以了解各种生产资料、生产环节在成本中的构成及比例，指导生产企业更好地组织生产和管理，改进工艺流程，改善薄弱环节，进一步提高生产经营和管理水平，以取得更大的经济效益。

3）可以给投资者或生产厂家作出成本分析和预测，确定该技术有无推广价值，以避免盲目投资行为的发生，为企业决策提供依据。

二、试管苗成本核算的方法

试管苗工厂化生产经营的经费支出可分为三类，即直接生产成本、间接生产成本和期间成本。要根据成本构成因素再结合各生产环节逐项计算。

（一）直接生产成本

直接生产成本是指直接用于试管苗生产的费用，可以直接计入产品的生产成本。主要包括人员工资、培养基制备费、水电费及生产资料消耗费。

1. 人员工资　人员工资指试管苗生产和经营管理中所有用工人员的工资及奖金的支

出部分,包括企业管理人员、技术研发人员、各生产环节的技术负责人员及操作人员和季节性临时用工人员等。

2. 培养基制备费   培养基制备费指用于培养基制备的各种化学药品、试剂及蒸馏水等费用。

3. 水电费   水电费包括容器洗涤、灭菌、药品配制及接种室、培养室、温室、办公室等消耗的水电费。

4. 生产资料消耗费   生产资料消耗费指在试管苗移栽和商品苗培育中支出的土地、化肥、农药等费用。

试管苗的生产分为室内瓶苗培养和室外移栽培育两部分,因此可将发生在室内的培养成本和发生在移栽及商品苗培育阶段的成本分别计入直接生产成本。

(二)间接生产成本

间接生产成本是指用于厂房建设、仪器及设备等固定资产投资的折旧费。作为试管苗生产企业,需要投资一定规模的基础设施,而它们的使用寿命是有限的。在成本核算中,要详细分析各种仪器、设备及设施的使用年限,进行不同的折旧处理。

一般长期耐用的大型仪器、生产用房等,如超净工作台、灭菌器、冰箱、天平、培养架及房屋的折旧,按每年5%~10%折旧率计算;中短期固定资产,如温室及大棚,每年按10%~20%折旧率计算;低值易耗品,如玻璃、塑料制品、灯管、小型工具、花盆等的损耗及折旧率每年按30%计算。

(三)期间成本

期间成本是指按照国家有关规定不能直接计入产品的生产成本,是为组织管理生产经营活动而发生的各项费用,主要包括企业用于办公、技术培训、广告、差旅、引种及农业税等的支出。应按实际发生时间和发生额确认,计入生产成本。

将用于试管苗生产及经营的直接、间接和期间费用相加,即是试管苗的生产成本。生产企业的经济效益来自其全部的试管苗销售收入减去试管苗的生产成本。

国内一般年产100万株试管苗的快繁企业,固定资产投资总额需160万~180万元,每年的生产及经营成本需50万~60万元,每株商品试管苗总成本为0.5~0.7元。在生产成本中,直接生产成本约占75%,基建和设备等的折旧费约占20%,期间成本占5%左右。其中人工工资支出占比例最大,一般为成本的50%~60%,水电费占10%左右,而培养基成本占比例较低,约为4%。因此,在实际生产中应从试管苗生产的各个环节中挖掘潜力,注意人工工资及用于基础建设、仪器设备总投资的控制,以降低生产成本,提高效益。

除成本对经济效益的影响外,市场及生产规模也对经济效益有重要影响。及时掌握市场信息,生产适销对路的品种,可以减少试管苗滞销而增加的后期管理投入,提高经济效益。在一定的生产水平下,生产规模越大,纯利润越高,但规模大小要根据当地条件、市场规模而定,不能盲目扩大生产规模,否则会造成严重经济损失。

三、降低成本、提高经济效益的措施

生产成本是影响经济效益的主要因素,降低成本、提高经济效益是试管苗商业性生产的核心问题。在试管苗生产经营中，应把生产成本分解到各生产环节和管理部门进行核算，精打细算，科学合理地安排人力、物力和财力，在保证质量的前提下，尽可能地降低成本，提高经济效益。

（一）合理用工，提高劳动效率，节约工资

试管苗生产过程复杂，目前各生产环节主要靠人工操作，难以实现机械化和自动化，费工费时，这导致在试管苗成本中人工工资费用所占比例较高。因此，应提高管理水平，根据生产环节和任务，合理设置岗位，合理用工，同时加强技术培训，提高劳动者技术水平和素质，提高劳动生产效率。

（二）提高设备利用率，减少固定资产投资

固定资产折旧费是影响成本的一个重要因素，在投资建厂中，要根据生产规模合理配置物力资源，减少固定资产投资。可以利用已有的房屋进行改造改建，将可以合并的车间进行合并，如培养基配制和灭菌可以合并，器皿洗涤和灭菌室也可以合并；能简化的设施尽量简化，如普通塑料大棚比现代化温室的投资要低很多。这些措施都可以减少投资总额，降低固定资产折旧费，进而降低生产成本。

另外，正确使用仪器设备，延长使用寿命，提高设备利用率，也是降低成本，提高效益的重要方面。

（三）利用自然能源，合理安排生产周期，降低能耗

试管苗生产中电费消耗较高，一是来自试管苗培养阶段培养室的温度和光照控制，二是来自移栽阶段环境温度的控制。对此，可采取以下措施降低电费消耗。

1）通过改变培养条件，用自然光代替人工光照，以自然温度为主，人工控制为辅，可以降低试管苗培养阶段电能的消耗。

2）在出管移栽及苗木培育时，根据培养植物的生物学特性和供苗时间，合理安排生产周期，尽量在适宜的生长季节集中进行几次生根和移栽，可以减少炼苗移栽过程中的调温、调光投入。一般3月上旬后移栽不需要加温和增光，可使夏秋季用于降温、遮光的投资比冬季加温时少很多。

（四）优化培养方案，提高繁殖效率

试管苗生产过程中的增殖倍数、污染率及移栽成活率等重要的技术参数对繁殖系统的效率有重要影响。优化培养方案，改进工艺流程，进一步提高增殖倍数，缩短培养周期，培育壮苗，有利于提高移栽成活率；严格控制培养过程，降低污染率，预防苗的玻璃化和褐化以提高整个繁殖系统的繁殖速度和繁殖效率，降低生产成本。

（五）采用替代品，降低培养器皿及培养基成本

大规模培养时，采用廉价的罐头瓶、输液瓶代替价值较高的玻璃培养瓶可以降低这方面的消耗。目前，市场上已有多种规格的聚乙烯塑料培养瓶，虽然一次性投入较多，但不易破碎，可反复使用，损耗较小。已有较多的报道表明，用食用白糖代替化学试剂蔗糖，用自来

水、井水代替蒸馏水，用化学纯试剂（甚至工业品）代替分析纯试剂，对试管苗质量影响不大，但可以大幅度降低培养基成本。

快繁的目标是大量生产遗传上同质的、生理上一致的、发育上正常的和无病菌的小植株。发展快繁过程的自动化控制体系是减少生产成本的最根本途径。生产上已利用生物反应器进行体细胞胚、微芽、微茎等的大规模繁殖（Aitken-Christie et al., 1995），适于不同类型植物的生物反应器及其培养过程中的环境控制技术，已成为快繁研究的一个热点。

四、试管苗商业性生产的经营管理

进行试管苗商业性生产的组培工厂，是劳动密集型和技术密集型的企业，其生产经营活动是以市场为导向的商业性生产活动。生产企业在具备试管苗快繁生产技术、人员及相应的生产场地和设施等基本条件下，还应注意以下几点。

（一）建立一套科学的试管苗生产管理体系

试管苗是拥有生命意义的特殊商品，试管苗生产是一个连续性的过程，生产环节多，影响因子复杂，每个生产环节和因素都会对整个生产体系的效率、生产成本产生直接或间接的影响。因此，必须建立一套科学的管理体系，研究各工序的作业时间，合理安排生产进度，严格控制每一个生产环节，相应地扩大生产规模，明确每一个阶段的任务，确定具体指标，通过各工序的生产作业互相配合、协调，提高整个快繁系统的生产效率，降低生产成本，生产高质量商品苗。

（二）试管苗生产要以市场为导向

试管苗作为商品最终要进入市场，其商品性能的实现受市场需求及同类产品竞争的影响。因此，在试管苗工厂化生产中必须始终以市场为导向。产前做好市场调查和预测，生产适销对路产品；产中要严格控制各个生产环节，降低成本，培育高质量产品；产后要保持销售体系畅通，做好产品的售后服务和技术培训。

（三）注重新产品、新技术的研发和创新，做好技术储备

经营管理人员要有超前意识，在向市场推销试管苗的同时，要积极做好市场分析，掌握国内外同行的科研和生产信息，观察供销动态，预测市场发展趋势，寻找有发展潜力的新品种，注意新技术的研发和创新，做好技术储备，以适应市场需求和变化，增强发展后劲。

思　考　题

1. 名词解释：植物离体无性繁殖、繁殖系数、炼苗、污染、玻璃化、褐变、原球茎、茎尖分生组织、不定芽、无病毒苗、指示植物。

2. 植物离体无性繁殖主要适用于哪些植物？与常规无性繁殖相比有什么优势？

3. 离体无性繁殖中，培养物的增殖方式有哪几种？各有何特点？

4. 离体无性繁殖一般可分为哪几个阶段？简述其操作的一般程序。

5. 离体繁殖时外植体选择应注意哪些方面？

6. 离体繁殖中常见的问题有哪些？如何克服或防止其发生？

7. 要提高某种植物离体快繁的效率，可以采取哪些措施？

8. 试管苗与一般的种子苗相比有什么特点？

9. 防治植物病毒病有哪些方法？其原理是什么？

10. 简述通过茎尖分生组织培养脱除植物病毒的一般方法。

11. 利用茎尖分生组织培养脱病毒苗的原理是什么？简述影响其去除病毒的因素。

12. 无病毒植物的检测方法有哪些？

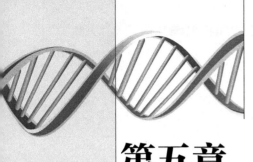

第五章 植物细胞培养和次生代谢产物生产

植物是人类赖以生存的食物和药品的重要来源之一。目前，人们已知生物体的天然产物中约有 80% 来源于高等植物。随着世界人口的不断增长和对植物性药品需求量的急剧增加，人们对植物资源进行的掠夺性开发，已造成许多植物资源日趋枯竭。因此，通过植物细胞培养以满足人类对植物产品的巨大需求，已成为当今植物生物技术领域的研究热点之一。

植物细胞培养（plant cell culture）是指在离体条件下，对植物单个细胞或小的细胞团进行培养以使其增殖的技术。由于培养方式、培养规模、培养方法和培养目的的不同，植物细胞培养有多种不同的方法。按照培养基的不同，可分为固体培养和液体培养；按照培养规模的不同，可分为小规模培养和大批量培养；按照研究目的的不同，可分为诱变培养、突变体筛选培养和次级代谢生产培养；按照培养方式的不同，可分为平板培养、悬浮培养、看护培养、微室培养等。

植物细胞培养在生产中已广泛应用。在工业上，通过液体悬浮培养生产次生代谢产物和多种有用物质，如为人类提供药品、色素、调味品、酶等；在农业上，主要用于植物的快速繁殖、杂交育种、突变体筛选、人工种子制备和种质资源保存等。植物细胞培养也有助于人们研究植物细胞的特性和生长发育潜力，了解细胞间的相互关系，探索环境条件对植物细胞的影响，研究信号转导、细胞代谢调控及细胞分化、发育和形态发生的分子机制等。

第一节 植物单细胞培养

单细胞培养是指从外植体、愈伤组织、群体细胞或者细胞团中分离得到单细胞，然后在一定条件下对其进行培养的过程。

20 世纪初，植物单细胞的分离和培养研究已取得了巨大进展，不仅能够分离和培养单细胞，而且在离体培养条件下，可诱导细胞分裂形成细胞团，进而再分化产生完整植株，并建立了多种细胞培养技术。

通过植物单细胞培养可对单个细胞进行细胞分裂、分化、生长和增殖过程的定点观察，从而进行定点选择与分析。因此，在进行优良细胞株选择及一些需要对细胞活动跟踪观察的情况下，必须进行单细胞培养；通过单细胞培养还可以获得具有相同基因和特性的细胞团和细胞系，为细胞大规模培养奠定基础，有利于进行细胞特性、细胞生长规律、细胞代谢过程及其调节控制规律等方面的研究，并得到较为均一的细胞及其代谢产物。

一、单细胞的分离

（一）由完整的植物器官中分离单细胞

从完整的植物器官中分离单细胞可以采用机械法或酶解法。叶肉组织中细胞排列疏松、细胞间接触点少的薄壁组织，是分离单细胞的最好材料。

1. 机械法 机械法是从完整植物器官和组织中分离单细胞的方法之一。叶肉组织排列疏松，便于单细胞的分离。1965 年，Ball 和 Joshi 用机械法分离得到了花生成熟叶片的单细胞，发现这些离体细胞在液体培养基中大多能成活并持续地进行分裂。

机械法分离叶肉组织单细胞的具体做法是先将叶片常规消毒后于无菌条件下轻轻研碎，再经过一定孔径的不锈钢网筛过滤和离心得到净化细胞。机械法分离单细胞时，必须在研磨介质中进行，研磨介质主要是一些糖类物质缓冲液和对细胞膜有保护作用的金属离子等，其主要作用是使细胞在游离过程中和游离出来后少受伤害。常用的研磨介质有甘露醇、葡萄糖、Tris-HCl 缓冲液、$MgCl_2$、$CaCl_2$ 等。

用机械法分离细胞的优点是细胞不受酶的伤害，无须质壁分离，有利于进行细胞的生理和生化研究。但只有在薄壁组织排列松散，细胞间接触点很少时，用机械法分离叶肉细胞才能取得较好的效果。机械分离法的缺点是得到游离细胞的产量低，不易获得大量活性细胞，所以这种方法逐渐被后来发展的酶解法所代替。

2. 酶解法 酶解法分离单细胞是指利用果胶酶、纤维素酶处理植物叶片或其他外植体，使细胞分离的方法。Takebe 等（1968）首先报道了用果胶酶处理烟草叶片获得大量具有代谢活性叶肉细胞的方法。由于果胶酶不仅能降解细胞之间的中胶层，而且还能软化细胞壁，因此在用酶解法分离细胞时，为了降低酶对细胞的伤害作用，需要加入甘露醇等渗透压保护剂。

与机械法相比，酶解法分离细胞的优点是可以获得较多的游离细胞，缺点是酶解需要的时间较长，对游离细胞会产生伤害。另外，禾谷类植物的叶片，用酶解法分离叶肉细胞较困难。Evans 等（1975）认为禾谷类植物的叶肉细胞形状不规则，并在若干区域发生收缩，因而细胞间可能形成一种链状互锁结构，使它们不易被果胶酶分解。

（二）从培养组织中分离单细胞

从培养组织中分离单细胞主要是从培养的未分化且疏松易碎的愈伤组织中分离单细胞。大多数植物细胞悬浮培养中的单细胞都是通过这一途径得到的。具体做法是将筛选的愈伤组织置于液体培养基的容器内，通过摇床振荡使其分散成小的细胞团和单细胞，用孔径约 200μm 的无菌网筛过滤，除去大块细胞团，再以 4000r/min 离心，除去比单细胞小的残渣碎片，获得纯净的单细胞悬浮液。

二、单细胞的培养技术

植物细胞具有群体生长特性，当经过分离获得单细胞后，按照常规培养方法，往往达不到细胞生长繁殖的目的。因此，进行植物单细胞培养时必须采取特殊的培养方法。

（一）平板培养

平板培养（plating culture）是指将制备好的单细胞悬浮液，按照一定的细胞密度（通常为 $10^3 \sim 10^5$ 个细胞 /mL），接种在 1mm 厚的薄层固体培养基上进行培养的方法，这种方法是由 Bergman 在 1960 年首创的。具体做法是将单细胞悬浮液用网眼合适的细胞筛过滤，获得适于平板培养的细胞悬液，经细胞计数后，用培养单细胞的液体培养基将细胞密度调至最终培养时植板密度的 2 倍，再将琼脂培养基熔化后冷却至 35℃左右，与上述细胞悬浮液等体积混合均匀，迅速倒入培养皿使其成一平板（约 1mm 厚），最后用封口膜封闭培养皿并置于适当条件下进行培养（图 5-1）。

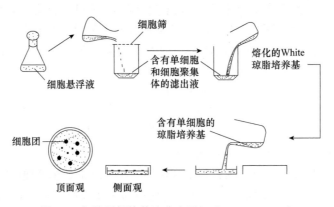

图 5-1　细胞平板培养法分步图解（Konar，1966）

平板培养的主要优点是单细胞在培养基中分布均匀，便于在显微镜下对细胞进行定点观察，是单细胞株筛选和突变体筛选的常用方法。其缺点是通气性差，排泄物容易积累而毒害细胞。

用平板法培养单细胞时，常以植板率（plating efficiency）来衡量培养效果，其计算公式如下：

植板率＝（每个平板上形成的细胞团数 / 每个平板上接种的细胞总数）×100%

平板上接种的细胞数是铺平板时加入细胞悬浮液的体积（mL）与每毫升的细胞数的乘积。平板上形成的细胞团数需要直接计量。为了便于计数，可以在培养皿底部垫一张坐标纸，然后在放大镜下数出坐标纸的每一个小方格中的细胞团数目，将几个小方格中的细胞团数目汇总，即为平板上的细胞团数（图 5-2）。

（二）悬浮培养

悬浮培养（suspension culture）是指将游离的单细胞或小的细胞团，按照一定的细胞密度，悬浮在液体培养基中进行培养的方法。

悬浮培养能提供大量同步分裂的细胞，细胞增殖速度快，可用于大规模工业化生产。

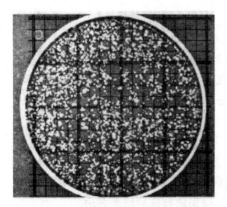

图 5-2　计算培养皿中植板细胞团数目
（朱至清，2003）

（三）看护培养

有些植物细胞，一旦单离出来，不仅不能分裂、增殖，还有可能死亡。在培养中用一块活跃生长的愈伤组织来哺育单细胞，从而使其正常分裂、增殖的方法称为看护培养（nurse culture），用于哺育的愈伤组织被称为看护组织。这种方法最早由 Muir 于 1953 年创立，具体做法是在固体培养基上先接入几毫米大的愈伤组织，在愈伤组织块上再放一张已灭菌的滤纸，放置一个晚上，使滤纸充分吸收从组织块中渗出的培养基，次日即可将单细胞吸取并置于滤纸上培养。当单细胞分裂形成肉眼可见的小细胞团后，转移至琼脂培养基上培养（图 5-3）。其主要优点是操作简便，缺点是不能在显微镜下追踪细胞的分裂和细胞团的形成。

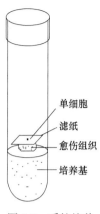

图 5-3 看护培养

（四）微室培养

人工制造一个小室，将单细胞培养在小室中的少量培养基上，使其分裂增殖形成细胞团的方法称为微室培养（microchamber culture）。最早在这方面进行研究的是 De Ropp（1955），后来 Torrey（1957）做了进一步试验，改进了微室培养技术。方法是将一滴琼脂培养基滴在一块小盖玻片上（四周放培养细胞），然后将小盖玻片粘在另一块大盖玻片上，翻过来盖在凹载玻片的凹穴上，并密封四周。培养基成为悬滴，故称微室悬滴培养（图 5-4）。

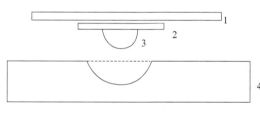

图 5-4 微室悬滴培养示意图

1. 大盖玻片；2. 小盖玻片；3. 悬滴；4. 凹载玻片

Jones 等（1960）又改进了微室培养技术，具体做法是将一滴悬浮培养液滴于凹载玻片中央，在其四周滴一圈石蜡油，再在左右两侧各加一滴石蜡油并分别放置一张盖玻片，将第三张盖玻片架在左右两个盖玻片之间，中间形成一个微室（图 5-5）。

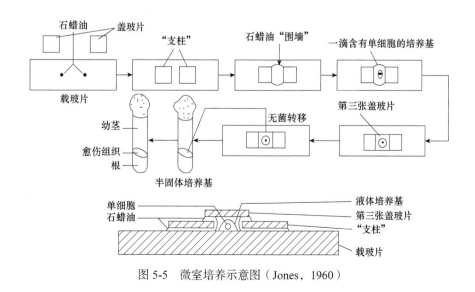

图 5-5 微室培养示意图（Jones，1960）

微室培养所用培养基量少，可以对细胞连续进行显微观察，了解单个细胞的生长和发育情况。但由于培养基太少，营养和水分难以保持，pH 变动幅度大，培养细胞仅能在短期分裂和培养。

单细胞培养时接种细胞的起始密度对培养效果影响很大。细胞密度是指单位体积内的细胞数目，常以每毫升培养液中所含的细胞数目作单位。细胞起始密度（cell initial density）即开始培养时最低的有效密度，是能使细胞分裂、增殖的最低接种量。在进行细胞培养时细胞起始密度不能低于某一临界值，一般为 $10^4 \sim 10^5$ 个细胞 /mL。若低于临界密度，培养细胞便不能进行分裂和发育成细胞团，其原因可能是在一定密度的细胞群条件下，细胞代谢产生的内源激素浓度才能达到促进细胞分裂所要求的水平。

第二节　植物细胞的大规模培养

目前用于植物细胞大规模培养的技术主要有悬浮培养和固定化培养。

一、植物细胞的悬浮培养

（一）细胞悬浮培养技术

与固体培养相比，悬浮培养的主要优点是增加培养细胞与培养液的接触面积，改善营养供应，避免有毒代谢产物的聚集，保证氧气的充分供给等。因此，细胞悬浮培养的生长条件比固体培养有很大的改善。细胞悬浮培养的类型有成批培养、连续培养和半连续培养。

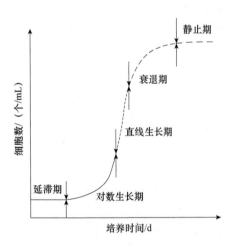

图 5-6　成批培养细胞的生长曲线
（Wilson，1971）

1. 成批培养　成批培养（batch culture）是指将一定量的细胞或细胞团接种到一定容积的液体培养基中进行密封培养的方法。除有一定的气体交换外，培养系统不与外部环境进行物质交换，培养体积固定。当培养基中的营养物质耗尽时，细胞的分裂和生长停止，完成培养过程，将细胞和产物一次性收获。成批培养细胞的生长曲线呈现典型的 S 形（图 5-6）。细胞经历一个延滞期后进入对数生长期，随后进入直线生长期，进而细胞增殖速度减慢，直至停止分裂进入静止期。

现参考铃木清等（1983）所介绍的烟草细胞悬浮培养的实例，介绍成批培养的技术程序。

（1）培养

1）器材灭菌。把 20L 的培养罐、空气过滤器及其他无菌系统的配管用 1kg/cm² 的蒸汽压力高压灭菌 20min，冷却后，换入无菌空气。

2）配制培养基。每升培养基含 30g 蔗糖、0.4g 维生素 B₁、0.2mg 2,4-D，pH 6.3。

3）培养基灭菌。把配制好的培养基注入 20L 的培养罐（装至罐容积的 70%）。按常规方法灭菌后，不断地通气、搅拌直至培养基冷却至培养温度。

4）接种。把由愈伤组织振荡培养得到的细胞悬浮液缓慢倒入培养罐中进行接种。

5）培养条件。培养温度为28℃、通气量为14L/min、转速100～200r/min条件下培养5d。

6）培养期间取样。取样须事先用蒸汽灭菌，根据培养罐内压力，取样后须再用蒸汽灭菌，并用无菌空气干燥。

7）收获细胞。培养完成后，从罐内取出细胞，用抽气过滤或离心法分离细胞。

（2）观察、测定及项目计算

1）培养期间应时常观察，确认上述培养条件及排气中CO_2的浓度。

2）测定细胞鲜重、干重和细胞内含物的重量。

3）计算生长率和细胞回收率等。

（3）注意事项

1）培养期间培养罐内的压力应保持在0.05MPa。

2）对数生长期内，应追加消泡剂。

2. 连续培养　　连续培养（continuous culture）是指用一定容积的但非密闭的反应器来进行大规模细胞培养的方法。在培养过程中，为了防止衰退期的出现，在细胞达最大密度之前，以一定速度向生物反应器连续添加新鲜培养液，排掉等体积用过的培养液，培养液中营养物质能不断得到补充，使细胞保持在增殖最快的对数生长期，培养基体积保持恒定。连续培养又可分为封闭式连续培养和开放式连续培养。

（1）封闭式连续培养　　在封闭式连续培养（closed continuous culture）中，新鲜培养液的加入和旧培养液的排出平衡进行，在排掉用过的培养液时，将随排出液流出的细胞再用机械方法收集后放入原培养系统中，因此培养系统中总的细胞数量在不断增加。

（2）开放式连续培养　　在开放式连续培养（open continuous culture）中，细胞随排出培养液一起流出，且速度恒定。在稳定状态下流出的细胞数相当于培养系统中新细胞的增加数。开放式连续培养用途更广泛，其系统中保持细胞密度恒定的方式分为浊度恒定法和化学恒定法（图5-7）。

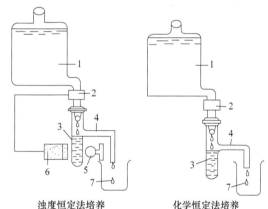

浊度恒定法培养　　　化学恒定法培养

图5-7　连续培养装置（陈忠辉，1998）
1. 培养基容器；2. 控制流速阀；3. 培养室；
4. 排出管；5. 光源；6. 光电源；7. 流出物

1）浊度恒定法（turbidostatic culture）。是用比浊计选定一种细胞密度，定量测定培养液中的细胞浑浊度，通过控制培养液流入量使悬浮培养液浊度恒定而使细胞生长速率在一定的限度内恒定，通常控制在对数生长期。

2）化学恒定法（chemostatic culture）。是将新鲜培养基的某一种激素或营养成分调节为生长限制因子浓度，并以恒定速率输入，从而使细胞增殖保持在一种恒定状态。

连续培养适于大规模工业化生产，但由于需要的设备比较复杂，投入较大，要维持细胞无菌状态，技术条件要求相当苛刻，因此，并未得到广泛应用。

3. 半连续培养　半连续培养（semi-continuous culture）是指在反应器中投料和接种培养一段时间后，将细胞悬液移出一部分（最多达50%），同时再加入新鲜培养液进行培养的方法。半连续培养时，新鲜培养液不是连续加入的，而是每隔一定时间后再加入，培养液体积保持固定。这种方法可不断补充培养液中的营养成分，减少接种次数，无须反应器的反复清洗、消毒等一系列复杂的操作。在半连续式操作中由于细胞适应了生物反应器的培养环境和相当高的接种量，经过几次的稀释、换液培养过程，细胞密度常常会提高。半连续式培养的特点是：培养物的体积逐步增加，反应器内培养液的总体积保持不变；细胞可持续对数生长，并可保持产物和细胞在一较高的浓度水平，培养过程可延续很长时间；可进行多次收获。工业生产中为简化操作过程，确保细胞增殖量，常采用半连续培养法。

（二）细胞悬浮培养的同步化

细胞同步化（cell synchronization）是指同一悬浮培养体系的所有细胞都同时通过细胞周期的某一特定时期。在悬浮培养中，为了研究细胞分裂和细胞代谢，需要采取一定措施使同一培养体系中的细胞能保持相对一致的细胞学和生理学状态，即细胞的同步化培养，可以采用物理或化学方法实现同步化。

1. 物理方法　物理方法主要是通过对细胞物理特性或生长环境条件的控制实现高度同步化。其中包括按照细胞团的大小进行选择的分选法和冷处理法等。

1）分选法：通过细胞体积大小分级，直接将处于相同周期的细胞利用一定大小的筛网过滤分选，然后将同一状态的细胞继代培养于同一培养体系中。

2）冷处理法：收集细胞，用4℃低温处理数天，添加新鲜培养基培养，可以提高培养体系中细胞同步化的程度。

2. 化学方法　化学方法有饥饿法和抑制法。饥饿法是将细胞置于缺乏某种营养成分或激素的培养基里进行低密度的继代培养，造成细胞对该种成分的饥饿，细胞周期停止在某一点的方法，如胡萝卜对2,4-D饥饿的细胞停止在G1期。当在培养基中重新加入这种限制因子时，就可得到几个同步分裂的细胞周期；抑制法是通过加入某种生化抑制剂，如DNA合成抑制剂（如羟基脲、胸腺嘧啶脱氧核苷等），使细胞停留在DNA合成前期，阻止细胞完成其分裂周期，当去掉抑制剂后，细胞即进入同步分裂。

无论何种细胞同步化处理，对细胞本身或多或少都有一定的伤害。如果处理的细胞没有足够的生活力，不仅不能获得理想的同步化效果，还可能造成细胞的大量死亡，因此在进行同步化处理之前，必须对细胞进行充分的活化培养。

（三）悬浮培养中细胞生长量的计算

1. 细胞计数（cell counting）　通常用血球计数器计数，计算较大的细胞数量时，可以使用特制的计数盘（counting scale）。由于在悬浮培养中存在着大小不同的细胞，因此从培养瓶中直接取样很难进行可靠的细胞计数。如果先用铬酸（5%～8%）或果胶酶（0.25%）对细胞和细胞团进行处理，使其分散，则可提高细胞计数的可靠性。

2. 细胞密实体积（packed cell volume，PCV）　细胞密实体积以每毫升培养液中细胞总毫升数表示。测定时，将已知体积且均匀分散的悬浮液（10～20mL）放入一刻度离心管中，在2000～4000r/min下离心5min，记录沉淀在底部的细胞体积。

3. 细胞鲜重（cell fresh weight）　将悬浮培养物倒在下面架有漏斗的已知重量的湿尼龙网上，用水洗去培养基，真空抽滤以除去细胞上沾着的多余水分，称重，即求得细胞鲜重。

4. 细胞干重（cell dry weight）　用已知重量的干尼龙网依上法收集细胞，在60℃下烘箱内烘12h，细胞干重恒定后再称重。细胞的干重以每毫升培养物或每 10^6 个细胞的重量表示。

5. 有丝分裂指数（mitotic index，MI）　有丝分裂指数是指在一个细胞群体中，处于有丝分裂的细胞占总细胞的百分数。对于愈伤组织有丝分裂指数的测定一般采用孚尔根染色法，先将小块组织用卡诺氏固定液固定，用1mol/L的HCl在60℃下水解后染色，然后在载玻片上制片，并按常规方法做镜检，随机检查500个细胞，统计其中处于有丝分裂各个时期的细胞数目，计算出分裂指数。

对于悬浮培养的细胞先应离心，然后将细胞置于载玻片上用0.1%的醋酸洋红染色并镜检。至少检查1000个细胞，随后计算出分裂指数。指数越高，表明细胞分裂进行的速度愈快，反之则慢。

（四）细胞活力测定

在进行细胞培养时，有活力的细胞是悬浮培养细胞成功的关键，细胞活力的测定可以采用以下几种方法。

1. 相差显微镜观察法　在相差显微镜下通过观察细胞质环流和正常细胞核的存在与否来鉴别细胞的活性。

2. FDA染色法　二乙酸荧光素（fluorescein diacetate，FDA）既不发荧光也不具极性，能自由地穿越细胞质膜。在活细胞内FDA可以被酯酶裂解，将能发荧光的极性部分（荧光素）释放出来。由于荧光素不能自由地穿越细胞质膜，因而能在完整的活细胞内积累，但在死细胞、破损细胞中则不能积累。当用紫外线照射时，荧光素产生绿色荧光，据此鉴别细胞的活性。这种方法与伊文思蓝染色法互补（图5-8A）。

3. 伊文思蓝染色法　利用0.025%的伊文思溶液对细胞进行处理时，只有活力受损伤的细胞和死细胞能够摄取这种染料，而完整的活细胞则不能摄取它，所以不染色的细胞为活细胞（图5-8B）。

二、植物细胞的固定化培养

（一）植物细胞固定化培养的概念

植物细胞固定化培养是指将游离的细胞包埋或吸附在一种惰性基质的特定空间内或其表面上，培养液呈流动状态进行培养的技术。与细胞悬浮培养相比，固定化培养具有以下优点。

1）细胞包埋在聚合物中得到保护，可以减少剪切力的损伤作用。

2）由于初级代谢和次级代谢往往对前体存在竞争，在培养系统中，若培养细胞生长速度过快，则初级代谢占优势，如把细胞固定在一种惰性基质中，细胞将以较慢的速度生长，细胞生长缓慢有利于促进次生代谢产物的积累。

3）便于次生代谢产物的收集。对于那些能把代谢物运送到周围营养介质中的细胞来说，固定化培养使得收集产物时对细胞没有损害；对那些天然情况下不向外释放产物的细胞来

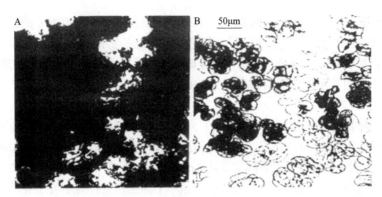

图 5-8　混在一起的死悬浮培养细胞和活悬浮培养细胞以二乙酸荧光素和伊文思蓝染色后的表现

（Withers，1985）

A. 在紫外线照射下，活细胞发出荧光，清晰可见；B. 同一视野在白光照射下，死细胞由于吸收了伊文思蓝，颜色深暗

说，也可用化学处理的方法来诱导产物的释放。这样可以消除产物对代谢的反馈抑制作用，而且可提高细胞次生代谢产物的产量。

4）固定化培养本身促使细胞与细胞之间紧密接触，可建立细胞间的物理、化学联系，细胞位置相对固定，有利于物化梯度的建立（如在 O_2 和 CO_2 的供应上形成了梯度，气体浓度梯度的建立犹如整体植物的组织化中的情况），更有利于产物的合成，如将辣椒培养细胞转入聚尿烷泡沫中进行固定，可较长时间培养，可获得比悬浮培养多 1000 倍的辣椒素。

（二）植物细胞固定化培养技术

植物细胞常用的固定方法有包埋法和吸附法。

1. 包埋法　　包埋法是将细胞包埋在多孔载体内部使细胞固定的技术。常用的载体有海藻酸盐、卡拉胶、琼脂糖、琼脂和膜等。

（1）海藻酸盐包埋法　　海藻酸盐（alginate，也称褐藻酸盐）是由葡萄糖醛酸和甘露糖醛酸组成的多糖，在 Ca^{2+} 和其他多价阳离子的存在下，糖中的羧基和阳离子之间形成离子键，从而形成凝胶。当用离子复合剂如磷酸、柠檬酸、EDTA 等处理凝胶时，能使该胶溶解并从中释放出细胞。

实验室小规模固定化的具体做法是将过滤收集或离心分离获得的鲜重为 2～10g 的细胞与 10mL 灭菌后的 5% 海藻酸钠溶液混合，制成悬浮液后用具有安全球的吸量管（或注射器）缓慢滴入 50～100mL 的 50mmol/L 的 $CaCl_2$ 溶液中，在磁力搅拌作用下形成球状小珠，让形成的小珠在该溶液中停留 30～60min，以使钙离子进入球的中心，凝胶化结束后用过滤法收集小珠，再用无菌溶液（如 30% 蔗糖）充分洗涤，之后转移到合适的培养基中培养，注意培养基中要保持一定浓度的钙离子（5mmol/L $CaCl_2$），以维持凝胶结构的稳定性。大规模固定化的步骤与上基本相同，但要采用专门的装置（图 5-9）。该装置可通过鼓入无菌空气将海藻酸钠溶液和细胞悬浮液喷入含钙离子的培养基中。

（2）k-卡拉胶包埋法　　k-卡拉胶（carrageenan，也称角叉聚糖）是一种聚磺酸多糖，在钾离子存在下能形成强力凝胶，它也能像海藻酸盐那样固定植物细胞，不同之处是角叉聚糖与细胞混合时必须预先加热熔化呈液态，灭菌后，冷却至 35～50℃，与一定的细胞悬浮液混匀并迅速滴入预冷的 KCl 溶液中，也可先滴入冷的植物油和石蜡油等疏水剂中，成型后再置于 KCl 溶液中，制成珠状凝胶，过滤收集并清洗后转入培养基中培养。

（3）琼脂糖包埋法　　琼脂糖（agarose）经过化学修饰（如引入羟乙基）后，可以在较低温度（25～30℃）下凝结成胶，而在介质中做凝胶使用。具体操作方法有滴入法、模铸法和两相法 3 种。

1）滴入法：制备一定浓度的琼脂糖溶液，高压灭菌，冷却到 35℃左右时，加入一定量的细胞悬浮液，迅速搅拌均匀后冷却，待凝固后将凝胶块通过一定孔径的金属网，机械（挤压）制备成均匀的小珠，再转移到合适的培养基中培养。

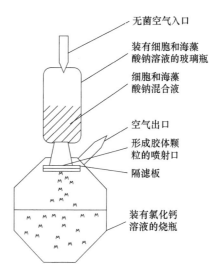

图 5-9　大规模制备细胞固定化装置示意图

2）模铸法：将细胞-琼脂糖悬浮液注入一定的模具中形成柱形颗粒，收集后培养。

3）两相法：将细胞-琼脂糖悬浮液滴入冷的植物油和石蜡油等疏水剂中，成型后再置于冰浴中冷却，凝固后离心除去油相和大部分溶液，转入培养基中培养。

（4）琼脂包埋法　　长期以来，琼脂（agar）是植物细胞和组织培养基的凝固剂。琼脂本身无毒，代谢物能自由透过，因此可以作为固相化基质，具体固定化方法和琼脂糖法相似。

（5）膜包埋法　　各种膜状结构的物质（如乙酸纤维、聚乙烯等）可以用来包埋植物细胞。管状纤维，如乙酸纤维碳酸硅在反应器内集成平行束，当悬浮液中的细胞与这些纤维束混合时，细胞可通过物理束缚或基质材料的吸附作用被固定。纤维膜具有渗透性，培养液中的营养物质和次生代谢产物前体可通过纤维膜渗透到反应器内细胞中。这种植物细胞固定化方法比较简单，纤维膜通过清洗还可再次利用，因此是近年来使用较广泛的一种固定化方法。目前应用这种方法已经成功地固定了大豆、野胡萝卜和碧冬茄等细胞。

2. 吸附法　　很多细胞都有吸附到固体物质表面或其他细胞表面的能力。供植物细胞吸附用的载体多为多孔性惰性物质材料，如聚氨酯泡沫、尼龙网、壳聚糖等。吸附法可分为物理吸附法和离子吸附法。物理吸附法是使用具有高度吸附能力的吸附剂将细胞吸附到载体表面上使其固定化。所用载体可以反复利用，但结合不牢固，细胞易脱落。离子吸附法是靠细胞在游离状态下所具有的静电引力（离子键合作用）而着于带有相异电荷的离子交换剂，如二乙氨基乙基（diethylaminoethyl，DEAE）-纤维素、DEAE-葡聚糖凝胶、羧甲基（carboxymethyl，CM）-纤维素上的方法。

（1）聚氨酯泡沫吸附法　　把聚氨酯（polyurethane）泡沫预先放在悬浮液中，使细胞进行侵入、附着、生长并在网格里增殖，最后充满整个间隙。不同程度聚集的细胞团块可通过不同孔径大小的网状聚氨酯来容纳。该方法简便、对细胞无伤害，但固定时间较长（一般为 10～24d），且在固定过程中需要进行大量细胞转移，易于损耗生物量，因此放大到工业化生产存在一定的困难，不利于大规模培养细胞（元英进，2004）。

（2）尼龙网膜固定法　　尼龙网膜固定法是将尼龙（nylon）网膜用不锈钢丝做成一定形状，置于培养容器中，使细胞吸附于其上进行生长的培养方法（元英进，2004）。

（3）壳聚糖吸附法　　壳聚糖（chitosan）吸附法是用主要成分为壳聚糖的载体作为吸附载体培养细胞。载体表面带有大量的 NH_2^-，具有很强的结合力，可吸附表面带负电的植物细胞。壳聚糖还具有生物活性的作用，能刺激细胞分泌次生代谢产物。薛莲等（2002）用壳聚糖吸附法培养紫草细胞，同时结合液体石蜡原位萃取技术，使紫草宁产率提高到 0.916g/g 干重细胞和 0.953g/g 干重接种细胞，分别为悬浮培养的 12.7 倍和 6.3 倍。

第三节　植物细胞培养生物反应器

1959 年，Tulecke 和 Nickell 首次将微生物培养用的发酵工艺用于高等植物的悬浮培养。目前，出现了许多有别于传统微生物培养反应器的植物细胞培养反应器，并在不断完善。下面主要介绍植物细胞悬浮培养生物反应器和植物细胞固定化培养生物反应器。

一、植物细胞悬浮培养生物反应器

（一）机械搅拌式生物反应器

用于植物细胞培养的机械搅拌式生物反应器（stirred-tank bioreactor）是在微生物培养使用的机械搅拌式发酵罐的基础上改进而来的，其原理是利用机械搅动使细胞得以悬浮和通气。反应器的结构一般由柱状外壁和中心轴上垂直附加的叶轮组成。随着中心轴和叶轮转动，带动内部的培养物与气体转动（图 5-10），其主要的优点是搅拌充分，供氧和混合效果好（溶氧系数 $K_La > 100/h$），反应器中的温度、pH 及营养物的浓度较其他反应器容易调节，并可以直接借用微生物培养的经验进行研究和控制。1972 年日本科学家 Kato 利用 30L 的反应器半连续培养烟草细胞获得尼古丁后，就有了许多应用搅拌式反应器批量培养植物细胞的研究报道。

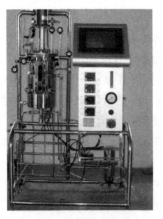
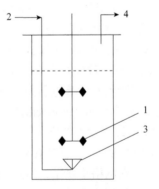

ZH-JSBIOJSBIO 系列　　　　　　　　机械搅拌式生物反应器示意图

图 5-10　机械搅拌式生物反应器（郭勇，2004）

1. 搅拌器；2. 无菌空气入口；3. 空气分布器；4. 空气出口

搅拌式生物反应器主要适用于对剪切力耐受性较强的细胞，如烟草细胞、水母雪莲细胞等，但是由于大多数植物细胞的细胞壁对剪切力敏感，易造成细胞的损伤，因此在利用机械搅拌式生物反应器时，需要改进搅拌桨叶。一般可以通过改变搅拌形式、叶轮结构与类型等减小因搅拌而产生的剪切力，并使其具有缓和的流场及良好的混合性能。已证明不同叶轮产生的剪切力大小不同，一般认为涡轮状叶轮好于平叶轮，而平叶轮好于螺旋状叶轮。因此，改进搅拌桨结构和类型可使植物细胞的生长不受损害，并能提高搅拌式生物反应器的应用范围。

目前，烟草（*Nicotiana tabacum*）、葡萄（*Vitis vinifera*）、长春花（*Catharanthus roseus*）和三角叶薯蓣（*Dioscorea deltoidea*）都已在改进的搅拌式反应器中进行了培养。德国已建立了由 75L、750L、7500L、15 000L、75 000L 系列搅拌式生物反应器组成的植物细胞培养工厂，并培养了松果菊细胞，生产免疫活性多糖。

（二）气升式反应器

气升式反应器是利用通入反应器的无菌空气的上升气流带动培养液进行循环，使供氧和混合两种作用融为一体的一类生物反应器。按照结构的不同，气升式反应器又可分为内升式和外升式两种类型（图 5-11）。

气升式反应器内可分为升液区和降液区两大区域，主要包括导流筒、塔顶的气液分离装置和塔底的气体分布装置等部分。气体由塔底的气体分布装置通入导流筒，经过气液分离后于塔顶排出，从而带动液体在塔内从升液区到降液区循环流动，达到搅拌的目的。

气升式反应器由于没有搅拌装置，剪切力较小，对植物细胞的伤害较小；培养液不断循环，混合效果较好，有利于提高细胞浓度和次生代谢产物的产量，是最适合植物细胞培养的生物反应器之一。气升式反应器自 20 世纪 70 年代开始研制，近年来已在植物细胞规模化培养中广泛使用。

（三）鼓泡式反应器

鼓泡式反应器是利用从反应器底部通入的无菌空气产生的大量气泡，在上升过程中起到供氧和混合两种作用的一类反应器。培养过程中无须机械能消耗，适合于培养对剪切力敏感的细胞。然而对高密度及黏度较大的培养体系，反应器的混合效率会降低（图 5-12）。

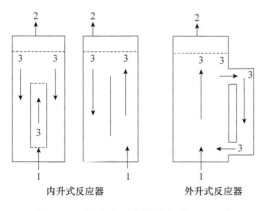

图 5-11　气升式反应器（郭勇，2004）
1. 空气进口；2. 空气出口；3. 气流循环方向

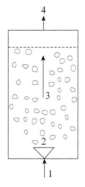

图 5-12　鼓泡式反应器
1. 进气口；2. 空气分布器；
3. 气流循环方向；4. 排气口

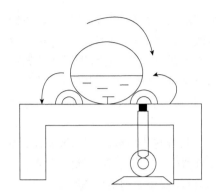

图 5-13　转鼓式反应器（元英进，2004）

（四）转鼓式反应器

转鼓式反应器是一种较新型的反应器，通常是通过转盘或转鼓的旋转达到混合的目的。转鼓式反应器具有悬浮系统均一、低剪切环境、供氧效率高、防止细胞黏附在壁上的优点，适合于高密度植物悬浮细胞的培养。在植物上已用于长春花（*Catharanthus roseus*）和紫草（*Lithospermum erythrorhizom*）的培养（图 5-13）。

二、植物细胞固定化培养生物反应器

根据植物细胞固定方法的不同，植物细胞固定化培养生物反应器可分为流化床生物反应器、填充床生物反应器和膜生物反应器。

（一）流化床生物反应器

流化床生物反应器（fluidized-bed bioreactor）是利用流体（培养基或空气）的能量使支持物颗粒处于悬浮流化状态，固定化细胞及气泡在培养液中悬浮翻转吸收营养进而得以培养（图 5-14）。优点是结构简单，传递系数高，反应物混合均匀。但流体的切变力和固定化颗粒的碰撞常使支持物颗粒破损，细胞外流。另外，流体动力学复杂从而使其放大较困难。

（二）填充床生物反应器

填充床生物反应器（packed-bed bioreactor）是将细胞固定于支持物表面或内部（图 5-15），支持物颗粒堆叠成床，固定不动，培养基在床间流动，实现物质的传递和混合。填充床生物反应器的优点是单位体积的细胞密度大，能满足植物细胞群体生长的特性；缺点是混合效果

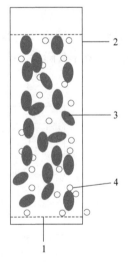

图 5-14　流化床生物反应器（郭勇，2004）

1. 液体进口；2. 液体出口；3. 细胞团或固定化细胞；4. 气泡

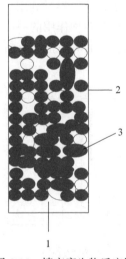

图 5-15　填充床生物反应器

1. 进液口；2. 排液口；3. 固定化细胞

差，传递效率低。此外，床底层中颗粒支持物容易破碎或在高压下变形而使床阻塞，但该反应器比流化床生物反应器更容易实现高密度培养。

（三）膜生物反应器

膜生物反应器（membrane bioreactor）是将植物细胞固定在具有一定孔径和选择透过性的多孔薄膜中而制成的一种生物反应器。营养物质可通过膜渗透到细胞中，细胞产生的目的产物也可通过膜释放到培养基中。膜生物反应器主要有中空纤维反应器和螺旋卷绕反应器。

1. 中空纤维反应器 中空纤维反应器（图 5-16）是由外壳和乙酸纤维等高分子聚合物制成的中空纤维组成。通常是在一个外壳内包有一个或多个中空纤维。中空纤维的壁上分布有许多微孔，可以截留植物细胞而允许小分子物质通过。植物细胞被固定在外壳和中空纤维的外壁之间，培养液和空气在中空纤维管内流动，透过微孔供细胞生长和新陈代谢所用。细胞生成的次生代谢产物分泌到细胞外以后，再透过中空纤维微孔，进入中空纤维管，随着培养液流出反应器。收集流出液，可以从中分离得到所需的次生代谢产物，分离后的流出液可以循环使用。中空纤维反应器的优点首先在于中空纤维管管径较小，即使在反应器截面很小的情况下仍可以装填大量纤维，提供较高的比表面积（表面积/体积），因而营养液流通量大，且有较高的机械强度；其次是反应器结构紧凑，集反应与分离于一体，利于连续化生产，但是其清洗比较困难。

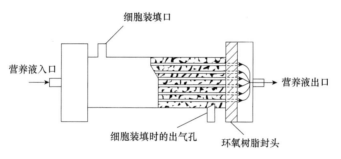

图 5-16 中空纤维反应器（元英进，2004）

2. 螺旋卷绕反应器 螺旋卷绕反应器是将固定有细胞的膜卷绕成圆柱状（图 5-17），实质上是卷成圆筒形的平板反应器。与海藻酸盐凝胶固定化相比，此种膜反应器的流体动力学易于控制，易于放大，而且能提供更均匀的环境条件，同时还可以进行产物分离以解除产物的反馈抑制。

膜反应器是近年来的研究热点，现在开发的膜反应器还有平板膜反应器、管式膜反应器及多膜反应器等。综上所述，不同的反应器有不同的特点，在实际应用时，应根据所培养细胞类型和特性的不同进行设计和选择。

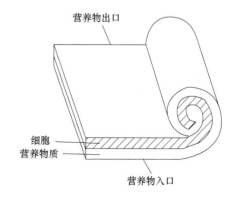

图 5-17 螺旋卷绕反应器

第四节　植物细胞培养生产次生代谢产物

　　植物次生代谢（secondary metabolism）是相对初生代谢（primary metabolism）而言的。植物体的代谢物质中，有些是植物生长、繁殖不可缺少的基本成分，如氨基酸、蛋白质、核酸、糖类、脂质等，称为初级代谢产物；而有些物质对植物生长、发育并非必需，而是在特定条件下，在某些器官、组织或细胞中产生的，如酚类、香豆素、生物碱、蒽醌、萜类、甾类、蛋白质和多肽等，称为次生代谢产物。这些次生代谢产物是药、香料、色素、糖类的重要来源。

　　迄今为止，人们已对近 1000 种植物进行过细胞培养方面的研究，已从培养细胞中分离出 600 多种次生代谢产物，使包括紫草（*Lithospermum erychrorahizon*）、毛地黄（*Digitalis purpurea*）、黄连（*Coptis chinensis*）、彩叶紫苏（*coleus blumei*）和人参（*Panax ginseng*）在内的多种植物细胞培养达到工业化生产的规模，并且有的已经生产成商品投入市场。表 5-1 列举了部分高等植物次生代谢产物的种类、性质、用途及来源。

表 5-1　高等植物次生代谢产物的种类、性质、用途及来源（焦瑞身，1991）

次生代谢产物 种类		性质、用途	来源
1. 植物碱	咖啡因	神经中枢刺激剂	咖啡（*Coffea arabica*）、茶（*Camellia sinensis*）、柯拉果
	可卡因	局部麻醉剂	古柯（*Erythroxylum novogranatense*）
	依米丁	抗阿米巴剂	吐根（*cephaelis ipecacuanha*）
	天仙子胺	抗乙酰胆碱酶	天仙子（*Hyoscyamus niger*）、颠茄（*Atropa belladonna*）、曼陀罗
	吗啡与可待因	麻醉性止痛剂	罂粟（*Papaver somniferum*）
	尼古丁	杀虫药	烟草（*Nicotiana tabacum*）
	奎宁	抗疟疾	金鸡纳树（*Cinchona calisaya*）
	利血平	治高血压	萝芙木（*Rauvolfia verticillata*）
	莨菪胺	抗乙酰胆碱酶	白花曼陀罗（*Datura metel*）
	长春花碱	治白血病	长春花（*Catharanthus roseus*）
2. 黄酮类	鱼藤酮	治原虫剂、杀虫剂	鱼藤属（*Derris*）
	芦丁	微血管加强剂	桉树属（*Eucalyptus*）
3. 酚类	柯桃因	治腹泻药	寇托皮属
	香豆素	香料	薰衣草（*Lavandula angustifolia*）
4. 甾体	毛地黄毒素	强心药	毛地黄（*Digitalis purpurea*）
	地谷新	强心药	希腊毛地黄（*Digitalis lanata*）
	地奥配质（茄鲜定）	甾体原料	茄科（*Solanaceae*）
5. 萜类	薄荷醇	香料	薄荷属（*Mentha*）
	甜叶菊精	甜味剂	甜叶菊（*Stevia rebaudiana*）
	四氢大麻酚	治疗精神病药	大麻（*Cannabis sativa*）

　　植物细胞大规模培养生产次生代谢产物的基本程序为：诱导植物产生旺盛生长的愈伤组织和悬浮细胞系；筛选高产细胞系；在生物反应器中进行大规模培养，从而获得各种所需的次生代谢产物。

一、优良细胞系（株）的建立与筛选

用作大规模培养的细胞株有两个基本要求：一是细胞的生长速度快；二是有用产物含量高，因此应按此标准建立和选择细胞株。

（一）愈伤组织的诱导与培养

由于植物次生代谢产物的产生具有组织和器官的特异性，因此取材时应选择合成有用物多的器官作外植体，诱导培养形成愈伤组织。在愈伤组织培养成功后，每隔30～40d 将愈伤组织切割成小块并转接到新配制的与初代培养相同的培养基上继代培养。经过几次继代培养，即可获得数量很多的愈伤组织。

（二）单细胞分离

选生长快速而疏松的愈伤组织，转移到液体培养基中进行振荡培养，可适当加入少量果胶酶，使细胞块分散成单个细胞。这时培养基中和瓶壁上有大量单个细胞和小细胞团，可把它们收集后，转移到新鲜液体培养基中，放在摇床上进行再次继代培养。

（三）细胞无性系分离

将悬浮培养物通过孔径约 80μm 的不锈钢网过滤，除去细胞团块，再将滤液中的细胞以 4000r/min 的速度进行离心或静止沉淀，浓缩成每毫升含有 2×10^3 个细胞的溶液，配制成 1.4% 琼脂培养基，灭菌后备用。用前使其熔化，待温度降到35℃时，取细胞滤液和培养基以等量混合，迅速倾倒于直径 6cm 的培养皿中，使其成为一薄层，待琼脂冷却凝固后，细胞就会均匀地分布在培养基中，密封皿口，进行培养。

（四）细胞株的筛选

在平板培养中，单个细胞经持续分裂形成许多细胞团，尽可能地使每个细胞团均来自一个单细胞，这种细胞团称为细胞株（cell strain）。根据不同培养目的，对细胞株进行初步鉴定和化学分析后，筛选出有用物质含量较高且生长速度快、疏松、分散性好的细胞株。

为了获得能适合大规模悬浮培养和生长快速并稳定的细胞系（株），应对培养细胞反复进行由固体培养转入液体培养，再转入固体培养的驯化和筛选，这样得到的细胞株比原始愈伤组织在悬浮培养中生长的快得多。

二、扩大培养

将筛选到的优良细胞株通过逐级增大容器体积以多次扩大繁殖而得到大量的培养细胞，以此作为大规模培养的生产种。用作扩大培养的容器可为摇瓶，即 1000～3000mL 的锥形瓶。在培养过程中，要经常鉴定细胞株并进行提纯，防止细胞株退化和变异。

三、大型生物反应器培养

将得到的优良细胞株接种到大型生物反应器中，采用成批培养、半连续培养或连续培养来生产次生代谢产物。

四、次生代谢产物的提取、纯化与测定

细胞培养结束后，根据次生代谢产物的分布情况，分别收集细胞和培养液，选用相应的生化分离技术对次生代谢产物进行分离、纯化，并对所获得的次生代谢产物的含量进行测定，对其活性进行鉴定。如果次生代谢产物存在于细胞内，则要经过细胞破碎，然后再进行提取和分离纯化。

五、提高次生代谢产物生产效率的途径与方法

自 20 世纪 70 年代以来，尽管人们对植物细胞培养生产次生代谢产物进行了大量的研究，但植物细胞生长速度缓慢和产生的有效成分含量低而导致生产成本过高限制了该技术的广泛应用。在植物细胞培养中，选择高产细胞系（株），寻求合适的培养条件和培养技术，提高植物细胞生长速度和次生代谢产物的产量是实现植物细胞工业化生产的先决条件。

（一）筛选得到高产细胞系（株）

高产细胞系（株）的选育是提高次生代谢产物产量、降低生产成本的重要途径。研究表明，生长迅速而未分化的培养细胞一般不含或很少含原植物细胞所含有的次生代谢产物，次生代谢产物的合成通常要求某种分化、生长缓慢的细胞，这可能是由于分化组织的代谢阻断了酶对有用物质的降解，以及分化的某些结构（如液泡、树脂导管、乳胶导管）有利于有用物质的积累。因此，在培养细胞中要筛选出次生代谢产物合成能力强且生长速度较快的细胞株需要相对较长的时间和细致耐心的工作。为了提高次生代谢产物在细胞中的含量，可以通过细胞诱变和放射免疫测定法相结合的单细胞克隆技术，筛选次生代谢产物合成能力稳定的高产细胞系加以解决。

筛选高产细胞系常用的方法有：克隆选择（有相同遗传基因的细胞群）、抗性选择和诱导选择等，其中克隆选择应用较为广泛。克隆选择是指通过单细胞克隆技术和细胞团克隆技术，将培养细胞中能够积累较多次生代谢产物且具有相同遗传基因的细胞群挑选出来，并加以适当的培养形成高产细胞系；抗性选择是指在选择压力下，通过直接或间接的方法得到抗性变异的细胞株；诱导选择是通过化学诱变或紫外线照射等各种物理化学方法诱变产生比原亲本细胞合成能力强的细胞系（株），或直接根据代谢工程原理将基因重组技术用于高产植物细胞株的建立，进行有用物质的生产。

（二）培养条件

由于各类代谢产物是在代谢过程的不同阶段产生的，因此通过植物细胞培养进行次生代谢产物生产所受的限制因子比较复杂。各种影响代谢过程的因素都可能对它们产生影响，这些因素主要有温度、pH、营养成分、光、通气量和搅拌转速、前体饲喂及诱导子等。

1. 温度　　温度既影响植物细胞分裂速度，也影响次生代谢途径中酶的活性。植物细胞培养的适宜温度通常是在 25℃左右，但不同植物的最适温度不同。此外，在考虑某种培养物的温度时，也应考虑原植物所处生态环境的温度，如高温（28~35℃）利于来自热带植物

的培养，低温（15~20℃）利于来自高纬度或高山植物的培养。

2．pH　　培养基的酸碱度对次生代谢产物的分泌很重要，植物细胞液体培养的最适 pH 一般在 5~6。由于大规模细胞培养生产次生代谢产物所需时间较长，在培养过程中培养基的 pH 变化较大，常迅速变为中性。pH 的变化会影响铁盐的稳定性，对培养物的生长和次生代 谢产物的积累影响较大，因此需要不断调节 pH，以满足细胞的生长和产物代谢、积累的需 要。在悬浮培养时，需加入固态缓冲物，如 $CaHPO_4$、$Ca_3(PO_4)_2$、$CaCO_3$，或加入有机成 分水解酪蛋白（CH）、酵母提取物（YE）等稳定培养液中的 pH。许建峰等（1997）的研究 结果表明，降低培养基的 pH 可有效提高高山红景天悬浮细胞中红景天苷的释放。而较高的 pH 对新疆紫草悬浮细胞生长及紫草宁衍生物合成有促进作用（Malik et al.，2009）。

3．营养成分　　尽管植物细胞能在简单的合成培养基上生长，但营养成分对植物细胞 培养和次生代谢产物的生成仍有很大的影响。营养成分一方面要满足植物细胞的生长所需， 另一方面要使每个细胞都能合成和积累次生代谢产物。普通的培养基主要是为促进细胞生长 而设计的，不利于次生代谢产物的产生。一般情况下，增加氮、磷和钾的含量会使细胞的生 长加快，增加培养基中的蔗糖含量可以增加细胞培养物的次生代谢产物。陈永勤等（2000） 报道，培养基中氮源影响红豆杉愈伤组织的生长和紫杉醇的含量。培养基中 NO_3^- 浓度高有利 于红豆杉愈伤组织的生长，而 NH^{3+} 浓度高则抑制愈伤组织的生长，但可提高紫杉醇的含量。 曲丹等（2015）报道，30g/L 的蔗糖最有利于迷迭香悬浮细胞的培养。

4．光　　光是影响植物生理功能的重要环境因子，还是参与调控植物生长发育的重要 信号来源（陈月华等，2016）。光强、光质和光照时间对细胞的生长和次生代谢产物的合成 都具一定的影响。不同的培养材料对光强度要求不同，有的植物材料适合光培养，有的则适 合暗培养。光照时间的最适值常与光强相关，Chan 等（2010）研究光强对多花野牡丹细胞 培养中花青素积累的影响，结果表明，中等强度的白光（300~600lx）能显著提高花青素的 产量，而黑暗条件下花青素产量最低。张进杰等的研究结果表明白光、紫外线和蓝光对黄芩 苷的积累具有诱导促进作用，其中紫外线的促进作用最强，而红光照射对黄芩苷的积累有一 定的抑制作用。每天红光和紫外线交替处理，在培养 12d 后，细胞的鲜重和黄芩苷含量为黑 暗条件的 1.16 和 3.2 倍。Tassoni 等也发现红光照射会降低葡萄细胞悬浮液中花青素的积累。

5．通气量和搅拌转速　　在植物细胞培养过程中需要通入无菌空气来达到预期的混合效 果和溶氧速率，此时要适当控制通气量和搅拌转速。不同的细胞系对氧的需求量是不同的。例 如，在烟草细胞培养中发现，$K_La \leqslant 5$/h 时对生物产量有明显抑制作用，当 $K_La = 5 \sim 10$/h 时初 始的 K_La 和生物产量之间呈线性关系。此外，过高的通气量会引起泡沫增多、水分损失太大 等不良影响。适宜的供氧量能显著影响植物悬浮细胞的生长和次生代谢产物的积累。Thanh 等（2006）发现 40% 的溶氧量利于细胞生物量和人参皂苷的累积。Han 等（2003）研究了氧 分压对三七细胞生长及人参皂苷和多糖合成的影响，发现高的氧分压抑制细胞生长，同时也 不利于次生代谢产物的合成。

对于搅拌式反应器，搅拌转速对培养液的混合状态、溶氧速率和物质传递等有重要影响。 但植物细胞对搅拌剪切敏感，故搅拌转速和搅拌叶尖线速度应有临界上限。不同种类的植物 细胞耐剪切的能力不同。例如，烟草细胞和长春花细胞分别在涡轮搅拌器转速为 150r/min 和 300r/min 时，一般还能保持生长，但鸡眼藤的细胞在涡轮搅拌器转速高于 20r/min 时生长就会被破坏。

6. 前体饲喂　　前体是指处于目的代谢物代谢途径上游的物质。在植物悬浮细胞中，前体物可作为底物或催化代谢途径中的关键酶而发挥作用来提高次生代谢产物产量，因此，前体饲喂也是调节次生代谢产物合成和积累的重要调控因子。不同类型次生代谢产物的代谢途径不同，应根据目标产物选择饲喂前体物的种类。通过前体饲喂培养细胞，一方面可通过增加底物量来加快反应速度和提高产率；另一方面能够反馈抑制分支路径而促进反应顺利进行。元英进等（1997）研究东北红豆杉悬浮细胞培养时，发现加入前体物苯丙氨酸和乙酸钠对紫杉醇的生产均有明显的促进作用，且在一定范围内，随前体物浓度的增加，促进作用加强。戴均贵等（2000）通过向银杏培养基中添加异戊二烯等前体物质，有效地提高了银杏内酯 B（ginkgolide B）的产量。

7. 诱导子　　诱导子（elicitor）是指能引起植物细胞某些代谢强度或代谢途径改变的物质。在植物与微生物的相互作用中，能快速地、高度专一性地诱导植物特定基因的表达，进而活化特定次生代谢途径，积累特定的目的代谢产物。不同诱导子作用于不同植物可以产生多种多样的次生代谢产物，如植保素含有益于人类健康的活性成分。根据来源可以分为生物诱导子和非生物诱导子。

（1）生物诱导子　　生物诱导子是指来源于生物体的化合物，包括侵染植物的微生物和植物在防御过程中为对抗微生物侵染而产生的物质。按来源分为外源性诱导子（exogenous elicitor）和内源性诱导子（endogenous elicitor）两类。前者包括各种病原菌、病菌菌丝体、微生物诱导产生的多糖、蛋白质等；后者来源于植物细胞本身的物质，如降解细胞壁的酶类，细胞壁片段及组分等。众多的研究表明，一些真菌诱导子、无机离子的加入可以大大提高次生代谢产物的含量（Liu et al., 1999；施中东等，2000）。常用的生物诱导子有以下几种：①糖蛋白类，在培养基中加入糖基化的氧化牛血清白蛋白和氧化溶菌酶，可使烟草叶中产生的抗原性尼克碱产量提高 10 倍。②多糖类，如几丁质、脱乙酰几丁质。③酶类，常用的有壳多糖酶、纤维素酶和果胶酶等。例如，在烟草细胞培养液中加入壳多糖酶，可使紫杉醇含量提高 50%。④真菌类，这是目前应用最广、研究最多的诱导子。真菌对培养细胞产生次生代谢产物有刺激作用。例如，在胡萝卜细胞培养液中加入黄曲霉菌（*Aspergillus flavus*）的菌丝体可使花青素产量提高至原来的 2 倍。张长平等（2001）在红豆杉细胞悬浮培养体系中加入真菌诱导子后，紫杉醇的合成被加强，产量显著提高。

（2）非生物诱导子　　非生物诱导子包括化学伤害胁迫（如重金属盐类、去污剂、乙烯、氯仿、杀菌剂等）和物理伤害胁迫（紫外线、辐射、冻触等），如在曼陀罗（*Datura stramonium*）根类培养时，铜盐和镉盐的使用诱导了高含量倍半萜类防御性化合物的快速积累。

单一的生物诱导子或非生物诱导子诱导的方法，存在作用弱、产量较低等缺点。同时使用可以增强诱导作用，为通过植物细胞大规模培养生产次生代谢活性成分提供了有益的途径。目前利用诱导子调控植物次生代谢产物的合成与积累方面已成为国内外的研究热点，并取得了较多成果（陈月华等，2016）。

8. 培养方法

（1）两步培养法　　离体培养实验证明，脱分化的细胞生长旺盛，积累次生代谢产物困难，当培养细胞接近于衰老时，才趋向于积累次生代谢产物。在烟草细胞悬浮培养生产生物碱、茶树愈伤组织培养生产咖啡碱等的过程中，都证明代谢物的产生与细胞分裂速度减缓的对数生长期末、静止期初紧密相关。由上述结果可知，细胞生长和次生代谢产物产生对培养基和培养条件要求不同，因此目前在大规模植物细胞悬浮培养中，为了提高生物量和次生代谢产物产量，一般采用两步培养法。第一步使用适合细胞快速生长的培养基即生长培养基，以达到最大的生物量；当细胞生长处于对数生长的后期时及时转入第二步培养。第二步培养使用适合次生代谢产物合成的培养基即生产培养基。在实际操作中，调整培养基组分和培养条件，使生长和代谢均能在最适条件下进行，能较好地解决细胞生物量增长与次生代谢产物积累之间的矛盾，从而提高目的产物的产率。张浩等（1997）报道，将黄连（*Coptis chinensis* Franch.）细胞先在生长培养基中培养 3 周，再于生产培养基中培养 3 周，结果显示两步法培养生物碱产率为一步法培养的 1.72 倍。

（2）两相培养法　　两相是指培养相和吸附相（萃取相）。两相培养法是指在植物细胞培养液中加入对细胞无毒性的吸附剂和萃取剂，及时将次生代谢产物分离出培养系统，防止代谢物积累在细胞中造成反馈抑制和酶类水解，以提高代谢产物产量的培养方法。常用的吸附剂有离子交换树脂（XAD-4，XAD-7），萃取剂为十六烷。Kim 等（1990）研究了紫草毛状根培养生产紫草素的两相培养，该实验以十六烷为吸附剂，当加入量为 30mL/L 时，明显促进了紫草素的合成。另外，两相培养不仅可以使分泌出的次生代谢产物被吸附，还能促使原来贮存在细胞内的次生代谢产物分泌出来，如孔雀草（*Tagetes patula*）状根所合成的噻吩仅有 1% 左右分泌到培养基中，而 Buitelaar 等（1991）在培养体系中加入十六烷后可促使噻吩分泌量提高 30%～70%。

（3）毛状根培养技术　　毛状根培养是 20 世纪 80 年代发展起来的基因工程与细胞工程相结合的一项技术。毛状根是用土壤病原细菌发根农杆菌（*Agrobacterium rhizogenes*）转化植物细胞而得到的特化器官，又称为发状根。感染或转化过程中发根农杆菌 Ri 质粒的 T-DNA 转移并整合到植物基因组中，诱导出毛状根，形成毛状根培养系统。毛状根具有自主合成植物激素的能力，因此，在不添加外源激素的条件下，生长快，分枝多，且毛状根处于器官化水平，遗传及生理生化特性稳定，具有比悬浮细胞培养更强的次生代谢产物合成能力。目前，我国已在长春花、烟草、紫草、绞股蓝、人参等 40 多种植物材料中建立了毛状根的培养系统。

（4）冠瘿培养技术　　利用根癌农杆菌感染植物可将 Ti 质粒的 T-DNA（含有诱导冠瘿组织发生的 *TMS* 和 *TMR* 基因）整合进入植物细胞的基因组，诱导植物细胞冠瘿组织的发生。冠瘿组织离体培养时具有激素的自主性，细胞的生长和增殖快，次生代谢产物合成能力强。利用冠瘿组织培养物生产活性成分的研究已有一些报道，如丁荣敏等（2003）用西洋参冠瘿细胞培养人参皂苷研究表明，冠瘿组织可以作为生产植物活性成分的培养系统来利用。

（5）反义技术　　次生代谢产物途径属于植物的分支代谢之一，因此，促进与细胞生长和目的产物积累有关的分支代谢途径，抑制与其无关的分支代谢，则是提高产量的一个重要方法，采用现代分子生物学技术中的反义技术可实现这一点。反义技术是根据碱基互补原理，通过人工合成或生物体合成特定互补 DNA 或 RNA 片段，抑制或封闭某些基因表达的技术。通过此技术，可以将反义 DNA 或 RNA 片段导入植物细胞基因组，使其与无关基因的 RNA 或 DNA 结合形成双链形式，抑制或封闭其表达，使催化某一分支代谢的关键酶活性受抑制，从而提高目的产物的含量。例如，将番茄中乙烯合成酶的反义 RNA 转入番茄后，番茄中乙烯合成量减少了 97%。

值得注意的是，影响植物细胞培养物生物量增长和次生代谢产物积累的因素是错综复杂的，往往一个因素的调整会影响到其他因素的变化。所以，需要在培养过程中不断加以调整。同时，由于不同的植物有机体有自身的特殊性，因此，一种植物或一种次生代谢产物适合的培养条件，不一定适合于其他的细胞或次生代谢产物的形成。

总之，用植物细胞培养方法生产次生代谢产物的研究已取得很大进展，但这项技术的应用还存在不少困难。今后的研究热点是改进细胞系选择和筛选方法，完善培养技术，提高大规模培养效率，深入研究植物细胞中次生代谢的分子机制及调控的途径等。相信在不久的将来，植物细胞培养生产有用物质的技术必将会成为有巨大潜力和经济效益的新兴产业。

六、植物细胞培养操作实例

人参细胞悬浮培养及工业化生产人参皂苷操作实例如下（高文远，2005）。

1. 外植体材料　选用人工栽培的 4～5 年生的人参植株的根、茎、叶为外植体。

2. 培养设备　自旋式培养架，10L 或 20L 的固定玻璃瓶，转速为 90～110r/min。

3. 培养基及培养条件　基本培养液组成为 MS 培养基，每升培养液附加蔗糖 40g，KT 0.1mg，IBA 2.0mg。培养温度为 20～25℃。按下面的公式计算细胞生长速度和细胞产量。

$$细胞生长速度 [g/(d \cdot L)] = \frac{最终干重 - 接种干重}{培养时间（d）\times 培养液体积（L）}$$

$$细胞产量（g/L）= \frac{最终干重 - 接种干重}{培养液体积}$$

4. 培养步骤

1）愈伤组织的诱导。选取 4～5 年生人参植株的根、嫩茎和叶柄等作为外植体，使用 MS＋0.5mg/L 2,4-D 固体培养基，置于 25℃下进行暗培养，诱导产生愈伤组织。

2）建立细胞株。将愈伤组织转入液体培养基中进行增殖培养，每 5 周继代 1 次。培养条件为：MS 培养基＋0.5mg/L 2,4-D，转速 80～90r/min，28℃光下培养。

3）选择高产细胞系。将所得到的纯净细胞群以一定的密度接种在 1mm 厚度的薄层固体培养基上进行平板培养，使其形成细胞团，尽可能地使每个细胞团均来自一个单细胞，采用化学方法测定培养物中人参皂苷的含量，初步筛选出人参皂苷含量高的细胞系。

4）高产细胞系的扩大培养。采用液体培养基在 28℃下进行光照培养，转速为 80～90r/min，对培养物中的人参皂苷含量进行测定。多次重复鉴定，确定细胞的稳定性。

5）进行大规模培养。采用自旋式摇床对高产细胞系进行大规模培养。

6）提取培养物中的人参皂苷。

7）鉴定人参皂苷的活性。

思 考 题

1．分离植物单细胞的方法有哪些？

2．植物单细胞培养的方法有哪些？各有何特点？

3．简述植物细胞大规模培养生物反应器的类型及原理。

4．什么叫细胞的悬浮培养？分批培养和连续培养各有何特点？

5．在细胞悬浮培养中，如何进行细胞生长量的计算？

6．一个好的细胞悬浮系有哪些特点？

7．简述植物细胞固定化培养常用的几种方法。为什么说植物细胞固定化培养更有利于次生代谢产物的生成？

8．影响植物次生代谢产物合成的因素有哪些？在植物细胞培养中如何提高植物次生代谢产物的产量？

9．简述细胞活力鉴定的方法及其原理。

10．简述细胞计数的方法。

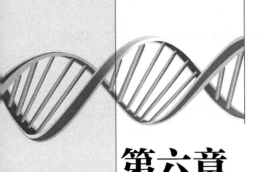

第六章 植物原生质体培养和体细胞杂交

　　植物原生质体（protoplast）是指除去细胞壁后裸露的有生活力的原生质团。用机械方法或酶解法可去除细胞壁，得到原生质体。原生质体不仅具有活细胞的性质，而且可以融合形成杂种细胞。原生质体由于没有细胞壁，因此易于摄取外来遗传物质、细胞器及病毒、细菌等。离体的原生质体和其起源细胞一样，具有全能性，即在适宜的无菌条件下可以生长、分化、再生成完整植株。植物原生质体既是进行植物细胞生物学、遗传学、生理学、病理学、病毒学及分子生物学研究的理想体系，又是植物遗传工程的理想受体，同时还是细胞无性系变异和突变体筛选的重要材料来源。

　　原生质体培养（protoplast culture）是指将植物细胞游离成原生质体，在适宜的培养条件下，使其再生细胞壁，进而细胞进行持续分裂形成细胞团，再进一步生长形成愈伤组织或胚状体，最后分化或发育形成完整植株的过程。自 1971 年 Nagata 和 Takebe 首次从烟草叶肉组织的原生质体中诱导出再生植株以来，已从水稻、玉米、小麦、高粱、大豆、大麦、谷子、棉花、花生、甘蔗、马铃薯、油菜、甜菜、向日葵、亚麻和咖啡等重要农作物和柑橘、苹果、猕猴桃、枣树、香蕉、番木瓜、樱桃、草莓、枇杷、龙眼、番茄、茄子、黄瓜、胡萝卜、芹菜、白菜、甘蓝、洋葱、魔芋、菜心和花椰菜等重要园艺植物及多种树木花卉植物等 300 多种植物中获得了由原生质体培养的植株。植物原生质体培养广泛应用于植物体细胞杂交和新种质培育中，也是开展植物细胞学各种基础研究的技术平台。

　　体细胞杂交（somatic hybridization）又称原生质体融合（protoplast fusion），是指在人工控制的条件下，不经过有性过程，两种体细胞原生质体相互融合产生杂种细胞。由融合细胞培养成的植株为体细胞杂种。自 1972 年 Carlson 等利用原生质体融合技术从烟草中获得第一个种间体细胞杂种后，相继在许多植物的种内、种间、属间甚至科间获得了大量的杂种细胞系或杂种植株，有的杂种经常规选种后已开始应用于生产。

第一节 植物原生质体的分离和纯化

　　与动物细胞不同，植物细胞外部具有一层坚硬的细胞壁，它起着分隔、保护和支撑细胞的作用。细胞壁的主要成分是纤维素、半纤维素、果胶质和少量的蛋白质。在细胞分化过程中，不仅各种成分发生变化，而且还逐渐增加了木质素等次生物质。去除细胞壁、获得大量有活力的植物原生质体是进行原生质体培养和体细胞杂交的前提与基础。从植物中分离原生质体的研究最早是由 Klercker（1892）进行的，他用机械分离法从藻类中分离出原生质体。1960 年，Cooking 首次用酶解法从番茄根尖中分离得到原生质体。自此以后，原生质体分离在许多种植物中获得成功，为以原生质体作为实验材料的许多研究奠定了基础。目前，植物原生质体分离技术已比较成熟，在草本植物物种中得到了广泛应用。相对来说，木本植物原生质体分离技术的发展要慢得多。

一、原生质体的分离

不同材料分离原生质体的步骤有一定差异。从温室或者田间取叶片分离原生质体可分为预处理、叶片表面消毒、去表皮、酶解分离原生质体和原生质体纯化 5 个步骤。如果使用试管苗、愈伤组织或悬浮培养细胞等作为材料，仅需预处理、酶解分离原生质体和原生质体纯化 3 个步骤即可。

（一）材料的选择

选择适宜材料是原生质体成功分离的关键。原生质体产量、活力和植株再生能力在很大程度上都受基因型、取材部位和材料的生理状态的影响。一般来说，植物根、茎尖、茎段、叶片、叶柄、子叶、胚、下胚轴、果实、种子、愈伤组织、悬浮培养物及花粉等都可以作为分离原生质体的材料。但要获得高质量的原生质体，应选择生长旺盛的植物体的幼嫩部分，如幼嫩的叶片、下胚轴、子叶、愈伤组织和悬浮培养细胞系及花粉细胞等。

1. 植物幼嫩的叶片 叶片可以取自田间、温室或光照培养箱中生长的植株，也可以取自试管苗，但以后者为佳。用试管苗分离原生质体时，材料的生理状态易保持一致，在分离前不需做灭菌处理，一旦建立适宜的分离条件，就能够稳定控制，可大大提高实验的重复性。对于试管苗，一般在叶片充分展开时取材较好。由叶肉细胞分离原生质体的优点是：材料来源广泛，取材方便，且叶肉细胞排列疏松，酶的作用很容易到达细胞壁，能在短时间内获得大量同质的原生质体，而且其原生质体有明显的叶绿体存在，有利于在以后的细胞融合中筛选杂种细胞。绝大多数植物细胞原生质体分离的原材料都是较幼嫩的叶片。

2. 无菌实生苗的子叶和下胚轴 用实生苗的子叶和下胚轴作为供体材料分离和培养原生质体，比用试管苗有较多的优越性：实生苗易于消毒；种子萌发的条件易于控制，可保证实验材料的一致性；实生苗能提供大量发育同步的幼嫩细胞，具有较强的生活力和分化能力。但是，实生苗在遗传上杂合程度比较高，遗传分离较大，因此在改良品种的个别性状方面不太适用。据研究，十字花科植物以种子萌发 4～5d 的无菌实生苗下胚轴作材料较叶片、子叶和根尖等其他材料，获得的原生质体活力强，再生植株频率高。

3. 外植体来源的愈伤组织和悬浮培养细胞系 用愈伤组织或悬浮细胞制备原生质体时，一般选用结构疏松并处于对数生长期的细胞分离原生质体。愈伤组织和悬浮培养细胞生理状态一致，培养细胞处于无菌状态，免去了在材料消毒过程中所造成的损伤及污染。这些材料用作分离材料实验重复性好，原生质体的产量、活性和稳定性比较理想，这对随后的原生质体再生有利。另外，培养细胞对酶的耐受性较好，这对成功地获得原生质体非常重要。但培养细胞常会发生变异，非整倍体发生频率较高，不像从叶肉细胞来源的原生质体那样在遗传上整齐一致。采用愈伤组织和悬浮培养细胞系往往需要经若干次的继代培养才能达到适合分离原生质体的状态，而继代时间的长短在很大程度上影响所获得原生质体的活力和产量。在木本植物中，愈伤组织或悬浮培养细胞系是应用最广泛的原生质体培养材料。禾本科植物用叶肉细胞分离原生质体相当困难，而选用从幼胚、幼穗或成熟胚建立的胚性愈伤组织及胚性悬浮细胞系分离原生质体效果较好。分离原生质体的悬浮培养细胞以处于对数生长期的细胞最为适宜。

4. 花粉细胞　花粉细胞作为材料，具有群体数量大、一致性好和取材方便等特点，并且花粉原生质体是一种单倍体。因此，在植物细胞工程中它是一种特殊的实验材料。

在分离原生质体时，具体使用植物体的哪个部位还要视情况而定。选材时首先选择叶片；当叶片不易被酶解或操作不便时则选择使用愈伤组织、茎、根尖等作为起始材料；当使用叶片作为起始材料获得的原生质体活性不高时，可以改用叶龄更小的幼嫩叶片或幼嫩子叶作为起始材料；当后续要进行瞬时转化实验时，利用几乎没有叶绿体的胚根和愈伤组织分离得到的原生质体更加有利于对结果的观察。无论使用哪一种材料，保持原材料培养条件的相对稳定是非常重要的。

（二）材料的预处理

植物原生质体分离一般采用酶解法。为了获得良好状态的供体材料，必要时应在酶解前对材料进行预处理和预培养，其目的是：提高原生质体产量和活力；逐步降低植物细胞水势，增强原生质体培养时对培养液高渗透压不利影响的耐受力；减少原生质体损伤，使游离原生质体更能适应新的培养条件。

常用的预处理方法主要有预先质壁分离法、暗处理、药物处理、叶片萎蔫预处理、愈伤组织预培养等，不同的材料所采用的预处理方法不同。预先质壁分离法是目前在分离原生质体中最普遍采用的预处理方法，它一般是指利用甘露醇和CPW溶液预先浸泡外植体使其发生质壁分离，便于提高后续实验中的酶解效率，提高原生质体的活性。分离新疆杨、菜豆原生质体时均采用这种预处理方式。暗处理是指将用于分离原生质体的植株置于黑暗条件下培养若干小时以提高原生质体的活力。例如，在豌豆中，将用于分离原生质体的枝条进行暗培养30d获得的原生质体活性更高，并且具有继续分裂的能力。药物处理是指利用盐溶液浸泡用于分离原生质体的外植体，以提高原生质体的产量。叶片萎蔫预处理是指将叶片风干或光照处理使其处于萎蔫状态以便于撕去下表皮，更有利于酶解处理。但目前对于难以除去下表皮的叶片普遍利用医用胶带粘贴于叶片两侧撕去下表皮，这种方法更简便有效，且不会影响叶片原生质体活力。愈伤组织预培养是指将用于分离原生质体的外植体转移到诱导愈伤组织分化的培养基上培养一段时间，这样获得的原生质体分裂频率较高，适用于后续需要进行原生质体培养的情况。

目前进行原生质体分离时对叶片的预处理最普遍采用的是预先质壁分离法和叶片萎蔫预处理，当后续实验中出现原生质体活性低、原生质体不易分裂等情况时可以采用暗处理或愈伤组织预培养等方法。赖叶等（2020）用医用胶带去掉植物叶片下表皮，省去了原生质体纯化过程，与传统的叶片切条或镊子撕取下表皮相比，这种处理方法不仅简单、易操作、酶解充分，而且避免了原生质体纯化时相互挤压而引起的细胞破裂。

（三）酶的种类及酶液的配制

1. 酶的种类　选择用于游离原生质体时适宜的酶种类是酶解法分离原生质体中的关

键。植物细胞壁的主要成分是纤维素和果胶，所以在分离植物原生质体时一般使用的是纤维素类酶和果胶类酶。由于不同植物或不同组织的细胞壁中纤维素和果胶含量存在差异，因此一般分离原生质体时选用的酶种类和含量也有很大差异，并且也会根据实验材料的不同性质添加离析酶、半纤维素酶、崩溃酶。

原生质体分离常用的酶种类主要有纤维素酶类、果胶酶类、蜗牛酶（snailase）、胼胝质酶（callase）和半纤维素酶类等。其中纤维素酶和果胶酶对植物原生质体的制备是必需的。纤维素酶类包括纤维素酶（cellulase）、半纤维素酶（hemicellulase）和崩溃酶（driselase）；果胶酶类包括果胶酶（pectinase）和离析酶（macerozyme），这些酶都是从不同种类的微生物中提取的。最常用的纤维素酶是纤维素酶 R-10 和纤维素酶 RS。最常用的果胶酶是pectinase、macerozyme R-10 和 pectolyase Y-23，其中 cellulase onozuka RS 和 pectolyase Y-23分离原生质体的效率较高，但价格也很昂贵。一些常用的酶类见表 6-1。

表 6-1　植物原生质体分离常用的酶种类

酶种类	酶来源	生产厂家
纤维素酶类		
纤维素酶 R-10	绿色木霉（Trichoderma viride）	日本 Yakult Honsha 公司
纤维素酶 RS	绿色木霉	日本 Yakult Honsha 公司
纤维素 EA$_3$-867		中国科学院上海植物生理研究所
崩溃酶	乳白耙菌（Irpex lacteus）	日本 Kyowa Hakko Kogyo 公司
Cellulysin	绿色木霉	美国 Calbiochem 公司
Meicelase P-1	绿色木霉	日本 Yakult Honsha 公司
果胶酶类		
果胶酶 Y-23	日本曲霉菌（A. Japoonicus）	日本 Seishin Pharmaceutical 公司
离析酶 R-10	根霉菌（Rhizopus arrhizus）	日本 Yakult Honsha 公司
离析酶（macerase）	根霉菌	美国 Calbiochem 公司
果胶酶	黑曲霉菌（Aspergillus niger）	美国 Sigma 公司
Pectinol	黑曲霉菌	美国 Rohm & Haas 公司
Pectinol AC	黑曲霉菌	美国 Corning 公司
半纤维素酶类		
半纤维素酶	黑曲霉菌	美国 Sigma 公司
Rhozyme HP-150	黑曲霉菌	美国 Rohm & Haas 公司
Zymolyase	藤黄节杆菌（Arthrobacter luteus）	美国 Sigma 公司

纤维素酶具有多种复合酶的特性，它主要降解细胞壁中的纤维素；半纤维素酶主要降解细胞壁中的半纤维素；果胶酶、离析酶主要是降解细胞之间的中胶层，使细胞彼此分开；崩溃酶具有纤维素酶、半纤维素酶、果胶酶、地衣多糖酶和木聚糖酶等多种酶的活性，对原生质体的分离比较容易，但影响其活力，故主要用于一些细胞壁难降解的植物中。在分离原生质体时，常常将纤维素酶和果胶酶混合使用，利用果胶酶分解果胶质的特性从组织中将细胞游离出来，再在纤维素酶的作用下，把细胞壁分解而释放出原生质体。蜗牛酶是从蜗牛胃液

中分离出的酶的粗制剂，含有多种解离酶，对孢粉素和木质素均有一定的分解能力，可用于从花粉母细胞、四分体、小孢子或较老的植物组织分离原生质体。胼胝质酶主要用于胼胝质的分解，它常与蜗牛酶一起分解成熟花粉粒、四分体小孢子的细胞壁。

分离原生质体时最普遍采用的是纤维素酶＋果胶酶或纤维素酶＋离析酶的组合，当使用两种酶的组合无法得到状态最好的原生质体时，可以根据具体情况考虑添加半纤维素酶或崩溃酶作为辅助。具体添加何种酶，应依据实验材料的性质及初步分离原生质体后的状态，筛选得出最合适的酶和浓度。

2. 酶液的配制　　分离原生质体的酶液主要由分离培养基、酶和渗透压稳定剂组成。常用的分离培养基是 CPW（成分为 KH_2PO_4 27.2mg/L，KNO_3 101mg/L，$CaCl_2 \cdot 2H_2O$ 1480mg/L，$MgSO_4 \cdot 7H_2O$ 264mg/L，KI 0.16mg/L，$CuSO_4 \cdot 5H_2O$ 0.025mg/L，pH 5.6）盐溶液，也有用钙（$CaCl_2 \cdot 2H_2O$）和磷（KH_2PO_4）盐组成的溶液和 1/2MS 盐溶液。不同植物细胞壁的组成成分及各成分的比例不同，因而酶液中纤维素酶、半纤维素酶和果胶酶的水平应根据不同植物材料而有所变化。常用的纤维素酶（cellulase onozuka R-10）浓度是 1%～3%，崩溃酶（driselase）和果胶酶（pectolyase Y-23）为 0.1%～0.5%，离析酶（macerozyme R-10）为 0.5%～1.0%，半纤维素酶为 0.2%～0.5%。对于成熟花粉粒和四分体小孢子，还需加入蜗牛酶和胼胝质酶，使用浓度一般为 0.5%～2.0%。

为了保持释放出的原生质体的活力和质膜的稳定性，酶液的渗透压必须与所处理材料细胞的渗透压相近。一般来说，酶液、洗涤液和培养液中的渗透压应稍高于原生质体的渗透压，这比等渗溶液更有利于原生质体的稳定，可防止原生质体破裂或出芽，但可能使原生质体收缩并阻碍原生质体分裂。通常采用甘露醇、山梨醇、葡萄糖、蔗糖和麦芽糖作为渗透压调节剂调节酶液的渗透压，其浓度一般为 0.3～0.8mol/L，随不同植物和细胞类型而异。多数一年生植物所需要的渗透压稳定剂浓度较低（0.3～0.5mol/L），而多年生木本植物要求浓度较高（0.5～0.8mol/L）。对于同一植物而言，子叶和下胚轴分离原生质体需要的浓度最高，愈伤组织次之，胚性悬浮细胞最低。

此外，在酶解液中加入聚乙烯吡咯烷酮（PVP）、N-（吗啉代）乙烷磺酸（MES）和葡萄糖硫酸钾等分别起到减轻酚类物质毒害、稳定 pH 和降低核糖核酸酶活性的作用，可提高原生质膜的稳定性，增加完整原生质体的数目和活力。

酶液配好后，不能进行高温灭菌，只能采用微孔过滤器过滤除菌，常用的微孔滤膜孔径有 22μm 和 45μm，一般先用 45μm 的滤膜过滤，再用 22μm 的滤膜过滤一次，以确保将细菌全部除去。

（四）分离方法

原生质体分离有机械分离法和酶解分离法两种，目前主要采用酶解分离法。

1. 机械分离法　　机械分离法是指在高渗溶液中使细胞质壁分离，再借助利器（如刀等）或机械磨损促使原生质体释放的分离方法。分离时，先将细胞放在高渗糖溶液中预处理，待细胞发生轻微的质壁分离，原生质体收缩成球形后，用利刀切割或机械磨损组织，使原生质体释放出来。这种仅用物理手段的分离方法不易损伤细胞，可避免酶对原生质体结构和活性的影响，但方法烦琐，分离效率很低，获得的原生质体数量少，并且只能从那些高度液泡化的细胞，如洋葱球茎、萝卜根、黄瓜的中果皮和甜菜的根等分离得到有限的原生质体，且仅用于细胞质壁能完全分开的材料，所以现在已很少使用。

2. 酶解分离法 酶解分离法是指将材料放入能降解细胞壁的混合等渗酶液中，保温一段时间，在酶液的作用下，细胞壁被降解，从而获得大量有活力的原生质体的方法。

酶解分离法有顺序法和直接法两种。顺序法也称两步法，即先用果胶酶处理材料，使单细胞分离，再用纤维素酶水解细胞壁从而得到原生质体；直接法又称一步法，是指直接用果胶酶和纤维素酶的混合物处理材料获得原生质体。由于直接法可在短时间内获得大量原生质体，并几乎能从所有的材料中分离出原生质体，且细胞质仅发生轻微的渗透收缩，对细胞的损伤较轻，因此现在一般都采用直接法。

二、原生质体的纯化

植物材料经酶液处理后的混合物中，除完整无损的原生质体外，还混杂有亚细胞碎片、维管束成分、未解离细胞、细胞团和破碎的原生质体等。这些混杂物的存在会对原生质体培养产生不利影响。只有将这些杂质和酶液去掉，获得纯的原生质体，才能进行培养。清除这些杂质和酶液的过程称为原生质体的纯化。方法是先将酶解后的混合物通过一定孔径的筛网（44～169μm）过滤，除去未被酶解的细胞团和组织残余物，将过滤液收集于离心管中。过滤时要加入一定量 CPW 培养基进行清洗，然后依据植物材料和所使用的渗透压稳定剂的不同，采用不同方法使原生质体进一步纯化。目前原生质体纯化主要有过滤-离心法、漂浮法和界面法 3 种。

（一）过滤-离心法

过滤-离心法又称沉降法。它是利用相对密度的原理，在具有一定渗透压的溶液中，先进行过滤，然后低速离心，使纯净完整的原生质体沉降于试管底部的纯化方法。此方法适用于酶解处理中用分子量较小的甘露醇作为渗透压调节剂的情况。具体方法是：将过滤液低速离心 2～3min，使原生质体沉降于管底，而细胞碎片悬浮于上清液中，然后用吸管小心吸取上清液，把沉降于管底的原生质体再悬浮于原生质体洗涤液中，进行低速离心。如此反复 2～3 次，即可得到纯原生质体。之后，就可将沉降于管底的原生质体用原生质体培养液进行培养。这种方法操作简单，纯化收集方便，原生质体丢失少。但这种方法在漂洗过程中易造成原生质体的损伤，且纯度不够高，在原生质体悬浮液中常含有未消化的细胞和碎片。

（二）漂浮法

漂浮法的原理是利用原生质体和其他组分密度的不同进行纯化。此方法适用于酶解处理中用分子量较大的蔗糖作为渗透压调节剂的情况。具体方法是：将过滤液加入到蔗糖高渗溶液中，低速（100×g）离心 10min 后，原生质体悬浮于溶液的表面，细胞碎片沉到管底，用巴斯德吸管小心将原生质体吸出，转入到另一管中这样反复离心、悬浮 2～3 次，即可得到纯原生质体。蔗糖溶液的浓度一般为 15%～25%，因材料不同有一定差异。这种方法可以收集到纯净的原生质体，并且可避免在离心过程中振荡或挤压引起的原生质体破裂或损伤，使用药品简单，成本较低。但原生质体获得率较低，对细胞质稠密、无液泡的原生质体的纯化效果也不理想。

（三）界面法

界面法也称不连续梯度法。采用两种密度不同的溶液形成不连续梯度，通过离心使完整的原生质体处于两液相的界面之间，而细胞碎片等杂质沉于管底。Kanai 和 Edwards 于 1973 年分离玉米叶肉原生质体时创立了利用两相界面收集原生质体的方法。用 1.6mL 30% 的聚乙二醇（polyethylene glycol，PEG，相对分子质量为 6000）和 4.5mL 20% 葡聚糖（相对分子质量为 40 000），再加 4.5mL 0.2mol/L 的磷酸盐缓冲液和 1.5mL 1.2mol/L 的山梨醇溶液，然后加入 0.9mL 原生质体悬浮液，轻轻混合。在 5℃下以 $300 \times g$ 离心 5min，即可区分为两相：碎片和破碎原生质体留在底层相，完整原生质体漂浮在两相界面处，小心将其吸出，即得纯原生质体。

离心时可根据材料的不同采用 PEG-Ficoll 系统、甘露醇-Ficoll 系统、0.4～0.5mol/L 蔗糖、0.45～0.5mol/L 甘露醇混合液两相系统。选择两相系统和各相溶液浓度时，应视具体材料而定。这种方法的优点是在原生质体分离和纯化过程中，保持着相同的渗透强度使原生质体免受渗透冲击而受损。

现以叶肉细胞为例，图解说明叶肉原生质体分离和纯化的技术流程（图 6-1）。

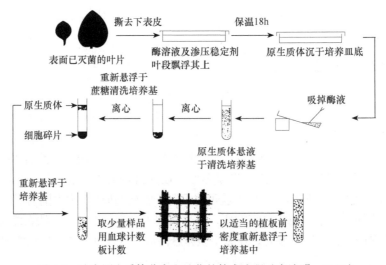

图 6-1 叶肉原生质体分离和纯化的技术流程（李浚明，2002）

三、原生质体活性的测定

在原生质体培养前，需要检测原生质体的活性。因为原生质体活性的高低直接关系到细胞壁再生、细胞分裂和分化及再生植株的形成，特别是应用原生质体进行遗传操作和生理生化分析时，原生质体活性的鉴定就更为重要。原生质体活性测定主要有形态识别法和染色法。

（一）形态识别法

形态上完整、含有饱满细胞质的新鲜原生质体一般即有活力的原生质体。若要进一步检测，可将其放入低渗溶液或洗涤液中，可见分离操作中被缩小的原生质体又恢复原状，那些正常膨大的原生质体即为有活力的原生质体。

（二）染色法

染色法主要有二乙酸荧光素染色法、伊文思蓝染色法、酚藏花红染色法等，其中应用广泛的是二乙酸荧光素染色法。

1. 二乙酸荧光素染色法 二乙酸荧光素（fluorescein diacetate，FDA）本身无荧光，无极性，能自由地穿越完整的细胞质膜。FDA进入细胞质后，被原生质体的酯酶分解形成有荧光的极性物质——荧光素，而荧光素不能穿过质膜，因而积累在有活力的原生质体内。当紫外线照射时，荧光素便产生绿色荧光；而无活力的原生质体不能分解FDA，因此无荧光产生。

测定方法：先用丙酮制备0.5%的FDA溶液，置于0℃保存；测定原生质体活性时，在FDA溶液中加入适量的渗透压稳定剂，再将FDA溶液加到原生质体悬浮液中，加入的量使FDA最终浓度为0.01%，保温5min，然后在荧光显微镜下对原生质体进行检查，发绿色荧光的为有活性的原生质体。

2. 伊文思蓝染色法 用0.025%的伊文思蓝溶液对原生质体染色时，有活力但受损伤的细胞或死细胞能摄取这种染料，而完整的活细胞则不能摄取它。因此，染色后不着色的都是有活力的原生质体。

3. 酚藏花红染色法 酚藏花红能使无活力的原生质体染成红色，有活力的原生质体不染色。酚藏花红的使用浓度为0.1%。

除上述方法外，还可以采用细胞质环流法（在显微镜下观察到有细胞质环流者为旺盛有活力的原生质体）和氧电极法（通过测定原生质体的耗氧率估测原生质体的活力）。

要了解酶解效果，有时需进行原生质体数目测定。原生质体数目测定的方法是：取一定量稀释的原生质体悬浮液，把它注入血细胞计数板的计数室中，然后在显微镜下逐格计数。

四、影响原生质体数量和活力的因素

原生质体分离的主要目的是获得大量完整的有活力的原生质体。影响原生质体分离数量和活力的因素很多，主要有供试材料的基因型和外植体，酶的种类、浓度与酶解时间，渗透压稳定剂，质膜稳定剂，酶解方式，pH，温度和光照等。

（一）材料的基因型和外植体

虽然已能从多种植物的组织和细胞获得完整的原生质体，但不同的植物种类、品系、组织甚至所选材料的生理发育状态等因素对分离出的原生质体的数量和活力都有很大的影响。

原生质体的产量在很大程度上取决于基因型和外植体。对不同基因型材料，其原生质体分离的难易程度和分离效率明显不同。这在甘蔗、香蕉、地锦和苹果等多种植物中都有报道。外植体的来源和生理状态及年龄也影响原生质体的分离效果。例如，酶液Cellulysin 1.0%＋Macerase 0.5%能分离得到洋麻离体幼苗原生质体，却分离不出室外苗的原生质体。在玫瑰、枣、中国李、苹果等植物中发现，从悬浮培养系分离原生质体的效果均比叶片和子叶要好。对于不同的植物，应选用适宜的原生质体分离材料。例如，茄科植物一般选取生长旺盛、生理状态一致的试管苗上部叶片或者下胚轴，而禾本科植物大多数选取胚性悬浮细胞系为材料。对于木本植物来说，以愈伤组织、悬浮细胞和体细胞胚为材料制备原生质体是最主要的方式，对于某些树种来说甚至是唯一的来源，采用这类材料制备原生质体具有简便、产量高、不易破碎等优点。

（二）酶的种类、浓度与酶解时间

1. 酶的种类、浓度　　酶是影响植物原生质体分离的关键因素之一。各种酶的性质、活性、纯度及作用有很大的差别，酶的种类和浓度的选择应根据植物材料的来源而定。正确选择酶制剂的种类、浓度及各类酶制剂的组合，可以提高原生质体的产量、活性和稳定性。分离原生质体的原始材料不同，对酶的种类和浓度有不同要求，应视具体情况而定。一般以幼嫩的叶片、下胚轴等器官为材料分离原生质体时，去壁相对容易，应选用活性较弱的酶，且酶的浓度要低；在以愈伤组织悬浮培养系为材料分离原生质体时，应选用活性较强的酶。叶片细胞用纤维素酶；根尖细胞以果胶酶为主并附加纤维素酶；成熟花粉粒和四分体小孢子除需纤维素酶和果胶酶外，尚需蜗牛酶或胼胝质酶。通常1g鲜重材料用10mL酶解溶液。一些作物材料分离原生质体所用的酶解溶液见表6-2。

表 6-2　一些作物所用的酶解溶液组成

材料	CaCl$_2$·2H$_2$O /（mg/L）	KH$_2$PO$_4$ /（mg/L）	MES /（mg/L）	cellulase onozuka	pectolyase	macerozyme	hemicellulase R-10	甘露醇 /（mol/L）	pH
I	1470	95	600	RS 2%	Y-23 0.2%	—	—	0.55	5.6
II	1470	95	600	R-10 1% RS 0.5%	Y-23 0.1%	1%	—	0.40	5.6
III	1470	95	600	RS 3%	Y-23 0.1%	0.5%	0.5%	0.50	5.6

注：I 为小麦悬浮细胞，II 为水稻悬浮细胞，III 为玉米悬浮细胞。MES 为乙烷磺酸；cellulase onozuka 为纤维素酶，包括 cellulase onozuka R-10 和 cellulase onozuka RS；pectolyase、macerozyme 为果胶酶；hemicellulase R-10 指一种半纤维素酶

2. 酶解时间　　分离原生质体所需时间常受植物种类、所用材料及酶的组成等多种因素影响，但一般在4~24h。原生质体酶解时应根据材料和酶解液的组成与浓度选择合适的时间。在适宜的酶解条件下，不同物种酶解时间差异很大，如百合原生质体酶解时间为24h，分离烟草原生质体需要3.5h，马铃薯花粉酶解时间为3~4h，杨树愈伤组织则为12h。在同一酶解条件下，酶解时间越长，原生质体的产量越高，但原生质体的活力下降。在比较酶解4~12h美味猕猴桃愈伤组织游离原生质体的效果时发现，随着酶解的时间延长，原生质体产量提高，但酶解10h以后，再延长酶解时间，原生质体产量不再增加，且酶解液中碎片不断增多，而酶解8~10h时，获得的原生质体不仅产量高，而且活力强。对于不同植物组织材料，酶解时间也存在差异，一般以悬浮细胞为酶解材料比以叶片为材料所用时间较短。在酶解过程中要注意观察，当有大量的原生质体产生时，即可停止酶解，转入纯化工作。

（三）渗透压稳定剂

原生质体由于没有细胞壁的保护，对外界条件中的渗透压比较敏感，如酶解液、洗涤

液或培养液与细胞内的渗透压相差过大，容易导致原生质体涨破或过分收缩而破坏其内部结构，最终导致细胞死亡。因此在分离原生质体时要特别注意酶液的渗透压调节，需要向酶液中加入一定量的渗透压稳定剂。常用的渗透压稳定剂有甘露醇、葡萄糖、蔗糖、果糖和山梨糖醇等，其中最常用的渗透压稳定剂为甘露醇，浓度一般为 0.3～1.0mol/L。据报道，玉米、棉花、茶树、猕猴桃、枸杞、国槐、水曲柳、花椒、菊花和油菜等多种植物原生质体分离时都采用甘露醇作为渗透压稳定剂，取得了较好的效果。李妮娜等（2014）在分离棉花叶肉原生质体时发现，甘露醇浓度为 0.5mol/L 时获得原生质体的数量较多，且大小基本一致。孙海宏等（2018）研究证明，用 0.3mol/L 甘露醇作为渗透压稳定剂可获得产量和活力较高的马铃薯叶片原生质体。不同植物材料分离原生质体时所用的渗透压调节剂种类和浓度不尽相同，不同种类的渗透剂对分离同种植物的原生质体产生不同的效果。在枇杷原生质体分离时发现，甘露醇的效果优于山梨醇。苹果无菌苗幼叶原生质体分离时要求甘露醇浓度为 0.7mol/L，哈密瓜子叶原生质体分离时则要求 0.4mol/L 甘露醇，而马铃薯花粉原生质体分离要求蔗糖浓度为 16% 的渗透压条件。取同一植物不同部位作为供体，所需渗透剂浓度仍不相同，如利用辣椒无菌芽分离原生质体时，可以用 0.7mol/L 甘露醇调解酶解液的渗透压，而进行辣椒子叶原生质体分离时甘露醇的浓度为 0.5mol/L。

原生质体的渗透压受基因型、细胞年龄、取材的部位和时间及培养时的光照和温度等因素的影响。为了使原生质体分离成功，应在酶解前通过实验测定其渗透压，把酶解液调至等渗状态再进行酶解，这样分离原生质体的成功率几乎可达到 100%。根据前人研究，原生质体在轻微高渗溶液中比在等渗溶液中更为稳定，因此在酶解时酶解液的浓度应比在等渗溶液中稍高一点。

（四）质膜稳定剂

在酶解液中加入质膜稳定剂，可增加完整原生质体的数量，防止质膜破坏，促进原生质体细胞壁再生和细胞分裂形成细胞团。常用的质膜稳定剂有 $CaCl_2 \cdot 2H_2O$（0.1%～1.0%）、葡聚糖硫酸钾（0.2%～0.3%）、2-（N-吗啉代）乙烷磺酸（MES）（50mmol/L）和磷酸二氢钾（0.75mmol/L）等。其中，葡聚糖硫酸钾能降低酶解液中核酸酶的活力，保护细胞质膜，使细胞持续分裂，对形成细胞团有促进作用。例如，在分离烟草原生质体时，酶解液中加入葡聚糖硫酸钾，一旦洗净酶解液进行培养，原生质体很快再生细胞壁并使细胞持续分裂形成细胞团；而未加葡聚糖硫酸钾的对照，原生质体经 1 周培养就解体。在酶解液中，牛血清蛋白（BSA）的加入可以减少细胞壁降解过程中生物酶对细胞器的损伤。

（五）酶解方式

一般在分离植物原生质体时，采用在摇床上振荡酶解的方法有利于原生质体的释放。进行野大麦原生质体游离时在 80r/min 摇床上酶解，随着振荡时间的延长，原生质体获得率不断提高，振荡 4h 时达最高；而在静止条件下酶解 4h 时其原生质体获得率仅为振荡 4h 时的 1/24。在其他的植物原生质体游离时，也发现振荡酶解有利于原生质体的释放，原因可能是低速振荡增加了酶解液与进行酶解材料的接触，同时还增加了氧气的供应，有利于原生质体的释放。

（六）pH

酶解液的 pH 对原生质体的产量和活力有很大影响。一般情况下，酶解液的 pH 维持在 5.4～6.0，既有利于保持酶的活性，提高原生质体的分离速度，又有利于保持细胞活性，得到完整原生质体的数量较多。不同植物材料对酶解液的 pH 要求略有差别，如大豆叶 pH 为 5.8，胡萝卜为 5.5，烟草为 5.4～5.8，菜豆叶为 6.0～7.0。为了维持酶液的 pH 恒定，常用 0.05～0.1mol/L 的磷酸盐缓冲溶液来配制酶解液。此外，MES 对保持酶解物的酸碱环境也有缓冲作用。

（七）温度和光照

酶活力与温度也有关系，分离原生质体所用的各种酶的最适温度是 40～50℃，但这种温度条件对细胞存活不利，因此，分离原生质体的温度以 25～30℃为宜。另外，由于脱壁后的原生质体对光照敏感，因此分离原生质体的过程一般在黑暗条件下进行。

第二节　植物原生质体的培养

获得有活力的原生质体后，应用合适的培养方法，可使原生质体再生出新的细胞壁，接着细胞进行持续分裂形成细胞团，并增殖形成愈伤组织或胚状体，分化或发育成苗，最后形成完整的再生植株。原生质体培养的意义主要有以下几个方面。

第一，建立单细胞无性系。通过原生质体培养可以产生单细胞无性系（monocell clone），而单细胞无性系为在细胞水平上进行突变体的筛选、次生代谢产物生产、人工种子（artificial seed）生产和种质资源库的建立等提供了非常理想的受体系统。

第二，用于原生质体融合。原生质体培养和融合可克服常规育种中远缘种属间生殖隔离造成的杂交障碍，实现远缘种属间遗传信息的交流，为植物育种开辟了一条新的途径。此外，原生质体部分（细胞质）融合还可获得细胞质杂种。

第三，原生质体是遗传转化的良好受体。已知植物细胞壁上具有活性很强的核酸酶，核酸酶可阻止外源 DNA 进入植物细胞。除去细胞壁后，可避免核酸酶对异体 DNA 的破坏。因此，没有细胞壁的原生质体容易从外界摄入病毒、细菌、细胞器、细胞核、蛋白质、核酸等，为植物基因工程研究提供了理想的遗传实验操作体系。

第四，原生质体是多种基础理论研究的实验材料。以原生质体为材料，可以从遗传学、分子生物学、细胞生物学和植物生理学角度对细胞生理、细胞分化和发育、原生质膜与细胞器的结构和功能、细胞壁再生、植物激素作用机制、基因的表达与调控及对病毒侵染机制等问题进行研究。

一、培养基

要使原生质体能够持续地生长、分裂、分化，选择合适的培养基至关重要。原生质体培养基基本上是借鉴植物组织和细胞培养的培养基而制定的，现有的原生质体培养基各有其特点，还没有普遍适用于所有植物的培养基。常用的培养基有 KM-8P、MS、NT、DPD、B$_5$ 和 N$_6$ 等，培养所用的培养基随植物种类的不同而变化。来源于同一基因型的原生质体在不同培养基中的再生能力不同，如采用 MS、V-KM 和 MS-KM 三种培养基培养番茄的原生质体时，最后一种培养基的植板率最高。近年来，茄科植物的原生质体培养多以 MS、NT 和 K3 为基本培养基，十字花科和豆科植物多以 B_5、KM-8P 和 KM 为培养基，禾谷类作物多以 MS、N_6、KM 和 AA 为基本培养基，柑橘类植物以 BH3 为通用的基本培养基。由于原生质体在结构上和培养初期的细胞活动等方面与细胞培养有很大差异，为了获得满意的原生质体培养效果，在选配培养基时需要考虑原生质体的特殊要求。

（一）无机盐

无机盐是构成培养基的主要成分，一般认为原生质体培养基的无机盐浓度应低于组织或细胞培养的培养基。在原生质体培养的研究中，对微量元素的作用很少涉及，对原生质体培养效果影响最大的是 Ca^{2+} 和氮源的种类及浓度。较高的 Ca^{2+} 浓度能提高原生质体的稳定性，早在 1977 年，Von Arnold 和 Eriksson 就证实了高浓度的钙促进了豌豆原生质体的存活和细胞分裂。

培养基中氮源的种类和浓度对原生质体的培养效果也很重要。一般认为，高浓度的硝态氮、低浓度的铵态氮有利于原生质体和细胞的生长，高浓度的 NH_4^+ 对原生质体培养初期的细胞分裂不利。据 Upadhya（1975）报道，NH_4^+ 可以抑制马铃薯原生质体的生长。有的原生质体培养基中添加了有机氮如谷氨酰胺、水解酪蛋白等也获得了较好的培养效果。

对于绝大多数植物来说，组织和细胞培养基中的微量元素就可满足原生质体的培养需要。

（二）渗透压稳定剂

原生质体培养基需要加入一定浓度的渗透压稳定剂以保持原生质体的稳定。渗透压稳定剂应与酶解液的浓度一致，随着细胞壁的再生和细胞分裂发生，应逐渐降低原生质体培养基中的渗透压浓度，直至与细胞培养基的渗透压一致。培养过程中渗透压的不断降低有利于植板率的提高。常用的渗透压稳定剂有甘露醇、山梨醇、葡萄糖、蔗糖、木糖醇和麦芽糖等，这类物质不仅是良好的渗透剂，同时又是原生质体再生细胞生长发育的碳源，其种类和浓度对原生质体的培养效果影响较大。

用不同植物的原生质体培养时，对培养基中的渗透压稳定剂种类要求不同。例如，胡家金等（1998）发现在美味猕猴桃（*Actinidia chinensis*）原生质体培养时，葡萄糖是理想的碳源兼渗透压调节剂。林顺权等（1997）在枇杷原生质体培养中证实，10% 蔗糖＋5% 山梨醇是所有实验处理中最合适的渗透剂。李滔等（2000）研究了不同类型渗透压调节剂对马铃薯原生质体分裂的影响，发现蔗糖效果最好，甘露醇＋葡萄糖次之，甘露醇最差。而周宇波等（2001）在马铃薯叶肉原生质体培养中发现，在原生质体培养初期，培养基糖醇的种类和配比对细胞分裂与发育具有显著影响。在相同渗透压下，只使用甘露醇和蔗糖，细胞虽能启动分裂但不能继续发育，同时出芽细胞和异常膨大细胞比例显著增加，而培养基中含有山梨醇、木糖醇、纤维二糖和葡萄糖等多种糖醇时，则有利于细胞壁形成和细胞持续分裂生长，特别是纤维二糖对细胞壁的再生具有良好的促进作用。

在原生质体培养基中，随着细胞壁的再生和细胞的持续分裂，应不断降低渗透压，才会促进细胞团的进一步生长和愈伤组织的形成。培养开始后 7～10d，大部分有活力的原生质体已经再生出细胞壁并进行几次分裂，此后通过定期添加新鲜培养基的方法，每 1～2 周使渗透剂的浓度降低 0.05～0.1mol/L，往往能促进培养物的持续生长，使其发育成愈伤组织并再生植株。

　　不同植物原生质体培养要求的渗透压稳定剂浓度有一定的差异，一般一年生植物要求的浓度较低，而多年生植物尤其是木本植物要求的浓度则较高。

　　（三）激素

　　不同植物种类的原生质体培养对激素的种类和浓度的要求存在很大的差异，甚至同种植物不同细胞系来源的原生质体培养，对激素的要求也不尽相同。原生质体培养的不同阶段，由于生长发育的需求不同，对激素也有不同的选择。但总的来说，生长素和细胞分裂素是必要的，并需要两者的适当配比。同时，在原生质体的不同发育阶段，如起始分裂、细胞团形成、愈伤组织形成、器官或胚状体发生、植株再生等，需要不断地对激素的种类和浓度进行适时的调整。另外，在每一步调整激素时，还应考虑到激素的后效应。一般认为，禾本科植物原生质体培养基大多用 2,4-D，其对分裂有促进作用，但对再分化有抑制作用；双子叶植物原生质体的培养需要 2,4-D 与 NAA、BA 或 ZT 等配合使用，而将愈伤组织转入到分化培养基时，需降低或除去 2,4-D，并适当增加细胞分裂素的浓度。另外，生长素 / 细胞分裂素高时有利于细胞再分裂。原生质体供体材料若是活跃生长的培养细胞，要求培养基较高的生长素 / 细胞分裂素才能进行分裂；如果供体材料为已高度分化的组织（如叶肉细胞），则要求较低的生长素 / 细胞分裂素才能进行脱分化。

　　原生质体培养初期到愈伤组织形成阶段，不同基因型对培养基的专性选择作用不强，但在苗分化阶段，不同基因型表现的差异较大，对培养基的要求有较强的专化性。此外，在培养基中添加一定量的脱落酸、多胺、活性炭等可促进细胞分裂和胚状体的形成。

　　（四）有机成分

　　在原生质体培养中，需要维生素类及各种有机成分。一般来说，含有丰富有机物质的培养基有利于细胞分裂。例如，Kao 等在培养豌豆属的一个种 *Vicia hajastana* 的原生质体时，为适应低密度的培养，设计了 KM-8p 培养基，其中含有丰富的有机成分，包括维生素、氨基酸、有机酸、糖及糖醇、椰乳等。这个培养基后来在原生质体培养中得到广泛应用，并在许多研究中取得了好的效果。在培养基中添加谷氨酰胺、天冬酰胺、精氨酸、丝氨酸、丙酮酸、苹果酸、柠檬酸、延胡索酸、腺嘌呤、水解乳蛋白、水解酪蛋白、椰乳、酵母提取物、脱落酸（ABA）、尸胺、腐胺、尿胺、精胺、亚精胺、对甲氧基苯甲酸、小牛血清和蜂王浆等有机添加物，对于促进原生质体的分裂和细胞团及胚状体的形成都有一定的作用。但对于具体的植物种类应经过实验加以确定。

　　（五）pH

　　对于绝大多数植物来说，培养基的 pH 一般为 5.6～5.8，pH 过高或过低都会对原生质体的活力及分裂产生不利的影响。

二、培养条件

　　原生质体培养条件主要是指光照、温湿度及密度。原生质体对培养条件的要求非常严格，不同植物的原生质体及不同的培养阶段对培养条件都有不同的要求。

（一）光照

新分离出来的原生质体宜在弱光或黑暗中培养。一般来说，对于叶肉、子叶和下胚轴等带有叶绿体的原生质体，在培养初期最好置于弱光或散射光下培养；而由愈伤组织和悬浮细胞制备的原生质体可置于黑暗中培养。在诱导分化阶段，要将培养物置于光下进行培养，其光强一般为 $1000\sim2000lx$，光照时数为每天 $10\sim12h$。

另外，光质也影响某些原生质体的培养效果。梁玉玲等（1997）以绿豆下胚轴原生质体为试材，研究了红、白和蓝光对细胞壁再生和细胞分裂的影响，结果发现，红光和白光具有促进细胞壁再生的作用，而蓝光的作用不明显。

（二）温湿度

原生质体培养的适宜温度一般为 $25\sim28℃$。不同植物的原生质体培养对温度的要求有所不同，如豌豆、蚕豆叶肉原生质体培养的适宜温度为 $19\sim21℃$，烟草为 $26\sim28℃$，棉花为 $28\sim30℃$，马铃薯为 $23\sim25℃$。番茄叶肉的原生质体在 $25℃$ 以下不分裂或分裂频率很低，但在 $27\sim29℃$ 下分裂速度快、植板率高。据此可认为，较高温度不仅影响一些物种原生质体分裂的速率，而且在至今不能分裂的原生质体中，还可能是启动和维持分裂的一个前提。

在培养过程中，保持一定的湿度也是一个重要因素，若湿度不够会引起原生质体再生细胞的死亡。此外，接种原生质体的培养器皿封口材料要有一定的透气性，以保证细胞生长所必需的气体条件。

（三）密度

原生质体在一定密度范围内，易于分裂增殖；超过一定密度，则不易分裂增殖。如果密度过高，会由于营养不足或细胞代谢物过多而妨碍再生细胞的正常生长；若原生质体密度过低，原生质体再生细胞不能持续分裂。植物原生质体培养的适宜密度一般为 $10^4\sim10^5$ 个 /mL。文峰等（2012）通过实验发现，在木薯胚性愈伤组织原生质体培养时，5×10^5/mL 密度培养条件下，长出的都是致密愈伤组织，且每一个致密愈伤组织都可以再生。

三、培养方法

原生质体培养方法类似于细胞培养，主要有液体浅层培养、固体平板培养和固-液双层培养三种。另外，近年来发展起来的琼脂糖包埋培养、琼脂糖培养和看护培养应用较多。对不同的植物往往有不同的要求，不同的培养方法对原生质体培养影响很大。一般认为，对于容易分裂的植物的原生质体，采用液体浅层培养和固-液双层培养即可获得较好的效果；而对于难以分裂的植物的原生质体，采用琼脂糖包埋培养、固-液双层培养和看护培养效果较好，如过去认为难以培养的禾谷类作物，采用琼脂糖包埋培养和看护培养取得了很好的效果。

（一）液体浅层培养

该方法是先在直径 3cm 的培养皿中加 $1\sim1.5mL$ 培养液或 6cm 培养皿中加 $3\sim4mL$ 培养液，然后将原生质体以一定密度悬浮在培养液中，再用巴斯德吸管将原生质体悬浮液转移到另外的培养皿或锥形瓶中，使其成一薄层，用 Parafilm 膜密封后进行培养。在培养期间，每天轻轻晃动两三次，加强通气，以防原生质体与容器底部粘连。当原生质体经细胞壁再生，并形成细胞团后，应立即转入固体培养基上培养，以利于分化形成植株。

这种培养方法的优点是操作简便，对原生质体的伤害较小，通气性好，代谢物易扩散，并且易于补充新鲜培养基，原生质体在液体环境中又有较强的吸收营养物质的能力，形成细胞团或小愈伤组织后也易于转移，是目前原生质体培养中广泛采用的方法之一。一般分裂能力较强的原生质体大多采用液体培养法。其缺点是原生质体在培养基中分布不均匀，常常发生原生质体之间的粘连、聚集现象，或造成局部原生质体的密度过高，从而影响了原生质体再生细胞的进一步生长发育，并且难以定点观察和跟踪单个原生质体的生长发育过程。

（二）固体平板培养

该方法是将纯化好的原生质体悬浮液置于事先配制好的固体培基上进行培养，这种方法不利于观察且容易干燥，目前很少用固体培养法进行原生质体的培养。根据传统固体培养法衍生出了琼脂糖包埋培养法和海藻酸钠包埋培养法，这两种原生质体培养方法对于较难进行分裂的原生质体比较适用。琼脂糖包埋培养法是将液体培养基中的原生质体悬浮液（3~4mL）与热融并冷却至 45℃的含琼脂或琼脂糖的培养基等量混合，使琼脂的最终浓度为 0.6%左右，迅速轻轻摇动，使原生质体均匀地分布于培养基中，然后将其转移到直径为 6cm 的培养皿中制成薄层（1mm）固体平板，原生质体将包埋在琼脂培养基中，封口后进行培养。

琼脂糖包埋培养法的优点是原生质体被彼此分开并固定了位置，可以避免细胞间有害代谢产物的影响，有利于对单个原生质体的细胞壁再生及细胞团形成的全过程进行定点观察，易于统计原生质体的分裂频率和植板率。其缺点是对操作要求比较严格，但不利于通气和培养后期代谢物的排出，特别是原生质体悬浮液与琼脂或琼脂糖培养基混合时温度必须适宜。若温度过高，会影响原生质体活力；若温度过低，培养基凝固较快使原生质体分布不均匀，影响细胞的追踪观察。近年来实验证明，琼脂糖较琼脂效果要好，它不仅是一种良好的凝固剂，而且可促进多种植物原生质体的分裂和再生。

（三）固-液双层培养

在培养皿的底部先铺一薄层含琼脂或琼脂糖的固体培养基，再将原生质体悬浮培养液加于固体培养基的表面进行液体浅层培养的方法即为固-液双层培养。该方法是目前应用最广泛的方法之一，它实质上是固体平板培养和液体浅层培养两种方法的结合，其优点是当液体培养基蒸发消耗完时，分裂的小细胞团会散落在固体培养基上而被固定，固体培养基中的营养成分也可以缓慢地释放到液体培养基中，以补充培养物对营养的消耗；同时，培养物产生的一些有害物质也可被固体培养基吸收，从而更有利于培养物的生长。另外，在下层固体平板培养基中如果添加一定量的活性炭，可有效地吸附培养物所产生的有害物质，促进原生质体的分裂及细胞团的形成。例如，吴家道（1994）等在水稻原生质体高效培养技术的研究中发现，培养 20d 左右就可获得肉眼可见的愈伤组织，证明了固-液双层培养较其他方法更能显著提高水稻原生质体的植板率。

（四）琼脂糖培养

该方法是由 Shillito 等于 1983 年建立的。具体方法是将含有原生质体的琼脂糖培养基切块后放到液体培养基中，然后置于旋转摇床上进行振荡培养。这种培养方法由于改善了原生质体的通气和营养环境，因而可促进原生质体的分裂和细胞团的形成。一些研究表明，采用这种培养方法可以促进番茄、矮牵牛和芜菁等植物原生质体再生细胞的持续分裂，提高原生质体的植板率。

（五）看护培养

看护培养是指利用一些经过 Y 射线、X 射线或紫外线灭活后细胞壁完整但失去分裂能力的原生质体作为看护层，将看护层包埋在下层的琼脂当中，位于上层培养的正常原生质体即可从看护层灭活原生质体中获得营养物质。由于琼脂熔点较高，在固体培养中，为了使原生质体在培养基中分布均匀，常常给琼脂培养基以较高的温度和相对剧烈的振动，但其容易对原生质体造成伤害。另外琼脂本身对原生质体是有害的，因此只有一些生命力较强的原生质体培养时才使用。一般在使用固-液双层培养效果不佳时可以采用看护培养。在柑橘、百合、紫甘蓝中利用看护培养均大幅度提高了原生质体的成活率。

植物原生质体对培养密度较为敏感，如果低于 10^4 个 /mL 可能不分裂。另外，一些植物的原生质体难以培养。为了解决这些问题，一些学者把用于细胞培养的一些技术，如悬滴培养、微滴培养、饲养层培养和看护培养等用于原生质体培养，特别是用于低密度原生质体培养。高国楠（1977）和 Gleba（1978）利用悬滴培养对烟草叶肉组织的单个原生质体进行培养，原生质体最终密度为 $10^3 \sim 10^4$ 个细胞 /mL，植板率为 20%～40%，经培养的原生质体进一步形成愈伤组织，并分化出再生植株。

在原生质体培养中，应根据培养材料特性和研究目的，筛选出适宜的培养方法以提高原生质体的培养效果。同时，应根据原生质体培养不同阶段的要求和特点，筛选出适于各个阶段（细胞壁形成期、细胞分裂与愈伤组织增殖期和器官分化期）的培养方式，建立原生质体科学培养技术体系，使整个原生质体的培养过程程序化、规范化，达到效率高和重复性好的目的。

四、植株再生过程

植株再生过程是指分离、纯化的原生质体在适当的培养方法和良好的培养条件下，先细胞壁再生，然后细胞分裂和愈伤组织形成，最后植株再生的过程。

（一）细胞壁再生

细胞壁再生所需时间因植物种类、起源、细胞的分化程度及生理状态而异，但对于大多数植物来说，通常要在培养 1～3d 后，原生质体才再生新的细胞壁，培养 7～10d 后大部分有活力的原生质体已经再生出新的细胞壁并进行了几次分裂。植物叶肉原生质体在培养中，首先体积增大，叶绿体重排于细胞核周围，在短时间内形成新的细胞壁，进而由球形变成长椭圆形，在 1～2d 内便可形成完整的细胞壁。电镜观察发现，原生质体培养数小时后新壁开始形成，先是由质膜合成细胞壁的主要成分微纤维，然后在质膜表面进行聚合作用产生多片层的结构，再在质膜和片层结构之间或在膜上产生小纤维丝，逐渐形成不定向的纤维团，最后形成完整的细胞壁。只有能形成完好细胞壁的再生细胞，才能进入细胞分裂阶段。需要指出的是，原生质体在分离过程中，或多过少会对细胞质膜造成部分损伤，原生质体培养中首先是质膜的修复，之后才可能形成细胞壁。

（二）细胞分裂和愈伤组织形成

在原生质体培养中，细胞壁形成的同时，细胞质增加，液泡减少或消失，叶绿体或颗粒内含物分散在细胞质中。随着细胞壁的形成，细胞进入有丝分裂。细胞壁的存在是进行规则有丝分裂的前提，但并非所有的原生质体再生细胞都能进行分裂。细胞启动分裂是原生质体培养的一个关键环节。细胞第一次分裂的时间，依植物种类、原生质体的质量、培养基的成分和培养方法的不同而不同。用幼苗的下胚轴、幼根、悬浮培养的细胞和未成熟种子的子叶等材料分离的原生质体，一般比用叶肉细胞分离的原生质体容易诱导分裂，第一次分裂出现的时间较早。

通常情况下，第一次分裂依赖于细胞壁的形成，但也有少数植物细胞分裂早于细胞壁的形成。一般在培养2～3d后，细胞质增加，细胞器增殖，RNA、蛋白质及多聚核糖体合成增加，不久即可发生核的有丝分裂。多数情况下，健康的原生质体在培养2～7d后即可发生第一次细胞分裂，培养2周后形成多细胞的细胞团。培养2～3周后每隔1～2周要加入少量新鲜培养液，以满足不断长大增多的细胞对营养的要求，同时可慢慢降低渗透压，以维持原生质体的持续分裂。大约六周后形成直径1mm的小愈伤组织，这时须将其转到无甘露醇或山梨醇的培养基上继续培养，以形成愈伤组织或胚状体。

每个有活力的原生质体都有再生分裂的潜在能力，但是在培养基上能分裂的只是其中一部分。目前，有近百种植物原生质体实现了分裂，它们分别属于17个科的50多个属。除植物基因型的差异外，培养基和培养条件也影响原生质体的分裂频率。相对而言，茄科一些植物的原生质体分裂频率较高，如烟草可达80%。大多数植物的细胞分裂频率为30%～60%。

（三）植株再生

原生质体形成的小细胞团或愈伤组织，转移到分化培养液上后，诱导器官形成或胚胎发生，使其长成完整植株（图6-2）。选择再生途径及再生率的高低主要受植物基因型，供体材料，培养基成分尤其是激素的种类、浓度及其配比的影响，植株再生主要通过以下两条途径实现。

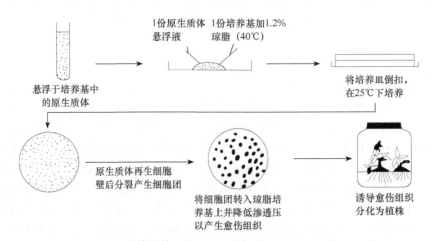

图6-2　原生质体培养及植株再生的技术流程（李浚明，2002）

1. 通过愈伤组织诱导器官形成途径再生植株 大多数植物可通过器官形成途径再生植株，尤其是双子叶植物的茄科、菊科和十字花科的大多数及豆科的相当一部分种均是通过这种途径再生植株的。从原生质体培养形成愈伤组织，通过诱导芽的形成，直至成苗生根再生成完整植株，在不同的阶段，依次需要原生质体培养基、分化培养基和生根培养基。不同的培养基其激素成分及渗透压不同。通过愈伤组织诱导器官形成的关键是选择合适的培养基和激素。有些植物可以由愈伤组织发育形成胚状体，最后再形成完整植株。

2. 通过胚状体途径再生植株 即直接诱导体细胞胚状体形成，由胚状体发育成完整植株。通过胚状体途径再生出植株的植物种类主要集中于禾本科、伞形科、芸香科、葫芦科及豆科作物的一部分和裸子植物中的松科。大多数禾谷类作物的原生质体是通过体细胞胚胎发生再生植株的，这与分离原生质体的材料大多使用幼穗、幼胚和成熟胚建立的胚性愈伤组织或胚性悬浮培养细胞有关。

原生质体因无细胞壁的保护，在离体培养过程中极易受到外界因素的影响而发生遗传变异，这些变异主要是染色体数目和结构上的变异及基因突变，使得再生植株在形态特征上明显不同于母本植株。这些变异能稳定地传递给后代，可用于作物新品种选育。

五、原生质体培养操作实例

水稻原生质体培养的操作实例如下（吴家道等，1995）。

1. 材料准备

（1）水稻愈伤组织的诱导和继代培养 成熟种子脱去外壳后，将得到的糙米置于70%的乙醇中搅拌 3min，然后取出米粒用去离子水冲洗干净，之后用 10% 的次氯酸钠消毒 20min，最后用去离子水冲洗 3 次。将吸干表面水分的米粒接种在 MS＋2mg/L 2,4-D＋3% 蔗糖的培养基上，27℃暗培养。15～20d 后将新形成的愈伤组织从母体上切下，转入 MS＋1mg/L 2,4-D＋0.5mg/L BA＋1mg/L NAA＋3% 蔗糖的培养基中继代培养。

（2）悬浮细胞系的建立 可采用一步法和两步法建立悬浮细胞系。一步法指将幼胚或成熟胚直接放入液体培养基中进行悬浮培养；两步法即成熟胚在固体培养基上培养 10～15d 后，将诱导产生的小愈伤细胞团连同母体，接入液体培养基中进行悬浮培养。培养温度为27℃，振荡速度为 120r/min，液体培养基采用 AA 培养基或 N_6＋1.5mg/L 2,4-D＋0.2mg/L 玉米素＋2g/L 脯氨酸培养基。初期 7～10d 继代 1 次，以后 5～7d 继代 1 次，待悬浮系基本建成后，3～4d 继代 1 次。

2. 原生质体分离 取已建立的悬浮细胞系 1g 左右，放入 10mL CPW 盐配制的混合酶解液中（酶解液组成为 2% 纤维素酶 RS＋0.1% 果胶酶 Y-23＋5mmol/L MES＋0.5mol/L 甘露醇，pH 5.6），放在平台摇床上（60r/min）温育 3～4h，直至原生质体完全释放到酶解液中。

3. 原生质体纯化 酶解完成后，用孔径为 60μm 的金属网过滤酶解混合物，滤去未被酶解的残留物。然后将原生质体与酶解液混合物转移到离心管中，在 $50 \times g$ 离心力下离心5min，收集原生质体，用培养基洗 2 次，以去掉残留的酶液。

4. 原生质体培养 水稻原生质体的培养基通常采用 KPR 培养基。先将原生质体的培养密度调整为 $5 \times 10^4 \sim 1.0 \times 10^5$ 个 /mL，然后进行液体浅层培养、琼脂糖包埋培养和固-液双层培养。固-液双层培养的具体操作为：在 60mm×5mm 的培养皿内，先放入 1mL 含 1% 琼脂糖的原生质体培养基，待其冷却凝固后，再加入含有适当密度的原生质体的液体培养基

0.5～0.7mL，将培养皿用封口膜封口后培养。

5. 体细胞胚的诱导与植株再生   当原生质体能够形成肉眼可见的小愈伤组织时（一般需 4～5 周），将直径 1～2mm 的愈伤组织转移到蔗糖含量为 8% 的 N_6 基本培养基上诱导体细胞胚胎的发生。转移后 15d 左右有部分愈伤组织分化出具有盾片和胚芽鞘的胚状体，然后进一步萌发为小植株。

第三节   植物体细胞杂交

自从 1972 年 Carlson 首次获得粉蓝烟草与郎氏烟草的体细胞杂种以来，体细胞杂交已在许多植物的种内、种间、属间甚至科间成功实现。近年来，随着体细胞杂交技术的不断发展和完善，研究热点由模式植物向经济作物和禾谷类作物转移，对原生质体融合的亲本组合已有针对性地选择和扩展，诱导融合和检测细胞杂种的技术也在不断改进，有些植物的操作系统已经优化甚至程序化。可以预测体细胞杂交与常规育种程序的结合，将会在作物遗传改良和新品种选育方面发挥巨大的作用。体细胞杂交的意义主要表现在以下几个方面。

第一，实现远缘杂交，形成新的物种。体细胞杂交能克服常规有性远缘杂交时存在的生殖隔离和杂交不亲和性的障碍，为广泛重组遗传物质、形成新的物种开辟了新途径。例如，马铃薯和番茄通过体细胞融合达到了至今有性杂交未能获得的属间杂种薯番茄和番茄薯，用甘蓝与白菜的体细胞融合获得了甘蓝型欧洲油菜，重现了自然界的进化过程。此外，目前已成功地在多种禾本科植物中进行了远缘种间和属间体细胞杂交，获得了多种再生植株；木本植物的原生质体融合也取得了显著成果，尤其是在柑橘类获得种间、属间杂种。

第二，创造细胞质杂种。农作物的许多性状，如细胞质雄性不育、除草剂抗性等均是由细胞质控制，常规的有性杂交只能将雄性配子的核传递给子代，而体细胞杂交融合了双亲的细胞质，可使细胞质基因如线粒体基因、叶绿体基因等重组，将双亲的细胞质传递给子代，即可产生细胞质杂种。目前已建立起配制细胞质杂种的供体-受体实验体系，在油菜、胡萝卜、烟草、马铃薯、水稻和番茄等植物上已获得成功，并成为当前体细胞杂交研究的一个热门领域。

第三，培育作物新种质和新品种。通过近缘种内或种间的体细胞杂交可获得稳定的具有双亲两套染色体的体细胞杂种植株。这些植株能作为育种的新材料，通过常规育种获得新品种。通过体细胞杂交技术可以向栽培种转移野生种所具有的优良抗性基因。我国已获得一些马铃薯抗病新种质。我国学者在获得普通烟草与黄花烟草的杂种植株后，经过多年的回交与自交，选育出了优良抗病的新品系，现已进入生产应用阶段。

植物体细胞杂交一般包括双亲原生质体的制备、原生质体融合、杂种细胞筛选、植株再生、体细胞杂种或胞质杂种的鉴定等几个步骤（图 6-3）。

一、原生质体融合的类型

依据原生质体融合产物的细胞核组分，原生质体融合方式有对称融合和非对称融合两种。

对称融合（symmetric fusion）是指双亲完整的原生质体直接进行融合，使双亲细胞膜融合、细胞质融合和细胞核融合形成对称杂种。对称融合是植物细胞融合最为常见的一种方式，其优点是简单，对细胞的伤害小，且后期植株再生较易。很多植物在原生质体对称融合过程中，不但会产生预期得到的体细胞杂种，而且还会产生出胞质杂种，如小麦、柑橘、烟草等。

非对称融合（asymmetric fusion）由于在融合前已将亲本一方（供体）原生质体采用物理或化学方法处理，仅以部分核物质及细胞质物质的形式融入另一方（受体）原生质体中，因此由这种融合方式产生的杂种一般为非对称杂种或胞质杂种。与对称融合相比，非对称融合实现了遗传重组的目的，提高了可育性，使育种时间缩短，得到的植株也更易存活。据初步统计，现在 90% 以上的体细胞杂交为非对称融合。

两个原生质体融合时，先是细胞膜融合，然后细胞质融合，最后细胞核融合。原生质体融合的方式，可分为自发融合和诱发融合。

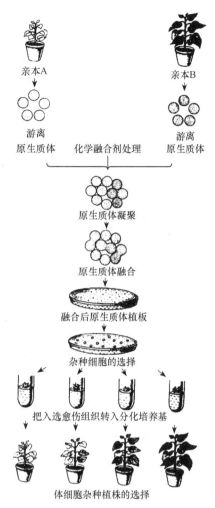

图 6-3 体细胞杂交过程的主要环节

（一）自发融合

当细胞壁被溶解后，胞间连丝发生膨大，相邻细胞原生质和细胞器通过膨大的胞间连丝融合形成同核体，实现原生质体的自发融合（spontaneous fusion）。这种融合仅限于同一物种内。

植物细胞自发融合现象是常见的，如植物的双受精现象就是雄性生殖细胞与雌性卵细胞、中央极细胞发生的融合。在原生质体分离和培养过程中，时常可观察到同质原生质体自发融合的现象。

（二）诱发融合

诱发融合（induced fusion）是指将植物原生质体制备出来后，再加入诱导剂或用其他方法促使两亲本原生质体融合的方法。整个融合过程大体可分为原生质体接触、细胞膜融合、细胞质融合和细胞核融合几个阶段。诱发融合可以发生在种内，也可以是种间，甚至是属间或科间。诱发原生质体融合时，除形成杂种细胞外，还出现异核体、同核体、非对称杂种和胞质杂种等不同的融合产物。

异核体（heterokaryon）是指细胞质发生融合而细胞核未融合所形成的含有两个细胞核的融合子。同核体（homokaryon）是指同一亲本的原生质体融合形成的融合子。对称杂种（symmetric hybrid）含有来自双亲的全部染色体。非对称杂种（asymmetric hybrid）是指人工处理或其他原因造成的某一亲本的染色体部分丢失的体细胞杂种。胞质杂种（cybrid）是指人工处理或其他原因造成的某一亲本的染色体全部丢失，而细胞质融合形成的体细胞杂种。

二、原生质体诱发融合的方法

植物原生质体诱发融合的方法较多，大体可分为化学诱导融合法和物理诱导融合法。

（一）化学诱导融合法

化学诱导融合法是使用不同的化学试剂为诱导剂，以促使原生质体相互靠近、粘连融合的方法。诱导原生质体融合的化学融合剂有几十种，如各种盐类（硝酸盐类和氯化物类）、多聚化合物（多聚-L-赖氨酸、多聚-L-鸟氨酸、PEG 和葡聚糖硫酸盐类等）、ATP、ADP、cAMP、免疫血清、溶菌酶等，其中硝酸盐类、高 pH-高 Ca^{2+} 和 PEG 应用较多。下面介绍几种具有代表性的方法。

1. $NaNO_3$ 诱导融合法　这个方法最早在原生质体融合中使用，它是以硝酸钠作融合剂，加入到培养液中促进原生质体融合的方法。Power 等（1970）在培养基中首次用 $NaNO_3$ 诱导玉米幼苗和燕麦根尖原生质体发生了融合，但未形成杂种植株，融合率只有 0.1%。后来 Carlson 等（1972）用 $NaNO_3$ 融合了粉蓝烟草和郎氏烟草原生质体，首次获得第一个种间体细胞杂种植株。此方法的原理是：原生质体表面带有负电荷，同性质电荷使彼此凝聚的原生质体质膜无法靠近到足以融合的程度。$NaNO_3$ 能诱导原生质体融合的原因是钠离子能中和原生质体表面的负电荷，使凝聚的原生质体质膜紧密接触，促进细胞融合，融合率为 0.1%～4%。

融合的具体方法（烟草）：①制备好的原生质体悬浮在 5.5% $NaNO_3$ 和 10% 蔗糖的混合液中，在 35℃恒温水浴锅中处理 5min；②在 1200r/min 下离心 5min 获得原生质体沉积物；③取沉积物置于 30℃恒温水浴中 30min；④用含有低浓度的 0.1% $NaNO_3$ 培养基在不打破原生质体沉积物的基础上轻轻取代混合液；⑤将沉积物轻轻打破，用培养基洗涤两次后，植板培养。

由于 $NaNO_3$ 加入到培养物中后对细胞有毒害作用，而且诱导融合频率低，因此目前已很少使用。

2. 高 pH-高 Ca^{2+} 诱导融合法　高 pH-高 Ca^{2+} 诱导融合法将需融合的原生质体置于高 pH-高 Ca^{2+} 条件下使其融合的方法。其原理是：Ca^{2+} 浓度决定着细胞膜的稳定性和可塑性，影响原生质体膜的结合；高 pH 既能改变质膜的表面电荷，也能促进原生质体的集聚和融合。1973 年，Keller 等研究了在高 pH 配合高 Ca^{2+} 条件下诱导烟草原生质体融合的条件，发现当 pH 为 8.5～9.0 时即有融合，pH 超过 11 时则影响融合效果，在 pH 为 9.5～10.5 时融合率最高。Ca^{2+} 浓度对融合效果影响较大，其浓度小于 0.03mol/L 时融合率很低，浓度在 0.03mol/L 以上时融合率较高。因此，进行烟草叶肉原生质体融合时，常选用 pH 为 10.5 的 0.4mol/L 甘露醇（内含 0.05mol/L $CaCl_2·2H_2O$）溶液。在多数研究中，用这一方法可使 20%～50% 的原生质体融合。另外，其他条件如渗透压、温度等都影响原生质体的集聚和融合。这种方法的优点是杂种产量较高，缺点是高 pH 对细胞有毒害作用。1978 年，Melchers 和 Labib 用高 pH-高 Ca^{2+} 法诱导烟草两种叶绿素突变型原生质体的融合，并成功地从融合的原生质体中培养再生出烟草体细胞杂种绿色植株。

具体做法（烟草）是：①取分离、纯化好的两种亲本原生质体以 1:1 混合；②加入 0.05mol/L $CaCl_2·2H_2O$ 和 0.4mol/L 甘露醇的溶液（pH 10.5）中；③在 200r/min 低速下离心 3min；④将离心管在 37℃水浴锅中保温 40～50min；⑤用 0.4mol/L 甘露醇洗净高 $CaCl_2$ 和高 pH，植板培养。

3. PEG 诱导法　　　PEG 诱导法是目前诱导原生质体融合广泛采用的化学方法，它是指在培养物中加入 PEG 即聚乙二醇，以促使原生质体融合的方法。高国楠等（1974）首次用 PEG 对大麦与大豆、野豌豆与豌豆、大豆与豌豆、大豆与烟草的原生质体进行了诱导融合，异种融合率达 10%～35%。此方法的原理是：PEG 是一种多聚化合物，由于 PEG 分子具有带负电荷的醚键，具有轻微的负极性，可与具有正极性基团的水、蛋白质和碳水化合物等形成 H 键，在原生质体之间形成分子桥，从而使原生质体发生粘连。当用培养基将与膜相连的 PEG 分子洗掉后，膜上电荷发生紊乱而重新分配。当两层膜紧密接触区域的电荷重新分配时，可能使一种原生质体上的带正电荷的基团连到另一种原生质体的带负电荷的基团上，导致原生质体融合。另外，PEG 能增加类脂膜的流动性，也使原生质体的核、细胞器发生融合成为可能。由于 PEG 诱导原生质体融合的事例较多，因此它被认为是原生质体高效融合剂。

影响 PEG 诱导融合率的因素主要有原生质体的质量和密度、PEG 的相对分子质量与浓度、处理时间的长短、pH 和融合剂附加物等。PEG 浓度过高或处理时间过长，可提高融合率，但影响原生质体的活力。

该方法的优点是融合成本低，无须特殊设备，并且融合产生的杂种细胞率较高；诱导的融合无特异性，可使任意两种原生质体融合；重复性较好。其缺点是融合过程较为烦琐，PEG 浓度过高可能导致细胞生活力下降，对细胞可能有毒害作用。因此，在能得到满意的融合率的前提下，应该尽量降低 PEG 的浓度。

PEG 诱导法操作过程如下：①用原生质体培养基调整两种亲本的原生质体密度为 1×10^6 个 /mL，按 1：1 混合；②将 2mL 原生质体混合液移入直径为 6cm 的培养皿中，用滴管缓慢滴加 2mL PEG 诱导剂混合液（混合液组成为 30% PEG＋10mmol/LCaCl$_2$·2H$_2$O＋0.7mmol/L KH$_2$PO$_4$＋0.1mol/L 葡萄糖，用 1mol/L HCl 和 KOH 调整 pH 至 5.6），边加边轻微摇动，使原生质体悬浮液充分混合，然后静止培养 15min；③缓慢加入 2mL 0.08mol/L CaCl$_2$ 溶液（pH 为 10，用 1mol KOH 调整），将混合物培养 10min；④加入 5mL 原生质体培养基，在 750r/min 下离心 5min，去上清液，将沉淀物用原生质体培养基重复洗涤两次后进行培养。

4. PEG 和高 pH-高 Ca^{2+} 诱导融合法　　　此法是 PEG 和高 pH-高 Ca^{2+} 相结合的方法，可获得 15%～30% 的融合率。后来，不少研究者对此法又进行了修改。其基本原理是：PEG 促使相邻异源原生质体间的黏着和结合，用高 pH-高 Ca^{2+} 溶液将与质膜上结合的 PEG 洗脱，导致原生质体表面电荷平衡失调并重新分配，使两种原生质体上的正负电荷连接起来，进而形成具有共同质膜的融合体。

该诱导法因操作简便，融合效果好，不需要昂贵的仪器设备而被广泛采用，迄今所得到的体细胞杂种，多数是利用该法得到的。因此，该法被认为是诱导植物原生质体融合最成功的方法。具体做法如下：①在无菌条件下混合双亲原生质体；②滴加 PEG 溶液，摇匀静置处理 10～30min；③用高 pH-高 Ca^{2+} 溶液稀释 PEG，摇匀静置；④用培养液洗涤数次，去除高 pH-高 Ca^{2+} 后进行培养。

（二）物理诱导融合法

物理诱导融合法主要有电融合法（electrofusion method）和超声波融合法，其中以电融合法最为常用。改变电场诱导原生质体融合的方法称为电融合法，由 Senda 于 1979 年建立。电融合法的基本原理是根据原生质膜带有电荷的特性，首先施加一定强度的交变电场，使原生质膜表面极化，形成偶极子，相互接近的偶极子之间产生相互吸引力，使得原生质体在交变电场作用下沿着电场方向形成很多平行的紧密排列的原生质体串珠；接着处于串珠上的细胞在短时间高压直流脉冲的作用下，细胞膜发生可逆击穿，瞬时失去其高电阻和低通透性，然后在数分钟内恢复原状，当击穿发生在两个相邻的细胞膜接触区时，即可诱导相邻的膜相互融合。影响电融合的因素主要有原生质体的质量和密度、融合液的成分、电极的材料和间距、交变电场强度与直流脉冲的强度、宽度和次数等。

　　电融合法的优点如下：毒性较小，只要选择的电场参数合适，原生质体在融合后仍能保持较高的活力；融合频率高、重复性好；融合速度快；免去了化学诱导融合后的洗涤过程，诱导过程可控制性强。缺点：它不能使大小相差较大的原生质体发生融合；融合时电击液必须由低电导率的介质配成；易形成多元融合体，影响细胞的进一步分离。

　　电融合法操作的具体过程如下（以马铃薯为例）：①将两个亲本的原生质体分别以 1×10^6 个 /L 的密度悬浮于与原生质体等渗的甘露醇（0.55mol/L）融合液中，按 1∶1 混合；②用滴管将悬浮液加入融合室电极内；③选定正弦波率，逐步加大其峰–峰电压。显微镜下观察，当形成 2～3 个原生质体细胞串时，施加瞬时高压直流电脉冲，所用电压大小及脉冲宽度以能使细胞串轻微振动而又不使其断裂为度；④融合完毕后，在 500r/min 下离心 5min，除去融合液后进行培养（图 6-4）。

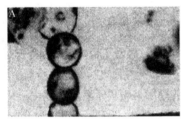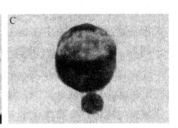

图 6-4　马铃薯原生质体电融合（王蒂，2003）

A. 马铃薯原生质体于交变电场下在两电极间形成原生质体串；B. 施加短时间高压直流电脉冲后马铃薯原生质体开始融合；C. 融合完毕的马铃薯原生质体（一半深色者为含叶绿素多的叶肉细胞原生质体，另一半淡色者为含叶绿素少的下胚轴细胞原生质体）

　　总的来看，目前高 pH-高 Ca^{2+} 诱导融合法和电融合法是植物原生质体融合的常用方法。

三、体细胞杂种的筛选及再生植株的鉴定

　　两个不同亲本的原生质体融合处理后，混合液中含有未融合原生质体、杂种细胞、同核体、异核体等（图 6-5）。

　　与同核体相比，融合后的杂种细胞在培养基上分裂和分化并不占优势，常常由于启动分裂和持续分裂缓慢而受到同核体抑制，不能发育成杂种植株。因此要建立有效选择体系，从各类型细胞中筛选出杂种细胞，使其在适宜培养基和培养条件下生长、分裂、分化和再生。

　　不同基因型亲本融合形成的体细胞杂种与其亲本相比具有明显不同的特征：杂种染色体数目变化很大，杂种植株多为非整倍体或不对称体细胞杂种；远缘杂种再生植株常常不育或育性很低；无性繁殖的作物体细胞杂种虽然可繁殖扩大群体，但它由于结合了双亲的缺点而无法在农林业生产上直接利用。尽管如此，体细胞杂交在生产实践中仍具有重要的利用价值。

（一）体细胞杂种的筛选

　　两个不同亲本原生质体融合是要获得体细胞杂种，以实现有性杂交所难以做到的基因重组，达到利用远缘基因改良植物性状的目的。因此，需要借助一些特殊的方法，有目的地把融合产物中的杂种细胞筛选出来。杂种细胞的筛选是体细胞杂交获得成功的关键技术，目前主要有互补选择法和机械选择法两种。

　　1. 互补选择法　　两个具有不同生理或遗传特性的亲本，在一定的培养条件下形成杂种细胞时能产生互补作用，根据这一特性进行杂种细胞选择的方法称为互补选择法。在特定的培养基上，只有发生互补作用的杂种细胞才能生长，从而能较方便地淘汰非杂种细胞。互补选择法又可分为生长互补选择法、营养缺陷型互补选择法、抗性互补选择法和细胞代谢互补选择法等几种。

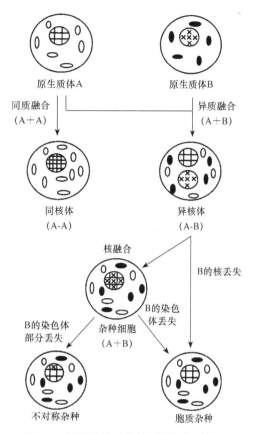

图 6-5　原生质体融合的不同产物示意图

　　（1）生长互补选择法　　此方法是根据融合双亲原生质体及其同源融合体和杂种细胞对培养基中外源激素需求的差异，淘汰双亲原生质体及其同源融合体，保留杂种细胞以达到选择的目的。Carlson 等（1972）获得的第一个植物体细胞杂种就是根据杂种细胞的生长激素自主性和双亲细胞需提供外源激素才能生长的特性，利用无生长激素的培养基筛选出来的。采用该法的前提是要事先知道双亲原生质体及其同源融合体缺乏合成某种生长激素的能力，而体细胞由于双亲的互补作用可合成生长激素，因此具有很大的局限性。

　　（2）营养缺陷型互补选择法　　该法主要是利用融合双亲原生质体和杂种细胞对某种营养物质需求的差异来选择杂种。Schieder（1976）用地钱的两个营养缺陷型进行原生质体融合，使一个需要烟酸和一个叶绿体缺陷型并要求葡萄糖的原生质体融合，杂种细胞能在缺少烟酸的培养基上自养生长，从而被选择出来。有人用两个烟草硝酸还原酶缺陷型突变体为杂交亲本，突变体不能在以硝酸盐为唯一氮源的培养基上生长，而杂种细胞由于遗传互补可在以硝酸盐为唯一氮源的培养基上生长，从而选出杂种细胞。由于高等植物中具有营养缺陷型的植物很少，因此该方法主要用于微生物的遗传研究。

　　（3）抗性互补选择法　　即利用融合双亲原生质体抗药性互补差异进行杂种的筛选。Power 等（1976）用不受放线菌素 D 抑制可形成细胞团的拟矮牵牛与受放线菌素 D 抑制不生长的矮牵牛原生质体为材料，进行种间原生质体融合，杂种细胞在含有放线菌素 D 的培养基上可正常生长，通过该方法选出了杂种细胞。

　　（4）细胞代谢互补选择法　　即利用物理射线（X 射线或 γ 射线）和化学药剂（如罗明丹 6-G、碘乙酸盐、碘乙酸胺等）分别处理亲本原生质体。用化学药品处理的亲本细胞失活，单独培养不能生长和分裂；而用射线辐射的另一亲本大部分染色体受到损伤，细胞不能生长；融合后得到的杂种细胞由于生理功能互补而恢复正常的代谢活动，能在培养基上正常生长。这种方法其实就是用不对称融合筛选杂种细胞。采用此方法筛选已有很多成功的例子。据统计，现在90%以上的体细胞杂交种为不对称融合。

互补选择法一般都要求有相应的突变体。在体细胞杂交的研究中，虽然人们已经建立和利用了各种突变体，但在植物中建立突变细胞系比较困难，若要使突变细胞系保持再生能力就更难了。因此，互补选择法在实际应用中受到了很大限制。

2. 机械选择法

（1）利用融合亲本形态色泽上的差异筛选杂种细胞　　如以叶肉细胞的原生质体和愈伤组织的原生质体为材料进行杂交，前者含有叶绿体呈绿色，后者含有很多的淀粉粒和浓厚的细胞质，在倒置显微镜下可把融合子挑选出来。这种选择方法成功地用于柑橘叶肉细胞和胚性愈伤组织原生质体融合物的选择与大豆和烟草融合细胞的分离。但这种选择方法效率低，而且有一定的局限性，必须采用形态特征不同的材料作杂交亲本。

（2）利用荧光素标记分离杂种细胞　　对于在形态上彼此无法区分的原生质体融合形成的杂种细胞，可利用非毒性的荧光素标记亲本原生质体来选择杂种细胞。荧光素标记选择杂种细胞的原理是：先用两种不同的荧光染料分别标记两亲本的原生质体群体，然后进行诱导融合，在荧光显微镜下根据两种染料的存在，可以把杂种细胞与双亲和同核体区分开来。利用该方法可以鉴别两个叶肉原生质体或两个细胞培养物的原生质体融合后形成的杂种细胞。

（3）应用荧光激活细胞分选仪自动分离杂种细胞　　应用荧光激活细胞分选仪（fluorescence-activated cell sorter，FACS）可以自动分离融合产物，用两种不同的荧光标记双亲的原生质体，经融合处理后，杂种细胞同时含有两种荧光素。当混合细胞群体通过细胞分类器时，产生的微滴中只含有单个原生质体或融合体，用电子扫描确定微滴的荧光特征并做自动分类，可将含有两种颜色的杂种细胞分离出来。这种技术不但准确，而且效率极高，大约每秒钟可分离 5×10^3 个细胞，且用荧光化合物标记原生质体并不影响细胞再生植株的能力。此方法由于仪器价格昂贵，使用者还很少。

此外，还可根据杂种细胞生长差异和原生质体愈伤组织的形态颜色来选择杂种细胞。向凤宁（1999）等在小麦与3种近缘属间禾草的体细胞杂交中发现，融合体具有优先生长的现象。孙勇如等（1982）以粉蓝烟草和矮牵牛为材料，发现杂种细胞形成的愈伤组织的形态颜色与亲本有明显差异。当缺乏有效的选择方法或选择方法过于烦琐时，也可以对融合产物不加选择而直接进行培养，通过对再生植株的鉴定来进行判断。

（二）再生植株的鉴定

杂种细胞的筛选仅仅是体细胞杂种真实性的间接证据。受多方面因素的影响，初始融合产物的一些染色体也有可能丢失，培养过程中还有可能发生体细胞无性系变异等。因此，必须对获得的杂种植株进行严格的分析和鉴定，为确定真正的体细胞杂种提供强有力的证据。常用的杂种鉴定方法有形态学鉴定、细胞学鉴定、同工酶鉴定和分子生物学鉴定。

1. 形态学鉴定　　这个方法是根据植物的形态特征鉴别杂种。体细胞杂种植株表型应具有两个亲本的形态学特征，或是介于双亲的中间类型，或与亲本有所区别，如叶片的大小和形状，花的形状与色泽，株型和株高，叶脉、叶柄、花梗及表皮毛状体，花粉粒的大小和形状，种子的有无及其大小、形状和颜色等，都可作为鉴定的指标。但是这些特性往往是多基因控制的，并且常常发生异常改变，组织培养中可能出现的体细胞无性系变异也会带来形态的多样性，体细胞杂种的形态变异难以与非整倍体或培养条件下产生的体细胞变异明确区分开，所以仅凭形态学鉴定是不够的。

2. 细胞学鉴定　　染色体的核型、数目和形态差异是鉴定杂种的主要细胞学依据和必不可少的指标。各种植物的染色体数目是恒定的，如果双亲的染色体数目和形态、大小有显著差异，杂种的鉴定就比较容易。例如，水稻染色体小，而大麦染色体大，两者融合后，从染色体大小上很容易将体细胞杂种鉴别出来。对于一些近缘种，染色体的形态差异不大，所以很难对杂种做出准确的判断，这时就有必要进行核型分析。一般融合时是采用二倍体原生质体，因此会得到四倍体杂种植株，也有非整倍体的出现。在远缘融合中，某一亲本的染色体可能丢失，细胞在培养过程中染色体数目会发生变异，所以单纯从染色体数目鉴定杂种是不够的。例如，在韭菜和洋葱的对称融合后代中，体细胞杂种染色体数均比双亲之和少。近来，流式细胞仪因其操作简单、方便，常被用于细胞倍性的检测。

3. 同工酶鉴定　　同工酶鉴定是根据亲本和杂种同工酶谱的差异来鉴定杂种植株。杂种的同工酶谱往往是双亲酶谱的总和，同时表现双亲特有的酶谱，也可能出现双亲没有的新酶谱。例如，在石防风与柴胡、葡萄与柴胡原生质体融合再生杂种植株的鉴定中，应用酯酶分别筛选到了相应的杂种植株，它们的杂种细胞都有明显不同的同工酶重组。

在进行鉴别时，首先提取待检测细胞或植株的总可溶性蛋白质，然后用10%~12%聚丙烯酰胺凝胶电泳（PAGE）进行蛋白质分离，再针对所用植物材料选择合适的酶进行鉴定。同工酶鉴定体细胞杂种已经用于茄属、烟草、柑橘、苜蓿和胡萝卜等作物。常用的同工酶有过氧化物酶、酯酶、天冬氨酸转氨酶、超氧化物歧化酶等。此外，还可以根据植株中存在的特征酶进行鉴定。例如，烟草瘤细胞和矮牵牛的属间体细胞杂种的章鱼碱合成酶就是特征酶。

4. 分子生物学鉴定　　形态学比较和同工酶分析作为鉴定体细胞杂种的常用方法，具有简便、易行的特点，但在亲缘关系较近的种间融合杂种的鉴定上有些困难，在植株的早期，也不易通过形态学特征鉴定。因此，随着近年来分子生物学技术的发展，对体细胞杂种植株进行分子生物学鉴定已成为常用的手段。常用的分子生物学方法有限制性酶切片段长度多态性（restriction fragment length polymorphism，RFLP）、随机扩增多态性DNA（random amplified polymorphic DNA，RAPD）、DNA印迹法及原位杂交等。

（1）RAPD检测　　RAPD检测技术是在DNA水平上迅速有效的鉴定体细胞杂种的简便方法。肖顺元等（1995）用RAPD检测技术鉴定了柠檬和酸橙体细胞杂种，对柑橘体细胞杂种的试管苗在早期即可进行直接、准确、快速地鉴定。应用RAPD方法更有利于鉴定不对称体细胞杂种。用RAPD检测简便，又易实现自动化，因此近年来在体细胞杂种鉴定中应用较为广泛。

（2）RFLP检测　　RFLP具有种的特异性和遗传稳定性，是一种非常丰富的遗传标记，它能直接发现同源染色体上核苷酸碱基序列的差异。RFLP受环境和遗传背景影响小，是检测个体间、品种间、种间DNA水平上的等位性变异最敏感的方法。目前已构建的RFLP遗传图谱的基因较少，主要有番茄、玉米、马铃薯和某些油菜等。所以用RFLP鉴定的体细胞杂种主要是番茄属、茄属及芸薹属的一些种间和属间体细胞杂种。

此外，近年来DNA印迹法和染色体原位杂交技术（CISH）等也被应用于杂种植株的鉴定。

四、体细胞杂交的操作实例

柑橘原生质体对称融合的操作实例如下（Grosser et al.，1990；郭文武等，1998）。

1. 材料准备

（1）胚性愈伤组织的诱导与胚性悬浮系的建立　　用开花后 2～8 周的珠心组织诱导胚性愈伤组织。取保存于 MT 固体培养基上、继代 20d 左右且生长旺盛的胚性愈伤组织于液体培养基中进行悬浮培养（室温条件、110r/min、振荡培养），继代 3 次后用于分离原生质体。

（2）无菌苗的获得　　柑橘种子用 10% 的次氯酸钠消毒 10～15min，无离子水冲洗 3～5 次后，去种皮，接种于 MT 固体培养基上，20～30d 后待叶片充分展开后用于叶肉原生质体分离。

2. 原生质体分离

（1）悬浮系原生质体的分离　　用吸管吸取 1g 左右处于对数生长期（一般为继代培养的第 6～10d）的悬浮培养物于 15mm×60mm（以下培养皿规格同此）的培养皿中，吸干液体培养基，加入 1.5mL 0.7mol/L EME 和 1.5mL 酶混合液，轻轻摇匀，用封口膜封口，置于摇床上（20～30r/min）或静置，28℃暗条件下酶解 16～24h。

（2）试管苗叶肉原生质体的分离　　将 1.5mL EME 加入培养皿中，在此培养皿中用解剖刀将叶片切成 0.05～0.1cm 的细条，后加入 15mL 酶混合液，轻轻摇匀，用封口膜封口后，置于摇床上（20～30r/min）或静置，28℃暗条件下酶解 16～24h。

3. 原生质体纯化

1）酶解后的原生质体经孔径为 45μm 的不锈钢网去掉渣质，之后用 CPW13 洗涤以收集大量原生质体，滤液在 10mL 离心管中离心（100×g，以下离心力同此）10min，使原生质体沉淀于管底。

2）去掉上清液后，沉淀物用 13% 甘露醇+25% 蔗糖界面法离心 2～6min，纯化后的原生质体在两液面间形成一条带，其他杂质或少量原生质体沉于管底。如果在此情况下无法形成界面，则用 CPW26 悬浮。

3）将"原生质体带"轻轻吸出，置于另一离心管中，用电融合液离心洗涤 6～8min，去掉上清液，沉淀物用电融合液悬浮至 $5×10^5～1.0×10^6$ 个 /mL 备用。

4. 原生质体活性检查　　采用 FDA 法检查原生质体的活性。将 FDA 用丙酮配制成 5mg/mL 的溶液，按 25μL FDA/mL 原生质体的比例加入 FDA，5min 后在万能显微镜下检查原生质体的活性。

5. 原生质体融合（电融合法）

1）双亲原生质体用电融合液悬浮，混合备用胚性愈伤组织原生质体 $1×10^5～5×10^5$ 个 /mL；叶肉原生质体为 $1.0×10^6～2.0×10^6$ 个 /mL。

2）融合仪为日本岛津公司 SSH-2 型，融合室为 FTC04(1.6mL，4mm) 或 FTC03(0.8mL，2mm) 同心环形。融合室先用融合液洗涤，以防原生质体聚集于电极两侧的角落里，然后取大约 0.8mL（FTC-03）或 1.6mL（FTC-04）悬浮液于环形融合小槽，融合小室中央加几滴电融合液以保持湿度，最后用封口膜封口。

3）静置 5～10min，待大量原生质体沉淀后，在选择好的电融合参数下诱导融合，于倒置显微镜下观察融合过程。以下融合参数可供参考，即 AC（交变电场）100V/cm，AC 作用时间 60s，DC（直流脉冲）1250V/cm，DC 作用时间 40～50μs，脉冲间隔 0.5s，脉冲个数 5 次。

4）融合初期，在倒置显微镜下可见两个原生质体融合在一起呈现的"葫芦"形，三个融合形成的"三聚体"，以及多个原生质体融合形成的"念珠状多聚体"。静置 15～20min，大多数融合产物会圆球化。

5）轻轻吸出融合产物于 10mL 离心管中，再适当加些培养基，离心洗涤 5～6min，吸取上清液，沉淀物用 BH3 培养基悬浮至 $5.0×10^4$～$1.0×10^5$ 个 /mL。

6. 原生质体培养 原生质体培养常采用液体浅层培养或琼脂糖包埋培养法。培养在暗培养箱中进行，3～10d 后原生质体再生细胞壁，并开始第 1 次分裂。待原生质体分裂形成多细胞团时（20～30d），开始降低培养基的渗透压，具体操作如下：

培养皿中分别加入 5～10 滴 0.6mol/L BH3 和 0.3mol/L EME 培养基，降压至 0.45mol/L。7～15d 后再加入 5～10 滴 0.6mol/L BH3 和 0.3mol/L EME 培养基，降压至 0.3mol/L。此后要及时稀释，降低细胞团的浓度，以利于胚状体发生，等细胞团长到一定大小时，转入 EME 500 培养基上诱导胚状体的发生。待细胞团长出球形胚、心形胚后，及时转入 EME 1500 培养基上，以利于胚状体的进一步发育和转绿。将发育到子叶胚时期的胚状体转入生芽培养基（MT＋BA 0.5mg/L＋KT 0.5mg/L＋NAA 0.1mg/L）中诱导丛芽。将丛芽转入生根培养基（1/2MT＋IBA 0.1mg/L＋NAA 0.5mg/L＋蔗糖 20g/L＋琼脂 7g/L）中诱导生根。

7. 试管嫁接和再生苗的移栽 取 0.5～1.0cm 融合再生芽，用类似劈接的方法嫁接在预先培养 2 周的砧木无菌实生苗上，将嫁接苗放入去除琼脂的液体生根培养基中，培养 2～3 个月后把试管嫁接苗移栽到网室的装有腐殖土的土钵中培养。

8. 再生苗的鉴定 再生苗可采用形态识别、细胞学鉴定和分子标记（RAPD、AFLP、SSR、CAPS、RFLP 等）三种方法进行综合鉴定。

附：相关培养基的配方（柑橘）

（1）酶混合液（因不同时间购买的酶活力不同，故浓度会有不同程度的变化）

1.5% 纤维素酶 R-10＋1.5% 离析酶 R-10＋0.12% MES＋12.7% 甘露醇＋0.36% CaCl · 2H$_2$O＋0.01% KH$_2$PO$_4$ · 2H$_2$O。

（2）EME 培养基（ME；麦芽提取物）

0.3EME：MT＋500mg ME/L＋蔗糖 102.5g/L。

0.6EME：MT＋500mg ME/L＋蔗糖 205.38g/L。

0.7EME：MT＋500mg ME/L＋蔗糖 239.61g/L。

EME 500：MT＋500mg ME/L＋蔗糖 50g/L＋琼脂 7g/L。

EME 1500：MT＋1500mg ME/L＋蔗糖 50g/L＋琼脂 7g/L。

（3）电融合液（100mL）

12.74g 甘露醇（0.7mol/L）＋0.027 75g CaCl$_2$（0.25mmol/L），pH 5.8，高压灭菌。

（4）CPW 盐

CPW 砧木 I（100mL）：0.272g KH$_2$PO$_4$＋1.0g KNO$_3$＋2.5g MgSO$_4$＋0.02g KI＋0.000 03g CuSO$_4$。

CPW 砧木 Ⅱ（100mL）：1.5g $CaCl_2$。

CPW13（100mL）：1mL CPW 砧木 Ⅰ＋1mL CPW 砧木 Ⅱ＋13g 甘露醇。

CPW26（100mL）：1mL CPW 砧木 Ⅰ＋1mL CPW 砧木 Ⅱ＋26g 甘露醇。

（5）稀释液　使用前按 9A : 1B 混匀。

稀释液 A（100mL）：7.21g 葡萄糖＋0.97g $CaCl_2$＋10mL 二甲基亚砜（DMSO）。

稀释液 B（100mL）：2.25g 甘氨酸，用 KOH 调 pH 至 10.0，过滤灭菌。

思 考 题

1．原生质体的培养方法有哪些？各有何优缺点？

2．目前用作原生质体分离的材料主要有哪些？它们各自有何特点？

3．试述原生质体分离的方法和步骤。

4．影响原生质体分离效果的因素有哪些？试作分析。

5．原生质体纯化主要有哪些方法？

6．试分析影响原生质体培养的主要因素。

7．为什么原生质体要培养在等渗培养基中？

8．在原生质体培养中如何稳定培养基的 pH？

9．为什么说原生质体培养系统是现代生物技术的载体？

10．试述原生质体的融合过程。原生质体融合的产物有哪些类型。

11．试述 PEG 融合与电融合的关键技术。各有何特点。融合的原理各是什么。

12．对称融合与非对称融合的细胞杂种有何异同？

13．试述杂种细胞的选择方法。

14．体细胞杂交有何意义？

15．体细胞杂种有哪些遗传特征？如何进行鉴定？

16．如何用分子生物学方法鉴定杂种植株？

17．体细胞杂交技术的应用现状及存在问题是什么？

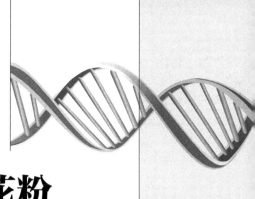

第七章　植物花药和花粉培养及单倍体育种

随着细胞工程技术的不断发展,"植物细胞全能性"的概念在更为广阔的领域内得以证实。离体培养条件下植物的花药或花粉,改变其正常的配子体发育途径,经由雄核发育,转向孢子体发育途径形成花粉植株。花粉植株的起始细胞源于单核花粉粒,由此再生的植株即为单倍体植株,在作物育种领域具有巨大的潜力,特别体现在纯合体植株的培育和优良突变体的筛选等方面。

Guha 和 Maheshwari 等(1964)首次从茄科植物毛曼陀罗(*Datura innoxia*)的离体花药中成功诱导出单倍体植株,随后烟草(*Nicotiana tabacum*)的单倍体诱导也获得重大突破,日本、法国、英国、丹麦、德国、美国、加拿大和澳大利亚等国家相继开展了这方面的研究工作。目前,已有300多种高等植物的花药培养获得成功,小麦(*Triticum aestivum*)、玉米(*Zea mays*)、大豆(*Glycine max*)、甘蔗(*Saccharum officinarum*)、橡胶树(*Hevea brasiliensis*)和杨树(*Populus*)等近50种植物通过这一技术获得了具有重要育种价值的单倍体植株。单倍体育种具有快速、高效、基因型一次纯合等优点,在作物育种与良种培育等方面具有广阔的应用前景。

第一节　植物花药与花粉培养

一、花药与花粉培养的概念及意义

（一）花药培养的概念

花药培养(anther culture)是指利用植物组织培养技术将发育到一定阶段的花药剥离下来(切去花丝部分),接种到培养基上进行培养,最终形成完整植株的过程。就培养材料而言,花药培养属于器官培养。花药中除了含有单倍性的花粉粒,还包含了二倍性的药壁和药隔组织;因此,培养得到的植株中也存在二倍体,需要对其进行进一步的鉴定和筛选,以获得单倍体植株。

近年来,大麦(*Hordeum vulgare*)、玉米、大豆、苹果(*Malus pumila*)、荔枝(*Litchi chinensis*)、龙眼(*Dimocarpus longan*)、梨(*Pyrus bretschneideri*)、棉花(*Gossypium hirsutum*)、杨树、毛洋槐(*Robinia hispida*)等植物的花药培养技术和单倍体植株再生体系相继建立;烟草、小麦、水稻(*Oryza sativa*)、白菜型油菜(*Brassica napus*)等重要作物的单倍体育

种技术在实际生产中得到了大面积推广及应用；丹参（*Salvia miltiorrhiza*）、枸杞（*Lycium chinense*）等药用植物也在尝试通过花药培养技术进行选育以提高经济应用价值。

（二）花粉培养的概念

花粉培养（pollen culture），又称小孢子培养（microspore culture），或游离小孢子培养（isolated microspore culture），是指在无菌条件下，将花粉从花药中游离出来，使其成为分散或游离态，通过培养使花粉粒脱分化，进而发育成单倍体植株的过程。花粉培养属于细胞培养。

与花药培养相比，花粉培养具有明显的优越性。例如，可以消除药壁等二倍体组织的干扰所造成的不利影响，从小孢子中获得的材料是纯合的；能够较好地调节和支配雄核发育进程；小孢子可以均匀地接触化学和物理诱变因素，是研究吸收、转化和诱变的理想材料；可观察单个细胞进行雄核发育的全过程，是研究遗传和个体发育的良好材料；可以获得更多的单倍体植株，培养效率高，在育种上具有更大的应用潜力。

伴随着花药培养技术研究的不断深入，花粉培养的研究工作也相继展开。1973年，Nitsch和Norreel首先进行了烟草的游离小孢子培养；1985年，Kyo和Harada利用烟草游离小孢子成功培育出了单倍体植株；同时，番茄（*Lycopersicon esculentum*）、辣椒（*Capsicum annuum*）等植物也通过不同的培养方式获得了花粉单倍体植株；以结球白菜（*Brassica campestris* ssp. *pekinensis*）、甘蓝（*Brassica oleracea* var. *capitata*）、油菜、埃塞俄比亚芥菜（*Brassica carinata*）为代表的芸薹属蔬菜的花粉培养研究也取得了令人满意的成果。

（三）植物花药与花粉培养的意义

1）在植物育种中使后代快速纯合，排除了杂种优势对后代选择的干扰，大大提高了育种效率。

2）利用纯合二倍体进行植物遗传规律研究，为遗传育种提供依据，减少了育种的盲目性。

3）克服远缘杂种的不育性，获得具有双亲优良特性的可育远缘杂种。

4）利用在远缘杂交F_1代花药培养中出现的混倍体和丰富的染色体变异材料进行植物细胞遗传学、生理、生化等基础性研究，对于实验胚胎学、生理学及分子生物学中基因调控、表达机制的阐明具有重要意义。

二、花药培养

花药培养过程包括培养材料的选择、材料的预处理、外植体消毒、接种、培养、植株再生、生根及驯化移栽（图7-1）。花药培养的效率通常取决于基因型、培养环境的温度、花药发育阶段、培养基组成、培养基中生长调节剂的种类和浓度等因素。

（一）培养材料的选择

培养材料选择是花药培养成功与否的关键，也是决定能否成功启动小孢子细胞脱分化的重要环节。花药培养的材料选择需要注意几方面的问题：第一，选择适宜培养的植物类型，不同植物花药培养力的大小不同，同种植物不同品种间的花药培养效率也存在差异。第二，

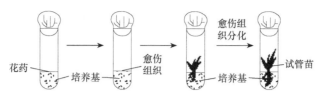

图 7-1 植物花药培养

将适宜的植株置于一定的温度、光照和湿度条件下培育一段时间以获得健康母株，并促使其向生殖阶段转变。第三，选择适龄的供体植株进行培养。一般而言，幼年植株的花药培养力较强，在开花末期采集的花药诱导孢子体形成的效率低，诱导的时间也较长。第四，确定花粉细胞所处的发育阶段。处于单核小孢子阶段的花粉最具活力，培养获得成功的概率也较大。根据花粉中细胞核数目的多少将花粉的发育阶段依次分为：单核期（包括早期、中期和晚期）、第一次有丝分裂期、双核期、第二次有丝分裂期和花粉成熟期，而小孢子是指四分体解离至第一次有丝分裂时期的细胞。因此，对于花药培养而言，应当选择花药培养力较好的植株，同时选择花粉发育处于单核期的花药进行培养，以提高单倍体植株的培育效率。

（二）材料的预处理

通过花药培养产生单倍体植株的过程，称为雄核发育（孤雄生殖），其基本原理是抑制花粉细胞正常发育为配子体，而进入孢子体发育阶段，并最终形成单倍体植株。在离体培养条件下，花粉细胞离开植物体的自然环境，使雄核生殖的发育途径得以启动。在花药培养过程中，对培养材料（整个花穗或花蕾、花药）采取一定的预处理，可以增强雄核生殖的诱导效应。花药培养的预处理方法主要包括温度预处理、化学预处理和物理预处理等。

1. 温度预处理　温度预处理包括低温预处理、低温后处理和热激处理。

（1）低温预处理　指在接种之前将培养材料在 0℃以上低温条件下处理一段时间后，再接种到适宜的培养基上进行培养。低温预处理是提高花药诱导率的有效措施。处理时间视处理温度的高低而定。一般来说，较低的温度处理的时间较短，较高的温度则处理的时间较长。处理温度一般控制在 1～14℃，处理时间最短的只有几小时，最长的可达 30～40d。实践证明，低温预处理是最有效的温度预处理方法。刘广霞（2009）将辣椒花蕾置于 4℃预处理 1～5d，较为明显地提高了辣椒花药胚状体的诱导率。目前，关于低温预处理提高花药培养效力的作用机制尚无定论，其中有两种观点具有代表性。Nitsch 和 Norreel（1972）认为低温可以改变花粉粒第一次有丝分裂时纺锤体的方向，使得花粉向着胚胎形成的方向发育。Sunderland（1974）则认为低温预处理的作用机制不在于改变纺锤体的方向，而在于保持花粉的活力，使得营养细胞完成细胞质的改组而转向胚胎发育的方向；而高温培养的花粉由于活力低下，大部分花粉粒未能完成脱分化而最终死亡。

（2）低温后处理　低温后处理与低温预处理的主要区别在于：完成接种操作后，将整瓶材料置于适宜的低温条件下处理一段时间，再转移到正常的培养条件下进行培养，从而提高花粉诱导率。实践证明，低温后处理能够显著提高花药愈伤组织的诱导率。关于低温后处理的研究目前报道不多。胡忠（1978）将发育适时的水稻花药接种到培养基上，先用 8℃低温处理 4～8d，再转移到 26℃条件下进行培养，可显著提高花药愈伤组织的诱导率。

（3）热激处理　　热激（heat shock）处理是指接种花药后，先在较高温度下（一般为30～35℃）培养一段时间，然后再转移至正常温度条件下继续培养的方法。植物种类不同，所能够耐受的热激温度不同。热激的温度越高，处理的时间应越短，否则很可能会损伤外植体，从而影响培养效果。Miyoshi（1996）研究发现，33℃条件下热激处理3d，可以有效提高茄子（*Solanum melongena*）小孢子培养的愈伤组织诱导率。张跃非（2010）发现，水稻花药培养的最佳预培养条件是35℃处理24h；刘广霞（2009）将接种后的辣椒花药置于33℃处理7～9d，可显著提高花药胚的诱导率。由此可见，热激处理可在一定程度上提高植物花药培养的效率。

2. 化学预处理　　化学预处理是指花药在接种前，先用不同的化学物质处理一段时间后，再转移至正常条件下继续培养的方法。目前，常用的化学物质有甘露醇、糖类、秋水仙碱等。

（1）甘露醇　　外植体在离体条件下经过一定浓度的甘露醇预处理可以提高花药愈伤组织诱导率。由于花粉粒在花药内受到药壁的保护，而对于离体小孢子培养来说，要保证小孢子不发生质壁分离而死亡，必须维持正常的渗透压条件。在使用甘露醇作为诱导剂进行预处理时要注意选择适宜的浓度和处理时间，以有效提高花药培养效率（表7-1）。

表 7-1　不同浓度的甘露醇溶液对大麦花药的预处理效应（郭向荣，1999）

甘露醇浓度 /（mol/L）	胚状体数 / 个	绿苗产量 / 株	绿苗分化率 /%
0.1	26.5	7.59	30.0
0.3	28.6	9.52	33.3
0.5	29.1	10.13	36.7
0.7	30.8	13.08	40.0

由表可知，随着甘露醇浓度的增加，大麦花药形成的胚状体数、绿苗产量和绿苗分化率均呈递增趋势，绿苗分化率从30%增加到40%。甘露醇的最适预处理时间因供试植物基因型的不同而有所差异，变动幅度为3～5d。

（2）糖类　　花药接种前用高浓度糖溶液预处理一定时间，再转移到适宜的条件下进行培养，可大幅度提高愈伤组织和胚状体的诱导率。例如，用浓度为35%的蔗糖溶液处理石刁柏（*Asparagus officinalis*）花药30min，能够有效促进愈伤组织诱导率的提高，但随着处理时间的延长，愈伤组织的诱导率会有所降低。因此，在以高浓度糖溶液作为诱导剂进行材料预处理时，要注意选择适宜的处理时间。

（3）秋水仙碱　　1937年，美国学者Blakeslee利用秋水仙碱加倍曼陀罗等植物的染色体获得成功后，秋水仙碱就被广泛应用于细胞学、遗传学等的研究和植物育种工作中。秋水仙碱的作用机制是通过改变小孢子的有丝分裂途径，从而诱导其向体细胞生长的途径分裂，主要是扰乱了微管细胞骨架的活动，促使单核花粉的细胞核移向中央而导致均等分裂。在添加0.05%秋水仙碱和2%二甲基亚砜（DMSO）的基本培养基中提前浸泡烟草的花药并黑暗培养4～12h，可以使花粉、花药愈伤组织的诱导率从4.5%提高到19%，并发育成完整的花粉植株。

3. 物理预处理　　射线、离心和紫外照射等条件处理也可以促进花粉雄核发育而诱导花粉植株的形成。适宜的高压电场处理可以有效提高番茄花药培养的效率；不同剂量的 γ 射线处理可在一定程度上诱导番茄花药愈伤组织的发生；离心重力作用能够破坏微管并影响小孢子发育。烟草花蕾在花药未取出前，于 5℃、500×g 下处理 1h，可明显提高单倍体植株的诱导率。利用不同强度的磁场处理花椰菜（*Brassica oleracea* var. *botrytis*）的花药，可以明显提高愈伤组织的诱导率，且花药对培养基的选择性也降低。

（三）外植体消毒

接种之前，需要对预处理过的花药进行表面消毒。通常花药都包裹在尚未绽开的花蕾或幼穗中，因此，只需对花蕾或幼穗进行表面消毒。一般而言，剥去 3/4 花萼的花蕾灭菌时更易杀死花蕾表面细菌和内生菌；而对于包裹相对严密的花蕾，用蘸有 70% 乙醇的棉球进行表面擦拭即可。需要注意的是，消毒后的材料应当立即接种培养，以免造成二次污染。

（四）接种

在超净工作台上，将消毒过的花蕾或幼穗置于衬有滤纸的培养皿中，小心剥取花药，切去花丝（注意不要损伤花药，否则可能刺激药壁细胞脱分化形成愈伤组织而诱导出二倍体植株）。接种时应当尽量减少花药在空气中的暴露时间，并将花药水平置于培养基上进行培养（图 7-2）。一般而言，固体培养基上花药的接种密度应为 10～20 个 / 瓶（皿），液体培养基中的花药接种密度应为 50 个 /10mL 左右。具体的接种密度应根据花药大小和培养容器的大小进行调整。

| 1. 器械消毒 | 2. 接种花药 | 3. 夹取花药 | 4. 花药置床 | 5. 瓶口消毒 |

图 7-2　花药培养操作过程

（五）培养

基本培养基的组成对花药培养影响较大。植物组织培养的常用培养基，如 MS、White、Miller 和 Nitsch 等都可用于花药培养。此外，还有一些专一性的培养基可供选择，如适合于烟草花药培养的 H 培养基、用于大麦小孢子培养的 FHG 培养基、适合小麦花药培养的 C17 培养基等。不同植物的花药培养对于培养基的组成要求不同。N6 培养基中铵离子的浓度较低，能够有效提高水稻的花药培养效率，且对于小麦、小黑麦（*Secale sylvestre*）、玉米等作物的花药培养也十分有效。而在此培养基中再加入适量脯氨酸则可高频诱导玉米和水稻的花药再生植株。在水稻、小麦、大麦等大多数禾谷类作物的花药培养研究中发现，2,4-D 能够有效促进花粉启动分裂，进而形成愈伤组织；赵永英（2015）在小麦花药培养中使用生长调节物质 TDZ，发现其诱导效率比 2,4-D 更高；但燕麦（*Avena sativa*）等作物的花药培养过程则无须添加外源激素也能有效促进花粉分裂。因此，培养基的各类组分对于花药培养的影响较大，在进行基本培养基选择时应当科学、合理地参考相关研究成果。此外，激动素（KT）

对花药愈伤组织诱导率的影响不大，但是对绿苗成苗率、绿苗产量等具有显著影响。向培养基中适当添加抑菌剂，可以有效降低花药染菌率。高浓度抑菌剂一方面可以有效降低花药染菌率，另一方面也显著提高了花药死亡率和愈伤组织诱导率等，在一定程度上抑制了胚状体的形成。

　　此外，温度、光照强度和光周期等培养条件也是影响花药培养效率的重要因素。一般情况下，花药培养的适宜温度是 24～28℃，光照强度是 1000～2000lx，每天光照 14h。对于不同的植物而言，所要求的培养条件仍存在差异，需要根据具体的培养情况予以调整。

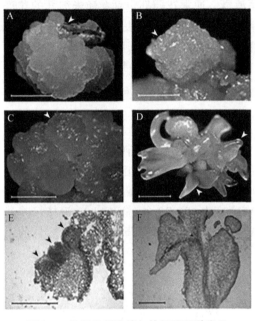

图 7-3　枇杷花药培养与体细胞胚胎发生
（Li et al.，2008）

A. 愈伤组织（标尺＝2.0mm）；B. 胚性愈伤组织（标尺＝2.0mm）；C. 球形胚（标尺＝0.5mm）；D. 处于不同发育阶段的体细胞胚（标尺＝2.0mm）；E. 球形胚和心形胚（标尺＝0.5mm）；F. 子叶胚（标尺＝1.0mm）

（六）植株再生

　　由花药培养获得完整植株的途径主要有两条，一是器官发生途径，是指小孢子经多次分裂后形成愈伤组织，再由愈伤组织分别诱导芽和根的形成，从而形成完整植株的过程；二是胚胎发生途径，是指小孢子经过一段时间的培养后形成花粉胚（图 7-3），继而发育成完整植株的过程。不同植物经花药培养形成完整植株的途径不同。禾本科植物可经由器官发生和胚状体发生途径形成完整植株，而烟草则只能由胚状体发生途径发育成完整植株。一般而言，激素对于诱导花粉胚胎的形成是必需的；2,4-D 可以有效提高禾本科植物花药培养的效率，促进愈伤组织的诱导，并提高其分化能力。肖菁（2010）等认为，激素的作用是通过调节培养物体内乙烯含量的变化来控制 DNA 的甲基化程度，而低水平的 DNA 甲基化有利于促进胚胎发生的进程。不同材料的乙烯含量不同，这使得不同材料对激素的反应或要求存在差异。

（七）生根

　　花药培养再生植株的茎叶细弱、根系不发达，生根困难，移栽成活率低，因此需要进行壮苗培养。当花粉植株长到 3～5cm 高时，即可转移到生根壮苗培养基上，以促进根系发育，形成壮苗。对于双子叶植物而言，一般以 MS 或 1/2MS 作为基本培养基进行生根壮苗培养；而 N_6 培养基较适宜于禾本科植物的生根壮苗培养。

（八）驯化移栽

　　试管苗一旦移栽到自然环境中，各种生理、生态条件发生明显改变，常会脱水死亡。因此，在移栽前必须通过控水、减肥、增光、降温等措施进行驯化，以确保顺利移栽。驯化可以帮助植物的叶绿体恢复功能。移栽时，要彻底洗净残留在植株基部的培养基，以防止微生物侵染，然后再移栽到营养钵或苗床上。移栽的初期需要覆膜以防止水分蒸发，确保湿度；后期则可将塑料膜除去，并配合有效的栽培管理。

（九）单倍体植株的染色体加倍

花粉植株细胞核内仅有一套染色体，无法进行正常的减数分裂，不能形成正常的配子，因此，单倍体植株高度不育。对于单倍体植株育种而言，只有采用适宜的方法使其染色体加倍，才能成为可育的二倍体。单倍体植株的染色体加倍处理，可以在试管苗移栽之前操作，也可在植株移栽成活之后处理（图 7-4）。

（十）花药培养常见问题

1. 褐化 褐化是指在花药培养过程中不断释放褐色物质，花药逐渐变褐死亡的现象。闻丽（2008）在油茶（*Camellia oleifera*）花药培养研究中发现，褐化愈伤组织细胞中的淀粉、脂滴等代谢产物含量下降，而单宁类物质、过氧化物酶等含量升高，严重影响了愈伤组织的诱导和生长。

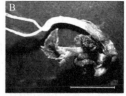

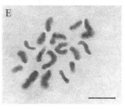
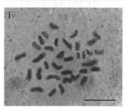

图 7-4 枇杷体细胞胚胎发生与植株再生
（Li et al.，2008）

A．胚状体（标尺＝2mm）；B．枇杷幼苗（标尺＝2mm）；C．再生的完整植株（标尺＝2mm）；D．再生植株移栽成活（标尺＝4mm）；E．单倍体植株根尖细胞染色体（标尺＝20μm）；F．二倍体植株根尖细胞染色体（标尺＝20μm）

褐化一般分为酶促褐化与非酶促褐化。酶促褐化主要是指在有氧条件下，酚类物质被酶催化形成醌及其聚合物的现象；非酶促褐化则是指不依赖酶催化，受环境影响而发生美拉德反应、焦糖化反应或抗坏血酸褐变等现象。引起花药褐化的因素很多，如取材时期、光照强度、培养温度、激素、培养基中无机盐与金属离子浓度等。刘晓荣（2008）在番茄花药培养中发现，不同杂交种培养基中添加适量 2,4-D、蔗糖和硝酸银可有效减轻组织的褐化现象；张芳（2018）在辣椒花药培养中发现，添加活性炭也可明显减轻花药的褐化程度。此外，抗氧化剂，如维生素 C 的添加也可以一定程度上减轻褐化的程度。当然，适当缩短继代时间也不失为一种经济有效的减轻褐化不良影响的有效措施。

2. 白化 白化是指离体培养得到的幼苗发生白化突变，最典型的表现为叶绿体发育异常，植物表现为白色或黄色的现象。植物白化的现象在拟南芥、大豆、棉花、烟草、大麦、小麦和水稻等植物中均有报道。白化现象在禾本科植物中尤其常见，其对离体条件敏感，容易发生遗传物质缺失或其他变异。除了遗传因素，白化现象同样受到温度、光照、培养条件等环境因素影响；低温、光照过强均会提高白化率。在花药诱导的培养基中，常添加过量的 2,4-D 或者 KT 以提高愈伤组织的诱导率，但是同样会导致白化率的提高。目前，白化基因已经逐步被揭示，但具体的信号通路与分子机制还有待深入研究，白化现象仍然是需要攻克的一道难题。

三、花粉培养

花粉是种子植物特有的组成结构，相当于一个小孢子和由它发育形成的前期雄配子体。被子植物成熟花粉粒中包含 2 或 3 个细胞，即一个营养细胞和一个生殖细胞，或由生殖细胞分裂产生的两个精子。与花药培养相比，花粉培养环节较多，涉及小孢子发育时期的选择、花粉的分离和纯化及培养方法的选择等，而小孢子的发育时期是决定花粉培养效率的关键环节，小孢子培养和花药培养所要求的发育时期往往存在差异，在实际操作过程中需要根据具体的植物材料，选择适宜的小孢子发育时期进行操作。总体而言，花粉培养过程包括：培养材料的选择、培养材料预处理、外植体消毒、花药预培养、从花药中分离小孢子、植株再生、花粉植株的染色体加倍和移栽（图 7-5）。

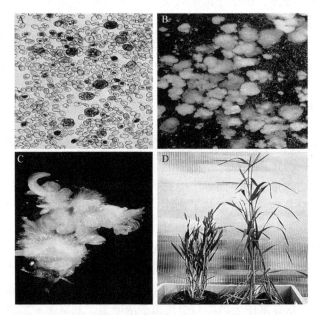

图 7-5　黑麦的小孢子培养（Guo et al.，2000）

A. 培养 1 周后小孢子细胞的分裂增殖（100×）；B. 培养 5 周后形成的愈伤组织（50×）；
C. 绿芽的分化；D. 亲本植株（右）和 DH 植株（左）的形态差异

花粉培养的技术流程与花药培养相似，不同之处在于外植体的获取（花粉的分离与纯化）及培养方式方面。

（一）花粉的分离和纯化

花粉培养是以单个花粉粒作为外植体进行离体培养的过程，需将其从花药中分离出来，因此在培养前必须进行花粉的分离与纯化。

1. 花粉的分离　　一般可采用机械挤压法、自然散落法和机械游离法来分离花粉细胞。

（1）机械挤压法

1）挤压法。是指将采集到的花蕾经表面消毒后剥离出花药，在无菌条件下将花药置于少量提取液中，用注射器内管或一端压扁的玻璃棒轻压花药，使花粉溢出，同时滤除花药壁等较大的组织碎片，离心收集花粉沉淀，用去离子水清洗 3 次，制成花粉悬浊液进行培养（图 7-6）。该方法适宜对单个花蕾或花药进行分离；缺点是不适宜进行大规模游离小孢子的分离和纯化。

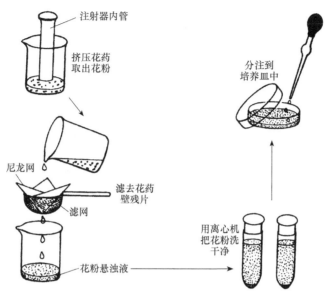

图 7-6 机械挤压法分离花粉

2）研磨过滤收集法。是指在无菌条件下，将采集到的花蕾经表面消毒后剥离出花药，再将花药置于无菌的研钵中研磨并挤出小孢子，同时滤去药壁等大的组织碎片，经离心收集后接种于适宜的培养基上进行培养的方法。植物花药壁的机械强度和操作人员的研磨力度均会影响小孢子的收集效率。

（2）自然散落法 是指在无菌条件下，将花药接种于预处理液或培养基上培养一段时间后，有些花粉囊由于吸胀作用会自动裂开而使其中的小孢子散落到培养基中，收集小孢子，然后进行培养。这种方法的优点是操作简单，可以连续收集；缺点是效率低，易受花药组织（包括药壁、药隔等）的影响。

（3）机械游离法

1）磁搅拌法。是指利用机械力使花药壁破裂至花粉溢出的方法。在无菌条件下，将花药接种于盛有培养液和渗透压稳定剂的锥形瓶中，用磁力搅拌器低速旋转至花药透明，在机械搅拌力的作用下使花药开裂并释放小孢子，然后利用分级过筛的方法收集花粉。这种分离花粉的方法效率高，但会对花粉造成一定程度的机械损伤，且耗时长。

2）小型搅拌法。又称超速旋切法，是通过转轴的高速转动带动花蕾、穗子切段或花药高速运动而使其破裂，从而使小孢子游离出来，经过分级过筛收集后进行培养。该装置全部采用耐高温、高压的塑料或者不锈钢制成，可以进行整体灭菌操作；另外，还装有调速器和控时器，使得操作方便，重复性好，可一次处理大量材料，获得的小孢子数量多，纯度好，成活率也高。

2. 花粉的纯化 花粉的纯化包括过筛、离心、收集等操作步骤。过筛时，通常采用级联过筛的方法对花粉进行分级收集和纯化。收集花粉须在适宜的条件下进行，否则会损伤花粉并影响后期的培养效果。一般可以使用果聚糖（fructosan）、聚蔗糖（ficoll）或者蔗糖配成不连续梯度溶液，对收集到的花粉群体进行纯化，以获得同步性较高的群体。Joersbo（1990）对大麦花粉群体用 Percoll 梯度溶液进行纯化，发现处于 0～20% 梯度界面的小孢子成活率高达 70%，处于 20%～30% 界面的花粉存活率只有 4%，而梯度在 30% 以上则只有碎片和无活力的花粉。

（二）花粉的培养方法

花粉的培养方法主要借鉴了植物细胞培养的方法，包括平板培养、液体培养、双层培养、看护培养、微室培养法和条件培养法。

1. 平板培养法   平板培养法（plate culture method）是指将花粉接种到琼脂固体培养基上进行培养，可诱导产生愈伤组织或胚状体，再生花粉植株。此方法的特点是操作简单，但需结合不同的预处理方法提高培养效率。

2. 液体培养法   液体培养法（liquid culture method）是花粉悬浮在液体培养基中进行培养的方法（图 7-7）。这种方法可以使花粉细胞与培养液充分接触，从而提高培养效率；由于液体培养容易造成培养物的通气不良，常会影响到细胞的分裂和分化，因此应将培养物置于摇床上振荡，使其处于良好的通气状态。液体培养时，要注意接种花粉细胞的密度。密度过大，花粉细胞的营养供给不足；密度过小，细胞的生活力降低，进而褐化死亡。一般而言，花粉细胞悬浮培养的适宜密度为 10^4～10^5 个 /mL。

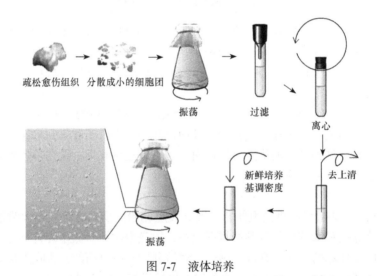

图 7-7   液体培养

3. 双层培养法   双层培养法（double layer culture method）是将花粉置于固相和液相双层培养基上进行培养，其中液相层为花粉细胞悬液。双层培养基的制作方法为：将灭菌后的液态琼脂培养基倒入灭菌的培养皿中，每皿约 2mm 厚，待完全凝固后，在其上接种 1mm 厚的花粉细胞悬液，接种量以铺满固相层为宜。一般 30～40d 即可诱导出愈伤组织或胚状体，继代培养 2～4 周后转入固体分化培养基，可再生花粉植株。这种方法已应用于马铃薯的花药培养。

4. 看护培养法   配制好花粉粒悬液和固体培养基后，将完整的花药或花药愈伤组织置于琼脂培养基上，再将灭菌后的滤纸置于其上，然后将预培养的花粉置于滤纸上进行培养的方法，称为看护培养（nurse culture method）（图 7-8），置于下方的花药及其愈伤组织称为看护组织。应用此方法培养番茄花粉成功获得了细胞无性繁殖系。

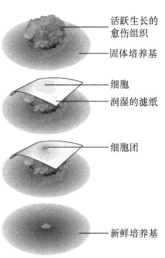

活跃生长的愈伤组织
固体培养基
细胞
润湿的滤纸
细胞团
新鲜培养基

图 7-8　看护培养法

5. 微室培养法　　微室培养法（microchamber culture method）类似于动物细胞培养的悬滴培养，具体的操作流程为：取一滴载有花粉的液体培养基，滴于盖玻片上，然后翻转盖玻片使液体培养基悬挂在盖玻片下，再置于一凹载玻片上，最后用石蜡密封盖玻片四周。此方法的优点在于，整个培养过程中便于观察小孢子的生长过程，全程记录花粉细胞生长、分裂并形成细胞团的过程；缺点是培养条件不利于花粉细胞的持续培养，培养基会在短期内耗尽，水分容易蒸发，从而影响花粉细胞的进一步发育。

6. 条件培养法　　在进行花粉培养时，利用预先培养过花药的液体培养基，或者加入失活的花药提取物的合成培养基进行花粉培养的方法，称为条件培养法（conditioned culture method）。培养时先将花药在培养基中进行短期培养，然后取出花药浸泡在沸水中杀死细胞，经研磨、离心，得上清液即为花药提取物，过滤灭菌后加到培养基中，再接种花粉进行培养，由此获得的培养基称为条件培养基。条件培养基中可能包含细胞分泌的活性物质，可以有效提高花粉培养的成功率，而且不同来源的条件培养液所发挥的作用各有不同。

四、影响花药与花粉培养的因素

（一）基因型

基因型是影响花药（或花粉）离体培养的重要因素之一，不同基因型植物的花药（或花粉）培养效果不同。花药（或花粉）培养诱导胚状体或愈伤组织的能力在植物种属间存在较大差异。Nitsch（1969）用 12 个品种的烟草花药进行培养，只有 5 个品种获得成功。Gresshoff 和 Doy（1972）用 43 个番茄栽培品种和 48 个拟南芥品系进行培养时，其中只有 3 个栽培品种和品系能够诱导产生单倍体。沈锦骅（1982）报道，水稻不同种、亚种和品种间花药对离体培养反应的顺序依次是：粳稻＞籼稻＞野生稻。Mityko（1995）在研究辣椒不同基因型花药愈伤组织诱导率的差异时发现，其花药愈伤组织的诱导率最高可达 78.2%，最低仅有 1.0%。吕学莲等（2010）对供试的 104 份小麦材料进行花药培养研究，结果发现基因型对愈伤组织诱导率、绿苗分化率及绿苗产率的影响很大，且杂交种比纯种更容易产生愈伤组织。蔡正云（2014）的研究进一步证明，不同基因型小麦对绿苗分化、愈伤组织产生、白化苗产生都有不同程度的影响。目前，通过花药培养获得单倍体植株最多的是茄科植物，其次是十字花科植物、禾本科植物和百合科植物等。

（二）植株的生理状态

1. 供体植株的年龄　　供体植株的年龄与花药（或花粉）培养效果存在一定的相关

性。幼年植株花蕾期或始花期的花药比开花末期的花药更适宜进行培养。在开花末期采集的花药，不但形成孢子体的比率低，而且发生反应的时间也较迟。在对曼陀罗、烟草和拟南芥（*Arabidopsis thaliana*）的花药培养中发现，采自始花期的花药雄核诱导率较高，但随着植株年龄的增长而呈下降趋势，可能是随着植株年龄的增长，花粉的可育性有所下降，导致花药培养的效率降低。而在欧洲七叶树（*Aesculus hippocastanum*）中，树木的年龄对雄核发育诱导没有影响。

2. 供体植株的生理状况　　在适宜条件下，生长健康植株花药（或花粉）的胚诱导率和植株再生率均较高，温度、光强、光周期、营养条件和 CO_2 浓度等因素对花药（或花粉）培养也有影响。曼陀罗属植株生长在 24℃ 条件下雄核发育率为 45%，而生长在 17℃ 条件下雄核发育率仅为 8%。在大田和温室中培养的植物及不同季节采集植物的花药（或花粉）的愈伤组织诱导率存在差异，因此，应尽量确保供体植物的种植标准化，避免环境因素对花药（或花粉）培养效率的影响。此外，取样前的一段时间还应避免使用杀虫剂。

（三）花粉的发育时期

适宜的花粉发育时期是花药（或花粉）培养成功的关键。被子植物的花粉发育时期包括四分体时期、单核期（小孢子阶段）、双核期和三核期（雄配子体阶段）4 个阶段。而单核期又可分为单核早期、单核中期和单核晚期。进行花药（粉）培养时，熟悉各时期花粉的主要形态特征十分重要。

花粉发育不同阶段具有典型的形态特征，一般利用镜检的方法确定花粉的发育时期。花粉母细胞经过减数分裂后，形成连在一起的四个孢子，即为四分体时期，镜检时，在一个平面上往往只能看到 3 个小孢子及小孢子核；由四分体释放出来的花粉粒，细胞壁较薄，细胞核位于正中，细胞质中无液泡，为单核早期；不久花粉细胞壁增厚成两层（外壁与内壁），细胞体积增大成圆球形，此时小孢子细胞发育到单核中期；随着细胞体积明显增大，花粉壁和液泡逐渐形成，内含物不断增多，细胞呈明显的三裂状，表面具有三条明显的沟，细胞核被挤到一边，即为单核晚期（单核靠边期）；随后细胞继续膨大，三裂状不再明显，细胞核进行有丝分裂产生 1 个较小的生殖核和 1 个较大的营养核，进入双核期；细胞继续增大呈椭圆形，之后靠近细胞壁的生殖核经过 1 次有丝分裂形成 2 个精核和 1 个大的营养核，此时 1 个小孢子细胞同时具有 3 个核，称为三核期；最后细胞明显膨大为椭圆形，并不再有三裂状，花粉壁与沟模糊不清，标志着花粉细胞进入成熟期（图 7-9）。

一般来说，处于单核中期至单核晚期的花粉培养效果较好，一旦小孢子开始积累淀粉，小孢子的发育和随后的组织分化就会停止，将无法诱导愈伤组织或胚状体的产生。适合进行花药（或花粉）培养的花粉发育时期因物种之间的差异而各有不同。特定发育阶段对诱导雄核发育至关重要，是决定诱导成功及诱导率高的内在因素。处于单核中期至单核晚期的花粉培养效果较好，其机制还不是很清楚。有学者认为单核中晚期的小孢子处于胚胎形成的临界期，比较敏感，易于诱导成功。还有学者认为在小孢子发育过程中，内源激素的平衡在不断地改变，随着小孢子发育越过了单核中晚期，花药的激素平衡就变得不再适合它的生长和分裂，因此以单核中晚期最佳。朱湘渝（1980）对分别处于四分体、单核中期、单核靠边期及成熟期的杨树花药进行了培养，结果表明单核靠边期的花药诱导率最高，其次是单核中期，而成熟花粉则对培养无反应。陈薇等（2016）收集整理了部分植物花粉培养取材的最佳发育

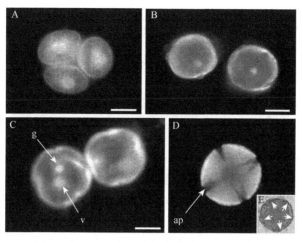

图 7-9　长角豆的小孢子发生过程（Luísa，2005）

A．四分体时期（标尺＝12.2μm）；B．单核期（标尺＝17.5μm）；C．双核期（标尺＝17.5μm）；
D．花粉粒，示 4 萌发孔；E．花粉粒，示 5 萌发孔。v. 营养核；g. 生殖核；ap. 萌发孔

时期、基本培养基及预处理方式，如表 7-2 所示。

表 7-2　部分植物的花粉培养（陈薇等，2016）

植物名称	花粉发育时期	基本培养基类型	预处理方式
茄子 Solanum melongena	单核期	KM	低温 / 高温 / 变温处理
烟草 Nicotiana tabacum	单核晚期至双核晚期	Nitsch/H	
辣椒 Capsicum annuum	单核晚期至双核早期	NLNS	热激 / 黑暗 / 甘露醇
玫瑰茄 Hibiscus sabdariffa	单核期	MS	低温 / 高温 / 暗处理
草莓 Fragaria ananassa	单核晚期	NLN	蔗糖浓度 / 激素 / 低温
粳稻 Oryza saliva subspkeng	单核晚期	N_6/ 马铃薯培养基	低温
大麦 Hordeum distichon	单核早中期	N_6/MS	低温
小麦 T. turgidum ssp. durum	单核中晚期	CHB3	甘露醇 / 低温
燕麦 Avena sativa	单核中期	KFWC	低温暗处理
玉米 Zea mays	单核中晚期	MS/N_6	低温
印度尼西亚甘蓝 Brassica oleracea	单核晚期至双核早期	NLN	热激
西兰花 Brassica oleracea var. italica	单核晚期	NLN	热激并暗处理
芝麻菜 Eruca sativa	单核期	NLN	热激
埃塞俄比亚芥菜 Brassica carinata	单核晚期	NLN	热激并暗处理
甘蓝型油菜 Brassica napus	单核中晚期	B_5/NLN	热激并暗处理
羽衣甘蓝 Brassica oleracea var. acephala	单核晚期至双核早期	NLN	热激
小白菜 Brassica chinensis	单核晚期	NLN	热激
诸葛菜 Corychophramus violaceua	单核晚期至双核初期	1/2MS	低温
亚麻荠 Camelina sativa	单核早期至三核期	NLN	PEG/ 谷氨酰胺饥饿处理

续表

植物名称	花粉发育时期	基本培养基类型	预处理方式
萝卜 *Raphanus sativus*	单核晚期	B_5	低温/高温
黄瓜 *Cucumis sativus*	单核晚期	B_5/NLN	低温
胡萝卜 *Daucus carota*	单核期	B_5	暗处理
马蹄莲 *Zantedeschia aethiopica*	单核中晚期和双核早期	NLN	高温
水稻 *Oryza sativa*	单核晚期	N_6/MS	低温

此外，还可以根据花器的形态特征来判断小孢子的发育时期。林宗铿（2011）、杨成民（2008）和杨宏光等（2008）的研究结果都表明小孢子的发育时期与花器形态密切相关，可根据花器形态特征，如花蕾长度、瓣药比、花瓣颜色和花药颜色等，判断小孢子的发育时期。Kim 等（2013）发现在辣椒花蕾长为 2~3mm、紫色着色 25%~75% 时，小孢子发育时期为单核晚期到双核早期，此时最适合进行花粉培养。因此，要想成功地进行花药培养，必须了解供试植物花药的小孢子在特定环境下的发育状况，并在实验前于显微镜下对小孢子进行检测，将细胞学观察与植物学形态特征相结合进行花蕾取材。

（四）培养基

1. 基本培养基类型　基本培养基类型及无机盐组成和配比的变化对小孢子离体培养中愈伤组织的产生具有决定性的影响，不同植物种类所适宜的培养基类型不同（表 7-2）。Nitsch/H 培养基比较适宜于烟草花药培养；水稻花药培养常用 N_6/MS 培养基；N_6 培养基在水稻、玉米等作物的花药培养上有良好的效果；小麦的花药培养通常使用 CHB3 基本培养基；一些十字花科的植物，如甘蓝、油菜等常使用 NLN 和 B_5 培养基；人参的花药培养适宜在 MS、B_5、N_6 的培养基上进行。因此，在进行花药（或花粉）培养时首先要选择好适宜的基本培养基类型。

2. 药壁因子　所谓药壁因子是指在花药离体培养时，诱导药壁细胞释放某些能够促进花粉胚或花粉愈伤组织形成的活性物质。药壁因子在花粉细胞的看护培养中起主要作用。姚焱（2006）针对低温预处理对水稻花药培养中药壁褐变的原因做了较为详细的研究，认为药壁褐变主要发生在表皮与药室内壁，10℃低温预处理可有效延缓表皮与药室内壁膜结构的降解速度，减缓褐变发生；花药经低温处理后，药壁中层细胞膨大，绒毡层降解速度减缓，有利于花粉脱分化。由此可见，药壁组织中的某些活性物质对诱导花药愈伤组织的形成具有一定的促进作用。

3. 植物激素　植物激素对于诱导花粉细胞的增殖和发育起着重要作用。对于大多数植物而言，在进行花药培养时都需要使用一定种类和浓度的激素，才能够有效地促进花药或花粉细胞的增殖和发育。大多数的禾本科植物，包括水稻、小麦和大麦（1995）等的花药培养都需要外源激素的参与。其中，2,4-D 是启动小孢子细胞分裂形成愈伤组织的必要条件，而燕麦（*Avena sativa*）和玉米的花药培养则无须添加任何外源激素也能启动花粉细胞分裂。小麦花药培养的研究结果表明，添加 2,4-D 和麦草畏的无定形培养基与添加 2,4-D 和 KT 的培养基相比，愈伤组织的形成及绿色植株的形成率几乎加倍。不同来源的小麦品种对诱导培养基中激素组成的反应不同。

几乎所有木本植物的花药培养都要求在分化培养基中同时添加生长素和细胞分裂素，缺少任一种对小孢子的脱分化均不利。草本植物花药培养对植物激素的要求则无固定规律。不同的植物种类、不同的外植体类型对花药培养的反应不同，所需的激素种类和浓度，甚至添加的时期也存在差异。

4. 碳源　　碳源的种类和浓度在花药培养诱导单倍体植株形成的过程中具有重要的作用。蔗糖是应用最多的一种碳源，不同的蔗糖浓度影响花药培养的效率。周毓君（1996）采用 8.0% 蔗糖抑制了草莓（*Fragaria ananassa*）花药壁细胞的分化，而未抑制药隔细胞的分化。小麦、油菜和马铃薯（*Solanum tuberosum*）等植物花药培养的适宜蔗糖浓度为 6%～12%。此外，蔗糖还可以作为渗透压调节剂发挥作用，使细胞能够在适宜的渗透压条件下分裂生长。除蔗糖以外，麦芽糖、果糖和葡萄糖等也是较为常用的碳源。朱至清（1991）在对小麦的花粉进行培养时发现，以葡萄糖替代蔗糖可使小麦花粉胚的诱导率提高 2～10 倍。代色平（2003）在矮牵牛（*Petunia hybrida*）花药培养研究中发现，麦芽糖不但能显著提高愈伤组织诱导率，且愈伤组织的形态好，分化能力强。此外，聚乙二醇（PEG）可以代替蔗糖作为培养基的渗透压调节物质。

5. 氮源　　氮源也是基本培养基的重要成分之一。许多研究表明，氮源的种类和含量能够显著影响离体细胞的生长与分化。大多数培养细胞都可合成其自身需要的维生素。但为了让组织更好地生长，往往需要在培养基中补加一种或几种维生素和氨基酸。添加适量维生素 C 可降低褐化率，通过调整氨基酸的种类与含量，可显著提高胚状体的诱导率和绿苗分化率。此外，硫胺素（维生素 B_1）、烟酸（维生素 B_3）、吡哆醇（维生素 B_6）、泛酸钙（维生素 B_5）和肌醇的适量添加也可有效改善植物的生长状况。在小麦花药培养过程中，添加脯氨酸和谷氨酰胺有利于保持小孢子活力，并启动孢子体发育途径，提高花药愈伤组织的诱导能力。

6. 附加成分　　大量研究证实，在培养基中加入某些营养物质（如水解酪蛋白、谷氨酰胺等）、吸附物质（如活性炭等）及抗氧化物质（如聚乙烯吡咯烷酮、抗坏血酸等）等附加成分能够使花药培养的诱导率大幅度提高。

在培养基中加入活性炭能够有效地提高烟草、银莲花、马铃薯和毛曼陀罗等的花药培养效率，原因可能是活性炭吸附了琼脂本身所固有的或从衰老的花药壁中释放出来的某些有害物质。杨一平（1980）在进行小叶杨、晚花杨 272、健杨的花药培养中发现，酵母核糖核酸（Y-RNA）可以显著提高花粉愈伤组织诱导率，更有利于花粉细胞分裂。Margaret（1994）在草莓花药培养的研究中发现，添加了脱乙酰古兰糖的培养基可以显著提高花粉愈伤组织的形成率。贺苗苗等（2014）在培养基中加入 20mg/L 硝酸银提高了马铃薯的花药愈伤组织诱导率，同时褐化率明显降低。黄亚杰（2014）在辣椒花药培养中发现，添加活性炭不仅可提高小孢子诱导率，还可改善胚状体发育状况。Zeng 等（2015）发现在孢子甘蓝（*Brassica oleracea* var. *gemmifera*）的小孢子培养过程中，在低温处理下添加 AVG（氨基乙氧基乙烯基甘氨酸）可显著提高小孢子胚胎发生的效率。

（五）预处理

在培养前，对培养材料进行适当的预处理能够有效提高花粉植株的诱导率，尤其在诱发小孢子脱分化方面有明显作用。因此，可以在进行花药（或花粉）培养前选择适宜的预处理方法来提高培养效率。不同植物的花药（或花粉）对于不同预处理条件的反应程度不同，如水稻、小麦、玉米等植物的花药和花粉对于低温预处理的有效温度和时间存在明显的差异（表7-3）。

表7-3　一些植物花药和花粉低温预处理的温度和时间

植物	温度 /℃	时间 /d	植物	温度 /℃	时间 /d
水稻	7~10	10~15	番茄	6~8	8~12
小麦	1~3	7~14	烟草	7~9	7~14
玉米	5~7	7~14	黑麦	1~3	7~14
大麦	3~7	7~14	毛曼陀罗	1~3	7~14

（六）培养条件

影响花药培养的条件因素包括温度、光照和湿度等。在多数情况下，花药培养的条件与一般植物组织培养的条件相同；而一些植物在进行花药（或花粉）培养时需要提前在较高或较低的温度条件下培养一段时间，然后再转入正常温度条件下进行培养才能取得良好的培养效果。例如，芸薹属植物在培养之初需要先在35℃的高温条件下处理一段时间，然后再转入26℃的条件下进行培养才能获得理想的培养效果。将烟草的花蕾在5℃低温条件下处理72h，再转入正常温度条件下进行培养，则50%的花药可以诱导形成花粉胚，并进一步发育成花粉植株。一般来讲，在花药愈伤组织诱导阶段适宜进行暗培养或散射光培养；而对于某些烟草品种，连续的光照可以提高单倍体植株形成率；强光照有利于小麦的绿苗分化，但会一定程度地抑制愈伤组织的形成。

（七）接种密度

接种密度也是影响花药培养效率的因素之一，这种影响作用可能与花药之间的群体效应相关。梁彦涛（2006）在对马铃薯花药培养的研究中发现，平均每瓶接种40个花药比较合适，接种密度过大极易导致花药褐化，从而降低花药愈伤组织的诱导率。王付欣（2001）对小麦花药培养中的密度效应进行了较为系统的研究，认为小麦花药培养中的愈伤组织诱导率与花药接种密度密切相关。当花药密度达到一定范围之后，能够明显提高小麦花药培养中愈伤组织的诱导率，平均每毫升接种量为4~6个花药时，愈伤组织诱导率显著提高。陈爱萍（2011）对苜蓿（*Medicago sativa*）花药培养中的密度效应进行了研究，认为提高花药接种密度，可明显提高花粉愈伤组织诱导率及产量。

五、离体培养条件下小孢子发育成完整植株的途径

离体培养条件下，花药（或花粉）培养诱导单倍体植株的过程，主要是由于小孢子的发育偏离了正常的配子体发育途径，转向孢子体发育途径，而发育成完整植株。根据小孢子细胞初始分裂方式的不同，可以将花粉孢子体的发育途径分为以下4种（图7-10）。

（一）均等细胞发育途径

均等细胞发育途径是指单核小孢子进行一次均等分裂，形成两个均等的子细胞，这两个

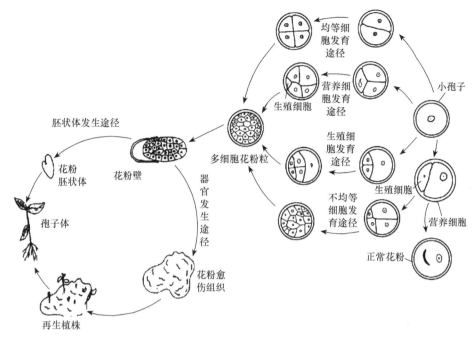

图 7-10　离体培养条件下小孢子发育成植物体的途径

细胞再经过几次分裂形成多细胞花粉粒。经过一段时间培养后，形成花粉胚状体或花粉愈伤组织，并最终形成花粉植株。这种途径在毛曼陀罗中十分普遍，在小麦、小黑麦的小孢子发育过程中也较为常见。

（二）营养细胞发育途径

营养细胞发育途径是指单核小孢子进行一次非均等分裂，形成营养细胞和生殖细胞。营养细胞进一步分裂产生孢子体，而生殖细胞不再分裂，或者分裂一两次后不再分裂而退化。这种发育途径在烟草、大麦、洋金花、小麦、黑麦（*Secale cereale*）和辣椒中普遍存在。

（三）生殖细胞发育途径

生殖细胞发育途径是指单核小孢子进行一次非均等分裂，生殖细胞进一步分裂产生孢子体，而营养细胞不再分裂，或者分裂一两次后不再分裂而退化。在天仙子（*Hyoscyamus niger*）中，花粉胚主要是由生殖细胞形成的，营养细胞也不再分裂，或只分裂几次即停止。无论是哪种情况，营养细胞最终都变成一个类似胚柄的结构，附着在生殖细胞起源胚的胚根一端。

（四）不均等细胞发育途径

不均等细胞发育途径是指小孢子经过不均等分裂后，形成营养细胞和生殖细胞，二者进一步分裂并共同参与孢子体发育途径。这种雄核发育途径可见于毛曼陀罗、洋金花和颠茄（*Atropa belladonna*）的小孢子发育途径。

总之，无论小孢子早期的分裂方式如何，最终都会经多次分裂后形成多细胞花粉，其中，经胚胎发生的花粉粒最终会形成多细胞的球胚，并进一步发育形成植株［如颠茄、芸薹（*Brassica campestris*）、曼陀罗、天仙子、烟草等］；而不经胚胎发生的花粉粒则会经由器官发生途径分化出芽和根，最终形成完整植株［如拟南芥、芦笋（*Asparagus officinalis*）等］。

六、单倍体植株倍性鉴定及染色体加倍

（一）单倍体植株倍性鉴定

通过花粉（或花药）培养获得单倍体植株的诱导率通常较低，获得的花粉植株是包括单倍体、二倍体、多倍体和非整倍体等的混合群体。因此，必须对花粉植株的倍性进行快速而准确地鉴定，才能筛选出所需要的单倍体植株。目前，鉴定花粉植株倍性的方法主要有直接鉴定法和间接鉴定法两大类。

1. 直接鉴定法　直接鉴定法即染色体计数法，这是确定植株倍性最基本、最可靠的方法。通常以植物的根尖、茎尖、幼叶、叶片愈伤组织或卷须为材料，采用压片法和去壁低渗法进行染色体标本制备，需用卡宝品红、醋酸洋红或铁矾-苏木精等染液进行染色、镜检和计数。

2. 间接鉴定法　间接鉴定法主要包括植株形态观察法、细胞形态鉴定法、DNA含量测定、核体积测量法、生化与分子标记鉴定法、核磁共振测定法、近红外光谱测定法等。

（1）植株形态观察法　一般而言，随着细胞染色体倍性的增加，植物各器官体积趋于增大。就形态而言，单倍体植株较二倍体植株弱小，形态差异明显（表7-4，图7-11）。马国斌（1999）的研究结果表明，四倍体甜菜的花冠、花粉粒和种子均大于二倍体；而单倍体西瓜植株的叶面积、茎长、茎粗显著低于二倍体，单倍体植株的雌、雄花也明显小于二倍体，且雄花中没有花粉粒。杜胜利（1999）通过实验证实，黄瓜单倍体能结果，但果型多异常，无正常种子，多空瘪籽，长势明显弱于二倍体和三倍体。Nakamura（1994）认为，颖长可以作为水稻染色体倍数的鉴定指标，水稻单倍体与二倍体的颖长一般以5.6mm为界，二倍体与三倍体的颖长以7.8mm为界。

表7-4　植物单倍体和二倍体植株形态比较

性状	单倍体	二倍体
植株外貌特征	植株瘦弱、叶片窄小、花小柱头长	植株健壮、叶片宽大、花大柱头短
结实性	开花、不结实	开花、正常结实
花粉粒特征	花粉败育、不着色	花粉正常、着色好
气孔大小数目	气孔小、单位面积数目较多	气孔大、单位面积数目较少

植株的形态学观察是间接确定植株倍性的重要方法之一，具有简便、快捷、不需要使用特殊仪器设备等优点。但是，该方法也存在一定的不可靠性，尤其是在倍性差异小的情况下。同时，形态特征的表现也经常受到环境条件的影响。

（2）细胞形态鉴定法　植物叶片保卫细胞的大小、单位面积的气孔数及保卫细胞中叶绿体的大小和数目与染色体倍性具有高度的相关性，利用这种方法对染色体倍性进行鉴定，

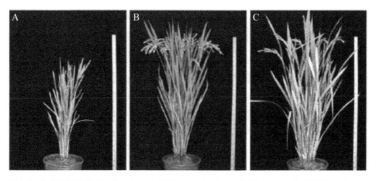

图 7-11　花药培养获得的单倍体（A）、二倍体（B）和四倍体（C）水稻植株（Zhu et al.，2007）

称为叶片气孔保卫细胞叶绿体计数法。杨艳琼（2002）采用此方法对用不同浓度秋水仙碱溶液加倍处理后的烟草花粉植株进行了染色体倍性鉴定，结果表明气孔保卫细胞叶绿体数的平均值在单倍体与二倍体之间差异极显著。单倍体 95% 以上的叶绿体数在 14 个以下，二倍体 95% 以上的叶绿体数则在 14 个以上，经开花结实验证其准确率达 91%，这种方法在植株叶展开到第 5 片时就可鉴定。刘仁祥和黄莺（2008）对倍性鉴定的最佳取样时间和取材部位进行了研究，认为烟草植株染色体倍性的早期快速鉴定宜选用第 5 片叶，通过测定其气孔保卫细胞叶绿体数目间接鉴定其倍性，这样可把鉴定植株染色体倍性的时间提前至大田移栽之前。苏敏（2011）对西葫芦（*Cucurbita pepo*）再生植株的保卫细胞叶绿体数目进行了分析，发现单倍体植株均只含有 4 个叶绿体，二倍体植株具有典型的 8 个叶绿体，部分混倍体含有 4～16 个叶绿体（图 7-12）。何婷等（2012）对欧洲油菜（*Brassica napus*）2105 品系种子萌发的二倍体植株和小孢子来源的再生单倍体植株叶片气孔保卫细胞的大小进行了测定，认为利用长轴与短轴长度计算的周长值指标对单倍体与二倍体鉴定具有更宽的区分窗口，可用于油菜双单倍体群体构建中植株倍性的快速鉴定。

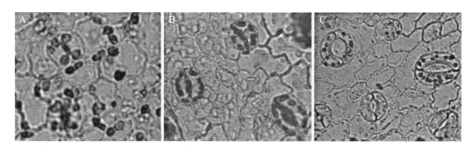

图 7-12　西葫芦再生植株保卫细胞叶绿体类型（苏敏，2011）
A. 单倍体植株；B. 二倍体植株；C. 混倍体植株

用气孔大小和保卫细胞叶绿体计数法测定染色体倍数的方法已应用于多种作物，而且与根尖压片观察染色体数和开花结实验证实验相比，气孔大小和保卫细胞叶绿体计数法简便、快速、准确。这种方法在花粉和胚囊植株生育早期就能及时准确地鉴定出染色体减半的单倍体植株，以便采取有效措施予以利用，可减少损失，加速育种进程。

（3）DNA 含量测定　　也称流式细胞术（flow cytometry，FCM），是对大量处于分裂期染色体的 DNA 含量进行检测，经计算机自动统计分析并绘制出 DNA 含量的分布曲线图，同时以已知倍性的同类试材为对照，最终确定待测植株倍性的方法。DNA 含量测定是植株倍性鉴定的一种较为直接的方法。苏敏（2011）利用流式细胞仪通过测定西葫芦单个细胞核内的 DNA 含量来推断细胞的倍性，发现单倍体植株在通道 50 处有单一的峰，二倍体的主峰出现在通道 100 处，混倍体具有双峰（图 7-13）。利用流式细胞仪测定核 DNA 含量，样品处理方法简便，测量准确，可以同时测量多个样本。此法的缺点是仪器昂贵，成本较高，待测样本制备时间不宜过长，否则会影响鉴定结果。

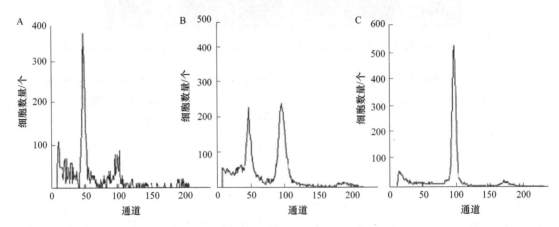

图 7-13　流式细胞仪检测西葫芦再生植株的倍性（苏敏，2011）
A. 单倍体；B. 混倍体；C. 二倍体

（4）核体积测量法　　细胞核的大小与染色体数目成正比，并且为了维持稳定的核质比，随着细胞核的增大，细胞大小也会按比例增加，故可由此对应关系推测植株的倍性。对于二倍体植株而言，其细胞及细胞核的大小都要比单倍体植株大，因此通过测定细胞核体积的大小，可以鉴定花粉植株的倍性。

（5）生化与分子标记鉴定法

1）生化标记鉴定法：主要是运用同工酶进行鉴定。同工酶是分子水平上的遗传表现型。该标记是一种共显性标记，若等位基因纯合时，无论其拷贝有多少，表现在酶谱带上仅有一条酶带；等位基因杂合时，酶的亚基种类不同而呈现不同的酶带。根据这一原理，选择某一同工酶为杂合表现型的植株作为花药供体，分析再生植株的酶谱即可确定。用同工酶基因标记（isozyme gene marker）对花粉植株遗传的研究在野生稻、辣椒属、杨树和石刁柏等植物上已有不少报道。由于同工酶的鉴定结果受植株个体发育阶段、取材部位等因素的影响，多态性检出率较低，在应用上具有一定的局限性。

2）分子标记鉴定法：用于植株染色体倍性鉴定的分子标记技术主要是指 DNA 分子标记，它是指在 DNA 分子水平上，通过一定方式或特殊手段来反映生物个体或种群之间具有差异性状的 DNA 片段。限制性片段长度多态性（restriction fragment length polymorphism，RFLP）和随机扩增多态性 DNA（randomly amplified polymorphic DNA，RAPD）是常用的 DNA 分子标记技术，广泛应用于遗传育种、遗传理论（基因定位、基因图谱）、鉴定染色体的同源性、物种系统发育及分类学的亲缘关系等方面的研究。

RFLP 是指 DNA 经限制性内切酶（restriction enzyme）酶切后，产生若干不同长度的小片段，其数目和每一片段长度反映了 DNA 限制性酶切位点（restriction site）的分布。由于不同来源的 DNA 分布有不同的限制性酶酶切位点，每一种 DNA 限制性酶组合所产生的片段是特异的，从而产生多态性，所以它可以作为某一 DNA 的特有指纹。此方法具有较高的可靠性，不需任何诱变剂处理，具有丰富的 DNA 多样性，能够区别杂合体与纯合体，具有共显性，可以数量化。但由于存在种属特异性，在实际应用中受到限制，如操作时要制备放射性探针、采用 DNA 印迹法和放射自显影，费时、烦琐、污染大，对 DNA 含量与纯度要求高，多态性水平低，技术难度高，因此只适用于单 / 低拷贝片段。

RAPD 是利用 PCR 随机合成多态性 DNA 片段，检测被扩增区域内遗传特性变化的方法。其优点是能反映整个基因组的变化，无须合成特定序列引物，具有高效性与灵敏性，可在短期内获得大量的多态性 DNA 片段，简便、快速、费用低、分子识别率高、对环境污染小，因而在植物生物技术研究中广泛应用。缺点是稳定性较差、可重复性低，具有高度的变异性等。

（6）核磁共振测定法　　通过油性标记技术使单倍体和二倍体种子的含油量明显不同。核磁共振（NMR）技术直接测量种子的含油量，然后根据其含油率（含油量除以总重量）对种子进行分类，二倍体玉米种子含油率是单倍体玉米种子的两倍以上。此法对含油率差异大的植物分辨率高，并且可以扩展到高通量系统，以满足实际的大批量选择过程。但是，速度慢、成本高和体积大的特点限制了 NMR 光谱仪的广泛应用。

（7）近红外光谱测定法　　与 NMR 类似，近红外光谱（NIRS）也可无损检测种子。与 NMR 光谱仪相比，NIRS 光谱仪具有速度快、成本低、体积小等优点。

（二）单倍体植株染色体加倍

单倍体植株缺乏同源染色体，无法进行正常的减数分裂，不能形成正常的配子，因而是高度不育的。为了得到可育的纯合二倍体，使亲本的优良性状能够稳定遗传，必须对单倍体植株进行染色体加倍。由于这种加倍只是进行染色体自我复制，因而得到的二倍体属于纯合二倍体，可以进行正常的有性生殖并繁衍后代。自然情况下，染色体加倍是普遍存在的，但是加倍效率较低，易受复杂环境影响，并不利于大规模运用，故人工诱导是染色体加倍的主要手段。

对单倍体植株进行染色体加倍处理主要采用化学诱变法，常用的诱变剂包括秋水仙碱、8-羟基喹啉、1,4-二氯苯、富民农、二甲基亚砜、甲苯胺蓝等，而诱变效果最好的是秋水仙碱。利用秋水仙碱诱导花粉植株染色体加倍有以下几种方法。

1. 小苗处理法　　将诱导得到的花粉植株幼苗整体浸泡于一定浓度的无菌秋水仙碱溶液中，处理一段时间后再转移到新鲜的培养基上进行培养。该方法操作简单、快捷，已在烟草、大麦等植物中应用并获得成功（表 7-5）。

表 7-5　单倍体植株染色体加倍效果比较（小苗处理法）

植物	处理浓度 /%	处理时间	加倍率 /%
烟草	0.2~0.4	24~96h	35
大麦	0.01~0.05	1~5d	40~60

2. 茎尖处理法　　将秋水仙碱与羊毛脂以一定浓度配比混合，然后将其均匀地涂抹在单倍体植株的顶芽或腋芽上，诱导分生组织细胞的染色体加倍；或者以蘸满一定浓度秋水仙碱溶液的棉球直接置于单倍体植株的顶芽或腋芽上，同样可以达到诱导分生组织细胞染色体加倍的效果。这种方法已经成功应用于烟草和茄子花粉植株的染色体加倍研究（表7-6）。操作时需要加盖塑料布（纸），以防溶液挥发而降低诱导效率。

表 7-6　单倍体植株染色体加倍效果比较（茎尖处理法）

植物	处理浓度 /%	处理时间 /h	加倍率 /%
烟草	0.2～0.4（羊毛脂）	24～28	25.0
茄子	0.2～0.4（水溶液）	40～42	87.5

3. 培养基处理法　　将秋水仙碱以一定比例加入到培养基中，使单倍体植株的不同外植体或细胞在离体培养条件下再生成二倍体植株。由此获得的二倍体植株遗传性状稳定，可以直接进行快速繁殖并用于生产。但是秋水仙碱的诱变作用同样可能导致染色体不稳定，造成染色体的多倍化，出现一定比例的混倍体和嵌合体。因此，对经秋水仙碱处理的植株，应当进行纯合二倍体的筛选。

此外，Hansen 和 Andsen（1996）采用了三种抗微管形成的除草剂（oryzalin、trifluralin、APM）处理大白菜小孢子，惠国强等（2012）使用甲基胺草磷、炔苯酰草胺、氟乐灵等除草剂处理玉米单倍体植株，也同样获得了与秋水仙碱类似的诱变效果，认为这三种除草剂与秋水仙碱具有相似的功能。

七、花药与花粉培养操作实例

（一）小麦花药培养

小麦花药培养是产生单倍体小麦的主要途径。20 世纪 70 年代初，小麦花药培养在我国首次取得成功之后，世界各国开始将此项技术应用于小麦育种，小麦花药培养育种在理论和实践中已取得了很大进展，这里介绍一种小麦花药固体培养的方法（孙敬三等，1995）。

1）当小麦穗子的旗叶叶耳和旗叶下一叶的叶耳之间的距离为 8～10cm 时，采集花粉并用醋酸洋红涂片镜检，确认合适的材料。

2）将小麦穗子剪去叶子，只留下叶鞘包裹的穗子，用湿纱布包好，罩以塑料袋，置于 3～5℃冰箱中低温处理 3～5d。

3）常规方法灭菌后剥取花药，接种到含有 2.0mg/L 2,4-D、0.2mg/L KT 和 8%～10% 蔗糖的 N₆、C17 或 W14 琼脂培养基上，先在 32℃条件下培养 6d，再转移到 28℃黑暗或弱光下培养。

4）当愈伤组织生长到 1.5～2.0mm 时，将其转移到含有 0.5mg/L NAA、0.5mg/L KT 和蔗糖 3% 的培养基上，在 25℃光照条件下分化再生植株。当幼苗长出 2～3 片真叶时，转入含有蔗糖 3% 的 MS 培养基中，放在 4～6℃冰箱中储存越夏。

5）9 月中下旬，将试管苗移至室外苗床炼苗 5～7d，然后洗净琼脂，取出花粉植株移栽于苗床。移栽后在苗床上搭盖塑料薄膜，直到成活。

6）早春返青后，在分蘖旺盛期时，用测量叶片保卫细胞长度的方法或根尖细胞染色体计数的方法确定花粉植株的倍性。

7）将单倍性植株从土中挖出，洗去泥土，将分蘖节及根部浸入含有1.5%二甲基亚砜和0.04%秋水仙碱溶液中，于15℃条件下处理8h，然后洗净、栽回土壤，即可获得结实的纯合二倍体植株。

（二）大麦花粉培养

大麦是世界上广为种植的禾谷类作物之一，因其适应性强、抗逆性好和用途广而受到人们的普遍关注。目前，大麦广泛用于啤酒酿造、饲料生产和食用等方面，因此利用现代生物技术手段开展大麦的品种改良等育种工作的研究具有十分重要的意义。花粉培养是获得大麦单倍体植株的有效途径，下面以'Igri'或'Sarbarlis'品种为例，介绍一下大麦花粉培养的操作流程（郭向荣，1996）。

1）采集大麦品种'Igri'或'Sarbarlis'植株上花粉处于单核中期至晚期的穗子，用10%次氯酸钠或0.1%氯化汞消毒10min，然后用无菌水清洗三遍，将0.3mol/L的甘露醇预处理液2mL盛于直径3cm的培养皿中，取出花药并将其种植在预处理液表面上，于25℃黑暗条件下进行预处理。

2）预处理3d后，取240个花药置于50mL离心管中，加入20～30mL预冷的0.3mol/L甘露醇溶液，混匀后，于20000r/min的旋切刀具下搅拌30s。在搅拌过程中轻轻摇动离心管，以保证所有材料都能充分搅拌均匀。搅拌结束后再用100μm孔径的筛网过滤，去除各种残渣碎片。将小孢子匀浆置于50mL离心管中，在800r/min下离心3min收集小孢子群体。去掉上清液后，将小孢子移至1.5mL或2mL的离心管中离心2min，即得纯净的小孢子群体，可用FDA染色检查其活性。

3）经分离提取的小孢子群体，用血球计数板计数，调整小孢子密度为1.0×10^5～1.2×10^5个/mL，然后加入1mL诱导培养基（FHG培养基：0.5mg/L IAA＋0.5mg/L BA＋0.2mg/L 2,4-D＋64g/L麦芽糖），置于25℃培养箱中暗培养28～35d。当胚状体长至1～1.5mm时，将其转移至固体分化培养基（FHG培养基：1.5mg/L IAA＋0.5mg/L BA＋40g/L麦芽糖）中以获得再生植株。

4）将单倍性植株从土中挖出，洗去泥土，将分蘖节及根部浸入适宜浓度的秋水仙碱溶液中处理一段时间，即可获得纯合的二倍体植株。

第二节　植物单倍体育种

一、单倍体育种的概念和意义

（一）单倍体育种的概念

单倍体（haploid）是指具有配子染色体数目（n）的个体。一般情况下，多数动植物体是二倍体类型（$2n$），而其性细胞则是单倍体（n）。植物进行有丝分裂时，要进行一次减数分裂，继而形成雌、雄配子，也称为单倍体细胞，将单倍体细胞在离体条件下进行培养，使其发育成植物体，即为单倍体植株。

单倍体育种（haploid breeding）是指将具有单套染色体的单倍体植株经人工染色体加倍，使其成为纯合二倍体，从中选出具有优良性状的个体，直接繁育成新品种，或选出具有单一优良性状的个体，作为杂交育种的原始材料。

　　高等植物的单倍体和二倍体比较起来，一般体型弱小，有时还会出现白化苗。当减数分裂时，染色体呈单价体存在，没有相互联会的同源染色体，最后只能无规律地分配到配子中去。而在分配时，全套染色体都能够进入到同一配子中去的机会是极小的，故绝大多数不能发育成有效配子，因而表现为高度不育。然而正因为单倍体植株细胞中只有一套染色体，每一同源染色体只有一个成员，每一等位基因也只有一个成员，如果将其染色体加倍，即可获得纯合的二倍体，这在玉米等异交作物育种时可代替多年自交，很快得到自交系（纯合系）。此外，还可以获得一些由隐性基因控制的优良性状，排除了杂种优势的干扰，容易筛选。

（二）单倍体育种的意义

　　目前，国内外很多科研机构和育种单位已将单倍体育种技术成功地应用于育种研究与实践，育成的品种有'Cyclone'油菜单倍体、双低油菜品系、优质高产品种'华双3号'、抗热大白菜新品种'豫园50'、大白菜新品种'桔红心一号'等，这些新品种在抗性、产量、品质等方面有了较大改善，并已推广栽培，经济效益显著。因此，开展单倍体育种研究具有十分重要的意义。

　　1. 良好的遗传研究材料　　单倍体的基因表达不受等位基因的干扰，在连锁群检测、基因定位、基因相互作用等方面都是良好的实验材料。用二倍体与单倍体杂交，可以得到一系列的附加系，这对研究染色体遗传功能是必不可少的材料。单倍体只含有一个单一功能的基因模式，排除了杂合性等因素的干扰，便于研究基因的剂量效应。一个花粉粒即是一种基因型，花粉植株则展示了表现型。

　　2. 加速育种进程　　常规育种要获得稳定纯合品系至少需要8～10年，甚至更长的时间。而单倍体育种可以将F$_1$代的花粉离体培养获得单倍体植株，再经过染色体加倍而获得纯合二倍体植物，当年即可收获种子，再进行品比试验、生产和区域性试验，整个育种过程只需4～5年，育种时间大大缩短。

　　3. 提高选育效率　　二倍体植株性状的表达受到同源染色体上一对等位基因的干扰，而进行单倍体育种，可以排除显、隐性基因干扰，提高选育效率。等位基因的数量越多，常规育种和单倍体育种的选择效率相差越大。假设双亲的性状由 n 对等位基因控制，则在常规育种中，双隐性纯合体的出现概率为 $1/2^{2n}$，而在单倍体育种中的出现概率为 $1/2^n$。假设选择的是显性纯合体，则两种育种方法选择效率的差异将会更大。因此，单倍体育种有利于提高优良品种的选育效率。

　　4. 利于突变体选育　　单倍体植株基因表达不受遮蔽，花粉植株可以充分地展示基因型所决定的表现型。如果能够适时地对花粉或花粉愈伤组织进行化学或物理的诱变处理，获得的单倍体植株在当代就会将诱变的结果表现出来，经过筛选、染色体加倍处理就可以获得稳定的纯合突变体，这在突变体育种中具有十分重要的意义。

　　5. 单倍体植株是遗传转化受体　　将单倍体植物作为遗传转化的受体，可以提高转化效率，在先保证外源基因插入单倍体植株一条染色体的前提下，再通过染色体加倍技术，使最终得到的加倍单倍体的两条染色体上都有目的基因的存在，从而确保外源基因的稳定遗传，大大提高遗传转化的效率。因此，单倍体植株也是良好的遗传转化受体。

6. 利用单倍体育种对栽培品种进行纯化　经常规育种获得的优良品种在育成并推广后，经过一段时间的栽培，便会出现性状分离的现象，使得优良品种的品性不再稳定，而且出现品种混杂、品质退化，产量下降等现象，使得优良品种丧失经济价值。对基因型混杂的品种进行花药（或花粉）培养而获得单倍体植株，再经染色体加倍处理、大田选育后，即可获得品质优良、性状稳定的纯合二倍体植株，从而达到对基因型混杂品种进行提纯复壮的目的。

二、单倍体育种技术

单倍体育种技术包括自发单倍体的挖掘和人工诱导单倍体的形成两个方面。在自然界存在着一些自发产生的单倍体植物，这些单倍体植物由于历经了长期的自然选择，在生长表现上更加稳定，然而自然界中自发单倍体的数量毕竟有限，能够产生自发单倍体的植物资源种类也较少，因此，人工诱导单倍体的形成是单倍体育种的主要途径。

（一）自发单倍体的挖掘

1922 年，Blakeslee 首次在曼陀罗的自然群体中发现了单倍体植株。目前，已报道的在自然界自发产生单倍体的植物种类已经达到了 100 种以上，自发单倍体植物的发生方式主要有 4 种。

1. 孤雄生殖途径产生自发单倍体　植物授粉后胚囊中的卵细胞退化消失，而由精细胞单性发育成单倍体植株的过程，称为孤雄生殖。仅在烟草和大麦的远缘杂交中发现过该途径。

2. 孤雌生殖途径产生自发单倍体　植物经由胚囊中未受精的卵细胞分裂形成单倍体胚，并最终发育成单倍体植株的过程，称为孤雌生殖。曾在玉米、小麦、烟草等植物中发现过该途径。

3. 无配子生殖（无融合生殖）途径产生自发单倍体　无配子生殖（无融合生殖），是指由胚囊中除卵细胞之外的其他细胞（反足细胞、助细胞等）发育成单倍体植株的发育方式。由反足细胞和助细胞发育成的单倍体幼胚，通常会和受精卵形成的二倍体幼胚共同发育，形成双胚或多胚种子。该途径是自然界植物单倍体发生的重要途径，多见于水稻、小麦、玉米、棉花、亚麻、烟草、黑麦和辣椒等植物自发单倍体的形成过程。

4. 体细胞减数分裂途径产生自发单倍体　是植物经由体细胞减数分裂形成单倍体胚，并最终形成单倍体植株的过程。在自然界体细胞发生减数分裂的概率极低，只有几千分之一，甚至几十万分之一。朱红彪（1984）在糖甜菜（*Beta vulgaris*）中观察到了体细胞的减数分裂现象和单倍体细胞。

（二）人工诱导单倍体的形成

由于自然界单倍体发生的频率较低，自发产生单倍体的植物种类也很少，因而人工诱导单倍体形成便成为单倍体育种的重要途径。目前，主要通过孤雄生殖和孤雌生殖两种途径来培育单倍体植物。迄今为止，在世界范围内获得单倍体的植物已达数十种，其中包括水稻、小麦、大麦、玉米等农作物，辣椒、茄子、甘蓝等蔬菜品种，杨树、毛刺槐等林木树种及棉花、烟草、亚麻（*Linum usitatissimum*）等经济作物。

1. 孤雄生殖途径诱导单倍体发生   是指通过离体培养植物的花药或花粉,诱发小孢子发育成单倍体植株的过程。该方法诱发频率较高,产生单倍体植株的植物种类也较多,是人工诱导单倍体植株形成的主要途径(详见本章第一节内容)。

2. 孤雌生殖途径诱导单倍体发生   是指离体培养植物未受精的子房或胚珠,诱发卵细胞单性发育成单倍体植株的过程,其诱导单倍体的成功率较低。曾在烟草和小麦的大孢子培养过程中获得了单倍体植株。据 Thomas(1999)统计,通过雌核发育诱导单倍体成功的植物有 20 多种,涉及观赏植物、粮食作物和林木等。对离体雄核发育受阻、雄性不育和雌雄异株的植物(如菊科、藜科、百合科、桑科等)来说,培养未受精胚珠和子房是获得单倍体植株的有效途径。

此外,人工诱导单倍体形成的方法还有异源种属花粉诱导(甘蓝型油菜,1981)、延迟授粉诱导(小麦,1985)、化学药剂处理诱导(水稻,1983)、体细胞染色体排斥技术(大麦,1970)、异种属细胞质-核替代技术(小麦,1962)、双生苗技术(棉花,1995)、半配合诱导技术(棉花,1995),以及近年来采用较广的辐射诱导技术(黄瓜,1999)和诱导系选育(玉米,1998)技术等,这些技术在各种植物单倍体育种中都得到了不同程度的应用。现代研究发现,人工单倍体诱导也可在基因层面以基因组编辑的方式来实现,如着丝粒组蛋白编码基因 *CENH3* 在着丝粒规格和染色体分离中发挥关键作用,在拟南芥中可通过控制 *CENH3* 突变的植株与野生型杂交来获得单倍体植株(Ravi et al.,2010)。Timothy(2016)也成功利用基因编辑的方法培育出了玉米单倍体植株。

三、单倍体育种的应用举例

利用单倍体育种技术可以加速育种进程,继而利用杂种优势提高作物产量和品质,并筛选优良基因。因此,研究植物单倍体诱导方法及发生机制对作物遗传育种具有重要的意义。黄瓜(*Cucumis sativus*)单倍体主要通过花药培养、子房培养及辐射花粉授粉诱导等三种人工途径获得。利用辐射花粉授粉并结合胚培养可以诱导黄瓜单倍体产生,具体方法如下。

1. 辐射处理及授粉   开花前一天上午采集雄花,将带有部分花丝的花药取下来装入防水纸袋,进行 200Gy 或 300Gy 辐射处理并低温保存。次日早晨用辐射过的花粉进行授粉。授粉后的雌花用铝片隔离至坐果。

2. 花粉离体培养   授粉 2~3 周后采收果实。在超净工作台上,用 75% 的乙醇对果实进行表面消毒,然后将果实剖开,分离种子并接种到不添加任何激素的 MS 培养基上进行培养。约 10d 后,将肉眼可见绿胚的种子挑出来,剥取绿胚并将其接种在 MS+0.2mg/L 6-BA 的培养基上进行扩繁,每隔 15d 转接一次。

3. 染色体倍性鉴定   待植株长成后,取 1.5~3mm 长的幼嫩卷须进行染色体计数鉴定倍性。

4. 染色体加倍   选出单倍体植株,在超净工作台切取茎尖分生组织约 1cm,于灭过菌的 0.1% 秋水仙碱和 5% 二甲基亚砜溶液中浸泡约 1h,无菌水清洗三次,后转到 MS 培养基。培养约 30d 鉴定倍性。

5. 纯合二倍体的获得   经鉴定的二倍体植株,待长出健壮根系后于室温驯化 2d,后转移至含营养液的蛭石中,最后选取驯化的茁壮苗移栽田间。

目前，对于黄瓜的单倍体育种而言，主要是通过未授粉子房的培养来获得单倍体植株，但诱导率较低，且易受基因型的影响。应当采取有效措施进一步提高胚囊内细胞的分裂效率及分裂细胞团转化为胚胎的频率；提高黄瓜的花药（或花粉）培养效率，建立完整的植株再生体系，并深入开展相关研究。对于黄瓜单倍体加倍技术还存在筛选和优化的问题，仍需开展较为深入的研究。

思　考　题

1. 花药培养和花粉培养的区别是什么？
2. 花药培养的预处理方法有哪些？其机制如何？
3. 离体培养条件下小孢子是如何发育成完整植株的？
4. 花药（或花粉）培养过程中决定再生植株倍性的因素有哪些？
5. 试述影响花药（或花粉）培养成功率的主要因素。
6. 如何对花粉植株进行倍性鉴定？染色体加倍的方法有哪些？
7. 单倍体育种的特点是什么？通过哪些途径可以获得单倍体？
8. 简述单倍体育种的意义。
9. 查阅相关资料，阐述单倍体育种的研究现状与应用进展。

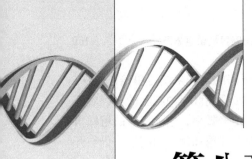

第八章　植物胚胎培养

　　植物胚胎培养是指在离体条件下使胚或具胚器官发育成幼苗的培养技术。它包括胚培养（embryo culture）、胚珠培养（ovule culture）和子房培养（ovary culture）。广义的胚胎培养还包括胚乳培养（endosperm culture）、离体授粉（in vitro pollination）和离体受精（in vitro fertilization）等内容。

　　胚培养是指在无菌条件下将胚从胚珠或种子中分离出来，置于培养基上进行培养的技术。植物胚的发育过程是指从合子分裂到幼胚形成直至发育为成熟胚的过程。胚珠培养是指对未受精或受精后的胚珠的离体培养。子房培养是指对授粉或未授粉的子房的离体培养。由于心形期前的幼胚培养难度大，采用胚珠培养或子房培养的方法可提高培养成功率。胚乳培养指对处于细胞期的胚乳组织的离体培养。离体授粉是指在无菌条件下培养离体的未受精雌蕊或胚珠和花粉，使花粉萌发产生的花粉管进入胚珠，完成受精过程而获得有生活力种子的技术。由于从花粉萌发到精卵细胞融合形成种子，直至种子萌发产生幼苗都是在试管内完成的，所以是一种接近自然授粉情景的初级试管受精技术。离体授粉是克服远缘杂交受精前生殖障碍最有效的方法之一。

　　离体受精是指在离体及人工控制的环境下，精卵细胞融合形成合子的过程。它包括配子的分离、雌雄配子融合和合子培养三个阶段。

第一节　植物胚培养

　　早在 1904 年，Hanning 就培养了萝卜和辣根菜的胚，发现离体胚在含有蔗糖、无机盐和氨基酸的培养基上可以充分发育，并可提前萌发形成小苗，这是世界上胚培养最早获得成功的一例，由此证明了胚可以离开母体在人工合成的培养基上生长发育。1925～1929 年，Laibach 通过培养亚麻种间杂种幼胚，成功地获得了种间杂种，首次证实了这种方法在实际应用中的价值。李继侗（1933）在银杏培养中发现了胚乳提取物能够促进银杏离体胚的生长，这一发现对后人使用植物胚乳汁液、幼嫩种子及果实提取液等天然物质促进培养物生长具有启示作用。目前，胚培养技术已经被广泛地应用于农、林和园艺植物的育种工作中，在生产实践中起到了很大的作用。

一、胚培养的意义

（一）克服远缘杂交不孕和幼胚败育，获得种间或属间杂种

　　远缘种间或属间杂交是植物育种的重要手段，尤其是在长期品种间杂交单向选择造成基

因贫乏的状况下，远缘杂交引入新的基因资源更有必要。但是，远缘杂交的一个难点是杂交不孕现象，不孕的原因可能是杂交不亲和，也可能是幼胚败育。对于杂交不亲和可以通过试管受精技术解决，对幼胚败育现象则可以通过胚培养技术来挽救。目前这些技术已广泛应用于多种作物（水稻、玉米、棉花、甘蓝、柑橘、猕猴桃和番茄等）的远缘杂交育种中，获得了一些有一定价值的杂种。

（二）缩短育种周期

对于一些多年生植物，传统育种程序复杂，周期很长，应用胚培养技术则可以加快育种进程。例如，许多李属的果树种子萌发受抑制，若剥离胚进行体外培养则可短期正常萌发成苗。利用胚抢救技术以无核葡萄为母本进行无核葡萄的育种工作可以大大提高育种效率，使育种周期缩短一半。

核果类果树的早熟品种果实发育期短，胚发育不成熟，导致常规层积处理后播种很难成苗，胚培养技术则能够有效提高早熟品种的萌芽率和成苗率，为核果类早熟及特早熟品种育种工作的顺利开展提供了条件。迄今为止，国内外已通过胚培养技术培育出了许多桃、杏等植物的优良早熟品种或品系。

一些植物的种子如柑橘、芒果等存在多胚现象，其中只有一个胚是通过受精产生的有性胚，其余的胚多是由珠心细胞发育而成，因此称其珠心胚。在杂交育种中，由于珠心胚的存在，很难确定真正的杂种；且珠心胚生活力很强而杂种胚生活力低，使得杂种胚早期夭折，往往得不到杂种苗。通过幼胚培养可解决这一难题。

（三）获得单倍体植株

单倍体的诱导及加倍后形成的高度纯合的加倍单倍体，在植物育种中具有重要的应用价值。通过远缘杂交结合胚培养技术是获得单倍体的有效方法之一。例如，栽培大麦与球茎大麦杂交，受精作用不难完成，但在胚胎发生的最初几次分裂期间，父本的染色体被排除，结果就形成了单倍体的大麦胚，然而受精后 2～5d 胚乳逐渐解体，使得单倍体胚生长很缓慢。为得到大麦的单倍体植株，必须把幼胚剥离出来进行培养。

（四）打破种子休眠，提早结实

一些植物的种子由于种胚发育迟缓，存在生理后熟现象；另一些植物的种子因含抑制萌发的物质而处于休眠状态。通过幼胚培养可打破休眠，促使萌发成苗，提早结实。此外，胚培养可用于种子生活力的快速测定，且检测结果比常用的染色法更准确可靠。

（五）建立高频再生体系

许多珍稀植物具有较高的利用价值，如红豆杉提取物——紫杉醇是一种重要的抗癌药物，紫草根中的紫草素具有治疗烧伤、抗菌消炎和抗肿瘤等作用。现代社会对这些植物的需求量很大，然而这些植物的自然繁殖系数低，大量采集、采伐很容易造成资源匮乏。为了克服供求矛盾，建立高频再生体系，加快繁殖速度是非常必需的。利用成熟胚培养技术加快苗木繁殖速度是一条重要途径。目前，已在小麦、水稻、苹果和山楂等植物中开展了这方面的研究。

（六）胚培养材料可作为转基因受体材料

植物转基因技术的应用范围正在逐渐扩大，在提高植物抗逆性、改善品质和提高产量等方面都在发挥重要作用。在水稻、小麦等植物基因转化研究中，幼胚愈伤组织是良好的受体材料。因此，建立这些植物的幼胚培养再生体系是非常必要的。

二、胚培养技术

依据被剥离胚的发育时期的不同，可将胚培养分为成熟胚培养（culture of mature embryo）和幼胚培养（culture of larva embryo）。

（一）成熟胚培养

成熟胚培养是指对子叶期至发育成熟的胚培养。在自然状况下，许多植物的种皮对胚胎萌发有抑制作用，需要经过一段时间的休眠，待抑制作用消除后种子才能萌发。从种子中分离出成熟胚后进行体外培养，可以解除种皮的抑制作用，使胚胎迅速萌发。成熟胚已经储备了能满足自身萌发和生长的养分，因此在只含有无机营养元素、几种维生素和少量激素的简单培养基上就可培养。早期常用的培养基为 Tukey（1934）、Randdolph 和 Cox（1943），后也采用 Nitsch（1951）和 MS（1962）等较复杂的培养基。成熟胚培养实质上是胚的离体萌发生长，其萌发过程与正常的种子萌发没有本质差别，因此所要求的培养条件与操作技术比较简单。根据朱至清（2003）等的研究，大量元素减半的 MS 培养基适用于多种植物的成熟胚培养。

成熟胚培养具有取材方便、方法简便、培养周期短、不受时间限制、愈伤组织生长快和一次成苗率高等优点，主要用于珍稀杂种的萌发和某些繁殖困难植物的抢救等。成熟胚培养时通常有两种方式，一种是直接萌发成苗，另一种是先脱分化形成愈伤组织，再分化形成植株。近年来，成熟胚培养研究主要集中于基因型的筛选、培养条件的优化、外界条件和生长调节剂对成熟胚愈伤组织的影响及胚乳对成熟胚培养的影响等方面。

成熟胚的培养过程：把成熟的种子用 70% 的乙醇进行表面消毒几秒到几十秒（消毒时间取决于种子的成熟度和种皮的厚薄），再将其放到漂白粉饱和溶液或 0.1% 的氯化汞水溶液中消毒 5～15min，然后用去离子水冲洗 3 次，之后在解剖镜下解剖种子，取出种胚接种在培养基上，在常规条件下培养即可（图 8-1）。

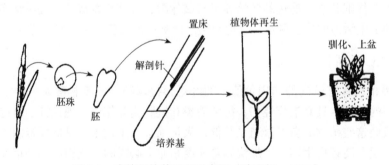

图 8-1　成熟胚培养过程示意图（陈忠辉，1999）

（二）幼胚培养

幼胚培养是指对处于原胚期、球形期、心形期、鱼雷期的胚培养。幼胚在胚珠中是异养的，需要从母体和胚乳中吸收各类营养物质和生物活性物质，因此幼胚培养对培养基要求比较严格，需提供适宜的培养条件。不仅要求培养基具有完全的营养成分，而且对培养基的渗透压、激素水平及附加成分都有一定的要求，培养的难度较大。一些植物的低龄幼胚直接培养很难成活，此时可采用胚珠培养，使幼胚在珠被中长大，然后将胚取出培养。幼胚培养在远缘杂交育种和核果类果树及早熟品种杂交育种上有极大的利用价值。

1. 幼胚培养的基本程序

（1）取材　　大多数幼胚培养成功的实例证明，适宜于幼胚培养的胚多为球形胚至鱼雷形胚。在形成球形胚之前的原胚阶段，剥离和培养均比较困难。以幼胚抢救为目的的胚培养取材，应了解胚退化衰败的时期，以便在此之前取出幼胚进行培养。一般来讲，幼胚死亡时间越早（如球形期之前），抢救工作就越困难。

幼胚培养在取材时常常是连同果实一起取下来，然后对果实或种子进行消毒，由于胚包被在种皮内，因而一般是不带菌的。通过对果实或种子消毒彻底，在无菌条件下分离出的幼胚不会造成污染。

（2）幼胚剥离　　在进行幼胚培养时，把胚从周围的组织中剥离出来比较困难。一个胚就是一个植株的另一种形态，因此胚剥离的成功与否是幼胚培养能否成功的关键。大多数植物的幼胚剥离要借助解剖镜，特别是那些种子较小的植物更是如此。另外，幼胚是一种半透明、高黏稠状组织，剥离过程中极易失水干缩，因此，在剥离时要注意保湿、无菌，且操作要迅速。

有关胚发育的细胞学和生理生化研究表明，胚柄（suspensor）积极参与幼胚的发育，特别是球形期以前的幼胚。胚柄的存在对于幼胚培养成活率及成苗率有重要影响。胚柄含有较高的赤霉素，它的存在可促进幼胚发育；若去掉胚柄不仅减少了赤霉素供应，还会造成伤口，这是造成幼胚难以成功培养的因素之一。因此，许多学者认为，幼胚培养需要带胚柄结构，所以幼胚剥离时应带胚柄一同取出。

（3）接种培养　　剥离出来的幼胚要立即接种到培养基上进行培养，否则会影响胚的生活力。幼胚培养相对于其他培养来讲要容易一些。但是，在培养之前必须对所培养的对象在自然发育条件下的特性充分了解，如胚的休眠问题、是否需要春化作用和胚萌发的温度等，这些对提高胚培养的成功率均有重要影响。

2. 幼胚离体培养的生长发育方式　　幼胚培养中，常见的生长方式有以下三种。

（1）胚性发育（embryonal development）　　幼胚接种到培养基上以后，仍然按照在活体内的发育方式发育，最后形成成熟胚（有时甚至可能类似种子），然后再经种子萌发途径出苗形成完整植株。这种途径发育的幼胚，一般一个幼胚将来发育成一个植株。

（2）早熟萌发（early mature sprouting）　　幼胚接种后，不继续胚性生长，而是在培养基上迅速萌发成幼苗，这种现象即为早熟萌发。通过这种方式形成的幼苗往往细弱、畸形，难以成活。因此，在幼胚培养中应防止早熟萌发。在大白菜、向日葵等植物幼胚培养时发现，低渗培养基易使幼胚发生早熟现象，采用提高培养基中的糖和无机盐浓度、加入甘露醇等方法均可抑制这种现象的发生。另外，添加 ABA、CH（酪蛋白水解物）也有一定的抑制作用。

（3）愈伤组织（callus）　　许多情况下，幼胚在离体培养中细胞脱分化进行细胞增殖，形成愈伤组织。一般来讲，由胚形成的愈伤组织大多为胚性愈伤组织，这种愈伤组织很容易分化形成植株。与成熟器官如叶片、茎或根及成熟种子的胚相比，由幼胚诱导的愈伤组织具有高度的植株再生能力，特别是在禾谷类作物如水稻、玉米、小麦、高粱和大麦中更是如此。

3. 影响幼胚培养成功的因素

（1）培养基　　常用的培养基有 Nitsch（1953）、Tukey（1934）、Rijven（1952）、Rappapon（1954）、Norstog（1963）、B_5（1968）、MS（1962）和大量元素减半的 MS 等。不同的植物幼胚培养适用的培养基不同，如十字花科植物幼胚培养主要采用 B_5 和 Nitsch 培养基，而核果类果树（桃、杏、李和樱桃等）采用 MS 培养基较多，禾谷类的幼胚培养也可采用 N_6 和 B_5 培养基。

不同发育阶段的幼胚对培养基的渗透压要求不同。一般来说，胚龄越小，要求渗透压越高。这是由于在自然条件下，原胚就是被高渗液体包围着。随着胚的发育，其浓度逐渐降低，营养物质不断被胚吸收。培养基中的蔗糖具有提供碳源和调节渗透压的双重作用。培养基渗透压主要是通过糖的浓度来调节的，一般来说，蔗糖的浓度多为 4%～12%。幼胚所处的发育阶段越早，所要求的蔗糖浓度越高，如球形胚一般要求蔗糖浓度为 8%～12%，而心形胚至鱼雷形胚则只要求蔗糖浓度为 4%～6%。确定适宜蔗糖浓度的方法是在接种前将幼胚剥离出来分别放到若干个不同浓度的蔗糖溶液中，观察胚细胞质壁分离现象，等渗溶液浓度即为培养基的最佳浓度。若培养基中的蔗糖浓度过高，会对幼胚培养产生不利影响，此时可用代谢上惰性的甘露醇代替蔗糖，起到调节渗透压的作用。另外，加入适量的氯化钠也可提高渗透压，其使用浓度一般为 0.2%～0.4%。

一些附加物对幼胚培养有一定作用。一些氨基酸或复合氨基酸能刺激幼胚生长。常用的氨基酸有谷氨酰胺、甘氨酸、谷氨酸、天冬氨酸和酪蛋白水解物（CH）。大量的研究表明，谷氨酰胺是促进离体幼胚生长发育最有效的氨基酸。CH 是一种氨基酸复合物，除具有促进幼胚生长发育的效应外，它对培养基渗透压也有调节作用，可促进幼胚早熟萌发。一些天然提取物，如椰子汁（CM）、酵母提取物、各种胚乳汁、麦芽提取物、番茄汁、马铃薯提取物和蜂王浆等也用于幼胚培养，具有一定的促进作用。现有的研究表明，不同发育阶段椰子汁对胚培养的效果不同，通常八分成熟的椰子汁对幼胚的促进作用最为明显。需要注意的是，不同的植物、不同的胚龄对上述附加物的种类、浓度的要求和反应不同。

维生素一直用于幼胚培养中，常用的维生素有维生素 B_1、维生素 B_6 和烟酸等。但在一些情况下，某些维生素对胚培养有抑制作用。因此，需要通过实验首先证明特定维生素对胚培养有促进作用，之后再添加相应的维生素。

生长调节剂对幼胚培养也有重要影响，可以调节植物组织的生长发育和器官形成。离体幼胚在培养过程中，它自身产生的内源激素较少，难以维持其生长发育，这是早期幼胚培养不成功的主要原因之一。因此，在培养基中加入低浓度的生长素、细胞分裂素或赤霉素有利于促进某些植物的幼胚生长。不同植物、不同胚龄的胚培养对生长调节剂的要求不同。例如，IAA 可促进向日葵胚生长却抑制陆地棉生长；GA_3 对荠菜心形期胚无影响，但对鱼雷期胚却有明显影响。此外，生长素与其他激素的比例也会影响胚的发育方式，生长素比例高一般容易产生愈伤组织。因此，在幼胚培养过程中，应根据不同物种、不同品种、不同胚龄、不同培养阶段等条件调整激素的种类、浓度和配比。

培养基 pH 对幼胚的胚性发育有重要影响。通常幼胚培养的培养基 pH 为 5.2～6.3。因植物种类不同而异，如桃 pH 为 5.8，大麦 pH 为 5.2，番茄 pH 为 6.5，水稻 pH 为 5.0～8.6。

（2）环境条件　　幼胚在离体培养时，除与培养基成分密切相关外，也受环境条件的影响。一般，弱光和黑暗更有利于幼胚培养，因为在自然条件下，胚在胚珠内发育是无光的。大多数处于球形期至心形期的幼胚，需在黑暗条件下培养 2 周后再给予一定时间的光照。实验研究认为，在胚培养的形态分化期，光照对胚芽生长有利，而黑暗则对胚根生长有利。因此，以光暗交替培养为好，对多数植物来说，每天保持 16h 光照、8h 黑暗较为合适。另外，光能抑制幼胚的早熟萌发。

幼胚培养的温度以该植物种子萌发的适宜温度为好，一般以 25～30℃为宜。有的植物需要较低的温度，如马铃薯以 20℃为宜；有的要求较高的温度，如棉花幼胚培养在 32℃最好。有些植物的幼胚培养需要在给予适宜温度之前经过低温处理。例如，桃、樱桃、李等核果类果树的幼胚培养，若不经过低温（1～5℃）处理，常导致胚活力不强，萌芽率不高，易形成畸形苗。胚需低温处理的时间与品种及成熟期相关，如桃幼胚培养需要先在 2～4℃条件下处理 60～70d，之后再转入到 25℃条件下培养。

（3）胚龄　　一般来说，胚龄越小，离体培养越困难。所以，在进行胚胎培养时，应选择适当发育时期的胚胎进行离体培养，才能取得成功。从营养需求来看，胚的发育可分为自养期和异养期两个阶段，胚由自养到异养是一个关键时期。对于双子叶植物来说，球形胚阶段之前属于异养期，心形胚以后转入自养期，一般心形期胚培养比较容易，而球形期胚之前的胚则很难培养。荠菜胚不同发育时期的形态特征参见图 8-2。

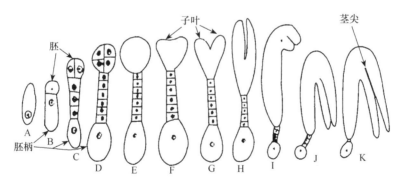

图 8-2　荠菜胚不同发育时期的形态特征（Raghavan，1966）
A. 合子；B. 二细胞原胚；C～E. 球形胚；F. 心形胚；G. 中间期；H. 鱼雷形胚；I. 拐杖形胚；J. 倒 U 形胚；K. 成熟胚

（4）基因型　　基因型对离体胚培养效果的影响显著。大量研究表明，不同物种、品种胚培养的难度或成功率差异很大。另外，由于远缘杂种的不同遗传背景，不仅不同组合杂种胚开始萌发的天数和成苗率存在显著差异，而且不同杂交组合的正反交之间杂种胚的离体培养效果也存在差异。因此，在进行植物幼胚培养时，应选择适宜的培养材料。

（5）胚乳　　尽管人们对培养基已做了不少改进，但培养早期胚和杂种未成熟胚仍很难成功。Ziebur 和 Brink（1951）采用大麦胚乳看护培养技术，成功地进行了大麦未成熟胚培养。Kruse（1974）报道，在某些属间杂交中，若把杂种幼胚接种在事先培养的大麦胚乳上进行培养，能显著提高获得杂种植株的频率。这说明培养基中含有同一物种或另一相近物种的离体胚乳对胚的生长发育有明显的促进作用。例如，在大麦和黑麦的属间杂交中，采用这种培养方法可使 30%～40% 的杂种幼胚培养成苗，而传统的胚培养法成功率仅有 1%。

后来，一些学者对胚乳看护培养做了一些改进，把离体杂种幼胚嵌入双亲之一或另一物种的胚乳中，而后将其置于培养基中进行培养。在车轴草属植物中，利用该方法获得了许多种间杂种。

三、植物胚培养的操作实例

猕猴桃属于猕猴桃科、猕猴桃属（*Actinidia*）落叶藤本果树。全世界现有猕猴桃属植物 66 种，其中绝大多数原产于我国，它的果实具有较高的营养价值。猕猴桃属内种间杂交是培育新品种的主要手段。在猕猴桃属内种间杂交育种中，许多杂交组合虽然能产生杂种胚，但由于胚乳中途败育形成无生活力的种子。在这种情况下，杂种幼胚的离体培养就是获得杂种植株唯一可行的方法。毋锡金等对猕猴桃属内种间杂种的胚拯救进行了系统研究，获得了优良的新种。此研究是利用杂种胚挽救技术培育果树新品种的范例之一。

猕猴桃杂种幼胚培养步骤如下（毋锡金，1990；安和祥，1995）。

1）在杂交授粉 100d 后陆续从树上采集接近成熟的果实。

2）在超净工作台上对果实表面消毒。先将果实用 75% 乙醇浸泡 10s 后，用 1.5% 次氯酸钠溶液消毒 10～15min，然后用去离子水漂洗 3 次。

3）将果实放在解剖镜下，从果实中剥出种子，并用解剖针剥开种皮。

4）挑选直径大于 1mm 的杂种幼胚接种于培养基中（MS＋2mg/L 2ip＋0.5mg/L NAA＋0.5mg/L GA$_3$），蔗糖浓度为 3%，用琼脂固化。于 26～28℃，8h/d 光照培养。经过一段时间后可顺利长成小苗。

5）将幼苗或不定芽转移到 MS 培养基或附加 0.5mg/L GA$_3$ 的 MS 培养基上，可发育成具有根和真叶的完整小植株。

第二节　植物胚乳培养

早在 1933 年，Lampe 和 Mills 就对玉米胚乳培养进行了尝试。后来，La Rue（1949）对胚乳组织离体培养条件下的生长和分化规律进行了广泛的研究。Johri（1965）首先在檀香科罗汉檀属樱桃柏（*Exocarpos cupressiformis*）上成功地诱导成熟胚乳细胞直接分化出三倍体茎，有力地推动了胚乳培养的研究。1973 年，印度学者 Sruvastava 首次从被子植物罗氏核实木的成熟胚乳培养中，获得了三倍体胚乳再生植株，从而证实了在自然状态下从不发生器官分化的胚乳细胞同样具有全能性。我国于 20 世纪 70 年代初开始进行植物胚乳培养研究。到目前为止，已对 50 多种植物的胚乳进行了培养，其中苹果、梨、核桃、柚子、橙、猕猴桃、番木瓜、红杨桃、枸杞、巴戟天、丹参、杜仲、铁皮石斛、灯盏花、盾叶薯蓣、檀香、玉米、大麦、小黑麦和马铃薯等果树、药用植物和农作物胚乳培养中得到了再生植株。并且枸杞、猕猴桃的再生植株已移栽成活并在田间开花结果。

一、胚乳培养的意义

胚乳培养指将胚乳组织从母体上分离后在无菌条件下进行培养的技术。胚乳组织是一种极好的实验材料。胚乳培养在理论上可用于胚乳细胞的全能性、胚乳细胞生长发育和形态建成、胚和胚乳的关系及胚乳细胞生理生化机制等方面的研究。胚乳培养对于研究某些天然产物，如淀粉、蛋白质和脂类的生物合成与调控具有重要意义。

在实践中，胚乳离体培养获得三倍体快且较为容易。胚乳培养产生的三倍体植株，通过快速繁殖技术可获得大量苗木。因此胚乳培养对于提高植物产量与品质改良具有重要的意义。首先，三倍体植株的种子在早期就发生败育，因此可利用三倍体植株生产无籽西瓜、香蕉和苹果等。其次，三倍体植株比二倍体植株高大，生长速度快，生物产量高，这在以营养器官为产品的植物生产上有重要价值。例如，有些甜菜、桑树和茶树的优良品种大都是三倍体。最后，三倍体植物的品质优于二倍体。例如，三倍体颤杨的木材能制出质量较好的纸浆。有些重要作物的三倍体品种，如苹果、香蕉、猕猴桃、枸杞、桑树、甜菜和西瓜等已在生产中得到了利用，并产生了较高的经济效益。

二、胚乳培养技术

（一）胚乳培养过程

取含有胚乳的果实或种子，先进行表面灭菌，然后在无菌条件下剥离胚乳接种于培养基上培养。胚乳培养有带胚培养和不带胚培养两种方式，一般胚乳带胚培养较容易获得成功。

（二）影响胚乳培养的主要因素

胚乳是一种特殊组织，在被子植物中它是双受精的产物。胚乳培养的目的是直接获得三倍体植株。由于胚乳细胞是一种均质的薄壁细胞，虽处于未分化状态，但它与分生组织细胞有着本质的不同，是一种特化了的薄壁细胞。因此其培养的难度远比其他器官大得多。因此，在胚乳培养过程中，植物的基因型、胚乳的发生类型和发育程度、胚因子及培养基种类和成分等均影响胚乳的培养效果。

1. 基因型 供体植株的基因型是影响胚乳培养的关键因素。不同基因型的植株胚乳对培养基的反应不同，胚乳培养过程中在不同的培养基中形成的愈伤组织诱导率、分化率、胚状体诱导率及植株诱导率等明显不同。在猕猴桃属中，不同种之间愈伤组织诱导率有明显的差异，其中硬毛猕猴桃愈伤组织的诱导率为87.9%，中华猕猴桃为56%。王大元（1978）等进行了金柑、甜橙和柚的胚乳培养，只有柚的胚乳培养获得了再生植株。

2. 胚乳的发生类型和发育程度 植物胚乳可以分为两大类：被子植物胚乳和裸子植物胚乳。被子植物胚乳是双受精的产物，它由两个极核和一个雄配子融合形成，所以在染色体倍性上它属于三倍体组织。裸子植物很特殊，它的胚乳在受精前就已形成。裸子植物的胚乳为配子体的一部分，由大孢子直接分裂发育而成，因此它是单倍体组织。不同属植物中，胚乳存在的时间长短不同。有些豆科和葫芦科植物的成熟种子没有胚乳，这是它们的胚在发育过程中把胚乳吸收消耗了的缘故。

被子植物胚乳的发育与植物其他组织相比具有独特性，根据其发育初期是否形成细胞壁可分为核型胚乳、细胞型胚乳和沼生目型胚乳。绝大多数被子植物的胚乳属于核型胚乳，在胚乳发育早期，胚乳核只进行核分裂，多个核游离存在于一个细胞质中，以后才开始逐渐形成细胞壁成为真正的胚乳细胞，处于细胞期的胚乳组织培养容易成功，而处于游离核时期和成熟期胚乳均不适合离体培养（图8-3）。细胞型胚乳的发育不经过游离核阶段而按正常的细胞分裂方式进行，即初生胚乳核第一次分裂就形成两个子细胞，以后每次分裂都形成细胞壁，大多数合瓣花植物中，如烟草、芝麻和番茄等属于此类。沼生目型胚乳是核型和细胞型胚乳的中间型，只有单子叶植物的某些类群的胚乳属于这种类型。

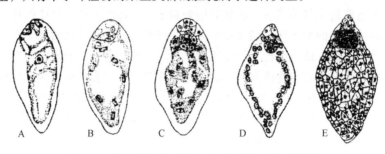

图8-3 印度铁苋菜不同发育时期的胚和胚乳结构
A. 受精后的胚囊，示合子和初生胚乳核；B、C. 胚乳核与合子的分裂情况；D. 胚乳游离核移至胚囊的周围；
E. 完全形成细胞的胚乳

胚乳的发育进程大致可分为早期、旺盛生长期和成熟期。处于发育早期的胚乳，接种较为困难，且难以产生愈伤组织；旺盛生长期是取材的最适时期，在该期最容易产生愈伤组织，而且诱导率也较高。例如，苹果和桃的胚乳，愈伤组织诱导率皆高达90%～95%。绝大多数成熟期胚乳是不分化的，只有少数植物的成熟胚乳（如水稻及一些大戟科、檀香科植物例外）可形成愈伤组织并持续生长，有的还能进行器官分化并形成三倍体植株，但是诱导率很低。

一些草本植株胚乳培养的最佳时期如下（授粉后天数）：水稻，5～7d；玉米、小麦，8～11d；大麦，10～12d；小黑麦杂交种，7～14d；黄瓜，7～16d。

木本植物处于旺盛生长阶段的胚乳的外部特征是：胚分化已完成，胚乳已形成细胞组织（核型的）并充分生长，几乎达到成熟时的大小，外观为半透明固体，富有弹性。

3. 胚因子   关于胚因子在胚乳培养中的作用一直受到人们的关注。朱登云（1996）和Srivastava（1973）认为，原位胚的参与或以GA_3处理对于成熟胚乳愈伤组织的诱导是必需的。刘淑琼等（1980）在桃的未成熟胚乳培养中也发现，在胚存在的情况下，愈伤组织诱导率从60%提高到95%。但处在旺盛生长阶段的未成熟胚乳，只要培养条件合适，无须胚的参与就能脱分化而形成愈伤组织，这已被苹果、猕猴桃、柚、枇杷等的胚乳培养结果所证实。如果接种时胚乳的生理状态介于上述二者之间，在无胚存在时可以形成愈伤组织，而有胚存在时则可显著提高愈伤组织的诱导率。顾淑荣等（1985）在枸杞胚乳培养研究中报道的结果就证明了这种情况。完全成熟的胚乳特别是干种子的胚乳，其生理代谢活动非常微弱，在诱导其脱分化形成愈伤组织前，必须借助于原位胚的萌发使其活化，活化所需时间的长短因植物种类不同而异。而成熟胚乳细胞经活化之后，即无须胚因子的继续存在而可在适宜的培养基上进行增殖。有实验表明，赤霉素具有部分胚因子的作用。

总之，胚乳培养是否必须有原位胚的参加，主要与接种时胚乳的生理状态和胚乳的年龄有关。

4. 培养基种类和成分 诱导愈伤组织常用的基本培养基是 MS、LS、White 和 MT 等，适当添加生长调节剂，如 0.5~2.0mg/L 2,4-D 或 0.5~2.0mg/L NAA、0.1~1.0mg/L KT，蔗糖浓度 2%~5%，可提高愈伤组织的诱导率。大多数植物胚乳培养是先诱导形成愈伤组织，再分化形成植株。植物激素对胚乳愈伤组织的诱导和生长起着重要作用，不同植物愈伤组织诱导需要的调节剂的种类不同。单子叶植物需要较高浓度的生长素，而双子叶植物往往需细胞分裂素配合生长素使用效果较好；大麦胚乳只有在添加一定浓度 2,4-D 的培养基上才能产生愈伤组织；在猕猴桃胚乳培养中玉米素（ZT）效果最好；而枣胚乳培养似乎对外源激素的种类无特别要求。

生根培养基为 1/2 MS 和 White，添加 0.5mg/L NAA 或 1.0~5.0mg/L IAA。一些天然的提取液对胚乳培养有促进作用，如酵母提取液、水解酪蛋白、番茄汁和葡萄汁等。另据报道，在小麦、葡萄和变叶木胚乳培养中，往培养基中添加少量的椰子汁也是必需的。

胚乳培养对 pH 的要求较高，不同植物适宜的 pH 不同，如玉米为 6.1~7.0，蓖麻以 5.0 为好，苹果以 6.0~6.2 较为适宜。

（三）胚乳培养的器官发生

在胚乳培养研究中，器官发生是一种最为常见的植株再生方式，至今通过这种方式产生完整再生植株的植物有苹果、梨、枇杷、柚、橙、檀香、马铃薯、枸杞、大麦、水稻、玉米、小黑麦杂种、罗氏核实木、猕猴桃和西番莲等 20 余种。与器官发生相比，在胚乳培养中通过胚胎发生途径获得再生植株的报道较少，柑橘是通过胚胎发生途径获得的胚乳再生植株的首例。

1. 愈伤组织的形成 在离体培养条件下，胚乳经过一定时间培养，即可形成愈伤组织。愈伤组织一般由胚乳表层细胞分裂产生。苹果胚乳在培养 8~10d 后形成愈伤组织，柑橘为 20d，桃为 20~30d，蓖麻为 10d，大麦为 10~12d，小黑麦杂种为 7d。

2. 器官发生 胚乳组织器官分化有两种途径，一种是先诱导愈伤组织，然后从愈伤组织中分化出芽；另一种是胚乳组织不形成愈伤组织，直接分化产生茎芽。通常以第一种器官发生途径为主。另外，有些植物的胚乳组织培养可通过愈伤组织产生胚状体，再由胚状体形成植株，如柑橘、桃、核桃、枣和猕猴桃等。

现有的研究资料表明，愈伤组织分化与培养基所含的激素种类有关。例如，水稻胚乳在含有 2.0mg/L KT 和 4.0mg/L IAA 的培养基上的分化率高于只含有单一生长素的培养基；GA$_3$ 对于马铃薯形态分化和小苗生长起着重要的促进作用；ZT 对猕猴桃组织分化非常有效。多数研究表明，胚乳组织分化出芽至少需要一种细胞分裂素参与分化诱导。胚乳培养的不同阶段对培养基的要求不同，另外，胚乳接种方式对茎芽分化和分布也有显著影响，将切口向下直接接触培养基，诱导产生的茎芽数量较多。

长期培养的胚乳愈伤组织，细胞染色体数目常发生变化，形成多倍体、非整倍体，可能是在体内发育（或离体培养）过程中发生不正常分裂和核融合所致。当然，也有些植物，如桑科、豌豆和罗氏核实木等胚乳愈伤组织染色体组成相对稳定。

被子胚乳组织培养获得的再生植株，大部分为混倍体和二倍体，三倍体植株只占一小部分。究其原因，可能是在挑取早期的胚乳时，混入了胚或部分表皮和子叶的细胞，或可能是核型胚乳在游离核发育时期出现无丝分裂、核融合或有丝分裂异常等现象。有的由胚乳再生的植株大多是三倍体，在形态上和解剖学特征上与合子胚形成的植株相似。因此，通过胚乳培养进行三倍体育种时，必须对其获得的再生植株倍性进行鉴定。

三、胚乳培养的操作实例

芦笋（*Asparagus officinalis*）属百合科天门冬属植物，雌雄异株。其嫩茎质细，营养丰富，具有很高的食用与药用保健价值，是一种重要蔬菜和食品原料。芦笋在传统栽培方法中均采用种子繁殖，但它的遗传性属杂合型，株间差异大，种子繁殖难以保持种性的稳定，常导致减产、品质变劣等。因此，培育优良品种具有重要意义。采用胚乳培养技术可获得芦笋三倍体品种，而且能提高其产量和品质。刘淑琼（1987）等进行了芦笋胚乳培养研究，取得了较好的效果。具体步骤如下。

第一步，采集芦笋未成熟的果实，先用自来水冲洗干净，再用 70% 乙醇表面消毒 30s，倒去乙醇，加入 7% 次氯酸钠溶液消毒 20min，用无菌水冲洗 2～3 次。

第二步，在无菌条件下取出种子，并在解剖镜下剥去种皮、珠心和胚，将已发育出细胞构造的幼嫩胚乳接种在 MS＋1mg/L 6-BA＋1mg/L NAA＋3% 蔗糖的固体培养基上。培养 15～20d 后，胚乳开始形成致密、米黄或淡绿色愈伤组织，且生长旺盛。在培养 40d 后统计，愈伤组织的诱导率可达 80% 左右。

第三步，将愈伤组织分别转移至 MS＋1mg/L 6-BA＋0.1mg/L NAA 的培养基上，50d 后一部分愈伤组织分化出芽或胚状体，其中的一些可以发育为完整植株。

第三节　植物胚珠和子房培养

一、胚珠培养和子房培养的意义

植物胚珠和子房培养包括已授粉和未授粉的胚珠及子房的离体培养。从发育早期的胚珠中完整地剥离出幼胚具有较高的技术难度，同时幼胚极为幼嫩，完全处于异养状态，对培养条件要求很高，不易培养成功。子房培养能为原胚培养提供较好的环境，促进原胚胚性生长继而发育成熟，拯救发育中途可能败育的杂种胚，从而获得杂种后代。而以胚珠作为培养材料分离比较容易，可以同时利用胚乳、珠心及培养基中的营养，使幼胚在离体条件下仍能继续胚性生长，而不会早熟萌发，当胚充分发育后胚培养的成功率大大增加。当然，幼胚离体培养方法最为直接，在拯救胚胎早期败育或种间杂交获得的不成熟杂种胚方面应用尤为广泛。

未授粉胚珠和子房的离体培养就是诱导胚囊细胞分裂及分化，最终产生单倍体或双单倍体植株的过程。它们可与花药和花粉培养一样获得单倍体植株，但获得单倍体植株率较后者高。通过单倍体加倍，可快速获得异花授粉植物的自交系和无性系并发生隐性突变；通过单倍体培养中的变异可创造新的种质资源，这对植物遗传育种有重要意义。此外，未授粉的胚珠培养还是研究离体受精的基础。授粉之后的胚珠与子房培养，可克服远缘杂交的败育现象，使杂种胚的早期原胚正常发育并萌发成苗；还可用于研究果实及种子的生长发育机制。

二、胚珠培养和子房培养技术

（一）胚珠培养技术

授粉的胚珠培养最早始于1932年。1942年，兰花胚珠培养获得成功，并得到种子，缩短了从授粉到获得种子的时间。目前葡萄授粉的胚珠培养已经相当成熟，主要用于三倍体无核品种培育。而未授粉胚珠培养的进程较慢，直到20世纪80年代初才获得成功。1980年，Caynet-sitbon首次用非洲菊未授粉胚珠经愈伤组织分化成单倍体植株。此后又获得了烟草、甜菜、橡胶树、向日葵、葡萄、西葫芦、南瓜、黄瓜和牡丹等多种植物的单倍体植株。

1. 培养方法　从花蕾中取出子房，进行表面消毒后在无菌条件下剥取胚珠，然后接种培养。未授粉胚珠培养后，可以诱导产生愈伤组织或体细胞胚状体，进而再生植株。已授粉胚珠的培养，主要是使杂交胚珠在适宜的培养条件下生长发育。受精后的胚珠较幼胚培养容易成功，培养条件也不如幼胚培养严格。

2. 影响胚珠培养成功的因素

（1）材料的选择　无论是已授粉胚珠还是未授粉胚珠，不同植物及不同品系植物间诱导产生的植株率差异很大。另外，研究发现供体植株的生长季节对未授粉子房或胚珠离体培养的影响也是十分显著的，这可能与植株的生理生长特性有关。

（2）发育时期　已授粉具球形或此期以后胚的胚珠容易培养成种子，且对培养基及添加剂的要求不太严格。而受精不久的胚珠则需要复杂的培养基，培养难度大。未授粉胚珠培养以接近成熟时期的八核胚囊或成熟胚囊为佳。在材料选择时可根据花粉与胚囊发育时期的相关性来确定（表8-1）。

表8-1　大麦花粉与胚囊发育时期的相关性

花粉发育时期	胚囊发育时期	花粉发育时期	胚囊发育时期
单核中期	大孢子四分体	二核花粉	八核胚囊
单核靠边期	单核至四核胚囊	三核花粉	成熟胚囊

（3）胎座组织　胎座组织或部分子房组织对受精后胚珠离体培养和促胚生长有重要作用，这可能是因为其中含有与形态发生有关的物质。

（4）培养基　常用的培养基有Nitsch、MS、N_6和B_5等。一些研究表明，无核葡萄离体胚珠培养基为固-液双层基本培养基时，胚珠发育率最高。不同发育时期胚珠的生理状态不同，因而需要不同的培养条件，需向培养基添加不同的激素、营养物质和维生素。对未授粉的胚珠培养，多数情况下需要加入激素。例如，在橡胶的组织培养中，诱导愈伤组织需要加入6-BA、2,4-D和萘乙酸；而诱导胚状体则需要KT与NAA。另外，在培养基中添加某些有机物质对胚珠培养有一定效果，常见的添加物有麦芽汁、酵母提取液、椰子汁和氨基酸等。

此外，对供试材料在接种前进行低温或热激预处理可从生理生化上改变未受精细胞的生理状态、分裂方式及发育途径，提高其培养效率。

（二）子房培养

子房是被子植物的雌性器官，子房由子房壁和胚珠组成。胚囊则深藏在胚珠的珠心组织中。胚囊中含有一个卵细胞、两个助细胞和若干个反足细胞，它们都是单倍性细胞。子房培养包括授粉和未授粉的子房培养。

1942 年，La Rue 首先对番茄、落地生根属（*Kalanchoe*）、连翘属（*Forsythia*）和驴蹄草属（*Caltha*）授粉的花连带一段花梗进行了培养，在无机盐培养基上得到了正常的果实。1949 年和 1951 年，Nitsch 建立了较完整的子房培养技术，他对小黄瓜、番茄、菜豆、草莓和烟草等植物授粉前和授粉后的离体子房进行了培养，在含蔗糖的无机盐培养基上，授粉后的小黄瓜和番茄获得了成熟果实及具有生活力的种子。1976 年，San Noeum 在未授粉的大麦子房培养中首次获得了单倍体植株。Sorntip 等（2017）通过黄瓜未授粉子房诱导、分化和再生培养，获得单倍体和双单倍体植株。周霞等（2020）和高宁宁等（2020）对黄瓜与厚皮甜瓜未授粉子房离体培养获得胚囊再生植株。目前已对大麦、烟草、小麦、向日葵、水稻、玉米、百合、青稞、荞麦、白魔芋、黄瓜、南瓜、甜瓜、西瓜和杨树等数十种植物进行未授粉子房培养，获得了单倍体植株。

1．子房培养的方法　　传粉和受精后的子房，需进行表面消毒后再接种。未授粉的子房在开花前将花被表面消毒后，在无菌条件下直接剥取子房接种培养。与胚珠培养相比，子房分离比较容易，培养方法比较简单，容易成功。

2．影响子房培养的因素

（1）材料的选择　　大量的子房培养研究证明，不同植物及不同品系植物间诱导产生单倍体植株率存在着明显差异。例如，向日葵不同品种在培养中的差异十分显著，大体可分为三种类型：第一类是能诱导孤雌生殖，如'当阳''阿尔及利亚'和'B-11'等；第二类不能诱导孤雌生殖，但珠被体细胞能增生，如'苏 32''辽 14'和'观赏'等；第三类对培养的反应比较迟钝，既不能诱导孤雌生殖，也无体细胞增生，如'兴山''天津'和'夫尼姆克'等。

子房培养能否成功，除受基因型影响外，其胚囊所处的发育时期对胚状体的诱导率也起着关键作用。因此，选择适宜的时期进行未授粉子房的培养至关重要。在未授粉子房离体培养中，最佳的外植体发育时期因物种而异，多数物种未授粉子房培养以选择胚囊接近成熟时期的子房较易成功。由于胚囊的分离和观察都非常麻烦，因此在实际工作中常根据胚囊发育与开花的其他习性和形态指标的相关性来确定，如距离开花的天数（一般是开花前两天）和花粉发育时期等。

（2）培养基　　比较常用的基本培养基是 N_6、MS、BN 和改良 MS（附加维生素 B_1 4mg/L）。禾本科植物常用 N_6 培养基，而其他植物多用 MS 和 BN。不同的培养基对子房培养产生愈伤组织的诱导率有明显影响。已授粉子房培养只需简单的培养基即可形成果实，并含有成熟种子。而未授粉子房的培养对培养基的要求很严格。

多数研究表明，未授粉子房培养必须加入适宜种类和浓度的生长调节剂，但不同植物所需的调节剂的种类和配比各不相同。在百合未授粉子房培养时，2,4-D 单独使用诱导率为 18.87%，2,4-D＋6-BA 诱导率为 33.73%，2,4-D＋KT 诱导率为 47.76%。

在未授粉子房培养中，蔗糖浓度多为 3%～10%。一般在诱导培养阶段，蔗糖浓度相对要求较高，而在分化培养时蔗糖浓度要求相对较低。

（3）接种方式　　子房壁与花药壁相比，对营养物质的通透性较差，所以子房培养时应采用适于营养物质吸收的接种方式。在使用固体培养基时，接种方式是培养成功的关键因素之一。例如，在大麦未授粉子房的培养中，花柄直插较平放的诱导率高6倍，这可能与材料的极性和营养的吸收有关。

（4）子房切片方式　　未授粉子房离体培养的切割方式主要分横切和纵切两种，另外也可以将胚珠剥离单独培养，横切时厚度多在1~2mm，有研究表明两种切割方式下胚诱导效果存在差异。横切、纵切或其他切片方式产生的影响可能与两方面因素有关，一是切面上胚珠暴露出来的面积大小及胚珠是否被切开，因为胚囊的发育与胚珠的状态密切相关；二是切面是否接触培养基及接触多大面积，这关系到胚囊营养的获得。总的来看，切片方式对胚诱导效果存在的影响可能是显著的，但对植株再生率的影响还未见报道。

另外，南瓜未授粉子房离体培养研究表明，热激处理能够缩短诱导胚状体的时间，加快胚状体的诱导形成。在瓜类作物未授粉子房和胚珠离体培养中，也有研究关注到栽培季节、暗培养、消毒过程等因素的影响。

3. 单倍体的来源和发育途径　　大量的实验证实，由未授粉子房培养产生单倍体植株的来源和途径是多种多样的。由助细胞或胚囊的无配子生殖细胞、卵细胞、反足细胞及非正常发育的大孢子四分体均可产生单倍体。不同的植物产生单倍体的来源及发育途径不同，但总的来说，以卵细胞来源的胚状体产生的再生植株最好。

需要说明的是，通过子房培养产生的单倍体与花药培养产生的单倍体一样具有器官变小、生活力下降和高度不育等特性。但在水稻中发现，通过子房培养产生的单倍体白化苗比花药培养获得的植株中白化苗比例要低得多。

三、胚珠培养和子房培养的操作实例

（一）大败育型无核葡萄离体胚珠培养

葡萄无核品种因其无核，无论鲜食还是加工都深受消费者青睐，在葡萄生产中占有很重要的位置。无核葡萄已成为目前世界各国葡萄育种的重要目标。常规的杂交育种后代中无核率很低，且育种周期长，需要大量的人力、物力。而利用胚或胚珠培养法，其后代的无核株率达80%以上，且育种周期缩短一半。目前，胚与胚珠培养主要应用在无核葡萄品种选育、早熟品种胚挽救和远缘杂交胚挽救等育种实践之中。蒋爱丽等（2002）进行了无核葡萄胚珠培养成苗技术研究，取得了较好的实验效果。具体步骤如下。

第一步，将'金星'×'郑州早红'的杂交葡萄果穗在授粉60d后采回，浆果先用水洗净，后用70%或75%的乙醇清洗几秒钟，再用30%新洁尔灭消毒30min，然后于无菌条件下用蒸馏水冲洗3~4次，把胚珠取出采用液体浅层培养基（1/2MS培养基，不附加任何激素，添加蔗糖3%，活性炭0.1%，pH 5.8）培养120d。

第二步，转入1/2MS固体培养基加0.2mg/L BA，5℃低温培养30d。

第三步，转至（25±2）℃下培养使胚萌发，之后移入1/2MS固体培养基（附加0.7%琼脂，3%蔗糖，pH 5.8），培养成苗。

（二）大百合子房的离体培养

大百合（*Cardiocrinum giganteum*）为百合科大百合属多年生球根花卉，与百合属（*Lilium*）近缘，为东亚地区的特有植物，具有极高的观赏、食用和药用价值。近年来随着对大百合需求量的增加，野生种球采挖严重，种质资源受到严重破坏。由于大百合种子繁殖周期长，萌发需要两个低温阶段，从萌发至形成商品球需要3~4年，鳞片扦插又很难在短期内得到大量无菌苗，所以难以进行规模化生产。因此，通过组织培养建立离体快繁体系非常必要。大百合的花着生数量多，一个花序多达几十朵，可以提供丰富的外植体。为此，需要以大百合子房为外植体进行离体快繁研究，以期寻找到一条快速、经济的大百合组培快繁途径。大百合子房的离体培养具体操作步骤如下（李守丽等，2007）。

1）以大百合为实验材料，5月份花蕾长至约3cm时摘下，用70%乙醇消毒40s，5%次氯酸钠消毒10min，无菌水冲洗5遍，之后剥出子房，切成0.5~1.0cm长的小段，接种于诱导培养基上。外植体分化的基本培养基以N_6、B_5为佳，均附加0.5mg/L BA、0.5mg/L KT、0.5mg/L NAA、3%蔗糖、0.7%琼脂。接种10d后，外植体开始膨大。40d后外植体分别分化为愈伤组织、芽和叶。

2）将分化的芽转到MS＋10%蔗糖＋0.7%琼脂的培养基上，随着芽生长，基部膨大成小鳞茎。小鳞茎在相同培养基上，培养2个月后直径达1.5cm左右。

3）培养70d后，将愈伤组织从子房外植体上切下，接种于MS＋10%蔗糖＋0.7%琼脂的基本培养基上，随着芽的生长，基部膨大形成小鳞茎。

4）4个月后将直径为1.0cm左右的小鳞茎转移到1/2MS＋3%蔗糖＋0.7%琼脂＋1%活性炭的生根培养基上，1个月后生根良好，生根率为100%。

5）将直径为1.0cm以上的生根小鳞茎炼苗1周，然后移栽。移栽基质为泥炭土：珍珠岩：沙子＝3：1：1。移栽后的小鳞茎生长良好，成活率为100%。

第四节　植物离体授粉与离体受精

一、离体授粉与离体受精的意义

高等植物的自然受精过程是在位于植物的雌配子体内进行的，具有一系列严格有序的时空发育特征，这使得对高等植物受精过程的研究相对营养器官的生长发育研究较困难，目前对受精机制还没有一个系统的认识。植物离体授粉（in vitro pollination）和离体受精（in vitro fertilization）的研究不仅对受精的生理生化机制、整个受精与早期胚胎发育的细胞及分子生物学的研究具有重大的理论意义，而且在植物育种和良种繁殖上具有巨大的应用价值。

（一）克服远缘杂交不亲和性

远缘杂交的不亲和性是植物育种中最普遍的现象，植物离体授粉技术能部分地克服植物的杂交不亲和性，这为排除远缘杂交障碍提供了新的途径。目前，已在罂粟科、茄科、石竹科、玄参科、十字花科、锦葵科、报春花科、百合科和禾本科等植物中获得了远缘杂交可萌发的种子和部分成功的杂交组合。

（二）克服自交不亲和性

育种工作中有时会遇到自交不亲和现象，为了自交繁殖保持纯种，就需克服自交不亲和性。近年来利用胚珠试管受精技术克服这一障碍已有成功的事例，如自交不亲和的矮牵牛植物，已实现了自花传粉并结出了有生活力的种子。

（三）诱导孤雌生殖

胚珠试管受精被用来诱导单倍体在 1974 年由 Hess 等获得成功，他们用蓝猪耳（*Torenia fournieri* Linden ex E. Fourn）花粉离体授粉予锦花沟酸浆（*Mimulus luteus* L.）的胚珠，获得单倍体的锦花沟酸浆。单倍体的孢子体在遗传育种中很有价值，目前虽有延迟传粉、远缘杂交、用败育或经辐射处理的花粉刺激子房，以及对子房进行物理和化学处理等诱导单倍体，但单倍体诱导成功的概率仍很低。离体授粉是诱导孤雌生殖、获得单倍体的一种有效途径。

（四）双受精及胚胎早期发育机制的研究

利用离体授粉受精技术可以在没有其他组织影响的单细胞水平上研究受精过程，以对关于精、卵细胞识别机制和合子发育基础有更深认识。离体受精可在细胞水平实现远缘杂交，克服体细胞杂交中的杂种倍性问题，获得后代遗传性状稳定的杂种。此外，利用合子作为转基因的受体细胞，还可使植物转基因研究的后期工作简单化。因此，离体授粉与受精技术不仅在研究植物生殖理论上具有重要作用，而且在植物育种方面具有巨大的潜在应用前景。

二、离体授粉与离体受精技术

（一）离体授粉技术

离体授粉是指将未授粉的离体胚珠（带胎座或不带胎座）或子房接种在培养基上，然后在试管内撒播花粉。花粉发芽后，花粉管长入胚珠内受精，受精后的胚珠进一步发育成种子。被子植物离体授粉的研究始于 20 世纪 20 年代，1926 年报道的在离体条件下通过切除卵叶党参（*Codonopsis ovata*）全部雌蕊花柱并在子房顶部切口上授粉以实现受精及种子发育。Kanta（1960）进行了离体授粉实验，对罂粟的带胎座组织的离体胚珠进行人工授粉，获得了能正常萌发的种子。此后，在金鱼草、黄花烟草、紫花矮牵牛、玉米、小麦、水稻和百合等植物中离体授粉相继成功。

离体授粉根据授粉的部位可分为离体柱头授粉、离体子房授粉、离体胚珠授粉三种方式（图 8-4）。基本步骤如下。

1. 采集花粉 在开花前一天或当天取花蕾或花药，表面消毒后，无菌条件下收集花粉。

2. 剥取子房或胚珠 在开花前 1～3d 对用作母本的花蕾去雄并套上纸袋。开花的当天或第 2 天采集花蕾，对其表面消毒后，在无菌条件下去掉柱头和花柱，剥取胚珠或子房培养。

3. 授粉 将花粉在无菌条件下授予培养的胚珠、子房或雌蕊的柱头上，具体可分为以下几种。

（1）离体柱头授粉 离体柱头授粉是一种接近自然传粉的离体授粉技术，是指在离体培养条件下，对雌蕊柱头授粉并形成果实和种子的过程。离体柱头授粉首先在烟草上获得成功，以后又在金鱼草、玉米、小麦等植物上获得成功。具体操作过程是取花药尚未裂开的花

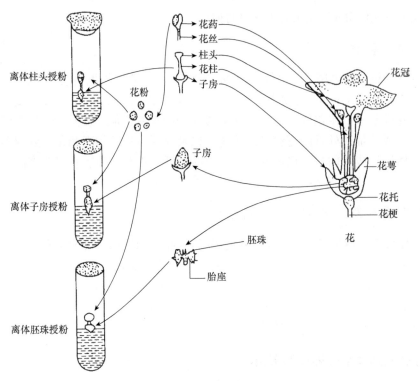

图 8-4 离体授粉的三种方式

蕾，对其表面消毒，在无菌条件下除去花瓣和雄蕊，接种于培养基上，然后在柱头上授以无菌花粉。

（2）子房内授粉　　子房内授粉有活体子房内授粉和离体子房内授粉两种方式。活体子房内授粉是直接把花粉引入植株的子房，使花粉粒在子房腔内萌发生长，最后完成受精过程而获得有活力的种子。离体子房内授粉是指在离体培养条件下，把花粉引入子房完成受精的过程。相比较而言，活体子房内授粉工作开展较多。这两种授粉方式一般都采用以下两种授粉方法。

1）接引入法：在无菌条件下，用锋利刀片将子房壁或顶端切开一个小口，把花粉悬浮液直接滴入切口后进行培养。

2）注射法：用无菌注射器吸取花粉悬浮液，从子房基部或上端切口注入子房，基部切口可用凡士林封口，然后接种于培养基上。

（3）离体胚珠授粉　　离体胚珠授粉是指对未受精胚珠（单个胚珠或带着完整胎座的胚珠或带部分胎座的胚珠）在离体培养条件下进行授粉并形成种子或植株的过程。剥离后可从胎座上切下接种到培养基上，并撒播花粉。具体授粉方法有以下两种。

1）哺育法：将胚珠表面先蘸满有助于花粉萌发的培养基后进行接种培养，然后在胚珠上撒播花粉使其受精。

2）接近法：将花粉预先撒于培养基上培养使其萌发或不萌发，然后接种胚珠或子房培养。

（二）离体受精技术

离体受精，又称试管受精或体外受精，是指先分离出精细胞和卵细胞，然后采用一些方法促使精细胞和卵细胞融合形成合子的过程。Kranz 等对玉米离体受精进行了许多开创性的研究，1991 年，在总结前人研究成果的基础上，于离体条件下完成了玉米精卵融合，并将受精所产生的"人工合子"培养成再生植株。2007 年，另一种单子叶植物——水稻的离体受精也获得了成功。离体受精技术的成功是以如下 3 项技术的完善为前提的。

1. 精卵细胞分离技术　离体精卵融合，首先必须分离出大量有活力的精细胞和卵细胞。

（1）精细胞的分离　高等植物花药成熟时可能形成两种花粉，一种是由一个营养细胞和两个精细胞构成的三胞型花粉，另一种是由一个营养细胞和一个生殖细胞组成的二胞型花粉。Cass（1973）首先尝试了大麦精子的分离，直到 20 世纪 80 年代中期才在白花丹植物中建立了分离大量精细胞的方法。此后，相继从 20 多种植物花粉和花粉管中分离出精细胞。被子植物二胞型花粉和三胞型花粉的发育特点不同，其分离方法差异很大。三胞型花粉精细胞的分离主要有以下 3 种方法。

1）机械破裂法：机械破裂法是指借助外界机械的力量破裂花粉，从而使精细胞从花粉中释放到特定的缓冲溶液中。Tanaka（1988）最早应用瓦氏高速捣碎机（Waring blender）破裂麝香百合未成熟花粉的原生质体并分离得到生殖细胞。Southworth 和 Knox（1989）利用贝尔克组织匀浆器破裂非洲菊花粉，成功分离出精细胞。使用裂解液和玻璃研磨杵，同样可以获得生殖细胞或精细胞。

机械破裂法具有操作简便、不依赖花粉发育时期及生理状态的优点，可使花粉破裂而又很少损伤精细胞，适用于较难通过渗透压冲击法实现破裂的花粉。油菜、甘蓝、紫菜薹、非洲菊、菠菜和拟南芥等植物的精细胞分离多采用此方法。但是，机械破裂法有两个明显的缺点：一是由于器械不同及操作人员操作力度的差异，分离效果难以重复；二是机械破裂法是一种"硬"破裂方法，会产生大量的细胞碎片和杂质，且这些杂质较难清除。

2）渗透压冲击法：渗透压冲击法是将花粉置于含一定浓度渗透压调节剂的介质中，任其吸水后自行破裂而释放精细胞。渗透压冲击法最早应用于白花丹（*Plumbago zeylanica* L.）精细胞的分离，此后玉米、小麦、甜菜等植物的精细胞分离都采用这一方法。渗透压冲击法可分为一步法、二步法和低酶法。早期的研究采用一步法，即将收集的花粉直接置于低渗溶液（20% 蔗糖）中进行渗透压冲击。但是，有些物种的花粉直接置于低渗溶液中很难涨破，如蚕豆、欧洲油菜、兰州百合的花粉。鉴于此，后期发展出二步法，即先使花粉在萌发培养基中萌动或产生较短的花粉管（长度小于花粉粒直径），然后将其转移至低渗溶液中，由于花粉管顶端对渗透压的变化更为敏感，在低渗溶液中易涨破。低酶法则是利用含少量（一般为 0.1）纤维素酶与果胶酶的低渗溶液孵育花粉而使其涨破的方法。这是由于花粉萌发孔处内壁部分被降解，在低渗条件下更易涨破而释放出内含物。

利用渗透压冲击法释放生殖细胞和精细胞时，低渗溶液的渗透势是影响花粉破裂效果的决定因素。花粉萌发时吸水产生膨压，由萌发孔处突出形成花粉管。吸水和产生花粉管是两个相关联的过程：在一定的膨压下合成相应的花粉管物质才能形成花粉管；当体外溶液的渗透压过低、花粉短时间内吸水过多而产生的膨压过大时，花粉将从萌发孔处破裂。一些研究结果显示，低渗溶液的酸碱度和花粉的发育状态影响渗透压冲击法破裂花粉的效果。例如，利用偏酸性的低渗溶液处理黑麦草和玉米花粉才能获得理想的破裂效果，对棉花、烟草、玉帘、风雨花、石蒜、凤仙花的花粉而言，渗透压冲击能有效破裂开花当天的成熟花粉，却难以破裂开花前一天的花粉。

与机械破裂法（"硬"破裂）相比，渗透压冲击法是一种相对温和的"软"破裂方法。渗透压冲击过程可以通过显微镜实时观察，花粉破裂的效果也可实时监控。在多数情况下，渗透压冲击破裂的花粉粒依然会保留完整的空壳，可以通过适宜孔径的滤网去除破裂和未破裂的花粉，产生的杂质也相对较少，便于后续的分离纯化。因此，渗透压冲击法是应用最广泛的分离精细胞的方法。

3）酶解法：花粉壁由果胶-纤维素内层和孢粉素外层构成。花粉萌发后，花粉管壁通常也由内壁和外壁组成，内壁主要是胼胝质成分，外壁含有大量果胶质、纤维素和半纤维素，而花粉管顶端区域不含胼胝质成分。酶解法是根据花粉（管）壁的成分，有针对性地在缓冲液中加入纤维素酶、果胶酶、离析酶等，制备成酶解液，在适宜酶解的条件下，通过酶解反应降解花粉（管）壁，从而使营养细胞破裂、释放出花粉（管）内含物。由于花粉壁外层由孢粉素构成，对环境有较强的抗性，酶解法难以在短时间内酶解未萌发花粉的孢粉素壁。但花粉管不含有孢粉素且花粉管顶端又不含胼胝质组分，故此法能有效酶解花粉管壁顶端的组分，进而释放出精细胞。

与机械破裂法相比，酶解法不会破裂花粉（管）壁产生碎片，仅通过酶解花粉管顶端区域释放出部分内含物，包括生殖细胞和精细胞，因而产生的细胞碎片较少，有利于后续的纯化。对于那些用渗透压冲击法难以破裂、而利用机械破裂法又会产生大量杂质的花粉，酶解法可作为优先选择的方法。

除上述三种方法外，解剖针挤压法也用于植物精细胞分离。宋玉燕等（2012）采用解剖针挤压法分离出胡萝卜精细胞。

二胞型花粉与三胞型花粉不同，二胞型花粉的生殖细胞需进入花柱，经花粉管分裂才形成精细胞，所以培养出适龄的花粉管是精细胞分离的关键。二胞型花粉精细胞一般采用花粉离体培养法和活体-离体培养法进行分离。

离体培养方法是指通过人工培养基诱导二胞型花粉萌发出花粉管，经过一段时间培养，采用渗透压冲击法或机械破裂法使花粉管破裂，释放出精细胞。兰州百合、烟草、欧洲油菜采用花粉离体培养的方法实现了精细胞分离。离体培养方法看似简单，但是由于生殖细胞分裂需要较长时间，存在培养条件的限制性，成功率和分离率较低。

活体-离体培养法即半离体培养法，是指通过体外授粉并促使花粉在柱头上萌发，当花粉管在花柱内生长一段时间后，切下花柱，置于适宜培养条件中诱导，待花粉管自花柱切口端长出，利用渗透压冲击法或酶解法破裂花粉管，获得分离精细胞。莫永胜等（1992）在玉帘、唐菖蒲、朱顶红、黄花菜、萱草、烟草、棉花和鸢尾8种具二胞型花粉植物中分离出了大量精细胞。伍成厚等（2012）采用花粉管离体培养成功分离出蝴蝶兰精细胞。活体-离体培养通过人工控制花粉管生长时间，可以获得不同发育时期的精细胞，便于在精细胞发育进程中开展各项研究工作。

被子植物精细胞分离还受其他条件影响，如培养基、渗透液、酶解液、pH等，所以需要根据实际情况适时调整。总的来看，前期的大量研究积累，使得被子植物精细胞分离已经成为一项成熟的实验技术。

精细胞从花粉或花粉管中释放出来后，也会产生大量杂质，这些杂质包括细胞质组分、细胞碎片及线粒体、质体等细胞器，有些细胞质组分还会粘连在一起形成较大的团块。因此，后续的纯化是获得高纯度精细胞所必需的。常用的纯化程序是先用一定孔径的过滤装置去除较大的细胞碎片及花粉粒等杂质，然后再通过密度梯度离心、流式细胞仪分选或显微操作进行分离纯化，最后低温保存在合适的 pH、合适的渗透压及加有膜稳定剂的培养基中。无论用哪种纯化方法，首要条件是建立合适的缓冲体系，在离体条件下尽可能长时间的保持精细胞的生活力。常用二乙酸荧光素染色和伊文思蓝染色检测纯化的精细胞的细胞活性。

（2）卵细胞的分离　　高等植物卵细胞与胚囊中的其他细胞共同构成了雌配子体，它被胚珠体细胞层层包裹着，胚珠又位于雌蕊的子房之中。胚珠内的胚囊母细胞经过减数分裂后形成 4 个细胞，除 1 个较大的细胞发育为胚囊细胞外，其余 3 个较小的细胞因不发育而最终解体。此后，胚囊细胞的核经过 3 次有丝分裂，最终形成"七胞八核"的胚囊，包括 3 个反足细胞、1 个中央细胞、2 个助细胞和 1 个卵细胞。卵细胞位于胚囊之内，而胚囊又着生在胚珠之中，使得卵细胞的分离难度比精细胞要大得多。卵细胞分离时可以先分离胚囊，然后从胚囊中分离卵细胞，也可直接从胚珠中分离。1985 年，胡适宜等最早从烟草中分离出了生活的卵细胞。以后又从玉米、大麦、小麦、蓝猪耳（*Torenia fournieri* Linden. ex Fourn.）、白花丹、水稻、黄花木曼陀罗、莴苣、胡萝卜、韭菜、葱和洋葱等植物中分离出生活的卵细胞。卵细胞的分离主要有以下 4 种方法。

1）酶解法：即酶解分离出胚囊后，再延长酶解时间，使卵细胞逸出。此方法适合于薄珠心胚珠或胚囊部分裸露的胚珠。目前，用此方法分离成功的有蓝猪耳、矮牵牛和烟草等植物的卵细胞。酶解法操作简便，但分离率往往偏低，长时间处理还可能对卵细胞产生伤害，影响其生活力。该方法一般适用于分离子房内胚珠数量多、具薄珠心的植物材料。

2）酶解-压片法：酶解胚珠后再轻压挤出卵细胞。胡适宜等（1985）在分离烟草胚囊细胞中建立此法，以后在颠茄中也获得成功。

3）显微解剖法：即不经任何酶处理，直接应用显微解剖技术从胚珠中分离卵细胞，主要用于较大的胚珠、具厚珠心的植物材料如禾本科植物。此方法具有无酶伤害、分离的卵细胞生命力强等优点，但分离速度慢，并需熟练的操作技巧。Holm 等（1994）首次直接解剖出小麦和大麦的卵细胞和合子。蓝猪耳、百花丹、水稻和玉米的卵细胞都用此方法分离获得了成功。

4）酶解-解剖法：胚珠先经酶解后，再在倒置显微镜下从胚珠中分离卵细胞。这种方法兼取酶解法和显微解剖法的优点，故最为常用。采用此方法分离出了玉米、白花丹、烟草、黑麦草、小麦等植物卵细胞。

采用酶解法或酶解-解剖法分离卵细胞时，酶的种类组成和浓度及分离液的渗透压对卵细胞分离的效果有很大影响。

2. 精卵细胞融合技术

（1）微电融合　　Kranz（1991）采用自动显微操作系统进行玉米精卵细胞的微电融合，融合率高达 85%，但这种融合法依赖特制的自动化操作系统，价格昂贵，很难推广（图 8-5）。

（2）高 pH-高 Ca^{2+} 介导融合　　Kranz 与 Lorz 进一步尝试了在高 Ca^{2+}（0.05mol/L $CaCl_2$）

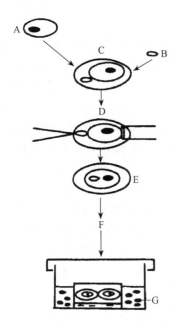

图 8-5　玉米离体精子与卵细胞微电融合图解
（孙敬三等，1995）

A. 卵细胞；B. 精细胞；C. 卵细胞和精细胞被移入融合小室中；D. 用电极进行精细胞融合；E. 已受精的卵细胞；F. 对人工合子进行培养；G. 滋养细胞

与高 pH（pH 为 11）的条件下介导玉米精卵融合，融合产物培养成 30～50 个细胞的小细胞团。

（3）钙介导融合　　Faure 等（1994）发现在 5mol/L CaCl$_2$ 条件下，玉米精卵细胞在数分钟内粘贴，然后在 10s 内瞬间融合，融合率达 80%，但这种融合产物的发育前途不清楚。

（4）PEG 诱导融合　　孙蒙祥等（1995）借鉴原生质体中所采用的 PEG 诱导法，成功地诱导了烟草精卵细胞间多种组合的成对融合。

双受精是被子植物的特有现象。在雌、雄配子融合的同时，花粉管中的另一个精细胞与中央细胞融合以后发育成胚乳。由于胚乳在作物经济产量上的重要性和发育生物学研究的特点，精细胞与中央细胞的离体融合也是离体受精研究的一个内容。

3. 合子培养与植株再生技术　　合子可分为自然合子和人工合子。自然合子是指植物在自然条件下经过授粉受精形成的合子。人工合子是指通过离体受精技术，由精细胞和卵细胞融合形成的合子。人工合子和从植物体内直接分离的自然合子均可培养成植株，这是植物胚胎培养技术由成熟胚培养到幼胚培养，再到原胚培养不断深化的必然结果。成功的关键在于采用了有效的培养系统。Kranz（1991，1993）将微量的人工合子置于微室中，以玉米悬浮细胞作为饲养物时，合子分裂率高达 79%，经胚胎发育途径再生植株。

Holm 等（1994）将大麦的合子从胚珠中解剖出来，在大麦小孢子饲养下发育成胚状结构，诱导率高达 75%，其中约 50% 胚状体再生为可育植株。这是关于自然合子培养真正成功的案例。随后，小麦、水稻离体合子培养再生完整植株相继获得成功。总的来看，自然合子和人工合子培养与植株再生还面临着许多困难。目前人工合子或自然合子培养的试验研究均局限于禾本科植物，而双子叶植物仅在烟草中开展了合子培养试验。

三、影响离体授粉和离体受精成功的因素

（一）影响离体授粉成功的因素

迄今为止，已有多种植物离体授粉获得成功。但由于此项技术操作较为复杂，影响了离体授粉技术的发展和应用。因此，分析研究影响离体授粉成功的因素就显得非常重要。授粉后的胚珠或子房能形成有生活力的种子是离体授粉成功最重要的标志。

1. 培养材料的选择和处理　　不同的植物和不同的品系离体授粉的难易程度不同，胚珠或子房的发育时期不同，它们的受精力也不同。有的植物开花前适于受精，而有的植物在开花后适于受精，所以在实验前，应了解其生殖特性，以提高离体授粉成功率。玉米果穗进

行离体授粉的适宜时期是抽丝后 3～4d。

材料的处理也影响授粉成功率。柱头是某些植物受精的障碍，一般应切除柱头和花柱。但烟草等植物保留花柱和柱头有利于离体授粉。对于玉米，连在穗轴上的子房比单个子房离体授粉效果好。此外，胎座组织对离体授粉有利。目前离体授粉成功的多数事例，都是以带胎座的胚珠授粉。

2. 培养基　离体授粉一般采用 MS、Nitsch 或 B_5 培养基，以 Nitsch 培养基应用较多。离体胚珠（子房）培养的成活率直接影响离体授粉的成功率。提高离体胚珠成活率的关键是选择合适的培养基。离体花粉萌发率和花粉管的生长速度也影响离体授粉成功率。而影响花粉萌发率和花粉管的生长速度的主要因素也是培养基。因此，要对培养基成分进行严格的筛选，包括基本培养基、激素种类和浓度、渗透压和 pH 等。要选择有利于胚珠（或子房）培养和花粉萌发生长的培养基。

3. 花粉萌发的难易　植物种类、授粉方式等对花粉的萌发都有一定的影响，如十字花科等一些科的植物花粉离体萌发困难。基于钙离子和硼酸对花粉萌发和花粉管生长具有促进作用的认识，有学者对离体授粉方法做了一些改变，将授粉前一天的离体胚珠或胎座预先在 1% 的氯化钙溶液或硼酸溶液中蘸一下，然后立即授粉，可以克服花粉离体萌发的困难。

4. 培养条件　有关培养条件如光照、温度、湿度等对离体授粉过程中子房和胚珠发育及坐果率等的影响的详细报道很少。离体授粉子房、胚珠培养期间，温度要求为 22～26℃，最好能模拟自然界中该植物授粉季节的温度，一般在黑暗条件下培养。

（二）影响离体受精成功的因素

与离体授粉技术相比，离体受精技术较复杂且难度较大。影响离体受精的因素很多，从实验手段上来讲，主要是雌雄配子的分离、精卵细胞融合及合子培养与植株再生等几个方面。另外，目前的实验设备和实验条件也是重要的限制因素。

四、植物离体授粉的操作实例

离体胎座授粉技术可用于克服自交（杂交）不亲和性和诱导孤雌生殖产生单倍体等领域，尤其是当自交不亲和区域是处在柱头、花柱或子房中时，这项技术是非常有用的。因为在离体情况下进行胚珠或胎座授粉时，必须把柱头、花柱和子房壁组织完全去掉，可以排除花粉管进入胚珠的障碍。离体胎座授粉技术最重要的应用潜力，是在那些由于受精前不亲和性障碍从未形成过杂种的植物间建立杂种，这在育种上是很有价值的。叶树茂等（1980）通过离体胎座授粉技术获得了栽培烟草与黄花烟草的种间杂种。具体步骤如下。

1）以栽培烟草（*Nicotiana tabacum*）为母本，在母本植株上挑选开花前 1d 的花蕾去雄套袋，翌日将去雄的花摘下，剥除花冠和花萼，将整个子房浸在 0.1% $HgCl_2$ 中消毒 5～8min，然后取出，用无菌水冲洗 3 遍，在无菌条件下剥去子房壁，切去花托，将连在胎座上的裸露胚珠接种于培养基（Nitsch：4% 蔗糖，0.8% 琼脂，pH 5.8）上。

2）以粉蓝烟草（*N. glauca*）为父本，在父本植株上挑选开花前 1d 的花蕾，用细线将其顶部扎紧，使其不能开放。第 2 天将这些花朵摘下，用 70% 乙醇擦拭进行表面消毒，在无菌条件下用镊子将花药取出，将花粉授于胚珠上。然后将授过粉的胚珠置于 25～30℃自然光下培养。

3）授粉后 3～4h，花粉粒在胚珠上萌发，长出大量花粉管；授粉后第 4 天，胚珠膨大；20d 后胚珠由白色逐渐变为褐色，40d 后有些种子便在原来的胎座上萌发长成幼苗。当把整个胎座或是胎座上的某些种子取下来转移到 White 培养基上时，种子很快萌发长成植株。经统计，这种离体授粉烟草的结实率可高达 60.9%。

思 考 题

1．幼胚培养的关键技术是什么？

2．幼胚培养时胚的发育方式有哪几种？各有何特点？

3．在实际操作中如何确定胚囊的发育时期？

4．影响胚珠培养成功的因素有哪些？

5．未授粉子房培养与授粉后子房培养有何不同？

6．植物胚乳有哪些类型？

7．胚乳培养取材的最佳时期是何时？

8．试述离体授粉的操作过程。

9．离体受精有何意义？

10．离体授粉与离体受精有何区别？

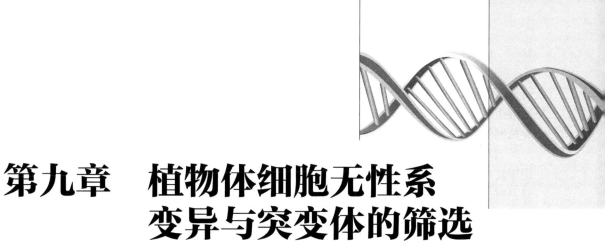

第九章　植物体细胞无性系变异与突变体的筛选

植物体细胞无性系变异是指植物体细胞在细胞或组织培养过程中发生变异，进而导致再生植株发生遗传和性状改变的现象。该现象普遍存在于各种再生途径的组织培养过程中，并且变异率远高于自然突变率，因此，植物体细胞无性系变异成为获得遗传变异材料的一个重要途径。无性系变异产生的突变体可作为遗传学、生物化学和生理学研究的良好材料。同时随着人工诱变和突变体筛选技术的建立和发展，体细胞无性系变异为植物的品种改良和新品种的选育提供了新的途径和选择材料，在工农业生产中得到了广泛的应用。

第一节　植物体细胞无性系变异

一、植物体细胞无性系变异概念的提出

植物细胞全能性学说指出，植物的每个细胞都包含着该物种的全部遗传信息，因而具备发育成完整植株的遗传能力。在适宜条件下，理论上任何一个活细胞都可以发育成为一个新个体。植物细胞全能性是植物组织培养的理论基础。植物组织培养是一个无性繁殖的过程，用于组织培养的外植体的每一个细胞理论上具有相同的遗传信息，因此每一个体细胞再生出的植株在理论上应当是完全相同的，这也是人们利用植物组织培养技术实现珍稀濒危苗木或脱毒苗快速繁殖的重要依据。然而，20世纪60年代以来，大量的研究资料表明，植物细胞、组织或器官经过一段时间离体培养后，培养物本身或再生植株在形态、生理生化、育性、抗性等方面会产生某些变异（variation）。在这些变异中，有些是不能遗传的变异，有些则是可遗传的变异。

最初，在进行植物组织培养实现快速繁殖的过程中，人们不希望培养物发生遗传变异，认为变异是有害或无益的。Heinze和Mee（1971）试图利用甘蔗组织培养过程中产生的变异选育新的甘蔗品系，并且观察到了在形态学、细胞遗传学和同工酶谱方面的变异。斐济的Krishnamurthi和Tlaskal（1974）从甘蔗愈伤组织再生的株系中筛选到抗斐济病毒和抗霜霉病的株系。后来Heinz等（1977）也从对斐济病毒高度敏感的甘蔗再生株系中筛选出抗斐济病毒和抗眼斑病的株系，同时其他研究人员也在甘蔗的再生植株中观察到许多性状改变的有益变异体。Larkin和Scowcroft（1981）对有关再生植株变异的研究结果进行总结并加以评述，正式提出了植物体细胞无性系变异（somaclonal variation）这一术语。他们把离体培养所获

得的再生植株统称为体细胞无性系（somaclone），而将这些植株所表现出的变异（包括形态、生理生化、育性、抗性等方面）定义为体细胞无性系变异，并指出变异不是偶然现象，其变异机制值得研究，并且在育种上具有应用前景。

后续研究报道表明，植物体细胞无性系变异是植物组织培养过程中出现的普遍现象，不限于特定的物种或器官，变异所涉及的性状非常广泛，而且相当数量的植物体细胞无性系变异是可遗传的，变异涉及株高、产量、品质、花期、开花数、抗逆性、次生代谢产物的含量等多种性状，因而遗传育种学家认为组织细胞培养产生变异的过程，对植物品种改良和选育新品种具有重要意义，特别是对那些遗传基础狭窄、遗传资源有限的作物来说，利用体细胞无性系变异改良植物是一个可行的途径。

二、植物体细胞无性系变异的来源、类型及遗传基础

（一）植物体细胞无性系变异的来源

植物体细胞无性系变异有两种来源：一是外植体中预先存在的、在再生植株中表现出来的变异，即外植体原有变异；二是细胞或组织培养过程中受培养条件诱导而产生的变异，即离体培养诱导的变异。了解外植体细胞产生遗传变异的原因和诱导体外培养细胞突变的因素，有助于进一步控制和利用体细胞无性系变异。

1. 外植体原有变异　　有些体细胞无性系变异发生在组织培养之前，即在接种的外植体中已经包含了一些遗传信息已经改变的细胞，这些细胞可以经过组织培养再生成变异的植株。在植物体细胞有丝分裂的过程中，经常会发生体细胞联会现象，如黄瓜、杉木和宜昌橙等，这种体细胞中同源染色体联会现象可以造成该体细胞的子细胞异质性，由不同体细胞再生的植株便会出现无性系变异。同时，固着的生存方式使得植物的细胞有丝分裂进程容易受到环境的影响，因此在植物的体细胞中经常出现多倍体细胞，由此经组织培养可以再生出多倍性植株。

研究表明，不同物种的再生植株的变异率有很大的差别，同一植株不同部位外植体再生植株的变异率也有很大不同。一般来说，分化程度高的外植体产生的无性系比分化程度低的外植体产生的无性系更容易出现变异，分生组织产生的无性系变异率最低。在植物个体生长和发育过程中，顶端分生组织，如茎顶端分生组织和根尖分生组织，细胞的倍性一般比较稳定，这也是植物保持物种稳定性的基础；而分化成熟的组织或器官，其染色体的倍性变化较大。例如，在拟南芥中，根尖和茎尖中 2C（C 代表单倍体核基因组的 DNA 含量）细胞的比例大，而在成熟叶片中 2C 细胞的比例小，并且存在较高倍性的细胞，如 4C、8C、16C 和 32C，培养有高倍性细胞的外植体，再生的植株中可能出现多倍体的植株。

外植体原有变异还包括外植体是由突变细胞和正常细胞组成的嵌合体，突变细胞可以是染色体数目的变异，也可以是基因发生的突变。在培养嵌合突变体的外植体时，再生植株性状容易发生分离，难以保持原品种的性状。但是，通过培养嵌合体细胞，能获得新的无性系变异，有利于通过无性繁殖对植物进行品种改良。

2. 离体培养诱导过程中的变异　　离体培养中的变异主要受胁迫环境诱导，包括外植体获得时的损伤胁迫、外植体消毒过程中暴露于消毒剂、细胞组织结构不完整（原生质体被去掉细胞壁）、培养基成分不平衡（如高浓度的植物激素生长素和细胞分裂素）、糖替代光合

作用作为营养来源、光照条件、高湿度和蒸腾作用之间失衡等。

外源激素和培养基类型是诱导体细胞无性系变异的重要原因。培养基中添加不同类型的生长素可以对无性系变异产生不同影响。研究发现，在含有 2,4-D 的培养基中，纤细单冠菊的悬浮培养物在 6 个月之内可由完全二倍体状态变为完全四倍体状态。如果用萘乙酸取代培养基中的 2,4-D，这种变化就会慢很多。Deambrogio 和 Dale（1980）以大麦作为材料，研究发现再生植株中的不育性状和白化性状，只出现在 2,4-D 含量高的培养基再生的植株中。在豌豆的培养细胞中，研究表明 2,4-D 的浓度和细胞多倍化程度之间呈负相关。因此，同一种类型生长素对不同植物的体细胞变异的影响不同。在对培养基类型与变异的关系研究上，已有研究表明，B_5 培养基适合于纤细单冠菊二倍体细胞培养，而 MS 培养基适合于四倍体细胞培养。此外，培养基的物理状态和环境条件也影响培养细胞的倍性变化。例如，Binns 和 Meins（1980）发现，烟草愈伤组织在 35℃培养环境下二倍体细胞占优势，同一培养物放在 25℃下，核型变得不稳定并以四倍体细胞为主。

再生植株的方式会对体细胞无性系变异率产生一定的影响。植物组织培养可通过器官发生途径和体细胞胚途径再生植株。通常认为，器官发生途径再生植株的变异率高于体细胞胚途径。体细胞胚途径再生植株的变异率低的可能原因是只有未经过畸变的细胞才能形成胚状体。但是如果发生突变的基因不影响体细胞胚的发生，从理论上讲，形成的胚状体及由它们产生的植株仍可能出现变异。

愈伤组织和悬浮细胞的培养时间和继代频率也会影响体细胞无性系变异率。一般情况下，随着愈伤组织培养时间的增加，核型变异的细胞增加，再生植株的变异率增加。研究表明，玉米、燕麦和三倍体黑麦草长期培养的愈伤组织再生植株的非整倍体和染色体结构变异率高。愈伤组织和悬浮细胞继代的时间间隔越短，细胞的遗传性越稳定。许多农作物的培养细胞通过频繁的继代，使细胞维持稳定的正常倍性。Rival（2013）观察到随着细胞体外培养时间的延长，DNA 的甲基化修饰水平逐渐提高。DNA 甲基化的变化与组织培养过程中油棕（*Elaeis quineensis* Jacq.）胚发生能力有关。此外，变异率也会随继代次数的增加而增大。Khan（2011）报道，在第 8 次继代培养后，香蕉中的体细胞无性系变异的数量明显增加，同时再生植株的繁殖率明显降低。同样，Clarindo（2012）建议将咖啡细胞聚集体悬浮液的培养传代时间限制在 4 个月以内，以实现真正的大规模繁殖，因为长期体外培养会导致细胞倍性的不稳定。

此外，体外细胞培养的特殊选择压力，如致病毒素、盐浓度和特殊化学物质等也会影响体细胞无性系的变异率，在离体培养的选择压力消失后，变异性状可能会保留下来（细胞遗传信息发生改变），也可能会消失（细胞遗传信息未发生改变）。

（二）植物体细胞无性系变异的类型

植物体细胞无性系变异有可遗传变异和非遗传变异两种类型。

1. 可遗传变异 可遗传变异（heritable variation）是指由遗传物质（主要为 DNA）的改变引起且能遗传给后代的变异。可遗传变异是植物组织培养过程中发生的一个普遍现象，变异通常是稳定的，变异性状可以通过无性或有性繁殖遗传下去。可遗传变异多数是组织培养过程中的自发变异，也有一部分是由外植体中预先存在的变异引起的。因此，离体培养过程中产生的各种遗传变异是获得新种质资源的有效途径。

2. 非遗传变异   由环境因素导致的而遗传物质没有改变，不能遗传给后代的变异称为非遗传变异（non-genetic variation）。非遗传变异分为生理适应（physiological adaptation）和表观遗传变异（epigenetic variation）。生理适应是指由某种环境条件引起的性状变异，这种变异会随着特定外界因素的消失而消失。例如，硝酸盐的存在能够引起培养细胞中的硝酸盐还原酶活性增强，但当硝酸盐不存在时，细胞中硝酸盐还原酶活性又恢复到之前的水平。表观遗传变异是指在细胞的发育和分化过程中，基因表达调控发生变化而引起的表型变异，并不涉及基因序列和结构的变化，它是细胞内原有的遗传潜力在离体培养中诱导表达的结果。表观遗传变异在细胞水平上是可遗传的，在诱发条件消除后，也能通过细胞分裂在一定时间内继续存在，但不能通过再生植株的有性生殖传递给后代植株，也不能继续表现在再生植株的二次培养物中。在提及体细胞无性系变异时，通常指的是可遗传的变异。

（三）植物体细胞无性系变异的遗传基础

1. 染色体数目变异   植物组织培养引起愈伤组织细胞染色体数目变化的现象相当普遍，这种变化可分为整倍性和非整倍性变化。一般认为，离体培养细胞染色体数目的变化是有丝分裂异常引起的。植物离体培养中的环境因素不同于正常的植物生长环境，容易引起有丝分裂过程中纺锤体的异常。不同程度的纺锤体缺陷会导致染色体不分离、移向多极、滞后或不聚集，最终产生变异细胞。

（1）整倍性变异   在多数情况下，二倍体植物体细胞再生植株具有正常的 $2n$ 染色体，但有时会出现倍性嵌合体，除 $2n$ 细胞外，还有 $4n$、$8n$ 甚至 $16n$ 的多倍体细胞存在。这种染色体自然加倍的现象被称为体细胞内多倍体化（endopolyploidization）。体细胞内多倍体化在组织培养中，特别是在无性繁殖植物中表现突出。形成的原因可能是在细胞有丝分裂过程中纺锤体的形成受阻，染色体不分离，也可能是细胞质不分裂，形成多核细胞，随后核融合或核在同步分裂期间纺锤体融合。

（2）非整倍性变异   在植物离体培养中，染色体倍性也经常出现奇数（$1n$、$3n$、$5n$、$7n$ 等）的变异，如粉蓝烟草维管组织接种在含 2,4-D 培养基中 $2\sim6d$，细胞中出现大量的核碎裂，产生大小不一的数个细胞核。这些细胞进行正常的有丝分裂就会产生染色体数目变化很大的细胞。另外，染色体非整倍性变异可能也是核融合的结果，也可能是多倍体细胞有丝分裂期间染色体发生错配造成的。

2. 染色体结构变异   染色体结构变异主要发生在植物离体培养细胞的分裂过程中，染色体部分片段断裂，在修复连接时染色体发生易位、倒位、缺失和重排。染色体断裂会影响到断裂位点处的基因的完整性或表达；染色体重排可能会改变新的结合位点的基因的表达，进而引起表型的变异。染色体发生断裂也可能会引起染色体数目的增加。

除上述提到的染色体结构和数目变异现象之外，还能经常看到染色体断裂、环状染色体、染色体桥、落后染色体和微核与双核细胞、核芽及染色体不均等分裂等细胞学现象，这些都是产生染色体数目和结构变异的中间过程。事实上，大量研究资料表明，在同一种植物离体培养过程中，染色体数目和结构变异的现象共同存在。表 9-1 列出了燕麦组织培养中再生植株染色体的变异情况。

3. 基因突变   基因突变是指 DNA 碱基序列中单个或多个碱基对发生改变，包括碱基的替换、插入、缺失等。基因突变有隐性单基因突变或多基因突变和显性单基因突变或多基

表 9-1 燕麦（'Tipp'和'Lodi'两个品种）组织培养中再生植株染色体的变异（李竟雄等，1997）

染色体变异类型	变异株数/株		变异频率/%		（变异株/总变异株）/%	
	Tipp	Lodi	Tipp	Lodi	Tipp	Lodi
多倍体	0	0	0	0	0	0
单体	8	28	2.5	5.9	11.1	18.1
三体	2	5	0.6	1.0	2.8	3.2
易位	12	36	3.7	7.5	16.7	23.2
倒位	1	1	0.3	0.2	1.4	0.7
缺失	49	85	15.3	17.8	68.1	54.8
观察总株数	321	478				
发生变异总株数	72[a]	155				

注：a 表示有些变异可能含有 2 个类型以上的变异

因突变。基因突变在组织培养过程中可以高频率发生，从而引起体细胞无性系变异。Evans 和 Sharp（1983）在番茄无性系的 230 个再生植株中发现了 13 个变异是由单基因的点突变造成的，突变频率为 5.7%。Bretell 等（1986）从 645 株玉米杂种胚培养的再生植株中，发现了一个表型稳定的玉米乙醇脱氢酶基因突变体。该突变体新产生的酶有活性，但在电泳时较正常的酶移动变慢，遗传上表现为孟德尔单基因控制。对变异基因克隆并进行序列分析发现，在第 7 个外显子中，一个编码谷氨酸的三联体密码子 GAG 中的 A 转换为 T，使肽链中原来的谷氨酸突变为缬氨酸。点突变与以上其他几种变异方式比较，其对再生植株的损伤较小，且得到的变异较稳定。Ngezahayo（2007）在水稻的体细胞无性系变异中研究了核苷酸序列水平上的改变，通过使用两种分子标记系统——RAPD（random amplified polymorphic DNA，随机扩增多态性 DNA）和 ISSR（inter-simple sequence repeat，简单序列间重复），研究了基因组变异随后对代表基因组变异的选定条带进行测序，并利用水稻的全基因组序列进行成对序列分析，结果表明，24 种 RAPD 和 20 种 ISSR 引物分析的 2 年龄的愈伤组织及其再生植物分别表现出 20.83% 和 17.04% 的基因组变异率。

4. DNA 总量变异和 DNA 重复序列拷贝数的变异 在正常的组织培养条件下，植物基因组 DNA 总量也会发生扩增，这是产生体细胞无性系变异的原因之一。Paepe 和 Berlyn 等（1982）分别在两种不同的烟草——林烟草（*Nicotiana sylvestris*）和栽培烟草（*Nicotiana tabacum*）的无性系再生植株中，观察到了细胞中 DNA 总量的变异。

基因扩增是指细胞内某些特定基因的拷贝数专一性地大量增加的现象，是细胞在短期内为满足某种需要而产生足够的基因产物的一种调控手段。Donn 等（1984）从草丁膦除草剂存在的紫花苜蓿悬浮培养细胞中得到了具有比野生型高 20～100 倍抗性的无性系。抗性提高是由于谷氨酰胺合成酶基因扩增了 4～11 倍，引起谷氨酰胺合成酶增加了 3～7 倍。Cuzzoni 等（1990）发现在水稻培养细胞中的一段 4.5kb 的 DNA 序列发生了扩增，通过凝胶电泳和外切酶 Bal31 作用分析表明，这种染色体上 DNA 的扩增与染色体外环状 DNA 分子的出现有关。

5. 基因丢失 基因丢失主要是指在离体培养条件下，植物细胞基因中某些碱基序列丢失而导致基因失活。已知体细胞无性系中核糖体 DNA（rDNA）及其间隔序列和一些重复序列比较容易发生 DNA 序列的丢失。Brettell 等（1986）观察到小黑麦再生植株 1R 染色体上间隔区序列减少了 80%。Breiman 等（1987，1989）在小麦品种'ND7532'的再生植株中观察到 rDNA 间隔数目减少，并且进一步证明这种变异与离体培养有关。但是，目前还不清楚在体细胞无性系中 DNA 序列减少对细胞脱分化、再分化及植株再生究竟有何生物学意义。

6. DNA 甲基化修饰　有的植物经过一段时间的离体培养后，基因组中的碱基会发生甲基化修饰程度的改变，从而影响基因的表达。通常认为 DNA 甲基化或去甲基化与基因的转录活性有关。

在植物组织培养过程中，不同植物 DNA 甲基化变异的趋势和模式也存在明显的差异。在进行植株再生体系甲基化变异研究中，多数植物的愈伤组织或再生植株存在 DNA 甲基化总体水平降低的趋势。苗高健等（2009）对水稻研究发现，水稻再生苗比正常苗 DNA 总体甲基化水平低；韩柏明等（2011）研究草莓的 DNA 甲基化变化时发现，组织培养的草莓苗总体 DNA 甲基化水平低于正常苗。此外，在大麦、大豆、玉米的研究中也发现了同样的现象。香蕉再生植株叶片 DNA 甲基化水平高于正常植株叶片。上述研究结果不一致，可能与不同的研究者所采用的实验材料、培养基组成、激素种类及浓度、外植体类型及外植体的培养过程有关。

7. 转座子的激活　转座子是基因组中一段可移动的 DNA 序列，可以通过切割、重新整合等一系列过程从基因组的一个位置"跳跃"到另一个位置。转座子是引起体细胞无性系变异的重要原因之一，转座子的激活可能起源于组织培养中的环境胁迫、染色体的断裂、重排及 DNA 甲基化修饰水平的改变等。转座子一旦被激活就会导致细胞基因发生一系列变化。根据转座机制不同，转座子分为两类。第一类为逆转座子，其转座需要 RNA 为中介，即先转录为 RNA，再经过逆转录使其在染色体上发生移位。这类转座子有水稻的 Tosl、Tos2 和 Tos3 及烟草的 Tosl 和 Tos2 等。第二类是经典意义上的转座因子，包括玉米 Ac-Ds、Spm、Mu 因子和金鱼草的 Tam 因子等，它们的转座是从 DNA 到 DNA，在转座酶的作用下从原位置解离，并在新的位置整合而达到转座的目的。

用转座子理论解释体细胞无性系变异现象在很多方面是吻合的，首先，可以解释无性系变异的频率为什么会很高，植物体中多种转座子的作用可以引起广泛的变异；其次，转座子可使不活跃的结构基因活化，与无性系中出现较高频率的显性突变相一致；最后，转座子还可以使多拷贝的基因中那些不表达的拷贝活化，提高基因的表达强度，进而导致表型变异。

8. 基因重排　在植物离体培养过程中，也可发生由基因重排而引起的无性系变异。基因重排是指 DNA 分子内部核苷酸顺序的重新排列。基因重排起源于 DNA 复制过程中的同源染色体重组、缺失、倒位及插入。Das 等（1990）在玉米栽培系 A188 的培养细胞中发现，玉米贮藏蛋白基因中有高频率的基因重排出现。

9. 细胞质基因变异　线粒体和叶绿体是半自主性细胞器，具有自身的遗传信息，其基因突变也会引起体细胞无性系变异的发生。离体培养条件可以使线粒体 DNA 环状构象和分子结构发生变化。Hanson（1984）和 Newton（1988）分别发现烟草培养细胞限制性酶切片段模式的变化。在这些研究结果中，大多数线粒体 DNA 为扩增后的环型 DNA 分子结构。Hartman（1989）的研究表明，小麦再生植株的线粒体 DNA 变化极大，而且变化程度受组织培养时间长短的影响。Li 等（1988）报道，可育的野生烟草原生质体培养两次之后可分离出细胞质雄性不育植株，对这些株系的分析发现，一种分子量为 40kb 的线粒体 DNA 编码的多肽消失。Bartoszewski（2007）综述了黄瓜产生的嵌合突变体的起源和表型及与其他植物线粒体突变体的相似性，最后提出细胞培养可以作为一种独特而有效的方法，在高度纯合的核基因型下产生高等植物的线粒体突变体。

叶绿体基因组相对比较保守。常见的变化是花药愈伤组织再生植株，特别是单子叶植物花药培养，白化苗发生的频率较高。Day 和 Ellis（1985）报道，水稻花药培养来源的白化苗丢失了 70% 的叶绿体基因组。Sun 等（1979）发现，水稻白化苗中 16S RNA 或 23S RNA 很少或缺乏，Rubisco 蛋白水平显著减少。rRNA 由叶绿体 DNA 负责转录，可见叶绿体 rRNA 减少应为叶绿体 DNA 碱基分子缺失的结果。

三、植物体细胞无性系变异的人工诱变

植物个体水平的人工诱变育种的诱变率较低，一般需要在大量的个体中筛选少数的有效变异，这不仅工作量大，而且筛选成本高，操作困难。同时，植物个体水平上的诱变常常出现嵌合体，获得稳定遗传变异的时间长。因此，个体水平的诱变育种成效甚微。随着离体培养技术的不断成熟，在细胞水平上诱导变异，进而筛选有利突变体的技术途径重新被应用到育种程序中。细胞水平的人工诱变具备以下优点：①筛选可以在离体条件下进行，从而可以在有限的空间内对大量个体进行选择；②细胞突变体的筛选可以在几个细胞周期内完成，且不受季节限制，因此筛选效率高；③因为实验是在人工设计的培养条件下进行的，因此诱变和筛选条件可以根据需要进行调节和控制，从而提高了实验的重复性；④由于变异是在单细胞水平上进行的，因此，一个突变体就来自一个细胞，不会有非突变细胞的干扰，避免了整体植株水平上无性变异常呈现出的嵌合体，因而可以省去变异分离的麻烦；⑤在细胞培养系统中，理化诱变剂可较均匀地接触细胞，因此可以引起培养细胞相对较高频率地发生突变，增加了选择机会。离体培养细胞的诱变包括物理诱变、化学诱变及复合因子诱变等方法。近年来转座子插入也成为体细胞突变诱导中一种新的诱变策略。

（一）物理诱变

物理诱变主要是通过 X 射线、γ 射线、β 射线、快中子、激光、电子束、离子束、紫外线、磁场及温度等对离体培养材料进行诱变，然后对诱变后的材料进行培养筛选。辐射类型应根据离体培养材料类型进行选择。如果以组织器官为诱导材料，可以选择辐射强度较大的 γ 射线、快中子等进行辐射。如果是细胞或原生质体，则可以选择 X 射线、紫外线等。特别是以原生质体为诱导材料时，可以使用紫外线照射，因为常用紫外线的波长为 270nm，与 DNA 吸收波长 260nm 相近，而原生质体因为没有细胞壁的屏障，对紫外线的敏感性较强，从而可以达到较好的诱变效果。加上紫外线辐射无须特殊设备，无菌环境容易控制，对于一些原生质体培养体系成熟的植物来说，是一种经济有效的诱变方法。物理方法对培养的体细胞 DNA 和染色体的损伤作用较大，可以引起基因突变和染色体畸变。

（二）化学诱变

化学诱变是通过在培养基中添加一些化学物质，这些化学物质被细胞吸收后直接或间接

引起碱基突变。常用的化学诱变剂有三类。

1. 碱基类似物　　该类物质能在不影响 DNA 复制的情况下改变原来基因的碱基组成，如 5-溴脱氧尿嘧啶是胸腺嘧啶的结构类似物，在培养基中加入这类物质，可使细胞 DNA 复制时发生碱基替代的突变。

2. 烷化剂　　常用的烷化剂有硫酸二乙酯、乙基磺酸乙酯、甲基磺酸乙酯、二乙基亚硝胺、环氧乙烷、乙烯亚胺等，此类诱变剂有一个或多个活化烷基，可与 DNA 分子中的碱基或磷酸基团结合，能引起 DNA 的碱基烷化，造成碱基错误配对而发生变异。

3. DNA 分子结构插入物　　DNA 分子结构插入物是指能结合到 DNA 分子中的化合物如亚硝酸，该类物质通过引起 DNA 分子遗传密码的阅读顺序发生移码而导致突变。

为了提高诱变率和选择效率，采用化学诱变的方法一般是先将被诱变细胞培养在含有较高浓度的诱变剂中，经过一定时间的诱变处理后，再转入降低诱变剂浓度的筛选培养基中对变异进行筛选。当然，经过诱变处理后也可以转入正常培养基中诱导成苗，以后根据目标性状再进行选择。化学诱变通常产生碱基突变，在诱变剂使用得当的情况下，可较高频率地筛选到突变体。特别是随着 DNA 分子结构特性研究的不断深入，采用碱基类似物和移码诱变剂，将有可能实现定点诱变。

（三）复合因子诱变

诱变处理可以是单因子处理，也可以是复合因子诱变。一般来说，复合诱变的效果比单因子诱变好。复合诱变处理的方法有：两种或两种以上的诱变剂同时使用或交替使用、同一种诱变剂连续重复使用等。实际应用中，应根据诱变剂的作用特点、培养细胞类型等情况确定具体的诱变方案。在诱变处理中，诱变剂量的确定是诱变效果的另一个关键影响因素。一般确定诱变剂量的原则是处理后培养细胞 50% 能够成活，即半致死剂量。确定半致死剂量需经过预试验，根据培养材料的类型、状态，诱变剂的种类、使用浓度，诱变的环境条件等因素而定。

（四）转座子插入诱变

转座子插入诱变是近年来利用分子生物学技术发展起来的新的体细胞变异诱导方法。转座子既可直接将外源基因带入细胞内使再生植株获得新性状，又可以独立插入基因，通过其转座功能诱导变异。目前，使用较多的转座子体系主要是玉米的 Ac-Ds 系统，其主要操作过程是首先采用基因转化的方法将 Ac-Ds 导入受体细胞，再通过体细胞培养或再生植株的自交或测交清除 Ac 因子，由于转座子插入的随机性，因此可在清除 Ac 的植株中筛选出不同的变异。利用这一途径已在苜蓿、马铃薯、番茄、甘蓝等多种植物上获得可利用的体细胞变异植株。

第二节　植物体细胞无性系突变体的筛选

一、植物体细胞无性系突变体筛选的一般思路

（一）多种检测手段相结合，初筛与复筛相结合

单个检测手段都是依据形态水平、细胞水平、生理生化、遗传学特性中的某种指标而设

置的，局限性不言而喻。因此，在条件允许的情况下，各种检测技术的充分利用是最终获得目标突变株系的保证。初筛的目的是去除明显不符合要求的大部分再生株系，而复筛的目的是确认符合生产要求的再生株系。初筛的工作以量为主，应尽可能采用快速、简单的方法；复筛是以质为主，应精确测定每个再生株系的遗传稳定性和农艺性状及生产指标。因此，可将初筛和复筛工作相结合，甚至连续进行多次筛选，直到获得较好的再生株系为止。

（二）离体筛选与常规育种相结合

体细胞无性系突变体筛选可以缩短育种时间，提供广泛的种质材料，提高育种效率。但是以往经验证明，要获得生产中实际应用的品系，最终还要与常规育种相结合，必须纠正只重实验室工作而忽视常规育种及大田和车间生产的错误思路。

二、植物体细胞无性系突变体筛选的方法

很多植物体细胞无性系突变所涉及的性状与工农业生产密切相关，并且相当数量的植物体细胞无性系变异是可遗传的。因此，应有效地筛选和利用这些可以遗传的变异株。由于体细胞无性系变异的发生没有方向性，变异类型繁多，且劣变概率大于优变概率，而用于植物育种目标的变异则必须是优良性状，因此对变异进行有效的筛选与鉴定很重要。根据被筛选材料的培养状态不同，可以把筛选方法分为从田间再生植株中直接筛选、对离体培养物的筛选及绿岛法等。

（一）从田间再生植株中直接筛选

从田间再生植株中考察选择有用突变株是体细胞无性系变异筛选最直接的方法。基本过程是：首先选择植物细胞和组织进行离体培养，诱导产生愈伤组织，加入相应的诱变剂，然后转入分化培养基上使其分化成苗，当绿苗长到3～4片叶时定植于大田或营养钵中，成熟时采收种子，次年再按株系种植，进入常规育种程序进行选育。该方法工作量虽大，但得到的结果能直观表现性状变化，利于对改良性状作出直接判断，也是迄今为止筛选一些农艺性状（如株高、穗型、成熟期及营养成分等）的主要方法。目前育成的有关品种多是采用这种方法获得的。

（二）对离体培养物的筛选

对离体培养物的筛选，可根据检测指标或筛选压力与有用目标性状的关系分为直接筛选法与间接筛选法。

1. 直接筛选法　　直接筛选法是在确定了选择方向后，通过向培养基中加入高浓度盐类、碱类、除草剂、抗生素、真菌毒素、重金属和特定代谢物等化学物质，或采用低温、高温等物理处理，人工模拟特定生长环境，筛去正常细胞，获得抗性愈伤组织或抗性细胞系，然后经过再生获得抗性突变体植株。直接筛选法包括两个类型，即正选择法和负选择法。

（1）正选择法　　正选择法是指在离体培养基中加入对正常型细胞有害的化学物质（选择剂），使正常型细胞死亡而突变细胞可以生长，从而将其分离出来。具体操作时可采用一步选择法或多步选择法：一步选择法一次加入所用筛选压力，一次性地消灭正常型细胞，对单基因性状的抗性筛选非常方便；而多步选择法则是先加入低剂量的选择剂，使一部分细胞

不能正常生长，从而选择出生长较好的细胞，然后再逐步加大剂量，进行多步筛选，最终可得到能耐受最高选择剂浓度的突变细胞团。有时为防止一些对选择剂依赖的非突变型细胞产生，还需在选择一定时期后，将培养物转入无选择压力的继代培养基上进一步淘汰掉依赖细胞。多步选择法对遗传背景复杂、受多基因控制和具有几个不同水平特性突变体的获得很有效。

（2）负选择法　　负选择法是使用特定培养基，让突变体细胞受到抑制不分裂而呈休眠状态，而正常型细胞正常生长，然后用一种对休眠态突变细胞无害，而能毒害正常生长细胞的药物淘汰掉正常型细胞，最后用正常培养基恢复突变细胞的生长。该方法主要用于营养缺陷型或温度敏感型突变体的筛选。现在常用 5-溴脱氧尿苷负选择系统和高氯酸盐负选择系统。

2. 间接筛选法　　间接筛选法是借助与突变表现型有关的性状作为选择指示或筛选压力的方法。当缺乏直接选择表型指标或直接选择条件对细胞生长不利时，可以考虑采用间接筛选法，如脯氨酸作为一种植物体内的渗透调节物质，在维持细胞膜稳定性、细胞水分平衡等方面具有重要作用。当植株遇到非生物胁迫时，细胞内脯氨酸浓度往往大量增加，因此可以通过测定细胞内脯氨酸含量鉴定抗逆突变体。

（三）绿岛法

许多重要的基因在培养细胞处于无组织、无器官的未分化状态时并不表达，因此无法在培养基中通过某种表型筛选这些基因突变体。绿岛法便是利用已分化组织进行筛选的方法。例如，一些除草剂只作用于绿色光合细胞，对无叶绿体的培养细胞无法作用，则可以在整个植株叶片上用除草剂使叶片细胞发生突变并制造选择压力，使抗性细胞存活下来，形成局部绿色斑点，即"绿岛"，然后切下该部位细胞进行培养，再分化形成抗性植株。

三、影响植物体细胞无性系突变体筛选的因素

（一）亲本材料

选择优良的、仅存在个别缺点需要改进的基因型的亲本材料进行诱变筛选，根据实验目的，选择合适的外植体，同时选用染色体数目稳定的细胞系，因为非整倍体的细胞系难以进行遗传和生化分析。另外，离体选择隐性突变的实验中应尽量使用单倍体材料。单倍体可使隐性突变在当代就表现出来，但单倍体细胞在体外培养不稳定，容易产生多倍体。因此，如果实验的目的是获得一个显性突变或细胞质突变，则最好选择二倍体细胞系，它在体外稳定，也方便进行遗传和生化分析。

（二）培养方式

用来进行筛选的细胞主要有愈伤组织培养、细胞悬浮培养、原生质体培养和细胞固体培养 4 种培养方式。愈伤组织容易获得，操作方便，但生长速度慢，容易出现嵌合体。细胞在悬浮培养过程中生长较为迅速，但应注意在培养体系中，大小不一的细胞团与单细胞共存，过大细胞团由于其内层细胞所处的环境与外层细胞有较大的差别，内、外层细胞所受到的选

择压力可能不同，不利于优良细胞的筛选，一般可以用适当孔径筛网过滤，以除去较大的细胞团。原生质体培养物是用于筛选突变体的最理想材料，因其接受诱变剂和选择剂均匀，故不存在嵌合体。但对于很多植物来说，原生质体的分离和培养技术尚未完善。细胞固体培养难度较大，应用较少。

（三）选择压力的施加方式

选择压力可以一次性施加，也可以逐步施加。在有些离体选择实验中，选择压力的施加方式对最终的选择效果可能没有影响。但在一些情况下，选择压力的施加方式直接影响选择的成败。例如，如果某个细胞在实验开始有一个线粒体发生了突变，就整个细胞来说，多数线粒体都是正常的，那么它的突变表现型的作用必然很弱，这时如果突然施加个强大的选择压力，这个细胞很可能和正常细胞一样被淘汰，但是在一个比较温和的选择压力之下，这个细胞就有可能幸存下来。然后，随着选择压力的逐渐增加，这个细胞系内的突变线粒体的比例也逐渐增加，突变表现型随之增强，最终可以被选择出来。因此，对一个细胞器基因突变的选择，最好采用逐步施加选择压力的方式。

四、植物体细胞无性系突变体筛选的程序

1. 材料选择　　用于突变体筛选的最理想材料为单细胞或原生质体，也可用茎尖、腋芽等，但容易形成嵌合体，目前使用最多的材料是愈伤组织。

2. 预处理　　用物理或化学诱变剂对材料进行预处理。经预处理的材料用糖液洗净，如果材料是愈伤组织，需借助酶处理，经过滤、离心最终得到纯净的细胞悬浮液。

3. 预培养　　恢复经诱变剂和酶处理后下降的细胞活力，可采用平板培养法和悬浮培养法，培养时需考虑细胞起始密度。

4. 诱发突变　　一般采用平板培养法，并在培养基中加入某种选择因子，长时间反复饲喂培养的细胞，使其发生拟定目标的突变。

5. 突变细胞的筛选　　将诱发突变后的细胞团转入不加选择因子的培养基中培养，以脱除选择因子，数周后再转入有选择因子的培养基上，选择能旺盛分裂的细胞团（细胞株）。

6. 细胞增殖与器官建成　　如果使用的材料是单倍体细胞，可在分化培养基上加入秋水仙碱，诱导染色体加倍后再培养；如果采用的材料是原生质体，需先诱导细胞壁再生后再进一步培养；如果采用的材料是愈伤组织，则要诱导愈伤组织进一步分化，形成再生植株。

7. 突变细胞的遗传分析和鉴定　　筛选得到的突变株系或突变体一般要进行细胞学、生物化学和遗传学方面的鉴定，研究变异的机制和原因，确定变异的遗传学稳定性，为进一步育种奠定基础。这些技术主要包括相关酶活性分析、染色体观察与核型分析、同工酶酶谱分析及分子标记等。植株水平上的遗传鉴定是最根本和最有说服力的，在多次有性世代中，非遗传变异所引起的新表现性状在后代中会消失。一般认为真实的遗传变异应满足以下条件：离开筛选压力后变异表型持续稳定；突变体中具有相应变化的基因产物或生理生化上的代谢差异；变异表型能够通过有性繁殖遗传（图9-1）。

材料选择（单细胞、原生质体、愈伤组织等）

↓

预处理材料（添加诱变剂）

↓

预培养材料（恢复细胞活力）

↓ ＋诱变剂

诱发细胞产生突变

↓ ＋选择剂

筛选出突变细胞

↓

突变细胞增殖与器官建成

↓

突变细胞的遗传分析与鉴定

图 9-1　植物体细胞无性系突变体
筛选流程图

五、植物体细胞无性系突变体筛选的成功范例

（一）高产优质文心兰新品种'金辉'的选育（罗远华等，2019）

1. 材料　文心兰商业化品种'南西'。选择盛花期时株型高大，叶片挺立，假鳞茎大且饱满，新芽着生位置低，抽花枝性强，花枝挺立，分枝与花朵数多，无病毒，无病虫害的株系 10 株，分别编号为 NY1～NY10。

2. 组织培养　取 NY1～NY10 植株的花芽作为外植体进行组织培养。

3. 移栽培养　将组培苗移栽培养，并进行切花栽培，每个株系各 300 株。

4. 筛选　对切花栽培的株系进行性状的观察，包括茎叶性状、切花产量与品质、适应性、抗逆性等综合评价；从株系 NY1～NY10 中筛选出最优株系 NY3，将其命名为'金辉'。

5. 组培扩繁　通过表达序列标签微卫星标记（expressed sequence tag-simple sequence repeat，EST-SSR）分子标记引物证实'金辉'与'南西'在 DNA 水平上存在差异。对'金辉'进行组培扩繁，并在不同试验点进行种植，进一步验证其高产、优质、抗逆性强的表型。

（二）通过体细胞无性系变异获得马铃薯优良新材料（邹雪等，2015）

1. 材料　马铃薯品种'米拉'脱毒试管苗。

2. 试管苗扩繁和试管薯诱导　剪取马铃薯'米拉'带 1～2 个腋芽的茎段接入扩繁培养基中，培养条件为 16h 光 /8h 暗，（22±1）℃，每隔 20d 剪接扩繁 1 次。剪取带 1～2 个腋芽的茎段接入诱薯培养基中，8h 光 /16h 暗，（18±1）℃。取诱导 60d 左右所结薯块用于再生试验。

3. 从试管薯切片诱导植株再生　将直径 6～8mm 的'米拉'试管薯切成厚 1～2mm 的薄片，接种在含有植物生长调节剂的诱导培养基上 16h 光 /8h 暗，（20±1）℃，7～10d 后剪去从芽眼长出的芽（为原有的腋芽，非再生芽），以后每 15d 换 1 次培养基，并观察记录。另将试管薯切片接种在植物生长调节剂组合（2mg/L 6-BA＋0.25mg/L TDZ＋0.1mg/L 2,4-D）但不添加蔗糖的 MS 培养基上，以比较蔗糖对芽分化的影响，结果表明，无蔗糖培养基芽分化效率提高到 65.33%（因薯片中糖含量较高，故多种植物生长调节剂组合处理芽分化率普遍不高）。

4. 抗逆材料的获得　剪取从无蔗糖培养基上再生的植株约 30 个，按株系扩繁后接入低磷和盐胁迫培养基中，选取形态长势最好的株系，命名为'M-13'。在低磷胁迫下，对照母本'米拉'生长瘦弱，叶片小，叶色深绿，呈现典型的缺磷症状，再生株系'M-13'生长较健壮且叶片大而厚，叶色也为深绿色，表明也受到了缺磷胁迫。在盐胁迫下，'米拉'的

腋芽几乎不能生长，叶片发黄，根系生长缓慢；'M-13'的腋芽大多能长成植株，叶色基本保持为绿色且根系生长较旺盛。

5. 'M-13'的遗传变异检测　　通过约两年的试管苗扩繁及保苗复壮观察，在确认'M-13'性状稳定的基础上，选用随机扩增多态 DNA（randomly amplified polymorphic DNA，RAPD）和目标起始密码子多态性（start codon targeted polymorphic，SCOT）两种分子标记作进一步检测。18 条 RAPD 引物共扩增出 61 条清晰可重复条带，'M-13'和'米拉'的遗传相似系数为 0.9256；12 条 SCOT 引物共扩增出 68 条条带，'M-13'和'米拉'的遗传相似系数为 0.9323。以上说明'M-13'仍然保持母本的大部分特性，但其遗传物质确实发生了改变。

（三）'威斯康辛 30 号'烟草-抗野火病突变体筛选（周维燕，2001）

1. 材料　　烟草 38 号单倍体植株经酶解处理成为单细胞，细胞密度为 2×10^3 个 /mL。

2. 诱变剂　　诱变剂为甲磺酸乙酯（EMS），浓度为 0.25%，处理 1h，预培养 2 周。

3. 选择因子　　选择因子为野火病类似物蛋氨酸-亚砜亚胺（MSO），以等体积加入（10mmol/L）。

4. 高抗株选择　　平板培养数周，使愈伤组织形成。在平板上脱去 MSO，即在不加MSO 的培养基中培养数周，然后再转入加有 10mmol/L MSO 的培养基上培养数周，同时测定其抗性，进行高抗"细胞株"筛选。

5. 染色体加倍　　选择抗性愈伤组织进行转移培养，同时在培养基中加入 0.2%～0.4%秋水仙碱，进行染色体加倍。

6. 植株再生　　愈伤组织器官分化，进行抗性测定和遗传分析。

7. 筛选的结果　　①从大约 2.7×10^7 个单细胞中得到了 33 个可能抗 MSO 的愈伤组织；②从 1.9×10^7 的活细胞中得到 19 个可抗 MSO 的愈伤组织，但大多数抗性不稳定，测定 52块愈伤组织中有 49 块丧失抗性；③从 3 块有抗性的愈伤组织中分化出 3 株植株，其中 2 株植物体内蛋氨酸含量比正常株高 5 倍。烟草细胞在 MSO 的长期"饲喂"下发生突变，成为对野火病毒素不敏感的突变细胞。这种细胞再生成植株，必然对野火病有极高的抗性。

六、植物体细胞无性系突变体的应用

植物体细胞无性系突变体筛选是细胞水平上的生物技术应用，它具有诱变和筛选群体大、定向筛选和效率高等优点。

（一）在农业上的应用

总体说来，体细胞无性系变异涉及性状较多，发生在同一突变体中的往往是单一或少数性状的变异。因此，体细胞突变技术特别适用于对一些综合性状良好，但个别性状需要改造的品种改良中，这就避免了有性杂交育种周期长的缺点，使其在品种遗传改良中具有独特的优势和特点。在农业领域，体细胞突变体筛选主要集中在直接筛选与高产相关的农艺性状（如株型、千粒重、穗长、株型）、特定的农艺性状（如高蛋白、优质蛋白）和抗性品种（如抗病、抗旱、抗盐、抗除草剂等）及间接筛选常规育种材料（如远缘杂种体细胞易位系）等方面。几十年来，在粮油作物、蔬菜、经济林木、花卉中已筛选出大量的突变体品种（系）（表 9-2）。

表 9-2　作为品种或种质资源释放的体细胞无性系变异材料（Krishna et al.，2016）

序号	作物类型	体细胞无性系的特征	参考文献
1	粗肋草属	获得栽培新品种'月光''钻石''翡翠'	Henny 等（1992，2003）
2	苹果	火疫病抗性	Chevreau 等（1998）
3	苹果砧木'M 26'和'MM 106'	疫霉菌抗性	Rosati 等（1990）
4	苹果砧木'Malling 7'	白腐病抗性	Modgil 等（2012）
5	红掌	热橙色新品种	Henny 和 Chen（2011）
6	香蕉	半矮化和枯萎病抗性	Tang 等（2000）
		枯萎病抗性	Ghag 等（2014）
		叶斑病抗性	Gimenez 等（2001）
		抗枯萎病新品种	Hwang 和 Ko（1992，2004）
		植株变矮和早花	Martin 等（2006）
		'太桥 5 号'，枯萎病抗性	Lee 等（2011）
7	秋海棠	植物形态，花的数量和花的大小改变	Jain（1997）
8	茄子	耐胁迫的体细胞无性系选择	Ferdausi 等（2009）
9	黑莓	无刺变种'林肯·洛根'	Hal 等（1986）
10	辣椒	黄果变种'贝尔甜'	Morrison 等（1989）
11	彩虹竹芋	获得普通栽培种	Chao 等（2005）
12	胡萝卜	叶斑病抗性	Dugdale 等（2000）
13	康乃馨	尖孢镰刀菌抗性	Esmaiel 等（2012）
14	芹菜	镰刀菌抗性	Heath-Pagliuso 和 Rappaport（1990）
		甜菜夜蛾抗性和镰刀菌抗性	Diawara 等（1996）
15	鸡冠花	线虫抗性	Opabode 和 Adebooye（2005）
16	仙人掌	茎的着生面异常	Resende 等（2010）
17	红辣椒	早花和产量增加	Hossain 等（2003）
18	菊花	叶、花的形状和花瓣大小的变化	Ahloowalia（1992）
		花序颜色的改变	Miler 和 Zalewska（2014）
19	柑橘	枯病菌抗性	Deng 等（1995）
		盐胁迫耐受性	Ben-Hayyim 和 Goffer（1989）
20	蓝叶柄萼距花	平均株高、种子产量、辛酸含量、月桂酸含量均显著高于亲本	Ben-Salah 和 Roath（1994）
21	枫茅	油产量增加 50%～60%	Mathur 等（1988）
		提高油的产量和品质	Nayak 等（2003）
		增加含油量	Patnaik 等（1999）
22	花叶万年青	独特的彩色叶	Shen 等（2007）
23	大蒜	鳞茎产量高于亲本	Vidal 等（1993）
		白腐病抗性	Zhang 等（2012）

序号	作物类型	体细胞无性系的特征	参考文献
24	天竺葵	花色鲜艳	Skirvin 和 Janick（1976）
		富含异薄荷酮的体细胞克隆突变体	Gupta 等（2001）
		油产量和生物量合成增多	Saxena 等（2008）
25	非洲菊	新栽培品种	Minerva 和 Kumar（2013）
26	生姜	尖孢镰刀菌抗性	Bhardwaj 等（2012）
27	葡萄	灰霉病和霜霉菌抗性	Kuksova 等（1997）
28	萱草	矮化和雄性不育	Griesbach（1989）
29	姜花	矮化杂色变种	Sakhanokho 等（2012）
30	香茅	产油量增加 37%	Mathur（2010）
31	猕猴桃	盐胁迫耐受性	Caboni 等（2003）
32	芒果	炭疽菌抗性	Litz 等（1991）
33	薄荷	产油量增加	Kukreja 等（1991，2000）
34	樱桃李	抗涝性砧木	Iacona 等（2013）
35	橄榄	新品种	Leva 等（2012）
36	广藿香	较高的香草产量	Ravindra 等（2012）
37	豌豆	镰孢菌抗性	Horacek 等（2013）
38	桃	叶斑病抗性	Hammerschlag 和 Ognjanov（1990）
		根结线虫抗性	Hashmi 等（1995）
		丁香假单胞菌抗性	Hammerschlag（2000）
39	梨砧木	火疫病抗性	Nacheva 等（2014）
40	喜林芋	新栽培品种	Devanand 等（2004）
41	胡黄连	糖苷含量增加	Mondal 等（2013）
42	菠萝	无脊骨变异体	Jaya 等（2002）
		果实颜色和果肉的改变	Perez 等（2009，2012）
43	马铃薯	无褐变	Arihara 等（1995）
		热胁迫耐受性	Das 等（2000）
		茄链格孢和链霉菌抗性	Veitia-Rodriguez 等（2002）
		淀粉含量增加	Thieme 和 Griess（2005）
		易于加工	Nassar 等（2011）
		高产	Hoque 和 Morshad（2014）
		植物营养素和抗氧化剂含量增加	Nassar 等（2014）
44	柑橘	高土壤 pH	Marino 等（2000）
45	甜菊	糖苷含量增加	Khan 等（2014）
46	草莓	尖孢镰刀菌抗性	Toyoda 等（1991）

序号	作物类型	体细胞无性系的特征	参考文献
46	草莓	链格孢菌抗性	Takahashi 等（1993）
		疫霉菌抗性	Battistini 和 Rosati（1991）
		改善园艺性状	Biswas 等（2009）
		黄萎病抗性	Zebrowska（2010）
		白粉病和黄萎病抗性	Whitehouse 等（2014）
47	甘薯	盐胁迫耐受性	Anwar 等（2010）
48	甜橙	晚熟	Grosser（2015）
49	圣奥古斯汀草	冷冻胁迫耐受性	Li 等（2010）
50	合果芋	鲜明的叶片特性	Henny 和 Chen（2011）
51	番茄	高固体含量	Evans（1989）
52	郁金香	茎和花增长	Podwyszynska 等（2010）
53	蝴蝶草	花颜色改变	Nhut 等（2013）
54	姜黄	挥发油产量增加	Kar 等（2014）
		镰刀菌抗性	Kuanar 等（2014）
55	印度人参	富含睡茄交酯	Rana 等（2012）

（二）在植物细胞大规模培养生产次生代谢产物中的应用

植物细胞大规模培养是植物生产次生代谢产物，如药用成分、香料成分、花青苷或黄酮等色素的一条重要途径。高产细胞株的筛选和应用是提高次生代谢产物产量的主要措施。当目标次生代谢产物可以改变细胞表型特征时，根据细胞表型特征（如颜色）进行筛选是最直接简便的方法。例如，Yamamoto 等（1982）对铁海棠（*Euphorbia millii*）的培养细胞中具有高产和稳产花青素细胞系的筛选。他们建立了一种颇为简单有效并能长时间维持的筛选方法，即首先对铁海棠进行愈伤组织诱导，然后把愈伤组织分成许多小块，并培养于相同的培养基上。将各小块长大的愈伤组织中的一半进行分析，另一半继续继代培养。选择颜色最红的小块继续分离和分析，这样反复筛选了近 30 代，在第 23 代之后细胞块的花青素含量的平均值保持稳定，并比原细胞株含量高 7 倍。而对于目标化合物与表型特征无直接关联的培养物，则需要借助测定单细胞克隆次生代谢产物的含量进行甄别和筛选。例如，Hashimoto 和 Yamada（1983）针对单细胞培养产生的愈伤组织，测定每一个克隆产生的目的化合物的含量，筛选出了莨菪碱的高产细胞株。

（三）在遗传研究上的应用

突变体在用于基因克隆和标记筛选中具有独特的优点。因为突变一旦发生，即可在表现型上与供体显著不同，通过差异显示或分子杂交筛选，即可快速获得突变位点的 DNA 序列，经过测序与功能鉴定，就可能获得与突变性状相关的基因。即使通过分析不能获得功能基因，这些 DNA 序列也可作为与突变性状相关的分子标记，用于相关遗传研究。

（四）在发育生物学上的应用

研究植物的个体发育是一个渐进过程，每一个器官和组织的分化都是一个复杂的调控过程。关于植物发育的研究，在很长一段时间里只能停留在形态学和组织学观察的水平上，对于发育过程中的基因调控则很难进行。随着分子生物学研究技术和体细胞变异相结合，利用体细胞突变策略对植物发育的基因进行调控研究取得了突破性进展。

（五）在生化代谢途径研究上的应用

生物的各种代谢活动涉及一系列酶相关基因的表达。如果某一代谢过程的关键酶基因突变，则会影响到下游代谢的正常进行。因此，突变体作为代谢活动调控研究的工具，具有十分便利和高效的优势。体细胞突变技术的不断成熟，使多细胞生物大群体突变的建立成为可能。我们可以根据需要建立某一代谢途径中每一个调节点的突变体，也可以根据需要与基因工程相结合，对一些关键调控过程进行修饰和改造，使代谢过程按照人类需要进行。

七、植物体细胞无性系突变体筛选的局限性

与其他技术一样，植物体细胞无性系突变体筛选方法在实际的研究和生产中也存在不足之处。

（一）筛选方式

大多数情况下，植物离体培养物不可能像微生物那样以单细胞形式存在，且高等植物遗传基础复杂，因而分离出的培养物常常是突变细胞和非突变细胞的嵌合体。另外，对于某些目标性状，如株型、果形、味道、抗虫性等，缺少合适的离体状态下的筛选压力，难以在离体状态下进行筛选，育种效率得不到体现。

（二）变异表达的特异性

有些性状具有组织、器官的表达特异性，导致整株水平上的表达与离体细胞水平上表达不一致。这种情况使离体筛选与大田育种脱节。

（三）植株再生困难

离体筛选常需反复进行，筛选压力逐步加大。因此，随着离体筛选时间的延长，培养物再生植株更加困难。

（四）非目标变异的干扰

在表达目的性状的突变体中，也会有另外一些非目标变异的出现，如生长缓慢、株型异常、发育不全和不育等，因此，限制了它们在生产中的应用。

（五）变异的随机性

尽管确定了影响特定植物物种变异响应的因素，但仍无法预测体细胞无性系变异的结果，因为它是随机的并且缺乏可重复性，这也是体细胞无性系变异应用中的局限性。

思 考 题

1．什么是植物体细胞无性系变异？引起或影响植物体细胞无性系变异的因素有哪些？

2．植物体细胞无性系变异的遗传学基础有哪些？

3．何谓生理适应性变异和表观遗传变异？

4．植物体细胞无性系突变体筛选的方法有哪些？

5．植物体细胞无性系突变体筛选的一般程序和原则是什么？

6．植物体细胞无性系突变体筛选有哪些应用价值？

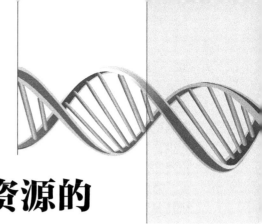

第十章 植物种质资源的离体保存

植物种质资源（又称品种资源、遗传资源或基因资源）是生物多样性的重要组成部分，是选育优质、高产、抗病（虫）、抗逆新品种的物质基础，是生物技术研究取之不尽的基因来源。种质资源越多，其多样性越丰富，改良品种或选育新品种的潜力就越大。未来的农业生产在很大程度上取决于对种质资源的占有量和利用程度，故保持生物多样性有重要意义。据估计，由于自然灾害和生态条件恶化，植物物种以平均每天一个种的速度消失，物种一旦灭绝，人类将永远失去利用它的机会。目前，全世界有 5 万～6 万种植物的生存受到不同程度的威胁。因此，搜集和保存种质资源已受到世界各国的重视。

种质（germplasm）是指亲代通过生殖细胞或体细胞直接传递给子代并决定固有生物性状的遗传物质。种质保存（germplasm conservation）是指利用天然或人工创造的适宜环境借以保存种质资源，使个体中所含有的遗传物质保持其遗传完整性，并且有强的生活力，能通过繁殖将其遗传特性传递下去。植物种质资源保存的方式有原生境保存（*in situ* conservation）和非原生境保存（*ex situ* conservation）。原生境保存是指在原来的生态环境中，就地进行繁殖以保存种质，如通过建立自然保护区或保护小区，甚至保护点等途径来保护作物及经济林木的野生近缘植物物种；非原生境保存是指将种质保存于该植物原生态生长地以外的地方，包括异地保存（种质圃或植物园保存）、种子库（干种子）保存、离体（试管）保存等。原生境保存和异地保存固然有其明显的重要性，但要保存大量种质，则需耗费巨大的人力、物力和土地，在实际中很难实施，而且易受自然灾害、虫害和病害的侵袭，造成植物种质资源的丧失。以种子库形式保存时，所占的空间较小，并且能够保存很多年，种子容易干燥、包装，便于运输到引种中心和基因库。当种子含水量为 5%～8%，温度−20℃、相对湿度小于50% 的贮存条件下，其寿命可达 50 年以上。但种子库保存又存在以下限制因素：①种子生活力随贮存期的延长会逐渐丧失；②无性繁殖的植物（如苹果、柑橘、甘薯、马铃薯等）难以采用种子保存；③采用无性繁殖来保持其优良性状的植物（如许多果树），用种子繁殖后代会发生变异；④顽拗型种子植物（芒果、椰子、油棕和咖啡等）因其种子不易干燥脱水和低温贮藏，不宜用种子保存或保存难度很大；⑤有些植物是不产生种子的，如脐橙、香蕉等；⑥种子易遭自然灾害袭击而使种质资源丢失。

基于上述原因，从 20 世纪 60 年代开始，人们利用离体培养再生植株的技术，进行了种质资源离体保存的研究。种质资源离体保存（germplasm conservation *in vitro*）是指对离体培养的小植株、器官、组织、细胞或原生质体等材料，采用限制、延缓或停止其生长的处理措施使其保存，在需要时可重新恢复其生长，并再生植株的方法。种质资源离体保存包括常温限制生长保存、低温保存和超低温保存三种方法。种质资源离体保存有以下优点：①所占空间少，节省人力、物力和土地；②有利于国际的种质交流及濒危物种（endangered species）抢救和快繁；③需要时，可以用离体培养方法快速大量繁殖；④避免自然灾害引起的种质丢失。随着种质资源离体保存技术的不断发展和完善，已经或正在建立离体保存库，如国家种质徐州甘薯试管苗库保存甘薯 1400 份，国家种质克山马铃薯试管苗库保存马铃薯 900 份，中国西南野生生物种质资源库中保存着难以用种子保存的植物 2043 种 24 000 份。

第一节　植物种质资源的常温限制生长保存

一、常温限制生长保存的概念

正常条件下的离体培养不适合种质资源保存。因为在这种条件下，材料生长很快，需经常进行继代，工作量及费用增加，且在继代过程中易受微生物污染，而且取样的随机性造成了基因资源的丢失。因此，理想的保存方法是使培养物处于无生长或缓慢生长状态。常温限制生长保存是指通过提高渗透压、添加生长延缓剂或抑制剂、干燥、降低气压、改变光照条件等限制培养物的生长，使转移继代的间隔时间延长的保存种质方法。

二、常温限制生长保存的方法和原理

（一）高渗保存法

高渗保存法是指通过提高培养基的渗透压，减少离体培养物吸收养分和水分的量，减缓生理代谢过程，从而减缓生长速度，达到抑制培养物生长的保存方法，继代培养间隔时间可延长到 1 年。

一般来说，离体培养物正常生长所使用的培养基中蔗糖浓度为 2%～4%，如提高蔗糖浓度到 10% 左右时，就可达到抑制培养物生长的目的。但由于蔗糖是组培中最常用的碳源和能源，提高渗透压的同时又对材料生理代谢产生不利的影响。因此，可添加惰性物质，如甘露醇、山梨醇等都是优良的渗透压调节物质，这样可以使其限制离体培养物生长的作用维持更久。一般可用 4%～6% 甘露醇处理培养基，也可用 2%～3% 蔗糖加 2%～5% 的甘露醇混合处理。例如，菊花试管苗在 MS＋15g/L 蔗糖＋15g/L 甘露醇复合处理中保存 12 个月存活率达 93.33%，枯叶率为 17.6%；9% 蔗糖＋3% 甘露醇可使大花卷丹试管苗保存 1 年以上。此外，还可以通过增加培养基中琼脂的用量来提高渗透压，降低培养物的生长速率。

（二）生长抑制剂保存法

在离体种质保存中使用植物生长抑制剂可以延缓或抑制离体培养物的生长，延长继代时间以达到离体保存种质的目的。生长抑制剂保存法是指在培养基中加入生长抑制剂或延缓剂，如 ABA、马来酰肼（MH）、矮壮素（CCC）、B9、多效唑、烯效唑等离体保存种质资源的方法。例如，在培养基中加入 5～10mg/L ABA，使马铃薯等茄属植物的外植体继代培养间隔期延至 1 年以上。多效唑可使小麦和马铃薯的继代周期延长，同时使试管苗粗壮、移栽成活率提高。马铃薯试管苗在 MS＋60mg/L B9 培养基中可保存 10 个月以上，成活率达

76%，且生长健壮，不影响试管苗继代。Singh等（2015）利用调嘧醇（7.5μmol/L）使葫芦试管苗的继代间隔期延长至2年以上。

（三）抑制生长的其他保存法

1. 低压保存法　通过降低培养容器内氧分压或改变培养坏境的气体状况，能抑制离体培养物细胞的生理活性，延缓衰老，从而达到离体保存种质的目的。低压保存法包括降低气压和降低氧分压两种方法。降低气压是通过降低培养物周围的大气压而起作用，其结果是降低了所有气体分压，使培养物的生长速度降低。降低氧分压是在正常气压下，向培养容器中加进氮气等惰性气体，使其中氧分压降低到较低水平，从而达到抑制生长的目的。Bridgin等（1981）首次报道在烟草离体茎尖和愈伤组织保存时采用了降低氧分压法，把培养容器内可利用的氧气降低到60%，6周内培养物生长量减少了60%～80%。

2. 饥饿法　即从培养基中减去某种或几种营养元素，或者降低某些营养物质的浓度，或者略微改变培养基成分，使培养植株处于最小生长阶段。通过调整培养基的养分水平（1/2MS、1/4MS），可有效地限制细胞生长。例如，菠萝组培苗在1/4MS培养基上保存1年，小苗存活率达100%。

3. 干燥保存法　水是生命活动的基质，降低培养物水分，其生命活动就能延缓，这与传统的种子干燥贮存类似。保存过程中脱水和限制糖的供给量常被看作是一个正常种子成熟经历的类似过程。例如，对胡萝卜体细胞胚、愈伤组织进行脱水处理，将离体材料放在滤纸上，置于空气流动的无菌箱中风干4～7d，然后置于加生长延缓剂或限制蔗糖的条件下保存，在不含蔗糖而其他条件正常的培养基上可以保存2年。

第二节　植物种质资源的低温保存

一、低温保存的概念

对植物而言，低温常常是指那些比常温稍低一些的温度。如果低温超过细胞原生质体所能忍受的临界温度，就会导致植物细胞遭受冻害而死亡。植物种质资源的低温保存（low temperature conservation）是指用离体培养的方式在非冻结程度的低温下（一般为1～9℃）保存种质的方法。低温保存种质资源具有方法简单、存活率高的特点。

二、低温保存的方法和原理

在植物的生长条件中，温度是一个重要的因素。植物要生长必须有适宜的温度，温度降低以后，植物的生长速度就会受到抑制而减慢，老化程度延缓，因而延长了继代的时间间隔而达到保存种质的目的。植物对低温的耐受力不仅取决于基因型，也与它们的起源和生长的生态条件有关。在低温保存植物培养物过程中，正确选择适宜低温是保存后高存活率的关键。温带生长的植物适宜在0～6℃下保存，而热带植物保存的最适低温为15～20℃。因此，像马铃薯、苹果、草莓及大多数草本植物可以在0～6℃条件下保存，而木薯、甘薯的保存温度不能低于15～20℃。例如，葡萄植株在9℃条件下，通过每年转换一次新鲜培养基，可以保存15年之久，而常温条件下需要1～3个月转换一次。通过这种方法，Galay（1969）在

$2m^2$ 实验室面积上保存 800 个葡萄品种，而在田间需 1 公顷土地。草莓在低温下保存 72 个月，存活率达 100%。葫芦在 9℃条件下可保存 2 年以上。

第三节　植物种质资源的超低温保存

一、超低温保存的发展概况

20 世纪 70 年代，人们把冷冻生物学（cryobiology）和植物离体培养技术结合起来，发展了离体种质资源冷冻保存（freezing conservation *in vitro*）或超低温保存（cryopreservation）技术。Nag 和 Street 首先证明胡萝卜悬浮培养细胞在液氮中保存后能恢复生长，从而种质资源超低温保存法得以发展。1976 年 Seiber 首次报道麝香石竹茎尖超低温保存成功，指出具有 2～3 对叶原基的效果最好，之后超低温保存技术在植物种质资源保存方面的研究逐渐深入，应用不断扩大。植物种质资源的超低温保存是指将植物的离体材料经过一定的方法处理后在超低温（一般是指液氮温度，－196℃）条件下进行保存的方法。超低温下保存材料的细胞物质代谢和生长活动几乎完全停止，这不仅能够保持生物材料的遗传稳定性，也不会丧失其形态发生的潜能，已成为长期稳定地保存植物种质资源及珍贵实验材料的一个重要方法。

迄今为止，已对 100 多种植物材料进行了超低温保存，涉及保存的材料有原生质体、悬浮细胞、愈伤组织、体细胞胚、胚、花粉、茎尖（根尖）分生组织、芽、茎段和种子等。一些植物种质资源实现了规模化超低温保存，如苹果、桑树休眠芽和马铃薯茎尖。理论上超低温保存具有 "永久" 保存的特点，超低温保存 28 年的豌豆和草莓茎尖生活力没有下降，超低温保存 20 年的苹果休眠芽嫁接后仍能成活（陈晓玲等，2013）。Moukadiri 等（1999）研究表明，超低温保存对水稻愈伤组织再生后代的表型特征没有影响。同工酶谱分析表明，甘蔗分生组织（Paulet et al.，1994）、苹果茎尖（刘云国等，2001）经保存后，谱带没有发生变化。应用分子标记 ISSR 分析甘蔗超低温冷冻再生植株时也未发现变异（Kaya et al.，2017）。组织培养物的超低温保存可以节约大量的人力、物力和土地，克服长期继代培养导致的再生能力丧失，也便于国际种质资源的交流。因此，植物离体材料的超低温保存是长期保存种质资源的理想方法，特别是对于非正常性种子植物和无性繁殖植物的种质资源保存更为重要。

二、超低温保存的原理及冷冻保存剂

（一）超低温保存的原理

植物的正常生长、发育是一系列酶促反应的结果，而酶反应需要水的参与。在超低温（液氮）保存过程中，植物细胞内自由水被固化或汽化，仅剩下不能被利用的束缚水，酶促反应停止，几乎所有的细胞代谢活动、生长都停止了；当解冻后，又能够恢复再生能力。

超低温保存时，降温冷冻和解冻过程最易引起植物材料的伤害。由于细胞质最初是高渗透压的，在降温冷冻过程中，细胞外的水首先结冰，细胞失水，并逐渐变为脱水状态。脱水速度与程度主要取决于冷冻速度和细胞膜对水的透性。当降温速度适宜，脱水速度缓慢进行，胞内水分逐渐向胞外渗透，细胞达到保护性脱水状态，胞内溶液冰点平衡降低，从而避免胞内结冰。如果降温速度过慢，细胞脱水过度，导致细胞膜系统不稳定，造成机械损伤，

可能发生细胞内溶质的浓缩引起"溶液效应"的毒害；如果降温速度较快，细胞内水分来不及外渗而结冰，形成的冰晶小、数量多，会对生物膜、细胞器造成不可逆的机械伤害，导致细胞死亡。而降温速度非常快时，细胞迅速通过冰晶生长危险温度区，细胞内溶液进入无定形的玻璃化状态，既没有引起"溶液效应"，也不形成尖锐的冰晶，细胞就不会死亡。

（二）冷冻保护剂的种类及特性

一般的生物体在没有添加冷冻保护剂的情况下经历低温后是很难存活下来的。所以，生物体的低温保存离不开冷冻保护剂（cryoprotective agent，CPA）。冷冻保护剂也称抗冻剂，可明显地增强生物组织的抗冷和耐冷能力，对低温保存至关重要。

冷冻保护剂应具有以下特点：易溶于水，对细胞无毒，容易从组织细胞中清除。冷冻保护剂在超低温下之所以能对生物组织起到一定的保护作用，其原因主要是：①在溶液中产生强烈的水合作用，提高溶液的黏滞性，从而可在温度下降的同时降低冰晶形成和增长的速度。②增加细胞膜透性，加速细胞内的水流到细胞外结冰，从而防止细胞内结冰造成的伤害。③冷冻前或冷冻期间，冷冻保护剂可以防止"溶液效应"的毒害。④冷冻保护剂还可能直接或间接地作用于细胞膜，减少冷冻对膜的伤害。

冷冻保护剂有渗透型和非渗透型两种。渗透型冷冻保护剂多属低分子中性物质，在溶液中易结合水分子，发生水合作用，使溶液的黏性增加，从而弱化了水的结晶过程，达到保护的目的。常用的渗透型冷冻保护剂有二甲基亚砜（dimethyl sulfoxide，DMSO）、甘油（GA）、乙二醇（EG）、乙酰胺、丙二醇（PG）等。但渗透型冷冻保护剂的使用浓度、渗入细胞的能力、对水分子活性的影响等各不相同，如甘油适宜于慢速冷却，而DMSO却易于渗入细胞，并在常温下稍有毒性。非渗透型冷冻保护剂能溶于水，但不能进入细胞，它使溶液呈过冷状态，可在特定温度下降低溶质浓度，从而起到保护作用。非渗透型冷冻保护剂主要有聚乙烯吡咯烷酮（PVP）、蔗糖、葡聚糖、聚乙二醇（PEG）、白蛋白和羟乙基淀粉（HES）等。此类冷冻保护剂对快速、慢速冷冻均有保护效果。

三、超低温保存的基本程序

超低温保存植物种质资源有一套比较复杂的技术程序，包括超低温保存材料的选取、材料预处理、降温冷冻及超低温保存、解冻、再培养、细胞活力和变异检测等，其中最重要的环节是降温冷冻和解冻处理。

（一）超低温保存材料的选取

在超低温保存种质中，已经研究或应用过的植物材料或培养物主要有三类：①愈伤组织、悬浮细胞、原生质体；②花粉和花粉胚；③茎尖、腋芽原基、胚、幼龄植物。

超低温保存种质的实际应用中，需考虑培养物的再生能力、变异性和抗冻性。选择遗传稳定性好、容易再生和抗冻性强的离体培养物作为保存材料是超低温保存种质成功的关键。在早期的离体种质保存研究中，主要用悬浮细胞和愈伤组织作为保存材料。悬浮细胞和愈伤组织作为保存材料时，应该选择处于分生状态的、对数生长期的细胞，但并不是理想的种质保存材料，因为它们存在着非常普遍的遗传不稳定现象；有些植物的悬浮细胞和愈伤组织经过长期保存，再生能力较差；愈伤组织中的许多细胞都有大液泡，容易受到冻害。而采用茎尖、腋芽原基、胚、幼龄植株等有组织结构的离体材料时，由于其遗传稳定性好，易于再生，且细胞体积小，液泡小，原生质稠密、含水量较低，细胞质较浓，比含有大液泡的愈伤组织细胞更抗冻，因此是理想的离体保存材料。

（二）材料预处理

预处理的目的是在最短的时间内有效提高植物组织细胞的抗寒力，从而提高冷冻后材料的成活率和再生能力。常采用的方法是对超低温保存的离体培养物进行加速继代、提高培养基渗透压、添加冷冻保护剂和低温预处理。预处理时间一般为3～4周。

1. 加速继代   加速继代培养以提高新分裂细胞的比例。因为新分裂的细胞小，胞内自由水含量少，在冷冻过程中细胞内不易形成大冰晶，细胞不易受害。

2. 提高培养基渗透压   用甘露醇、山梨醇和蔗糖等提高培养基渗透压，以提高培养组织和细胞的渗透压来提高抗寒力。例如，在含8%蔗糖的改良MS液体培养基振荡预培养6d，红豆杉愈伤组织在超低温保存后可保持较高的细胞活力。

3. 添加冷冻保护剂   冷冻保护剂在溶液中能够产生强烈的水合作用，提高溶液的黏滞性，进而保护细胞免遭冻害。用冷冻保护剂对材料进行预处理可明显提高细胞的存活率和再生能力。目前常用的冷冻保护剂有甘油、DMSO、脯氨酸、糖类、PEG、乙酰胺、糖醇等。对植物来说，DMSO是最好的防护剂，适宜浓度是5%～8%。有时常把几种冷冻保护剂混合使用，降低冷冻保护剂的毒性，提高细胞存活率和再生能力。脯氨酸对于许多植物来说也是较好的防护剂，适宜浓度是10%。如用5% DMSO和0.09mol/L脯氨酸处理，使解冻后的辐射松胚性组织生长恢复最快，子叶胚形成能力最强。

4. 低温预处理   低温预处理是将离体培养物置于一定的低温环境中（0～4℃），使其接受低温锻炼，细胞内可溶性糖及其类似的具有低温保护功能的物质积累，束缚水/自由水增大，原生质的黏度、弹性增大，代谢活动减弱，以提高其抗寒能力。例如，苹果离体根尖的超低温保存，要保存的离体根尖应先在4℃下锻炼4～5周。有的植物可以逐渐降温培养，使超低温保存成活率大大提高。旺盛分裂的细胞和经过冬季锻炼的植物组织都具有较强的抗寒能力，如早期胚胎和冬眠芽。

（三）降温冷冻及超低温保存

1. 传统的超低温冷冻保存方法   传统的超低温冷冻保存方法是通过预培养、冷冻保护剂处理、控制降温速度和转移温度等关键环节，创造合适的保护性脱水条件，实现超低温保存种质资源。从降温方式来看，超低温冷冻保存方法有快速冷冻法、慢速冷冻法、两步冷冻法和逐级冷冻法等几种。

（1）快速冷冻法   将保存材料从0℃或其他预培养温度直接投入液氮中保存，其降温速度在1000℃/min以上。此方法适于那些高度脱水的植物材料（如种子、花粉、球茎或块根等）、经过冬季的低温锻炼抗寒性较强的木本植物的枝条和芽。快速冷冻的原理是：细胞内的水分在降温冷冻过程中，−140～−10℃是冰晶形成和增长的危险温度区，在−140℃以下，冰晶不再增长，快速冷冻法就是利用了在液氮中温度骤然降低到最低点（−196℃），使细胞内水分迅速通过冰晶形成的危险温度区，产生的玻璃化状态对细胞结构不产生破坏作用，从而减轻或避免细胞内结冰所造成的危害。

（2）**慢速冷冻法**　　在冷冻保护剂的存在下，以 0.1～10℃/min 降温速度从 0℃降到－70℃，接着浸入液氮中进行冷冻保存。这样可以使细胞内的水分有充足的时间流到细胞外结冰，从而使细胞内的水分减少到最低限度，避免细胞内形成冰晶；同时又能防止因溶质含量增加引起的"溶液效应"的毒害。此法适合于大多数植物离体种质的保存，即使是体积较大、液泡大、含水量较高的植物材料，也可以用此法保存得到较好的保存效果。慢速冷冻法需要配备程序降温器，技术系统昂贵。

（3）**两步冷冻法**　　该法是把慢速冷冻和快速冷冻结合起来的一种冷冻方法。在冷冻保护剂的存在下，先用慢速冷冻法（降温速度 0.1～4℃/min）降到转移温度（一般为－70～－40℃），在此温度下平衡 0.5～2h，使细胞达到保护性脱水状态，然后投入液氮中迅速冷冻。目前，大多采用 0.5～4℃/min 的降温速度降到－40℃，然后投入液氮保存。Brison 等（1995）用两步冷冻法保存两个桃砧木品种离体培养的茎尖，再生率达到 69% 和 74%。

（4）**逐级冷冻法**　　该方法需要不同温度的冰浴，如－10℃、－15℃、－23℃、－40℃、－70℃等。材料经保护剂在 0℃预处理后，依次经过这些温度处理，在每级温度上停留一定时间（约 5min），然后浸入液氮。甘蔗愈伤组织在 0℃冷冻保护剂（10% DMSO＋0.5mol/L 山梨醇）中预处理 30～40min，接着以 1℃/min 的速度从 0℃降到－40℃，停留 1～3h，投入液氮中保存，半年后仍可再生大量植株。

2. 玻璃化法保存　　玻璃化（vitrification）是指液体转变为非晶体（玻璃态）的固化过程。1937 年，Luyet 提出了用玻璃化法冷冻保存生物体。他认为液体的固化有两种方式：一种是形成尖锐的冰晶；另一种是进入无定形的非晶体（玻璃化）状态。玻璃化法超低温保存种质资源就是将生物材料经高浓度玻璃化保护剂（plant vitrification solution，PVS）处理使其快速脱水后直接投入液氮，使生物材料和玻璃化保护剂发生玻璃化转变，进入玻璃化状态。此间水分子没有发生重排，不形成冰晶，也不产生结构和体积的变化，因而不会由于细胞内结冰造成机械损伤或溶液效应而伤害组织和细胞，保证快速解冻后细胞仍有活力。与传统的超低温保存方法相比，玻璃化法操作简单、重演性好，避免了一些种质的冷敏感问题，并且在复杂的组织和器官的超低温保存方面有较好的应用潜力，因而是一种较理想的超低温保存方法。但由于 PVS 的浓度很高，对材料毒害性极大，因此需严格控制脱水过程及冷冻保护剂的渗透性。

1981 年，Fahy 采用高浓度冷冻保护剂处理后，在高压条件下以较慢的冷却速度实现了玻璃化保存。此后，许多冷冻保存研究工作主要转向寻求容易实现玻璃化且对细胞损伤较小的冷冻保护溶液方面。目前研究发现，将多种保护剂混合使用，可降低使用浓度，减小毒性。例如，将丙二醇、甘油、乙二醇及 DMSO 混合使用，可以降低其使用浓度，使玻璃化形成的能力增强，同时不产生毒性效应。1986 年，Fahy 研究了一种有效的玻璃化保护剂（PVS1），其中包括 20.5% 的 DMSO、15.5% 的乙酰胺、10% 的丙二醇和 6% 的 PEG，它们分别起到冷冻保护、毒性中和、增强玻璃化和非渗透聚合的作用。目前，在植物超低温保存研究中，常用的 PVS 主要有 4 种：PVS1（22% 甘油＋13% 乙二醇＋13% PEG＋10% DMSO）、PVS2（30% 甘油＋15% 乙二醇＋15% DMSO＋0.4mol/L 蔗糖，pH 5.8）、PVS3（40% 甘油＋40% 蔗糖）和 PVS4（35% 甘油＋20% 乙二醇＋0.6mol/L 蔗糖）（Sakai and Engelmann，2007）。其中 PVS2 和 PVS3 最为常用，已在多种植物材料玻璃化冷冻保存研究中获得成功，并有较高的再生率。

玻璃化保存法有三个典型步骤：装载、脱水、液氮冷冻。装载是指植物材料经过预培养后，在用 PVS 快速脱水之前，用一个较高浓度的冷冻保护剂混合液（装载液），于室温下（25℃）处理 20～30min，以进一步降低组织含水量，增加其保护性物质含量。常用的装载液由 2.0mol/L 甘油＋0.4mol/L 蔗糖组成，也有的采用稀释的玻璃化保护剂。有些植物的茎尖可以直接用 PVS 进行脱水处理。脱水是指将装载处理后的材料用玻璃化保护剂（PVS2）处理，保证细胞充分脱水，同时又防止化学毒害和渗透压所造成的细胞伤害。玻璃化溶液脱水的时间和温度因组织与细胞的不同而有较大差异，一般在 0～25℃处理 5～60min。合适的脱水时间还要根据细胞膜特性、细胞大小、细胞的耐脱水性及玻璃化溶液对细胞的渗透性等因素来综合考虑。脱水后的材料直接放入液氮中进行冷冻保存。Langis 等（1989）将兰花胚状体接种在附加 0.3mol/L 甘油和 0.4mol/L 蔗糖的 New Dogashima（ND）培养基上，在 25℃条件下处理 15min，然后用 PVS2 在 0℃条件下处理 3h 后投入液氮保存。兰花胚状体迅速解冻后，用 1.2mol/L 蔗糖溶液洗涤 20min，这样玻璃化保存的胚状体转入 ND 培养基上进一步培养，有 60% 胚状体能再生植株。

小液滴玻璃化法（droplet-vitrification）是用装载液及玻璃化液对材料进行处理，而后将材料放在含有玻璃化液滴的铝箔纸上并投入液氮冻存的一种高效超低温保存法，具有高存活率、广适性、处理量大、操作简易等优点。马铃薯茎尖小滴玻璃化法保存后存活率和再生率最高达 79.91% 和 62.52%。

3. 包埋脱水法超低温保存 包埋脱水法（encapsulation-dehydration method）是将包含有样品的褐藻酸钠溶液滴向高钙溶液，因褐藻酸钙的生成而固化成球状颗粒，然后将包埋后含有保存材料的褐藻酸钙小珠在含有高浓度蔗糖的培养基上预培养，使样品获得高的抗冻力和抗脱水力后，结合适当的脱水和降温方式，最后浸入液氮中保存。与玻璃化法相比，包埋脱水法采用高浓度的蔗糖预处理样品，对低温保护剂敏感的植物样品有着很大的应用潜力。包埋脱水法也不需要昂贵、复杂的降温设备，降温过程不甚严格；同时避免了玻璃化中二甲基亚砜等高浓度保护剂对材料可能造成的损害；被保存样品体积比较大，易于操作；样品可获得较高的抗冻力，使保存后的样品不经愈伤组织直接成苗，降低了遗传变异的可能。Kushnarenko 等（2009）选用继代培养 3 周的苹果离体茎尖，在变温条件下（光下 22℃ 8h /黑暗－1℃ 16h）低温驯化 6 周，经不同浓度蔗糖预培养及褐藻酸钙包埋后，在无菌空气中干燥 4h 直接投入液氮，化冻后茎尖存活率达 77.6% 以上。

4. 包埋玻璃化法超低温保存 包埋玻璃化法（encapsulation-vitrification method）是包埋脱水法与玻璃化法的结合，克服了玻璃化法和包埋脱水法各自的缺点，基本操作程序如下：预培养和包埋→玻璃化溶液脱水→液氮保存→化冻→恢复培养。Tannoury 等（1991）首次报道了用包埋玻璃化法保存香石竹顶端分生组织。保存材料先用藻酸钙包埋，然后经梯度浓度蔗糖脱水和玻璃溶液处理后直接浸入液氮保存，其材料存活率比用包埋脱水法要高，可能是藻酸钙包埋后减轻了玻璃化溶液的毒性。尹明华等（2009）以包埋玻璃化法冻存铁皮石斛，其存活率可达 85%。

（四）解冻

大量实验证实，植物的冻害发生在冷冻和解冻两个过程中，合适的解冻方法，可避免在解冻过程中产生细胞内的次生结冰，并防止在解冻吸水过程中水的渗透冲击对细胞膜体系的破坏。解冻是将液氮中保存的材料取出，使其融化，以便进一步恢复培养。解冻的速度是解冻技术的关键，解冻可分为快速解冻和慢速解冻两种方法。超低温冷冻材料解冻时，再次结冰的危险温度是−60～−50℃，从理论上讲，可借助快速的解冻速度通过此温度区，从而避免细胞内次生结冰。

1. 快速解冻法　快速解冻法是把冷冻的材料取出后，迅速放入35～40℃温水浴中解冻，并小心摇动，待材料中的冰晶完全融化为止。由于此法融冰的速度快，细胞内的水分来不及再次形成冰晶就已完全融化，因而对细胞的损伤较轻。例如，冷冻后的胡萝卜悬浮细胞在37℃的温水浴中解冻的成活率高于20℃下大气中的解冻成活率；草莓茎尖冷冻保存材料应放入36～40℃温水浴中进行解冻；苹果超低温保存的茎尖，在40℃无菌水中快速化冻，1～2min就完成。

2. 慢速解冻法　慢速解冻法是把材料置于0℃或2～3℃的低温下慢慢融化。少数超低温保存的材料只有采用慢速解冻才能存活，如木本植物的冬眠芽，因其在慢速冷冻的过程中，经受了一个低温锻炼过程，细胞内的水分已最大限度地渗透到细胞外，若解冻速度太快，细胞吸水过猛，细胞膜就会受到强烈的渗透冲击而破裂，进而导致材料死亡。

选择快速解冻还是慢速解冻，不仅与材料的特性有关，也与材料原来的冷冻速度有关。一般来说，冷冻速度超过−15℃/min，解冻时宜采用快速解冻，否则应采用慢速解冻。液泡小和含水量少的细胞（如茎尖分生组织）可采用快速解冻方式，而对于液泡大和含水量高的细胞、脱水处理后的干冻材料及木本植物的冬眠芽则宜用慢速解冻法。试管中的冰一旦溶解，就应该将试管转移到20℃水浴中，并尽快洗涤和再培养，以免造成再伤害。

样品在冻存前如果加入了冷冻保护剂，解冻后一般要洗涤若干次，尽量清除材料表面和组织内部的冷冻保护剂，以减少其毒害作用。最常用的洗涤方法是用含1.2mol/L蔗糖溶液的培养基洗涤10～20min（25℃），也可用含1.5～2.0mol/L山梨醇的培养液洗涤。对于玻璃化冷冻保存材料，解冻后的洗涤是很重要的，这一过程不仅除去高含量保护剂对细胞的毒性，而且也是一个后过渡，以防渗透损伤。而有些材料洗涤后反而存活率降低，如对解冻后的玉米细胞重新培养时发现，不清除保护剂比清除的存活率高，其原因可能是在冲洗时，细胞在冷冻过程中渗漏出来的某些重要活性物质也被冲洗掉了。

（五）再培养

由于冷冻与解冻的伤害，冻后细胞在生理与结构上都不同于未冷冻的细胞，因此适于两种细胞生长的培养基成分是不同的。为提高再培养时的存活率，对冷冻保存后的材料重新培养时，需要一些特殊的条件。例如，为了减少再培养中的光抑制，利于离体材料恢复生长，冻存的材料解冻洗涤后一般先在黑暗或弱光下培养1～2周，再转入正常光下培养。再培养所用的培养基一般是与保存前的相同，但有时需将大量元素或琼脂含量减半，有时则在培养基中附加一定量的PVP、水解酪蛋白、赤霉素和活性炭等成分以利于恢复生长。例如，对于悬浮培养细胞或愈伤组织，在细胞转入正常培养条件下恢复生长之前，常需在半固体培养基上培养1～2周；冻存过的番茄茎尖只有在加GA_3的培养基中才能直接发育成为小植株；薰衣草细胞冻存后恢复生长时加入活性炭可大大提高存活率；冻后水稻细胞培养于不含NH_4NO_3的培养基上有助于提高存活率。

（六）细胞活力和变异检测

超低温保存植物种质资源，其目的是要长期保持植物的活力、存活率及遗传稳定性，能通过繁殖将其遗传特性传递下去。因此，对冷冻保存后细胞活力、存活率及遗传稳定性的检测是非常重要的。

细胞活力的检测一般采用 TTC 还原法、二乙酸荧光素（FDA）染色法、伊文思蓝染色法等。由于染色法是根据细胞内某些酶与特定化合物反应表现出的颜色变化来测定酶的活性，从而检测细胞的活力，因此，不能全面反映细胞重新生长状况及其保存效果。细胞的再生长才是最终检验细胞活力的唯一可靠方法。解冻和洗涤后，立即将保存材料转移到新鲜培养基上进行再培养。在培养过程中，观察组织的复活情况、存活率、生长速度、组织块大小和重量的变化及分化产生植株的能力和各种遗传性状的表达。存活率是检测保存效果的最常用指标。

目前对超低温保存材料的遗传变异情况的检测方法很多。形态学观察是最简便、最直观的方法；细胞学则可通过核型分析或原位杂交等来观察染色体数目和结构变异。还可通过同工酶变化判断变异的情况。最理想的是采用分子生物学方法，如基于 PCR 扩增的 AFLP、RFLP、SSR、ISSR 和 RAPD 等分子标记技术，越来越多地应用于组织培养中体细胞无性系变异的检测。

四、超低温保存实例

（一）苹果茎尖的小液滴玻璃化法和玻璃化法超低温保存（冯超红，2014）

1. 预培养　从 4 周苗龄的试管苗中取茎尖（2.0mm，含 5～6 片叶原基），在含有 2mol/L 甘油和 0.8mol/L 蔗糖的 MS 液体培养基中预培养 1d。

2. 玻璃化保护剂处理和冷冻保存　在小液滴玻璃化法中，将预培养过的茎尖用植物玻璃化溶液（PVS2）处理 40min，然后转入铝箔条上的 PVS2（6μL）小滴中，直接投入液氮中保存。在玻璃化法中，将预培养过的茎尖用 PVS2 处理 30min 后，转入含有 100μL PVS2 的冷冻管（1.8mL）中，直接投入液氮中保存。

3. 材料的化冻洗涤　将超低温保存茎尖材料从液氮中取出，在室温（24℃）下在含有 1.2mol/L 蔗糖的液体 MS 培养基中洗涤 20min。

4. 成活率检测　将玻璃化超低温保存化冻洗涤后的苹果茎尖接种到 BM 培养基中进行后培养，（22±2）℃下暗培养 3d，然后转到光照下培养（在暗培养 3d 期间，茎尖会发生褐化，须在冷冻 12h 和 36h 后分别转到新鲜的基本培养基 BM 上两次，以避免褐化对茎尖造成的伤害）。记录成活率及恢复生长的时间，并在 60d 时比较超低温保存后的再生苗与常温保存试管苗的形态差异，结果发现成活率可达 91.5%，再生率达 62%。再生 6 个月的苹果茎尖经 ISSR 法和 RAPD 法检测遗传稳定性，未发现遗传变异。

（二）怀山药种质资源的玻璃化法超低温保存（李明军等，2006）

1. 低温锻炼　将继代生长 60d 的怀山药试管苗置于 4℃冰箱中低温锻炼 7d。

2. 预培养　在无菌条件下切取 1～1.5cm 的带芽茎段，转至含 5% 蔗糖＋3% 甘露醇的培养基内，置 4℃冰箱预培养 2d。

3. 玻璃化保护剂处理　预培养后的茎段先用 60% 的 PVS1（22% 甘油＋13% 乙二醇＋13% PEG＋10% DMSO）在室温下处理 60min，再用 100% 的 PVS1 在 0℃条件下处理 60min。

4. 材料的冷冻保存　将玻璃化保护剂处理过的材料迅速放入液氮中，保存 24h。

5. 材料的化冻洗涤　将材料从液氮中取出，在 37℃水浴中快速化冻，用含 5% 蔗糖的 MS 培养液洗涤 4 次，每次停留 10min。

6. 成活率检测　将玻璃化超低温保存化冻洗涤后的怀山药茎段接种到再生培养基上（MS＋2mg/L KT＋0.02mg/L NAA）进行培养，记录成活率及恢复生长的时间，并在 60d 时比较超低温保存后的再生苗与常温保存试管苗的形态差异，结果发现成活率可达 77.14%，再生苗与常温苗形态指标差异不大。成活率＝（玻璃化超低温保存后成活的茎段数 / 保存的总茎段数）×100%。

思　考　题

1. 试述常温限制生长保存的概念及常用的方法。
2. 简述低温保存的方法及其原理。
3. 试述超低温保存的基本原理，常用的超低温保存方法有哪些？
4. 冷冻保护剂的主要种类有哪些？它们的生理作用如何？
5. 简述超低温冷冻保存种质资源的基本程序。
6. 试述超低温保存的生物学意义。

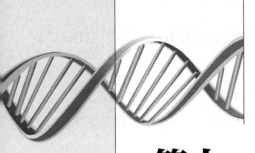

第十一章 植物遗传转化

遗传改良是提高作物产量和品质的重要途径。人们开始改良农作物的方式主要是选择和利用自然突变产生的优良基因和重组体，通过随机和自然的方式来积累优良基因。传统方法一般只能在生物种内个体间实现基因转移，操作对象是整个基因组，转移大片段基因，不能准确地对某个基因进行操作和选择，对后代的表现预见性较差。20 世纪 80 年代以来，随着转基因技术的诞生和发展，操作和转移对象由整个基因组转为功能清楚的目的基因，提高了基因操作的准确性，从而可准确预测后代的表现型，大大提高了植物品种改良的效率。

转基因技术（transgene technology）是指将人工分离和修饰过的外源基因导入生物体的基因组中，从而使生物体的遗传性状发生改变的技术。转基因植物（transgenic plant）是指利用重组 DNA 技术将克隆的优良目的基因整合到植物的基因组中，并使其得以表达，从而获得具有新的遗传性状的植物。转基因植物的研究主要用于改进植物的品质，缩短育种周期，创造出用常规育种方法难以得到的新型优良品种，研究基因在植物个体发育及正常生理代谢过程中的功能等。

植物转基因技术的程序主要包括目的基因的克隆、外源基因的转化和转基因植株的再生。关于基因克隆的内容在基因工程课程中有专门介绍，这里主要对外源基因的转化、植株再生等问题作以论述。

第一节 植物遗传转化的受体系统

外源基因的成功转化首先依赖于良好植物受体系统的建立。目前建立的多种有效的遗传转化方法很大程度上都是以植物基因转化受体系统的发展为基础的。所谓植物基因转化受体系统（gene transformation receptor system）是指用于基因转化的外植体通过组织培养或其他非组织培养途径，能高效、稳定地再生无性系，并能接受外源 DNA 整合，对用于转化选择的抗生素敏感的再生系统。常见的植物遗传转化受体系统见表 11-1。

表 11-1 常见的植物遗传转化受体系统

受体系统	转化方法
原生质体受体系统	电激法、PEG 诱导法、脂质体法、显微注射法等
愈伤组织受体系统	农杆菌介导法、基因枪法、超声波法等
直接分化芽受体系统	农杆菌介导法、基因枪法、超声波法等

受体系统	转化方法
细胞系及其体细胞胚受体系统	基因枪法、超声波法等
生殖细胞受体系统	基因枪法、浸泡法、花粉管通道法、子房注射法等
叶绿体遗传转化系统	基因枪法、PEG 诱导法、花粉管通道法、显微及激光注射法等

一、原生质体受体系统

原生质体具有遗传上的一致性，因无细胞壁而易于接受各种外来遗传物质，因而可作为遗传转化受体。其主要特点是：①能够直接高效地摄取外源 DNA 或遗传物质，甚至细胞核，因此转化率高，适于各种转化方法；②通过原生质体培养，细胞可分裂形成基因型一致的细胞克隆，因此由转化原生质体获得的转基因植株嵌合体较少；③原生质体培养所形成的细胞无性系变异较强烈、遗传稳定性较差；④原生质体培养技术难度大、周期长、植株再生频率低等。

二、愈伤组织受体系统

愈伤组织受体系统是外植体经组织培养脱分化产生的愈伤组织，通过再分化获得再生植株的受体系统。其主要特点是：①愈伤组织是由脱分化的分生细胞组成，易于接受外源基因，转化率高；②愈伤组织可继代培养，因而扩繁量大，可获得较多的转化植株；③从外植体诱导的愈伤组织常由多细胞形成，本身就是嵌合体，因而分化的不定芽嵌合体比例高，增加了转基因再生植株筛选的难度；④愈伤组织所形成的再生植株无性系变异较大，转化的目的基因遗传稳定性较差。

三、直接分化芽受体系统

直接分化芽受体系统是指外植体细胞越过脱分化阶段，直接分化出不定芽，从而获得再生植株的受体系统。其主要特点是：①直接分化芽是由未分化的细胞直接分化形成，体细胞无性系变异小，导入的外源目的基因可稳定遗传，尤其是由茎尖分生组织细胞建立的直接分化芽系统遗传稳定性更佳；②不定芽的再生常起源于多细胞，所形成的再生植株会出现较多的嵌合体；③由外植体诱导直接分化芽产生的技术难度大，不定芽量少，因此，基因转化频率较低，但通过适宜的培养技术，采用叶片、幼茎、子叶、胚轴以及一些营养变态器官为外植体时均可直接分化出芽。该系统比较适合无性繁殖的果树花卉等园艺植物。

四、细胞系及其体细胞胚受体系统

经过筛选和优化的植物细胞悬浮培养的细胞系具有较好的遗传和生理一致性，通过调节合适的培养基成分可以诱导形成体细胞胚，细胞系及其体细胞胚受体系统是所有植物基因转化中最理想的受体系统。其主要特点是：①胚性细胞繁殖量大，同步性好，具有较强的接受外源 DNA 的能力，转化率高；②转化后胚性细胞可通过体细胞胚途径发育成完整植株，嵌合体少；③体细胞胚具有双极性，减少了不定芽发育途径中的生根培养过程；④来自同一体细胞胚的后代个体间遗传背景一致，无性系变异小；⑤胚性细胞受体系统可长期保存且不影响再生能力。

五、生殖细胞受体系统

生殖细胞受体系统又称为种质系统，是以植物生殖细胞（如花粉粒和卵细胞）为受体细胞进行基因转化的系统。目前主要建立了两种途径进行基因转化，一是利用组织培养技术进行花粉细胞和卵细胞的单倍体培养，诱导出胚状体细胞或愈伤组织细胞，建立单倍体的基因转化受体系统；二是直接利用花粉和卵细胞受精过程进行基因转化。其主要特点是：①生殖细胞具有更强的接受外源遗传物质的潜能，导入外源基因成功率高，更易获得转基因植株；②生殖细胞是单倍体细胞，转化的基因无显隐性影响，能使外源目的基因充分表达，有利于性状的选择，通过加倍后可成为纯合的二倍体新品种；③与传统的育种技术结合，可简化和缩短复杂的育种纯化过程；④利用植物自身生殖细胞进行遗传操作只能在开花期内进行，因此，常受到季节和生长条件的限制。

六、叶绿体遗传转化系统

叶绿体遗传转化系统是独立于细胞核遗传转化系统之外的转化系统，为植物导入外源基因提供了新的途径，主要采用同源重组机制和位点特异性整合两种方式进行转化。其主要特点是：①可以定点整合外源基因。在叶绿体遗传转化载体构建过程中，根据设计的同源片段，能够实现外源基因在叶绿体基因组上的定点插入，避免了核转化中外源基因的随机整合造成的位置效应、基因沉默以及顺式失活等问题。②叶绿体基因组在叶绿体中以较高拷贝数形式存在，因此，外源基因整合到叶绿体基因组后也会有大量拷贝，极大提高了外源基因的表达量。③叶绿体基因的表达模式类似原核生物，一个启动子可以启动多个基因的转录，为多顺反子表达模式。④叶绿体属于母系遗传，这为整合于其中的外源基因的稳定遗传提供了方便，目的基因不会在后代中出现性状分离，只需将转基因植株作为母本就可以获得有所需性状的后代。⑤叶绿体基因组小、结构简单，同时，由于叶绿体双层脂质膜的存在使外源基因表达的外源蛋白不会释放到细胞质基质中，避免了外源基因表达对细胞造成的不利影响。

第二节　植物遗传转化方法

目前已经建立了 10 余种遗传转化方法，根据遗传转化方式可分为两大类：①载体介导法，即将目的基因（DNA）插入农杆菌质粒或病毒的 DNA 分子中，随着载体质粒或病毒DNA 的转移而进入植物受体细胞。农杆菌介导法和病毒介导法属于这类方法。②基因直接导入法，是指通过物理或化学方法直接将外源基因导入植物细胞的方法。此方法适用于对农杆菌侵染不敏感的植物，但需要建立良好的细胞或原生质体培养及再生体系，包括基因枪法、电激法、超声波法、显微注射法、激光微束法、PEG 诱导法、脂质体法、圆球体法、花粉管通道法、磁性纳米粒子法、种质细胞浸泡法和子房注射法等，本节介绍几种常用的遗传转化方法。

一、农杆菌介导法

（一）农杆菌介导的遗传转化机制

农杆菌介导法（agrobacterium-mediated transformation）是以农杆菌为媒介对植物进行遗传转化的方法。用于植物基因转移的农杆菌有两种类型，即含有 Ti 质粒的根癌农杆菌（*Agrobacterium tumefaciens*）和含有 Ri 质粒的发根农杆菌（*A. rhizogenes*）。二者都是土壤细菌，能够感染许多双子叶植物的受伤组织。Ti 质粒是致瘤质粒，感染植物后，引生冠瘿瘤（crown-gall tumor）；Ri 质粒是诱根质粒，感染植物后，引生毛发状根。Ti 质粒和 Ri 质粒上都有一段可以发生转移的 DNA 序列，称为转移 DNA（transfer DNA，T-DNA），当农杆菌侵染植物时，T-DNA 可以被转移进植物细胞并整合到植物基因组中，在植物中遗传表达。

1. Ti 质粒的特殊结构和功能　根据诱导植物细胞产生冠瘿碱的类型不同，可将 Ti 质粒分为三种类型，即章鱼碱型、胭脂碱型和琥珀碱型。它们的基本结构都具有 T-DNA 区、毒性区（*vir* 基因区）和冠瘿碱代谢酶编码基因区三个重要功能区及质粒复制起始位点和质粒结合转移位点等（图 11-1）。植物基因转化必须有 T-DNA 和 *vir* 基因两部分参与，T-DNA 区两端左右边界的两个 25bp 同向重复序列对 T-DNA 转移有重要作用，两边界序列之间的基因可以被剔除，代之以希望转移的目的基因，*vir* 基因编码的蛋白质通过扩散过程到达 T-DNA 区从而介导 T-DNA 的转移。两边界之间的序列是生长素和细胞分裂素基因（致瘤基因）及冠瘿碱合成基因，这些基因随 T-DNA 被整合到植物基因组中后，表达并产生过量植物激素，刺激植物细胞大量增殖形成肿瘤（冠瘿瘤）并合成冠瘿碱。

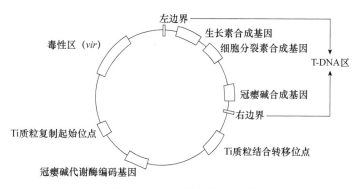

图 11-1　Ti 质粒结构示意图

2. Ti 质粒的改造　由于 Ti 质粒和 Ri 质粒上都有一段 T-DNA，所以人们通过对 Ti（或 Ri）质粒进行改造，将目的基因转入质粒的 T-DNA 区，就可构建根癌农杆菌的转化载体进而达到转基因的目的。具体改造包括以下几点。

1）去除 T-DNA 区的激素基因。激素基因的产物会导致转化细胞激素的不平衡而引起细胞的无限分裂，阻碍正常植株的再生。

2）在去除激素基因的 T-DNA 区，增加至少一个可以在植物体内表达的选择基因，以便转化细胞易于被检测出来。

3）在 T-DNA 区外加一个可以克隆外源目的基因的多聚接口。

4）在 T-DNA 区外加一个抗生素基因标记质粒，该基因只能在细菌中表达，而不能在植物中表达。

进一步将目的基因、花椰菜病毒 35S 启动子及终止子组成嵌合 DNA 分子，插入到 Ti 衍生质粒内构成重组质粒，再转化到根癌农杆菌细胞中，将得到的重组根癌农杆菌感染植物细胞，从而使质粒的部分 DNA 与目的基因一起整合到植物染色体上，实现遗传转化。

（二）农杆菌介导的遗传转化方法

农杆菌介导的遗传转化方法即 Ti 质粒介导法和 Ri 质粒介导法。具体操作方法有原生质体、悬浮细胞、愈伤组织与农杆菌共培养法，蘸花法，叶盘法等。转化的程序、操作步骤基本相同（图 11-2）。

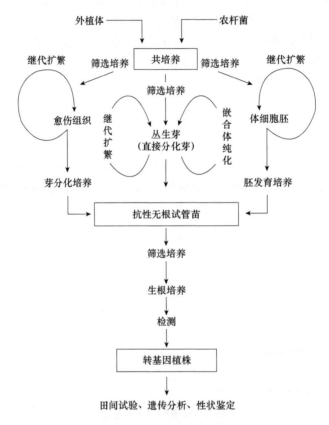

图 11-2 农杆菌 Ti 质粒介导的基因转化程序

1. 原生质体、悬浮细胞、愈伤组织与农杆菌共培养法   将根癌农杆菌分别与正处于分化状态的原生质体、悬浮细胞和愈伤组织共培养一定时间后，将植物材料转移到选择培养基上，诱导出完整植株。

2. 蘸花法   农杆菌介导的蘸花法（floral dip）是近年来发展迅速的一种遗传转化方法，已成为模式植物拟南芥遗传转化的主要手段，在十字花科植物中有广阔的应用前景。此方法是在种子侵染法、剪涂法和真空渗入法的基础上发展而来，即在植物开花前 5～10d 时用含有蔗糖和表面活性剂的农杆菌菌液对花序进行浸渍或喷雾，使得 T-DNA 转入靶细胞胚珠中，进而收获种子并再繁殖，得到转基因植株。蘸花法转化率高，避免了组织培养突变干扰，无须植株再生的烦琐操作，简单省时、成本低，在实验室和大田均可进行，缺点是只能在开花时间应用。

3. 叶盘法　　叶盘法是在遗传转化中广泛应用的方法，由美国 Horsch 等（1985）最早建立。其基本操作如图 11-3 所示，即从幼嫩新鲜的植物叶片上用打孔器取直径为 2～5mm 的叶圆片，或用剪刀将叶片剪成小片，即"叶盘"；在处于对数生长期的含有目的基因的农杆菌悬液中浸泡数秒至数十分钟后（保证切口的边缘感染上细菌），取出并用无菌滤纸吸干叶盘表面上的多余菌液，转入培养基上进行 2～3d 共培养后，再将其转移到含有抗生素的培养基上进行除菌培养和继代培养。数周后，叶盘周围会长出愈伤组织，经进一步分化培养后形成转基因再生植株。

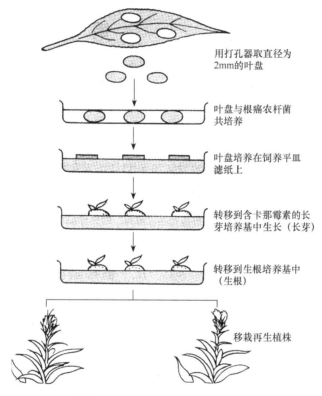

用打孔器取直径为 2mm 的叶盘

叶盘与根癌农杆菌共培养

叶盘培养在饲养平皿滤纸上

转移到含卡那霉素的长芽培养基中生长（长芽）

转移到生根培养基中（生根）

移栽再生植株

图 11-3　根癌农杆菌与叶盘共培养转化法（吴乃虎，2001）

对于用胚轴、茎段、肉质根等作为受体的材料，将材料消毒后，进行切段或切圆片后将切段或圆片置于农杆菌悬液中，用上述共培养方法进行转化。

此方法操作简单，重复性高，但对于那些对农杆菌不敏感的植物及再生困难的植物，则应采取其他的转化方法。

由于 T-DNA 能够进行高频率的转移，因此 Ti 质粒和 Ri 质粒已成为植物基因转化的理想载体系统，已研究成功的转基因植株中 80% 以上是利用根癌农杆菌转化系统产生的。

二、病毒介导法

病毒侵染寄主细胞的过程与根癌农杆菌的 Ti 质粒相似。病毒介导法（virus mediated

method）是以病毒为媒介构建载体，通过病毒对植物细胞的感染而将外源基因导入的一种转基因方法。与农杆菌 Ti 质粒载体相比，植物病毒表达载体系统具有许多优点：①病毒增殖水平较高，可使伴随的外源基因高水平表达；②病毒增殖速度快，外源基因在很短时间（通常在接种后 1～2 周内）可达到最大量的积累；③病毒基因组小，易于进行遗传操作，大多数植物病毒可以通过机械接种感染植物，适于大规模商业操作；④宿主范围广，一些病毒载体能侵染农杆菌难于转化的单子叶、豆科和多年生木本植物，扩大了基因转化的宿主范围；⑤病毒颗粒易于纯化，可显著降低下游生产成本。所以植物病毒是外源基因的瞬时高效表达载体。

　　目前正在研究开发的植物病毒载体系统有三类：单链 RNA 植物病毒载体系统、单链 DNA 植物病毒载体系统和双链 DNA 植物病毒载体系统。单链 RNA 植物病毒载体系统是以单链 RNA 为模板，经逆转录合成双链 cDNA，将其克隆到质粒或黏粒载体上，然后把外源基因插入到病毒的 cDNA 部分，通过体外转录使带有外源基因的病毒载体感染并进入植物寄主细胞。单链 DNA 植物病毒由单链环状 DNA 分子组成，一般存在成对的两个病毒颗粒，因此又称为双粒病毒（gemini viruses）。双粒病毒中成对的两个颗粒所包含的基因组可以不同，但只有当两种 DNA 混合时才具有感染性。这种二连基因组（bipartite）可以把外源基因插入其中一种 DNA 上而不影响另一种 DNA 基因组复制，然后通过这类病毒对植物细胞的感染而将外源基因导入其中，从而实现遗传转化。双链 DNA 植物病毒载体系统是将其病毒基因组中的一段对于病毒繁殖非必需的核苷酸序列去掉，换上一小段外源 DNA 而不影响病毒基因组正常包装，用这种重组的病毒载体感染植物细胞从而实现外源基因的转移。

三、基因枪法

　　基因枪法又称微弹轰击法（microprojectile bombardment），其基本原理是将带有目的基因的质粒 DNA 包被在微小的金粒或钨粒表面形成微弹，然后利用基因枪装置加速将微弹送入细胞内，从而将外源 DNA 带入细胞，整合到植物的基因组 DNA 中。1987 年，美国康奈尔大学的 Sanford 等设计出了基因枪并对其进行了测试，同实验室的 Klein 等（1987）首次用基因枪将从烟草花叶病毒分离出的 RNA 及携带有 cat 基因的质粒 DNA 导入洋葱表皮细胞，观察到了外源 RNA 和 DNA 的瞬时表达。

　　现以美国伯乐公司生产的 PDS-1000/He 基因枪为例说明（图 11-4）。该基因枪属于气动式（gas-powder）基因枪，动力来源是高度压缩的氦气、氢气、氮气等。其工作原理是将氦气充入一很小的高压室中，高压室出口用一易碎片——可裂膜（rupture disk）封闭，高压室内氦气可于 450～2200psi[①]（3103～15 169kPa）调节。当气压达到可裂膜所能承载的极限（1100psi）时，可裂膜自动破裂，释放出强大的氦气冲击波。冲击波推动带有微弹的载体膜片（用聚酰亚胺制成的特殊膜片）向工作室下部高速运动，当碰到坚硬的拦网时载体膜片被阻拦，而微弹继续向下部高速运动，连同所包裹的 DNA 射入轰击室底部的受体细胞。

　　基因枪法具有适用范围广、无宿主限制、靶受体类型广泛、可控度高、操作简便、快速等优点，是除农杆菌介导法外应用最为广泛的方法，但也存在遗传稳定性较差、设备投资较

---

① 1psi≈6.895×10³Pa

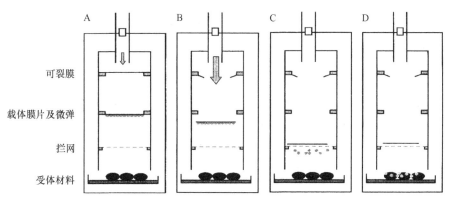

图 11-4 PDS-1000/He 基因枪结构及工作示意图（孙敬三和朱至清，2006）

A. 植物受体材料置于真空室拦网下，两者约相距 13cm（可调），将携有微弹的载体膜片插入支架中；B. 当真空室的真空度达到 27mmHg，高压室的氦气气压达到 1100psi 时，可裂膜破裂，氦气冲击波推动微弹载体膜片向下运动；C. 高速运动的微弹载体膜片被拦网阻挡，而微弹继续向下高速运动；D. 微弹连同包裹的 DNA 射入植物受体组织（细胞）

高等不足。HanSan 和 Chilton（1996）创立的农杆微弹方法（agrolistic transformation）克服了基因枪法和农杆菌介导法的不足，结合了两者的优点，使转化率提高，转基因植株不携带冗余 DNA 序列，一般含有单拷贝的目的基因。

四、电激法

电激法（electroporation）又称电激穿孔法，是 20 世纪 80 年代初发展起来的一种遗传转化技术。该方法是利用高压电脉冲的"电激穿孔"作用造成细胞膜上出现短暂可逆性开放小孔，为外源基因提供通道，DNA 分子通过小孔进入细胞内并整合到受体细胞的基因组上。质膜具有可修复性，外加电压造成的膜穿孔在一定时间内可自动修复，使细胞恢复到正常生理状况。关键步骤是确定产生足够大小且开放时间长度足以能让 DNA 进入细胞的孔道。1985 年，Michael 等首次利用高压脉冲 1400V 处理使细胞质膜产生可修复的穿孔，从而将外源基因转入植物细胞，并在受处理的原生质体培养 2～4d 后，检测到外源基因的瞬时表达。最初电激法基因转移的受体主要是原生质体，后来又将这一技术用于具壁细胞、花粉、幼胚及成熟胚，并在玉米、水稻、马铃薯、番茄、大豆、小麦等作物上获得转基因植株。

五、PEG 诱导法

化学物质诱导法是以原生质体作为受体，借助于特定的化学物质诱导外源 DNA 直接导入植物细胞的方法。常用的化学物质有 PEG（聚乙二醇）、PLO（多聚-L-鸟氨酸）和 PVA（聚乙烯醇）等，其中 PEG 应用较多。PEG 是细胞融合剂，可引起细胞表面电荷紊乱，干扰细胞间的识别。因此，在高 Ca^{2+}（Mg^{2+}、Mn^{2+}）和高 pH 条件下，PEG 促进外源 DNA 向原生质体膜沉积，并使质膜发生内吞作用，使外源 DNA 分子进入原生质体和细胞核，并整合到染色体上。在农杆菌介导法尚未在禾本科植物上取得技术突破及基因枪法尚未问世之前，PEG 诱导的原生质体基因转移是禾谷类作物遗传转化的主要方法。PEG 诱导法是进行基因直接转移的方法，成本低廉、效果稳定。但是大多数原生质体培养再生植株困难，加上原生质体培养试验周期长，使 PEG 诱导法的应用受到了限制。

六、花粉管通道法

花粉管通道法（pollen-tube pathway）又称为种质系统法，最早由我国科学家周光宇（1988）建立。基本操作方法：在植物授粉后的适当时间，将花柱上端切去，在切口上滴入（或注射）外源 DNA，使其沿花粉管通道进入胚囊，与受精卵或胚细胞接触而转化。转化后的种胚在子房内原位发育，最后长成正常的种子。花粉管通道法建立了以活体植物的生殖细胞为受体，进行外源基因转移的方法，操作简便，省略了组织培养和诱导再生植株等人工培养过程，特别对那些难以离体再生植株及对农杆菌感染不敏感的植物具有重要的应用价值。

七、显微注射法

显微注射法（microinjection）是利用特制的显微注射仪在显微镜下将外源遗传物质直接注入植物细胞的转化方法。由于植物细胞的细胞壁和原生质体具有弹性，使用该方法时需要将植物细胞进行固定才能注射，通常用琼脂糖包埋法、聚赖氨酸粘连法，也可用吸管吸取单个细胞固定，然后将外源 DNA 通过显微注射仪直接注入受体细胞、原生质体或核内。这种方法的优点是转化效率高，转化细胞的培养过程无须特殊的选择系统；缺点是需要有精细的显微操作技术和低密度培养的基础，注射速度慢、效率低。1984 年，Steinbiss 等最早应用该方法将外源 DNA 注入植物原生质体并实现了转化，现已用于多细胞系统，如未成熟胚、悬浮细胞和分生组织等的遗传转化。

各种基因转化方法在使用的受体材料、宿主范围、操作复杂性、组织培养条件、嵌合体、设备要求、转化效率等方面均存在明显差异（表 11-2），对于不同种类的植物，或者同一种类不同基因型的植物，应当综合考虑多种因素，选择最佳的方法，从而达到理想的效果。

表 11-2　常用植物基因转化方法特点比较

评价内容	植物基因转化方法					
	农杆菌介导法	基因枪法	显微注射法	PEG 诱导法	电激法	花粉管通道法
受体材料	完整细胞	完整细胞	原生质体	原生质体	原生质体	卵细胞
宿主限制	有	无	无	无	无	有性繁殖植物
操作复杂性	简单	复杂	复杂	简单	复杂	无
组织培养条件	简单	简单	复杂	复杂	复杂	无
嵌合体	有	多	无或有	无	无	无
设备要求	便宜	昂贵	昂贵	便宜	昂贵	便宜
转化效率	高	高	低	低	低	低
单子叶植物的应用	少	广泛	可行	可行	可行	广泛
目的基因拷贝数	单拷贝较多	多拷贝较多	复杂	复杂	复杂	复杂
目的基因插入位点	单位点多	多位点较多	多位点	多位点	多位点	变化较大

评价内容	植物基因转化方法					
	农杆菌介导法	基因枪法	显微注射法	PEG 诱导法	电激法	花粉管通道法
稳定性	稳定	不稳定	不稳定	不稳定	不稳定	较稳定
基因沉默	较少	较多	较多	较多	较多	较多
转基因植株表型	表型单一，较稳定	表型丰富，多数不稳定	表型丰富，不稳定	表型丰富，不稳定	表型丰富，不稳定	表型丰富，多数不稳定

八、磁性纳米粒子法

中国农业科学院研究人员利用磁性纳米粒子作为基因载体，创立了一种高通量、操作便捷和用途广泛的植物遗传转化新方法，推动了纳米载体基因输送与遗传介导系统研究并取得了重要进展，开辟了纳米生物技术研究的新方向。此次研发的基于磁性纳米颗粒基因载体的花粉转化植物遗传修饰方法，可以利用磁性纳米颗粒 Fe_3O_4 作为载体，在外加磁场介导下将外源基因输送至花粉内部，通过人工授粉利用自然生殖过程直接获得转化种子，然后再经过选育获得稳定遗传的转基因后代。该方法将纳米磁转化和花粉介导法相结合，克服了传统转基因方法组织再生培养和寄主适应性等方面的瓶颈问题，可以提高遗传转化效率，缩短转基因植物培育周期，实现高通量与多基因协同并转化，适用范围与用途非常广泛，对于加速转基因生物新品种培育具有重要意义，在作物遗传学、合成生物学和生物反应器等领域也具有广泛的应用前景。

第三节　转基因植株的再生及其检测

一、转基因植株的再生

植株再生是基因转化的关键步骤，直接决定能否获得转基因植株。转基因植株的再生一般分为两种形式：一种是愈伤组织再生，转化后的外植体首先发生愈伤组织，然后在分化培养基上诱导出芽直至长成一个完整植株，这是植株再生中最常用的一种方式；另一种是直接再生，从外植体直接诱导出芽而不经过愈伤组织的分化。转基因植株再生的方式与一般植株再生的方式相同，两者的主要区别在于转基因植株的再生受外源基因、载体系统、受体系统、抗生素、转化过程等的影响。

二、转基因植株的检测

当带有目的基因的嵌合基因被转入某种受体系统后，必须对转基因植物材料进行分析与鉴定，以确定外源基因是否在转基因植株中正常表达。转基因植株的检测方法很多，一般来说，检测外源基因是否转化成功首先是对标记基因进行检测，其次是对外源目的基因进行检测。外源目的基因有整合和表达两个层次，表达又可分转录和翻译两个水平。整合是指进入植物细胞的外源基因是否整合到染色体上；转录是以 DNA 为模板合成 mRNA 的过程，翻译则是以 mRNA 为模板翻译成蛋白质的过程。因此，除整合鉴定外，外源目的基因表达的检测同样可以在两个水平上进行，一是在转录水平上对 mRNA 进行检测；二是在翻译水平上对所表达的蛋白质进行检测。

（一）标记基因的检测

所谓标记基因是用来区分目的基因转化细胞和非转化细胞的一类特殊基因。按照功能，标记基因可分为选择标记基因和报告基因两大类。它们用于植物遗传转化中筛选和鉴定转化的细胞、组织、器官和再生植株，这些基因通常与目的基因构建在同一植物表达载体上，一起转入受体。此外，一些基因具有报告和选择双重功能，如氯霉素乙酰转移酶基因（cat）、新霉素磷酸转移酶基因（nptⅡ），还有一些既可以作为筛选的标记基因又可作为目的基因，如抗除草剂的 bar 基因。

1. 选择标记基因　标记基因包括抗生素抗性基因和除草剂抗性基因等，在选择压力下，不含标记基因及其产物的非转化细胞、组织、器官和植株都表现为死亡，而经过转化的细胞、组织、器官和植株由于具有选择标记基因赋予的抗性，可继续存活。常用的抗生素抗性基因有 Amp^r（氨苄青霉素抗性基因）、Tet^r 或 Tc^r（四环素抗性基因）、Cml^r 或 Cm^r（氯霉素抗性基因）、Kan^r 或 Km^r（卡那霉素抗性基因）、Neo^r（新霉素抗性基因）、Hyg^r 或 Hph^r（潮霉素抗性基因）等。其原理是抗性基因编码的蛋白（酶）可对抗生素进行乙酰化、腺苷化、磷酸化等化学修饰或水解，破坏抗生素的作用，使细胞产生抗药性。

对抗生素不敏感的植物，可以转入抗除草剂基因作为标记基因进行筛选。其基本原理是将抗除草剂基因与目的基因共同构建到合适的表达载体上，导入作物中，转化体若表现出对除草剂的抗性，说明抗除草剂基因已整合到作物基因组中，也间接说明目的基因整合到作物基因组中。利用抗除草剂基因作为筛选标记基因方法简单、快捷。当转基因后代发生分离时，喷施除草剂可以除掉非转基因植株或假杂种，这一点使抗除草剂基因在植物基因工程中得到广泛的应用。

2. 报告基因　报告基因能够快速报告细胞、组织、器官或植株是否被转化，它是一个表达产物非常容易被检测的基因。报告基因大多是编码酶的基因，可加入相应底物，以检测酶活性是否存在来确定目的基因是否被转化。

目前植物遗传转化中常用的报告基因主要有 β-葡萄糖苷酸酶基因（gus）、氯霉素乙酰转移酶基因（cat）、绿色荧光蛋白酶基因（gfp）、新霉素磷酸转移酶基因（nptⅡ）、β-半乳糖苷酶基因（lacZ）、荧光素酶基因（luc）等。它们已成功地用于葡萄、水稻、谷子和玉米等植物的遗传转化研究。

（二）外源目的基因整合水平上的检测

1. PCR 检测　聚合酶链式反应（polymerase chain reaction，PCR）技术是一种在体外对特定区段的 DNA 序列进行大量扩增的技术。此方法具有直接、简便、快速、灵敏等特点，国内外许多科研机构已将 PCR 技术广泛应用于转基因生物体的检测。PCR 检测可分为定性 PCR 和定量 PCR 两种。

（1）定性 PCR　PCR 检测中以定性 PCR 居多，它可以对特殊序列基因（启动子、终止子、遗传标记基因）和目的基因（靶基因）进行检测。根据所导入的基因序列设计一对特异性引物，对样品 DNA 进行扩增，在短短的几小时内使 PG 水平的起始物达到纳克至微克水平，扩增产物经琼脂糖凝胶电泳，溴化乙锭染色后很容易观察，不需复杂的杂交分析即可对外源基因是否整合进行初步鉴定，而且所需的模板 DNA 量极少，使用粗提的 DNA 就可以得到良好的扩增效果。随着转基因技术所使用的特殊序列基因的增加，研究者已将复合PCR（multiplex PCR，MPCR）技术应用到转基因植物筛选中，即在同一反应管中含有一对以上引物，同时针对几个靶序列进行检测，模板可以为单一的，也可以是几种不同的，其检测结果较普通 PCR 更为可信，同时简化了手续，降低了成本。

对于普通 PCR 灵敏度不高，核酸含量低、成分复杂和被严重破坏的 DNA 样品难以准确检测的缺点，在普通 PCR 的基础上开发出了巢式 PCR（nested-PCR）和半巢式 PCR（semi-nested PCR）技术。该技术的原理是在扩增产物的片段上引入新的引物，通过二次扩增反应对某段序列进行检测，以提高检测的准确度和灵敏性。随着定性 PCR 技术的发展，热不对称交错 PCR、连接介导 PCR 和反向 PCR 在转基因分子鉴定和单链 DNA 制备等方面也已广泛应用。

（2）定量 PCR　　目前，随着世界各国转基因产品标识制度的发展和完善，越来越多的国家通过设定阈值对转基因产品进行标识管理，转基因成分含量超过设定阈值的转基因产品必须进行强制性标识，如欧盟为 0.9%，澳大利亚、巴西为 1%，马来西亚、韩国为 3%，日本、中国台湾为 5%。因此，应用定量 PCR 技术对转基因产品进行定量标识也越来越广泛。定量 PCR 技术主要有竞争性定量 PCR 技术（competitive quantitative PCR，QC-PCR）、实时定量 PCR 技术（real-time quantitative PCR，qPCR）和数字 PCR 技术（digital PCR，dPCR）3 种。

竞争性定量 PCR 通过向 PCR 反应体系中加入与目标 DNA 具有相同扩增效率和引物结合位点的竞争模板，同时以不同稀释梯度的竞争模板建立标准曲线，从而计算目标 DNA 的含量。

实时定量 PCR 方法是普遍使用的一种定量 PCR 方法，它是在 PCR 体系中加入荧光团，利用荧光信号积累实时监控 PCR 过程，最后通过标准曲线对未知模板进行定量的方法。qPCR 试验中，选择恰当的内源基因并验证特异引物是定量检测的关键因素。目前，qPCR 检测技术已被广泛应用于大豆、玉米、水稻、菜豆、棉花、茄子、木瓜等的转基因成分检测，具备良好的特异性和较高的灵敏度。

数字 PCR 技术是一种基于泊松分布原理的针对单分子目标 DNA 的绝对定量技术。相对qPCR 技术，dPCR 不需要对每个循环进行实时荧光测定，也不需要 C_t 值来定量靶标，C_t 值是每个反应管内的荧光信号到达设定的域值时所经历的循环数。dPCR 通过将反应试剂平均分配到几万至上千万个单元中，从而使靶标 DNA 稀释到单分子水平。扩增结束后，通过直接计数或泊松分布计算得到样品的原始拷贝数，因此其不受扩增效率的影响，也不必使用内参基因和标准曲线，具有极高的准确度和重现性。目前，dPCR 已应用于转基因玉米、水稻、大豆及深加工产品中的定量检测中。最新的研究表明，dPCR 技术还是检验外源插入基因拷贝数和纯合性的有效方法。

2. 电化学发光 PCR 技术　　电化学发光 PCR 技术首次将电化学发光技术（electrochemiluminescence，ECL）、PCR 技术和双探针杂交技术结合起来，用于检测 CaMV35S 启动子。目前，大约 75% 的转基因植物中使用 CaMV35S 启动子。PCR 产物与生物素标记的探针杂交，可以起到筛选的作用；与三联吡啶钌标记的探针杂交则可用于电化学发光检测。两种探针同时与转基因样品 PCR 产物杂交，使结果进一步避免假阳性的影响。该方法灵敏度高、可靠性强、操作简便、结果准确，有望成为一种高效的转基因检测方法。

3. 等温扩增技术 等温扩增技术是指在一个恒定温度下，通过不同活性的酶和各种特异性引物来实现 DNA 扩增的方法，相对于 PCR 扩增技术具有快速、高效、特异的优点，且无须专用设备，在临床和现场快速诊断中应用广泛。主要方法有环介导等温扩增（LAMP）、滚环核酸扩增（RCA）、核酸序列依赖性扩增（NASBA）、链替代扩增（SDA）和解旋酶依赖性扩增（HAD）等。在转基因检测领域最常用的主要是 LAMP 技术，它是由 Notomi 等发明的一种等温核酸扩增技术。基本原理是针对目标 DNA 的 6 个不同区域设计 4 条不同的引物，依赖链置换 DNA 聚合酶，在恒温下进行扩增反应，循环不断地产生不同长度的 DNA 片段，反应结果可通过凝胶电泳、焦磷酸镁沉淀、实时比浊法、特定荧光染料等来判断。LAMP 技术对设备要求低，具有直观、高效的特点，已经成为出入境检验检疫等行业标准转基因成分检测的一种指定方法，但仍需克服假阳性较高、引物设计要求高等不足。

4. DNA 印迹法 由于 PCR 扩增的灵敏度极高，有时会出现假阳性现象，因此对 PCR 检测阳性的植物还需要进一步鉴定。证明外源基因在植物染色体上整合的最可靠方法是 DNA 印迹法（Southern blotting）。其基本原理是将待检测的 DNA 样品固定在固相载体上，与标记的核酸探针进行杂交，在与探针有同源序列的固相 DNA 的位置上会显示出杂交信号。主要的操作步骤有：植物总 DNA 的制备，探针的制备，琼脂糖凝胶电泳分离酶切产物，将凝胶中的 DNA 转移到固相膜上，预杂交和杂交，杂交信号的检测。

当待测转基因植株的材料比较少，总 DNA 纯度不够高时，可利用 PCR-DNA 印迹法弥补，即先对被检材料进行外源基因的 PCR 扩增，然后再用目的基因的同源探针与扩增的特异性条带进行杂交。DNA 印迹法分析可以最终确认仅通过 PCR 初步检测为阳性的植株是否为独立转基因植株，也可确认外源基因整合的拷贝数。由于外源基因插入植物染色体上是随机的，因此不同的转基因植株其 DNA 印迹法带型也不一样。

（三）外源目的基因转录水平上的检测

1. RNA 印迹法 通过 DNA 印迹法可以得知外源基因是否整合到植物染色体上，但是整合到染色体上的外源基因并不一定都能表达。其表达除受生理状态调控外，还与其调控序列及整合部位等因素有关。转基因植株中外源基因的转录水平可以通过细胞总 RNA 或 mRNA 与探针的杂交来分析，称为 RNA 印迹法。它是研究转基因植株中外源基因表达及调控的重要手段，分为斑点杂交和印迹杂交。斑点杂交只能鉴定外源基因是否表达，而印迹杂交则可对外源基因的转录进行较详细的分析。将提取的植物总 RNA 或 mRNA 用变性凝胶电泳分离，不同的 RNA 分子将按分子质量大小依次排布在凝胶上，将它们原位转移到固相膜上，在适宜的离子强度及温度下，探针与膜上同源序列杂交，形成 RNA-DNA 杂交双链，通过探针的标记性质可以检出杂交体。根据杂交体在膜上的位置可以分析出杂交 RNA 的大小。若杂交样品中无杂交带出现，表明虽然外源基因已经整合到植物细胞染色体上，但在该取材部位及生理状态下该基因并未有效表达。RNA 印迹法程序中除植物总 RNA 的提取、总 RNA 或 mRNA 变性凝胶电泳分离和 DNA 印迹法有着较大不同外，其他操作流程基本相同。RNA 印迹法是检测基因表达的重要方法，但其灵敏度有限，对细胞中低丰度的 mRNA 检出率较低。

2. RT-PCR 在转基因植物检测中，逆转录-聚合酶链反应（reverse transcription-

PCR，RT-PCR）技术常用于检测外源基因是否表达及在不同组织或相同组织不同发育阶段的表达情况，进而研究外源基因的功能。它是一种从给定组织中检测某特定基因表达的快速、灵敏的方法。其原理是以植物总 RNA 或 mRNA 为模板进行逆转录，然后进行 PCR 扩增，如果从细胞总 RNA 中扩增出特异的 cDNA 条带，则表明外源基因实现了转录。

（四）外源目的基因翻译水平上的检测

外源目的基因导入植物基因组中，能否正确翻译成蛋白质，需要在翻译水平上对转基因植物进行分子检测。目前，常用的蛋白质检测方法均以免疫分析技术为基础，主要有酶联免疫吸附测定（ELISA）和 Western 印迹法。

1. ELISA 检测　　酶联免疫吸附测定（enzyme linked immunosorbent assay，ELISA）是免疫反应和酶高效催化反应的有机组合，一般为定性检测，有时也可以进行半定量测定。ELISA 检测是基因表达研究的重要手段之一，具有灵敏度高（可检出 1pg 的目的物）、特异性强等突出特点，是一种利用免疫学原理检测抗原、抗体的技术，主要是基于抗原或抗体能吸附至固相载体的表面并保持其免疫活性，抗原或抗体与酶形成的酶结合物仍保持其免疫活性和酶催化活性的基本原理。在检测时，把受检标本（测定其中的抗体或抗原）和酶标抗原或抗体按不同的步骤与固相载体表面的抗原或抗体起反应，用洗涤的方法使固相载体上形成的抗原抗体复合物与其他物质分开，最后结合在固相载体上的酶量与标本中受检物质的量有一定的比例，加入酶反应的底物后，底物被酶催化变为有色产物，产物的量与标本中受检物质的量直接相关，根据颜色反应的深浅进行定性或定量分析。ELISA 检测程序包括抗体制备、抗体或抗原的包被、免疫反应及检出三个阶段。目前常采用的 PCR-ELISA 法，可以将 PCR 高效性与 ELISA 高特异性结合在一起，在转基因检测领域中极具潜力，利用该方法检测转基因大豆的灵敏度比欧盟用的 PCR 方法高 5～10 倍，而且有效地避免了假阳性现象的产生。

2. Western 印迹法　　Western 印迹法（Western blotting）是将蛋白质电泳、印迹、免疫测定融为一体的特异性蛋白质检测方法。它具有很高的灵敏性，可以从植物细胞总蛋白质中检出小于 50ng 的特异蛋白质，若是提纯的蛋白质，可检出 1～5ng 的特异蛋白质。其原理是：转化的外源基因正常表达时，转基因植株细胞中含有一定量的目的蛋白。从植物细胞中提取总蛋白质或目的蛋白，将蛋白质样品溶液用聚丙烯酰胺凝胶电泳（SDS-PAGE）进行分离后原位转移到固相膜上（如硝酸纤维素膜、尼龙膜）。将膜放在蛋白质（如牛血清蛋白）溶液中温育，以封闭非特异性位点，然后加入特异抗体（一抗），印迹上的目的蛋白（抗原）与一抗结合后，再加入能与一抗专一结合的标记的二抗，最后通过二抗上标记物的性质，进行放射性自显影或显色观察。根据检测结果，从而得知被检植物细胞内目的蛋白的表达与否、表达量及分子量等情况。Western 印迹法全过程包括转基因植株蛋白质的提取、SDS-PAGE 分离蛋白质、蛋白质条带印迹、探针制备、杂交与检出 5 个步骤。

3. 免疫试纸条法　　免疫试纸条法（lateral flow strip）是基于免疫层析技术开发出的一种蛋白质检测方法，较 ELISA 法更为简便、快速，可在 5～10min 内现场观测结果，在转基因产品大规模快速筛查检测中应用广泛。其原理是将一对特异性抗体交联在试纸条上，当试纸条一端放入有抗原的溶液后，溶液会向着试纸条的另一端运动，溶液中的抗原在运动过程中会与标记的抗体结合并随层析液继续向另一端运动，当遇到在膜上固定的另一抗体时，就会形成标记"抗体-抗原-抗体"的"三明治结构"，形成肉眼可见的条带。许多公司针对不同转基因植物中特异表达的外源蛋白，开发出大量特异的免疫层析试纸条，如检测孟山都公司转基因 Roundup Ready 大豆和油菜中 CP4-EPSPS 蛋白的试纸条、Starlink 玉米中 Cry9c 蛋白的试纸条等。中国农业科学院油料研究所研制的 Cry1Ab/Cry1Ac 试纸条，成本为进口产品的 40%，灵敏度等性能参数与进口试纸条相当，是农业农村部推荐使用的产品之一。

（五）其他检测技术

1. 生物学鉴定　　当一些有价值的外源基因被转入植物后，还可通过植株表型来鉴定基因转入效果。例如，转化抗病毒基因后，可对转基因植物进行病毒接种，以鉴定其抗病毒能力；转化除草剂基因后，可喷洒除草剂进行检测；转化花色素合成酶基因后，可直接观察花色的变化来判断是否有外源基因的转入。

2. 基因芯片检测技术　　基因芯片又称 DNA 芯片（或 DNA 微阵列），是指将许多特定的核苷酸片段或基因片段作为探针，有规律地固定于支持物上形成 DNA 分子阵列，然后与待测的荧光标记样品的基因按碱基配对原则进行杂交，再通过激光共聚焦荧光检测系统等对其表面进行扫描即可获取样品分子的数量和序列信息。基因芯片技术具有所需样品用量极少、自动化程度高和被测目标 DNA 密度高等优点。Germini 等（2004）利用肽核酸（peptide nucleic acids）基因芯片对转基因大豆进行了检测，Bordoni 等（2004）将连接酶检测反应（ligation detect reaction，LDR）技术与基因芯片技术结合起来对转基因玉米的 *Cry1A* 基因进行了检测。目前，欧洲已经推出了商品化的转基因检测芯片试剂盒（GMO chip kit），该试剂盒可以对指定的转基因作物中的几种转基因成分作定性检测。我国的首个转基因植物检测基因芯片已在上海博星基因芯片技术公司诞生，用于检测转基因植物及其产品中常用的启动子、终止子、筛选基因、报告基因及常见的目标基因（抗虫、耐除草剂基因）。目前基因芯片在实际检测中应用并不普遍，主要是受到一些因素的限制，如检测杂交微弱信号的装置和芯片的制作成本比较高，对杂交信号及相关信息、数据的大规模处理和分析的难度较大等。

3. SPR 生物传感器技术　　表面等离子体共振（surface plasmon resonance，SPR）生物传感器是将探针或配体固定于传感器芯片的金书膜表面，含分析物的液体流过传感器芯片表面，分子间发生特异性结合时可引起传感器芯片表面折射率的改变，通过检测 SPR 信号的改变而检测分子间的相互作用。Feriotto 等（2002）将这种方法与 PCR 相结合，将生物素标记的 PCR 产物固定于传感器表面并用相应的探针进行杂交，成功地检测到了 RR 大豆（抗草甘膦转基因大豆）。该方法具有灵敏度高、实时在线、简单快捷、抗干扰能力强、所需分析物量小且对分析物纯度要求不高等优点。

4. 拉曼光谱技术　　拉曼光谱（Raman spectroscopy，RS）是一种散射光谱，具有检测过程简单、效率高、无污染、成本低等特点。研究人员发明了一种转基因水稻种子及其亲本的快速检测方法，采用拉曼光谱装置获取转基因水稻种子及其亲本的拉曼光谱散射特征曲线，采用核主成分分析法获取核主成分，将核主成分作为大间隔最近邻居算法的输入变量，在核空间中实现转基因水稻种子样本的鉴定。Kadam 等利用表面增强拉曼光谱（surface-enhanced Raman spectroscopy，SERS）技术，省去 PCR 扩增，且高灵敏精确检测出含有 0.1pg 转基因拟南芥的样品。

第四节 转基因植物的研究成果及安全性

一、转基因植物的应用概况

世界首例转基因植物——烟草于 1983 年在美国问世。1986 年，首批转基因植物——抗虫和抗除草剂棉花进入田间试验。1992 年，中国商品化种植了一种抗黄瓜花叶病毒和抗烟草花叶病毒双价转基因烟草，成为世界上第一个转基因植物商品化种植的国家，开创了转基因植物商品化应用的先河。1993 年，第一个转基因植物产品——延熟番茄'Flavr Savr'获得美国农业部批准进入商业化生产种植。1994 年，延熟番茄'Flavr Savr'获得美国食品与药物管理局（FDA）批准进入市场。1996 年，转基因作物第一次在美国、加拿大、澳大利亚、阿根廷、墨西哥等国进行商业化种植，以后越来越多的转基因植物在不同国家和地区经批准进入商业化种植。

目前随着转基因技术的研究范围不断扩大，全球转基因作物的种植面积正在不断增加。2018 年全球共有 70 个国家（地区）应用了转基因作物，其中 26 个国家种植转基因作物，21 个为发展中国家，5 个为发达国家，发展中国家的种植面积已经占到 54%。另外 44 个国家进口转基因作物用于粮食、饲料和加工。全球种植了 1.917 亿公顷转基因作物，比 2017 年的种植面积增加了 190 万公顷，比 1996 年始创之年的 170 万公顷，增长了 112 倍，中国种植了 290 万公顷转基因棉花和木瓜，排名第七，目前未批准转基因粮食作物商业化种植。而以 7500 万公顷的种植面积遥遥领先的美国和 1270 万公顷种植面积排名第四的加拿大为首的发达国家转基因作物种植面积占全球的 46%。2018 年全球五大转基因作物种植国，除美国、加拿大外，还有三个发展中国家：巴西、阿根廷、印度。五大国种植转基因作物面积共计 1.745 亿公顷，占全球种植面积的 91.3%。

2018 年，转基因作物在世界五大转基因作物种植国的平均应用率（大豆、玉米和油菜的平均应用率）不断增长，已经接近饱和，其中美国 93.3%、巴西 93%、阿根廷接近 100%、加拿大 92.5%、印度 95%。今后这些国家转基因作物种植面积的扩大将通过随时批准和商业化新的转基因作物和性状来实现，这些新性状将解决气候变化和新出现的病虫害等问题。

从 2018 年全球转基因作物种植面积增长的现状来看，增长势头最迅猛的是转基因大豆，2018 年约 9590 万公顷的种植面积，占全球转基因作物种植面积的 50% 以上，比 2017 年增长了 2%。其次分别为转基因玉米（5890 万公顷）、转基因棉花（2490 万公顷）、转基因油菜（1010 万公顷）。亚太地区共有 17 个国家正式应用了转基因作物，转基因作物种植面积总计 1913 万公顷，占全球转基因作物种植总面积的 10%。从种植情况来看，亚太地区种植转基因作物面积最大的国家是印度（1160 万公顷的转基因棉花），其次是中国、巴基斯坦、澳大利亚、菲律宾、缅甸、越南和孟加拉国。

2018 年转基因作物为消费者提供了多样性的选择。转基因作物扩展到了四大作物（玉米、大豆、棉花和油菜）以外，即苜蓿、甜菜、木瓜、南瓜、茄子、马铃薯和苹果等转基因作物均已上市，为全球消费者提供了更多选择。具有防挫伤、防褐变、丙烯酰胺含量低、抗晚疫病等性状的先后两代 Innate® 马铃薯及防褐变的 Arctic® 苹果已经开始在美国和加拿大种植。

二、转基因植物的研究成果

随着转基因技术的日趋完善，转基因植物在农业、医药、工业及人们日常生活等方面日益显示出其独特的优越性和广阔的发展前景，特别是在提高植物的抗虫、抗病、抗逆、抗除草剂等性质及改善品质、提高产量和作为生物反应器等方面发挥了极其重要的作用。以下介绍近年来转基因植物的主要研究成果。

（一）抗除草剂转基因植物

杂草是农作物生产的一大危害，除草剂的广泛应用大大降低了除草成本。将抗除草剂基因引入栽培作物，可保护作物免受药害，从而增产增收。抗除草剂转基因植物是最早进行商业化应用的转基因植物之一，也是目前种植面积最大的转基因作物，在 2018 年的种植面积占全球总种植面积的 46%。我国在抗除草剂转基因植物方面的研究起始于 20 世纪 80 年代，中国科学院遗传与发育生物学研究所与中国农业科学院作物科学研究所共同研究的转基因抗阿特拉津大豆，是我国获得的最早的转基因抗除草剂作物。我国抗除草剂基因工程研究中涉及的基因主要有抗阿特拉津基因（*PSBA*）、抗 Basta 基因（*BAR*）、抗溴苯腈基因（*BXN*）和抗 2,4-D 基因（*TFDA*）等。已获得的抗除草剂转基因作物有：抗 Basta 水稻和小麦、抗 2,4-D 棉花、抗阿特拉津大豆、抗溴苯腈油菜和小麦等。我国学者将抗除草剂基因与雄性不育基因紧密连锁，创造了雄性不育转基因材料的保存方法。目前已经把两者的嵌合基因导入多种作物中，分别获得了抗除草剂的转基因雄性不育烟草、油菜、芝麻和小麦。其中较为突出的是黄大年研究小组的抗除草剂转基因水稻，通过抗除草剂基因工程彻底解决了我国水稻生产中的两大难题，带来了两方面的益处：一是解决了直播稻田的草害问题；二是杂交稻制种的纯度达到了百分之百，并使纯度鉴定时间大大缩短，从而加快了两系杂交稻的大面积推广应用，具有不可估量的社会效益。

（二）抗虫转基因植物

虫害是农作物生产的重要危害之一，目前的虫害防治主要依靠农药，虽带来了巨大的经济效益，但不利于农业的可持续发展。转基因技术的应用为农业害虫的防治提供了一条全新途径，抗虫转基因植株具有对害虫天敌无毒害、对环境无污染、产生整体抗性等优点，被认为是最有应用前景的虫害防治措施。抗虫基因主要有两类：一类是 *Bt* 杀虫蛋白基因，来自苏云金芽孢杆菌（*Bacillus thuringiensis*），杀虫毒性为伴孢晶体蛋白，现已成功地导入棉花、玉米、水稻、烟草、番茄、马铃薯、胡桃、杨树、落叶松等。棉花是抗虫基因应用最成功的作物之一，也是我国应用最广泛的转基因品种，我国已成为仅次于美国的第二个拥有自主知识产权的转基因棉花研发强国，截至 2019 年底，转基因专项共育成转基因抗虫棉新品种 176 个，累计推广 4.7 亿亩[①]，减少了 70% 以上农药的使用，国产抗虫棉市场份额达到 99%以上；另一类是蛋白酶抑制剂基因，可抑制蛋白酶活性，干扰害虫消化作用而导致其死亡，主要有大豆胰蛋白酶抑制剂基因（*SKTI*）、豇豆胰蛋白酶抑制剂基因（*CpTI*）、慈菇蛋白酶抑制剂基因（*API*）等几类。其中获得转 *CpTI* 基因的植物种类最多，有苹果、油菜、水稻、番

---

① 1 亩＝666.7m²

茄、向日葵、甘薯、烟草、马铃薯等 10 余种。

（三）抗病转基因植物

将克隆的抗病基因应用于抗病育种，具有高效、安全、广谱等特点，而且可以突破种间隔离的限制，避免传统育种在转育抗病基因的同时带来不良基因等问题。从 20 世纪的国家科技攻关"六五"计划开始，围绕稻瘟病、白叶枯病、褐飞虱、小麦赤霉病和锈病等开展了卓有成效的抗病遗传研究和育种工作，利用常规杂交和远缘杂交分别育成了大批抗病骨干亲本和品种，使我国在水稻和麦类抗病育种上趋于国际领先地位。我国水稻育种家通过对农家品种的筛选，发现了水稻抗稻瘟广谱抗性基因 *Pigm*、*bsr-d1* 和水稻抗白叶枯广谱抗性基因 *Xa4* 等；广西农业科学院、中国农业科学院等研究机构通过远缘杂交，将普通野生稻和疣粒野生稻的抗稻瘟病及白叶枯病基因导入栽培稻，培育出了一批抗病新品系。在小麦抗病育种方面，我国研究人员率先在世界上建立了抗赤霉病育种体系，筛选出携带高抗赤霉病基因的小麦'望水白'，利用杂交育种育成高抗赤霉病小麦品种'苏麦 3 号'；李振声等利用远缘杂交结合染色体工程技术，将偃麦草的耐旱、耐干热风、抗条锈病等多种小麦病害的优良基因转移到小麦中，育成小偃系列小麦新品种，其中'小偃 6 号'已成为中国小麦育种的重要骨干亲本，其衍生品种 70 多个，全国累计推广 3 亿多亩，增产小麦超过了 75 亿 kg。近十几年，我国育种专家通过多基因聚合，在广谱抗病虫育种上取得了实质性进展，育成了多个广谱抗稻瘟、抗白叶枯和抗褐飞虱水稻品系及扬麦系列高产抗白粉病小麦品种。

（四）抗逆转基因植物

目前各国都在进行以转基因技术调节植物抗逆能力的研究，已分离出大量与抗逆代谢相关的基因，包括与抗（耐）寒有关的脯氨酸合成酶基因、鱼抗冻蛋白（AFP）基因、拟南芥叶绿体 3-磷酸甘油酰基转移酶基因；与抗旱有关的海藻糖合成酶基因及一些植物去饱和酶基因等。在应激状态下，一些 RNA 分子伴侣的表达量会显著增加，以此来帮助生物体更好地应对胁迫。在水稻和玉米中表达细菌 RNA 分子伴侣蛋白-冷激蛋白（cold shock protein，Csp）Csp A 和 Csp B，可以有效地提高其抗冻、抗旱及抗高温的能力；在小麦中表达密码子优化的 Csp A 和 Csp B 蛋白，可以提高小麦的抵抗干旱和盐胁迫能力；在水稻中过表达拟南芥 RNA 伴侣蛋白 GRP2 和 GRP7 同样可以显著提高干旱条件下水稻的结实率，从而提高水稻的产量。2000 年日本北海道绿色生物研究所将小麦过氧化物酶基因导入水稻中，获得了耐冷水稻品种，同年日本九州大学的科研小组从一种莎草中获得了阻止叶片不饱和脂肪酸形成的遗传基因，然后把它转入烟草基因中，使得这种转基因烟草可在近 50℃的环境中正常生长，这项技术的推广可保护小麦等不耐热作物免受热浪等异常高温的伤害，同时又可使这些作物的种植区域向热带推进，对解决世界粮食问题具有重要意义。

（五）改良作物营养品质的转基因植物

作物品质主要涉及蛋白质的含量、氨基酸的组成、淀粉和其他多糖化合物及脂类化合物的组成等。将转基因技术用于品种改良可以开发出具有人们所需营养成分的食品，许多此类作物，如富含必需氨基酸的马铃薯、高蔗糖含量的玉米、低尼古丁含量的烟草、直链淀粉含量降低的转基因水稻、月桂酸含量高达 40% 的转基因油菜等都相继研究成功，有的已进入大田试验，延熟转基因番茄和改变花色转基因玫瑰也已商品化。欧洲科学家已培育出米粒中富含维生素 A 和铁的转基因水稻，Zeneca 公司和伦敦大学的研究小组也成功开发出了番茄红素含量较高的转基因番茄。在国内高越峰等将高赖氨酸蛋白基因导入水稻，获得转基因植株，其赖氨酸含量均有不同程度的提高。

（六）改变花形、花色的转基因植物

利用转基因技术能改变花形、花色，还可控制花期。由于花卉为非食用植物，无须考虑其食用安全性，因此转基因花卉的应用前景非常广阔。目前，对花色调控机制的了解正逐步深化，已分离克隆到大量相关的酶和基因，在许多重要的花卉植物中都已建立了遗传转化体系，获得了一批转基因花卉，如矮牵牛、香石竹、百合、玫瑰、菊花和郁金香等。1996 年10 月，Florigene 公司首次在澳大利亚出售转基因淡紫色康乃馨，不久该公司又推出了深紫色康乃馨；加利福尼亚的戴维斯基因工程公司从矮牵牛中分离出一种新的蓝色编码基因导入玫瑰中获得了开蓝色花的玫瑰，提高了其观赏价值，这些基因工程花卉已经在世界许多地方出售。

（七）医药领域中的转基因植物

利用转基因植物作为生物反应器生产重组蛋白具有极高的医用价值，而且方法简单、成本低廉，易于规模化生产、储藏和运输方便等，既能对表达蛋白进行翻译后折叠和糖基化修饰，又没有污染人类病原或毒素的风险，成为表达药用蛋白的理想选择，备受科学家的关注，已得到各国的广泛重视。最早的转基因植物药物是 1988 年比利时 PGS 公司在烟草中研制出的一种神经肽。1989 年美国 Scripps 研究所分别克隆抗体的重链和轻链基因并转入烟草中，然后使两种转基因烟草杂交，在子代烟草叶片中产生了大量的抗体蛋白，开创了利用转基因植物生产药用蛋白的新途径。目前，世界范围内有 100 多种药用蛋白和多肽在植物中得到成功表达，主要集中在疫苗（表 11-3）、抗体及其片段（表 11-4）、细胞因子及生物活性肽（表 11-5）等。但是，转基因植物表达药用蛋白研发工作能够成功商业化的比例并不高，制约其产业化的因素主要表现在表达量及均一性的控制、蛋白质的翻译后折叠与修饰、免疫耐受和提取纯化等几方面，同时还面临着生产过程的管理框架及表达蛋白的质量标准控制缺失等挑战。

表 11-3　转基因植物表达的疫苗

类别	疫苗	表达系统
细菌疫苗	大肠杆菌热不稳定肠毒素 B 亚单位疫苗（LT-B）	马铃薯、烟草
	霍乱肠毒素 B 亚单位疫苗（CT-B）	马铃薯、烟草、番茄
	肺结核疫苗	胡萝卜
病毒疫苗	乙型肝炎表面抗原（HBsAg）	烟草、大豆、马铃薯、莴苣、羽扁豆
	丙型肝炎抗原	烟草
	人巨细胞病毒（HCMV）糖蛋白 B（UL55）	马铃薯
	兔出血症病毒（RHDV）结构蛋白 VP60	马铃薯
	口蹄疫病毒（FMDV）	苜蓿、拟南芥
	传染性胃肠炎病毒 S 糖蛋白（TGEV-S）	烟草、马铃薯

类别	疫苗	表达系统
病毒疫苗	狂犬病（rabies）病毒疫苗	烟草、菠菜
	诺沃克（norwalk）病毒疫苗	马铃薯
	传染性胃肠炎病毒（TGEV）	番茄、菠菜
	麻疹病毒血凝素蛋白（MVH）	烟草
	禽流感病毒血凝素疫苗	马铃薯
寄生虫疫苗	疟疾 B 细胞表位	烟草
	霍乱 CtoxA、CtoxB 亚基	烟草
其他	避孕疫苗、糖尿病疫苗	烟草

表 11-4　转基因植物表达的抗体

抗体	抗原	表达系统
IgG	结肠癌表面抗原	烟草
IgG	疱疹单型病毒	大豆
IgG	抗人 IgG	苜蓿
scFvIgG	淋巴瘤 B 细胞	烟草
分泌型 IgA/G（sIgA /G）	链球菌齿斑黏附素	烟草
抗癌胚抗原 scFvT84.66	癌胚抗原	小麦、水稻
2G12	人类免疫缺陷病毒	烟草
mAbs	埃博拉病毒	烟草

表 11-5　转基因植物表达的蛋白质多肽

蛋白质多肽	植物种类	用途
人葡萄糖脑苷脂酶	烟草	治疗高歇氏症
人血清白蛋白	马铃薯、烟草	治疗肝硬化
人血红蛋白	烟草	血液代用品
人表皮生长因子	烟草	烧伤修复
人粒细胞-巨噬细胞	烟草	治疗中性粒细胞减少症
人β-干扰素	烟草	治疗乙、丙型肝炎
人乳汁蛋白	马铃薯	乳汁蛋白
水蛭素	油菜、拟南芥	凝血酶抑制剂
α天花粉蛋白	栝楼	治疗艾滋病

三、转基因植物的安全性

随着各种转基因植物的问世及其农产品的不断上市，转基因植物的生物安全性已成为公众关心的焦点。目前对转基因植物的安全性评价主要集中在环境安全性和食品安全性两个方面。

环境安全性评价的核心问题是转基因植物释放到田间，是否会将基因转移到野生或其近缘植物中，是否会破坏自然生态环境，打破原有生物种群的动态平衡，是否会导致新型病原菌产生。转基因植物在某种程度上影响了植物生长的竞争性，从而易导致本地生态环境的物种竞争性逐步降低直至丧失，这就需要人们对当地生态环境植物的生长进行调试，以实现最优程度的物种生长，保护当地的生物竞争性与环境安全。

目前，许多国家和地区对转基因产品中的转基因成分含量规定了最低阈值，如欧盟和俄罗斯为0.9%，日本和中国台湾为5.0%，韩国为3.0%。食品安全性是转基因植物安全性评价的另外一个重要方面。1993年，经济合作与发展组织（OECD）提出了食品安全性分析的实质等同性原则，即生物技术产生的食品及食品成分是否与已存在的食品具有实质等同性。因此，随着转基因食品的逐步推广，相关的安全性评估也应运而生。转基因食品的安全评估主要包括：有无毒性、有无过敏性及抗生素抗性等标记基因的安全性。但由于人们对转基因食品的潜在危险性和安全性缺乏足够的预见能力，因此根据国情建立一系列的转基因食品安全管理程序和措施是十分必要的。

世界主要发达国家和部分发展中国家都已制定了各自对转基因生物（包括植物）的管理法规，负责对其安全性进行评价和监控。例如，美国是在原有联邦法律的基础上增加了转基因生物的内容，分别由农业部动植物检疫局、环保署及联邦食品和药物局负责环境和食品两个方面的安全性评价和审批。目前，我国对转基因食品的监管尚属摸索阶段，处于"法制化监管"向"法治化监管"转型的途中。"法治化监管"的法律基础更加完善，监管方式更具有灵活性，监管行为能够充分发挥能动性。2002年3月20日，我国正式实施新的《农业转基因生物安全管理条例》（以下简称《条例》）及其相关办法，《条例》中规定：转基因农产品的直接加工品必须依法予以标识。2002年7月1日，我国卫生部发布《转基因食品卫生管理办法》，规定食品产品中（包括原料及其加工的食品）含有基因修饰有机体或表达产物的必须依法予以标识。2018年1月22日，我国农业部办公厅颁布了《2018年农业转基因生物监管工作方案》（以下简称《方案》），旨在落实农业转基因的监管职责，保障我国农业转基因产业健康有序发展，《方案》规定强化转基因标识等事中事后监管。

随着转基因技术的迅猛发展，它已冲击到生命科学的各个领域，为人类解决食品短缺、疾病防治、资源匮乏、环境污染等重大问题发挥了巨大的作用，并逐渐发展成为强大的现代生物技术产业，对于我国农业、农村和国民经济发展及社会稳定都起到了重要作用。尽管到目前为止对转基因植物的安全性颇有争议，不断有关于各种安全因素的顾虑和争论，但它的前景仍然十分美好，在世界范围内转基因作物仍以惊人的速度发展。人们一方面不能忽视对其安全性的认识，另一方面要加强管理，建立完善的安全评估技术体系和质量审批制度，只有这样才能在充分发挥转基因技术巨大应用潜力的同时，将其风险性降到最低，更好地造福于人类。

思 考 题

1．植物基因转化受体系统包括哪些？
2．试述农杆菌Ti质粒基因转化的原理。
3．植物基因转化的方法有哪些？各自的特点是什么？
4．在哪些水平上可以对转基因植株进行检测？试述其常用方法。
5．什么是转基因植物？如何对转基因植物进行安全性评价？
6．试述转基因植物在农业生产上的应用。

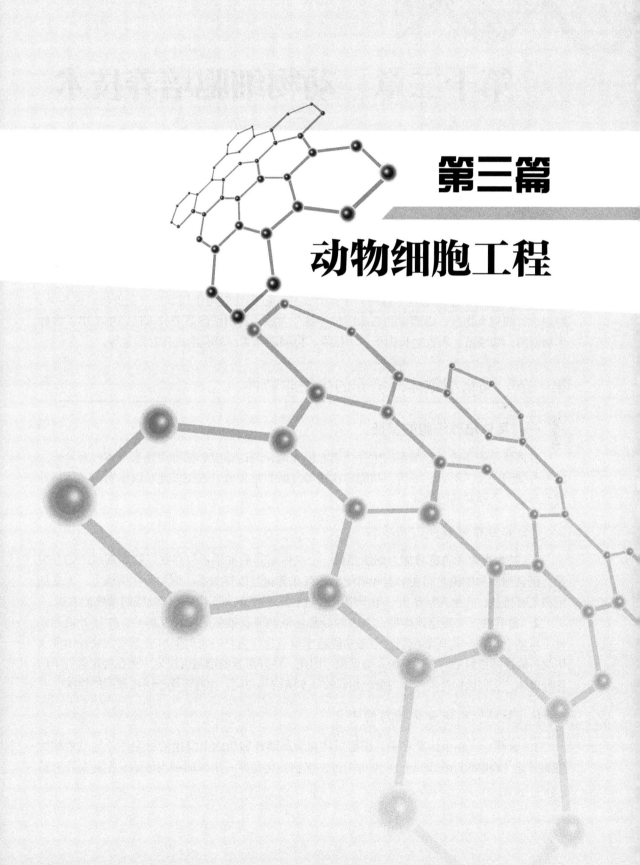

第三篇

动物细胞工程

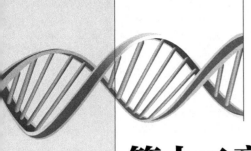

第十二章　动物细胞培养技术

　　动物细胞培养是用无菌操作的方法将动物体内的组织或器官取出，模拟动物体内的生理条件，在体外进行培养，并观察细胞的生长、发育及衰老等生命现象的技术。动物细胞培养具有很多优越性：能直接观察细胞生长、发育过程及细胞内结构（如细胞骨架）；可人为控制培养条件，包括 pH、温度、O_2 和 CO_2 等；可以研究各种物理、化学等外界因素对细胞生长发育和分化的影响。但也存在一些不足之处，如组织和细胞离体以后，体外培养与体内环境相比，仍存在着一定的差距。

　　动物细胞培养作为细胞工程的一个重要支柱，已广泛应用于病毒学、免疫学、遗传学、肿瘤学、细胞生物学、毒理学和临床医学等各个领域。利用细胞培养技术已经生产出了多种生物制品，如疫苗、表皮生长因子、干扰素、白细胞介素、单克隆抗体和激素等。

第一节　动物细胞体外培养的生物学特性

一、离体培养细胞的特征

　　在离体培养条件下，细胞的生存环境大体相似，通过适应和修饰，原来在体内差异很大的各种细胞变得在形态、结构、功能和代谢等方面非常相似，致使彼此难以鉴别。离体培养细胞具备一系列共同的特征。

　　（一）生物学特征的两重性

　　1. 基本生物学特征与体内细胞相似　　离体培养的细胞不仅存在细胞和基质的相互关系；而且细胞和细胞之间在形态和机能上还存在着相互依存关系。例如，在结构上，上皮细胞仍见有桥粒；在生理活动上，单个细胞虽能生长、增殖，但不如群体细胞的增殖能力强。

　　2. 差异性　　细胞离体后，失去神经和体液调节及细胞间的相互影响，在体外培养条件下可能会出现分化现象减弱、形态功能趋于单一化、生存一定时间后衰退死亡或者出现无限生长的连续细胞系或恶性细胞系等现象。因此，体外培养的细胞可视为一种在特定条件下的细胞群体，它们既保持着与体内细胞相同的基本结构和功能，也有不同于体内细胞的性状。

　　（二）培养细胞分化状态的变化

　　1. 分化　　在个体发育中，细胞后代在形态结构和功能上发生的稳定性差异过程称为细胞分化（cell differentiation），也可以说，细胞分化是同一来源的细胞逐渐发生各自特有的形态结构、生理功能和生化特征的过程。细胞经体外培养后，其原有的功能可能会迅速改变或消失，但其分化能力并未完全丧失。细胞是否分化，关键在于是否存在使细胞分化的条件，如把表皮细胞放在气液界面上培养，可分化成含大量角蛋白丝的角质细胞，但这种能力会随着培养时间的延长逐渐丧失。若培养的是胚胎细胞，上述过程将更加明显；若从成体或老年个体中取材，则细胞在体外生存的时间也随之缩短，呈现着与体内组织明显的相关性，即衰老分化过程。因此，培养的细胞和体内组织一样，仍然是个整体，存在着相互依存关系和细胞调控分化过程。

2. 去分化　去分化也叫脱分化（dedifferentiation），是指各种分化细胞逐渐失去各自的形态与功能个性，表现出某种趋同性的过程。例如，成纤维细胞，在适当刺激下，可分化为其他结缔组织细胞和肌组织细胞，具有未分化的间充质细胞的特性。但去分化并不意味着完全返回胚胎时期的原始细胞状态，如高度分化的神经细胞和心肌细胞已经丧失的增生活性不可能恢复，但已经具备的生物电活动特性也不会完全失去。

二、体外培养细胞的形态

体外培养的细胞虽然来源于体内，但由于其生存条件的改变，细胞的许多生物学特征也会改变。当细胞处于较好的培养条件时，形态上有相对的一致性，在一定程度上能反映细胞的起源及正常和异常（恶性）的区别，故可作为细胞形态学的一个指标或依据。但它可受很多因素的影响而发生改变，如在过酸或过碱环境中形状不同。因此，只有了解不同培养细胞本身所具有的一些特性，才能真正按人们的意图培养出所需要的细胞来。

（一）贴附型细胞和悬浮型细胞

根据体外培养细胞在培养器皿中是否能贴附于支持物上生长的特征，可分为贴附型细胞和悬浮型细胞两大类。

1. 贴附型细胞　贴附型细胞（anchorage-dependent cell）在体外培养时能贴附于支持物表面生长，大致又可以分为成纤维细胞型、上皮细胞型、游走细胞型和多形细胞型 4 类（图 12-1）。

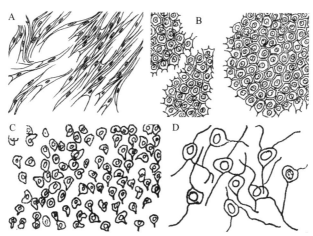

图 12-1　贴附型细胞的形态（章静波，2002）

A. 成纤维细胞型；B. 上皮细胞型；C. 游走细胞型；D. 多形细胞型

（1）成纤维细胞型（fibroblast）　　体外培养的细胞形态与成纤维细胞类似的皆可称为成纤维细胞型。成纤维细胞在体外培养时，在支持物表面呈梭形或不规则三角形生长，细胞中央有卵圆形核，细胞质向外伸出 2～3 个长短不同的突起，而且细胞在生长时呈放射状、火焰状或漩涡状。除真正的成纤维细胞外，由中胚层间质起源的组织细胞，如心肌、平滑肌、成骨细胞、血管内皮等也常呈此形态。

（2）上皮细胞型（epithelium cell type）　　此类细胞在支持物上生长具有扁平不规则多角形特征，细胞中央有圆形核，细胞紧密相连呈单层膜样生长。处于上皮膜边缘的细胞总与膜相连，很少脱离细胞群单独活动。起源于内外胚层的细胞，如皮肤、表皮衍生物和消化管上皮等组织细胞皆呈上皮形态生长。

（3）游走细胞型（wandering cell type）　　此型细胞在支持物上分散生长，一般不连接成片。细胞质经常伸出伪足或突起，呈活跃地游走或变形运动，速度快且方向不规则。此型细胞形态很不稳定，有时也难和其他型细胞区别。在一定的条件下，细胞密度增大并连成一片后，可呈类似多角形或成纤维细胞形态。常见于羊水细胞培养的早期。

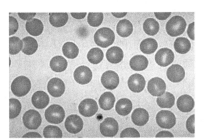

图 12-2　悬浮型细胞形态

（4）多形细胞型（polymorphic cell type）　　神经细胞及其他一些细胞，生长时像神经细胞那样呈多角形生长，并伸出较长的神经纤维，一般难以确定它们的规律和稳定的形态，可归入多形细胞型。

2. 悬浮型细胞　　悬浮型细胞（suspension cell）在培养过程中不贴附于支持物上而呈悬浮状态生长，胞体为圆球形，如淋巴细胞、白细胞和某些肿瘤细胞等（图 12-2）。

（二）细胞贴壁过程

对于贴附型细胞，在液体环境中生长时基本呈圆形，当附于支持物表面后，开始仍为圆形，但很快会发生形态上的改变，转变为圆饼形即放射延展细胞。在 0.5～2h 后，过渡为极性细胞；24h 内细胞铺展可呈纺锤形、三角形或不规则多角形等各种形态（图 12-3）。

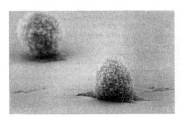
30min 后

2h 后

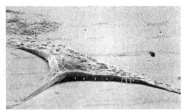
24h 后

图 12-3　细胞贴壁过程

各种细胞贴附速度不同，这与细胞的种类、培养基成分和底物的理化性质等密切相关。初代培养细胞贴附慢，可长达 10～24h 或更多；连续培养的细胞系和恶性细胞系 10～30min 即可贴附。细胞贴附现象是一个非常复杂且与多种因素相关的过程，如支持物能影响细胞的贴附，底物表面不洁不利贴附，底物表面带有阳性电荷利于贴附，一些特殊物质，如纤维连接蛋白（fibronectin）、细胞表面蛋白（cell surface protein，CSP）等也参与贴附过程。

（三）接触抑制和密度抑制

细胞在体外培养过程中，细胞数量不断增多，生长空间渐趋减少，最后细胞相互接触汇合成片。细胞相互接触后，如果培养的是正常细胞，细胞的相互接触能抑制细胞的运动，这种现象称接触抑制（contact inhibition）。而恶性细胞则无接触抑制现象，因此接触抑制可作为区别正常细胞与癌细胞标志之一（图 12-4）。肿瘤细胞由于无接触抑制能继续移动和增殖，导致细胞向三维空间扩展，使细胞发生堆积（piled up），细胞接触汇合成片后，虽发生接触抑制，但只要营养充分，细胞仍然能够进行增殖分裂，因此细胞数量仍在增多。但当细胞密度进一步增大，培养液中营养成分减少，代谢产物增多时，细胞因营养的枯竭和代谢物的影响，则发生密度抑制（density inhibition），导致细胞分裂停止。因此细胞接触抑制和密度抑制是两个不同的概念，不应混淆。

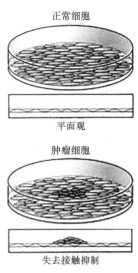

图 12-4　接触抑制

三、体外培养细胞的增殖能力

细胞在体外培养条件下，其增殖能力与体内明显不同。体内细胞生长处于动态平衡环境中，而体外培养细胞的生存环境是培养瓶、培养皿或其他容器，生存空间和营养是有限的。当细胞增殖到一定密度时，则需要分离出一部分细胞并更新营养液，否则将会影响细胞的继续生存，这一过程称为传代（passage）。每次传代以后，细胞的生长和增殖过程都会受不同程度的影响。

（一）培养细胞生命期

培养细胞生命期（life span of culture cell）是指细胞在体外培养条件下持续增殖和生长的时间。体外培养细胞具有一定的生存期限，而且细胞分裂次数也是有限的，细胞生长受最高分裂次数的限制。人胚二倍体成纤维细胞在不冻存的情况下反复传代，可传 30～50 代，相当于 150～300 个细胞增殖周期，能维持一年左右的生存时间，最后衰老凋亡（apoptosis）。如供体为成体或衰老个体时，生存时间则较短，而肝细胞或肾细胞生存时间更短，仅能传几代或十几代。只有当细胞发生遗传性改变，如永生性或恶性转化时，细胞的生存期才有可能发生改变。正常细胞在体外培养时，不论细胞的种类和供体的年龄如何，在细胞生存全过程中，基本经历以下三个阶段（图 12-5）。

1. 原代培养期（primary culture stage）　原代培养期也称初代培养期，即从动物机体内取出组织接种培养到第一次传代阶段，一般持续 1～4 周。此期的细胞移动活跃，可见细胞分裂，但不旺盛。细胞群是异质的（heterogeneous），即各细胞的遗传性状互不相同，细胞相互依存性强。原代培养的细胞与体内相应的细胞性状相似，更能代表其来源组织的细胞类型及组织特异性。

2. 传代期（passage stage）　原代培养细胞一经传代后便改称为细胞系（cell line）。在全生命期中此期的持续时间最长，细胞增殖旺盛，并能维持二倍体核型，呈二倍体核型的细胞称为二倍体细胞系（diploid cell line）。为保持二倍体细胞性质，应在原代培养或传

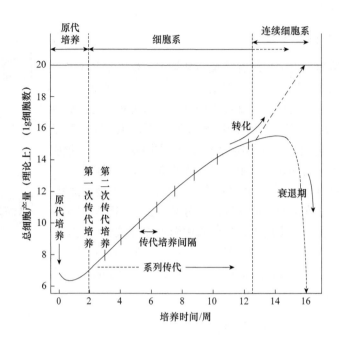

图 12-5　细胞系的生长过程（鄂征，1995）

代后早期冻存。如不冻存，则需反复传代以维持细胞的适宜密度，利于生存。一般情况下，传代 10～50 次，细胞增殖逐渐缓慢，甚至完全停止，细胞即进入第三期，即衰退期。

3. 衰退期（decline stage）　　衰退期的细胞虽然能存活，但增殖已经很缓慢并逐渐停止，进而细胞发生衰退、死亡。

原代细胞经第一次传代后形成的细胞群体，即具有增殖能力，类型均匀的培养细胞，一般为有限细胞系（finite cell line）。细胞系经过克隆或用其他方法而得到的由单一类型的细胞群体建立的亚系称为细胞株（cell strain）。细胞系在培养过程中存活时间的长短，主要取决于细胞来自何种动物种类。例如，人胚成纤维细胞约可以传 50 代，恒河猴的皮肤成纤维细胞也能够传 40 代以上，鸡胚胎成纤维细胞只能传 30 多代，小鼠成纤维细胞只能生长 8 代左右。不同组织来源和取自不同年龄的人成纤维细胞的平均寿命也是不同的，另外，培养的条件也会影响培养的代数。

少数情况下，传代细胞由于某种因素的影响，可能发生自发转化（spontaneous transformation），其标志是细胞可能获得永生性（immortality）或恶性（malignancy）。细胞转化也可用物理因子、化学因子或病毒等人工方法诱发。细胞永生性也称不死性，即细胞获得持久性增殖能力，这样的细胞群体称无限细胞系（infinite cell line），也称连续细胞系（continuous cell line），如 BHK（仓鼠肾成纤维细胞）、F9（小鼠胚胎癌细胞）、M2R（黑色素瘤细胞）等。细胞获永生性后，核型大多变成异倍体（heteroploid）。转化细胞除比正常细胞能分裂更多的代数之外，还具有不受细胞密度的影响，不具有接触抑制现象和细胞形状不规则、出现异常染色体的特性。转化后的细胞也可能具有恶性性质。

（二）培养细胞"一代"生存期

所有体外培养的细胞，包括初代培养及各种细胞系，当生长达到一定密度后，都需做传代处理。传代的频率或间隔与培养液的性质、接种细胞数量和细胞增殖速度等有关。当接种细胞数量大、细胞基数大时，在相同增殖速度的条件下，细胞数量增加与饱和速度相对要快。连续细胞系和肿瘤细胞系比初代培养细胞增殖快，培养液中血清含量多时细胞增殖速度快。

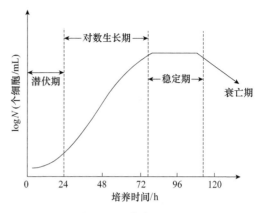

图 12-6 细胞生长曲线（鄂征，2004）

所谓细胞"一代"是指从细胞接种到分离再培养时的一段时间，如某一细胞系为第 15 代细胞，即指该细胞系已传代 15 次。它与细胞世代（generation）或倍增（double）不同，在细胞"一代"中，细胞能倍增 3～6 次。每一代的培养细胞群体都会经过以下 4 个生长阶段（图 12-6）。

1. 潜伏期（latent phase） 贴附型细胞接种培养后，先经过一个在培养液中呈悬浮状态的悬浮期，此时细胞质回缩，胞体呈圆球形。接着是细胞附着或贴附于底物表面上的过程，称为贴壁，悬浮期结束。贴附是贴附类细胞生长增殖条件之一。

细胞贴附于支持物后，要经过一个潜伏阶段才进入生长和增殖期。细胞处在潜伏期时，可有运动行为，基本无增殖，少见分裂相。细胞潜伏期与细胞接种密度、细胞种类和培养基性质等密切相关。初代培养细胞潜伏期长，24～96h 或更长，连续细胞系和肿瘤细胞潜伏期短，仅 6～24h；细胞接种密度大时潜伏期短。

2. 对数生长期（logarithmic phase） 当细胞分裂相开始出现并逐渐增多时，标志细胞已进入对数生长期，这是细胞增殖最旺盛的阶段。对数生长期细胞分裂相数量可作为判定细胞生长旺盛与否的一个重要标志。一般以细胞分裂指数（mitotic index，MI）表示，即细胞群中每 1000 个细胞中的分裂相数。

$$MI＝（分裂相个数 /1000 个细胞）×100\%$$

体外培养细胞分裂指数受细胞种类、培养液成分、pH、培养温度等多种因素影响。一般细胞的分裂指数介于 0.1%～0.5%，初代细胞分裂指数低，连续细胞系和肿瘤细胞分裂指数可高达 3%～5%。pH 和培养液血清含量变动对细胞分裂指数有很大影响。对数生长期是细胞"一代"中活力最好的时期，因此是进行各种实验的最好阶段。

3. 稳定（停滞）期（stagnate phase） 细胞数量达饱和密度后，细胞逐渐停止增殖，进入停滞期。此时细胞数量不再增加，故也称平台期（plateau phase）。停滞期细胞虽不增殖，但仍有代谢活动，继而培养液中营养渐趋耗尽，代谢产物积累、pH 降低。此时需做分离培养即传代，否则细胞会中毒，发生形态改变，甚至从底物脱落死亡，故传代应越早越好。

4. 衰亡期（death phase） 一个达到稳定期的细胞群体，由于生长环境的继续恶化和营养物质的短缺，群体中细胞死亡率逐渐上升，以致细胞死亡数逐渐超过新生细胞数，群体中活细胞数下降。

第二节 动物细胞体外培养技术

一、动物细胞培养的一般过程

动物细胞培养包括取材、原代培养与传代培养、细胞纯化、细胞的冻存复苏及运输等几个阶段。准备工作对开展细胞培养非常重要，包括器皿清洗、干燥与消毒，培养基与其他试剂的配制、分装及灭菌，无菌室或超净工作台的清洁与消毒，培养箱及其他仪器的检查与调试等（详见第二章细胞工程实验室的组成及无菌操作技术）。

（一）取材

在无菌环境下从机体取出某种组织细胞，经过一定的处理后接入培养器皿中，这一过程称为取材。常用的取材器械有手术刀、剪刀、镊子、止血钳、解剖针及不锈钢（或尼龙）筛网等。常用的器具包括培养皿、小烧杯、吸管、离心管、锥形瓶、棉球及血细胞计数板等。

取材时应保持无菌，整个取材与制备过程一般要在超净工作台或其他无菌台面上进行。取材时，可采用各种适宜的方法处死动物，切取或摘取准备培养的动物器官或大的组织块，在培养液或平衡盐溶液中 BSS（balanced salt solution，BSS）洗涤并除去血液、脂肪、神经组织、结缔组织和坏死组织。取病理组织，或从消化道，或周围有坏死组织等污染因素存在的区域内取材时，可先用含 500~1000U/mL 青链霉素的 BSS（balanced salt solution）液清洗 5~10min，或用 10% 达克宁冲洗浸泡 10min 后再取。如果材料不及时进行培养，可将组织切成 $1mm^3$ 以下的小块置于冰浴或 4℃冰箱内，时间不超过 24h。另外，在取材的同时要留好组织标本和电镜标本，对组织的来源、取材部位、供给的一般情况应做详细记录，以备以后查询。

血细胞取材多用静脉采血，微量时也可从指尖或耳垂采血，为防止凝血常用抗凝剂，如肝素，常用浓度为 20U/mL。鼠胚取材方便，可用引颈法，见图 12-7。鸡胚取材应选择 9~12d 的鸡胚，在无菌条件下，用剪刀环行剪除气室端蛋壳，切开蛋膜，暴露出鸡胚，用弯头玻璃棒伸入蛋中轻轻挑起鸡胚，放入无菌培养皿中。

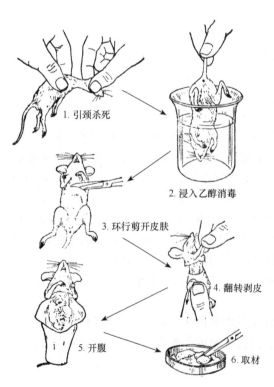

图 12-7 用引颈法取材（鄂征，2004）

1. 引颈杀死
2. 浸入乙醇消毒
3. 环行剪开皮肤
4. 翻转剥皮
5. 开腹
6. 取材

（二）原代培养与传代培养

1. 原代培养　原代培养即第一次培

养，是指将培养物放置在体外生长环境中持续培养，中途不分割培养物的培养过程。由于原代细胞离体时间短，其原有的生物学特征仍然保持。一般在原代培养时期适合于作药物测试、细胞分化等方面的研究。原代培养方法很多，最常用的有组织块培养法和分离（散）细胞培养法。

（1）组织块培养法　将组织剪切成小块，直接接种于培养瓶底部，采用薄层培养法或翻转干涸法进行培养。①薄层培养法：是将组织块接种于培养瓶底部后，加入少量培养液，使组织块刚好浸在培养液中，又不至于漂浮，静置培养一段时间，待组织块贴壁后，再添加适量培养液继续培养。②翻转干涸法：是将组织块接种于培养瓶底部后，将培养瓶反转过来，并将适量培养液加到非细胞生长面上，静置培养 2～6h，再轻轻地将培养瓶反转过来，使组织块浸在培养液中继续培养。

数天后，组织块周围细胞开始向外迁移生长，铺展开来，并在组织块周围形成一圈单层细胞（生长晕）。当单层细胞彼此相互接触汇合，铺满整个培养瓶底部时，就可进行传代培养。组织块培养法操作简便，适合真皮细胞、骨骼肌细胞、牙髓细胞等的培养。但由于在反复剪切和接种过程中会对组织块造成损伤，并不是每个小块都能长出细胞（图 12-8）。

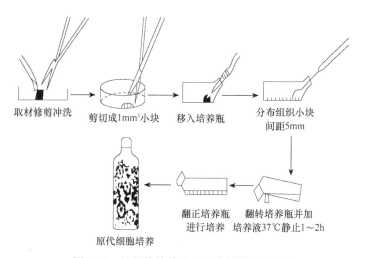

取材修剪冲洗　　剪切成1mm³小块　　移入培养瓶　　分布组织小块
间距5mm

翻正培养瓶　　翻转培养瓶并加
进行培养　　培养液37℃静止1～2h

原代细胞培养

图 12-8　组织块培养法（司徒镇强，1996）

（2）分离（散）细胞培养法　从动物体内取出的各种组织均由结合相当紧密的多种细胞和纤维成分组成。组织块置于培养瓶后，仅处于周边的少量细胞能生存和生长，而大部分内部细胞因营养物质穿透有限而代谢不良，且受纤维成分束缚而难以移出。若想获得大量生长良好的细胞，需将组织分散开，解离出细胞，形成悬液，再进一步培养，这就是分离（散）细胞培养法。此法适用于大量细胞的培养，细胞的产量高，但步骤烦琐、易污染。目前分散组织的方法有机械分散法和消化分散法两种。

1）机械分散法：采用一些纤维成分很少的组织进行培养时，可以直接用机械分散法进行分散，如脑组织、部分胚胎组织及一些肿瘤组织等。手术剪剪切组织后用吸管反复吹打分散组织细胞，或将组织放在注射器内通过针头压出分离细胞，但这一方法对组织损伤较大。现常用注射器针芯挤压组织通过不锈钢筛网的方法：将组织用 Hank's 液或无血清培养液漂洗后，剪成 5～10mm³ 的小块，置于放有 80 目不锈钢筛的培养皿中，用注射器针芯轻轻压挤组织，使其穿过筛网，再用吸管从培养皿中吸出组织液，置入 150 目筛中用上述方法同样处理，如果组织过大，还可以用 400 目筛再过滤一次。

2）消化分散法：是用生物化学的方法将剪碎的组织块分散成细胞团或单细胞的方法。消化分散法可以将细胞间质包括基质、纤维等去除，使得细胞分散，形成悬液，适用于大量组织的分离。常用的消化液有胰蛋白酶、胶原酶。另外，链霉蛋白酶、黏蛋白酶、蜗牛酶等也可用于培养细胞的消化。

胰蛋白酶（trypsin）是目前最常用的一种消化试剂，它作用于与赖氨酸或精氨酸相连接的肽键，除去细胞间黏蛋白及糖蛋白，影响细胞骨架，从而使细胞分离。可用于消化细胞间质较少的软组织，如胚胎、上皮、肝、肾等。胰蛋白酶常用的浓度为 0.25%，一般用无 Ca^{2+}、Mg^{2+} 溶液配制，pH 为 8.0，温度 37℃时效果最好，在 4℃下胰蛋白酶也有活性。新鲜配制的胰蛋白酶消化能力很强，有些组织和细胞比较脆弱，对胰蛋白酶的耐受性差，可以采用分次消化的方法进行消化，其过程如图 12-9 所示。消化后的消化液和分次收集的细胞悬液通过 100 目不锈钢网过滤，以除掉未充分消化的大块组织，离心去除胰蛋白酶，用 Hank's 液或培养液漂洗 1～2 次，然后进行细胞计数并接种于培养瓶中。如果在 4℃条件下进行冷消化，时间可以长达 12～24h。从冰箱取出离心后，可以再添加胰蛋白酶，置于 37℃温箱中，继续温热消化 20～30min，效果更好。胰蛋白酶常和 0.01% EDTA 以 1∶1 结合使用效果较好。

胶原酶（collagenase）是从细菌中提取的酶，对胶原和细胞间质有较强的消化作用，适用于分离纤维性组织、上皮组织和癌组织，Ca^{2+}、Mg^{2+} 和血清成分不会影响胶原酶的消化作用，作用温和，无须机械振荡，其常用剂量为 200U/mL。

2. 传代培养　当细胞持续生长增殖一段时间达到一定的细胞密度后，需要将细胞分离到新的培养器皿并补充新的培养液进行培养，即为细胞的传代培养（secondary culture）。在首次传代时要特别注意以下几点：①细胞没有生长到足以覆盖瓶底壁的大部分表面以前，不要急于传代；②原代培养时细胞多为混杂生长，上皮样细胞和成纤维样细胞并存的情况很多见，传代时不同的细胞有不同的消化时间，因而要根据需要注意观察并及时进行处理；③首次传代时细胞接种数量要多一些，使细胞能尽快适应新环境而利于细胞生存和增殖。

贴壁细胞的传代大都采用消化法来进行。部分贴壁生长的细胞可用直接吹打或离心分离后传代，悬浮细胞可直接传代。

（1）贴壁细胞的消化法传代　　具体步骤（以 trypsin-EDTA 为例）如图 12-10 所示。

1）吸掉旧培养液。

2）用 PBS 液洗涤细胞 1～2 次。

3）根据细胞贴壁的牢固程度可分别选用 0.08%、0.125%、0.25% 浓度的 trypsin-EDTA 溶液，其用量为 $1mL/25cm^2$、$2mL/75cm^2$，37℃作用数分钟，于倒置显微镜下观察，当细胞将要分离而呈圆球状时，终止消化。

4）吸掉 trypsin-EDTA 溶液，加入适量含血清的新鲜培养液终止 trypsin 作用，离心后再吸掉上清液。

5）轻拍培养瓶使细胞自瓶壁脱落，加入适量的新鲜培养液，用吸管吹打数次以分散细胞团块，混合均匀后计数，按合适的比例稀释后转入新培养瓶培养。

（2）悬浮细胞的传代

1）吸出细胞培养液，放入离心管中，1000r/min，离心 5min。

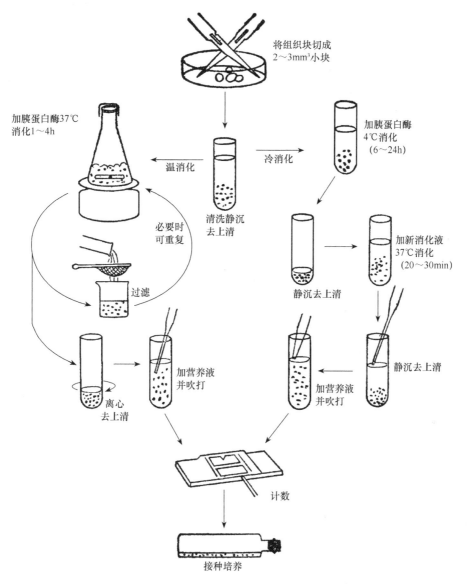

图 12-9　胰蛋白酶分解细胞法（鄂征，2004）

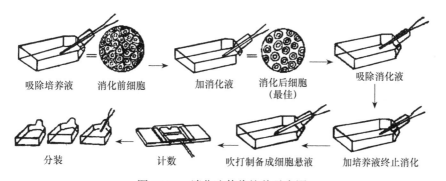

图 12-10　消化法传代培养示意图

2）吸弃上清液，加入适量的新鲜培养液，混合均匀后，依稀释比例转移至新的培养瓶培养。

（三）细胞纯化

从体内取得的细胞在原代培养中绝大多数都混杂生长，因而要对其进行纯化。细胞纯化的方法分为自然纯化和人工纯化两类。

1. 自然纯化　　自然纯化是利用某一细胞的增殖优势而排挤其他细胞生长，最后留下生长优势细胞，去除其他细胞，达到细胞纯化的目的。

2. 人工纯化　　人工纯化是利用人为手段创造对某一细胞生长有利的环境条件，抑制其他细胞的生长，而达到纯化细胞的目的。人工纯化的方法有下面几种。

（1）酶消化法　　在消化培养细胞时，由于上皮细胞和成纤维细胞对胰蛋白酶的耐受性不同，常是成纤维细胞先脱壁。因此可以采用多次差别消化法将上皮细胞和成纤维细胞分开。具体操作如下。

1）先用 0.5% 胰蛋白酶和 0.02% EDTA（1∶1）混合液漂洗培养细胞，然后再换新的混合液继续消化，之后在倒置显微镜下观察并不时摇动培养瓶，等到半数细胞脱落下来后，便立即停止消化。

2）把消化液吸入离心管中，离心去上清，然后移入另一培养瓶中，加培养液置温箱中培养。再向原瓶内也补加新的培养液继续培养。经过几次反复处理，可把成纤维细胞除净。

（2）反复贴壁法　　成纤维细胞与上皮细胞相比，其贴壁过程快，大部分细胞能在短时间内完成附着过程，而上皮细胞在短时间内不能附着或附着不稳定，稍加振荡即浮起，反复贴壁法正是利用这一特点来纯化细胞。操作方法与贴壁细胞传代基本相同。

1）细胞悬液的制备：待细胞生长达一定数量后，倒出旧培养液，用胰蛋白消化后，然后用 Hank's 液冲洗 2 次，加入不含血清的培养液，吹打制成细胞悬液。

2）接种：取编号为 A、B、C 的三个培养瓶，先把悬液接种入 A 培养瓶中。置培养箱中静止培养 5～20min 后，轻轻倾斜培养瓶，让液体集中瓶角后慢慢吸出全部培养液，再接种入 B 培养瓶中。向 A 瓶中补充少许完全培养液后置培养箱中继续培养。B 瓶中细胞培养 5～20min 后，按处理 A 的方法，把培养液注入 C 培养瓶中，再向 B 瓶中补加完全培养液。

3）观察：当三个培养瓶内都含有培养液后，均置于培养箱中继续培养。如操作成功，次日观察可见 A 瓶主要为成纤维细胞，B 瓶两类细胞相杂，C 瓶可能主要为上皮细胞。必要时可反复处理多次，直至细胞纯化。酶消化法和反复贴壁法常结合在一起进行使用。

（3）机械刮除法　　原代培养成功后，上皮细胞和成纤维细胞多数都同时出现，混杂生长，但每种细胞都以小片或区域性分布的方式生长在瓶壁上。因此，可以采用机械法去除不需要的细胞区域，而保留需要的部分。这种方法称作机械刮除法。刮刀常用不锈钢丝末端插入橡胶刮头（用胶塞剪成三角形插以不锈钢丝），或裹少许脱脂棉制成，装入试管中高压灭菌后备用，也可用特制电热烧灼器刮除。此法的基本刮除程序如下。

1）标记：镜下观察，用记号笔在培养瓶（皿）的背面圈下上皮细胞的生长部位。

2）刮除：弃掉培养液，把无菌胶刮刀伸入瓶皿中，肉眼或显微镜下刮除无标记空间。

3）冲洗：用 Hank's 液冲洗 1～2 次，洗除被刮掉的细胞。

4）培养：在瓶中注入培养液继续培养，如发现仍有成纤维细胞残留，可重复刮除直至完全除掉。

（4）克隆法　　在同一细胞系中存在不同的细胞株，它们的功能和生长特点略有不同，可以采用细胞克隆法纯化出某一种细胞。一般先制备出低密度的细胞悬液，最适宜的细胞密度一般为 10 个细胞 /mL，然后用不同的培养器皿接种，等到细胞附于底物上形成克隆后，再用其他方法加以分离而得到单细胞克隆。

（5）采用流式细胞术　　流式细胞术（flow cytometry，FCM）可以根据细胞核酸、某些物质含量或细胞结构大小等参数来将细胞分离成为不同的群体，是一种能够探测和计数以单细胞液体流形式穿过激光束的细胞检测装置。由于在检测中使用的细胞标志示踪物质为荧光标记物，因此，用来分离、鉴定细胞的流式细胞仪又被称为荧光激活细胞分选仪（fluorescence activated cell sorter，FACS），是分离和鉴定细胞群及亚群的一种强而有力的应用工具。其特点是：测量速度快，最快可在 1s 内计测数万个细胞；可以对同一个细胞做有关物理、化学特性的多参数测量。

（6）其他纯化方法　　培养基限定法是利用某些细胞在生长过程中必须存在或去除某种物质，否则将无法生长，而其他细胞与其相反这一特性来纯化细胞。例如，杂交瘤技术中常用的 HAT 培养液就筛选杂交瘤细胞而抑制其他细胞。

有人用聚蔗糖制备成相对密度为 1.025～1.085 的密度梯度离心液，加入细胞悬液后，在 23℃ 下离心。在相对密度 1.025～1.050 层为成纤维细胞，而相对密度 1.050～1.085 层为上皮细胞，经过分离后继续培养。

（四）细胞的冻存复苏及运输

由于细胞在培养过程中会发生不断的变化，为防止变异和保持活力，以便长期利用，将细胞冷冻保存非常重要。目前主要冻存方法为超低温保存，利用冻存技术将细胞置于 −196℃ 液氮中保存，可以使细胞暂时脱离生长状态而将其细胞特性保存起来，这样在需要的时候再复苏细胞用于实验。而且适度地保存一定量的细胞，可以防止因正在培养的细胞被污染或其他意外事件而使细胞丢种，起到了细胞保种的作用。除此之外，还可以利用细胞冻存的形式来购买、寄赠、交换和运送某些细胞。细胞冻存和复苏的基本原则是慢冻快融。

1. 细胞冻存

（1）细胞超低温保存的基本原理　　细胞在 −70℃ 以下时，细胞内的酶活性降低，代谢处于完全停止状态，故可以长期保存。细胞低温保存的关键在于通过 −20～0℃ 阶段的处理过程。在此温度范围内，易造成细胞的严重损伤。如果在不加任何保护剂的情况下直接冷冻细胞，细胞内外的水分都会很快形成冰晶，导致细胞内电解质浓度增高，pH 改变，部分蛋白质变性，溶酶体膜受损，进而使溶解酶释放破坏细胞结构，造成细胞死亡等。因此，为了减少细胞内的冰晶形成，一般在培养液中加入保护剂以减少冰晶形成和细胞凋亡。

根据冷冻保护剂是否透过细胞膜可将其分为两大类：①渗透性保护剂，甘油、二甲基亚砜（DMSO）、葡萄糖、乙二醇和丙二醇等；②非渗透性保护剂，乳糖、蔗糖、麦芽糖、木糖、聚乙二醇、白蛋白、甘露醇、山梨醇和甜乙醇等。最常用的保护剂为 DMSO 和甘油，使用浓度为 5%～15%。DMSO 无须灭菌处理，因为 DMSO 本身对细菌有毒性作用，可自身灭菌。

（2）细胞冷冻过程　　细胞冷冻过程如下：①配制冻存培养基，于 2～8℃ 下储存，直至使用。使用何种冻存培养基取决于所用细胞系。②冻存贴壁细胞时，利用传代培养时所用方法轻柔地使细胞从组织培养容器上脱离下来，用该细胞所需完全培养基重新悬浮细胞。③测定总细胞数和活细胞百分比。④以（100～200）×g的离心力将细胞悬液离心 5～10min，小心倒掉上清液。⑤用预冷的冻存培养基重新悬浮细胞沉淀，将其调整至该细胞适合的活细胞密度。⑥将细胞悬液分装到若干冻存管中。⑦使用可控制降温速度的冷冻装置冷冻细胞，使温度每分钟大约降低 1℃。或者将装有细胞的冻存管降温：4℃，30min，冰盒 10min。⑧将已经冷冻的细胞转移到液氮容器中，置于液氮上方的气相空间中储存。

2. 冻存细胞的复苏　冻存细胞较脆弱，要轻柔操作，融化要快速，解冻后直接加入完全生长培养基。细胞复苏的方法有两种。

（1）离心法　①从液氮中取出冷冻管，迅速投入 37～40℃水浴中并振荡，使其尽快融化（如为安瓿瓶或无螺帽冷冻管，要防止突然爆裂而伤皮肤和眼睛；如非螺帽冷冻管，则要用镊子夹住冷冻管，防止水进入而造成污染）。②吸入 10mL 的培养液中，混悬，离心洗涤 1～2 次。③去上清，加入培养液，调整细胞浓度为 $1×10^5$～$2×10^5$ 个 /mL。此后，按常规方法培养。

（2）直接铺板法　取出储存细胞，37℃水浴中快速融化，移入完全生长培养基中（1mL 细胞用 10～20mL 完全生长培养基）进行活细胞计数，细胞接种密度为 $3×10^5$ 个活细胞 /mL。培养 12～24h 时，更换新鲜的完全生长培养基，以去除冻存剂。

3. 细胞运输　培养细胞的交流、购买也已经成为研究的一个重要环节。细胞的运输分为两种，一种为冷冻储存运输，即利用特殊容器内存液氮或干冰冻存，效果较好，但比较麻烦；另外一种是充液法，其步骤如下。

1）选择生长状态良好的细胞，待接近或刚刚连接成片的时候去掉培养液，充满新培养液，液量要达培养瓶颈部，拧紧螺帽，保留微量空气。

2）妥善包装运送，瓶口用胶带密封，并用棉花等作防震防压处理。

3）到达目的地后，倒出大部分培养液，仅保留维持细胞生长所需液量，置于 37℃培养，次日传代。

短距离运送也可将细胞附着面朝上，或把培养液全部倒掉，仅靠附着于细胞表面的培养液，可使细胞短时间不致受损。运送温度应控制在 36～37℃。

二、动物细胞培养的基本方法

动物细胞培养的基本方法有如下 6 种。

（一）悬滴培养法

悬滴培养法（hanging drop culture）是细胞培养技术中比较经典的方法之一，也是最简单和最原始的培养法，最早用于培养鸡胚组织块。一般步骤是将培养液滴于盖玻片上并铺展开，将待培养的 0.5mm³ 的组织块放于铺展开的培养液中央部位，然后将盖玻片翻转放于凹载玻片上，密封后进行培养。如图 12-11 所示的是悬滴培养法的操作过程。

（二）培养瓶培养法

为了扩大细胞生长面积和空间，Carrel 等设计了一种形状和规格都不同的玻璃瓶子，用

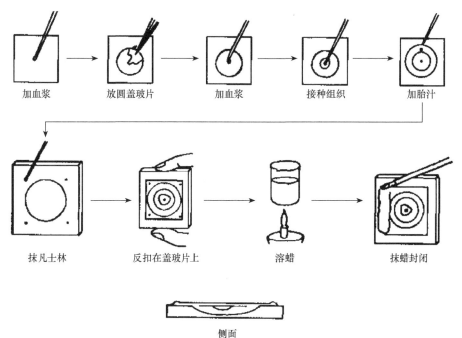

加血浆 → 放圆盖玻片 → 加血浆 → 接种组织 → 加胎汁

抹凡士林 → 反扣在盖玻片上 → 溶蜡 → 抹蜡封闭

侧面

图 12-11 双盖玻片悬滴培养法

来培养组织块或细胞悬液，通称为卡氏瓶。细胞在卡氏瓶中，气体充足，附着面宽阔，营养丰富，细胞能较好地生长，而且卡氏瓶便于观察。早期的培养瓶多用胶塞封口，因此只适合于封闭培养。而卡氏瓶既适合于封闭式培养，又适合于开放式和半开放式培养。

（三）培养板培养法

将培养细胞接种在培养板的孔内，然后在 CO_2 培养箱内培养。

（四）旋转管培养法

旋转管培养法是 Gey 和 Lewis 等于 20 世纪 30 年代创立的，在其培养过程中由于培养管缓慢转动，有利于组织块或细胞交替地接触营养液和空气，并且整个管内壁全部长满细胞，可提高细胞产量，适用于较大量的组织培养和各种长期传代细胞的培养。

（五）灌注小室培养法

灌注小室培养法可以用来连续观察活细胞的动态变化，研究各种理化因素对培养细胞的影响和作用及活细胞的反应等（图 12-12）。

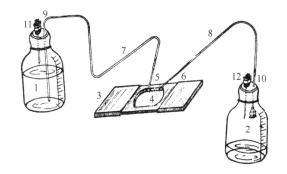

图 12-12 灌注小室培养系统（薛庆善，2001）

1. 排液瓶；2. 受液瓶；3. 不锈钢灌注小室；4. 扁锥形的小孔道；5、6、10. 2 号注射针头；7、8. 塑料导管；9. 玻璃导管；11、12. 14 号注射针头（塞以棉花）

（六）克隆培养法

细胞克隆培养又称为单细胞分离培养，即把一个单细胞从群体中分离出来单独培养，使其重新繁衍成为一个新的细胞群体的培养技术。细胞克隆要求分离出来的细胞为单个细胞。一般来说，原代培养的细胞和有限细胞系培养比较困难，而无限细胞系、转化细胞系和肿瘤细胞系等具有较强的独立生存能力，比较容易进行克隆培养。做细胞克隆时，要把细胞先制备成为悬液，接种培养后让细胞分散在底物上，适应性强的和活力好的细胞能增殖形成细胞小群——克隆。细胞群中单个细胞形成克隆的百分数称为克隆形成率或克隆率。

单细胞分离培养技术主要分为三种，即多孔塑料板克隆细胞法、琼脂培养法和饲养细胞层克隆法。

1. 多孔塑料板克隆细胞法　多孔塑料板有 96 孔和 24 孔等不同的规格。以 96 孔板为例，首先需要将细胞悬液混合均匀，在每孔内加入 0.1mL（10 个细胞 /0.1mL）的细胞悬液。加完后迅速盖好盖板，镜检，记录含有单个细胞的孔。观察时要特别注意孔底边缘，凡不能确认者不要计算在内，用笔标记。然后，于 CO_2 培养箱进行原代和传代培养。等到培养板孔内细胞增至 500～600 个时，可以进行分离培养。

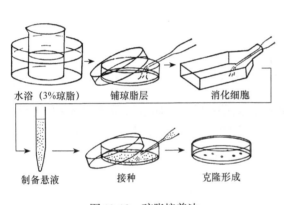

图 12-13　琼脂培养法

水浴（3% 琼脂）　铺琼脂层　消化细胞

制备悬液　接种　克隆形成

2. 琼脂培养法　当琼脂凝固时，可以把细胞接种在琼脂表面，生长成克隆后，容易分离，适于做单细胞克隆。此外，也可以用营养液配成软琼脂，在溶解状态下把细胞与其混合起来，细胞在松软的琼脂中摄取营养和生长，软琼脂培养是测定克隆形成率及测试转化细胞性状的重要手段（图 12-13）。

3. 饲养细胞层克隆法　此法是将饲养细胞接种在培养皿中，培养两天后，即可接种准备克隆的细胞。饲养细胞也称为滋养细胞，是一层经过特殊处理的用作克隆细胞底物的细胞层。饲养细胞受到射线或与丝裂霉素 C 作用后，便失去分裂能力，而且饲养细胞制备后，在 3 周内会死亡，应及时利用。做饲养细胞时应避免用同源细胞，其制备过程如图 12-14 所示。在细胞达到半汇合时，用 0.25μg/mL 的丝裂霉素 C 按 2μg/10 细胞量加入到培养瓶中过夜，或用 60～120Gy 射线照射。当接种细胞生长到旺盛的对数生长期时，用胰蛋白酶消化，制备成细胞悬液，稀释成 20～200 个细胞 /mL 进行培养。

三、动物细胞大规模培养技术

动物细胞大规模培养技术是指在人工条件下（设定 pH、温度、溶氧量等），在细胞生物反应器（bioreactor）中高密度大量培养动物细胞的方法。20 世纪 60～70 年代，就已创立了可用于大规模培养动物细胞的微载体培养系统和中空纤维细胞培养技术。近几年来，由于人类对生长激素、干扰素、单克隆抗体、疫苗及白细胞介素等生物制品的需求猛增，以传统的生物化学技术从动物组织中获取生物制品已远远不能满足这一需求，通过大规模体外培养技

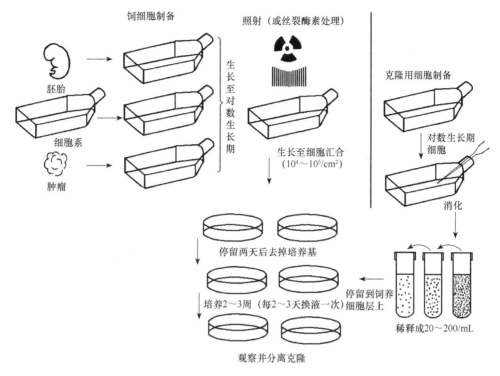

图 12-14 饲养细胞层克隆法

术培养哺乳类动物细胞是生产生物制品的有效方法。

（一）动物细胞大规模培养方法

动物细胞虽可像微生物细胞一样，在人工控制条件的生物反应器中进行大规模培养，但其与微生物细胞相比，有显著差别：①动物细胞比微生物细胞大得多，无细胞壁，耐机械强度低，对剪切力敏感，适应环境能力差；②倍增时间长，生长缓慢，易受微生物污染，培养时须用抗生素；③培养过程需氧量少；④培养过程中细胞相互粘连以集群形式存在；⑤原代培养细胞一般繁殖 50 代即退化死亡；⑥代谢产物具有生物活性，生产成本高，但附加值也高，这些特点大大增加了动物细胞培养的难度。如何完善细胞培养技术，提高动物细胞大规模培养的产率，一直是国内外研究的热点之一。目前，已发展起来的动物细胞大规模培养技术有下列几种。

1. 转瓶培养 培养贴壁依赖型细胞最初采用转瓶系统培养。转瓶培养一般用于少量培养到大规模培养的过渡阶段。细胞接种于旋转的圆筒形培养器——转瓶，培养过程中转瓶不断旋转，使细胞交替接触培养液和空气，从而提供较好的传质和传热条件。其缺点是：劳动强度大，占地空间也大；单位体积提供细胞生长的表面积小；细胞生长密度低；培养时监测和控制环境条件受限制等。现在使用的转瓶培养系统包括 CO_2 培养箱和转瓶机两类。

2. 反应器贴壁培养 此种培养方式中，细胞贴附于固定的表面生长，不因为搅拌而跟随培养液一起流动。因此，比较容易更换培养液，不需要特殊的分离和培养设备。但扩大规模较难，不能直接监控细胞的生长情况，故多应用于制备用量小、价值高的生物药品。

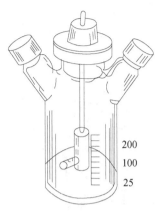

图 12-15　液体悬浮培养瓶

Celli Gen、Celli Gen Plus TM 和 Bioflo 3000 反应器是常用的贴壁培养式生物反应器，常用于 Hela（人宫颈癌）细胞系、CHO（中国仓鼠卵巢）细胞系及其他细胞培养。

3. 悬浮培养　悬浮培养（suspension culture）是指细胞在反应器中自由悬浮生长的过程，主要用于非贴壁依赖型细胞的培养，如杂交瘤细胞、淋巴细胞和许多肿瘤细胞等。用于实验室的液体悬浮培养瓶是一种带有搅拌器的旋转瓶（图 12-15）。

4. 固定化培养　固定化培养（immobilization culture）是将动物细胞与非水溶性载体结合起来，在生物反应器中进行大规模培养的方法。其具有细胞生长密度大，抗剪切力和抗污染能力强，细胞易与产物分开，利于产物分离和纯化等优点。固定化培养的方法如下。

（1）微载体培养系统

1）微载体法：微载体（microcarrier）是指直径在 60～250μm，能适用于贴壁细胞生长的微珠（图 12-16）。一般是由天然葡聚糖或者各种合成的聚合物组成。微载体法是利用固体小颗粒作为载体，将细胞吸附在其表面生长。具体方法是将细胞和微载体共同悬浮于培养容器中，通过连续搅拌使细胞在微载体上附着生长。由于扩大了细胞的附着面，因此可提高细胞的生长速率和产量。自 van Wezel 在 1967 年首先用 DEAE-Sephadex A 50 研制的第一种微载体问世以来，国际市场上出售的微载体商品类型已达十几种，包括液体微载体、大孔明胶微载体、聚苯乙烯微载体、聚甲基丙烯酸羟乙酯微载体、甲壳质微载体、聚氨酯泡沫微载体、藻酸盐凝胶微载体及磁性微载体等。常用的商品化微载体有 Cytodex1、Cytodex2、Cytodex3、Cytopore 和 Cytoline。

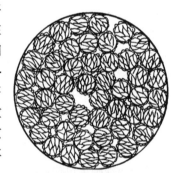

图 12-16　微载体

2）多孔（微）载体或大孔微载体法：人们为了解决微载体培养系统中细胞易受机械损伤的缺陷及能最大限度地扩大比表面积，开发了大孔微载体。它是大规模高密度细胞培养的支持物，其内部具有网状结构的小孔，且大小能使细胞在其内部生长，适合于悬浮细胞的固定化连续灌流培养。制备大孔微载体的材料中应用最多的是明胶。

应用大孔微载体时将细胞固定在孔内生长，与其他方法相比具有以下优点：①比表面积大，是实心微载体的几倍甚至几十倍；②细胞在孔内生长，受到保护，剪切损伤小；③细胞三维生长，细胞密度是实心微载体的 10 倍以上，有的可达 10^8 个 /mL；④适用于长期维持培养；⑤实心载体在培养液中浓度增大到一定时，细胞密度反而下降，而大孔微载体在浓度较高时，表面碰撞增加，能促使细胞在孔内生长；⑥最适合于蛋白质生产，因此大孔微载体技术将成为动物细胞大规模培养的一种常用方式。

（2）中空纤维培养系统　中空纤维培养系统于 1972 年开始使用，是由 Amicon 公司研制成功的。此培养系统是模拟细胞在体内生长的三维状态，利用一种人工的"毛细管"即中空纤维给培养的细胞提供物质代谢条件，使细胞如同在健康活体组织中一样生长和发挥其功能。中空纤维由聚砜或丙烯的聚合物制成，这种人造纤维具有海绵状多孔结构，能高度地透过小分子营养物质和气体，细胞能在其壁上附着生长。一个培养筒由数千根中空纤维组成，然后封存在特制的圆筒中，组成培养系统。每根中空纤维管内称为"内室"，可灌流无血清培养液供细胞生长；管与管之间称为"外室"。接种的细胞就贴在管壁上，吸取"内室"渗透出来的养分，迅速生长、增殖（图12-17）。

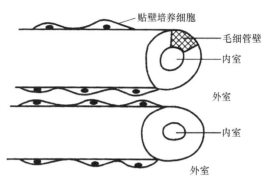

图12-17　中空纤维培养系统示意图（殷红，2006）

　　中空纤维培养系统的优点是无剪切、高传质、营养成分选择性渗入，这使培养细胞和产物密度都可达到比较高的水平；缺点是反应器内存在着液体成分和代谢产物的浓度梯度，导致培养规模不易放大等。中空纤维培养系统的发展趋势是让细胞在外室外空间生长，以达到更高的细胞培养密度。目前中空纤维反应器已进入工业化生产，主要用于培养杂交瘤细胞来生产单克隆抗体。

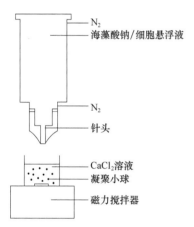

图12-18　微囊发生器示意图

　　（3）微囊培养系统　　微囊（microcapsule）培养系统是用一层亲水的半透膜将细胞包围在珠状的微囊里，细胞不能逸出，但小分子物质及营养物质可自由出入半透膜。囊内是微培养环境，与液体培养相似，能保护细胞少受损伤，故细胞生长好、密度高。微囊直径应控制在200～400μm为宜。微囊培养系统主要用于生产单克隆抗体，其原理是将细胞悬浮于海藻酸钠溶液中，将溶液通过一个可形成小滴的装置，滴入 $CaCl_2$ 溶液中，形成凝聚小球（图12-18）。小球先后用聚-L-赖氨酸和聚乙烯胺溶液处理后，表面可形成一层半透膜。细胞可在半透膜内生存，代谢过程中的废物可通过半透膜不断排出，而分泌的抗体则积累在半透膜形成的囊内。小球离心破碎后，可得到大量纯度很高的单克隆抗体。

　　微囊培养系统的优点是：①可防止细胞在培养过程中受到物理损伤；②活性蛋白不能从囊中自由出入半透膜，从而可提高细胞密度和产物含量，并方便分离纯化处理。缺点是：①微囊制作复杂，成功率不高；②微囊内死亡的细胞会污染正常产物；③收集产物必须破壁，不能实现生产连续化。

（二）动物细胞大规模培养所用生物反应器种类

　　动物细胞培养技术能否大规模工业化、商业化，关键在于能否设计出合适的生物反应器。动物细胞生物反应器必须按照动物细胞的生长要求，具备低的剪切效应、较好的传递效果和流体力学性质。目前，动物细胞培养所用生物反应器主要包括下列几种。

　　1. 搅拌式生物反应器　　此类反应器与传统的微生物反应器类似，靠搅拌桨提供液相搅拌的动力，它有较大的操作范围、良好的混合性和浓度均匀性，因此在生物反应中被广泛使用。动物细胞培养中的搅拌式反应器都是经过改进的，包括改进供氧方式、搅拌桨形式及在反应器内加装辅件等。

（1）供氧方式　一般情况下，搅拌式反应器常伴有鼓泡，为细胞生长提供所需氧分。由于动物细胞对鼓泡的剪切敏感，人们对供氧方式进行了改进，生产了笼式供氧方式的搅拌式动物细胞反应器。这种反应器的特点是既能保证混合效果又有尽可能小的剪切力，以满足细胞生长的要求。

（2）搅拌桨形式　搅拌桨的形式对细胞生长的影响非常大，这方面的改进主要考虑如何减小细胞所受的剪切力。目前对搅拌桨的形状和搅拌速度等方面已有许多改进。总体来看，在搅拌桨较薄而面积较大，或搅拌角较大而搅拌速度较低的情况下，可显著降低剪切力。

搅拌式生物反应器有美国 NBS 公司生产的 CelliGen 笼式通气搅拌器（图 12-19）、国产 20L 的 CellGul-20 搅拌器，还有 MBK-Sulzer 和 Bioen-gineering 公司生产的生物反应器。

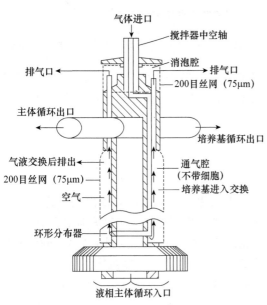

图 12-19　CelliGen 笼式通气搅拌器

2. 气升式生物反应器　气升式生物反应器（airlift bioreactor）是以气体为动力，靠导流装置引导，形成气液混合物的总体有序循环。Celltech 公司首先采用这类反应器进行杂交瘤细胞的悬浮培养生产单克隆抗体。

有人在气升式生物反应器中利用微载体培养技术，研究了非洲绿猴肾（vero）细胞高密度培养的工艺条件。证明气升式反应器中悬浮微载体培养 vero 细胞，在加入适量保护剂、营养供应充足的情况下，细胞可长满微载体表面，其最终密度可达 1.13×10^6 个 /mL（图 12-20）。

3. 填充床反应器　填充床反应器中，细胞可以位于支持物表面，也可以包埋于支持物之中，培养基流经支持物颗粒。细胞被固定于支持物之中时，填充床反应器每单位体积能容纳大量细胞。但是，填充床反应器存在许多缺点：其混合效果低，对必要的氧传递、pH、温度控制和气体产物的排除造成了困难（反应器示意图请参考第五章第三节植物细胞培养生物反应器）。

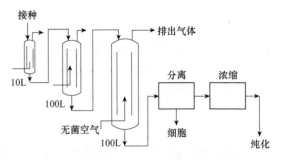

图 12-20　1000L 动物细胞培养流程图

4. 流化床反应器　流化床反应器是通过流体的上升运动使固体颗粒维持在悬浮状态即流化状态进行反应的装置。流化床由于固体颗粒和流体充分地进行混合，因此使流化床反应器具有传热传质性能好、可使用较小颗粒催化剂（减少内扩散影响）、床层压力小等优点。但同时也带来了固体催化剂磨损较大的不足（反应器示意图请参考第五章植物细胞培养和次生代谢产物生产）。

5. 旋转式细胞培养系统　　在 20 世纪 90 年代中期，美国国家航空航天局（NASA）发展出一系列能提供微重力环境的旋转式细胞培养系统（RCCS）。其工作原理是 RCCS 通过旋转，使培养环境重力矢量无规则化，从而使细胞处于悬浮状态。除可以模拟微重力环境之外，RCCS 还具有剪切力较小、气泡较少、细胞和组织密度较高、氧气通透性较高、空间利用率高、系统稳定、可精确控制转速和培养条件等突出的优点。

（三）动物细胞大规模培养操作方式

动物细胞大规模培养可分为：分批式、流加式、半连续式、连续式和灌流式等 5 种操作方式，其中分批式、半连续式、连续式与植物细胞培养基本相同。

1. 分批式培养　　分批式培养（batch culture）是指将细胞和培养液一次性装入反应器内进行培养。反应器系统属于封闭式，培养过程中与外部环境没有物料交换。在培养过程中其体积不变，不添加其他成分，待细胞增长和产物形成积累到适当的时间，一次性收获细胞和产物。分批培养的周期一般在 3～5d，收获产物通常是在细胞快要死亡或已经死亡后进行。

2. 流加式培养　　流加式培养（fed batch culture）是指先将一定量的培养液装入反应器，在适宜条件下接种细胞，进行培养。在培养过程中根据细胞对营养物质的不断消耗和需求，流加浓缩的营养物或培养基，流加的速率与消耗的速率相同，按底物浓度控制相应的流加过程，从而使细胞持续生长至较高的密度，目标产品达到较高的水平。通常进行流加的时间多在对数生长后期，细胞在进入衰退期之前，添加高浓度的营养物质。可以添加一次，也可添加多次，直至细胞密度不再提高。整个培养过程没有流出或回收，通常在细胞进入衰亡期或衰亡期后终止回收整个反应体系，分离细胞和细胞碎片，浓缩、纯化产物。

流加操作的特点就是能够调节培养环境中营养物质的浓度。一方面，它可以避免某种营养成分的初始浓度过高而出现底物抑制现象；另一方面，能防止某些限制性营养成分在培养过程中被耗尽而影响细胞的生长和产物的形成，这是流加式培养与分批式培养的明显不同。此外，由于新鲜培养液的加入，整个过程中反应体积是变化的，这也是它的一个重要特征。

3. 半连续式培养　　半连续式培养（semi-continuous culture）的方法见本书第五章。其特点是培养过程中培养物的体积逐步增加，反应器内培养液的总体积保持不变；细胞可持续进行对数生长，并可使产物和细胞保持在一较高的浓度水平，培养过程可延续到很长时间；可进行多次回收。

4. 连续式培养　　连续式培养（continuous culture）是一种常见的悬浮培养模式，采用搅拌式生物反应器。该模式是将细胞接种于一定体积的培养基后，为了防止衰退期的出现，在细胞达最大密度之前，以一定速度向生物反应器连续添加新鲜培养基。同时，含有细胞的培养物以相同的速度连续从反应器流出，以保持培养体积的恒定。理论上讲，该过程可无限延续下去。

连续培养的优点是反应器的培养状态可以达到恒定，细胞在稳定状态下生长。细胞浓度及细胞的生长速率可维持不变。

5. 灌流式培养　　灌流式培养（perfusion culture）是把细胞和培养基一起加入反应器

后，在细胞增长和产物形成过程中，不断将部分条件培养基取出，同时又连续不断地灌注新的培养基（图 12-21）。它与半连续式培养的不同之处在于取出部分条件培养基时，绝大部分细胞均保留在反应器内，而半连续培养在取培养物的同时也取出了部分细胞。

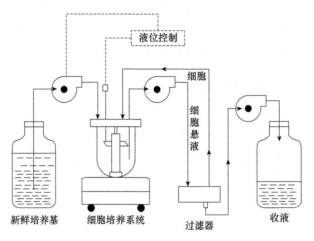

图 12-21　灌流式培养示意图

灌流式培养的优点：细胞截流系统可使细胞保留在反应器内，维持较高的细胞密度，一般可达 $10^7 \sim 10^9$/mL，从而较大地提高了产品的产量。连续灌流系统，使细胞稳定地处在较好的营养环境中，有害代谢废物浓度积累较低；反应速率容易控制，培养周期较长，可提高生产率，目标产品回收率高；产品在罐内停留时间短，可及时回收到低温下保存，有利于保持产品的活性。这种方法的最大缺点是污染概率较高，需要解决长期培养中维持细胞分泌产品的稳定性及规模放大过程中的工程问题。

四、动物细胞工程表达产品的应用

20 世纪 60 年代初，英国 AVRI 研究所在贴壁细胞系 BHK21 中将口蹄疫病毒培养成功后，动物细胞培养技术在规模性和可靠性方面都不断发展，在生产疫苗、单克隆抗体、基因重组产品方面越来越受人们的重视，并在疾病防治方面也得到了应用。

（一）疫苗

疫苗是用大规模细胞培养系统生产的主要产品之一。美国 Genentech 公司应用 SV40 作为载体，将乙型肝炎表面抗原基因插入哺乳动物细胞内，已获得高效表达，并制成乙型肝炎疫苗。目前，已实现商业化且被大规模应用的产品有：口蹄疫疫苗、狂犬病疫苗、牛白血病病毒疫苗、脊髓灰质炎病毒疫苗、乙型肝炎疫苗、疱疹病毒疫苗和巨细胞病毒疫苗等。

（二）单克隆抗体

应用大规模细胞培养系统生产各种不同的单克隆抗体是经济可靠的方法。截至 2017 年，FDA 已经批准 50 余种单克隆抗体类药物，其中代表性的药物为 Rituximab（中文名为利妥昔单抗；商品名为 Rituxan、美罗华）。1997 年 11 月获得 FDA 批准用于临床肿瘤治疗。利妥昔单抗是一种靶向 CD20 的嵌合型单克隆抗体，不仅能够直接抑制 B 细胞增殖，还能诱导

CD20＋B 细胞凋亡，同时还可通过抗体依赖性细胞毒性（ADCC）和补体依赖性细胞毒性（CDC）杀死肿瘤细胞。根据罗氏公司 2016 年年报，美罗华 2016 年总销售额达 73 亿瑞士法郎。

单克隆抗体药物在疾病治疗和诊断方面得到了广泛应用，特别是在自身免疫性疾病和肿瘤治疗领域的应用已取得了突破性进展。目前，单克隆抗体药物已应用于治疗风湿性关节炎、血液病（如慢性淋巴细胞白血病和霍奇金淋巴瘤等）、实体瘤（如鳞状细胞癌等）、原发性肿瘤（如多形性成胶质细胞瘤等）和肿瘤转移（如骨转移）等疾病。同时单克隆抗体药物在呼吸系统疾病（如过敏性哮喘）、中枢神经系统退行性疾病（如多发性硬化）及慢性胃肠道病症（如克罗恩病）等疾病的治疗方面具有广泛的应用前景。

（三）基因重组产品

动物细胞能精确地转译和加工较大或更复杂的克隆蛋白质。此外，动物细胞还可以把人们所需的蛋白质分泌到培养液内，而从培养液分离蛋白质要比细胞匀浆更为容易。因此，利用动物细胞培养方式可大量生产基因重组产品。例如，美国的 Endotronic 公司用 Acusyst-P 型中空纤维培养系统生产出了免疫球蛋白 G、免疫球蛋白 A 和免疫球蛋白 M，尿激酶，人生长激素等产品。

目前，国内外采用动物细胞生产的药物主要有重组人粒细胞集落刺激因子、α-2a 干扰素、α-2b 干扰素、γ-干扰素、人白细胞介素-2、重组人红细胞生成素、表皮生长因子和重组牛碱性成纤维细胞生长因子等。

第三节　培养细胞的特性鉴定、细胞系（株）的建立和常规检查

一、培养细胞的特性鉴定和细胞系（株）的建立

由于体内和体外环境不同，培养细胞的生物学特性与体内细胞有所不同。在培养细胞期间，要对细胞进行常规性检测，包括细胞形态、细胞生长情况等方面。一旦细胞生长成形态上单一的细胞群或细胞系后，还要做一系列的细胞生物学方面的检测。

（一）细胞特性观察

细胞特性的观察内容主要包括细胞的形态、核浆比例、染色质、核仁大小和多少及微丝微管的排列状态等。一般生长状态良好的细胞，在相差显微镜下观察，轮廓清晰，如细胞生长条件改变或细胞功能不良时，细胞质中常出现空泡、脂滴和其他颗粒状物，细胞之间空隙加大，细胞形态可以变得不规则，如上皮细胞变成成纤维类细胞等。

（二）细胞生长情况

1. 细胞生长曲线的测定　　细胞生长曲线是观察细胞生长规律的重要方法。因而，在细胞的生长特性观察中，生长曲线的测定是最为基本的指标。标准的细胞生长曲线近似"S"形。一般在传代后第一天细胞数有所减少，再经过几天的潜伏适应期，进入对数生长期，然后进入稳定期，最后衰老。

在生长曲线上细胞数量增加一倍的时间，称为细胞倍增时间，可以从曲线上换算出。细胞倍增的时间区间即细胞对数生长期。细胞传代、实验等都应在此区间进行。细胞群体倍增时间的计算方法有两种，一为通过作图方法在细胞生长曲线的对数生长期找出细胞增加一倍所需的时间，即倍增时间；二为通过公式按细胞倍增时间计算细胞群体倍增时间。常用的细胞生长曲线的测定方法如下。

（1）细胞计数法

1）将细胞利用一般传代方法进行消化，制成细胞悬液。经计数后，精确地将细胞分别接种于21～30个大小一致的培养瓶内。每瓶细胞总数要求一致，加入培养液的量也要一致。细胞接种数不能过多，也不能太少，太少细胞适应期太长；数量太多，细胞将很快进入增殖稳定期，需要在短期内进行传代，生长曲线不能确切反映细胞生长情况。一般接种数量以7～10d 能长满而不发生生长抑制为度。同种细胞的生长曲线先后测定要采用同一接种密度，这样才能做纵向比较。不同的细胞也要接种相同的细胞数才能进行比较。

2）每天或隔天取出3瓶细胞进行计数，计算均值。一般每隔24h 取1次，连续观察1～2周或到细胞总数有明显减少为止。培养3～5d 后要给未计数的细胞换液。

3）以培养时间为横轴，细胞数为纵轴，连接成曲线后即成该细胞的生长曲线。

细胞计数法虽常用，但有时其反映数值不够精确，需结合其他指标进行分析。现在很多实验室利用培养板采用四唑盐（MTT）法来进行生长曲线的测定。

（2）四唑盐比色试验　　四唑盐是一种能接受氢原子的染料，化学名3-（4,5-二甲基噻唑-2）-2,5-二苯基四氮唑溴盐，商品名是噻唑蓝，简称为 MTT。此法的基本原理是活细胞线粒体中的琥珀酸脱氢酶能使外源性的 MTT 还原为难溶性的蓝紫色结晶物并沉积在细胞中，而死细胞无此功能。用酶联免疫检测仪在490nm 波长处测定其光吸收值，可间接反映活细胞数量。在一定细胞数范围内，MTT 结晶物形成的量与细胞数成正比。它的特点是灵敏度高，重复性好，操作简便，无放射性污染。而且与其他检测细胞活力的方法（如细胞计数法、软琼脂克隆形成试验和 ^{3}H-TdR 掺入试验等）有良好的相关性。

（3）CCK-8 试剂盒检测法　　CCK-8（cell counting kit-8）试剂盒检测法的基本原理为：该试剂中含有 WST-8，其化学名为2-（2-甲氧基-4-硝基苯基）-3-（4-硝基苯基）-5-（2,4-二磺酸苯）-2H-四唑单钠盐，它在电子载体1-甲氧基-5-甲基吩嗪鎓硫酸二甲酯的作用下被细胞线粒体中的脱氢酶还原为具有高度水溶性的黄色甲䐶产物（formazandye）。生成的甲䐶物的数量与活细胞的数量成正比，细胞增殖越多，则颜色越深。因此，可以通过检测生成的甲䐶物的数量来确定活细胞的数量。

CCK-8 与 MTT 的不同之处在于 CCK-8 法生成的甲䐶产物是水溶性的，不需要再吸出培养液加入有机溶剂溶解这个步骤，因此可以减少一定的误差。优点就是重复性和灵敏度优于MTT，对细胞毒性小。

（4）细胞计数器法　　细胞计数器是定量监测细胞增殖动力的必备工具，实验内同时培养2～3种及以上细胞时，细胞计数器能够提供巨大的便利。

Countess^{TM}Ⅱ自动细胞计数仪是一款用于细胞计数及衡量细胞活力（活细胞、死细胞及细胞总数）的计数仪器。它采用台盼蓝染色技术，不到10s 即可精准地测定每个样本，所需的样本量与使用血球计数器所需量相同，适用于各种真核细胞。此外，Countess^{TM}ⅡFL 自动细胞计数仪除可以计数细胞外，还可以监测荧光蛋白表达并检测细胞活性。

2. 细胞分裂指数　体外培养细胞的生长、分裂增殖能力，可用分裂指数来表示。分裂指数是指细胞群体中分裂细胞所占的百分比，即细胞群的分裂相数/1000个细胞。一般要观察和计算1000个细胞中的细胞分裂相数。获得分裂相数值后，可以绘制成细胞分裂指数曲线，如图12-22所示。一般细胞分裂指数曲线与生长曲线趋势一致，但细胞增长进入稳定期后，细胞数值很大，而分裂相完全消失。

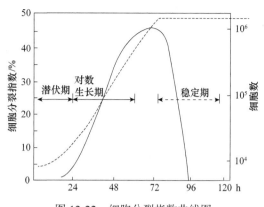

图 12-22　细胞分裂指数曲线图

实线为细胞分裂指数曲线；虚线为细胞生长曲线

3. 细胞接种存活率　当细胞被制成分散的悬液后，接种到底物上能贴壁并能存活生长的细胞百分数值称为接种存活率，用以表示细胞群的活力。接种存活率和细胞活力成正比，其公式为

$$细胞接种存活率＝（贴壁存活细胞数/接种细胞数）×100\%$$

4. 细胞周期　细胞增殖过程都要经过一个周期来完成，包括一个间期和一个分裂期。细胞周期时间测定有两种方法。

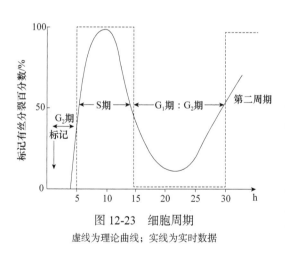

图 12-23　细胞周期

虚线为理论曲线；实线为实时数据

（1）同位素标记自显影法　应用同位素标记自显影法可以进行细胞周期的测定。在细胞进入增殖期时，可以用 ^3H 标记的胸腺嘧啶核苷处理30min后，每间隔30min取材，直到48h为止。主要观察和计算细胞分裂相出现的时间、高峰和消失分裂相数，绘制成图进行分析（宋今丹，2003，图12-23）。

（2）流式细胞仪测定法　选择对数生长期细胞，用消化法制成细胞悬液，使细胞成为单个细胞，不能成团。然后根据流式细胞仪的检测步骤进行操作。最后通过计算机分析结果计算出细胞周期。

5. 细胞活力的检测　细胞损伤或死亡时，某些染料可穿透变性的细胞膜，与解体的DNA结合而着色，而活细胞能阻止这类染料进入细胞内，借此可以鉴别死细胞与活细胞。

（1）台盼蓝排斥试验　死细胞被染成淡蓝色，而活细胞拒染，从而达到区别培养细胞活力的目的。

（2）伊红-Y排斥试验　本法与台盼蓝排斥试验类似，但用伊红-Y染色后，活细胞与死细胞的对比度不如台盼蓝排斥试验。

（3）苯胺黑排斥试验　死细胞被染成黑色，活细胞不被染色。

（三）培养细胞种属鉴定的方法

1. 荧光抗体染色鉴定细胞种属   利用间接荧光抗体染色技术对细胞系的种系进行鉴定。步骤是用兔子身上产生的特异性抗血清标记待检测阳性对照细胞和阴性对照细胞，然后加标记有荧光染料异硫氰酸荧光素（fluorescein isothiocyanate，FITC）的山羊抗兔免疫球蛋白抗体，加上的荧光抗体将结合到已标记有兔抗体的靶细胞上，借助荧光即可看到抗原-抗体复合物。

2. 同工酶谱系鉴定细胞种属   通过确定葡萄糖-6-磷酸葡萄糖脱氢酶（glucose-6-phosphate dehydrogenase，G6PD）、乳酸脱氢酶（lactate dehydrogenase，LDH）和核苷磷酸化酶（nucleoside phosphorylase，NP）淀粉胶电泳的迁移率，鉴定细胞系的种属。该法有高度的可靠性，G6PD、LDH、NP 的电泳迁移率差异不仅可用来鉴别细胞系种属，还可查出种内细胞的交叉污染。根据同种异体同工酶的表型和正常人群体的表型频率资料，可以估计出一特定细胞系遗传特征出现的频率。

3. 染色体分析鉴定细胞种属   用显微镜观察细胞核型特点，进行染色体核型分析。包括检测染色体数量，标记染色体的有无、带型等。亲缘关系近的灵长类细胞系之间和人癌细胞系之间的比较可用 Giemsa 显带分析。

4. 人主要组织相容性抗原鉴定细胞种属   人主要组织相容性抗原又称为人类白细胞抗原（human leucocyte antigen，HLA），存在于大多数有核细胞膜上，常用的抗原检测是用补体依赖性细胞毒性试验，用拒染来鉴定细胞活性。运用这一方法鉴定某些细胞系是很成功的，但个别情况需要改动，其检测很复杂，主要的变化原因是 HLA 血清中的非特异性抗体的出现。细胞系上存在特定的 HLA 同种异体抗原，细胞吸收抗血清中已知特性的 HLA 同种异体抗体，由吸收后细胞毒效应减少量而得知细胞表面 HLA 抗原的情况。

5. 核酸技术鉴定细胞种属   用重组 DNA 技术或 DNA 探针技术鉴定和定量培养细胞中等位基因的多态性。

（四）细胞系（株）的建立

1. 建立细胞系（株）的要求   关于什么样的体外培养细胞群可被确认是已被鉴定的细胞（certified cell），国际上尚无统一的规定，一般指长期保存并可供其他研究室使用，特别是作反复传代的细胞，习惯上有以下几方面要求。

（1）组织来源   应说明细胞供体所属物种是来自人体、动物或其他；供体的年龄、性别、取材的器官或组织，如系肿瘤组织，应说明其临床病理诊断情况，组织来源及病例号等。

（2）细胞生物学检测   应了解细胞一般和特殊的生物学性状，如细胞的一般形态、特异结构、细胞生长曲线和分裂指数、倍增时间、接种率；特异性方面，如为腺细胞，应看其是否有特殊产物包括分泌蛋白或激素等，如为肿瘤细胞，应力求证明细胞确系来源于原肿瘤组织而非其他，并仍保持致瘤性，为此需做软琼脂培养、异体动物接种致瘤性和对正常组织浸润力检测等试验。

（3）培养条件和方法   各种细胞都有自己比较适应的生存环境，因此，应指明使用的培养基、血清种类、用量及细胞生存的适宜 pH 等。

2. 培养细胞的命名　　各种已被命名和经过细胞生物学鉴定的细胞系或细胞株，都是一些形态比较均一、生长增殖比较稳定并且生物性状清楚的细胞群。因此，凡符合上述情况的细胞群都可给以相应的名称，在文献中常称其为已鉴定的细胞。细胞的命名无严格统一规定，大多采用有一定意义的缩写或代号表示。但不论什么形式，均不宜太长，以便记忆和了解，现略举以下几种代表性的细胞名称供参考。HeLa 为供体患者的姓名（来源于宫颈癌）；CHO 为中国仓鼠卵巢细胞（Chinese hamster ovary cell）；宫-743 为宫颈癌上皮细胞（1974 年3 月建立）；NIH3T3 为小鼠胚胎成纤维细胞系［美国国立卫生研究所（National Institute of Health）建立；每 3 天传代一次，每次接种细胞 3×10^5 个 /mL ］。

3. 已建立细胞系（株）的鉴定、管理和使用　　按国际惯例，当一个细胞系或细胞株建成后，研究者需认真负责地把有关资料在杂志或刊物上报道，详细介绍上述各项目即可。建立细胞系后，还要对细胞系进行维护：记录好细胞系档案；注意保持其规律性；细胞系传代要防止交叉污染；每一种细胞系有冻存储备。

二、培养细胞的常规检查

（一）培养液和 pH 检查

培养液在一般情况下是呈桃红色的，但随着培养时间的延长，由于 CO_2 积累过多，培养液会发生酸化变黄，如果不及时调整 pH，会对细胞发生不利影响，严重时细胞脱落、死亡。

（二）细胞生长状况分析

观察细胞生长状况也是一种检测方法。在很多情况下，从组织最先游走出的为游走细胞，它们单独活动，形态不规则，用缩时逐格显微电泳法可以揭示出它们活跃的变形、游走和吞噬活动。接着出现的是成纤维细胞或上皮细胞，此时的细胞很少分裂。只有当细胞分裂出现以后，细胞数量逐渐增多，形成较大的生长晕或连接成片时，才进入生长状态。上皮细胞在生长过程中还常产生溶解酶，使得细胞发生液化，导致细胞相互分离，形成所谓的拉网现象，最终可能导致细胞脱落（图 12-24）。

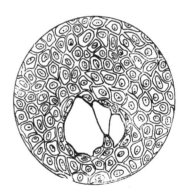

图 12-24　拉网现象

（三）培养细胞的污染

避免污染是组织培养成功的关键因素之一。凡是混入对细胞生存产生有害影响和造成细胞不纯的异物都应视为污染，一般包括微生物（真菌、细菌、病毒和支原体）、化学物质（影响细胞生存、非细胞所需的化学成分）和其他细胞（非同种的其他细胞）等，其中以微生物污染最为多见。

1. 污染途径

（1）空气　　空气是微生物及尘埃颗粒传播的主要途径。如培养操作场地与外界隔离不严格或消毒不充分，外界不洁空气很容易进入造成污染。因此，应将培养设施设在避风场所，做到无菌操作。

（2）器材　　各种培养器皿、器械消毒不彻底和洗刷不干净可导致污染，另外如果 CO_2 培养箱等不定期消毒，就可能引起污染。

（3）操作　　实验操作无菌观念不强，技术不熟练，使用污染的器皿或封瓶不严等，都可以造成污染。培养两种以上细胞时，操作不规范，交叉使用吸管或培养液、培养瓶等都有可能导致细胞交叉污染。

（4）血清　　有些血清在生产时就已经被支原体或病毒等污染，变成了污染源。

（5）组织样本　　原代培养的污染多数来源于组织样本，取材时碘酒消毒后脱碘不彻底，可造成碘混入组织、细胞或培养液中，影响细胞生长。

2. 污染对培养细胞的影响及污染的检测　　由于体外培养细胞自身没有抵抗污染的能力，而且培养基中的抗生素抗污染能力有限，因而培养细胞一旦发生污染多数将无法挽回。细胞污染早期或污染程度较轻时，如果能及时去除污染物，部分细胞就有可能恢复，但是若污染物持续存在培养环境中，污染较轻时使细胞生长缓慢，分裂相减少，细胞变得粗糙、轮廓增强，细胞质出现颗粒；污染较严重时，细胞增殖停止，分裂相消失，细胞质中出现大量堆积物，细胞变圆、脱壁。污染类型有以下几种。

（1）细菌污染　　常见的污染细菌有大肠杆菌、假单孢菌和葡萄球菌等。细菌污染初期由于培养体系的抗生素作用，其繁殖处于抑制状态，细胞生长不受明显影响，污染情况用倒置显微镜观察不易判断。怀疑培养细胞有细菌污染时，可取 10mL 细胞悬液，1000r/min 离心 5min，沉淀中加入无抗生素培养液 2mL，将细胞放培养箱培养，24h 内可以获得阳性结果。当污染的细菌量比较大或者细菌增殖到一定基数时，增殖的细菌就可以导致培养液外观浑浊，肉眼就可以判断。细菌污染大多数可以改变培养液的 pH，使培养液浑浊、变色。

（2）真菌污染　　生物污染中以真菌最多，真菌种类繁多，形态各异。一般说来真菌污染肉眼易发现，有白色或浅黄色污染物。在倒置显微镜下可以看见在细胞之间有纵横交错穿行的丝状、管状和树枝状菌丝，并悬浮飘荡在培养液中。很多菌丝在高倍镜下可见到有链状排列的菌株。念珠菌或酵母菌形态呈卵形，散在细胞周边和细胞之间生长。有时通过显微镜观察可能发现瓶底外面生长的菌丝，不要错当培养瓶内的污染。瓶外的污染物，需要及时用酒精棉球擦洗，以防其通过瓶口传入瓶内。真菌生长迅速，能在短时间内抑制细胞生长或产生有毒物质杀死细胞。

（3）支原体污染　　支原体（mycoplasma）是一种简单的原核细胞。细胞被支原体污染后，支原体可以与细胞长期共存，细胞不会死亡，培养基一般不发生浑浊。多数情况下细胞变化轻微或不显著，细微变化也可以经传代、换液而缓解，外观上看起来正常，实际上细胞受到多方面潜在影响，如细胞变形、DNA 合成受到影响、细胞生长抑制等。个别严重者，可以导致细胞增殖缓慢，甚至从培养器皿脱落。

可以利用相差油镜观察细菌和支原体污染细胞情况（图 12-25）。支原体呈暗色微小颗粒，位于细胞表面和细胞之间。利用荧光染色法可观察支原体内含有的 DNA 着色，也可利用扫描电镜和透射电镜观察支原体。目前，有专门进行支原体检测的试剂盒，可以帮助尽快发现支原体的污染。另外，市场上已有了新一代支原体抗生素 M-Plasmocin，既能有效地杀灭支原体，又不影响细胞本身的代谢，而且处理过的细胞不会重新感染支原体。

3. 污染的预防

（1）器皿严格消毒　　用于细胞培养的器皿和物品应该严格消毒，洁净无菌，在器皿的

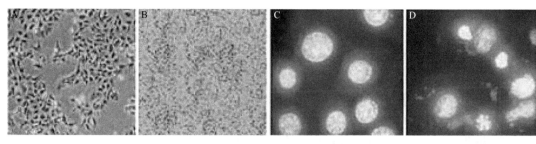

图 12-25　细菌和支原体污染细胞情况
A. 正常 293 细胞；B. 大肠杆菌污染细胞；C. 无支原体细胞；D. 支原体污染细胞 MycoFluor™ 染色

运输、贮存过程中，要严格操作，谨防污染。

（2）操作间消毒　　定期清洗或更换超净工作台的空气滤网，请专职人员定期检查超净工作台的空气净化标准。检查培养皿是否有消毒标志，有条件的实验室可以使用一次性用品。新配置的培养液，确认无菌方可使用；操作前提前半小时启动超净工作台的紫外灯消毒。

（3）操作过程中预防　　操作应戴口罩，消毒双手。操作过程中避免手触及器皿的无菌部分，如瓶口和瓶塞内侧。在安装吸管帽、开启或封闭瓶口操作时要经过酒精灯烧灼。吸取培养液、细胞悬液等液体时，应专管专用，防止污染扩大或造成培养物的交叉污染。使用培养液前，不宜较早开启瓶口。开瓶后的培养瓶应保持斜位，避免直立。不再使用的培养液应立即封口。培养的细胞在处理之前不要过早地暴露在空气中。操作时不要交谈、咳嗽，以防唾沫和呼出气流引发污染。操作完毕后应将工作台面整理好，并消毒擦拭工作面，关闭超净工作台。

（4）其他　　应及早冻存培养物。重要的细胞株传代工作应由两个人独立进行。购入的未灭活血清应采取 56℃水浴灭活 30min，使血清的补体和支原体灭活。为了避免诱导抗药菌，应定期更换培养系统的抗生素，或尽可能不用抗生素。对新购入的细胞株应加强观察，防止外来的污染源，定期消毒培养箱。

4. 污染的排除　　培养的细胞一旦污染应及时处理，防止污染其他细胞。通常用高压灭菌法处理被污染的细胞，然后弃掉。如果有价值的细胞被污染，并且污染程度较轻，可以通过及时排除污染物，挽救细胞恢复正常。常用排除微生物污染的方法有以下几种。

（1）抗生素排除法　　抗生素法是细胞培养中杀灭细菌的主要手段。各种抗生素性质不同，对微生物作用也不同，联合应用比单用效果好，预防性应用比污染后应用好。如果发生微生物污染后再使用抗生素，常难以根除。有的抗生素对细菌仅有抑制作用，无杀灭效应。反复使用抗生素还能使微生物产生耐药性，而且对细胞本身也有一定影响，因此有人主张尽量不用抗生素处理，当然，一些有价值的细胞被污染后，仍需要用抗生素挽救，在这种情况下，应加入高浓度抗生素作用 24～48h，再换入常规的培养液。

（2）加温除菌　　根据支原体对热敏感的特点，将受支原体污染的细胞加温处理（41℃，5～10h）可以杀灭支原体。

（3）动物体内接种排除　　将受微生物污染的肿瘤细胞接种到同种动物皮下或腹腔，借动物体内免疫系统消灭掉微生物，待肿瘤细胞在体内生长一定时间后，从体内取出再进行体外培养。

（4）与巨噬细胞共培养排除　　巨噬细胞在体外条件下仍然可以吞噬微生物并将其消

化。另外，巨噬细胞可分泌一些细胞因子支持其他细胞的克隆生长。因此，采用 96 孔板将极少培养细胞与巨噬细胞共培养，可以在高度稀释培养细胞、极大地降低微生物污染程度的同时，更有效地发挥巨噬细胞清除污染的效能。

第四节　细胞同步化

细胞同步化（cell synchronization）是指为研究细胞周期的不同阶段的生化特征，必须获得与细胞周期一致性的细胞。细胞同步化分为自然同步化和人工同步化两种方法，前者由于细胞群体受多种条件限制，对同步化结果有很大影响，所以一般都采取后者。常用的人工同步化可用选择同步化或诱导同步化，或两者结合。

一、选择同步化

（一）有丝分裂选择法

这种方法主要是根据细胞周期的不同阶段的生理变化设计的。使单层培养的细胞处于对数生长期，此时分裂活跃，分裂指数高，有丝分裂的细胞变圆隆起，与培养皿的附着性低。此时轻轻振荡，M 期细胞脱离器壁，悬浮于培养液中，收集培养液，再加入新鲜培养液，依此法继续收集，则可获得一定数量的分裂细胞。此法不足之处是只能在贴壁型细胞中用。

（二）细胞沉降分离法

此法主要用于悬浮细胞。不同时期的细胞体积不同，而细胞在给定离心场中沉降的速度与其半径的平方成正比。因此，可用离心的方法分离细胞。

二、诱导同步化

（一）DNA 合成阻断法

DNA 合成阻断法是选用 DNA 合成的抑制剂，可逆地抑制 DNA 合成，将细胞群阻断在 S 期或 G/S 交界处。胸腺嘧啶核苷（thymidine，TdR）双阻断法：该法利用过量 TdR 能阻碍 DNA 合成的原理而设计，为了加强细胞同步化效果，常采用两次 TdR 阻断法，即双阻断法。第 1 次阻断时间相当于 G_2、M 和 G_1 期时间的总和或稍长。释放时间不短于 S 期时间，而小于 G_2+M+G_1 期时间，这样才能使所有位于 G_1/S 期的细胞通过 S 期，而又不使沿周期前进最快的细胞进入下一个 S 期。第 2 次阻断时间同第 1 次，再释放。现以 HeLa 细胞为例加以说明（HeLa 细胞周期时间为 21h，其中 G_1 期为 10h，S 期为 7h，G_2 期为 3h，M 期为 1h）。

1）将细胞培养至对数生长期的早期。

2）加入含 2mmol/L TdR 的培养基，作用 16h。

3）弃掉 TdR 培养基，用 Hank's 液洗 2～3 次，再换上新鲜培养基继续温浴 9h。

4）重新加入 TdR 培养基（浓度同上）进行第 2 次阻断，作用 16h。

5）再弃掉 TdR 培养基，Hank's 液洗 2～3 次后换上普通培养基。第 2 次 TdR 释放 0h 时取样，则细胞处于 G_1/S 期交界处。如 2～7h 取样则为不同阶段的 S 期细胞。

具体 TdR 作用和释放的时间应参考每一种待同步化细胞的细胞周期各时相测定的参考

值，也可根据经验确定。

（二）中期阻断法

秋水仙碱（colchicine）结合的微管蛋白可加合到微管上，但阻止其他微管蛋白单体继续添加，从而破坏纺锤体结构，导致染色体不能分开，将细胞阻断在中期。常用的药物有秋水仙碱和秋水仙胺，后者毒性较小。秋水仙胺阻抑法操作如下。

1）将细胞传代培养至对数生长期。

2）加入秋水仙胺，使其最终浓度为 0.05～0.1µg/mL，作用 6～7h。如使用秋水仙碱，使用浓度应加大 5～10 倍。

3）振荡收集细胞，800r/min 离心 5～10min，弃上清，收集的沉淀细胞即为 M 期细胞。加入一定量培养基将细胞接种到培养瓶中。

由于秋水仙碱和秋水仙胺都对细胞有一定毒性，用量较小或作用时间较短，细胞活性尚可恢复，而用量过大或时间过长，细胞则不能存活。因此，使用时应严格控制其剂量和作用时间。

三、各期细胞的获得

（一）G_2 期细胞的获得

根据细胞周期测定的数值，采用 TdR 双阻断法使细胞同步在 G_1/S 期交界处后，洗去 TdR 使细胞释放后继续培养。其培养时间应大于 S 期时间而小于 S＋G_2 期时间。然后先用振荡法使已进入 M 期的细胞脱落，弃去上清培养基；再用胰蛋白酶消化，加入新鲜培养基制成细胞悬液，离心收集细胞，即为 G_2 期细胞。

（二）G_1 期细胞的获得

1）将用 M 期阻断法获得的细胞加入一定量的培养基，继续培养 1～10h 即可获得各阶段的 G_1 期细胞。

2）用缺乏异亮氨酸的培养基培养细胞，培养时间超过一个细胞周期，即可获得 G_1 期细胞。

（三）G_0 期细胞的获得

可采用血清饥饿法得到 G_0 期细胞。

1）取处于对数生长期的细胞。

2）用含 0.5%～1% 小牛血清的培养基培养细胞 48～72h，或用无血清的培养基培养 24h。

3）用 0.1%～0.25% 胰蛋白酶消化细胞可收获 G_0 期细胞，可掺入 ^{3}H-TdR 进行测量鉴定。

四、同步化细胞的检测

各个时期的同步化细胞可通过流式细胞仪来鉴定其细胞周期，通过比较各时相细胞的百分比，看是否达到预期的目的。S 期细胞可通过放射自显影来鉴定结果，M 期细胞可通过涂片、染色，在显微镜下观察染色体，统计有丝分裂指数来鉴定。

第五节 器官培养

一、器官培养的概念

器官培养（organ culture）是指从供体取得器官或器官组织块后，不进行组织分离而直接在体外培养，保持其原有器官细胞的结构和联系。器官培养主要强调器官组织的相对完整性，重点观察细胞正常联系和排列情况，以及它们之间的相互影响和局部环境的生物调节作用。这样，就为实验生物学提供了既处于一定的组织结构之中又脱离了体内种种复杂因素的细胞群体。现代器官培养法采用把组织放置在细胞难以黏附的表面上，减少支持物与组织的接触面积，以及把组织包埋到琼脂中等方法，大大减少了细胞迁移现象，达到限制生长、使器官专一细胞同它们的基质细胞维持相对正常的结构关系的目的。

离体器官需要特殊的培养条件。因此，器官培养物的直径与厚度均以不超过 1～2mm 为宜，以使营养物、氧气和代谢废物易于进入或排出。为了使得内部细胞有足够的氧气渗入，可将器官组织块放置在培养基气液面上，或者提高培养环境的氧分压，一般要加注纯氧。另外，还需要添加一些生长因子、激素等。

目前，器官培养在研究器官的分化、生长发育、诱导因素、功能表现、代谢过程、营养条件、致突变、肿瘤形成和侵袭等方面得到了广泛的应用。

二、器官培养的方法

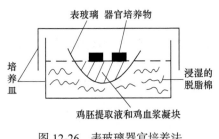

图 12-26　表玻璃器官培养法（王蒂，2003）

器官培养的方法很多，不论何种方法，均只能进行原代培养，不能连续传代。下面主要介绍几种。

（一）表玻璃器官培养法

表玻璃器官培养法是由 Fell 和 Robinson 于 1929 年建立的一种器官培养的经典技术，即在一块表玻璃内加上鸡胚提取液和鸡血浆，凝固后将所培养的器官移植到上面，然后一起置于培养皿内培养（图 12-26）。

（二）琼脂凝胶培养法

琼脂凝胶培养法是一种在合成培养基和天然培养基的混合溶液中，添加少量的琼脂使其固化成固体培养基后用来培养器官的方法。与鸡胚提取液和鸡血浆凝块比较，琼脂固体培养基的优点在于基质不液化，细胞在琼脂上的迁移受到限制（图 12-27）。

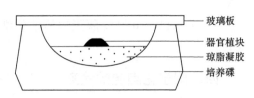

图 12-27　琼脂凝胶培养法（王蒂，2003）

（三）擦镜纸培养法

擦镜纸具有疏水性，可以漂浮在培养液表面作为培养器官的支持物，同时，培养液可以透过擦镜纸而进入培养器官的内部。需注意的是，在将植块放于擦镜纸上面时，要尽量小心，以免下沉。

（四）金属格栅器官培养法

由于漂浮支持物很难长久地漂浮于培养液表面，因此需要用坚硬的支持物替代。1954年Trowell创立了金属格栅器官培养法。金属格栅要采用坚实的网格，保证平稳、安全地支托或移动大量的培养器官，而且必须平坦，并且与培养液平行。

根据不同需要，可直接使用钛或不锈钢金属网。将金属网剪成所需大小，放在表面皿中。也可将金属网四边向下弯，制成顶部25mm×25mm、高4mm的平台（图12-28），将平台放在培养皿中。

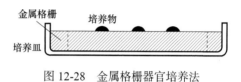

图12-28 金属格栅器官培养法
（章静波，2002）

（五）琼脂小岛器官培养法

用琼脂制成小岛状的支持物，放在液体培养基中，然后将要培养的器官置于琼脂上面进行培养（图12-29）。琼脂不但具有支持作用，而且还可防止培养器官的细胞发生迁移。这种方法可以在培养过程中直接观察植块的生长状况，换液也简便。此外，固相和液相培养基共存，从而可在同一培养体系中加入不同的营养成分，使在同一培养系统中培养不同的器官成为可能。

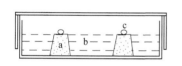

图12-29 琼脂小岛器官培养法
（章静波，2002）

a. 琼脂小岛；b. 液体培养基；c. 培养物

（六）陈氏滤纸虹吸器官培养法

此方法是陈瑞铭于1964年发明的。在一标本缸内放置一玻璃制成的架子，架子上放置一玻璃船，船内装培养液，船边悬挂滤纸。缸盖是一张带三个孔的玻璃板，两侧的孔供气体进出，中间的孔用作向玻璃船内灌注培养液（图12-30）。器官可以贴在滤纸上进行培养，营养的供应主要靠滤纸的虹吸作用。优点是可以持续地、适量地获得营养，一个支持面可以同时培养较多的植块，能随时收集培养液或植块进行分析和观察。

（七）灌流式器官培养法

章静波设计的灌流式器官培养系统是在注射器针筒内，把器官外植块放到泡沫塑料片上（或用琼脂涂抹针筒内壁代替泡沫塑料片），然后将培养液灌注到针筒内，不断流过外植块进行培养（图12-31）。

（八）器官灌注培养法

器官灌注培养法是利用器官的动静脉系统灌注血液或含有营养和氧气的培养液，以此来维持器官在体外的长期生存。基本操作步骤是：仔细把完整器官从麻醉的动物体内取出，取

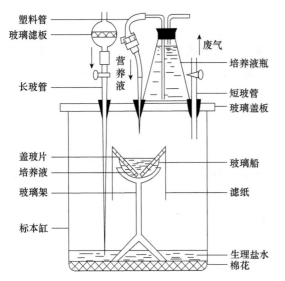

图 12-30　陈氏滤纸虹吸器官培养法
（章静波，2002）

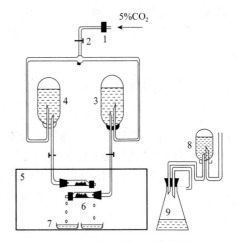

图 12-31　灌流式器官培养法（章静波，2002）

1. 微孔滤器；2. 螺旋调节；3. 对照组培养液；4. 实验组培养液；5. 恒温箱；6. 注射器内置泡沫塑料及培养于上面的器官培养块；7. 废液收集；8. 5% 乙酸溶液；9. 饱和 $NaHCO_3$ 溶液

出前将血管结扎并套上动脉套管；用泵将培养液从动脉泵入器官中，当培养液从静脉流出后，借重力作用先流入一个膜式充氧器中，然后经滤膜过滤后，再流回动脉。用泵将营养液泵入器官内，并经过器官循环后流出，这是最早的灌流式培养器官的方法。

三、类器官培养

类器官是指在结构和功能上都类似来源器官或组织的模拟物，是由具有干细胞潜能的细胞进行体外三维培养后形成的细胞团，其具有自我更新和自我组装的能力，能够独立扩增并且分化为器官特异性上皮，并表现出与来源组织相似的结构和功能。与传统的细胞系模型不同，类器官不仅能够长期传代培养，且具有稳定的表型和遗传学特性。

类器官的三维培养需要利用生物工程的方法来引导细胞分裂和分化。细胞因子和细胞外基质组成干细胞培养微环境，是类器官更新和分化的物质基础。通过人为调控培养系统的成分，由细胞自主地分化为特定结构，完成类器官自组装过程。

类器官可长期培养传代，基因型稳定，而且可以冻存，复苏后可继续稳定培养，这就为生物器官库的建立提供了可能。通过扩建类器官生物库，我们可以获得各种类型的类器官模型和肿瘤模型，在对其进行基因组测序和表达谱分析后，不仅可以进行个体层面上的指导，如疾病易感性、药效预测和再生医学等，还能为大规模实验研究提供足够的数据支持。

思 考 题

1. 简述动物细胞培养的特点与营养需求。

2．试述动物细胞培养在生物技术中的应用潜力。

3．简述动物细胞工程技术应用的两面性。

4．举例说明动物细胞培养的目的与用途。

5．简述细胞冻存的原理和方法。

6．举例说明接触抑制与密度抑制有什么异同?

7．比较动物细胞与植物细胞在培养方法上的异同。

8．试举一例说明动物细胞建系的全过程（列出主要方法、步骤及所需的仪器设备）。

9．试述动物细胞生物反应器的发展趋势。

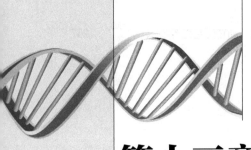

第十三章　动物细胞融合

细胞融合是 20 世纪 60 年代发展起来的一门技术。它不仅在生命科学的基础研究中具有重要作用，而且在动物品种改良、基因治疗和疾病诊治等领域也显现出了广阔的应用前景。1975 年，Köhler 等创建了利用 B 淋巴细胞杂交瘤制备单克隆抗体（monoclonal antibody，McAb）的技术，被称为免疫学史上的一次技术性革命。目前，细胞融合技术已成为动物核移植、McAb 生产的重要技术环节。

第一节　动物细胞融合的基本概念与方法

一、细胞融合的概念和类型

（一）细胞融合的概念

细胞融合是指两个或两个以上来源相同或不同的细胞合并成一个细胞的过程。细胞融合可在体内自然发生，也可以在人工诱导下发生。它分为自发细胞融合（spontaneous cell fusion）和人工诱导细胞融合（induced cell fusion）。

自发细胞融合是在自然条件下发生的一种融合方式，如受精时精子与卵子的融合。动物在发育过程中发生的自发细胞融合常会形成含有多个细胞核的巨大细胞。人工诱导的细胞融合是指采用生物、化学或物理方法，促使两个或两个以上的细胞发生合并，借以形成多核细胞，最终产生杂种细胞的过程。人工诱导的融合细胞能够以增殖分裂方式形成杂种细胞。

（二）融合细胞的类型

1. 同核体　同核体（homokaryon）是由同一生物个体的亲本细胞融合所形成的含有同型细胞核的融合细胞。

2. 异核体　异核体（heterokaryon）是由不同种属或同一种属的不同生物个体的亲本细胞发生融合所形成的含有不同细胞核的融合细胞。

人工诱导细胞融合时，亲本细胞若为体细胞，且融合后的细胞能够增殖传代，那么这一融合过程就叫作体细胞杂交（somatic hybridization）。体细胞杂交的目的是形成新的杂种细胞。所谓杂种细胞（hybrid cell）是指当异核体同步进入有丝分裂后，细胞核的核膜崩解，而且不同来源的核染色体汇合，使得融合细胞内只含有一个源自不同基因组的细胞核。由于这个细胞核是由不同亲本的细胞核融合形成的，因此，这个细胞即称为杂种细胞。

二、人工诱导细胞融合的方法

人工诱导细胞融合的方法有病毒诱导融合法、化学诱导融合法和电融合法三种。目前使用最多的是化学诱导融合法和电融合法。

（一）病毒诱导融合法

常用的能诱导细胞融合的病毒有疱疹病毒（herpes virus）、牛痘病毒（cowpox virus）和副黏液病毒科病毒等，其中属于副黏液病毒科的仙台病毒（sendai virus）应用最为广泛。仙台病毒为多形性颗粒，其囊膜上有许多具有凝血活性和唾液酸苷酶活性的刺突（spike），它们可与细胞膜上的糖蛋白起作用，使细胞相互凝集，再通过膜上蛋白质分子的重新分布，使膜中脂类分子重排，从而打开质膜，导致细胞融合（图 13-1）。

此方法建立较早，操作较烦琐，融合效率和重复性不够高。但目前对病毒通过融合入侵细胞的过程及病毒膜融合蛋白的作用机制等方面的研究仍然是热点问题。

（二）化学诱导融合法

化学诱导融合法是利用一些化学物质，如聚乙二醇（polyethylene glycol，PEG）、Ca^{2+}、溶血卵磷脂等诱导细胞融合的方法。其中 PEG

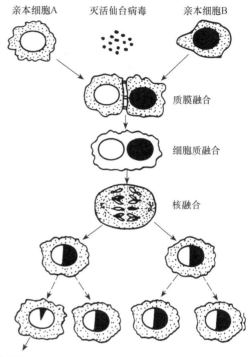

图 13-1 仙台病毒诱导细胞融合示意图
（王蒂，2003）

是最常用的诱融剂。用 PEG 诱导细胞融合的特点是可以使细胞表面变得黏稠，细胞互相黏合，继而在黏合的部位产生穿孔，最后发生细胞融合。

用 PEG 诱导细胞融合是 Potecrvo 在 1975 年获得成功的。此方法的优点是简便、融合效率高。因此，其很快取代了仙台病毒法而成为诱导细胞融合的主要手段。

选择 PEG 作为诱导融合剂时，PEG 溶液的 pH 为 7.4～8.0，相对分子质量为 1000～4000，使用浓度为 30%～50%。在融合过程中，开始逐滴加入 PEG，而且在作用期间需不断振摇，以防止细胞结团。短期温育后再缓慢加入不含血清的培养液终止 PEG 作用。

（三）电融合法

1981 年，Scheurich 和 Zimmermann 发明了电诱导细胞融合法，简称电融合。电融合是指将亲本细胞置于交变电场中，使它们彼此靠近，紧密接触，并在两个电极间排列成串珠状，然后在高强度、短时程的直流电脉冲作用下，相互连接的两个或多个细胞的质膜被击穿而导致细胞融合（图 13-2）。

电融合法的优点是融合效率高，对细胞的毒性小，参数也较易控制。但需要注意的

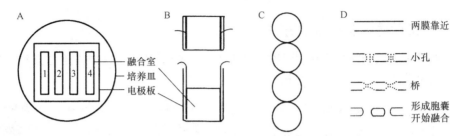

图 13-2　电融合法原理示意图（冯伯森等，2000）

A. 平行多电极融合装置；B. 电融合微室；C. 交流电场中排列的细胞；D. 两细胞融合过程

是，由于不同细胞的表面电荷特性有差别，因而需要进行预实验，以确定细胞融合的最佳技术参数。

此外，近年来还发展了新的细胞融合技术，如激光剪和激光镊技术。这些新的细胞融合方法应用潜力很大。

三、细胞融合的机制

细胞融合的关键步骤是两亲本细胞的质膜发生融合，形成同一的质膜（细胞膜）。膜融合是细胞生命过程中的重要事件。关于质膜融合的分子机制目前已有了大量的研究结果，其典型的实例就是转运泡（transport vesicle）与质膜融合。

转运泡在细胞融合过程中起重要作用，它是由高尔基体产生的。在转运泡与质膜（是转运泡将要到达的目的膜，也称靶膜）相互融合的过程中，有一些分子和分子复合体起了关键作用，如 SNARE（soluble NSF attachment protein receptor，一种跨膜蛋白）、连接蛋白（tethering protein）和 Rab（一类单体 G 蛋白）等。连接蛋白和 SNARE 负责转运泡和质膜之间的识别与融合；其中 SNARE 的作用是介导转运泡与靶膜的停靠和融合（图 13-3）。另外，在转运泡的膜上有 v-SNARE（v：vesicle）蛋白，在质膜上有 t-SNARE（t：target）蛋白，这两种蛋白都含有螺旋状结构域。这一结构域在 Rab 的帮助下能相互缠绕形成跨 SNARE 复合体（trans-SNARE complexes）。细胞发生融合时，转运泡的膜与质膜通过该复合体被拉在一起，随后两细胞紧密接触，形成穿孔，继而发生膜的融合（图 13-4）。

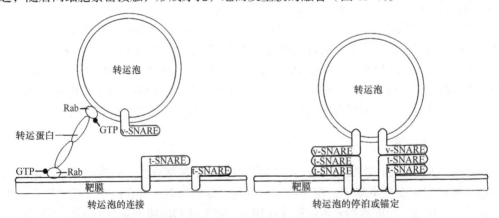

图 13-3　细胞内转运泡与靶膜的连接与锚定（Gerald Karp，2005）

转运泡通过连接蛋白（tethering protein）和 Rab 蛋白与即将发生融合的靶膜识别并连接，该过程通过连接蛋白的识别和结合完成；通过转运泡上的 v-SNARE 与靶膜上的 t-SNARE 发生连接，使转运泡与靶膜密切接触

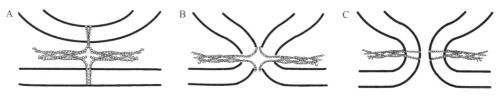

图 13-4　转运泡与靶膜融合过程中 v-SNAREs 与 t-SNAREs 相互作用的模型

A. 当转运泡通过 v-SNARE 与 t-SNARE 锚定在靶膜上后，这些相关蛋白的分子通过形成四条链索的 α 跨膜螺旋相互缠绕，使转运泡的膜与靶膜密切接触；B. 推测的膜融合时的瞬间状态：两个即将融合的膜之间出现一个充水的小腔；C. 原先位于两种分开的不同膜上的跨膜螺旋现在处于同一膜脂双层中，融合孔在转运泡和靶膜之间打开，完成两种膜的融合过程

第二节　动物杂交细胞的筛选

　　细胞融合是一个随机的过程。因此，人工诱导细胞融合时，多数细胞实际上并没有发生融合形成杂交细胞。例如，以 PEG 作为融合剂进行细胞融合时，形成杂交细胞的比例仅有十万分之一，而且形成的杂交细胞中多数杂交细胞的生长较为缓慢，但有些杂交细胞生长速度则很快。因此，筛选杂交细胞应根据其细胞特性来选择适当的方法。杂交细胞的筛选可分为非选择性筛选和选择性筛选两种。

一、非选择性筛选

　　根据杂交细胞的表型特征和物理特性的差异，用机械方法筛选杂交细胞的方法称为非选择性筛选。其中包括：①利用细胞形态、大小、密度与颜色标记上的差异，可以识别和筛选杂交细胞；②通过离心方法可以筛选不同密度的杂交细胞；③利用杂种细胞在显微镜下可辨别的特性，可用显微操作技术进行分选；④在不同亲本细胞上加不同的荧光标记后细胞融合产生双亲标记，然后利用荧光激活分选技术对杂交细胞进行筛选。荧光激活分选技术的优点是不但在短时间内能够分离大量细胞群体，而且还可获得杂交频率很低的融合细胞，但这一方法需要较为昂贵的仪器。

二、选择性筛选

　　通过改变培养基成分或添加药物对杂交细胞进行筛选的方式称为选择性筛选。它是利用杂交细胞在生理上的选择标记（如基因缺陷互补、抗性标记、营养缺陷、温度敏感突变特性等标记）筛选杂交细胞的方法。

（一）利用基因缺陷互补筛选

　　最常用的方法是在亲本细胞的嘧啶和嘌呤代谢途径中引入缺陷突变筛选杂交细胞。此方法的基本原理是：细胞合成核苷酸有两条途径，一条是从头合成途径，另一条是补救途径。对核苷酸合成的酶类进行突变，就可以人为控制细胞的存活。例如，最常用酶类有次黄嘌呤-鸟嘌呤磷酸核糖基转移酶（hypoxanthine-guanine phosphoribosyl transferase，HGPRT）和胸腺嘧啶核苷激酶（thymidine kinase，TK）。在核苷酸合成的补救途径中，HGPRT 负责催化磷酸核糖焦磷酸和嘌呤基形成嘌呤单磷酸核苷酸，而 TK 可将培养基中的胸苷转变为 5'-单磷酸胸苷，以作为胸苷脱氧核苷酸合成的材料。当 HGPRT 或 TK 发生突变并丧失催化功能时，核苷酸合成的补救途径就被阻断。如果使用药物阻断核苷酸从头合成途径，细胞就可以利用其补救途径继续存活。但细胞缺乏补救途径的相关酶类时则会死亡。而杂交细胞的特点是它具有双方的基因组，而且核苷酸合成补救途径的基因缺陷能够互补，因此能够在选择培养基中生存和增殖。

常用阻断嘌呤和嘧啶从头合成核苷酸途径的药物有次黄嘌呤、胸苷、氨基蝶呤和氨甲蝶呤。

（二）利用抗性标记筛选

利用抗性基因标记（如新霉素或潮霉素等）也可以筛选杂交细胞。此法的基本原理是：抗生素的抗性基因可通过基因转染方式导入细胞并在其中稳定表达，这时细胞就具备了针对某种抗生素的抵抗能力。用这种细胞进行细胞融合，并将融合后的细胞在加入两种抗生素的培养基中进行培养时，杂交细胞因同时带有两个亲本细胞的抗性基因，能够在含有抗生素的培养基中继续生存。但未融合的细胞或同核体细胞因为缺少另一亲本细胞的抗性基因而不能存活，因此利用此法能够筛选出所需要的细胞类型。

（三）利用营养缺陷筛选

在体外培养条件下，有些细胞由于缺乏某些营养物质（如嘧啶、嘌呤、氨基酸、碳水化合物等）而不能存活，因此必须在培养基中添加这些营养物质才能继续生存并增殖。此法是利用这一原理设计选择性培养基，使具有基因互补的融合细胞可在选择性培养中生存，而其他细胞则死亡。

（四）利用温度敏感突变特性的筛选

一般情况下，体外培养的动物细胞可以在一定的温度（32～39℃）内生存。如果引入合适的突变环境，有些细胞仅能在允许的温度范围内生存。这样，利用细胞生存的合适温度范围可以设计筛选方案。因此，将细胞放在非允许温度范围进行培养时，未融合的亲本细胞由于处于非允许温度下无法生存而死亡，但杂交细胞能继续生存和增殖。

综上所述，对杂交细胞的选择性筛选均是通过改变培养条件，仅允许融合产生的杂交细胞生长，而淘汰群体中的其他细胞，从而保证生长相对较慢的杂交细胞在传代过程中不至于染色体丢失，最终获得杂交细胞系。

第三节　动物融合细胞的克隆化培养

融合后筛选出的杂交细胞群体不完全是纯系，仍属于异质性的细胞群体。因此，必须根据实验目的对杂交细胞群体进一步纯化，以便获得同质性的细胞群体。最常用的纯化方法是杂交细胞的克隆化培养（clonal culture）。

克隆化培养是指使单个杂交细胞在一个独立空间中生长增殖，最终扩增为一群相对较纯的且能够稳定表达某些特定性状的细胞群体的培养方式。用这种方法得到的细胞群体由于均来源于同一个祖先细胞，故可认为其遗传特性较为一致。常见的克隆化培养方法有如下 4 种。

一、有限稀释法

有限稀释法是将筛选得到的杂交细胞通过稀释接种到单个培养空间并得到遗传特性均一的杂交细胞群体（细胞克隆）的方法。向单个培养空间里加入细胞溶液时，保证每一孔接种 1 个细胞。以 96 孔板为例：细胞密度为 100 个 /mL 时，加入 10μL 细胞溶液，每一培养空间里就有可能只含有 1 个细胞。等细胞接种后，在倒置显微镜下检查并记录只含 1 个细胞的培养孔，并向每孔加入 100～200μL 的培养液，经短时间培养后细胞增殖扩增，即可在该孔内形成细胞克隆。

二、半固体培养基法

半固体培养基法是将细胞接种于半固体培养基里使细胞以分散的方式单个生长，增殖后的细胞后代不能迁移，只是在祖先细胞附近形成细胞集落（细胞克隆），然后挑出这些细胞集落再进行扩大培养，获得纯化的杂交细胞群体的方法。半固体培养基最常见的有软琼脂培养基和甲基纤维素培养基等。

三、单细胞显微操作法

这一方法是在倒置显微镜下用自制毛细管或微量可调移液器通过显微操作法分离单个杂交细胞，然后将其植入单个培养空间，最终获得单个杂交细胞的后代。用于显微操作的杂交细胞应具备可辨认的独特形态学特征。

四、荧光激活分选法

荧光激活分选法是采用荧光激活分选仪进行的。方法是用荧光物质标记待选的杂交细胞，然后将细胞悬液通过分选仪上的细胞喷嘴，可形成单个细胞微滴。此法的基本原理是被荧光物质标记的待选细胞在激光照射下能够发射荧光，再通过调整仪器参数使发射不同荧光的单个细胞微滴带有不同电荷，这些具有不同电荷的细胞微滴在电场中的偏转度不同，因此利用这一原理通过电脑处理，可分离不同的杂交细胞。最后将分选得到的单个杂交细胞依次加入到各自独立的培养板中，进行单克隆培养。

杂种细胞在传代过程中发生突变的概率很高，特别是淋巴瘤杂交细胞更为明显。因此，得到的克隆细胞应尽快冷冻保存。

第四节　动物细胞融合的应用

自 20 世纪 60 年代以来，细胞融合技术在生命科学的各个领域发挥了巨大作用，无论在基础研究还是应用研究领域，细胞融合技术均取得了长足的发展。

一、淋巴细胞杂交瘤

杂交瘤（hybridoma）是指肿瘤细胞与正常细胞的融合。目前，杂交瘤这一名词专指淋巴细胞杂交瘤。获得淋巴细胞杂交瘤的目的主要是用来生产单克隆抗体。具体方法是将一个经免疫可产生抗体的 B 淋巴细胞的效应细胞——浆细胞，与一个肿瘤细胞（骨髓瘤细胞）进行融合，进而既可以产生抗体，又可以获得永生化增殖能力的杂交细胞。例如，体内因免疫应答形成的可分泌抗体的淋巴细胞寿命只不过是数天，但该细胞与骨髓瘤细胞进行杂交，可得到持续产生 McAb 的永生化细胞克隆。

二、体细胞杂种的致瘤性分析

体细胞杂种的致瘤性分析主要用于检测病毒转化细胞与肿瘤细胞致瘤遗传特性变化。

20 世纪 70 年代，研究人员证实，若将一系列高度恶变的小鼠肿瘤细胞与正常体细胞或低恶变的小鼠细胞融合，许多杂种细胞的恶性程度都会受到不同程度抑制。而且在体内实验中发现，这些融合后的杂交细胞在动物（如小鼠）体内的致瘤率明显降低，这说明了正常细胞中存在着肿瘤抑制现象。随后，这一技术在肿瘤致病基因的寻找与功能研究中得到应用，并为致癌基因和抑癌基因的研究提供了重要的手段。

三、制作疫苗

通过细胞融合技术可以生产抗肿瘤疫苗。目前，虽然单一的肿瘤抗原也可诱导体内产生抗肿瘤的免疫细胞，但是若肿瘤组织不再表达该抗原时，就会逃脱免疫细胞的杀伤，使肿瘤复发，这就是所谓的肿瘤"抗原逃逸变种"（antigen escape variants）。如果使用肿瘤细胞作为疫苗免疫动物或人体，由于肿瘤细胞表面含有广谱的肿瘤抗原，诱导机体产生针对多个抗原的大量不同种类的特异性免疫细胞，便可以消除或抑制肿瘤的生长。又如用肿瘤细胞与激活的 B 淋巴细胞进行融合，也能诱发特异性的抗肿瘤免疫效应。利用细胞融合技术生产细胞疫苗，在肿瘤治疗中将会有良好的应用前景。

哺乳动物与人体内的免疫系统中有一种专门向淋巴细胞提供特异性抗原的树突状细胞（dendritic cell，DC）。树突状细胞能启动机体的 T 细胞免疫，它是抗原提呈细胞（antigen presenting cell，APC）中专门提呈外源的或内源的抗原给淋巴细胞的一类 APC。如果用树突状细胞与肿瘤细胞进行融合，就可以生产提供全部肿瘤抗原的 DC-肿瘤细胞疫苗。另外，树突状细胞能大量表达 T 细胞活化所需要的共刺激信号，因此它可以有效刺激免疫系统消除肿瘤，有助于肿瘤的治疗。

四、核移植和动物克隆

自动物克隆技术诞生以来，通过细胞融合技术进行核移植的技术已经建立，使动物的克隆化已成为了现实。所谓动物克隆是指将受精卵早期卵裂细胞的核或体细胞的细胞核通过融合导入去核受精卵或成熟的去核卵母细胞中，然后通过体外培养或体内移植使这种核质重组胚发育，产生与供体核基因型相同的后代。

五、细胞融合在基础理论方面的应用

（一）基因定位

基因定位是指某一特定基因在染色体上的位置被确定的过程。在 PCR 技术和 DNA 自动化测序技术发明之前，确定人类基因在染色体上的定位主要依赖细胞融合技术。对于一个特定基因来说，不同个体细胞内核苷酸组成会有差异（称其为等位基因的多态性），因此，确认该基因在基因组中的位置就十分重要。当某一基因的位置被确定后，就可以较为方便地了解该基因在细胞内的表达调控模式及其生物学功能。

细胞融合技术用于基因定位的原理是不同来源的细胞，特别是不同种属来源的细胞融合时，常会发生染色体丢失的现象。这是因为细胞在增殖过程中很难维持四倍体的状态。若不人为干预，融合细胞中的染色体丢失被认为是随机发生的。杂种细胞在传代过程中可以使亲本细胞一方的染色体首先丢失，仅保留其中另一亲本的大部分染色体，即所谓的染色体选择性丢失现象。例如，人类的细胞和啮齿类的细胞融合后形成的杂种细胞会优先丢失人类的染色体。因此，筛选不同种属杂交细胞，即可得到只含有亲本一方某条特定染色体或染色体片段的不同细胞克隆。然后再根据这一细胞克隆是否出现这条染色体亲本的特征表型，以及该表型与这一染色体或染色体片段是否同时出现，就可以确定某种性状的基因是否定位在这条特定的染色体或染色体片段上。

（二）遗传基因缺陷的互补

基因缺陷是指基因功能的缺陷。包括基因突变、基因缺失、基因的异常表达等。人类的遗传疾病就是由基因功能的缺陷引起的。

基因功能缺陷可用导入有正常功能的基因来弥补，细胞融合技术则可能以正常基因来取代突变或功能缺失的基因，或关闭异常表达的基因，或使这些基因的表达水平上调或者下调，从而使其维持在正常范围内。

（三）分化功能的表达调控研究

利用细胞融合技术，将不同分化状态的细胞或不同组织类型的细胞构建成为可存活的种内或种间杂种细胞。然后对构成杂种细胞的两个亲本细胞的基因组和细胞质的彼此相互作用机制进行研究，并观察来源不同的细胞质与细胞核之间相互作用后，会产生什么样的结果，原有的分化性状是消失还是保留，原先表达的基因是沉默还是激活，或是不变，并分析其中的可能原因。这一技术现在已经成为真核细胞基因表达与细胞分化机制研究的有效手段之一，在组织特异性分化功能表达的调控机制方面，已经取得很多有意义的成果。

（四）其他方面的研究

细胞融合技术在研究细胞质与细胞核遗传，核质相互关系，细胞拆分、重建和融合及创造微核融合技术等方面的应用十分广泛，对深入研究和了解细胞生命活动的基本规律具有重要意义。

第五节　动物淋巴细胞杂交瘤和单克隆抗体

1975 年，Köhler 和 Milstein 将小鼠骨髓瘤细胞与用绵羊红细胞免疫过的小鼠 B 淋巴细胞进行融合，获得了具有双亲细胞特征，即在体外培养时既可像瘤细胞一样无限快速增殖又能持续地分泌特异性抗体的杂交瘤细胞，创立了具有划时代意义的单克隆抗体生产技术。

肿瘤细胞与体细胞融合形成的杂交细胞称为杂交瘤细胞，建立杂交瘤细胞系的技术称为杂交瘤技术（hybridoma technique）。通常所说的杂交瘤技术是指将骨髓瘤细胞与 B 淋巴细胞杂交，以建立可以合成并分泌单一性抗体的杂交瘤细胞系的技术。杂交瘤细胞可以分泌具有特异性和同质性的单克隆抗体。后来，人们将 T 淋巴细胞与胸腺瘤细胞融合也获得了 T 淋巴细胞杂交瘤。

一、B淋巴细胞杂交瘤

（一）基本原理

哺乳动物的免疫系统包括体液免疫和细胞免疫，参与这两种免疫应答的细胞主要有两类，即B淋巴细胞和T淋巴细胞。B淋巴细胞在特定的外来抗原刺激下能进一步发育成浆细胞，分泌只针对该抗原的单一决定簇的特异性抗体，参与体液免疫。但是体外培养的B淋巴细胞不能长期生存，因此不能持续产生抗体。如果一个单一的B淋巴细胞既能分泌特异性抗体，又能在体外不断增殖，就可规模化生产McAb。受抗原刺激的T淋巴细胞既能进一步发育成为具有特异性杀伤能力的细胞，直接参与细胞免疫，又能辅助B淋巴细胞产生抗体。

杂交瘤技术的基本原理是将骨髓瘤细胞与B淋巴细胞进行融合，获得杂交瘤细胞。杂交瘤细胞既具有B淋巴细胞分泌特异性抗体的功能，又具有骨髓瘤细胞能够在体外长期快速生长的特性。骨髓瘤细胞与B淋巴细胞融合后，在融合液中存在5种细胞，即未融合的两种亲本细胞、两种亲本细胞的同核体和杂交瘤细胞。在含有氨基蝶呤的次黄嘌呤-氨基蝶呤-胸腺嘧啶核苷（HAT）选择培养基中所有细胞只能通过应急途径合成DNA，而应急途径同时需要次黄嘌呤-鸟嘌呤磷酸核糖基转移酶（HGPRT）和胸腺嘧啶核苷激酶（TK）的参与，因此 $HGPRT$ 或 TK 基因缺失的骨髓瘤突变株细胞不能在HAT培养液中生长。正常的B淋巴细胞有一整套应急途径所需的酶，可在HAT培养液中正常生长一段时间，当它们和HGPRT或TK基因缺失的瘤细胞融合时，能使杂交细胞产生足够的HGPRT或TK，赋予杂交瘤细胞在含次黄嘌呤和胸腺嘧啶的HAT选择培养液中生存和增殖的能力，但其他细胞不能存活而死亡。因此，在生产杂交瘤细胞时，应选择HGPRT或TK的缺陷型骨髓瘤细胞作融合亲本，采用HAT培养基筛选杂交瘤细胞。

（二）融合细胞的准备

在McAb的制备过程中，采用与骨髓瘤细胞来源同一品系的动物进行免疫，这样杂交融合率高，也便于建系后的杂交瘤细胞能够在同系动物中生长及收获大量腹水制备McAb。另外，B淋巴细胞必须是从经过特定抗原免疫，而且能产生抗体的动物脾脏中获得。

1. 致敏B淋巴细胞的准备　　用目的抗原免疫小鼠时，应选用纯系、健康的6~8周龄BALB/c小鼠作为免疫动物，这样可以获得大量激活的淋巴细胞。各种病毒、细菌、癌细胞和人工完全抗原等均可作为免疫原免疫动物。免疫策略依抗原不同而异，一般来说，多进行腹腔注射或皮下多点注射。免疫剂量常为10~100μg/次，通常需免疫4次，免疫间隔2~4周，初次免疫用弗氏完全佐剂，二免、三免用弗氏不完全佐剂，加强免疫时不用佐剂；前三次免疫使用腹腔注射或皮下多点注射，加强免疫使用尾部静脉注射。加强免疫后4~5d，取脾脏分离B淋巴细胞备用。

2. 骨髓瘤细胞的准备　　选择的骨髓瘤细胞尽可能与B淋巴细胞是同一来源的细胞，而且必须具有代谢缺陷特征（HGPRT⁻或TK⁻）。目前已建立了大鼠、小鼠的非分泌型、具有药敏特性的骨髓瘤系。一般获取骨髓瘤细胞后在培养液（如RPMI1640、DMEM）中进行培养、传代或冷冻保存。使用冷冻细胞制作杂交瘤细胞时，应在使用前两周复苏骨髓瘤细胞。

（三）融合的方法

骨髓瘤细胞与淋巴细胞融合，一般采用 PEG 诱导法进行。方法是将 B 淋巴细胞和骨髓瘤细胞以一定比例（一般为 5 : 1）混合，并加入 30%～50%（m/V）PEG 进行融合。

另外，用秋水仙酰胺处理骨髓瘤细胞，用 PEG 与二甲基亚砜联合作融合剂可提高细胞融合率。

（四）杂交细胞的选择

小鼠的脾细胞和骨髓瘤细胞融合后，在融合液中可能出现多种形式的细胞，如同核体、异核体和未融合细胞等。将这些细胞融合处理 24h 后，转移到 HAT 培养液中，并接种于 96 孔培养板中培养 1～2 周后，只有杂交瘤细胞存活下来，并形成细胞集落，其他细胞相继死亡。筛选过程一般分两步进行。

1. 融合细胞的抗体筛选 首先通过酶联免疫吸附试验测定融合细胞培养液上清，筛选出能够分泌较高水平抗体的融合细胞，即阳性细胞，随后进行克隆化培养，克隆一旦形成，应及时用免疫学方法检测抗体的特异性。常用的检测方法有放射免疫测定、酶联免疫吸附试验和免疫荧光测定等。免疫荧光测定的基本原理是以免疫原为靶抗原，以杂交瘤细胞生长孔内的上清液为一抗，以放射性同位素、酶或荧光素标记的兔 / 羊抗鼠 IgG 为二抗，然后利用放射性同位素测定，底物显色或在荧光显微镜下观察荧光颗粒，判断上清液中是否含有相应的抗体。

2. 特异性抗体筛选 在建立稳定分泌 McAb 杂交瘤细胞株的基础上，应对 McAb 的特性进行系统的鉴定，一般可进行以下几方面鉴定：①抗体的特异性和交叉反应情况；②抗体的类型和亚类；③抗体的中和活性；④抗体的亲和力；⑤抗体对应抗原的分子量；⑥抗体识别的抗原表位。

（五）克隆化培养

筛选出阳性细胞后用杂交瘤细胞克隆培养方法（如有限稀释法、软琼脂培养法和单细胞显微操作法）进行克隆化培养。一般情况下，杂交瘤细胞的染色体处于不稳定状态，因此当细胞分裂时，因染色体分配不平衡，易导致杂交瘤细胞在分裂增殖过程中失去抗体分泌能力，所以克隆化培养 3～5 次后，才能获得稳定基因型和稳定分泌特异性抗体的细胞。

二、单克隆抗体技术

（一）McAb 的特性

1. 高度特异性 McAb 只识别并结合抗原分子上特定的抗原决定簇（antigenic determinant）。所有抗体分子对抗原的反应性均具有高度的选择性和专一性，即高度特异性。因此，McAb 对抗原鉴别和特异标记物的诊断有重要的应用价值。

2. 高度稳定性 单克隆细胞所分泌的抗体分子在结构上高度均一，甚至在氨基酸序列和空间构型上也是相同的。杂交瘤细胞生长和分泌单一抗体的特性能较好地得到保持。

3. 高抗体活性 与多克隆抗体相比，McAb 可以进行工业化大量生产，而且用诱生腹水法产生的 McAb 具有显著高于其他任何一种多克隆抗血清的抗体效价，一般至少高出 4 倍。

4. 不可知性　McAb 的很多生物活性是不可预知的，一个已知的抗原可能会产生许多不同的 McAb。

总之，McAb 的理化性状高度均一，生物活性单一，与抗原结合的特异性强；便于人为处理和质量控制，并且来源容易，所以在生命科学研究的各个领域均具有重要的应用价值。

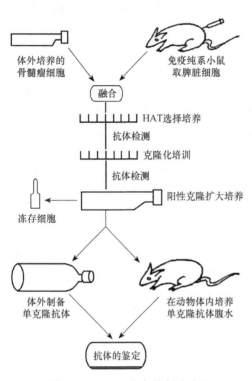

图 13-5　McAb 生产的主要过程

（二）鼠源 McAb 的生产和纯化

McAb 的生产和纯化有以下两种途径。一种途径是体外培养杂交瘤细胞，然后收集上清液。此方法生产工艺简单、容易控制，可以大规模生产。目前上市的 McAb 多采用此法制备，但 McAb 浓度不高，一般只有 200～500mg/mL。另一种途径是将杂交瘤细胞接种到同系小鼠的腹腔内经过一定时间，抽取腹水。方法是先将 0.5mL 降植烷（pristane）或液体石蜡注射到 BALB/c 鼠的腹腔内，经过 1～2 周后向小鼠腹腔注射 1×10^6 个杂交瘤细胞，接种细胞 7～10d 后即可产生腹水，密切观察动物的健康状况和腹水特征，待腹水尽可能多、动物濒死之前，处死小鼠，收集腹水，也可多次收集腹水，通过离子交换、凝胶过滤或亲和层析等方法从中纯化得到 McAb（图 13-5）。

McAb 的纯化方法取决于抗体的种类，如属于小鼠 IgG 类，可选用 SPA-琼脂糖亲和层析法或 DEAE 离子交换层析法；若属于小鼠 IgM 类，可选用 Sephadex G-200、Sephacryl S-300 或凝集素亲和层析法。

（三）人源杂交瘤 McAb

自小鼠 McAb 问世以来，人们对生产人 McAb 技术产生了极大的兴趣。但是，目前仍存在很多困难：①致敏问题，要获得针对某种特定抗原的抗体，要有足够数量的分泌这种抗体的 B 细胞；②杂交瘤细胞不稳定，目前世界上已建立的一些人骨髓瘤细胞株，与人淋巴细胞融合后虽能产生抗体，但是杂交瘤细胞不够稳定，抗体效价也不够理想；③转化细胞不稳定，易发生染色体的丢失；④抗体生产问题，人-人杂交瘤接种于动物体内会遭到排斥，而且需要建立无血清的体外培养体系。

人-人杂交瘤技术的操作步骤和制备过程与小鼠杂交瘤生产技术类似，但尚缺乏可与小鼠骨髓瘤系相媲美的理想人源瘤系。目前，通过人-鼠种间的异源杂交瘤以获取人 McAb，但这种异源杂交瘤的应用很有限，不同种间杂交细胞很容易出现染色体丢失现象。例如，人、兔、大鼠的淋巴细胞和小鼠骨髓瘤细胞融合后，容易发生人、兔、大鼠染色体的丢失。为了解决异源杂交瘤不稳定的问题，曾尝试过建立各物种自己的骨髓瘤系，其中，大鼠的瘤系比较好，虽然也报道获得了兔-兔杂交瘤特异抗体，但迄今在应用上没有很大发展。

（四）基因工程抗体

基因工程抗体是将抗体的基因重组并克隆到表达载体中，在适当的宿主中表达并折叠成有一定功能的一种抗体分子的技术。基因工程抗体具有分子量小、免疫原性低、可塑性强及成本低等优点。

基因工程抗体技术的基本原理是从杂交瘤、免疫脾细胞或外周血淋巴细胞等中提取mRNA，逆转录成 cDNA，再经 PCR 分别扩增出抗体的重链及轻链基因，按一定的方式将两者连接克隆到表达载体中，然后转移到大肠杆菌、中国仓鼠卵巢细胞（Chinese hamster ovary，CHO）、酵母细胞、植物细胞或昆虫细胞等细胞中表达并诱导产生抗体，筛选出高表达的细胞株，再用亲和层析等手段纯化抗体片段。基因工程抗体技术的着眼点在于尽量减少鼠源成分，保留原有抗体的亲和力和特异性。

1. 改造原有的鼠源 McAb　抗体的基本结构是一个 Y 型的四肽链，由两条完全相同的重链和两条完全相同的轻链组成，重链和重链之间、重链和轻链之间以二硫键相连，结合成一个轻重链配对的对称分子。

1）组成具有完整抗体分子的形式，如嵌合抗体和重构抗体。所谓的嵌合抗体（chimeric antibody）就是在完整的抗体分子中，V 区（可变区）是鼠源的，而 C 区（恒定区）是人源的。一般来说，嵌合抗体保留了原鼠源 McAb 的特异性和亲和力。抗体互补决定区（complementary determining region，CDR）是指在抗体可变区中与抗原互补结合，构成抗原结合部位的部分。重构抗体（reshaped antibody）就是利用基因工程技术把人源抗体的 CDR 部分换成鼠源的 CDR，形成具有鼠源单抗特异性和亲和力的人源化抗体。嵌合抗体和重构抗体都有共同的缺点：亲和力弱，产量低，纯化费用高，费力耗时等。

2）最常用的一种抗体片段是 Fab，它是 Y 型抗体的两个臂，是由可变区和小部分的恒定区组成的，因此具有特异结合抗原的特性。另一种为只有完整抗体一条链的单链抗体（single chain antibody fragment，ScFv）。

2. 噬菌体表面展示技术　噬菌体表面展示技术（phage display technology，PDT）最早由美国密苏里大学的 Smith 于 1985 年建立。1990 年，McCafferty 等创造性地使用噬菌体展示技术将人类免疫球蛋白可变区展示在噬菌体上，用以制备单克隆抗体。其基本原理是将编码抗体分子片段的基因与噬菌体外壳蛋白基因末端融合，使表达的抗体分子片段展示在噬菌体颗粒表面成熟的衣壳蛋白上，就形成了噬菌体抗体（phage antibody）。将多样性的抗体基因组装到噬菌体表面得到多样性噬菌体抗体的集合，即称为噬菌体抗体库（phage antibody library）。通过这种技术可以将噬菌体表面表达的抗体片段的基因型与表型联系在一起，把抗体分子的结合特性同噬菌体的可扩增性统一起来，形成一种高效筛选体系。此技术的主要特点是将特定抗体分子的基因型和表现型统一在同一病毒颗粒内。2002 年，首个由噬菌体展示技术研制出的单克隆抗体 Adalimumab（商品名 Humira）被美国 FDA 批准用于治疗类风湿性关节炎。该单抗与肿瘤坏死因子（TNF）具有很高的亲和力，可阻止其与受体结合从而抑制多种炎症反应，用于治疗类风湿性关节炎、克罗恩氏病、溃疡性结肠炎等自身免疫性疾病和炎症性疾病。目前 Adalimumab 已经成为全世界销量最好的单克隆抗体药物，2018 年其销售额高达 204.85 亿美元。2018 年，George P. Smith 和 Gregory P. Winter 因在噬菌体展示技术中的突出贡献而获得诺贝尔化学奖。

3. 应用基因组工程构建转人 Ig 基因组小鼠   美国 Abgenix 公司的研究人员将小鼠胚胎干细胞内制造抗体的基因灭活，并培育成成年小鼠。同时将人的抗体基因转入另一个小鼠胚胎干细胞，也培育成成年小鼠。以上两种小鼠配对生下的后代将会出现只产生人类抗体的小鼠。该技术的优点是转基因动物含有人类抗体库，最后的抗体形式是 IgG，完全人源且具有亲和力成熟过程，可开发性、优化性要求低，产品开发周期短。目前，所有批准用于治疗的单克隆抗体均来自 3 家公司的转基因动物平台：Abgenix XenoMouse（2005 年被安进收购）、Medarex UltiMAb and HuMAb（2009 年由百时美施贵宝公司收购）和赛诺菲 /Regeneron VelociMouse（Life Sci，2017）。

（五）McAb 的应用

McAb 技术由于其独特的生物学特性，广泛应用于生命科学基础研究和临床诊断、治疗领域。例如：①对肿瘤细胞、白血病、肿瘤标记物、激素和细胞表面分化抗原等进行分型；②分离和纯化一些生物大分子，特别是一些常规方法难以纯化的生物制品，如基因工程人 α 干扰素的纯化；③对肿瘤细胞放射追踪和定位；④肿瘤靶向生物治疗，典型的例子是所谓的"生物导弹"治疗肿瘤，其原理一是 McAb 自身可以诱导免疫系统对其结合的肿瘤细胞产生细胞毒性作用，二是利用了 McAb 与肿瘤标记物特异性结合的特性，将偶联在 McAb 上的细胞毒素或同位素定位到肿瘤组织。目前，McAb 靶向生物治疗肿瘤还存在一些问题，如一些肿瘤缺少特异的标记物，一些原发瘤标记物会发生改变及即使是完全人源化的 McAb 依然存在排异反应等。美国 Genetech 公司的抗癌药 "Herceptin"，实质上就是一个基因重组的人源化抗乳腺肿瘤标记物的 McAb。目前肿瘤的免疫治疗成了单抗药物开发研究的热点领域，其中表达在 T 淋巴细胞表面的免疫抑制性受体 PD-1 和 CLTA-4 是两个非常重要的靶点。2018～2019 年，我国有 13 个抗体药物获国家药品监督管理局批准上市，其中以 PD-1 为靶点的单抗药物就有 5 个。

三、T 淋巴细胞杂交瘤

淋巴细胞杂交瘤中还有一类是 T 淋巴细胞杂交瘤，它不生成抗体，能生成淋巴因子，如干扰素（interferon，IFN）、T 细胞生长因子（T cell growth factor，TCGF）、巨噬细胞活化因子（macrophage activating factor，MAF）、白细胞介素-2（interleukin-2，IL-2）、肿瘤坏死因子（tumor necrosis factor，TNF）、集落刺激因子（colony stimulating factor，CSF）、B 细胞分化因子（B-cell differentiation factor，BCDF）等十余种。形成 T 淋巴细胞杂交瘤所采用的融合技术与 B 淋巴细胞杂交瘤相似。

（一）建立 T 细胞杂交瘤的方法

1. 用作融合亲本的瘤系   目前有多种人或小鼠的瘤系可作为融合亲本，最常用的是小鼠的胸腺瘤系 BW1574。已经建立了多种稳定的、具有不同功能的 T 细胞杂交瘤，该系还拥有 HAT 筛选的选择标志。

2. 特异 T 淋巴细胞的富集   B 细胞杂交瘤筛选是基于分泌的抗体直接和抗原结合，而抗原特异的 T 细胞杂交瘤是基于功能筛选（如能分泌某种淋巴因子或能杀伤某种靶细胞），因此筛选费时费工。由于抗原特异的 T 细胞在淋巴细胞类群中的比例很低，因此最好在融合前先富集 T 淋巴细胞或抗原特异的 T 细胞以增加获得所需的 T 细胞克隆的概率。例如，抗原特异的辅助 T 细胞是识别结合在抗原呈递细胞的 MHC Ⅱ（major histocompatibility complex Ⅱ）类分子凹槽中的抗原肽，因此，可以在融合前将免疫淋巴细胞在体外用抗原递呈细胞和抗原再次刺激，使其增殖，由此，不仅增加了特异 T 细胞的比例，也有利于融合。

3. 细胞融合 和 B 细胞杂交瘤一样，同样可以用生物、化学或物理的方法来进行融合，但最常用的方法仍是以 PEG 为融合剂的化学方法，所有步骤都在 37℃进行，培养液中不含血清。

4. 融合细胞的筛选 如果亲本瘤系缺乏 HGPRT 或 TK，可选用 HAT 培养液，因为瘤细胞不能利用合成 DNA 的应急途径，只有与正常细胞融合的杂交瘤细胞才能在融合后生存。如果缺乏适合的、有选择标记的酶缺陷型瘤系，可以用依米丁（emetine）和放线菌素 D （actinomycin D）来选择。依米丁抑制蛋白质合成，而放线菌素 D 抑制 RNA 合成，瘤细胞经这两种药物处理后死亡，除非它们和正常细胞融合才能继续进行正常的生物合成，这种方法的好处是可以用于任何瘤系，筛选效果也好。

5. 抗原特异的杂交瘤的筛选 对 T 细胞杂交瘤来说，有的是要得到抗原特异的辅助因子或抑制因子，有的是要得到淋巴因子，还有的是要得到有杀伤效应的 T 细胞以作研究，对这些细胞或因子的筛选常缺乏直接的检测方法，而需要间接的、复杂费时的功能测定。

6. 克隆化过程 融合的杂交瘤细胞会形成杂交瘤细胞集落。因此，需要通过克隆培养方法把它们分开，选出所需要的杂交瘤。一般可以用有限稀释法、软琼脂或用流式细胞仪达到获得单克隆细胞系的目的。为了证实 T 细胞的克隆性，最好验证所克隆的 T 细胞受体 （T cell receptor，TCR）在基因水平、mRNA 水平、蛋白质水平上是否都是一致的。

（二）T 淋巴细胞杂交瘤的类型及应用

根据制作 T 细胞杂交瘤的目的不同，T 细胞杂交瘤可分为两大类。一类是为了研究 T 细胞本身（T 淋巴细胞具有多种亚类）而制作的杂交瘤，固定在某个分化阶段的杂交瘤，可以表达该阶段 T 细胞的表型和功能。有了这种固定在某个分化阶段的杂交瘤细胞，就可以研究 T 细胞的分化过程。另一类是为了获取能分泌 IL-2、IFN 和 CSF 等因子的 T 细胞杂交瘤。这些杂交瘤细胞可用于各种淋巴激活素，如 IFN、TCGF、MAF、IL-2、CSF、BCDF 等结构与功能的研究，或对细胞溶解活性的专一性进行研究，或对由 MHC 限制的 T 细胞活性进行分析研究，或对抗原专一性的 T 细胞受体进行研究。例如，Davis 等从小鼠 T 细胞杂交瘤分离出 mRNA，经重组 DNA 技术对编码 T 细胞受体的基因进行定位。目前，由 T 淋巴细胞杂交瘤技术产生淋巴细胞激活素对癌症的诊断和治疗具有重要的应用价值。

思 考 题

1．什么是细胞融合？细胞融合的方法有哪些？

2．细胞融合的原理与技术要点是什么？

3．根据当前细胞融合分子机制的研究进展，有无可能实现利用基因转染的方式完成特定细胞的靶向融合？请谈谈看法。

4．试述杂交瘤技术生产 McAb 的原理。

5．试述杂交瘤技术生产 McAb 的主要技术过程。

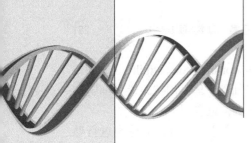

第十四章　胚　胎　工　程

胚胎工程（embryo engineering）是指以动物胚胎为研究对象而产生的一系列技术操作，如胚胎移植、胚胎冷冻保存、体外受精、动物克隆、动物性别控制等。胚胎工程能人为地控制动物的繁殖进程，实现良种家畜胚胎的工厂化生产，并可创造出有特殊经济价值的新个体或品系。

第一节　胚胎移植技术

胚胎移植（embryo transfer）是指对优秀雌性动物进行超数排卵处理，在其发情配种后一定时间内从其生殖道取出早期胚胎，移植到同期发情的普通雌性动物生殖道的相应部位，让其产生后代的技术。

胚胎移植可提高优良母畜的繁殖力，加快优良品种改良和动物育种步伐，可用于濒危动物的拯救与保护。另外，胚胎移植是动物胚胎工程的必要技术手段。

胚胎移植的基本操作程序有 6 步，分别为供体和受体的选择，供体的超数排卵处理，受体的同期发情处理，胚胎回收，胚胎检查及质量鉴定，胚胎移植（图 14-1）。

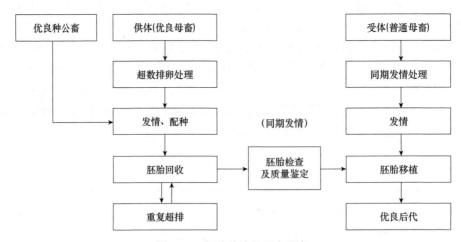

图 14-1　胚胎移植的基本程序

一、供体和受体的选择

在胚胎移植中，提供胚胎的个体叫供体（donor），接受胚胎的个体叫受体（receptor）。

供体生产的胚胎质量好坏在很大程度上决定胚胎移植成功率，所以供体的选择及饲养管理极为重要。

（一）供体的选择

供体选择时，应考虑以下几点：①具有遗传学价值，应选择生产性能优良的无遗传缺陷的品种或个体；②供体最好是有一胎以上的正常繁殖史，既往繁殖力纪录较高的母畜或已充分发育成熟的后备母畜；③身体健康，发情周期正常。

（二）受体的选择

受体的选择应注意以下两点：①健康状况良好、无疾病、发情周期正常的适繁母畜；②体型过小的母畜不宜作受体。

为了获得优秀的胚胎移植纯种后代，同样要考虑供体配种公畜的遗传学价值，即选择生产性能优良且无遗传缺陷的品种或个体。应合理安排其数量，并特别要加强其饲养管理。

在胚胎移植前、后的一段时间内应尽量避免供（受）体及配种公畜的长途运输、饲养管理突然改变、防疫注射、驱虫、剪毛等应激因素。并注意预防气候突变对超排、同期发情处理带来的不良影响。

二、供体的超数排卵处理

在动物发情周期的适当时期，用促性腺激素进行处理，诱发其卵巢上大量卵泡同时发育并排卵的技术称为超数排卵，简称超排（superovulation）。

（一）供体超排中常用的生殖激素

在胚胎移植工作中，所用的主要生殖激素有三大类，分别是促性腺激素、孕激素及前列腺素。

1. 促性腺激素

（1）促卵泡素（follicle stimulating hormone，FSH） 是由动物腺垂体嗜碱性细胞合成和分泌的一种糖蛋白激素。FSH 是目前应用最广泛也是超排效果最好的一种促性腺激素，在母畜超排中的主要生理作用是刺激有腔卵泡发育至成熟。FSH 的生物学半衰期一般为 $120\sim170min$，须多次注射才能完成一个超排程序，而且以减量法多次注射效果较好。

（2）促黄体素（luteinizing hormone，LH） 是腺垂体分泌的另外一种糖蛋白激素。LH 与 FSH 协同促进卵泡生长成熟、粒膜增生，并参与颗粒细胞合成分泌雌激素，触发排卵和黄体形成，使粒膜细胞转变为黄体细胞。

（3）马绒毛膜促性腺激素（equine chorionic gonadotrophin，eCG） 又称孕马血清促性腺激素（pregnant mare serum gonadotrophin，PMSG）是母马在怀孕 $40\sim120d$ 时子宫内膜杯产生的一种糖蛋白激素。其生物学作用类似于促卵泡素和促黄体素。由于 PMSG 的生物学半衰期较长（$40\sim125h$），在超排时只需注射一次即可完成一个超排程序。目前主要用于鼠、兔等实验动物的超排处理。

（4）人绒毛膜促性腺激素（human chorionic gonadotrophin，hCG） 是由妇女妊娠早期的绒毛膜滋养层合胞体细胞产生的糖蛋白激素。hCG 的生物学活性主要为 LH，FSH 的活性很小，对母畜的生理作用与 LH 类似。

（5）促排卵 3 号（luteinizing hormone releasing hormone A3，LRH-A3）   是国内 20 世纪 80 年代人工合成的一种促性腺激素释放激素（GnRH）的类似物，为 10 个氨基酸组成的肽类激素，全称为促黄体素释放激素 D-色氨酸类似物。配种后给予母畜 LRH-A3，可使血中 FSH 和 LH 水平升高，促进 LH 排卵峰提前，有增加排卵数和改善胚胎质量的作用。

2. 孕激素   大量孕酮（progesterone）通过对丘脑下部或垂体前叶的负反馈作用，抑制 FSH 和 LH 的释放，在发情周期中黄体萎缩之前，由于有孕酮分泌，卵巢中虽有卵泡生长，但并不能迅速发育，因此能够抑制母畜发情。这样，对于具有发情周期的动物来说，孕酮就成为间情期长度的调节器，一旦黄体停止分泌孕酮，FSH 就迅速释放出来，从而引起卵泡发育和发情前期的到来，并随之出现发情。

在超排中，利用孕酮及其类似物的这种作用，用大量外源性孕酮及其类似物对母畜进行预处理，抑制其发情。在撤除处理前开始注射促性腺激素，孕酮撤除后即可引起同期发情和超数排卵。这种方法对牛、羊的应用效果比较理想。目前胚胎移植中常用人工合成的孕酮或其类似物甲基炔诺酮（norgestrel）等。

3. 前列腺素   前列腺素（prostaglandin，PG）为具有生物活性的长链不饱和羟基脂肪酸。在胚胎移植中，主要应用 $PGF_{2\alpha}$ 及其类似物的溶黄体作用，与促性腺激素配合进行供体的超排处理。目前常用人工合成的 $PGF_{2\alpha}$ 类似物有 15-甲基-前列腺素 $F_{2\alpha}$（15-methyl-prostaglandin $F_{2\alpha}$）和氯前列烯醇（cloprostenol，ICI-80996），其活性相当于天然 $PGF_{2\alpha}$ 的 100～200 倍。

（二）超排的基本原理

动物生理状况下卵泡的发育及排卵与下列三种因素有关。

1. 垂体分泌的促性腺激素   主要是 FSH 和 LH，能保证卵泡发育成熟。

2. 卵泡产生的雌激素   生长发育较大的卵泡能产生更多的雌二醇，雌二醇的局部正反馈作用，使最大的卵泡对 FSH 最敏感，并通过摄取更多的 FSH 保护自己，防止随卵泡发育后期 FSH 分泌下降对其产生的不利影响。较小的卵泡产生雌二醇少，随着 FSH 下降则先后退化。单胎动物的双胎可能是两个卵泡发育同步，产生的雌二醇和摄取的 FSH 相同而形成的。

3. 卵泡液的作用   随着卵泡的发育，卵泡液不断增加，发育较大卵泡的卵泡液中 FSH 受体结合抑制物（FSH-receptor binding inhibitor，FSH-RBI）也随之增加，它能抑制发育稍慢卵泡的颗粒细胞受体与 FSH 的结合，致使活化芳香化酶的作用消失，因而使雄激素蓄积而雌激素缺乏，导致发育稍慢的卵泡停止生长发育而闭锁。

从卵泡开始生长到排卵的整个过程，小啮齿动物需要 20d 左右，牛、羊和猪需 12～34d。

从卵泡生长至卵泡腔形成所需时间较长，这一阶段并不完全依赖于促性腺激素。卵泡腔形成到生长成熟约为 4d，这一阶段则完全依赖于 FSH 和 LH，而且 FSH 在卵泡腔开始形成时起着很重要的作用，它可刺激颗粒细胞的有丝分裂和卵泡液的形成，而且在卵泡腔形成后的最后生长成熟阶段，FSH 含量与卵泡闭锁率有关。

另外，在卵泡腔形成时，卵母细胞的生长基本完成。在卵泡增长的后期，卵母细胞逐渐发育成熟。排卵前不久，卵母细胞进行第一次成熟分裂，排出第一极体。然后开始第二次成熟分裂，继续完成细胞核和细胞质的成熟，为受精做准备。卵母细胞的成熟过程同样受 FSH 和 LH 的调节。

如果在卵泡闭锁开始之前，即优势卵泡排卵前 3～5d，给予大量 FSH，可挽救那些将要闭锁退化的卵泡，诱导较多的卵泡和卵母细胞正常发育成熟；适时给予 LH，可使正在发育的卵泡在 FSH 作用下进一步成熟并排卵，达到超数排卵的目的。

（三）超排处理的一般程序

1. 已知发情周期的母畜超排

1）在下一次发情前 4～5d 开始注射促性腺激素进行超排。例如，山羊的发情周期一般为 18～21d，在自然发情周期内超排时，超排开始的周期天数以 15～16d 为宜，此时周期黄体已接近自然溶解退化而不需要使用前列腺素。

2）在发情周期的功能黄体期开始注射促性腺激素进行超排，此时处于周期黄体的功能期，需要在超排程序中使用前列腺素溶解黄体而使发情时间整齐一致。

2. 未知发情周期的母畜超排

1）放置孕激素阴道栓 9～15d 后开始注射促性腺激素进行超排，在孕激素撤除的同时配合使用前列腺素，孕激素撤除后即可引起发情和超数排卵。

2）注射前列腺素或其类似物（包括一次或两次注射法），或用孕激素处理诱导供体母畜同期发情，然后按照已知发情周期母畜的超排方法进行超排。

（四）不同动物的超排

1. 牛的超排 目前牛的超排处理多应用 FSH 进行。牛的超排处理程序较多，常用的超排程序是 FSH 和 PG 处理法。超排前，选择子宫、卵巢正常的母牛，间隔 9～11d 两次注射氯前列烯醇；在二次注射并发情后 9～11d 开始注射 FSH，每日两次，共注射 6～8 次，首日剂量尤其是首次剂量较大，以后剂量逐日递减。在超排程序中，配合使用 PG 可保证母牛在预定的时间内发情，注射 PG 的时间可安排在处理的第 3 天下午和第 4 天早晨；注射程序完成后，每日观察发情两次。在观察到发情后的 12h 进行第 1 次受精，随后可每隔 12h 受精 1 次，一般受精 2～3 次。

2. 山羊和绵羊的超排 山羊发情周期平均为 21d，绵羊平均为 17d。山羊在自然发情周期内超排时，超排开始的周期天数以 15～16d 为宜。绵羊可在发情周期的第 9～12 天进行超排处理。

在进行羊的超排时，根据不同品种、不同季节及不同气候带，所采用的方法略有差别，但所依据的基本程序相类似。目前，羊的超排使用激素主要有 FSH 和 PMSG。下面重点介绍 FSH＋PG 法，其基本程序为在超排前注射氯前列烯醇。注射 PG 后 7d 放置孕激素阴道栓，置栓后 9～10d 以剂量递减法开始注射 FSH，每天两次，共 6～8 次。在倒数第二次注射 FSH 时撤除孕激素阴道栓，并在倒数第二次和最后一次注射 FSH 的同时各注射 15-甲基-$PGF_{2\alpha}$ 或氯前列烯醇。如果最后一次注射 FSH 前母羊发情，则不再注射 FSH 和 PG。

超排处理后，要注意观察供体发情情况，一般在处理结束后第 2 天发情。超排母羊排卵的持续期可长达 10h 左右，在观察到超排供体羊发情并接受爬跨后，即可自然交配或人工受精，间隔 8～12h 再进行第二次配种或人工受精。一般配种 3～5 次比较适宜，如首次配种

36～48h 后仍表现发情并接受交配者，多为大卵泡不能排卵的表现，常会造成胚胎回收率下降或回收失败。少数母羊超排处理后，发情表现不明显，应特别注意观察，如接受交配要立即配种，有时还可能回收到一些可用胚胎。

3. 小鼠的超排　　小鼠的体成熟一般在 60～90 日龄。一般情况下，用性成熟的小鼠超排的排卵数多于成年鼠，故常用 4～6 周龄、体重 22～25g 的性成熟青年鼠进行超排。小鼠的性周期为 4～5d。一般于实验开始的当天下午 4：00，每只雌鼠腹腔注射 PMSG 5～10IU；48～50h 后，腹腔注射 hCG 5～10IU，小鼠一般在注射 hCG 后 10～13h 排卵，所以在注射 hCG 后将 1～2 只雌鼠放入一个鼠笼中，并放入 1 只雄鼠同笼过夜交配；超排后第 3 天上午 7：00，观察配种雌鼠是否有阴道栓形成，如果见栓说明已配种成功。

三、受体的同期发情处理

在进行胚胎移植时，供体和受体的生理状况要趋于一致，否则移植后的胚胎不能存活。因此，要求供体和受体在发情时间上要相同或相近，前后不宜超过 1d。由于在生产中很难选择到与供体发情时间相同的足够数量的自然发情的受体，所以一般情况下要对受体进行同期发情处理。

（一）牛的同期发情

孕激素和前列腺素是诱导牛同期发情最常用的激素，前者通常用皮下埋植法或阴道海绵栓法给药，后者一般以肌内注射方式给药。

1. 孕激素皮下埋植法　　将 18-甲基炔诺酮及少量消炎粉装入塑料细管（可用装精液或胚胎的细管）中，并在管壁上打一些孔，以便药物缓慢释放。使用时利用兽用套管针将细管埋植于耳背皮下，9～12d 后将细管取出，同时注射氯前列烯醇或 PMSG。取管后 2～5d 大多数母牛发情排卵。

2. 孕激素阴道海绵栓法　　取 18-甲基炔诺酮 50～100mg，用有机溶剂溶解，浸泡于海绵中制成阴道海绵栓。阴道海绵栓呈圆柱形或呈"Y"形。使用时利用开腟器将阴道扩张，用长柄镊子夹住阴道海绵栓，送入阴道中，让阴道海绵栓中的细绳暴露在阴门外。9～12d 后，拉住细绳将阴道海绵栓取出。为了提高发情率，最好在取出阴道海绵栓后肌内注射 PMSG 或氯前列烯醇。该法的关键是要确保阴道海绵栓中途不脱落，万一脱落，可每天肌内注射孕激素 5～10mg 予以补救。

除阴道海绵栓外，国外有阴道硅橡胶环孕激素释放装置供应市场。这种装置由硅橡胶环和附在环内用于盛装孕激素的胶囊组成，与阴道海绵栓相比，这种装置用于牛时不容易脱落，而且取出时也较方便。

3. 前列腺素肌内注射给药法　　用国产氯前列烯醇进行肌内注射，可诱导大多数牛在处理后 3～5d 发情排卵。由于前列腺素对新生黄体（排卵后 5d 内）没有作用，因此第 1 次注射前列腺素往往有一些牛不发情。为了提高同期发情效果，隔 9～12d 第 2 次注射前列腺素。或用输精管向子宫内灌注前列腺素，虽然操作麻烦，但可减少一半激素用量。

（二）羊的同期发情

羊的同期发情方法与牛相似，只是药物用量较少、阴道海绵栓较小、孕激素处理时间较短而已。18-甲基炔诺酮的用量为 30~40mg，前列腺素的用量一般为牛的 1/4~1/3。

（三）猪的同期发情

诱导猪同期发情最常用的方法是同期断奶法。如果在断奶时注射促性腺激素（如 PMSG，用量为 750~1000IU），效果更佳。

（四）实验动物的同期发情

小鼠受体发情同期化处理时，可用小于超排剂量的 PMSG 诱导发情，然后注射 hCG，并须用结扎输精管的雄鼠交配。因为小鼠虽为自发排卵动物，但如无交配刺激，排卵后形成的黄体则会发育不良，而不适于做胚胎移植受体。家兔是诱发性排卵的动物，进行受体兔的发情同期化处理时，可在供体配种的同时给受体兔静脉注射 hCG 20~30IU 或 LH 10IU 诱导兔排卵，或用结扎输精管的雄兔交配，刺激排卵。

四、胚胎回收

胚胎回收（embryo collection）也称采卵，就是把胚胎从供体的生殖道中冲洗出来，以提供移植或其他胚胎工程研究时应用。

（一）胚胎回收操作液

胚胎回收操作液（冲胚液）一般采用含 2%~5% 犊牛血清的改良杜氏磷酸盐缓冲液（phosphate buffered saline，PBS）。将 PBS 中的血清浓度增加到 15%~20% 可作为鲜胚体外暂时保存的培养液。

（二）胚胎回收阶段

胚胎回收时间，可根据所需胚胎发育阶段来确定。胚胎回收时间一般是在配种后 3~8d，胚胎发育至 4~8 细胞以上为宜。

（三）胚胎回收的方法

胚胎回收的方法可分为手术回收和非手术回收。在牛、马等大家畜中多采用非手术回收法，在羊、猪或其他小动物中，目前多采用手术回收法。

1. 牛的胚胎回收 一般采用非手术法回收胚胎。通常牛非手术回收胚大都在发情后 6~8d 进行，此时大部分胚胎处于桑椹胚和囊胚阶段，并且大都在子宫内。具体操作步骤如下。

1）用 2% 利多卡因在荐椎和第一尾椎结合处或第一尾椎和第二尾椎结合处施行尾椎硬膜外麻醉。利多卡因用量每头约为 5mL。

2）麻醉后将牛尾固定，清除粪便，用清水冲洗会阴部及外阴，酒精棉球消毒外阴，最后用灭菌的生理盐水棉球擦拭。

3）用扩宫棒扩张子宫颈，然后插入宫颈黏液器将黏液抽出，随后把带内芯的冲胚管慢慢插入。当冲胚管达到子宫角弯曲处时，拔出内芯 5cm 左右，再把冲胚管向子宫角前端推进。当内芯再次到达子宫角弯曲处时，再向外拔出内芯 5~10cm，直到冲胚管到达子宫角前端为止。

4）通过气囊导管打入一定量空气，使气囊膨胀以固定导管在子宫角内的位置和防止冲洗液倒流。

5）抽出冲胚管内芯。

6）连接冲胚和三通导管（图14-2）。

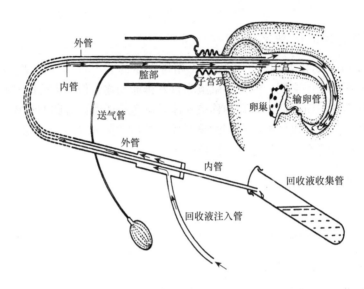

图14-2　三通路非手术胚胎回收（日本畜产技术协会，1995）

7）用50mL注射器每次吸取30～40mL冲胚液，钳住三通导管的输出管，将冲胚液从输入管注入子宫角，然后钳住输入管，使回收液从输出管流到集卵杯（500mL容量），反复几次，每个子宫角用400～500mL冲胚液。

8）把集卵杯内的回收液在温室（18～25℃）下，用集卵漏斗过滤，最后保留10mL左右液体，倒入Φ100mm培养皿中，进行镜检。

9）两侧子宫角冲卵完成后，将气囊空气放出，冲胚管抽至子宫体，灌注抗生素或预防子宫炎的药物。

2. 羊的胚胎回收　　羊的胚胎回收一般采用手术法，具体操作步骤如下。

（1）麻醉　　肌注2%的静松灵做全身麻醉，局部用5%的盐酸普鲁卡因做封闭麻醉。

（2）手术部位　　可选择的手术部位有3处，分别为乳房前的腹中线部或左右腹下股内侧与乳房之间，术前需进行常规消毒。

（3）冲胚

1）输卵管冲胚　　在超排羊发情后66～72h从输卵管采集2～8细胞胚胎。

方法：用6#～8#冲胚针（具乳胶管）从宫管连接部的子宫端导入输卵管峡部，将回收针（具乳胶管）从输卵管喇叭口插入2cm左右，回收管远端与Φ120mm表面皿相接，事先用10mL注射器抽取5～8mL冲胚液，与冲胚针连接，把冲胚液缓缓推入，胚胎即通过输卵管回收到表面皿中。另一侧输卵管冲胚操作同前（图14-3）。

2）子宫冲胚　　在超排羊发情后5.5～7.0d，从子宫采集发育到桑椹胚或囊胚阶段的胚胎。

方法：用 8#～10# 回收针（具乳胶管）从子宫角基部插入，用肠钳固定，回收管远端与 Φ180mm 表面皿相接。在宫管连接部用 6#～8# 冲胚针（具乳胶管）插入子宫角，用 20mL 注射器把冲胚液注入子宫腔，胚胎即通过子宫角回收到表面皿中。另一侧子宫角冲胚方法同前（图 14-4）。

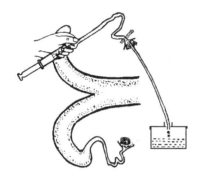

图 14-3 输卵管冲胚方法

图 14-4 子宫角手术冲胚方法

3．兔的胚胎回收　　兔的胚胎一般采用手术法回收，具体步骤如下。

（1）麻醉　　按每千克体重 40～50mg 的剂量静脉注射异戊巴比妥钠（60mg/mL），做全身麻醉。

（2）手术方法　　在腹中线的第二和第三对乳头间做一 3～5cm 的切口，引出子宫角。

（3）冲胚　　如在输精后 50h 内冲胚，主要冲输卵管，即先从伞部插入一条硅胶管，然后从宫管连接部注入冲胚液 5mL。如在输精 72h 以后冲胚，则需冲洗子宫，即由宫管接合部向子宫角基部注入冲胚液 10～20mL。

五、胚胎检查及质量鉴定

将胚胎从生殖道回收之后，需从冲胚液中将胚胎捡出，进行清洗，并进行质量鉴定。一般在实际操作时，主要进行形态学质量鉴定，把符合移植条件的胚胎暂时保存于新鲜的培养液中，准备移植。

（一）捡胚与胚胎净化技术

胚胎操作室的温度应保持在 25℃左右。在手术回收胚胎时，将回收液收集到容量为 30～60mL 的集卵杯中，尽快在 15～80 倍实体显微镜下把胚胎捡出，移入含有胚胎培养液的捡卵杯中。非手术回收的冲胚液量较大，需在室温下静置后，弃去上部液体，将下部回收液放入集卵杯中捡出胚胎。从生殖道回收的冲胚液中，常含有大量的生殖道分泌物和脱落下来的上皮细胞，甚至还可能含有微生物或病原体。所以，待全部胚胎捡出后，要进行净化处理才能移植给受体。净化处理就是把捡出的胚胎移入含胚胎培养液的捡卵杯中冲洗 2～3 次，以除去附着于胚胎上的污染物。操作过程要轻巧迅速，避免损伤胚胎。胚胎净化处理后，贮存在含新鲜的胚胎培养液的捡卵杯中直到移植。在移植前贮存时间如超过 2h，应每 2h 更换一次新鲜培养液。

（二）胚胎的质量鉴定

移植前鉴定胚胎的质量是移植能否成功的关键因素之一。目前鉴定胚胎质量的方法主要有形态学鉴定、染色检查和体外培养等几种。

1. 形态学鉴定　在 50～160 倍的生物显微镜下对胚胎质量进行综合评定，评定的主要内容是：①卵子是否受精，未受精卵的特点是透明带内分布有均匀的颗粒，无卵裂球（胚细胞）；②透明带的规则性，即形状、厚度、有无破损等；③胚胎的色调和透明度；④卵裂球的致密程度，细胞大小是否有差异及变性情况等；⑤卵周隙是否有游离细胞或细胞碎片；⑥胚胎本身的发育阶段与胚胎日龄是否一致（图 14-5）。

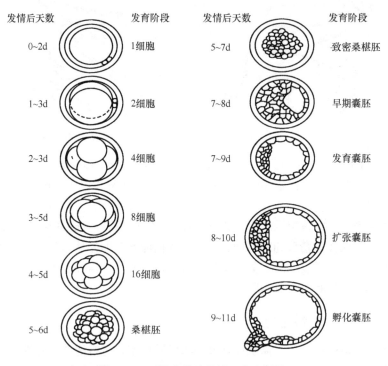

图 14-5　不同发育阶段的正常牛胚胎

2. 染色检查

（1）荧光染色检查　二乙酸荧光素（fluorescein diacetate，FDA）是一种荧光原物质，在酶的作用下可出现荧光产物。游离的荧光素是一种基础的荧光染料，在脂化的状态下是无色的，脂化物水解后会产生荧光。未受损害的细胞，酶的活性很强，细胞膜完整。进入细胞的荧光素在酶的作用下，脂化物水解显示荧光，由于细胞膜完整，荧光物质不会很快从细胞中游离出来。所以在荧光显微镜下，活力愈强的细胞显示出淡绿色的荧光愈强。死亡或活力降低的细胞不发荧光或仅有微弱荧光。

染色方法：在有盖的小捡卵杯中，加入 PBS 约 2mL，并放入胚胎，加入 1% FDA 丙酮溶液 1μL，在 37℃下培养 5～10min，然后将胚胎移入新鲜的 PBS 中洗涤一次。再在清洁的凹面玻璃片上滴 2～3 滴 PBS，在荧光显微镜下观察。应注意的是，凹面玻璃片要清洁无擦痕，厚度应小于 3mm。不洁和有擦痕的玻片，会发生紫外线的散射，背景上会出现很多红色和绿色光点，影响观察效果。玻片过厚时，聚光焦点可能在成像焦距之外，视野里呈现一片漆黑。玻片上的 PBS 不能过多或过少，液体过多用高倍物镜观察时镜头会与液面接触，过少时液体会很快蒸发干燥。荧光检查后的胚胎，用 PBS 洗涤后仍可移植，但由于荧光检查使用紫外线，对胚胎有一定的损害作用，应尽量缩短观察时间。

（2）台盼蓝染色检查　　胚胎用 0.5% 的台盼蓝溶液染色 3～5min，清洁后在显微镜下观察。有活力的细胞不着色，死亡的细胞充满着台盼蓝着色颗粒。

3. 体外培养　　将被鉴定的胚胎在体外条件下进行培养，如果进一步发育，说明胚胎是活的，如果不发育则可认为培养前的胚胎已死亡。由于此方法受外界影响较大，因此对胚胎鉴定来说，应用较为困难。

（三）胚胎的分级

目前对胚胎的质量鉴定基本上采用形态学的方法，将胚胎分为 A 级（优秀胚）、B 级（良好胚）、C 级（一般胚）、D 级（不良胚）四个级别。

A 级：形态正常，卵裂球致密、整齐、清晰，发育阶段与日龄一致，无游离的细胞和液泡或很少，变性细胞比例＜10%。

B 级：卵裂球稍微不匀，比较致密、整齐，可见一些游离的细胞和液泡，变性细胞占 10%～30%。

C 级：卵裂球不匀称，变形，发育较慢，游离的细胞或液泡较多，变性细胞达 30%～50%。

D 级：卵裂球多数变形、异常，发育缓慢，变性细胞占胚胎大部分，约为 75%。

其中，A 级和 B 级胚胎可用于胚胎移植。

六、胚胎移植

目前，用于胚胎移植的方法有手术法和非手术法两种，可根据受体动物品种及移植目的选择使用。

（一）牛的胚胎移植

牛的胚胎移植通常有手术胚胎移植和非手术胚胎移植两种。

1. 手术胚胎移植　　先将受体母牛做好术前准备。在右腹部切口，找到有黄体侧子宫角，再把吸有胚胎的注射器或移卵管刺入子宫角前端，注入胚胎，然后将子宫复位，缝合切口。

2. 非手术胚胎移植　　非手术移植一般在发情后第 6～9 天进行，过早移植会影响受胎率。在非手术移植中采用胚胎移植枪和 0.25mL 细管移植的效果较好。将细管截去适量，吸入少许保存液，吸一个气泡，然后吸入含胚胎的少许保存液，再吸入一个气泡，最后再吸取少许保存液。将装有胚胎的吸管装入移植枪内，通过子宫颈插入子宫角深部，注入胚胎。非手术移植要严格遵守无菌操作规程，以防生殖道感染（图 14-6）。

（二）羊的胚胎移植

羊的胚胎移植有手术法和非手术法。常见的有以下几种。

1. 常规手术法　　对受体羊进行常规手术，在乳房前的腹中线部做一切口，然后引出输卵管或子宫角。通常将发育在 3.5d 以内的胚胎移入输卵管，发育到 3.5d 以后的胚胎移入子宫角。胚胎一般应移入有黄体一侧的子宫角内。用特制的移植管（用玻璃管拉制而成）和

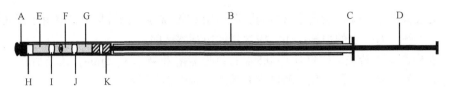

图 14-6　牛非手术胚胎移植装置示意图

A. 移植枪塑料外套钝金属头（两侧带孔）；B. 移植枪塑料外套；C. 移植枪套管；D. 移植枪套芯；
E、G. 液段；F. 含胚胎的液段；H. 胚胎细管；I、J. 气泡；K. 胚胎细管棉塞

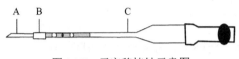

图 14-7　子宫移植针示意图

A. 移植针头；B. 硅胶连接管；C. 移植管

移植针（一般用注射用针头加工而成）装胚，移植管中有三个液段，两个气泡，中间液段中含有胚胎，用硅胶管将移植针与移植管连接起来，然后进行胚胎移植（图 14-7）。

2. 简易手术法　用手术刀在母羊后肢内侧的鼠蹊部做一 1.2～1.5cm 的切口，插入食指，找到子宫角，插入手术刀柄，用食指和手术刀柄夹出子宫角，然后用移植针进行移植。

3. 非手术法　使用开膣器，将移植导管通过子宫颈插入子宫角植入胚胎。该法尚不可靠，成功率低，妊娠率仅有 20% 左右。

4. 腹腔镜法　先对羊进行全身麻醉，之后从腹部插入腹腔镜，用特制的镊子夹住子宫角，并将其轻轻提起，然后将胚胎注入子宫角。该法对羊的损害小，且整个过程仅需要 2～3min，故此法已成为目前羊胚胎移植的一种主要方法。

（三）兔的胚胎移植

兔的胚胎移植有手术法和非手术法，常用手术法。

1. 手术法　手术法与采卵相同，输精后 50h 前的胚胎应移植到输卵管，72h 以后的胚胎移植到子宫。受体母兔应在供体兔输精的同时，用结扎输精管的公兔进行交配或注射 hCG 50～100IU 进行同期发情处理。

2. 非手术法　通过特制的套管将胚胎移植到子宫，但成功率很低，故不常用。

第二节　胚胎冷冻保存技术

胚胎的保存是指将胚胎在正常发育温度下暂时储存于体内或体外而不使其失去活力，或者将其保存于低温或超低温情况下，使细胞处于新陈代谢和分裂速度减慢或停止的状态，一旦恢复正常发育温度时，又能继续发育。

胚胎冷冻保存的研究始于 20 世纪 50 年代，当时 Smith 用甘油作防冻剂，保存兔胚胎获得成功。1971 年，Whittingham 用慢速冷冻方法获得小鼠胚胎的成功保存。1978 年，Willadsen 建立了快速冷冻方法。1984 年，Takeda 等采用一步冷冻方法首次冷冻小鼠胚胎获得成功。1985 年，Rau 和 Fahy 用高浓度的 DMSO、乙酰胺、丙二醇和聚乙二醇分别组成玻璃化溶液，对 8 细胞期的小鼠胚胎进行了一步冷冻试验，获得 87.5% 的冻后发育率。此后，牛、绵羊、山羊、家兔和大鼠胚胎先后应用玻璃化冷冻法获得成功。目前胚胎冷冻技术已经广泛应用于畜牧生产。

胚胎冷冻技术可用于建立胚胎库、保存动物品种资源，简化了胚胎移植过程，降低了引种费用并防止因引进活畜而传播疫病。

一、胚胎冷冻保存的原理

当细胞在水溶液中冷却时，温度一般先降到细胞和培养液的冰点以下，然后才发生冻结，即细胞和培养液均处于过冷状态。在大多数情况下，细胞外溶液先结冰，使溶质浓缩，导致细胞外环境渗透压升高。如果降温速度合适的话，可以通过脱水来维持细胞内外环境渗透压平衡。但是如果降温过慢，细胞长时间处于高渗环境中，对细胞产生渗透休克；如果降温过快，细胞内水分又来不及渗出细胞外，而在细胞内形成冰晶，细胞质内结冰过多会破坏细胞器和细胞膜，导致细胞死亡。

通过冻前在稀释液中加入一定浓度的低温保护剂，让细胞在保护剂中平衡并适当脱水，可将损伤降到最低程度。胚胎细胞内水分含量达 80% 以上，在冷冻过程中有 90% 的水分形成游离水，而游离水在低温下易形成冰晶，细胞内冰晶可破坏蛋白质的硫氢键，发生不可逆变化，导致细胞死亡。一般胚胎在冷冻过程中不可避免地要形成细胞内冰晶，但只要不形成大的冰晶，而是维持微晶（冰核）状态，细胞将不受伤害。

胚胎在冷冻过程中，在 $-10℃$ 以上时细胞内不结冰，但处于过冷状态的细胞质产生溶液效应和细胞内外化学势差异，导致细胞质水分在胞内和胞外冻结，这两种情况谁占优势对细胞存活尤为重要。在温度降到 $-10℃$ 以下时，过冷细胞质就形成冰晶。胚胎在冷冻过程和解冻过程中两次通过易形成冰晶的危险温区（$-50\sim-15℃$），采取适当的冷冻方法和低温保护剂，使胚胎安全通过危险温区，具体做法是：将胚胎在冷冻前进行处理，即向保存液中加入保护剂，如甘油或蔗糖，改变细胞膜渗透性和溶液渗透压，防止溶液效应和渗透压差异，减少降温和复温过程中冰晶的形成。

常规的胚胎冷冻保存是缓慢降温脱水，解冻时快速复温到常温。现今通用的是玻璃化冷冻法，高浓度的渗透保护剂组成的玻璃化液是一种黏稠的玻璃态物质，低温时不结晶就可固化。胚胎在这种溶液中脱水到一定程度，可引起内源性大分子和已渗入的保护剂浓缩，从而使细胞在急剧降温过程中得以保护。

二、胚胎冷冻方法

如上所述，胚胎的冷冻保存过程主要是防止生成大量的冰晶对细胞造成损伤。因此，在冷冻的过程中可以应用冷冻保护剂（cryoprotective agent），以抵抗低温或超低温对细胞产生的损伤，如细胞内结冰、脱水、溶质浓度提高和蛋白质变性及细胞骨架结构的破坏等。

常用的冷冻保护剂主要有以下几种。①低分子量可渗透性保护剂，如甘油、乙二醇、二甲基亚砜等；②小分子不可渗物质，如海藻糖、半乳糖、葡萄糖、蔗糖等；③大分子保护剂，如聚乙烯吡咯烷酮（polyvinylpyrrolidone，PVP）、聚乙烯醇（polyvinyl alcohol，PVA）等；④混合保护剂，如甘油、乙二醇、丙二醇和二甲基亚砜等。在生产中常用的胚胎冷冻保存方法主要有以下几种。

（一）常规冷冻法

常规冷冻法也叫慢速冷冻法或逐步降温法。此方法需专用冷冻仪，可获得较高的移植妊娠率，是目前生产中广泛采用且最为成功的冷冻方法。冷冻液一般为 1.4mol/L 甘油和 PBS（含 20% NCS 的 PBS）。其冷冻和解冻程序如下。

1）将胚胎依次放入含 0.7mol/L 甘油的 PBS 液和含 1.4mol/L 甘油的 PBS 液中各平衡 7～10min。

2）将平衡后的胚胎装入 0.25mL 细管中，细管两端均为冷冻液，中间段为含胚胎的冷冻液，每段之间用气泡隔开。

3）将细管放入预先冷却至−7℃的冷冻仪中，平衡 10min 后，用液氮中预冷过的医用镊子植冰。

4）以 0.3℃/min 的速度，降温至−35℃。

5）将细管投入液氮。

6）解冻时从液氮中取出细管，在空气中平衡 10～20s，投入 35℃水浴中，至冰晶溶解后取出。

7）从细管中推出冷冻液及胚胎，将捡出的胚胎移入含 1.0mol/L 蔗糖的 PBS 中 10min，一步脱除冷冻保护剂，再用 PBS 洗涤胚胎 2～3 次，用于移植。

（二）一步冷冻法

利用高浓度的冷冻保护剂使胚胎在冷冻前脱水，从而减少冷冻过程中细胞内冰晶的形成。其特点是胚胎在室温脱水后不需要特殊的降温程序，能在很短的时间内完成冷冻过程，具有重要的实用价值。其操作程序如下。

1）将胚胎移入含 1.4mol/L 甘油的 PBS 中平衡 20min。

2）再移入含 2.1mol/L 甘油和 0.25mol/L 蔗糖的 PBS 中平衡 7min。

3）装管。

4）将细管在液氮罐内颈部处（温度为−25～−23℃）预冷 5min 后投入液氮中保存。

5）解冻时从液氮中取出细管，在空气中平衡 10s，置于 37℃水浴中解冻。

6）脱除冷冻保护剂。

在装管时，也可将含 1.0mol/L 蔗糖的 PBS 装入细管两端，这样便可省去脱除冷冻保护剂的程序，解冻后的细管可直接用于移植。

（三）玻璃化法

玻璃化法（vitrification）是近年来发展起来的一种新方法。玻璃化溶液的组成是 25% 甘油、25% 1,2-丙二醇或 25% 乙二醇。具体操作程序如下。

1）于室温下将胚胎移入含 10% 甘油的 PBS 中平衡 10min。

2）将胚胎转移到含 10% 甘油和 20% 乙二醇的 PBS 中。

3）将胚胎移入含 25% 甘油和 25% 乙二醇的 PBS 中，之后立即装管。

4）把细管在液氮罐内颈部处预冷 5min 后投入液氮保存或直接投入液氮。

5）解冻时从液氮中取出细管，在空气中平衡 7s，迅速投入 20℃温水中，摇动细管使其解冻均匀。

6）随后收集胚胎，将捡出的胚胎移入含 1.0mol/L 蔗糖的 PBS 中平衡 10min，一步脱除保护剂；再用 PBS 洗涤胚胎 2～3 次后用于移植。

玻璃化冷冻方法简单、快速，防止了冰晶对胚胎造成的损伤，但由于玻璃化溶液的浓度极高且溶质存在毒性，会使胚胎的成活率降低，所以当今研究热点集中在如何减少高浓度溶液对胚胎的毒害作用。主要有以下几个方面：①通过两步平衡胚胎；②缩短平衡时间；③降低平衡温度；④使用蔗糖、海藻糖等抗毒性物质。

三、冷冻效果的鉴定

冷冻胚胎解冻后，要对其活力进行鉴定才能确定是否适于移植，并对其冷冻和解冻方法作出评价。

（一）形态学鉴定

胚胎解冻后在实体显微镜下观察，能恢复到冻前的形态，透明度适中，胚内细胞致密，细胞间界限清晰，可认为是存活的胚胎，适于移植。如果透明带有轻度破损，但胚胎细胞基本保持完整，或胚内大部分细胞形态正常，可观察出细胞间的界限，仅有极少数细胞崩解成小颗粒，这类胚胎仍可移植，其中一部分仍可能发育为正常胎儿。若透明带破裂、内细胞团松散、胚内细胞变暗或变亮呈玻璃状，以及进入解冻液后不能扩张恢复到冻前大小或整个胚胎崩解，均是由于胚胎在冷冻或解冻过程中受到严重损害而失去活力。

用 100～200 倍相差显微镜进行暗视野检查，存活的胚胎呈球形，透明度很高，细胞膜光滑，细胞质内很少有反光微粒，有时可见较暗的细胞核。荧光检查时这样的细胞均发强荧光。如果胚胎内变得浑浊，透明度降低，细胞质内反光颗粒增大增多，多为活力降低的胚胎，这种胚胎荧光检查时发出微弱荧光。死亡的胚胎中细胞无定形，变成一堆反光性很强的大颗粒。这种颗粒可能是由蛋白质变性凝结成不可溶的物质形成的，使反光性增强而透明度变差。

（二）染色检查

可采用荧光染色检查和台盼蓝染色检查进行解冻后胚胎的质量鉴定，具体操作见本章第一节有关内容。

（三）培养鉴定

1. 体外培养 冷冻胚胎解冻后，在 37℃条件下培养 6～12h，能继续发育者为存活胚胎。
2. 异体培养 在没有体外培养条件时，可将解冻后的胚胎置于结扎的兔输卵管内，体内培养 12～24h。再从输卵管内冲出来，检查发育情况，存活的胚胎能进一步发育。

（四）移植检验

将解冻后的胚胎移植给受体动物，根据受体的妊娠率和产仔率计算胚胎的存活率是最直接可靠的检验方法。轻度受损的胚胎用间接检查法检查时，可能表现为存活的胚胎，但发育潜力可能已受到损害，这种胚胎移植后也可能妊娠，但当胚胎发育到某一阶段时就可能死亡，造成妊娠中断。

四、存在问题

胚胎冷冻保存虽然在大多数家畜中已获得成功，但目前应用较广泛的是牛和羊。首先，冻胚移植的妊娠率总体比鲜胚低，这主要是受到诸多因素的影响，包括冷冻保护液的种类、冷冻和解冻方法、胚胎发育阶段及操作者的技术熟练程度等。目前，生产中主要采用形态学方法鉴定冻胚质量，对其移植后的发育能力无法判断。其次，冷冻解冻程序比较复杂，保护液和冷冻程序也未规范化，使用的冷冻保护剂对胚胎尚有一定的毒性。最后，从理论上讲，冷冻胚胎可长期保存，但对于保存过程中是否发生老化的问题还缺乏直接的实践证据。可以预料，随着低温生物学的发展和冷冻技术研究的不断深入，胚胎冷冻技术在畜牧业生产和其他生物技术研究中将会发挥更大的作用。

第三节   体外受精技术

体外受精（*in vitro* fertilization，IVF）是指把成熟卵母细胞（matured oocyte），或把未成熟卵母细胞（immature oocyte）经体外成熟（*in vitro* maturation，IVM）培养后，与体内或体外获能（*in vitro* capacitation）的精子在体外条件下完成受精的过程。由于它与胚胎移植（embryo transfer，ET）密切相关，因此，又合称为体外受精-胚胎移植（IVF-ET）。把体外受精胚胎移植到母体后获得的动物称为试管动物（test-tube animal）。这项技术创立于 20 世纪 50 年代，最近 20 年发展迅速，现已日趋成熟而成为一项重要而常规的动物繁殖新技术。

体外受精技术在动物生殖机制研究、畜牧生产、医学和濒危动物保护等方面具有重要意义。例如，以小鼠、大鼠或家兔等作实验材料，用体外受精技术可研究哺乳动物配子发生、受精和胚胎早期发育机制。在家畜品种改良中，体外受精技术为胚胎生产提供了经济而高效的手段，对充分利用优良品种资源、缩短家畜繁殖周期、加快品种改良速度等有重要价值。对人类而言，IVF-ET 技术是治疗某些不孕症和克服性连锁病的重要措施之一。体外受精技术还是哺乳动物胚胎移植、克隆、转基因和性别控制等现代生物技术不可缺少的组成部分。

体外受精技术主要包括：卵母细胞的获取，卵母细胞的成熟培养，体外精子获能，体外受精方式，体外受精胚的培养。

一、卵母细胞的获取

（一）卵母细胞的离体采集

从离体卵巢中采集的卵母细胞是体外受精研究所需卵母细胞的主要来源之一。将母畜屠宰后，在 30min 内取出卵巢，放入盛有灭菌生理盐水或 PBS 的保温瓶中（25～35℃），在 3h 内送回实验室，然后按照下述方法进行回收。

1. 卵泡抽吸法   用具有 12[#]～16[#] 针头的注射器穿刺卵泡而将卵母细胞抽吸出来。在穿刺过程中，注射器应保持一定的负压，针头一般从卵泡的侧面刺入，一次进针可抽吸卵巢皮质的多个卵泡，而不要只吸一个卵泡就将针头拔出，否则容易导致污染。该法的优点是回收速度快，不易造成卵母细胞的污染；缺点是容易损伤卵母细胞周围的卵丘细胞，影响其随后的成熟。

2. 卵巢切割法   用手术刀片将卵巢切为两半，去掉中间的髓质部分，露出卵泡，用刀片划破卵泡，然后在培养液中反复冲洗，采集其中的卵母细胞。该法的优点是能保持卵母细胞周围卵泡细胞的完整性，回收率也相对较高；缺点是回收的速度相对较慢，容易造成污染。

（二）卵母细胞的活体采集

卵母细胞的活体采集，是通过体外受精技术生产良种胚胎的一种主要途径，因从屠宰场收集得到的卵巢无法知道其系谱，且其种质一般都相对较差。因此一般通过对良种动物反复进行活体采卵，可获得大量种质优良的卵母细胞，供体外受精生产胚胎，其胚胎生产的效率要比超数排卵高出数倍，且对动物的生产性能和生殖机能无不良影响。因此，活体采卵已成为当今推广应用体外受精和胚胎移植的一项关键技术。

1. 腹腔镜法 可以在羊腹壁欹部切开一小口，插入腹腔镜操作杆和穿刺针，通过操作杆和穿刺针的配合将卵母细胞抽吸出来。对牛而言，可将腹腔镜从阴道穹窿部插入采集卵母细胞。该法的优点是比较直观，容易掌握；缺点是工作量大，对母牛生殖道有损伤，不能频繁手术。

2. B型超声波法 B型超声波活体采卵的具体方法是：将供体母畜保定在保定架内，从荐尾间隙注入2mL左右的盐酸普鲁卡因做硬膜外腔麻醉。然后，将带有超声波探头和采卵针的采卵器插入到阴道子宫颈的一侧穹窿处。而后，术者通过直肠将卵巢贴在探头上，根据B超屏幕上所显示的卵泡位置进行穿刺而将卵母细胞抽出。该法的优点是不用进行手术，操作速度快，对母畜损伤小，可频繁反复采卵，也可对妊娠母畜进行采卵；缺点是操作技术较难掌握，并需要昂贵的超声设备。

二、卵母细胞的成熟培养

采集的卵母细胞绝大部分是卵丘-卵母细胞复合体（cumulus-oocyte complex，COC），无论用何种方法采集的COC都要求卵母细胞形态规则，细胞质均匀，卵母细胞不能发黑或透亮，外围有多层卵丘细胞紧密包围。在家畜体外受精研究中，常把未成熟卵母细胞分为A、B、C和D四个等级。一般A级和B级卵母细胞可用于体外受精。

A级：卵母细胞细胞质均匀，有三层以上卵丘细胞紧密包围。

B级：卵母细胞质均匀，卵丘细胞层少于三层或部分包围卵母细胞。

C级：没有卵丘细胞包围的裸露卵母细胞。

D级：死亡或退化的卵母细胞。

卵母细胞的成熟培养系统大致可分为开放培养系统、微滴培养系统和密闭培养系统三大类。目前常用的卵母细胞成熟的基础培养液有TCM199、Ham's F-10、Menezo's B2和MEM等，其中TCM199应用最广泛。在基础培养液中加入一定浓度的血清和激素，有利于提高受精率和胚胎发育率。卵母细胞的成熟培养时间在牛、羊中为22～24h，猪为40～44h，马为30～36h。培养温度为38～39℃。

（一）开放培养系统

将1～2mL成熟培养液直接置于平皿内或五孔培养板内，然后放入50～200枚卵母细胞进行培养，上面不覆盖石蜡油。该系统的优点是简单，对培养液中的脂溶性物质没有影响，且能同时培养大量的卵母细胞，培养结果不受石蜡油质量的影响；缺点是渗透压的变化较大，容易污染，故培养液的量和培养箱内的湿度要特别注意。该系统根据平皿的运动状态可分为静止培养系统和摇动培养系统两种。值得注意的是，在应用静止培养系统时，应在成熟培养液中加入一定浓度的FSH，否则会因卵母细胞的严重贴壁而使卵母细胞变性。

（二）微滴培养系统

将成熟培养液先在培养皿中用微量进样器做成50～500μL的微滴，上覆石蜡油，然后将卵母细胞置于其中培养。该系统的优点是成熟培养液中的渗透压比较稳定，且不易污染；缺点是对培养液中的脂溶性物质有稀释作用，且成本较高，培养结果易受石蜡油质量的影响。

（三）密闭培养系统

将卵母细胞置于含有1～2mL成熟培养液的试管中，加盖胶塞，然后在培养箱或恒温水浴中培养；若采用培养皿或微滴培养，则可将其装入一个密闭的塑料袋内。该法的优点是不需要CO_2培养箱，故适合进行演示实验，方便运输；缺点是pH不稳定。

三、体外精子获能

哺乳动物的精子必须在子宫或输卵管内存留一段时间，并发生一定的生理变化，才能获得受精能力，此现象被称为精子获能。精子获能是成功地进行体外受精的前提和保证。

（一）精子获能的方法

1. 血清白蛋白法　　血清白蛋白法是将精子在血清白蛋白溶液中孵育的方法。血清白蛋白是血清中的大分子物质，具有结合胆固醇和Zn^{2+}的能力，可除去精子质膜中的部分胆固醇和Zn^{2+}，降低胆固醇在精子质膜中的比例，进而改变精子质膜的稳定性，导致精子的获能。该法因需要的时间较长，且诱发精子获能的作用不强，故仅在体外受精技术研究的初期进行过尝试，具有一定的作用，目前仅作为精子获能的一种辅助手段。

2. 高渗盐法　　精子表面含有许多被膜蛋白，即所谓的"去能因子"，当用高离子强度盐溶液处理精子时，这些被膜蛋白将从精子的表面脱落，从而使精子获能。1975年，Bracket和Oliphant首次用380mOsm的高离子强度溶液对兔的精子进行获能处理，获得了试管仔兔。随后，他们用同样的方法对牛的精子进行获能处理，于1982年获得了世界首例试管牛。由于高离子强度盐溶液对精子具有渗透胁迫作用，会影响精子的活力，故目前较少使用。

3. 卵泡液孵育法　　卵泡液含有来自血清的大分子物质，并含有诱发精子获能和顶体反应的因子，故在精液中添加一定浓度的卵泡液可诱发精子获能。1984年，Sugawara等用含牛卵泡液的培养液培养牛精液，发现精子的穿卵率达56%。虽然卵泡液对精子获能具有促进作用，但其中同时含有精子活动的抑制因子。研究发现，在精液中加入10%的卵泡液，牛卵母细胞的受精卵裂率和囊胚发育率均显著下降，但加入50%的卵泡内膜细胞条件培养液则能提高卵母细胞的受精卵裂率和囊胚发育率。这表明，卵泡液中的获能因子来自卵泡内膜细胞，而精子活力的抑制因子可能来自血清。因此，卵泡液可以用于精子的获能处理，但不能用于体外受精培养系统。

4. Ca^{2+}载体法 Ca^{2+}载体 A23187 能直接诱发 Ca^{2+}进入精子细胞内，提高细胞内的 Ca^{2+}浓度，从而导致精子获能。研究发现，A23187 能引起精子的超活化运动和顶体反应，并能使其穿透无透明带的仓鼠卵母细胞。用 A23187 结合咖啡因处理牛精子，能提高受精卵的卵裂率和囊胚发育率。

5. 肝素法 肝素是一种高度硫酸化的氨基多糖类化合物，与精子结合后，能使精子膜外 Ca^{2+}进入精子内部而导致精子获能。Parrish 等（1989）的研究表明，引起牛精子体内获能的活性物质是来自发情期输卵管液中的肝素样氨基多糖化合物。因此，肝素对精子的获能处理被认为是一种接近于体内获能的生理方法。Parrish 等（1984）首次将肝素成功应用于牛精子的体外获能之后，肝素法已成为动物体外受精应用最广泛的一种精子获能方法。

总之，精子的获能是诸多因素综合的结果，任何导致精子质膜稳定性下降和 Ca^{2+}内流的因素均有可能引起精子的获能。

（二）获能精子的特征

体外获能的精子代谢活动增强，运动方式改变，即出现超活化运动（hyperactivation）。如果将获能定义为穿透卵前精子所发生的全部变化，那么，精子的超活化运动则是获能的一个阶段；精子获能的结果可引发顶体反应（图 14-8）。获能时精子头部的去能因子被除掉，精子头部质膜形态上发生改变，同时顶体内酶被激活，这一过程称为顶体反应，其主要变化为精子质膜与顶体外膜融合，出现空泡结构，顶体内膜暴露，顶体酶释放。

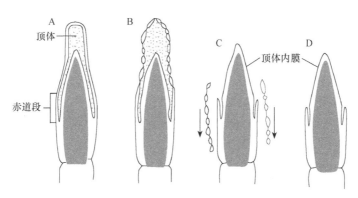

图 14-8 哺乳动物典型的顶体反应过程

A. 获能精子头部；B. 顶体外膜与质膜融合并囊泡化，顶体内容物释放；
C. 顶体帽脱落，暴露顶体内膜；D. 囊泡消失，顶体反应完成

（三）获能精子的检测

1. 运动方式的测定 吸取 5μL 获能的浮游精子，滴到载玻片上，盖以盖玻片，周围滴液体石蜡以防干涸，置暗视野显微镜下观察精子的活力、运动类型和运动速度，以判断体外获能效率。

2. 顶体反应的检测　　伴随着精子获能，可以诱发顶体反应，这是精子入卵不可缺少的变化，观察顶体反应是判断精子获能的有效方法之一。

用电镜技术观察精子的超微结构，如果精子头部质膜与顶体外膜泡状化，或仅残存顶体内膜，就能准确判断精子发生了顶体反应，但电镜技术制片烦琐，成本也高，一般实验室尚难实施。

另一种顶体反应的检测方法是采用顶体三重染色技术（triple-stain technique，TST），即将精子用锥虫兰、俾斯麦棕 Y 和孟加拉玫瑰红三重染色后，在光镜下观察鉴别。

TST 可将精子顶体帽和顶体后区染成不同的颜色，当顶体后区呈蓝黑色时，说明精子在染色前已经死亡；顶体后区呈棕色时，说明该精子在染色前是活精子；顶体帽呈品红色时，说明未发生顶体反应；顶体帽呈白色者，说明精子发生过顶体反应。

TST 法虽然可以准确地将真假顶体反应的精子区分开来，也无须昂贵的设备，但其不足之处在于有可能将一部分固定染色前已死亡的真顶体反应精子误判为假顶体反应精子。

一般检测只在试验精子获能方法时应用，一旦方法成熟，应用即可，不再进行检测。

四、体外受精方式

（一）体外受精

体外受精是将经获能的精子与成熟的卵子置于受精液中共同培养，使其完成受精的过程。提供受精条件的基础培养液常使用 TCM199、TALP（Tyrode's albumin lactate pyruvate）等。基础培养液中还需加入蛋白质、能量物质等添加物。不同研究者常常采用改变基础培养液中的添加成分来对不同动物的体外受精进行研究。

受精操作时，取经获能处理的精子悬浮液 5μL 置于塑料培养皿或多孔培养板上，将灭菌石蜡油缓慢注入培养皿，再将 95μL 精子悬浮液注入，制成 0.1mL 的球状液滴，将外形正常且卵丘细胞明显扩展的体外培养成熟或回收的体内成熟卵母细胞，以 10～15 枚为一组缓缓移入精子悬浮液滴中，置 CO_2 培养箱中培养，使精卵细胞完成体外受精。

卵母细胞体外受精后的评估如下。在实体显微镜下检查发生卵裂的胚胎数，记录卵裂率与分裂指数，并观察受精卵能否在体外发育到囊胚阶段。

（二）显微受精

显微受精（microfertilization）是指借助显微操作仪将精子（精子细胞）注入卵母细胞来实现受精的过程，其中将精子注入卵母细胞质的显微受精称为卵胞质内受精（intracytoplasmic sperm injection，ICSI），注入卵周隙中的显微受精称为带下受精（subzonal insemination，SUZI）。

显微受精是一个比较复杂的过程，应提前准备培养液、卵母细胞固定吸管和精子显微注射针。显微受精所用的培养液与体外受精所用液体相同。卵母细胞固定吸管及注射针由外径 1mm，长度 150mm 的毛细玻璃管，通过拉针仪、微型煅烧仪和显微磨床制作而成。制作成的固定吸管外径与卵母细胞直径相当，内径一般为 20～30μm，端口钝圆。注射针一般为内径 5～10μm 的尖细玻璃管。

成熟卵母细胞准备可按照体外受精的卵母细胞准备程序进行。注射的精子可分为获能精子、未获能精子及精子细胞等。

1. 卵泡质内受精 用 0.1% 透明质酸酶去除成熟卵母细胞周围的卵丘细胞，处理后的卵母细胞经冲洗后移入上覆灭菌石蜡油的培养液小滴中；将精子或精子细胞悬液加入另一个培养液小滴中，如注射精子头，则需先用超声波等方法分离精子头，用注射针在精子液滴中捕获单个精子或精子细胞；如为完整精子，应先对吸入的精子进行制动，精子制动的方法包括在精子液滴中加入聚乙烯吡咯烷酮（polyvinylpyrrolidone，PVP）等化学物质阻止精子运动过快，或用注射针在精子的尾部 1/3 处摩擦使精子制动后吸入精子。将吸入了精子的注射针移至卵母细胞液滴中准备注射。用注射针刺破透明带及卵质膜进入卵胞质，吸入少量细胞质以证实已进入细胞质内，将精子注入细胞质（图 14-9）。

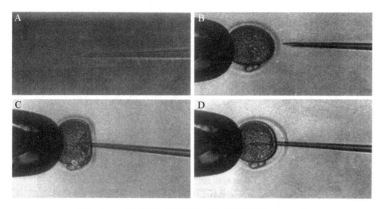

图 14-9 卵泡质内受精过程（陈大元，2000）

A. 将精子吸入注射管，吸入精子时，首先吸入尾部；B. 卵子理想的固定位置，第一极体位于
钟表 12 点（或 6 点）的位置；C. 将注射针插入卵内；D. 将精子释放到卵质内

2. 带下受精 用注射针刺破透明带，将精子注入卵周隙，使精子与卵母细胞膜自然融合。可在注射前用蔗糖液等处理卵母细胞，使其卵周隙扩大（图 14-10）。

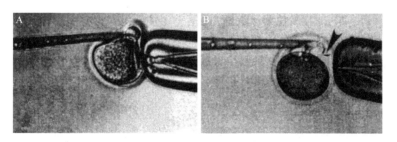

图 14-10 将精子注射到透明带下卵周隙的过程（陈大元，2000）

A. 用固定管吸住卵母细胞，使第一极体朝上；B. 用注射管将精子注入卵周隙

显微受精是一项精细操作技术，操作过程中会使卵子受到不同程度的损伤，特别是细胞质内单精子注射。显微注射针是显微受精的主要操作工具，它本身会造成透明带、卵质膜和卵胞质的损伤，注射针进出卵胞质还可能破坏卵子的微管、微丝系统，而它们都与细胞分裂时的染色体正常分离和分配有关，一旦受到破坏可能引起染色体不正常分离，产生复杂的

单倍体或三倍体胚胎。所以，选择恰当的微注射针尖内径及斜面的角度，对将显微注射时卵子的损伤降到最低限度非常重要。由于卵子透明带及卵质膜有一定韧性，因此针尖斜面角度在 35°～40° 较合适，可在显微操作后获得较多形态正常的卵子及较高的受精率。关于针尖内径，人以 5～7μm 为宜，兔为 5μm，牛和猪为 8～10μm，小鼠为 4～5μm。

五、体外受精胚的培养

体外受精胚胎的培养是成功地获得"试管动物"的关键技术之一。虽然已有多种"试管动物"问世，且体外受精胚胎已日趋商业化，但从受精卵到囊胚的发育率仍然很低，有不少实验室还没有完全克服家畜早期胚胎培养的体外发育阻滞，因此，迫切需要研究出适合于体外受精胚胎的体外培养方法。

哺乳动物胚胎在体外培养时，往往表现出"体外发育阻断"（*in vitro* developmental block）现象，说明体外培养液中缺少像体内那样对胚胎发育有利的物质。另外，胚胎体外发育的生存条件中还存在大量内在及外在影响因素，如温度、光照、pH、培养液的渗透压、离子及能量物质浓度、大分子物质、生长因子、维生素、氨基酸及气体状态等都有可能对胚胎体外发育有所影响。进行胚胎体外培养研究就是要围绕"体外发育阻断"，明确早期胚胎代谢与发育的关系，改善影响胚胎体外发育的条件，建立适宜的培养系统，从而为胚胎基础发育生物学提供有力的实验依据，并最大限度地保持胚胎在体外培养期间的活力。

（一）培养方法

胚胎培养前，先将 50μL 或 100μL 培养液置入塑料培养皿或四孔培养板做成培养液微滴，或加入 500μL 培养液，并在培养液上覆盖一薄层石蜡油，置入 CO_2 培养箱中平衡 2h。然后将早期胚胎移入培养液中，在 5% CO_2，37～39℃（根据动物种类而不同而定），饱和湿度条件下进行培养。并每隔一段时间（12～48h）在实体显微镜下（80～100 倍）观察一次胚胎发育情况，并做好记录。48h 进行一次半量换液。在哺乳动物胚胎从合子发育到囊胚的过程中，由于参与物质代谢的酶活性不同，因此在不同发育阶段，利用外源性营养物质的代谢途径就不同，因此对能量、蛋白质及其他物质所需要的量和种类都有所不同。在胚胎体外培养过程中，应根据胚胎在不同发育阶段的营养需要调整营养物质的量。

（二）影响培养的因素

1. 培养液的体积　　在体外培养胚胎时，无论培养液如何完善都不可能达到母畜输卵管液和子宫液的条件，哺乳动物胚胎在输卵管和子宫中正常发育时，其周围环境的液体都是微量的。胚胎直径一般为 100μm 左右，体积仅 0.5μL，包围的液体也为纳升水平。而在体外培养胚胎时，所用培养液体积从几十微升到几千微升，超过在体内时周围液体量，几百甚至几千倍，从而导致胚胎发育的内源性营养物质"渗漏"，这将影响胚胎的发育；液量过小会使胚胎营养缺乏，需要频繁换液以补充营养需要，但这样容易造成污染，同时由于液体的表面张力，很难做成很小的微滴。另外，如果液滴过小，即使覆盖石蜡油，也可能因蒸发而损失一部分培养液水分，引起渗透压改变而造成胚胎的损害。

2. 培养液渗透压　　各种培养液的化学成分不同，会形成不同的渗透压。简单培养液的渗透压一般为 274～316mmol/L。渗透压只要在一定范围内变化，并不会明显影响胚胎发育。

3. 氧气含量变化　　胚胎培养中，最受关注的因素是培养体系氧气含量变化对胚胎发育的影响。已证明在兔和猴的输卵管中 O_2 浓度为 5.3%～7.9%。但一般进行胚胎培养时只控制 CO_2 浓度，而不对 O_2 浓度进行控制，这在一定程度上不利于胚胎发育。因为过量的 O_2 通过过氧化作用损害了胚胎细胞表面膜系统，低 O_2 浓度则可能抑制过氧化物的形成，从而改善胚胎的发育。

4. 水分　　在所有培养液中，水的含量均在 98% 以上，因而水的质量直接影响到胚胎培养。培养液应使用蒸馏三次以上的蒸馏水或超滤得到的去离子水。

5. 培养液中的缓冲成分　　常用的培养液 pH 为 7.1～7.4。用 HEPES 作为缓冲剂时 pH 较稳定，但它可能会降低发育到囊胚的概率。所以常用碳酸氢盐缓冲体系维持培养液的 pH。

6. 培养液中过氧化物对胚胎发育的影响　　在胚胎培养时，各种氧化反应，包括电子传递链都会产生和释放少量不完全还原的中性氧，如过氧根离子（O_2^{2-}）、过氧化氢（H_2O_2）和氢氧根离子（OH^-）。还可能由电离辐射（包括紫外线照射）和铁、铜等过渡性金属离子加速产生。过氧化物能通过膜脂过氧化而使膜不稳定，还可使酶失活和 DNA 损害，进而使细胞受到伤害，导致异常卵裂。现已证明 O_2^{2-} 参与小鼠胚胎的 2 细胞阻断，因为培养液中加入能解除过氧化物毒性的过氧化物歧化酶和谷胱甘肽过氧化物酶，能防止 2 细胞阻断的发生。

7. 培养液中胚胎数的影响　　小鼠胚胎培养证明，多枚胚胎一起培养有利于胚胎发育，这表明哺乳动物早期胚胎能产生自分泌因子。

在培养绵羊胚胎时，随每组胚胎数增加，囊胚形成比例和胚胎细胞数增加。目前较常用的是每个液滴培养 10～20 枚胚胎。

（三）共同培养系统

共同培养系统是将胚胎与其他组织细胞（体细胞）共同培养，组织细胞产生的物质供胚胎发育所需，从而有利于胚胎克服体外发育阻断，改善胚胎发育。

1962 年，Biggers 等首次将小鼠 1 细胞胚在离体小鼠输卵管膨大部内与化学限定培养液共培养，使其克服体外发育阻断并发育到囊胚，说明输卵管上皮细胞能支持胚胎发育，该法即为异体内共培养。研究结果表明，共培养系统能有效克服胚胎体外发育阻断问题。下面介绍几种共培养系统。

1. 胚胎与输卵管共培养　　胚胎与输卵管共培养是将胚胎在结扎的动物输卵管内进行培养。这种方法培养效果好，但缺点是胚胎回收率低，且较为麻烦，有条件体外培养的实验室已很少用此方法。

另外，把胚胎与离体输卵管在培养液中体外培养也能进行胚胎体外发育。可用 PMSG 对母鼠进行超排处理（并用结扎输精管的公鼠交配），在用 hCG 注射后 24h 采集输卵管并进行冲洗，每 5 枚胚胎移入一个输卵管壶腹部并放在 1mL CZB 液（Chatot、Ziomek 和 Bavister 于 1989 年发表的专为克服小鼠胚胎体外培养中 2 细胞阻滞的培养液，以三人名字的缩写命名，简称 CZB 液）中培养，可获得较好的培养效果。

2. 胚胎与体细胞单层共培养　　先用培养液培养体细胞，形成贴壁细胞单层后再与胚胎共培养。

目前常用的体细胞类型有输卵管上皮细胞（oviduct epithelial cell）、子宫内膜上皮细胞（endometrical epithelial cells）、卵泡颗粒细胞（follicular granulosa cell）、卵丘细胞（cumulus cell）、胚泡滋养层囊泡（trophoblastic vesicle）、成纤维细胞（fibroblast）、羊膜囊细胞（amniotic sac cell）、禽卵黄膜腔（birds vitelline cavity）和肾细胞（nephric cell）等。

3. 用体细胞培养制备的条件培养液培养胚胎　　先用培养液培养体细胞，隔一定时间后收集培养液，离心后的上清液即为条件培养液（conditioned medium，CM），然后用条件培养液培养胚胎。

共同培养系统中的体细胞叫作援助细胞（helper cell）或饲养细胞（feeder cell）。体细胞共培养系统对胚胎发育的作用主要有以下几个方面。

（1）援助细胞产生促有丝分裂因子　　许多类型的上皮细胞都能将多肽类和糖蛋白自分泌进它们的培养液。这些多肽或蛋白质能刺激胚胎发育，促进有丝分裂，其作用与犊牛血清的作用相同。此外，援助细胞能分泌大量的甘氨酸供胚胎发育所需，而且绝大多数上皮细胞都能分泌特异性生长因子。可见，援助细胞有支持体外胚胎卵裂的能力。

也有研究认为，将胚胎放入援助细胞培养系统中，也能刺激援助细胞的分泌能力。即胚胎分泌的可扩散物质能刺激共培养体细胞不断地分泌滋养胚胎的必需因子，从而保证胚胎的发育。

（2）援助细胞产生促胚胎分化因子　　援助细胞产物可作为胞外基质成分支持体外胚胎的分化。从生殖道，尤其是输卵管上皮细胞得到的因子比其他组织细胞分泌的因子更易利用。

（3）援助细胞可脱去培养液中胚胎毒性物质的毒性　　培养液中的血清或蛋白质能降低培养液中固有的能连续产生的胚胎毒性物质的浓度。共培养系统中援助细胞产生的因子也可能有此功能。牛磺酸是一种具有抗氧化活性的氨基酸，加到培养液中，可促进胚胎发育。已发现共培养系统中的上皮细胞能分泌这种物质。还发现共培养系统中的抗毒作用甚至能拯救正退化的胚胎，保证其继续发育，而且卵裂球碎裂的数量呈下降趋势。

4. 生长因子培养　　特殊的生长因子可能对附植前胚胎发育起作用。用逆转录-聚合酶链反应（reverse transcriptase-polymerase chain reaction，RT-PCR）技术检测 mRNA 时发现，生长因子或细胞分裂素和（或）其受体存在于输卵管、子宫和胚胎中。

分子生物学研究也证明大量生长因子存在于胚胎或胚胎周围。研究发现，在妊娠的最初几天的生殖道组织和胚胎中就有生长因子及其受体的存在，并发现在胚胎中存在生长因子和它们的受体 mRNA，表明存在一种胚胎内的生长因子循环，从而使它们在胚胎内运转以协调滋养层和内细胞团之间的信号传导。由此可见，肽类生长因子在附植前的胚胎发育中可能起重要作用。

目前认为对早期胚胎发育有影响的肽类生长因子主要有：表皮生长因子（epidermal growth factor，EGF）、胰岛素样生长因子-Ⅰ（insulin-like growth factor-Ⅰ，IGF-Ⅰ）、胰岛素样生长因子-Ⅱ（IGF-Ⅱ）；集落刺激因子-1（colony stimulating factor-1，CSF-1）、白血病抑制因子（leukemia inhibitory factor，LIF）、转移生长因子-α（transforming growth factor-alpha，TGF-α）、血小板衍生生长因子（platelet-derived growth factor，PDGF）、碱性成纤维细胞生长因子（basic fibroblast growth factor，bFGF）等。

第四节　动物克隆技术

克隆是英文 clone 的音译，这一词来源于希腊文 klon，原意是树木的枝条（插枝）。在生物学中，是指由一个细胞或个体以无性繁殖方式产生遗传物质完全相同的一群细胞或一群个体。在动物繁殖学中，是指不通过精子和卵子的受精过程而产生遗传物质完全相同的新个体的一门胚胎生物技术。

一、动物克隆技术的意义和研究概况

（一）动物克隆技术的意义

动物克隆技术对于动物育种、科学实验及发育生物学等基础理论问题的研究均有重要意义。第一，能使具有优秀遗传性状的个体大量增殖，大大加快动物育种进展；第二，可用来扩大转基因动物的后代数量，提高转基因动物的效率；第三，通过胚胎性别鉴定、再克隆，可生产出大量预知性别的动物后代，对于性别控制具有重要意义；第四，可用于珍稀和濒危动物的扩繁和保种；第五，满足生物医学研究对实验动物的特殊需要，提高实验的准确性。此外，以此技术为基础，可以研究许多极为重要的基础理论问题，如动物个体发生的核质互作关系、细胞核的去分化和重新编程问题及重构胚的线粒体变化、细胞老化等问题。

（二）动物克隆技术的研究概况

1952年，Briggs等将蛙胚细胞核移入核已失活的受精卵中并成功发育成个体，后来有人将青蛙肠黏膜上皮细胞核经核移植成功地发育成个体。1981年，Illmensee等用微玻璃吸管将小鼠囊胚内细胞团和胚外层细胞核注入除去雌、雄原核的受精卵内，然后移植到假孕小鼠的输卵管中首次获得了克隆小鼠。迄今为止，已在绵羊（Willadsen，1986）、牛（Prather et al.，1987）、兔（Stice et al.，1988）、猪（Prather et al.，1989）和山羊（张涌等，1991）等动物中获得了胚细胞克隆后代。

1997年2月，Wilmut等将来自6岁绵羊的乳腺细胞核移入去核卵母细胞后，得到了世界上第一头体细胞克隆哺乳动物，即"多莉"（Dolly）羊，这是生物学史上的一个重要的里程碑。自体细胞核移植羊成功以来，用胎儿细胞和成年动物体细胞进行核移植的研究发展十分迅速，核移植研究从胚胎细胞核移植转入了体细胞核移植研究阶段，所使用的供体细胞也越来越广泛，如胎儿成纤维细胞、卵丘细胞、输卵管上皮细胞、颗粒细胞、肌肉细胞等。并已在牛（Kato et al.，1998）、小鼠（Wakayama et al.，1998）、山羊（Bagsuisi et al.，1999）、猪（Polejaeva et al.，2000）等动物上获得克隆后代。

我国的动物克隆技术近年来取得了较大的突破。陈大元等（1999）将大熊猫成年体细胞与去核兔卵母细胞重建得到了异种体细胞克隆囊胚。2000年中国科学院和扬州大学用成纤维细胞和颗粒细胞分别克隆得到了两只山羊，随后，2000年6月，西北农林科技大学张涌等利用成年山羊体细胞克隆出两只克隆羊"元元"和"阳阳"，所采用的克隆技术与克隆"多莉"的技术不同，这表明我国科学家已掌握了体细胞克隆的尖端技术。2001年5月，4只克隆羊在上海市转基因研究中心相继出生，其中1只死亡，其余3只生长正常；同年11月我国首例用肉牛胎儿上皮细胞克隆的牛"康康"和"双双"在青岛农业大学诞生。2004年1月，中国科学家在新疆乌鲁木齐市通过将北山羊的体细胞与山羊的卵母细胞结合组成新的胚胎，待胚胎发育到一定阶段移植到发情的母山羊体内而获得中国首例异种克隆动物——克隆北山羊。

二、动物克隆的基本原理

哺乳动物的组织细胞处于各种形态级别的分化状态,执行各自特异的生物功能,只有具备细胞全能性(totipotency)和可逆性两个条件,才能进行动物克隆。所谓细胞全能性是指细胞包含了个体的全套遗传信息;可逆性是指细胞具有回复到发育零点状态的潜能,在特定环境因素的调节下,可回复到受精卵状态,并可发育成一个完整的生物个体。

生物体细胞的全能性已被许多实验所证实。20世纪初Haberlandt提出植物细胞的全能性概念,1958年Steward给予了证实,他用胡萝卜的单个细胞和小细胞团在离体组织培养时得到了完整植株。细胞是生命的最小功能单位,这在植物和动物上是统一的,因而动物细胞也应该具有全能性。细胞生物学的研究结果也支持了这一点。低等动物的细胞也具有全能性,任何一个细胞都能再生成完整的个体。早在20世纪30年代,著名的胚胎学家Spemann就从他所认为"核等效"的概念出发,提出了"分化细胞的核移入卵子能否指导胚胎发育"的设想。20世纪70年代,Gurdon等用爪蟾和蝌蚪的肠上皮细胞和体外培养的完全分化成熟的体细胞进行核移植,分别获得爪蟾和蝌蚪。证实在两栖类,已分化细胞的基因组具有结构上的完整性和功能上的全能性。同时也说明,体细胞核的分化是可逆的,在适当条件下,仍然能被调整回复到分化的最初状态,并重新指导其发育成一个新个体。

现已证明,高等动物的大部分细胞核完整地保存着源于卵子和精子细胞核的全套遗传信息,所谓分化只是特异基因在细胞发育进程中,根据所处三维环境的差异而选择表达的结果。我国学者的全息胚学说在理论上对这种生物体细胞的全能性给予了总结。全息胚学说认为,生物体上任何一个在结构和功能上具有相对明确边界和内部完整性的相对独立的部分,都是由体细胞向着新个体发育的某个阶段上的胚胎。这种胚胎生活在亲体的天然培养基上,在自主发育的同时发生了特化。这样的胚胎包含着全部部位的信息,即全息胚。细胞是全息胚的特例。

近年来,随着对胚胎干细胞(embryonic stem cell,ES)和原始生殖细胞(primordial germ cell,PGC)的深入认识,发现它们也具有全能性和调整能力。哺乳动物的克隆技术包括胚胎克隆和体细胞克隆两种。

三、胚胎克隆技术

胚胎克隆技术主要是指胚胎分割、胚胎融合及胚胎细胞核移植技术等,分别介绍于下。

(一)胚胎分割

胚胎分割(embryo splitting)就是采用显微操作系统将哺乳动物附植前的胚胎分成若干个具有继续发育潜力部分的生物技术,运用胚胎分割可获得同卵双生后代。在畜牧生产上,胚胎分割可用来扩大优良家畜的数量;在实验生物学或医学中,运用同卵孪生后代作实验材料,可消除遗传差异,提高实验结果的准确性。

1. 发展现状 Spemann在1904年最先进行蛙类2细胞胚胎的分割试验,并获得了同卵双生后代。尽管早在1930年Pinus等就证明2细胞家兔胚胎单个卵裂球可在体内发育为体积较小的胚泡,但直到1970年,Mullen等才通过分离小鼠2细胞胚胎卵裂球,获得同卵双生后代。后来,Moustafa(1978)又将小鼠桑椹胚一分为二,也获得同卵孪生后代。1979年,Willadsen和Meineck-Tillman等成功地进行了绵羊早期胚胎的分割。20世纪80年代以后,哺乳动物胚胎分割技术发展迅速，Willadsen 等在总结前人经验的基础上，建立了系统的胚胎分割方法，并运用这种方法获得绵羊的四分之一和八分之一胚胎后代和牛的四分之一胚胎后代。目前，二分之一胚胎后代的动物有小鼠、家兔、绵羊、山羊、牛、马和人；四分之一胚胎的后代有家兔、绵羊、猪、牛和马。

哺乳动物的胚胎分割技术在近 20 年取得了较大进展，主要表现为操作方法趋于简化，效率提高。在牛的胚胎移植生产中，胚胎分割已用于提高胚胎移植的总受胎率和克服异性孪生不育。此外，胚胎切割取样已用于胚胎的性别鉴定和转基因阳性胚胎的早期选择。尽管胚胎分割技术已在多种动物包括人类的应用中取得成功，但是仍然存在很多问题需要进行深入研究。

（1）初生体重低　　在牛胚胎移植实践中发现有些分割胚即使培养到囊胚阶段，与正常胚胎相比，细胞数也明显减少，移植后代的体重相应偏低。这可能与早期胚胎细胞的分化和定位有关，但发育机制还有待深入研究。

（2）遗传一致性　　同一胚胎切割后获得的后代，在理论上，遗传性状应该完全一致，但事实并非如此。人们发现 6～7 日龄牛胚胎分割后，同卵双生犊牛的毛色和斑纹并不完全相同，而在 2 细胞阶段分割，却表现出遗传一致性。这种现象与胚胎细胞的分化有密切关系，但目前对不同阶段胚胎细胞的分化时间和发育潜力了解很少。

（3）同卵多胎的局限性　　从目前的研究来看，由 1 枚胚胎通过胚胎分割方式获得的后代数量有限。迄今为止，最好的结果是由 1 枚牛胚胎获得了 3 头犊牛，这说明孪生胚胎的发育潜力很有限。因此，通过胚胎分割技术生产大量克隆动物目前难以取得较大进展。

2. 胚胎切割的基本程序

（1）切割器具的准备　　胚胎分割需要的器械有体视显微镜、倒置显微镜和显微操作仪。在进行胚胎切割之前需要制作胚胎固定管和切割针，固定管要求末端钝圆，外径与所固定胚胎直径相近，内径一般为 20～30μm。切割针目前有玻璃针和微刀两种，玻璃针一般用实心玻璃棒拉成；微刀是把锋利的金属刀片与微细玻璃棒粘在一起制成。

（2）胚胎预处理　　为了减少切割损伤，胚胎在切割前一般用链霉蛋白酶进行短时间处理，使透明带软化并变薄或去除透明带。

（3）胚胎分割　　在进行胚胎切割时，先将发育良好的胚胎移入含有操作液滴的培养皿中，操作液常用杜氏磷酸缓冲盐溶液，然后在显微镜下用切割针或切割刀把胚胎一分为二。不同阶段的胚胎，切割方法略有差异。

桑椹胚之前的胚胎卵裂球较大，直接切割对卵裂球的损伤较大。常用的方法是用微针切开透明带，用微管吸取单个或部分卵裂球，放入另一空透明带中，空透明带通常来自未受精卵或退化的胚胎（图 14-11）。

致密桑椹胚之后的胚胎切割方法可归纳为以下 5 类。

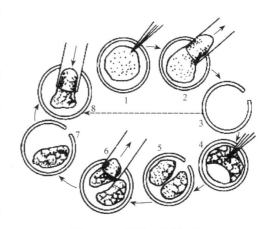

图 14-11　胚胎二分割步骤

1. 切开未受精卵的透明带；2. 用毛细管吸出内容物；
3. 空透明带；4. 将胚胎分割为两群细胞；5. 两枚半胚；
6. 吸出一枚半胚；7. 原透明带内留存一枚半胚；
8. 将吸出的半胚移入空透明带内

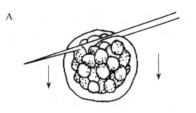

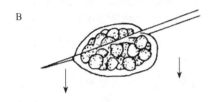

图 14-12　胚胎徒手分割法

A. 在显微操作仪下用自制刀片固定胚胎;
B. 在胚胎最中央切割; C. 胚胎被一分为二

1）微玻璃针去带分割法。在显微操作仪下，一臂固定吸住胚胎，另一臂用显微玻璃针去除透明带并将裸胚对半分割。

2）微手术刀直接分割法。在显微操作仪下，一臂固定吸住胚胎，另一臂用特制的微手术刀直接将胚胎一分为二。

3）酶消化透明带显微玻璃针分割法。先用含 0.5% 链霉蛋白酶的 Hank's 液孵育胚胎，得到裸胚，然后用显微手术刀将其一分为二。

4）酶-机械去带分割法。在用酶软化透明带的基础上，用玻璃针除去透明带，然后用微手术刀将裸胚分割为二。

5）徒手刀片分割法。一般在胚胎分割前，先用 0.25% 的链霉蛋白酶软化 1min，用含 2% FCS 的 PBS 洗 2 次，做成 0.2mL 小滴，使用专用小刀片或自制刀片徒手将胚胎一分为二，或直接切割胚胎为二分胚（图 14-12）。

（4）分割胚的培养　　为提高半胚移植的妊娠率和胚胎利用率，分割后的半胚需放入空透明带中或者用琼脂包埋移入中间受体在体内或直接在体外培养。半胚的体外培养方法基本同于体外受精卵的培养。体内培养的中间受体一般选择绵羊、家兔等动物的输卵管，输卵管在胚胎移入后需要结扎以防胚胎丢失。琼脂包埋的作用是固定胚胎，便于回收，但不影响胚胎的发育。发育良好的胚胎可移植到受体内继续发育或进行再分割。

（5）分割胚胎的保存和移植　　胚胎分割后可以直接移植给受体，也可以进行超低温冷冻保存。为提高冷冻胚胎移植后的受胎率，分割的胚胎需要在体内或体外培养到桑椹或囊胚阶段，再进行冷冻。由于分割胚的细胞数少，因此耐冻性较全胚差，解冻后的受胎率也低于全胚。

（二）胚胎融合

胚胎融合（embryo fusion）是指通过显微操作使 2 枚或 2 枚以上的受精卵或胚胎发育成为 1 枚胚胎的技术，由此发育而成的个体称为嵌合体（chimera）。胚胎所产生的嵌合体对发育生物学、免疫学、遗传学、医学和畜牧生产技术研究等具有十分重要的意义。哺乳动物嵌合体的研究报道主要是小鼠和绵羊。后来又建立了牛、猪、山羊嵌合体，大鼠-小鼠种间嵌合体和马-斑马属间嵌合体。

通过操作早期胚胎可制备出大量的嵌合体，但一些非哺乳类的脊椎动物，胚胎或胚胎细胞的融合常常因为身体某些部位的重复，或者是已经激活的胚胎细胞不能被完全置换，由此造成身体某些部位的畸形。

哺乳动物的实验性嵌合体一般是通过操作附植前的胚胎制作的。一般将两个或几个胚胎进行聚合（聚合性嵌合体），或者将细胞注射到囊胚（注射性嵌合体）。附植前早期胚胎嵌合体的制作方法可分为以下三种。

1. 早期胚胎聚合法 该方法可采用从发育到 2 细胞至桑椹期的胚胎，但最常用的为 8 细胞阶段的胚胎，发育太早或太晚的胚胎，由于细胞之间的联系过于紧密，因此很难进行聚合。具体操作时先将透明带去掉，然后将两枚裸胚聚合，在 CO_2 培养箱中培养，使其发育到囊胚，再移植给受体，获得嵌合体个体。聚合用的培养液大多是 0.05%～1% 的植物血凝素（phytohemagglutinin，PHA）。聚合过程有的在琼脂小凹中，有的用血凝滴定板，也有人在石蜡油的小液滴中进行。一般在 PHA 中放置培养 10～20min，也可先作用 3～5min 后，再使两枚胚胎聚合。聚合后的胚胎用培养液洗两次，用 Brinster 液、改良 PBS 液或 Witten 氏液等培养 20～24h，使其发育到囊胚阶段，然后再移植给受体。

2. 分裂球聚合法 该方法常用于将发育阶段相同的两胚胎分裂球进行聚合，也可将发育阶段不同的胚胎分裂球聚合，制作嵌合体个体。通常是在一个透明带中，人为地将发育阶段不同胚胎的分裂球，或者分裂球与特殊的细胞（如肿瘤细胞）聚合在一起。按这种方式，使用 2～16 细胞期、桑椹胚后期的分裂球都可以培育出嵌合体个体。

3. 囊胚注入法 注入法制备嵌合体是指当哺乳动物的受精卵发育到囊胚阶段且已分化为两种明显不同的组织——内细胞团（ICM）和滋养层细胞以后，将目的细胞或细胞团注入到囊胚腔，使注入细胞与内细胞团结合后共同发育，以获得嵌合体。也有人将某一囊胚的 ICM 完全用另一囊胚的 ICM 代替，这种方法称为囊胚重组，曾被成功地用来进行种间妊娠，制备的嵌合体其胎儿周围的胎膜来自另一种动物。这种方法可广泛用于研究基因型已知的 ICM 的发育能力和具有不同基因型的滋养层细胞之间在个体发育中的相互关系。

（三）胚胎细胞核移植技术

胚胎细胞核移植技术主要是以胚胎卵裂球的细胞作为核供体进行细胞核移植，其方法和体细胞核移植基本相同。

四、体细胞克隆技术

哺乳动物体细胞克隆技术又称体细胞核移植技术或无性繁殖技术。它是用哺乳动物特定发育阶段的核供体（体细胞核）及相应的核受体（去核的原核胚或成熟的卵母细胞）不经过有性繁殖过程，进行体外重构，并通过重构胚的胚胎移植，达到扩繁同基因型哺乳动物种群的目的。到目前为止，体细胞克隆技术已相继在多种动物上获得成功，并显示出巨大的应用潜力和社会效益。

体细胞克隆的技术程序与胚胎克隆基本相同，不同之处主要在于不是用胚胎卵裂球而是用胎儿细胞或成年动物体细胞作为核供体进行细胞核移植，得到的后代与供体细胞具有相同遗传性状（图 14-13）。

（一）用培养的细胞系进行核移植

1. 细胞系的建立 从动物的器官、组织或胎儿组织中分离出所需的组织团块，用动物组织培养的方法，分离成细胞悬液，然后在含血清的培养液中培养，进行正常的传代。在传代时，每隔几代取一些细胞集落进行染色体分析，检查染色体是否为正常的整倍数。传代到一定次数，细胞形态和增殖正常，说明已建立了稳定的细胞系。

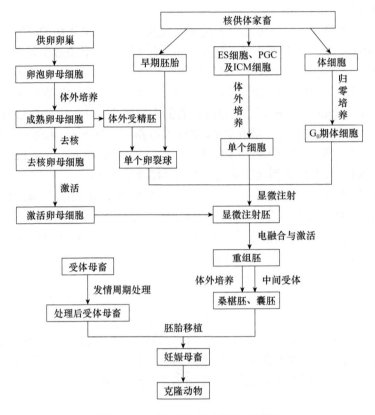

图 14-13 动物体细胞克隆技术过程

2．G_0 期的诱导　　将已建系的细胞系移入含低浓度血清的培养液中培养 1～5d，即采用血清饥饿方法诱导细胞脱离生长周期而进入休眠期即 G_0 期。用 G_0 期细胞作为供核细胞具有以下优点：第一，可以获得协调的细胞周期。将这些细胞移入去核卵中随后活化，或在活化时移入，或移入预活化的卵中，均可产生个体。第二，G_0 期细胞的染色质发生凝集，转录和翻译水平下降，mRNA 降解活跃，这些染色质结构和功能的变化均有利于核移植。Cambell 认为 G_0 期细胞的染色质处于分化与未分化之间状态，可能更适合于对各种信号发生反应。

3．受体细胞的获得和去核　　去除细胞核的 M Ⅱ期卵母细胞、受精卵和融合后的两细胞胚胎的细胞质，均曾被用作受体细胞质。但大量研究表明，M Ⅱ期卵母细胞适用于所有的供体核。在 M Ⅱ期卵子胞质中存在一类重要的蛋白质因子，称为促成熟因子（maturation promoting factor，MPF），MPF 的活性在卵母细胞第一次和第二次减数分裂期最高。成熟的哺乳动物卵停滞在 M Ⅱ期，并维持着高的 MPF 活性，一旦受精或被激活，MPF 活性急剧下降，第二次减数分裂完成，并排出第二极体，染色质发生凝集，形成原核。因而，目前基本上都采用去核的 M Ⅱ期卵母细胞作为受体细胞质。同时还有研究证明，体外培养成熟的卵母细胞核移植成功率不如体内成熟的卵母细胞，其原因可能是卵母细胞在体外成熟培养过程中，第一次减数分裂所需的一些蛋白质无法合成，因而其活动可能受到抑制。卵母细胞的去核，目前常采用的有盲吸法、半卵法、离心去核、末Ⅱ期去核等方法。研究发现，卵母细胞的去核程序与重构胚中再程序化状况密切相关。去核率越高，其克隆胚发育成正常胚的可能性越大，而去核率的高低也与卵母细胞所处的成熟时期及所采用的方法密切相关。

4. 细胞融合与激活 将供体细胞的核胞体以显微注射法注入去核的卵母细胞透明带下后，需对重构胚进行融合处理，才能使供核细胞与卵母细胞质发生融合。目前广为使用的是电融合法。电刺激除能完成细胞融合外，还能激活卵母细胞，这也是目前常用的激活处理的方法。在供体细胞处于 G_0 期，对不同的动物进行处理时，可以在三个不同时期进行融合并激活卵母细胞质，即前激活、后激活和融合激活。

5. 重构胚的培养和激活 重构胚的培养有两种方式，一种是体外培养，也就是将重构胚培养在特定的培养液中，置于特定环境条件下进行培养。在体外培养中，可采用重构胚和体细胞共培养的方法来克服哺乳动物胚胎发育过程中的阻滞现象。另一种是中间受体培养，最常用的中间受体是兔。将重构胚分别经 1.0% 和 1.2% 琼脂包埋后，或不经琼脂处理，移入结扎的兔输卵管中，几天后取出，观察发育情况并进行移植。胚胎移植后的妊娠率和产仔率是判断核移植效率的最终标准。要选择有较好形态的胚胎进行移植，移植的部位有输卵管和子宫角。移植方法和妊娠检查方法与体外受精获得的胚胎移植方法相同。

6. 体细胞核移植后代的鉴定 如果体细胞核移植的后代诞生，除了对供体细胞与克隆后代的亲缘关系进行鉴定外，还需在分子生物学水平上进行鉴定。取体细胞系细胞、克隆后代、卵母细胞受体及重构胚移植受体的 DNA 进行分子杂交实验，以确定后代是否真的来源于供体细胞系细胞。

（二）G_0/G_1 期细胞直接核移植法克隆后代

在已进行的体细胞克隆研究中，有的以小鼠为研究对象，取小鼠的睾丸支持细胞、神经细胞（来自小鼠大脑皮层）和卵丘细胞作为核供体。这是因为支持细胞和神经细胞都处于 G_0 期，而 90% 以上包围在排出的卵母细胞周围的卵丘细胞都处于 G_0/G_1 期。将这些供体细胞取来后，不经体外培养，立即进行核移植。核移植后将重构胚放置数小时，采用在鼠上已被验证了的重复性比较好的化学方法（如 PEG 诱导法等）来激活重构胚，重构胚经体外培养后移植给假孕体，可获得较好的结果。

五、关于克隆技术的思考

（一）动物克隆的重大意义及对人类社会伦理的挑战

克隆技术的发展是人类在探索生命奥秘过程中的必由之路，它的成功是生物技术革命的重大突破。一是提供了研究生物学的新技术，促进了人类了解生物生长发育的机制，发现影响生长和衰老的因素，探索一些疑难杂症的根源；二是提供了动物育种的新手段；三是提供了对动物进行遗传改造的新途径。其应用前景十分广泛，除探索生命的奥秘外，还具有不可估量的经济效益和社会效益。例如，在畜牧业方面，克隆技术可以选育出遗传物质稳定的良种家畜，特别是可以提高畜牧业的育种质量，缩短优良品种的繁殖周期。在医学上，特别是在人类器官移植、制药和辅助生殖方面有着巨大的潜力。另外，与其他技术类似，克隆技术也有其不可避免的另一面，在现代社会中，克隆人可能对社会公德、社会伦理产生不能预料的负面影响。

首先，违背了伦理学的不伤害原则。克隆技术很有可能导致大量的流产与残障婴儿，

"多莉"的诞生是在277次失败的基础上才获得的,成功率很低。对于涉及基因极其复杂的人类克隆,克隆人的实验因技术不完善会产生严重的社会后果,也会因胚胎的残缺而扼杀新生命的诞生,克隆人也由于社会关系不正常而难以正常生活。

其次,克隆人违背了伦理学的自主原则。被克隆者作为人所享有的独特性被剥夺了。

最后,克隆人违背了伦理学的平等原则。在克隆活动中,存在一个设计者与被设计者的关系。设计是以设计者为前提的,一个有着设计者与被设计者之别的人类图景,是对于平等原则的违背。社会学上克隆人与供体者的关系,克隆人的身份、地位、权利、家庭观念、婚姻及克隆的不确定性等将是社会不稳定的潜在因素。生物学上一些克隆动物在遗传上是全等的,一种特定病毒或其他疾病的感染将会带来灾难,如果无计划克隆动物,会扰乱物种的进化规律,干扰性别比例。这种对生物界的人为控制会带来许多意想不到的危害。

(二)克隆技术尚需进一步解决的问题

1. 提高成功率　　动物体细胞克隆的成功率很低(1%~3%),克隆胚胎移植后的出生率平均不到10%。因此,要最大限度地利用动物克隆技术,就要解决好成功率低的问题。

2. 解决部分个体生理或免疫缺陷问题　　目前,大多数研究发现体细胞克隆动物半数都有严重缺陷或畸形,包括心脏、肺等器官携有罕见的缺陷,其中许多未出生就胎死腹中,或出生后不久突然死亡。生物学家认为,克隆动物产生畸胎、器官缺陷、猝死等问题可能与遗传"印迹作用"受到破坏有关。除"印迹作用"之外,产前及围产期死亡率增加可能还与目前的体外培养有关,因为在体外培养胚胎的卵裂球核移植过程中也发现有类似现象。

3. 解决受体细胞质与供体细胞核周期相容性的问题　　当受体细胞与供体细胞处于细胞周期同一时相时,核移植的成功率大。克隆羊"多莉"之所以成功,关键在于Willmut等找到了一种使供体细胞核和受体卵母细胞更相容的方法,供体细胞核在DNA复制时间上与受体卵母细胞基本同步(Gurdon et al.,1997)。目前细胞是最理想的受体细胞状态。除S期外,其他各时期细胞均可作为核供体。

4. 通过核移植产生的重构胚能否完成整个发育过程的问题　　解决问题的关键是移入的细胞核能否在受体细胞质的作用下正确地重新编程,使重构胚成为全能性细胞,在适宜的环境条件下如正常胚胎那样分裂、分化、发育形成个体。

5. 减少或避免供体线粒体的带入　　在核移植过程中,供体核带入一部分细胞质,因此,核移植胚胎的线粒体就成为杂合型,既有来自供核细胞质的,也有来自受体细胞质的。因此,通过核移植的克隆动物实际上是一种遗传嵌合体。为此,应尽快解决动物克隆中这一问题,尽量减少或避免供体线粒体的带入。

第五节　动物性别控制技术

动物的性别控制(sex control)是通过对动物的正常生殖过程进行人为干预,使成年雌性动物产生人们所期望的性别后代的一门技术。性别控制技术在畜牧业生产中意义重大。首先,通过控制后代的性别比例,可充分发挥受性别限制的生产性状(如泌乳)和受性别影响的生产性状(如生长速度、肉质等)的最大经济效益。其次,控制后代的性别比例可增加选种强度,加快育种进程。通过控制胚胎性别还可克服诸如牛胚胎移植中出现的异性孪生不孕不育现象,排除伴性有害基因的危害。

性别控制是一项历史悠久而又朝气蓬勃的生物技术。早在 2500 年前,古希腊的德谟克利特就提出通过抑制一侧睾丸控制后代性别比例的设想,尽管这种设想非常荒谬,但反映了人类对这一技术的渴望。性别控制技术与性别决定理论的发展密不可分。在 20 世纪,随着孟德尔遗传理论的重新确立,人们提出性别由染色体决定的理论。1923 年,Painter 证实了人类 X 和 Y 染色体的存在,指出当卵子与 X 精子受精,后代为雌性,与 Y 精子受精,后代为雄性。1959 年,Welshons 和 Jacobs 等提出 Y 染色体决定雄性的理论。1966 年,Jacobs 等发现雄性决定因子位于 Y 染色体短臂上。1989 年,Palmer 等找到了 Y 染色体性别决定区(sex determining region of Y,SRY),它的长度为 35kb,编码 79 个氨基酸,在不同哺乳动物中有很强的同源性。SRY 序列的发现是哺乳动物性别决定理论的重大突破。尽管 SRY 序列诱导性别分化的机制有待深入探讨,但是它对性别控制技术的发展有重要意义。目前哺乳动物性别控制的方法多种多样,但最有效的方法是通过分离 X、Y 精子和鉴定早期胚胎的性别来控制后代的性比。

一、动物性别控制原理

性别形成的机制是进行性别控制的基础,学者对这方面的大量探索为进行性别控制提供了理论指导。哺乳动物胚胎发育的早期阶段为性别未分化期,但已具备了有分化潜能的生殖器官的原始胚基。如果性染色体为 XX,那么性腺原基发育为卵巢,个体为雌性;如果性染色体为 XY,那么性腺原基发育为睾丸,个体为雄性。家畜性别的分化则是在性染色体基因和常染色体上的性别相关基因的复杂作用下的最终结果。研究表明,Y 染色体性别决定区(SRY)即为性别决定因子。性别发育以 SRY 基因为核心,SRY 基因在胚胎发育的早期开始表达,不同物种 SRY 基因表达的时间也有区别,小鼠在 10.5d 时开始表达,而猪在 21~26d 时开始表达。SRY 基因表达使性腺原基发育为睾丸,睾丸形成后,其间质细胞分泌睾酮产生雄性结构,支持细胞分泌抗米勒管激素,抑制米勒管发育。而对于雌性胚胎(或 Y 染色体缺失,或 SRY 基因缺失、突变),性腺原基发育为卵巢,由卵巢产生的雌激素能使米勒管发育为雌性结构。但在胚胎早期,多种基因及产物,如孤核受体 Wt1、Sox9 等常染色体基因蛋白质等在诱导性腺的分化中也起一定的作用。

二、动物性别控制途径

(一)X 精子和 Y 精子分离技术

精母细胞经过有丝分裂后产生两种不同类型的精子,即 X 精子和 Y 精子。如果 X 精子和卵子结合则产生雌性后代,若 Y 精子与卵子结合则产生雄性后代。同时由于 X 精子与 Y 精子在物理特性(重量、大小、形态、活力、电荷)和化学特性(DNA 含量、表面抗原)上存在差别,因此,根据这些差异,设计了诸如物理分离法、Y 染色体标记分离法、免疫分离精子法和流式细胞分离法等对精子进行分离,从而达到控制性别的目的。

1. 物理分离法 根据 X 精子与 Y 精子在物理特性上的差异,可以采用沉降法、离心沉降法和电泳法等进行精子分离。

(1)沉降法 根据 X、Y 精子在体积和重量上的差别,利用具有一定黏稠度的分离液对精子进行沉淀分离,上层主要为 Y 精子,下层主要为 X 精子。由于精子的相对密度会随精子的成熟度而变化，且条件和操作要求需极其精确，因此该法虽有一定效果，但结果不稳定，重复性差，效果不理想。

（2）离心沉降法   X精子DNA含量高于Y精子，导致X精子密度、重量大于Y精子，在离心时X精子的沉降速度快于Y精子，下层液中X精子的含量可大大提高。但用该法处理动物精液，输精后性别鉴别率未得到明显改变。

（3）电泳法   根据X、Y精子表面膜电荷的不同，电泳时X、Y精子在电场中向不同电极移动而达到分离目的。该法分离的准确性和重复性不理想，结果不稳定。

上述3种方法属于早期的物理分离法，分离效率低，且结果不稳定，故现在很少应用。

2. Y染色体标记分离法   根据Y精子具有长臂Y染色体的特征，利用盐酸奎纳克林荧光检测技术来分离精子。精液准备程度的不同，导致连续观察与识别荧光信号的难度较大，许多人对此方法的效率和重复性持怀疑态度。

3. 免疫分离精子法   只有Y精子才能表达H-Y抗原，因而，利用H-Y抗体处理精液，能将H-Y$^+$（Y精子）和H-Y$^-$（X精子）精子分离。将所需性别的精子进行人工受精，即可获得预期性别的后代。这种分离精子的方法依赖于H-Y抗血清的制备，尤其是抗血清的质量。目前主要采用免疫亲和柱层析法、H-Y抗血清直接输入法和免疫磁珠技术来分离精子。由于H-Y抗原是一种弱抗原，因此其准确性较低。

4. 流式细胞分离法   根据X精子和Y精子中DNA含量的差异进行精子性别鉴定，哺乳动物X精子所含DNA比Y精子多，可作为区分X、Y精子的标志。但不同物种X和Y精子DNA含量存在差异（如牛3.8%、猪3.6%、马4.1%、羊4.2%、犬3.9%、兔3.0%、栗鼠7.5%、田鼠9.1%～12.5%），用流式细胞仪可以把两类精子分开。目前精液分离速度可达1100万个/h，分离纯度在90%左右。流式细胞分离法是当前精子分离方法中最新且分离纯度较高的一种方法，但也存在一些问题，如通过流式细胞仪时只有30%左右的精子能够准确分离，分离后的精子比正常精子受精率和冷冻复苏率都低。

除以上方法外，在输精前，可以通过药物改变发情母畜子宫内环境，使子宫pH等生化指标和生理状态利于X（Y）精子生存和运动，从而达到多产母畜（或公畜）的目的。

（二）胚胎性别鉴定法

1. 细胞遗传学方法   又称染色体核型分析法，是利用X、Y染色体在形态上的差异，通过细胞培养来鉴定胚胎性别，准确率达100%。缺点是需要用高质量的处于分裂中期的细胞，操作过程比较烦琐，且采集细胞对胚胎有伤害，不适用于生产实际，主要用来验证其他性别鉴定方法的准确率。

2. 生物化学微量分析法   又称X染色体相关酶活性测定法。通过测定与X染色体相关的酶活性来鉴别胚胎性别。这些酶包括：葡萄糖-6-磷酸脱氢酶、次黄嘌呤磷酸核糖转移酶、腺嘌呤磷酸核糖基转移酶。通过这些酶与底物的颜色反应来鉴别胚胎性别。早期雌性胚胎有1条X染色体处于失活状态。在胚胎基因组的激活与X染色体失活之间的短暂时期内，雌性的2条X染色体都可转录和翻译，雌性胚胎的X染色体相关酶的浓度及活性是雄性胚胎的2倍。据此将X-联结酶的底物、辅酶和提示剂与早期胚胎一起孵育，记录各胚胎着色的深浅并进行分类，从而鉴定胚胎的性别。该方法的缺点是不同物种X染色体失活的确切时间不同，胚胎活力的差异会直接影响检测到的酶活性，从而影响对结果的判定，易发生误判。

3. 免疫学方法

（1）间接免疫荧光法　将胚胎在含有 H-Y 抗血清或单克隆抗体的培养液中培养，然后再加入荧光素标记的第二抗体，在荧光显微镜下观察是否呈现特异荧光，有荧光者为雄胚，无荧光者为雌胚。其特点是不损害胚胎，但对荧光强弱的估价主观性较强，因而准确率较低。

（2）囊胚形成抑制法　将 H-Y 抗血清与桑椹胚共同培养一段时间，雄性胚胎被 H-Y 抗体所抑制，不能形成囊胚腔，而无 H-Y 抗原的雌性胚胎不被 H-Y 抗体所抑制，可发育形成囊胚，从而可以把雌、雄胚胎分开。经这种方法鉴定的胚胎移植后与正常胚胎没有差别，因而比较实用。缺点是容易将一部分发育迟缓的雌胚误判为雄胚。

（3）细胞毒性分析法　将 H-Y 抗血清与补体（鼠血清）加入培养液中对胚胎进行培养，H-Y 抗体可以与雄性胚胎结合，并使 1 个或更多的卵裂球溶解，或使其变小，而雌性胚胎则发育正常。这种方法准确率不高，现已很少采用。

4. 分子生物学方法

（1）DNA 探针法　以从 Y 染色体上分离出的特异性片段作为探针，将其标记后对检测的胚胎进行 Southern 杂交，阳性结果为雄性，阴性结果为雌性。该法准确率在 95% 以上，但每种动物都必须有其特异性探针，过程较繁杂，耗费时间较长，应用上受到一定限制。

（2）PCR 扩增法　PCR 扩增法鉴定胚胎性别的实质是性别决定基因（*SRY*）的鉴定。合成 *SRY* 基因的特异性引物，利用切割法或吸取法对早期胚胎进行活组织取样，然后进行 PCR 扩增；如果能扩增出目标条带，则为雄性胚胎，否则为雌性胚胎。PCR 法具有灵敏、准确和特异性高等优点，但需要 PCR 仪，扩增时间较长，需 2～3h，而且操作较繁杂。Pomp 等利用扩增 *SRY* 和 *ZFY* 基因方法鉴定了猪、牛、绵羊、山羊、小鼠、大鼠和狗早期胚胎性别，鉴定准确率为 92%。赵雪等（2006）采用双引物连续复合 PCR 法，对牛早期胚胎性别鉴定 PCR 反应体系及反应程序进行了优化，试验共鉴定了 21 枚胚胎，结果 12 枚为雌性胚胎，8 枚为雄性胚胎，1 枚无法鉴定，胚胎鉴定率为 95.24%，胚胎移植结果显示鉴定准确率为 100%，改进后的连续复合 PCR 法具有较高的准确性和灵敏性。缺点是 PCR 反应体系特别容易受污染，从而造成假阳性或假阴性，影响胚胎性别鉴定的准确率，在实际操作中应注意。

（3）荧光原位杂交法　荧光原位杂交（fluorescence *in situ* hybridization，FISH）是指采用荧光标记的性染色体 DNA 特异探针与组织取样得到的胚胎细胞进行原位杂交以确定胚胎性别的技术。包括荧光素探针制备、探针和靶 DNA 的变性与杂交、观察鉴定 3 部分。杂交既能在分裂间期进行，也能在分裂中期进行，应用广泛，同时具有高效、快速和错误率低的优点。缺点是所需仪器较昂贵，在生产实践中推广应用有一定困难，此外所使用的放射性物质具有一定毒性，影响胚胎的成活率。

（4）环介导等温扩增法　环介导等温扩增法（loop-mediated isothermal amplification，LAMP）采用能特异性识别靶序列上 6 个位点的 4 条引物和 1 种具有链置换活性的 DNA 聚合酶，在 65℃下，可使核酸呈几何指数级别扩增。LAMP 法具有简便、准确、快速和廉价等优点。LAMP 试剂盒灵敏度高，只需要 3～4 个细胞即可对胚胎作出性别鉴定，是目前常用的一种胚胎性别鉴定方法。

三、性别控制存在的问题及发展前景

胚胎的性别鉴定是一种很好的性别控制方法，但还存在着许多难以克服的困难和问题。

首先，它只能应用于胚胎移植；其次，反复转移胚胎使再移植的胚胎成活率降低；最后，不论怎样进行胚胎的性别鉴定，按照生态平衡原理所产生的雌雄胚胎比例总是 1：1，在移植时，我们所需性别的胚胎被保留下来，而另一半被抛弃，造成胚胎的浪费。从成本角度考虑，上述方法不适合规模化养殖。

许多科技工作者认为免疫法是最有前景的一种性别鉴定方法。因为 X 精子和 Y 精子存在差别，它们所表达的蛋白质也有所不同，所以通过寻找这两种精子所表达的蛋白质的差异，寻找一种特异性的抗体，使其与 X 精子或 Y 精子发生凝集反应，而让另外一种精子生存，从而与卵子结合产生单一性别胚胎。然而迄今为止，还没有鉴别出这种特异性的抗体。同时必须指出，由于 H-Y 抗原为一种弱抗原，其产生的抗体效价不高，特异性不强，往往使鉴定的结果不稳定。有报道称利用 H-Y 抗体来进行 X、Y 精子的分离，并建立了免疫磁力筛选法，但是也缺乏重复性。

流式细胞分离法目前也存在许多问题：一是相对于人工受精需要的精液量而言，它的分离速度太慢，每小时只能分离出 30 万个以上精子；二是这种方法的技术成本太高，因为流式细胞仪价格昂贵；三是在精子分离操作过程中，有些步骤还会对精子产生损害作用（如高浓度的荧光染色剂、激光照射、极高的流速、高稀释倍数和离心力等），其中以冷冻保存处理造成的损害最大。因此，在日趋规模化的现代化养殖业中，这种技术的应用受到很大限制，只可做试验用，还不能进入实用阶段。

尽管如此，动物性别控制与鉴定在畜牧业生产中还是有着重要的现实意义。许多动物的重要经济性状都与性别有关，如肉、蛋、乳、毛、茸等的生产都需要特定性别的动物进行生产。如能在受精前做好性别分离，将会大大节约资源和时间，提高性别控制与鉴定和胚胎移植的效率。因此，就目前研究状况来看，发展一种更准确、简便、快速、廉价且尽量减少对胚胎产生损害的性别鉴定方法是研究者今后努力的方向。

思 考 题

1. 名词解释：胚胎移植，超数排卵，同期发情，体外受精，显微受精，克隆动物。
2. 简述胚胎的质量鉴定及分级方法。
3. 常用的胚胎采集方法有哪些？
4. 简述胚胎移植的方法及操作过程。
5. 常用的胚胎冷冻方法有哪些？
6. 冷冻胚胎的质量如何判定？
7. 如何进行卵母细胞的体外培养？
8. 简述精子体外获能的方法。
9. 试述胚胎的体外培养方法。
10. 试述动物克隆技术的原理。
11. 如何看待克隆的伦理问题？
12. 动物性别控制与鉴定的方法有哪些？

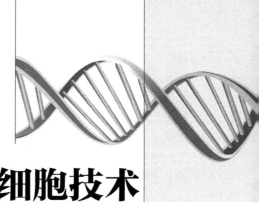

第十五章　动物干细胞技术

　　干细胞具有无限增殖和自我修复的能力，它们至少能分化为某一种类型的机体细胞，其中胚胎干细胞具有体外培养无限增殖、自我更新和分化为三个胚层组织细胞的能力，因而被称为"万能细胞"。Evans 和 Kaufman（1981）用延迟胚胎着床的方法从胚胎细胞团内首次成功分离得到小鼠胚胎干细胞。动物干细胞技术就是通过各种方法获得干细胞，经体外培养建立细胞系，并对其进行定向诱导分化等遗传操作，以期获得需要的某一特定类型细胞。

　　由于可以对干细胞进行体外遗传操作、细胞筛选和冷冻保存而不失其多能性，因此在特定条件下可诱导分化为人们所需要的细胞、组织和器官等并用于临床治疗。同时，干细胞通过核移植或胚胎嵌合能得到克隆动物，这对提高优良家畜的繁育效率及拯救濒危动物具有重要意义。2007 年，科学家将成年小鼠体细胞诱导逆转成诱导多能干细胞（induced pluripotent stem cell，iPS cell），为干细胞技术研究又提供了新的思路。目前人和小鼠的胚胎干细胞在体外得到了广泛研究，小鼠作为动物模型，生命周期短有利于快速获得实验结果，同时，科研工作者也在寻找合适的动物来代替人进行临床前研究。因此，干细胞技术在生物学基础研究、农业精准育种及转化医学上具有广阔的应用前景，其研究成果必将引起人类临床医学的一场革命。

第一节　干细胞概论

一、干细胞的定义及分类

　　干细胞（stem cell）是指具有无限或较长期的自我更新能力，并能至少产生一种高度分化子代细胞的细胞。根据这一定义，应该说在个体的不同阶段及成体的不同组织中均存在着干细胞。

　　根据细胞分化潜能的大小，可将干细胞分为全能干细胞（totipotent stem cell）、多能干细胞（pluripotent stem cell）和单能干细胞（monopotent stem cell）等几类。单个细胞如能发育成一个完整的个体，就称该细胞具有全能性，如将 1～16 细胞期胚胎的单个卵裂球放置于子宫中，可以发育成一个完整个体，且每个卵裂球都具有全能性。多能干细胞指细胞失去了发育成完整个体的能力，但仍具有向三胚层细胞包括生殖细胞在内的各种细胞分化的潜能，囊胚的内细胞团细胞及源于内细胞团的胚胎干细胞等细胞均属于此类细胞。单能干细胞只能分化为一种细胞，如成体干细胞中的神经干细胞只能分化为神经元，而不能分化为显形胶原或少突胶原。在此基础上，随着研究的深入，出现了另外几种干细胞概念，如寡能干细胞

（oligopotent stem cell）只能分化成一种或少数几种特定细胞的干细胞，间充质干细胞通常只能分化成骨、肌肉、软骨、脂肪及结缔组织。专能干细胞（multipotent stem cell）只能分化成某一类型的细胞，类似于单能干细胞。

　　根据细胞来源不同，可将干细胞分为胚胎性干细胞和成体干细胞两类。胚胎性干细胞是指源于囊胚内细胞团（inner cell mass，ICM）的胚胎干细胞（embryonic stem cell，ES cell），但通常人们将从畸胎瘤（teratoma）中分离和筛选到的多能性胚胎瘤细胞（embryonic carcinoma cell，EC cell）和从早期胎儿原始生殖细胞（primordial germ cell，PGC）中分离出来的胚胎生殖干细胞（embryonic germ stem cell，EG cell）也归为胚胎性干细胞，胚胎性干细胞均属于三胚层多能干细胞。ES 细胞、EC 细胞和 EG 细胞虽是三种不同的细胞，但从细胞的起源来看，它们都直接或间接地来自胚胎组织，属于胚胎性干细胞，然而它们之间也存在一定的差异，尤其在发育的潜能上（表 15-1）。

表 15-1　小鼠胚胎性干细胞发育潜能的比较

类别	ICM	ES	EC	EG
细胞嵌合	+	+	+	+
种系嵌合	+	+	−	+/−
畸胎瘤	+	+	+	+
胚体	+	+	+	+

注："＋"表示能，"－"表示不能

　　成体干细胞是指那些具有组织特异性的细胞，它们主要用于维持细胞功能的稳定，具有修复和再生能力，能够产生新的干细胞，或者能按一定的程序分化，形成新的功能细胞，使组织和器官保持生长和衰退的动态平衡。早先人们认为在一些经常更新的组织，如血液、小肠黏膜、表皮等中才存在干细胞，但现在发现成熟后不再进行分裂的组织（如脑、肝）中也存在干细胞。

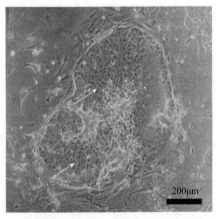

图 15-1　从 ICM 分离和培养后得到
典型的小鼠（Kursad，2006）
胚胎干细胞集落（箭头所示），周围分散有
上皮样细胞

二、干细胞的研究发展简史

（一）胚胎干细胞

　　ES 细胞一般是从发育早期的胚胎内细胞团中分离培养出来的一种具有自我更新、无限增殖能力、能分化成代表 3 个胚层组织细胞能力的干细胞，细胞直径为 12～15μm，细胞集落特征明显（图 15-1）。在诱导分化的过程中胚胎干细胞有两种培养方法：一是先形成拟胚体再进一步诱导分化；二是直接诱导分化。目前，先培养形成拟胚体再进一步诱导分化是较常用的分化途径。拟胚体在结构上类似于胚胎发育早期的卵黄囊，能分化形成 3 个胚层（内胚层、中胚层和外胚层），并可以模拟 3 个胚层间细胞的相互诱导作用而分化为不同类型的细胞。Evans 和 Kaufman（1981）

首次分离得到小鼠 ES 细胞，他们将回收的胚胎体外培养于小鼠胚胎成纤维细胞，即 STO〔SIM mouse embryonic fibroblast anti-thioguanine（T）and ouabain（O）〕饲养层上，得到了小鼠 ES 细胞系。Wobus 等（1984）首次用原代小鼠胎儿成纤维细胞（primary mouse embryonic fibroblast，PMEF）为饲养层建立了小鼠 ES 细胞系。Pease 等（1990）借助重组白血病抑制因子（leukemia inhibitory factor，LIF）代替成纤维细胞饲养层，从 129/Sv 小鼠扩张囊胚中分离得到 3 个 ES 细胞系。Munsie 等（2000）从以小鼠颗粒细胞为核供体构建的重组胚 ICM 中分离出了核移植 ES 细胞（nuclear transfer embryonic stem cell，ntES），它具有正常小鼠干细胞的形态特征和细胞表面标记。目前，小鼠 ES 细胞的分离方法基本成熟，已被广泛用于生命科学研究的多个领域。现已经证明小鼠 ES 细胞可以分化为心肌细胞、造血细胞、卵黄囊细胞、骨髓细胞、平滑肌细胞、脂肪细胞、软骨细胞、成骨细胞、内皮细胞等。2012 年，Haraguchi 等将猪内细胞团在添加 GSK-3S 抑制剂和 MAPKK1 抑制剂的人 ES 细胞培养基中扩大培养，获得了连续培养 100 代的猪 ES。这些 ES 具有碱性磷酸酶活性，表达干细胞标志基因 Oct4 和 Nanog，多次传代后未发生形态改变。Bogliotti 等（2018）使用含有 FGF2 和经典 Wnt 信号通路抑制剂的培养系统，获得了形态稳定、表达多能性标记基因的牛 ES 细胞。这些 ES 细胞可快速建立克隆（3～4 周）且易于增殖传代。ES 细胞具有如下生物学特性。

1）ES 细胞来自正常的胚胎，具有完整的二倍体核型。

2）ES 细胞的形态学表现为：体积小、核大、细胞质少、有 1～2 个核仁，细胞与细胞紧密地聚集在一起，细胞间界限不清，呈集落型生长，形似鸟巢，集落边缘清晰，折光性强。

3）ES 细胞可以表达早期胚胎细胞特异表达的基因，如碱性磷酸酶（AKP）基因、高端粒酶基因活性。从其基因表达来看，ES 细胞类似晚期 ICM 细胞。

4）ES 细胞具有无限增殖的能力。在适宜的条件下，如放在饲养层上或含有分化抑制因子的培养基中，细胞可稳定传代，长期培养。

5）ES 细胞具有广泛的体外分化能力。当在培养环境中去除分化抑制因素或加入诱导分化的药物时，ES 细胞可分化成来自 3 个胚层的细胞。

6）ES 细胞具有广泛的体内分化能力。将 ES 细胞接种到同种动物或小鼠体内，可分化产生由多种不同组织组成的畸胎瘤，包括来源于 3 个胚层的细胞。

7）ES 细胞具有种系传递功能。若把 ES 细胞注射到受体胚胎内，ES 细胞可广泛参与胚胎各组织和器官甚至胚胎生殖细胞的发育，形成种系嵌合体。

8）ES 细胞可在体外培养、克隆、冻存及进行遗传操作（如导入基因、标记基因或剔除基因），因此可以通过它制备转基因、基因缺失、突变、过表达的杂合或纯合动物，并可进行各种基因功能分析。

（二）胚胎生殖细胞

原始生殖细胞（primordial germ cell，PGC），即 EG 细胞，直径一般为 15～18μm，其细胞形态、生长行为和发育潜能类似于 ES 细胞（图 15-2）。内细胞团形成后，首先分化成原始内胚层，接着分化形成外胚层的生殖层（germ layer）。随着胚胎发育，PGC 顺着背部间充质迁移，最后迁移至生殖嵴。EG 细胞具有多能性、无限增殖性、种系传递性、体内外分化成 3 胚层的能力，被广泛应用于发育生物学、动物克隆、转基因动物生产及人类遗传病动物模型

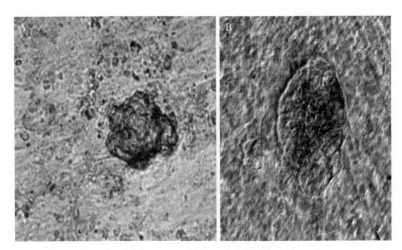

图 15-2 山羊 EG 细胞（Kursad, 2006）
A. 原代培养的 EG 细胞集落；B. EG 细胞集落 AKP 染色

的建立等研究领域。

Matsui 等（1992）以附植后小鼠胎儿生殖嵴的 PGC 为材料，首先分离得到小鼠 EG 细胞系。Stewart 等（1994）从 7 个品系小鼠胚胎中分离建立了 3 个 EG 细胞系，并证明该 EG 细胞能够形成生殖系嵌合体小鼠，这说明 EG 细胞与 ES 细胞同样具有形成功能性配子的能力。韩建永等从 44d 山羊胎儿生殖嵴中分离得到 EG 细胞，传至第 5 代。目前对小鼠 EG 细胞建系研究成果表明，多种品系小鼠来源的 PGC 可以建立 EG 细胞系；已建系的 EG 细胞系多来自 8.5dpc（days post coitum）胚胎的 PGC，也有少数是来自 12.5dpc 胚胎的 PGC；大部分细胞能维持稳定的二倍体核型。

（三）诱导性多能干细胞

诱导多能干细胞（iPS cell）是一类具有无限增殖能力和多向分化潜能的细胞类群，可塑性强，能够高效实现外源基因的导入、敲除和改造。近年来，有报道通过过表达 4 个多能性重编程因子，如 Oct4、Sox2、Klf4 和 c-Myc，可以将体细胞逆转到多能性状态，建立 iPS 细胞系，这已经在小鼠、人、大鼠、猴子和小型猪等物种中实现。iPS 细胞已被证明可分化为心肌细胞、造血细胞、神经元细胞、成熟胰岛细胞和肝细胞。

2006 年，Takahashi 等将小鼠成纤维细胞诱导为 iPS 细胞，并通过四倍体囊胚嵌合技术，进一步证实小鼠 iPS 细胞能够发育成完整的个体。2010 年，Montserrat 等首次从猪 iPS 细胞系衍生功能性细胞，即成功诱导猪 iPS 细胞系，在添加抗坏血酸的分化培养基中培养 15d 后，自发产生了跳动的心肌样细胞，显示出类似于心肌细胞的特征。诱导多能干细胞的建立在产生转基因动物及再生医学领域有巨大的应用潜力，如遗传疾病的研究、安全性的测试、异种移植物的来源、优秀性状动物繁殖等。然而，相较于 ES 细胞，iPS 细胞收集难度低，衍生物的分化潜能良好，更容易建立稳定的干细胞系。

（四）成体干细胞

成体干细胞（adult stem cell）的来源很多，包括造血干细胞、神经干细胞、间充质干细胞、肠道干细胞、肌肉干细胞及表皮干细胞等。

1. 造血干细胞（hematopoietic stem cell，HSC）　造血干细胞主要存在于骨髓、外周血和脐带血中。造血干细胞的基本特征是具有自我维持和自我更新的能力，即干细胞可以通过不对称性的有丝分裂，在不断产生大量祖细胞的同时，使自己保持不分化。目前有关脐带血干细胞移植的研究增多，其优点在于其无来源的限制，对 HLA 配型要求不高，不易受病毒或肿瘤的污染。造血干细胞移植是治疗多种造血恶性肿瘤有效的方法，可以恢复正常的造血系统，已广泛用于治疗急、慢性白血病，重型再生障碍性贫血，地中海贫血等血液系统疾病，以及小细胞肺癌、乳腺癌、神经母细胞瘤等多种实体肿瘤与自身免疫性疾病和先天性疾病。但目前仍然缺少足够数量的可供移植的供体和脐血 HSC，这限制了 HSC 骨髓移植治疗的应用，且低效的重建造血系统仍然是引起移植后发病和死亡的重要原因。另外，发展基于病毒导入和基因编辑技术的新一代针对自体造血干细胞的治疗策略也是重要的研究方向。

2. 神经干细胞（neural stem cell，NSC）　神经干细胞分布在哺乳动物大脑的两个生发区，即脑室下区和海马区，是中枢神经系统中保持分裂和分化潜能的细胞，可以进一步分化成中枢神经系统的某些类型细胞。例如，给帕金森综合征患者脑内移植含有多巴胺生成细胞的人胚胎脑组织，可以治愈部分患者。脑内的神经干细胞是多能干细胞，它可以分化为脑内三种神经细胞。虽然 NSC 具有多项分化潜能和极强的自我更新能力，但同机体的衰老一样，NSC 也会逐渐衰老并丧失其特性，而其细胞活力和增殖能力取决于端粒酶活性及端粒的损耗程度。

3. 间充质干细胞（mesenchymal stem cell，MSC）　MSC 在 1986 年由 Friedenstein 等首次发现，是备受关注的一类具有多向分化潜能的干细胞。MSC 存在于多种组织，如骨髓、脐带血和脐带组织、胎盘组织、脂肪组织中等，可以分化为骨骼肌管、平滑肌、骨、软骨及脂肪。由于它具有向骨、软骨、脂肪、肌肉及肌腱等组织分化的潜能，因此利用它进行组织工程学研究有如下优势：①取材方便且对机体无害。MSC 可取自自体骨髓，简单的骨髓穿刺即可获得。②由于 MSC 取自自体，由它诱导而来的组织在进行移植时不存在组织配型及免疫排斥问题。③由 MSC 分化而来的组织类型广泛，理论上能分化为所有的间质组织类型（可分化为骨、软骨、肌肉和肌腱），在治疗创伤性疾病中具有应用价值。

地塞米松是 MSC 分化的非特异诱导剂，它可使 MSC 分化成骨及脂肪细胞，而两性霉素 B 则可使 MSC 分化为肌细胞。

4. 肠道干细胞（intestinal stem cell，ISC）　ISC 位于肠黏膜隐窝基底部，与其他组织一样，具有自我更新（产生更多干细胞）和分化（产生特定后代）的能力。ISC 对肠道黏膜的生长和再生以及维持肠道上皮稳态起着重要的作用。各种损伤后肠黏膜的恢复高度依赖于 ISC 的增殖和分化。肠上皮细胞每 4～5d 更新一次，当增殖被激活时，ISC 在迁移到管腔表面时发生终末分化。它们分裂产生早期和晚期祖细胞，也称为转运扩增细胞，再分化为吸收性肠细胞和肠内分泌细胞。肠道干细胞移植作为一种新的治疗策略，为治疗一些胃肠道疾病，如炎症性肠病、胃溃疡或微绒毛包涵体病带来了很大的希望。

5. 肌肉干细胞（muscle stem cell，MuSC）　动物骨骼肌生长和再生能力取决于肌肉干细胞的增殖与分化能力。肌肉干细胞也被称为卫星细胞，在受到损伤或生长信号激活前通常处于高度静息状态。PAX7 被认为是卫星细胞的决定性标记物。MuSC 在受伤时可以打破静息状态并再生新的肌肉组织。移植研究证明，MuSC 具有自我更新的能力，能够补充干细胞库，并产生定向成肌细胞，这些成肌细胞将增殖并分化为新的肌纤维，以协调组织修复。

6. 表皮干细胞（epidermal stem cell，ESC）　表皮干细胞位于表皮的基底层，具有强大的增殖分化潜能，在体外可以分化成表皮全层细胞。通过不对称分裂或高度调控的对称分裂机制，表皮干细胞维持了终生的自我更新能力。表皮干细胞作为组织工程皮肤的种子细胞，在治疗烧伤方面发挥作用，已成功地再生烧伤患者的皮肤。相对其他快速更新的组织，表皮干细胞是一种慢周期细胞，既保留了自我更新能力，又保持了基因组的稳定。

成体干细胞具有分化成其他细胞或组织的潜能，大部分都可以分化为 2～3 种及以上其他的组织细胞。2019 年，Jimenez-Rojo 等将牙齿上皮干细胞与乳腺上皮细胞一起移植到乳腺基质中，发现牙齿上皮干细胞可以在新生的乳腺导管中产生所有的乳腺上皮细胞谱系，表明牙齿上皮干细胞具有很强的可塑性和多谱系分化潜能。从骨髓间质中分离出的一种名叫多能成体祖细胞（multipotent adult progenitor cell，MAPC）的干细胞及从脐血中分离出的一种干细胞，可以在体内外分化出机体的任一组织。这种现象被称为干细胞的转分化（transdifferentiation），该特性为干细胞的应用研究开创了更广泛的空间，有望利用患者自身健康组织的干细胞，诱导分化成可替代病变组织的功能细胞来治疗各种疾病。这样既克服了异体细胞移植引起的免疫排斥，又避免了胚胎细胞来源不足及其他社会伦理问题。

尽管成体干细胞具有一定的优越性，但仍有一些因素限制了它的利用，如成体干细胞含量极微，很难分离和纯化，且数量随年龄增长而减少等。因此，成体干细胞不可能完全代替 ES 细胞，应同时开展对两者的研究，互为裨益，相得益彰，两者对医学工程领域的研究都很重要。

第二节　ES/EG/iPS 细胞培养建系技术

ES 细胞建系的原理是将早期胚胎（桑椹胚或囊胚）与抑制分化物共培养，使其增殖并保持未分化状态。随着传代次数增多，细胞数量越来越多，直到建立 ES 细胞系。真正意义上的 ES/EG 细胞培养建系要求形成生殖系嵌合体后代。有关哺乳动物 ES 细胞建系研究较多，小鼠、大鼠、牛、山羊、马、犬、猪、兔、食蟹猴、恒河猴及人类均得到了类 ES 细胞系。EG 细胞培养建系较 ES 细胞困难，因为 EG 细胞在体外培养时增殖能力较 ES 细胞弱，其所需条件特别是饲养层较 ES 细胞严格。然而，iPS 细胞及其衍生物具有良好的分化潜能，目前在多种动物上都建系成功，如小鼠、人、大鼠、牛、绵羊、马、猪等。ES/EG/iPS 细胞系的建立，为研究哺乳动物发育和遗传及细胞分化提供了大量的种源细胞，利用干细胞这个新实验材料来研究细胞生物学、神经生物学等学科的关键性问题已成为生命科学研究的热门课题之一。本节以小鼠 ES/iPS 细胞培养建系为例阐述 ES/EG/iPS 细胞建系方法。

一、ES 细胞的来源

ES 细胞的来源主要有 3 种途径——早期胚胎、妊娠早期胎儿组织或体细胞核移植胚胎，三者在干细胞分离培养技术上存在着内在的联系，其中以来源于早期胚胎为主要途径。另外将体细胞经诱导重编程而逆转为 ES 细胞状态，即诱导多能干细胞，可以作为 ES 细胞来源的另一种途径。

（一）早期胚胎

直接从动物体内获取的胚胎，一般质量很好，是分离培养 ES 细胞的理想材料来源。体外受精所得胚胎和孤雌激活得到的囊胚也可作为 ES 细胞分离培养的原材料。不同动物获取早期胚胎的时间不同。小鼠一般取配种后 4.5～5.5d 的桑椹胚或囊胚，猪取 9～10d 的囊胚，绵羊取 7～8d 的囊胚或孵化胚，山羊取 6～7d 的囊胚，牛取 7～8d 的囊胚，水貂取 6～7d 的桑椹胚或囊胚，人取 7～8d 的囊胚。

采用自然发情或超数排卵方法获取小鼠早期胚胎。8～10 周龄雌性小鼠于下午 6 时腹腔注射 PMSG 5IU，间隔 48h 再腹腔注射 hCG 5IU，同时与种公鼠同笼过夜。在交配后第 4～5 天（3.5～4.5dpc）无菌剖取子宫，用切开法或者冲洗法采集桑椹胚或囊胚。

（二）妊娠早期胎儿组织

取小鼠妊娠 8.5～12.5d 的胎儿，无菌剥离出生殖嵴，清洗后在解剖镜下用镊子剖取包含原始生殖细胞的生殖嵴组织，于 0.25% 胰蛋白酶和 0.04% EDTA 消化液中 37℃ 消化 5～15min，收集 PGC 单细胞悬液，离心后接种在饲养层上，4～5d 便可形成 EG 细胞集落。从生殖嵴中分离 EG 细胞，应取妊娠 8.5～12.5d 的小鼠，不足 8.5d 原始生殖细胞数量较少，较难分离到 EG 细胞，超过 12.5d 生殖嵴则已开始分化为性腺，也较难分离到 EG 细胞。

（三）体细胞核移植胚胎

体细胞核移植是得到胚胎干细胞的另一种途径。将一个正常的动物卵细胞利用机械（显微操作）或者化学方法（秋水仙碱类）去除含染色体的细胞结构，而后将特定的单个体细胞（除卵细胞或精子细胞之外的任一种细胞）与去核卵细胞放在一起，用电融合法或化学融合法使两细胞相融合，细胞分裂发育并形成胚囊，进而从中分离出 ES 细胞。

二、ES 细胞的分离

ES 细胞的分离培养可分为全胚培养法、免疫外科 ICM 培养法、机械剥离 ICM 培养法和克隆法。①全胚培养法：将桑椹胚或囊胚直接培养在饲养层上，让其自然脱去透明带，贴壁，与滋养层细胞一起增殖。当 ICM 增殖垂直向上生长一定时间后，挑出 ICM，并离散成小细胞团块，进行继代培养，克隆扩增。②免疫外科 ICM 培养法：首先用链霉蛋白酶将胚胎的透明带除去，裸胚在抗体中处理一段时间后，再在补体中作用一段时间，使滋养层细胞发生溶解，然后直接对 ICM 进行培养与扩增。③机械剥离 ICM 培养法：即采用机械方法除去胚胎滋养层细胞来分离培养 ICM。④克隆法：将成纤维细胞或转基因的成纤维细胞注入去核的哺乳动物卵母细胞中，电融合或化学融合并激活，重组胚分裂至桑椹胚或囊胚，分离 ES 细胞与全胚培养法相同。

三、饲养层细胞培养法

（一）饲养层细胞的种类

ES 细胞原代或初期培养一般都依赖于能分泌它们在体外存活增殖所需生长因子的饲养

层细胞，尤其是 EG 细胞的分离更依赖于饲养层细胞分泌的细胞因子。常用的饲养层有小鼠胚胎成纤维细胞和 STO 细胞类。

1. 小鼠胚胎成纤维细胞（mouse embryonic fibroblast，MEF）　小鼠胚胎成纤维细胞是一种最为常用的饲养层。MEF 能产生抑制胚胎干细胞自主分化白血病抑制因子（LIF）和促进胚胎干细胞增殖的细胞因子（如 bFGF 等），故它能有效促进胚胎干细胞增殖并维持其未分化的二倍体状态和全能性。但由于 MEF 存在不能在体外长期传代、不能用于转染外源基因的胚胎干细胞的筛选等缺点，因此 MEF 的使用范围受到限制。

2. STO 细胞　STO 细胞来自 SIM 小鼠胚胎（S），具有的硫代鸟嘌呤（thioguanine，T）和乌本苷（ouabain，O）抗性的成纤维细胞系，主要分泌干细胞生长因子（stem cell growth factor，SCGF）和白血病抑制因子（LIF）。另外，SNL 细胞是转染了 neo 抗性基因和 *LIF* 基因的 STO 细胞，能分泌足够量的 LIF，抑制胚胎干细胞的分化，而不需要在培养液中添加外源的 LIF，又因为它带有 neo 抗性基因，故可以用于转基因胚胎干细胞的筛选。使用 STO 和 SNL 细胞作为饲养层细胞，免去了准备原小鼠的烦琐工作。但不同饲养层可用于动物胚胎干细胞的培养结果不尽相同，因此需要选择最适宜的饲养层以实现特定种类动物干细胞的培养。

（二）MEF 饲养层细胞分离与制备

1. MEF 的分离与培养　取妊娠 12～14d 的母鼠，断颈处死后，无菌取出胎儿，去除胎儿头、四肢、内脏、尾等，用眼科剪剪碎，然后加入适量的 0.25% 胰酶和 0.04% EDTA 消化液，在 37℃下作用 10～15min，待细胞离散后，以 1000r/min 离心 5min，用细胞培养液（DMEM＋10% NCS＋0.1mmol/L β-巯基乙醇＋100IU/mL 青霉素＋100IU/mL 链霉素）把细胞沉淀制成悬液，记数。调整细胞浓度后接种在细胞培养皿中，在 37℃、5% CO_2、饱和湿度条件下培养。待成纤维细胞基本铺满培养皿底，用 0.25% 胰酶和 0.04% EDTA 消化液消化并吹打成单细胞悬液，调整细胞浓度为 1×10^6～2×10^6 个 /mL，进行传代培养。

2. MEF 饲养层的制备　选取细胞生长旺盛（一般为培养前 5 代的 MEF）的培养皿，加入有丝分裂抑制剂丝裂霉素 C（10μg/mL）处理 2～3h。然后吸去处理液并用标准培养液清洗，以确保完全去除丝裂霉素，再用 0.25% 胰酶和 0.04% EDTA 消化液消化制成单细胞悬液，进行细胞计数并调整细胞浓度为 3.0×10^5 个 /mL。在用明胶预处理过的六孔培养板中每孔加入 0.6mL 细胞悬液，在 37℃、5% CO_2 的培养箱内培养，使用前要更换成胚胎干细胞培养液。其他细胞饲养层的制备方法基本同于 MEF 制备方法。

四、无饲养层培养

无饲养层培养的基本原理是在细胞培养基中添加 ES 细胞抑制分化因子，使 ES 细胞在体外培养环境下保持未分化状态。

（一）培养基的组成

常用的基础培养基有 DMEM、TCM199 及 F-12 等，在基础培养基中添加不同因子或者改变培养条件，形成三种最常用的 ES 细胞培养液。第一种是直接在基础培养基中加入重组的 LIF，第二种是 BRL（Buffalo 大鼠肝细胞株）条件培养基，第三种是大鼠心肌条件培养基。

LIF 是一种多功能细胞因子，在体外具有抑制胚胎干细胞自主分化的能力，并且能够促进 8 细胞期以后的桑椹胚至着床前胚胎的发育，促进滋胚层细胞增殖和内细胞团生长。饲养层既可分泌 D 型 LIF，也可分泌 M 型 LIF。LIF 的用量一般为 500～1000IU/mL，当 LIF 浓度降低至 50～100IU/mL 时，胚胎干细胞未分化的克隆数会下降至 50%～60%。

　　BRL 能分泌一种抑制畸胎瘤和胚胎干细胞自主分化的因子（differentiation inhibiting factor，DIF），其结构与 LIF 相似，还能分泌 IGF-Ⅰ，这也是 BRL 条件培养基或饲养层分离培养 ES 细胞效果好的原因之一。2～3 周龄的大鼠心肌细胞也能分泌抑制胚胎干细胞分化的因子。大鼠心肌条件培养基不仅具有与 LIF 条件培养基相同的作用，还能显著促进胚胎干细胞的贴壁和生长。目前，还发现许多细胞可以用来制备条件培养基用于培养胚胎干细胞，如人膀胱癌细胞 5637 株、小鼠畸胎瘤 PSA-1 株和 T3 株等。

　　另外，ES 细胞培养中常用的添加物除 LIF 等分化抑制因子外，还有血清、巯基乙醇、非必需氨基酸、核苷酸、亚硒酸钠和其他各种因子等。在 ES 细胞培养中常用的外源生长因子有表皮生长因子（EGF）、碱性成纤维细胞生长因子（bFGF）、干细胞生长因子（SCGF）、胰岛素样生长因子（IGF）等。

（二）培养方法

　　待胚胎发育至扩张囊胚或孵化胚后，分离 ICM 细胞，体视显微镜下挑取形态典型的 ICM 集落，用 0.25% 胰酶和 0.04% EDTA 消化液消化 3～5min，再转入 ES 细胞培养液中进行剥离，同时用孔径适当的吸胚管吹打成单细胞或小细胞团块，最后转入条件培养基中进行培养。条件培养基的使用在一定程度上简化了 ES/EG 细胞建系培养过程，ES/EG 细胞一旦建系成功后可在含有 LIF 的条件培养液中长期增殖，维持不分化状态。

五、ES 细胞的原代培养和继代培养

（一）ES 细胞的原代培养

　　制备好 MEF 饲养层并添加相应的 ES 细胞培养液，隔日将囊胚置入培养，培养条件为 37℃、5% CO_2 和饱和湿度。离散的 ICM 或 ES 细胞重新接种饲养层后，可出现各种细胞集落，主要包括 4 种类型的细胞：滋胚层细胞集落、内皮细胞集落、上皮样细胞集落和 ES/EG 样细胞集落。挑取生长良好、没有分化迹象的 ES/EG 集落进行消化扩增。用胰蛋白酶消化巢状胚胎干细胞团并继续培养，一般间隔 4～5d 用胰蛋白酶消化成小细胞团块或单细胞，克隆和纯化 ES 细胞。ES/EG 的亚克隆对外界条件的要求十分苛刻，如 pH 的变化、酶的作用、温度高低、培养液成分的更换、细胞密度及冷冻复苏等体外不稳定的环境因素均影响着 ES 细胞的分离与克隆。

（二）ES 细胞的继代培养

　　初次传代后 2～3d 将出现小的 ES 细胞集落，待 ES 细胞集落充分增殖而不出现分化时重新离散，转入新鲜饲养层上。经数次分离纯化后，ES 细胞逐渐扩增，后面每隔 4～6d 传代一次。对 ES/EG 细胞进行消化传代总的原则是尽量缩短酶消化作用时间，将细胞的损伤降到最低程度，且能将集落消化成小细胞团块（图 15-3）。

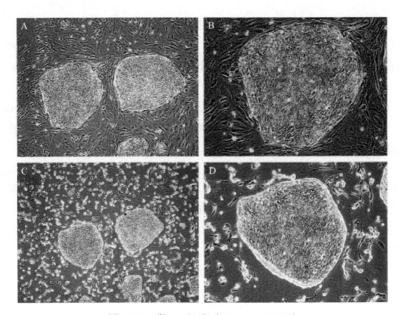

图 15-3　猴 ES 细胞（Kursad，2006）

A. 贴壁培养的类 ES 细胞；B. 酶消化处理后的 ES 细胞；C. 吸管吹打后形成的细
胞簇；D. 传代培养后 1d 形成的 ES 细胞集落

（三）ES 细胞的冷冻与解冻

在 ES 细胞传代过程中，需要不断对细胞进行冷存。因为 ES 细胞的耐受性差，应采用慢冻快融的方法，即冷冻时不宜过快，以保持 ES 细胞解冻后最大的存活率。冷冻方法为：取对数生长期的 ES 单细胞悬浮液放入冷冻液中。冷冻液一般为 75% DMEM＋15% 新生牛血清（NCS）＋10% 二甲基亚砜（DMSO）。冷冻开始温度下降速度保持在 13℃/min 为宜，当温度下降到－20℃左右时，下降速度可调为 5℃/min，到－100℃左右时，可迅速投入液氮中。

解冻时，从液氮中将冷冻管取出并直接投入 37℃水浴中直到全部溶解，以 70% 的乙醇消毒冷冻管外壁后，立即加入 ES 细胞培养液离心 1 次除去冷冻液，之后弃去上清液，加培养液重新悬浮细胞，混匀后再放入 CO_2 培养箱培养。

六、ES 和 EG 细胞系的特性和鉴定

（一）ES/EG 细胞系的特性

ES/EG 细胞具有在体外无限或较长期增殖和多向分化的潜能，能实现体外外源基因的导入和细胞嵌合，是组织工程的一种理想种子细胞。ES/EG 细胞系的特性如下：

1. 无限增殖性　在不分化前提下，ES 细胞体外培养增殖迅速，每 18~24h 增殖一次，细胞随着增殖次数的增加而活力并不减弱。增殖过程中细胞大多数处于 S 期，进行 DNA 的合成，G_1、G_2 期很短，它没有 G_1 期检测点，不需要外部信息启动 DNA 复制。

2. 分化潜能性　ES 细胞是一种具有高度分化潜能的细胞，可以分化形成包括 3 个胚层在内的各种类型细胞。当 ES 细胞培养体系中去除抑制分化因素时，其便能自发分化为血

细胞、内皮细胞、肌细胞和神经细胞等。另外 ES 细胞在体外某些物质诱导下可以发生定向分化，如用造血基质细胞和不同造血生长因子对单层培养的 ES 细胞进行诱导分化，可形成各阶段的造血细胞。

3. 种系传递性　　将 ES 细胞注入囊胚后发育可获得嵌合体，并参与生殖细胞的形成。在嵌合体中一部分组织和细胞来源于受体囊胚细胞，而另一部分来源于 ES 细胞。基于其种系传递特性，可在 ES 细胞水平进行基因打靶等操作，研究基因在个体发育中的作用。

（二）ES/EG 细胞的鉴定

ES/EG 细胞经分离培养最终建立细胞系，需要根据其细胞特性进行一系列鉴定。ES 细胞的鉴定常包括形态学特征、特异性标志分子的表达和分化潜能检测等方面。

1. 形态学特征　　ES 细胞较小，核质比高，细胞核显著，有一个或多个核仁，染色体正常，具有稳定的二倍体核型，染色质较分散，细胞呈多层集落状生长，无明显细胞界限，形似鸟巢，边缘整齐，折光性强。不同 ES 细胞形态略有区别，如小鼠 ES 细胞集落一般呈紧密的球形，灵长类动物的 ES 细胞形成的细胞集落相对较为扁平。

2. 特异性标志分子的表达

（1）Oct4　　是含 POU 结构域的转录因子家族中的一员，被广泛地应用于鉴定胚胎性干细胞是否处于未分化状态。它最早表达于 8 细胞时期，在每个卵裂球中都可检测到大量 Oct4 表达产物，囊胚期后 Oct4 的表达局限于内细胞团细胞，而滋养外胚层和原始内胚层均为阴性，到原肠形成后，胚胎内唯一能检测到的 Oct4 表达的是原始生殖细胞。

（2）碱性磷酸酶（alkaline phosphatase，AKP）　　AKP 是一种单酯磷酸水解酶，它能在碱性条件下水解磷酸单酯释放出磷酸，是一种膜结合金属糖蛋白，由两个亚单位组成，其同工酶种类很多。未分化的 ES 细胞表面标记 AKP 呈强阳性，细胞一旦分化，则 AKP 呈阴性。

（3）阶段特异性胚胎细胞表面抗原（SSEA）　　SSEA 是一种糖蛋白，它的表达在胚胎发育早期受到严密的调节，当细胞分化时这些抗原的表达会出现明显变化。在未分化多能干细胞中 SSEA 常为阳性，但它的表达具有种属特异性。

（4）其他表面标志分子，如 TRA-1-60、TRA-1-81、GCTM-2、干细胞因子和生殖细胞核因子等（图 15-4）。

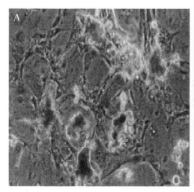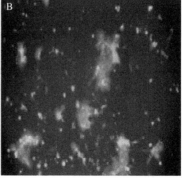

图 15-4　马 ES 细胞的分子标记表达（Kursad，2006）

A. ES 细胞 ALP 染色阳性；B. 大部分 ES 细胞 STAT3 特异性抗体免疫组化染色阳性

3. 分化潜能的检测

（1）体外分化潜能检测　　体外分化包括自发分化和定向诱导分化两个方面。自发分化是将 ES/EG 细胞接种于缺乏饲养层细胞的琼脂平板上培养 3～4d 后形成类胚体，最外层分化为较大细胞组成的内胚层样结构，中间为未分化的干细胞；培养 8～10d，类胚体增大，内部出现囊腔，形成囊状胚体。这些不同胚层来源的细胞可以通过直接对类胚体切片进行组织化学染色确定，也可以把类胚体放回细胞培养皿使其贴壁生长，待分化的细胞从类胚体向外生长时，根据分化细胞的形态和免疫细胞化学检查鉴定细胞的种类。ES 细胞的定向诱导分化是在 ES 细胞悬浮培养液中添加相应的分化诱导因子，使 ES 细胞朝特定的方向分化，常见的分化诱导剂有视黄酸（retinoic acid，RA）、DMSO、3-甲氧基苯丙胺和神经生长因子等。

（2）体内分化潜能检测　　一种是畸胎瘤形成实验，另一种是嵌合体形成实验。取与 ES 细胞同一品系的小鼠或裸小鼠，进行腹股沟接种或腹腔注射，一定时间后接种细胞处出现肿块并进一步增大。肿块组织化学切片可观察到瘤块类似畸胎瘤，中间除了大量的干细胞巢和间质细胞外，还包括神经管、腺管、上皮组织、软骨和肌肉等多种类型的分化细胞。如果 ES 细胞所形成的畸胎瘤含有胚胎三胚层来源的细胞或组织，即证明注入的 ES 细胞具有分化的多能性。嵌合体形成实验是将培养的细胞与受体胚胎结合并移植入同期假孕受体，供体 ES 细胞可参与受体胚胎的发育从而得到嵌合体动物。嵌合体动物的形成是鉴定细胞是否具有多能性的最有说服力的实验证据。利用桑椹胚聚合法和囊胚注射法将 ES 细胞注射到受体胚胎中，经胚胎移植直至产生嵌合体动物，嵌合体动物可以通过皮毛颜色、蛋白质、DNA 指纹、同工酶等进行检测。

（3）核移植检测　　以 ES 细胞作为核供体注入去核的卵母细胞中，观察重构胚是否正常发育并产生后代。在哺乳动物中，核移植产生的胚胎发育依赖于供体细胞和受体细胞周期的协调。

七、iPS 细胞系的生物学特性、诱导及鉴定

（一）iPS 细胞系的生物学特性

日本京都大学山中伸弥和他的研究团队在 2006 年首次成功制备了诱导多能干细胞（iPS cell），他们利用逆转录病毒将 Oct3/4、Klf4、Sox2 和 c-Myc 基因转入小鼠胚胎成纤维细胞内，使体细胞重编程为具有多种分化能力的干细胞。经过科学工作者的努力，2011 年首次从猪 iPS 细胞系衍生功能性细胞，成功诱导了猪 iPS 细胞系；2015 年从羊膜细胞建立了两种类型的牛 iPS 细胞，并首次证明了牛 iPS 细胞可以促进嵌合胎儿并分化为所有组织，包括胚外组织。

iPS 细胞类似于 ES 细胞，具有典型的 ES 细胞样形态。细胞体积小，核大，细胞质少，核仁明显，核质比高，体外培养时呈紧密的多细胞克隆样生长。能够形成 ES 细胞样的集落，胞核较大，核质比高，碱性磷酸酶（AKP）染色呈阳性，表达内源性 Oct4、Sox2 和 Nanog，端粒酶活性提高，能在裸鼠体内形成畸胎瘤等。

iPS 细胞系建立的大致过程如下：首先，将几个重要的多能性相关基因通过逆转录病毒转染的方法导入小鼠或人类的成纤维细胞中；其次，基因导入一段时间后，通过药物或形态学特征对转染的细胞进行选择；最后，对筛选出的细胞要经过一系列严格的检验，并与 ES

细胞进行比较，从而证明其多能性。

（二）iPS 细胞系的诱导

最近几年，iPS 技术得到了迅速发展，产生了不同的 iPS 诱导技术，如采用 Oct4、Sox2、Nanog、Lin28（OSNL）因子等诱导 iPS 细胞产生，主要有如下几种途径。

1. 载体诱导　将分别携带来自 *Oct4*、*Sox2*、*c-Myc*、*Klf4* 外源基因的 4 种逆转录病毒转染已分化的宿主细胞，并在转染过程中添加维生素 C 等来提高 iPS 细胞的诱导效率。

2. 小分子化合物诱导　在培养基中添加小分子化合物，如 5-氮杂胞苷（5-AZA）、BIX-01294（G9a 组蛋白甲基转移酶抑制剂）、2-丙基戊酸（VPA，组蛋白乙酰基转移酶抑制剂）和钙通道激动剂（BayK8644）等，通过抑制基因组的甲基化，或者影响特定的信号转导通路而显著提高 iPS 细胞的诱导效率，并且在诱导过程中产生的中间过渡型细胞和不完全重编程的细胞可能转化为稳定的完全重编程的多能干细胞。

3. 蛋白质分子诱导　为了避免病毒和外源基因对建立的 iPS 细胞系产生的影响，研究者直接采用以上 4 个转录因子的蛋白质对受体细胞进行诱导，但由于蛋白质在细胞内不稳定，不能持续发挥作用，因此利用蛋白质对受体细胞诱导需要进行多次处理。

（三）iPS 的鉴定

细胞的多能性表现为具有强大的自我更新能力和分化潜能。现有多种指标可用来评判获得的 iPS 细胞是否像真正的 ES 细胞一样具有多能性，如形态学标准、标志分子的表达、生长特性、发育潜能、表观遗传学特征等。

目前所建立的 iPS 细胞在形态和生长特性方面与 ES 细胞一致，其基因表达谱与 ES 细胞的基因表达谱也基本上类似，只有少部分基因的表达不同。iPS 细胞也具有发育为 3 个胚层细胞的能力，并能参与生殖系的发育，这与 ES 细胞相同。Sumito Isogai 等（2018 年）用单核细胞进行预培养，成功培养出了源自单核细胞的 iPS 细胞，并证实了该细胞具有分化为 3 个胚层的能力。大多数研究都鉴定了 iPS 细胞的表观遗传学特征，发现 iPS 细胞与 ES 细胞具有相似的 DNA 甲基化模式和组蛋白修饰情况。2007 年，Wernig 等建立的 iPS 细胞与 ES 细胞相比，对整个基因组的去甲基化具有相同的耐受性；Maherali 等发现，iPS 细胞与 MEF 融合之后，能够赋予 MEF 类似于 ES 细胞的表型；四倍体补偿实验是鉴定 iPS 细胞发育能力的黄金标准，2009 年，Zhao 等利用 iPS 细胞通过四倍体囊胚注射得到存活并具有繁殖能力的小鼠，这项工作为进一步研究 iPS 技术在干细胞、发育生物学和再生医学领域的应用提供了技术借鉴。Abad 等（2013）用成体细胞重编程成功得到了 iPS 细胞，并证实了该细胞具有分化为包含 3 个生殖层的畸胎瘤。嵌合体形成是检测体内胚胎细胞或体外扩增多能干细胞功能多样性最严格的检测方法之一。2017 年，Choi 等报道，利用逆转录病毒转基因表达的 iPS 细胞可通过嵌合形成有效分化的神经干细胞。

第三节　ES/EG/iPS 细胞体外诱导分化

细胞分化是指同一来源的细胞在细胞分裂过程中，细胞间产生形态结构、生化特征和生理功能有稳定性差异的过程。细胞分化是个体发育中组织器官形成的基础，包括时间和空间上的立体分化。时间上的分化是指一个细胞在不同的发育阶段有不同的形态结构、生化特征和生理功能，如骨髓内血细胞的发生过程；空间上的分化是指同一种细胞的子代细胞所处的环境位置不同，其形态结构、生化特征和生理功能也不一样，如外胚层来源的细胞可发育成表皮细胞、神经细胞等。ES/iPS 细胞理论上可以分化为动物机体内任何一种细胞，体外定向诱导的干细胞可分化为特异性细胞或其前体。

一、ES/EG 细胞维持未分化的分子机制

ES 细胞的自我更新和分化特性受到多种不同机制的严密控制，如转录因子、多种信号通路和表观遗传等调控。

（一）维持多能性的转录因子

有很多转录因子直接或间接地驱动并调控 ES 细胞特性。特别是转录因子 Oct4、Sox2 和 Nanog 形成了一个由自动反馈环控制的核心调节通路。

1. Oct4 属于 POU 家族，可以正向或负向调节基因表达，以维持 ES 细胞的多能性。例如，Oct4 与 Sox2 协同维持 ES 细胞多能性或通过与谱系特异性转录因子（FoxD3）相互作用，抑制 ES 细胞的分化。Oct4 的中度表达促进 ES 细胞的分化和维持，高度表达促进向中胚层或内胚层谱系的分化，低表达导致滋养外胚层的形成。这种平衡可以通过 Oct4 与二级转录因子通过 3 个顺式元件（远端增强子、近端增强子和近端启动子）的相互作用进行微调。

2. Sox2 属于 Sox 家族，具有保守的高迁移率基团 DNA 结合域，与 Oct4 协同维持 ES 的多能性。Sox2 的缺失导致多能性的丧失。在胚胎发育过程中，Sox2 在中枢神经系统的发育过程中持续表达，而其他多能性因子的表达可能缺失。Sox2 严格的时空表达调控对于维持多能性至关重要。

3. Nanog 在维持 ES 多能性和小鼠胚胎发育过程中发挥作用。Nanog 的一些下游靶标包括抑制物 Trp53（多能性的负调节剂）、Oct4-Sox2 复合物及 FoxD3（次级转录因子），与 Nanog 近端启动子结合，调节其高表达。

4. Klf4 其与 Oct4、Sox2、cMyc 联合表达，可将终末分化的体细胞转化为诱导多能干细胞（iPS）。Klf、Oct4、Sox2、Nanog 的信号调节通路可以抑制 ES 分化并维持其多能性。

（二）维持多能性的多种信号通路

信号通路主要通过调节多能性关键转录因子的表达，并且参与外部信号的整合而诱导 ES 的特性，这些通路可能主要通过相互作用来维持多能性。

1. 白血病抑制因子（leukemia inhibitory factor，LIF）通路 LIF 与细胞表面的受体结合，导致下游细胞内信号通路的激活，调控核心转录回路的不同方面。其中一些是促进多能性的，如 JAK-STAT3、PI3K-Akt 和 YES-YAP 通路；而另一些是促进分化的，如 MAPK-Erk。

（1）LIF/STAT3 通路 LIF 受体（LIFR）广泛分布于体细胞表面，是一种分子质量为 250kDa 的糖蛋白。LIFR 由 LIFRB 和 gp130 组成，gp130 是一种跨膜糖蛋白，分子质量为 130kDa。gp130 与 LIFRB 结合可使 LIFR 由低亲和力向高亲和力转变。当 LIF 与其受体结合后，可激活结合于 gp130 胞内近膜部分的 JKA 激酶，活化的 JKA 激酶催化 gp130 胞浆区的酪氨酸磷酸化，进而激活转录因子 STAT，活化的 STAT 形成同源二聚体并移向核内，与核

内特异的靶细胞基因位点结合并激活 STAT1 与 STAT3，STAT3 是维持 ES 细胞不分化状态的决定性因子，被激活后足以抑制 ES 细胞的分化。

（2）PI3K-Akt 通路　　通过两种不同的机制参与维持多能性。首先，PI3K-Akt 阻断 MAPK-Erk 信号，MAPK-Erk 通过拮抗 Tbx3 的核定位而负向影响 Nanog 活性；其次，Akt 显著增加 Tbx3 活性和 Nanog 表达，促进 ES 多能性和增殖。

（3）YES-YAP 通路　　YAP 首先通过与 gp130［糖蛋白 130（glycoprotein 130，gp130）］受体结合激活 YES。在 gp130 磷酸化后，YAP 转位到细胞核并与 TEAD2 结合，使其与 Oct4 启动子结合并诱导其表达。

2. 骨形态发生蛋白（bone morphogenetic protein，BMP）通路　　BMP 信号通路主要通过 Smad 复合体起作用，Smad 复合体包括三类：受体调节 Smad（R-Smad）、协同 Smad（Co-Smad）和抑制性 Smad（I-Smad）。BMP 激活导致 R-Smad 的磷酸化，两个 R-Smad 与一个 Co-Smad 形成一个复合体。该复合体然后转移到细胞核，直接调节多能基因的表达。

3. Wnt 通路　　Wnt 信号作为 ES 分化的抑制因子有助于维持多能性。Wnt 结合并激活异源二聚体受体 Frizzled 和 LRP，使 GSK3b 磷酸化。这导致 β 酸连环蛋白的释放，从而防止其降解。在转位进入细胞核后，β 酸连环蛋白直接激活 Oct4 或抑制 TCF3 来调节其转录活性。

（三）维持多能性的表观遗传调控

非编码 RNA、组蛋白修饰和 DNA 甲基化对染色质堆积动力学的调控在多能性维持中发挥着重要作用。这些因素对基因表达和细胞功能具有正向和负向的表观遗传调控作用。

二、ES 细胞体外分化的基本原理

对小鼠 ES 细胞进行各种方式的诱导分化，可以获得神经细胞、造血祖细胞、成骨细胞、肝细胞、角质细胞、胰岛细胞和滋养细胞等多种细胞。ES 细胞体外分化模式分为自发分化、诱导分化和基因调控分化。

（一）自发分化

自发分化是指 ES/EG 细胞在体外呈单细胞悬浮培养时，会形成由多种类型细胞组合的类胚体，在加入生长因子干预后能够增加某一类型细胞的相对数量，如形成有搏动功能的心肌细胞，这些细胞具有胎儿心肌细胞的特性。

（二）诱导分化

诱导分化是将 ES 细胞与不同类型的细胞共培养或添加相应的生长因子，以诱导干细胞向单一类型细胞定向分化，如骨髓基质细胞或 OP9 细胞可诱导 ES 细胞向造血干细胞分化、PA6 细胞可促进 ES 细胞向神经细胞分化、贴壁生长的 ES 细胞在 DMSO 和丁酸钠的依次诱导下可以形成肝细胞。

（三）基因调控分化

基因调控分化是利用 ES 细胞的体外遗传可操作性，通过强化或抑制某些基因的表达来形成单一谱系所特有的基因表达方式，结合培养条件和诱导因子的作用定向诱导 ES 细胞的分化。将 TAT PDX1 融合蛋白转入 hES 细胞，激活下游靶基因的表达，促进了干细胞胰岛素的分泌，有助于干细胞向胰岛细胞的分化。

三、体外诱导分化的方法

ES 细胞体外诱导分化的方法大致分为三大类：基因外诱导、基因修饰和基因编辑。

（一）基因外诱导

基因外诱导即在细胞水平上对 ES 细胞进行诱导分化，包括诱导剂法、序贯诱导法、直接分化法，还有目前尚有争议的特殊诱导方法。这些方法各有优势，因其操作相对简单，对实验室要求不高，为大多数研究者所采用。

1. 诱导剂法　　特异性诱导剂——视黄酸（RA）最常用于诱导神经细胞分化。其机制是 RA 通过 ES 细胞结合于 RA 受体，后者与目的基因的 DNA 结合域（RA 反应元件，RARE）结合，激活神经相关基因并抑制中胚层相关基因的转录，通过激活卵泡抑制素，抑制了骨形态生成蛋白（bone morphogenetic protein，BMP）的表达，从而促进神经的分化。只要向未分化的 ES 细胞培养液中添加一定剂量的 RA，或者在已分化的 ES 细胞中直接添加 RA，就可以获得大量的神经细胞。它的优点在于实验所需时间短、成本低，因此，它是使用广泛的神经诱导方式。

"八日诱导程序"是最经典的 RA 诱导法。将未分化的鼠 ES 细胞（mES）用细吸管吹散，在悬浮液中培养 4d 形成类胚体（embryoid body，EB），再向培养液中添加 0.5μmol/L 的全反式维甲酸（all-trans-retinoic acid，AT-RA），培养后有 38% 的细胞形成神经元样细胞。一般而言，较高浓度 RA 作用时间较长时能更有效地诱导 ES 细胞向神经元样细胞分化。

2. 序贯诱导法　　序贯诱导法是模仿体内胚胎细胞生长和分化的环境，按 ES 细胞生长阶段逐步改变培养液成分及血清浓度，添加生长因子和神经营养因子等，诱导 ES 细胞向神经细胞定向分化。该方法操作简单、细胞毒性小，而且产生的神经元纯度较高。

经典的"五步序贯诱导法"常用于 ES 细胞向神经细胞诱导分化：第一步扩增未分化的胚胎干细胞；第二步去除促有丝分裂素或分化抑制剂，悬浮生长，逐渐形成类似体内发育的胚体 EB；第三步去除生长因子，选择巢蛋白（nestin）阳性细胞；第四步使用神经细胞培养液，添加生长激素、神经营养因子，扩增神经前体细胞；第五步利用促神经元存活因子（SPF）诱导并维持神经元成熟（图 15-5）。

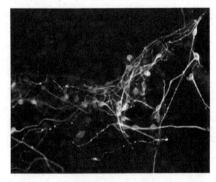

图 15-5　体外诱导分化 14d 的 ES 细胞
（Kursad，2006）
用 anti Ⅲ-tubulin 抗体免疫荧光染色分析显示
ES 细胞分化成神经细胞

3. 直接分化法　　直接分化法作为基因外诱导的另一种方法，也具有其独特性。将 ES 细胞在饲养层细胞上高密度延长培养，再用神经细胞培养液培养，ES 细胞能自发分化为神经样细胞，然后使用无血清神经细胞培养液让 ES 细胞过度生长，在细胞集落中央可获得高纯度的原始神经上皮，进而得到大量神经细胞。其分化机制可能是通过神经分化内定模式（default model）发生，即外胚层细胞可在无外界信号诱导下自发分化为神经细胞。

其他诱导方法还有基质细胞饲养层诱导，以及生长激素和神经营养因子诱导等方法。将ES细胞与各种基质细胞共培养，也能分化为特定类型的细胞。将ES细胞与人类肝癌细胞系HepG2共培养，有91.33%的ES细胞无须EB形成，也不经筛选能直接分化成神经元。所以要得到其他特定类型的细胞只需要找到相关的基因外诱导剂或因子即可。

（二）基因修饰

基因修饰已被应用于对哺乳动物ES细胞的定向诱导，它也是研究干细胞分化或增殖机制的重要手段之一。尽管基因修饰存在有致癌性、不稳定性及其他不可预见的危险性，但它的可行性已得到了证明。

1. 方法

1）将一个特异性基因通过病毒载体转染ES细胞，即可得到高纯度的特定类型细胞。例如，nestin是一种较常用的神经前体细胞标志蛋白，将它与报告基因——增强型绿色荧光蛋白（EGFP）共同转染ES细胞，经过筛选纯化得到神经前体细胞。

2）向ES细胞导入一段增殖基因（propagating gene），该基因表达后调控ES细胞其他相关基因的表达，从而实现ES细胞的定向分化。将促多巴胺能神经元生成的转录因子Nurrl通过质粒稳定转入mES细胞系，建立Nurrl ES细胞系，再经过"五步序贯诱导法"，得到50%多巴胺能神经元。

3）利用干扰小RNA（siRNA）来抑制细胞在分化或增殖过程中特定基因的表达，从另一方面可实现对该基因在hES细胞中修饰，如表达siRNA基因的逆转录病毒可以使Oct2-4和Nanog基因沉默。

2. 优点及存在问题　　基因修饰使人们能够快速、方便地直接进行细胞诱导，但如何有效地提高基因转染率及探讨各个基因在ES细胞中的调控作用仍处于初步研究阶段，而ES细胞的基因治疗也仅应用于试验动物模型。今后应继续进行动物试验，不断为ES细胞培养及诱导方法提供新方案、新理论，同时对诱导的ES细胞进行严格鉴定及体内试验，使其能够尽早进入临床试验。

（三）基因编辑

近年来，科学家利用CRISPR/Cas9基因编辑技术在治疗多种疾病上取得了重要进展。2018年，Long等在 *Science Advances* 上刊登了一篇研究报告，研究利用CRISPR/Cas9技术对迪谢内肌营养不良（DMD）患者机体的多能干细胞进行改造产生了健康的心肌。美国达纳法伯癌症研究所、波士顿儿童医院和马萨诸塞大学医学院等（2019）研究机构通过将CRISPR/Cas9基因编辑应用于患者造血干细胞中，开发出了一种治疗遗传性血液疾病——镰状细胞病的策略。对畜禽干细胞进行基因编辑可用于制备基因编辑农业动物，从而获得具有生长快、抗病性强和高产等优良性状的畜禽品种。

基因编辑技术的发展显著提高了在人类多能干细胞中插入、改变或修复基因的遗传操作能力。这些基因编辑工具，包括锌指核酸酶（ZFN）技术、转录激活样因子效应物核酸酶（TALEN）技术和成簇的规律间隔的短回文重复序列（CRISPR）/CRISPR相关（Cas）系统（CRISPR/Cas9）等。

1. 锌指核酸酶（ZFN）技术　　锌指核酸酶包含多达36个碱基对的特定识别位点，与

核酸内切酶 *Fok* I 结构域偶联，在二聚反应过程中产生双链 DNA 断裂（DSB）。ZFN 已被设计用于腺相关病毒整合位点 1（AAVS1），编码 19 号染色体上的蛋白磷酸酶 1 调节亚基 12C（PPP1R12C）基因。在 ES 和诱导多能干细胞中，在该位点进行靶基因的整合不会引起病理反应或干扰细胞的增殖、核型或多能性基因的表达。此外，当 ES 分化时，插入的靶基因不会被沉默。ZFN 技术的缺点：技术复杂，对于普通实验室来说，目标序列的识别和组装不易完成等。

2. 转录激活样因子效应物核酸酶（TALEN）技术　　TALEN 是继 ZFN 之后的第二代基因组编辑技术。与 ZFN 类似，TALEN 也由 DNA 结合域和 *Fok* I 的切割结构域融合而成。它们的不同之处在于 ZFN 技术是识别三个碱基对的锌指结构域，而转录激活样因子（TAL）能结合到一个碱基对上，特异性更强，靶向编辑的效率更高。TALEN 载体的构建相对简单，成本低，普通实验室都能操作。其主要问题是脱靶位点可能发生裂解。

3. 成簇的规律间隔的短回文重复序列（CRISPR）/CRISPR 相关（Cas）系统　　CRISPR/Cas 核酸酶系统是在古细菌和真细菌中发展起来的一种基于 RNA 的适应性免疫系统，用于检测和切割入侵的病毒和质粒。与 ZFN 和 TALEN 需要 DNA 结合域的组装来引导核酸酶到靶位点不同，CRISPR/Cas 系统是由 RNA 指导，利用 Cas9 核酸酶对靶向基因进行编辑的技术。Wang 等（2013）通过将 Cas 核酸酶和引导 RNA（sgRNA）组成的 mRNA 同时注射到小鼠胚胎的细胞质中，可以同时靶向 5 个基因。CRISPR/Cas9 系统具有构建简单、编辑效率高、容易实现多基因编辑等优势。

四、iPS 体外诱导分化

目前已可以将 iPS 细胞诱导分化成多种特定细胞，可采用类似诱导 ES/EC 细胞分化的方法，如 EB 分化法和小分子化合物定向分化法。Okamoto 等（2012）利用含有 10% 胎牛血清（FBS）等成分的培养液培养小鼠 iPS 细胞生成胚胎小体（EB），然后利用含有地塞米松的培养液培养，进行体外成骨细胞分化。另有研究证明，将未分化的 iPS 细胞，用缓冲液去除滋养层细胞后于培养皿中培养。在 EB 细胞形成后，将 EB 细胞在诱导成骨液中培养 5d 后分化为成骨细胞。国外研究人员于 2019 年发现在培养基中提供白血病抑制因子（LIF）或碱性成纤维细胞生长因子（bFGF），或同时提供 LIF 和 bFGF，可以促进猪多能干细胞（piPSC）的多能性，进而提高分化效率。

第四节　ES/EG/iPS 细胞技术的应用

ES 细胞独有的生物学特性，使动物 ES/EG 细胞技术在哺乳动物胚胎发育和医学工程研究等方面具有极大的应用价值。若能成功诱导和调控体外培养的 ES 细胞进行定向分化，将对研究新基因的表达特性和生理功能发挥重要作用，同时使得用移植干细胞来治疗各种疑难疾病，甚至在实验室内生产各种组织器官成为可能。所以说 ES/EG/iPS 细胞技术在基础科学研究和应用科学研究领域具有广阔前景。

一、建立哺乳类动物发育的体外模型

ES/EG/iPS 细胞系为哺乳类动物胚胎早期发育和细胞分化的研究提供了充分的材料来源。

ES 细胞悬浮生长时可得到类胚体，成为早期胚胎发育分化的体外模型。另外，在特定的体外培养条件和诱导剂的作用下，ES 细胞在体外可被诱导分化为属于 3 个胚层谱系的各种高度分化的体细胞。因此，ES 细胞不仅是研究特定类型细胞分化的模型，而且也是研究某些前体细胞起源和细胞谱系演变的较理想的实验体系。

通过对大量胚胎发育过程中不同时期细胞基因表达的研究，有望认识胚胎早期发育或畸胎发生的机制，也可以利用同源重组或基因编辑技术使 ES 细胞的某些基因发生突变，对在胚胎发育中起作用的基因进行分析，这样不仅可以了解早期胚胎发育中某些基因的功能，而且可以利用 ES 细胞的分化调节基因及表达产物来研究细胞的定向分化，分离克隆出在胚胎发育中起重要作用的基因。将特定基因功能去除的 ES 细胞注入正常发育的胚泡，发育为嵌合体，可在整体水平上研究该基因的功能。由于猪和人类在许多生物学角度上表现出高度的相似性，与许多其他动物模型相比，维护费用低，伦理问题少，因此目前已使用猪模型进行了大量的生物医学研究。

二、基因和细胞治疗

随着干细胞技术和理论的发展，产生了一门新的学科分支——再生医学。它是一门使用多种修复技术手段使人体的组织器官功能得以改善或恢复的新兴学科，其中基因治疗和细胞治疗是重要的组成部分。ES 细胞具有自我更新能力，且能在体外增殖和分化过程中保持基因组 DNA 的稳定性，是目前理想的基因治疗载体细胞。将目的基因导入 ES 细胞，使基因的整合数目、位点、表达程度和插入的稳定性及筛选工作都在细胞水平进行，保证了基因治疗的安全性与有效性。例如，如果发现早期胚胎有某种基因缺陷而会患基因缺陷病——囊性纤维化，可以收集部分或全部 ES 细胞，通过基因工程技术用正常的基因替代干细胞中的缺陷基因，再将修复后的胚胎干细胞嵌入胚胎中，经过妊娠将会产生一个健康的后代。向小鼠受损心脏移植胚胎心肌细胞（embryonic cardiac muscle cell），成功地使其恢复了功能，这意味着干细胞治疗技术可以治愈人类受损心脏。孙红等（2017）研究了骨髓间充质干细胞对碱烧伤兔角膜修复的促进机制，得出静脉输入骨髓间充质干细胞能够加快兔角膜的修复速度的结论。另外，通过同源重组的方法改变 ES 细胞的 MHC 基因结构或用受体的 MHC 基因置换 ES 细胞的 MHC 分子，建立适合不同个体移植的通用 ES 细胞系，从而消除 ES 细胞免疫原性。所以 ES 细胞也是细胞治疗的良好靶细胞，给神经性疾病、心肌缺损、风湿性关节炎、糖尿病（胰岛萎缩）等的治疗带来了希望。

三、器官培养

利用干细胞技术治疗疾病最显著的优点就是可以再造多种正常的组织或器官。美国麻省理工学院的科学家在 2002 年首次利用人体 ES 细胞培育出毛细血管。日本广岛大学牙周病学教授栗原英见（2010）用干细胞技术使牙龈再生。Little 等（2015）开发出了一种由多能干细胞生成的肾脏类器官。Akutsu 等（2017）利用无动物源体系成功将人多能干细胞分化为功能性肠道类器官。但器官的形成是一个非常复杂的三维过程，很多器官是由两个不同胚层的多种组织相互作用而形成的，尤其是像心、肝、肾、肺等大型精细复杂的器官，实现这一目标还有待技术上的进一步突破。另一种可能的方法是将人的基因导入猪等动物的 ES 细胞，利用转基因猪为人类提供器官移植的材料，或者将干细胞注射到重度免疫缺陷动物的脏器中，让移植的人干细胞逐步替代动物细胞，使其脏器人源化，成为可供移植的器官。不过这些技术部分涉及伦理问题，如果这一设想能够变为现实，将是人类医学中一项划时代的成就。

尽管对 ES 细胞的建系和诱导分化研究取得了长足进展，但还存在很多技术难题需要解决。例如，ES 细胞体外增殖时如何维持不分化状态的分子机制、干细胞培养条件的标准化、定向诱导分化调控机制及诱导生产特异类型的组织或器官等大量工作，还需要人们不断地探索和研究。

四、遗传育种与品种改良

iPS 细胞与 ES 细胞在许多方面都极其类似，Okita 等（2007）的研究结果表明小鼠 iPS 细胞可通过生殖系嵌合遗传到后代，Qin 等（2008）发现小鼠脑膜细胞来源的 iPS 细胞注射到小鼠囊胚后可 100% 产生嵌合体。因此，在用 iPS 细胞或者 ES 细胞为核供体进行细胞核移植，可在短时间内获得具有遗传同质型的动物，这可以充分发挥良种动物的生产潜力，加速动物良种化进程，达到生产高产优质品种、快速扩繁群体的作用。

五、药物筛选

药物开发需要大量经费，可信的体外模型对药物筛选很重要。iPS 技术可以获得同一种属的包含大部分遗传变异和表观遗传学变异的动物细胞系，将这些细胞系用于药物筛选，更能反映药物的有效性及毒性。因此，iPS 技术的应用使得药物的筛选和毒理研究更加有效。此外，Aravalli 和 Cressman 等（2012）报道将猪的 iPS 诱导为肝细胞样细胞，这些细胞有望用于药物毒理和新陈代谢的研究。另外，人 ES 细胞已成为新型药物筛选和药物毒性鉴定的理想模型。用人 ES 细胞对药物毒性等进行检测与筛选，不仅可避免目前常用的动物模型所带来的种属差异难题，而且可模拟体内细胞之间的相互作用，这样就更接近人体内各种组织器官对药物毒性的反应，因此更为安全，也更为经济，对于发现和研制新药具有积极意义。

思 考 题

1．干细胞和干细胞技术的含义是什么？

2．按照细胞发育潜能可将干细胞分为几类？根据细胞来源可分为几类？

3．试述 ES 细胞和成体干细胞的特点。

4．以小鼠 ES 细胞为例，阐述细胞系建立技术路线（包括不同来源和不同分离培养方法）。

5．ES/EG 细胞系的特性有哪些？

6．鉴定 ES/EG 细胞系的方法有哪些？

7．试述 ES/EG 细胞体外诱导分化的原理和方法及需要注意的问题。

8．论述干细胞技术、转基因技术、基因工程技术和细胞核移植技术之间的相互促进作用及在现代生物工程和医学工程中的应用前景。

9．试述 ES 细胞、EC 细胞、EG 细胞和 iPS 细胞有何异同。

10．iPS 细胞应用较 ES/EG 细胞有何优缺点？

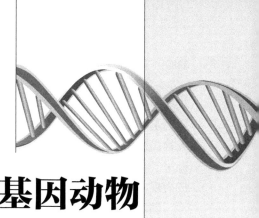

第十六章　转基因动物

　　动物转基因技术起源于 20 世纪 70 年代。Jaenish 和 Mintz 等（1974）应用显微注射的方法首次成功地获得了 AV40 DNA 转基因小鼠，从此，世界各国的科学家对转基因技术应用于动物生产的研究产生了极大的兴趣。几年后，Palmiter 等（1982）把大鼠生长激素基因用同样的方法导入小鼠基因组中，得到转基因小鼠的成年体重是对照组的两倍，Palmiter 又于 1985 年成功地把人的生长激素基因分别导入兔、绵羊和猪的基因组中。随后，Simons 等（1987）把羊的 β-乳球蛋白基因导入小鼠基因组中，从阳性小鼠的乳腺中获得了这种蛋白质。同年，Gordon 等也在转基因小鼠的乳汁中得到了人组织纤溶酶激活剂（tissue-type plasminogen activator，t-PA）。这些研究成果的取得为动物转基因技术的进一步研究奠定了理论基础。

　　McGreath 等（2000）首次应用基因打靶技术生产了转基因克隆羊；Yutaka 等（2003）利用基因敲除的方法获得了 α-1,3 半乳糖苷转移酶基因灭活的转基因牛。次年，Liu 等利用该技术将人的 *ApoA-Ⅱ* 基因显微注入日本白兔的雄原核内，育成转基因兔，以研究脂蛋白的代谢与动脉硬化性疾病的关系。

　　Park 等（2006）通过精子显微注射猪受精卵获得了整合人重组促红细胞生成素的转基因猪。对 F_1 代及 F_2 代母猪的乳汁样品分析表明，其氨基酸组成与商业化的人重组促红细胞生成素（human erythropoietin，hEPO）完全相同。同年，Maga 等培育出在乳腺中特异表达人溶菌酶的转基因山羊，表达水平可达 270mg/L，同时用山羊乳饲喂猪仔的试验表明，含重组人溶菌酶的山羊乳能显著减少仔猪胃肠道的大肠杆菌等细菌数，从而证明转基因山羊乳可用于预防婴幼儿腹泻等疾病。

　　李宁等（2008）成功培育出了一批人乳铁蛋白转基因奶牛，所生产牛乳中的重组人乳铁蛋白含量达到了国际水平，并具有与天然蛋白质相同的转运铁、抗菌等生物活性。李光鹏等（2011）联合吉林大学、南京大学和中国科学院动物研究所成功获得了脂肪酸去饱和酶 1（fatty acid desaturase-1，Fat-1）转基因牛。研究表明，Fat-1 转基因牛的动物产品对于预防人的心脑血管性疾病具有重要价值。Yang 等（2013）使用基因编辑技术，利用同源重组（homologous recombination，HR）修复机制将报告基因插入小鼠基因组中，实现了目的基因的定点整合及稳定表达。

　　陈玉林等（2015）利用 CRISPR/Cas9 基因编辑技术，获得了敲除成纤维细胞生长因子 5（fibroblast growth factor 5，FGF5）和肌生成抑制蛋白（myostatin，MSTN）基因的转基因羊，这是世界上第一例完成饲养动物多基因多位点一次性操作敲除基因的技术，对于推动绒山羊种质资源的创新和产业发展具有重要意义。同年，世界上首例导入外源基因使生长速度变快的转基因三文鱼（AquAdvantage）获得美国食品药品监督管理局（Food and Drug Administration，FDA）

批准进入市场销售，标志着人们向转基因动物食品领域迈出了关键一步。

吴珍芳等（2017）将转基因小鼠的唾液腺作为生物反应器，生产出具有良好生物活性的人神经生长因子（human nerve growth factor，hNGF），该蛋白质可用于治疗小儿脑瘫和老年痴呆等神经损伤或退化性疾病，使转基因动物的唾液腺作为生物反应器制备人类蛋白质药物成为现实。

随着研究的深入，科学家建立了转座子与基因编辑结合的系统。Peters 等（2017）发现了一类编码在 Tn7-like 转座子中的 CRISPR/Cas 系统。张锋等（2019）证实了蓝细菌基因组中具有成簇的规律间隔短回文重复序列（clustered regularly interspaced short palindromic repeat，CRISPR）。CRISPR 及 CRISPR 相应转座酶（CRISPR-associated transposase，CAST）系统具有 RNA 引导转座酶进行目的 DNA 插入的能力。Klompe 等同一时间也证明了霍乱弧菌中的一种 Tn7-like 转座子相关 CRISPR/Cas 系统的基因编辑能力。两个系统分别基于 V-K CRISPR/Cas 和 I-F CRISPR/Cas 系统，都能实现在不产生 DNA 双链断裂（DNA double-strand break，DSB）的情况下将外源 DNA 片段定向插入细菌基因组 DNA 中。

转基因技术的发展经过短短 30 多年，经历了从单基因向基因组、随机整合向有条件的定点打靶方向发展。可以相信，动物转基因技术的研究必将在基因表达调控研究、器官移植、人类疾病模型建立、基因药物开发及动物品种改良等方面发挥巨大的作用。

第一节　动物转基因技术概述

一、转基因动物的概念

转基因动物（transgenic animal）是指通过基因工程技术将外源目的基因导入动物的受精卵或早期胚胎内，使其整合到受体细胞的基因组中，经发育而产生的个体。导入的基因称为目的基因或外源基因（exogenous gene），而整个技术则称为转基因技术（transgenic technology）。

二、转基因技术的目的和意义

1）在动物基因组特定位点引入所设计的突变基因，并模拟造成人类遗传性疾病的基因结构或数量异常，以研究一些疾病的基因治疗原理和方法。

2）通过对基因结构进行修饰，研究基因结构与功能的关系，生产出性状优良的动物新品种。

3）引入具有重要药用价值蛋白质的编码基因，将动物体作为生物反应器，生产药物蛋白质。

4）将所引入的 DNA 片段作为环境诱变剂，研究诱变剂所造成的 DNA 损伤和诱发基因突变的规律。

三、转基因技术的原理

通过转基因技术，将改建后的目的基因或基因组片段导入动物受精卵内，使其与受精卵 DNA 整合，然后将此受精卵转移到雌性受体的输卵管或子宫中，使其后代的基因组内携带目的基因并能表达而呈现其生物效应。

从原理、技术及在生命科学研究领域中的应用方面，可将转基因动物研究大致分为以下 3 个部分。

（一）上游部分

克隆目的基因，分析基因的结构并在体外或其他系统中进行功能研究。

（二）中游部分

设计遗传修饰策略（包括载体系统的构建等），选择适当的靶细胞进行基因转移和鉴定，在此基础上将遗传修饰由细胞向整体动物过渡，实现对整体动物基因组进行人为修饰的目的。

（三）下游部分

将人工分离和修饰过的目的基因导入生物体的基因组中，获得具有稳定表现特定遗传性状的新个体。

四、转基因技术面临的问题

转基因效率低是动物转基因技术面临的重大问题之一。在动物转基因技术的实施过程中，涉及的技术问题较多，主要有以下几个方面。

（一）外源基因整合率低

转入的基因在发育过程中的某一时刻被剔除，或进入细胞的基因由于某种原因并没有参与到胚胎的形成中去。目前，在有关基因整合的分子机制方面尚未完全清楚，外源基因整合于宿主基因组的整合率较低，而且整合过程中或整合后易发生突变、缺失、扩增和移位等，还可以引起动物表型的改变，甚至造成动物的死亡。

（二）外源基因表达水平较低

大部分的外源基因表达水平较低、不表达或表达混乱，给检测和转基因动物的制备带来了一定的困难。

（三）转基因动物的生产效率低

迄今为止，转基因技术主要仍限于通过显微注射将外源DNA导入受精卵的原核中而获得转基因动物。目前，通过转基因技术生产的转基因兔、猪、山羊、绵羊和牛已相继出生，但大型动物获得后代的生产效率水平较低。

第二节　动物转基因的常用技术

一、原核期胚胎的显微注射法

显微注射（microinjection）是指利用显微操作系统和显微注射方法将外源基因直接注入动物受精卵原核中，使外源基因随机整合到宿主动物基因组中，再通过胚胎移植技术将整合有外源基因的胚胎移植到受体的子宫内继续发育，进而得到转基因动物。

Hammer 等（1985）将鼠的金属硫蛋白基因和人生长激素基因转入绵羊受精卵原核中，获得了世界上第一只用显微注射法制备的转基因羊。之后，相继获得了小鼠、兔、猪、牛、鱼和鸡等转基因动物。目前，显微注射法的转基因效率在各种动物中存在很大差异，如小鼠为20%～30%，家兔和猪为5%～15%，山羊为2%，绵羊为1%～5%，牛小于0.5%，而鱼类为10%～75%。

（一）显微注射法生产转基因小鼠

雌雄鼠交配后，收集受精卵，将目的基因直接注射到受精卵的原核中，再将注射后的受精卵体外培养数小时后移植入假孕雌性鼠体内，产出嵌合体小鼠，再经杂交筛选获得纯合体转基因小鼠（图16-1），其方法如下。

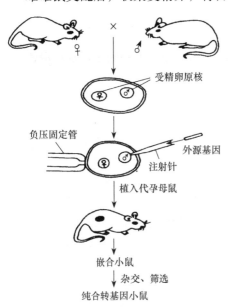

图 16-1　DNA 显微注射法制备转基因小鼠
（王蒂，2003）

1. 目的基因准备　目的基因的来源过程如下：①通过内切酶预先分离某一基因；②逆转录法得到 cDNA；③人工合成 DNA 片段；④获得含有目的基因的供体细胞基因组 DNA。为了获得更好的转基因表达效果，构建适宜的转基因荧光表达载体，目的基因可以质粒为载体，将目的基因与质粒结合形成重组子，然后转化至 *E. coli*，扩增质粒，再分离纯化重组质粒 DNA，用限制性内切酶消化，制备成线性基因片段备用。

一般线性 DNA 片段要比超螺旋 DNA 整合效率高，而且 DNA 片段的大小和长度一般不影响整合效率。当注射 DNA 浓度在 2.0ng/μL 左右时，产生转基因小鼠的效率最高。

2. 雌、雄鼠的准备　一般选用8～10周龄、体重 20g 以上的雌性鼠作为供体。超数排卵效果好的雌性鼠每只每次产20～30个卵。为了实验顺利进行，应定期提供相当数量的供体雌鼠和假孕雌性鼠。所谓的假孕雌性鼠是指在正常发情期内与切除输精管的雄性鼠交配雌性鼠。雄性鼠一般选6～8周龄以上、繁殖功能正常的，无种系要求。

3. 受精卵的获取和培养　具体方法：当天下午给雌性鼠腹腔注射 PMSG 5IU，48h 后腹腔注射人绒毛膜促性腺激素（hCG）5IU，同时与雄性鼠同笼过夜。在注射 hCG 20h 后处死雌性鼠，无菌采集两侧输卵管部分，收集卵丘团，用消毒玻璃针剥离出受精卵与卵丘细胞复合物，将复合物用 0.3mg/mL 透明质酸酶消化5～10min，然后用 PBS 清洗数次，选择形态正常的受精卵用于体外培养。一般每只雌鼠可回收20～30枚受精卵。也可以在收集受精卵的同时，分离出体积适中的输卵管壶腹部上皮组织块，清洗数次后放入培养液中，在 37.5℃、5% CO_2、饱和湿度下预培养48h，生长良好的组织块可用于体外共培养。

卵母细胞受精后出现雌原核和雄原核，挑选大而清晰的原核，对于显微注射的成功与否非常重要，可避免显微注射时对核仁的损伤。原核的清晰度主要与以下两方面有关：一是小鼠的光周期，二是超数排卵激素的注射时间，尤其与 hCG 的注射时间有关。一般出现原核大而清晰的时间为 hCG 注射后（24±6）h。因此，hCG 注射时间一般选 16:00～17:00 注射，次日 16:00～18:00 原核大而清晰，适于显微注射。

小鼠超排后，留有一定数量的雌性小鼠，使其中有发情迹象的雌性小鼠与结扎输精管的雄鼠交配，进而使母鼠假孕，以作为转基因胚胎的受体母鼠。

4. 显微操作　显微注射的最佳时间是在显微镜下能辨认出原核到第一次卵裂前雌、雄原核刚要融合的时候，这一时段一般持续 3h 左右。

操作方法：在显微操作仪（图 16-2）上，先用固定吸管将受精卵固定，再用注射吸管吸入定量的 DNA 液，使注射吸管、固定吸管（固定吸管内径约为 15μm，注射吸管内径应小于 1μm）与原核处于一个焦点平面上，然后将 DNA 液注入原核中（图 16-3），并观察原核变化情况。当原核膨大为其二倍时表明注射成功。显微注射后的受精卵用培养液洗涤几次后，放入含输卵管上皮的培养液中，在 37℃含 5% CO_2 的培养箱中培养，并在体视显微镜下观察携带荧光蛋白的转基因小鼠胚胎（图 16-4）。

图 16-2　显微操作仪

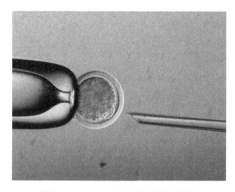

图 16-3　DNA 注射过程示意图

显微注射法生产转基因动物多用于小鼠，大多数家畜的卵母细胞质中因含有大量光密度高的脂质颗粒，使原核难以被看清，尤其是猪和牛的卵母细胞质。因此，需要离心使细胞质分层，然后在相差显微镜下辨认原核。

DNA 注射到雄性原核比注射到雌性原核获得转基因小鼠效率要高。显微注射时应控制注射量，注射剂量不足影响整合率，注射剂量过多时，则容易引起卵膜破裂。

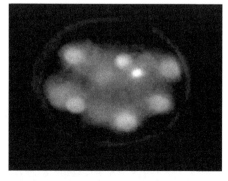

图 16-4　携带荧光蛋白的转基因小鼠胚胎

5. 卵移植　DNA 注射后，将受精卵在体外培养到 2 细胞期或囊胚期，然后移植到假孕雌性鼠的输卵管或子宫内，移植时将胚胎吸入移植管中（图 16-5），然后移植，生产转基因小鼠。

（二）显微注射法生产转基因鱼

转基因鱼的制作与其他动物不同（图 16-6），鱼类一般是体外产卵、体外受精和体外发

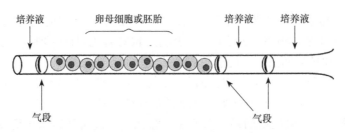

图 16-5　胚胎吸入移植管示意图

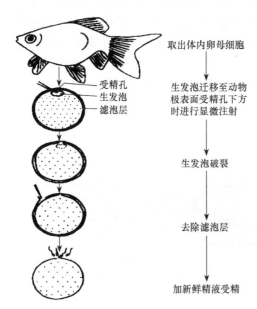

图 16-6　转基因鱼的制作过程
（张士璀等，1997）

育，因而不需要胚胎移植过程。采用显微注射法将目的基因导入鱼卵母细胞形成生发泡制备转基因鱼的操作过程如下。

1. 注射针的制作　将直径 1mm 的专用玻璃管，拉成直径为 10μm 的注射针（注射针形状见图 16-3），以备用。

2. DNA 溶液的配制　Holtfreter 液（3.5g NaCl、0.5g KCl、0.1g CaCl$_2$、0.2g NaHCO$_3$）配成终浓度约 40ng/μL 的 DNA 溶液。

3. 采集卵母细胞体外培养　在排卵前 9～10h 杀鱼取卵巢，分离卵细胞，此阶段卵母细胞处于第 2 次减数分裂的前期，细胞核位于动物极。

4. DNA 显微注射

（1）卵母细胞核注射　将外源 DNA 注射到卵母细胞核中（操作过程见图 16-3），当核开始膨胀时停止注射。外源 DNA 的浓度为 10μg/mL，注射量为 20～30pL。如果注射过多，外源 DNA 会导致胚胎在发育到囊胚期前退化。同样，注射浓度过高时也会导致胚胎发育不正常。

（2）受精卵细胞质注射

1）取卵。从交配后的雌鱼腹部取卵，用 0.25% 的胰蛋白酶消化以去除卵壳，将裸卵移入盛有培养液的平皿中。

2）显微注射。将外源基因吸入注射针内，在第 1 次卵裂前实施外源基因的显微注射。由于鱼类卵子的前核很难看到，外源基因的注射部位一般是动物极处的细胞质。每一个卵注射 1～2nL 的 DNA 溶液。

5. 注射 DNA 的卵母细胞和受精卵的体外培养　显微注射后的卵母细胞在适当条件下培养直到成熟，剥去滤泡层，加入精液进行人工受精，受精卵在适宜条件下继续培养 3h 后生发泡破裂，再培养 8～9h 后再次人工受精，生产转基因鱼。

显微注射法是目前使用最为广泛、也是最有效的方法。其主要优点是外源基因长度不受限制，每次注射外源基因的长度可达 50kb，可直接用不含有原核载体 DNA 片段的外源基因进行转移，实验周期相对较短。缺点是大动物原核胚的胚胎胞浆中含有大量的泡状颗粒，影响其透光性，且显微操作过程技术含量较高，需要特殊的仪器并可能在注射过程中对胚胎造成损伤等。外源基因能否整合到受体基因组中，需等到子一代出生后经过选择才能确定，这对生育周期长、产仔少的大型动物来说，效率很低，而且整合位点随机，易造成宿主基因组内生命活动所必需的基因失活和导致胚胎或动物死亡；整合一般是多拷贝首尾串联相接，不利于研究基因的结构、功能及表达调控。

二、病毒载体法

病毒载体法主要介绍逆转录病毒法和慢病毒载体法。

（一）逆转录病毒法

逆转录病毒（retrovirus），又称反转录病毒，属于RNA病毒中的一类，是一种RNA病毒。当它的基因组RNA进入细胞时，经过逆转录而产生原病毒DNA。目前，逆转录病毒作为一种基因转移的高效载体已应用于生产基因产物、细胞缺陷校正和人类遗传疾病基因治疗研究等诸多领域。

逆转录病毒法是用载体侵染技术将目的基因整合到逆转录病毒的原病毒上，然后将其直接注射到卵母细胞或胚胎中，或直接将胚胎与能释放逆转录病毒的单层细胞共培养实现基因转移，产生动物嵌合体，再经过杂交、筛选即可获得转基因动物（图16-7）。

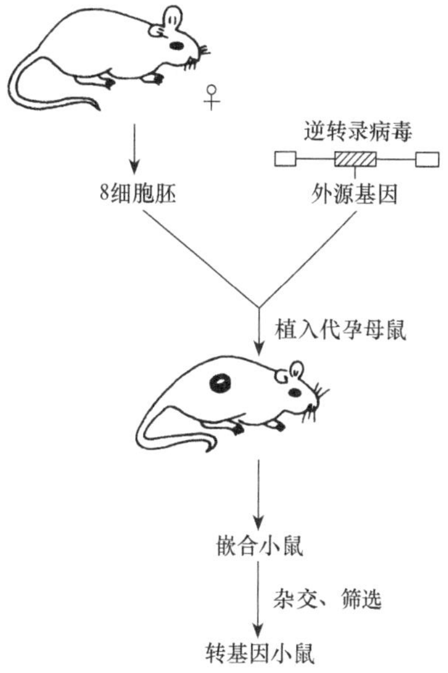

图16-7　逆转录病毒法制备转基因小鼠（王蒂，2003）

Jaenisch等（1974）致力于逆转录病毒作为动物基因转移载体的研究，但当时没有意识到可用来生产转基因动物。之后用鼠白血病病毒（murine leukemia virus，MLV）作为载体，将外源基因导入小鼠胚胎。后来，Jahner等（1985）也用逆转录病毒法制作转基因小鼠并取得成功。Haskell等（1995）先后通过该方法获得了转基因牛；Chan等（1998）将乙肝表面抗原基因插入复制子缺失的逆转录病毒载体内，并注入减数分裂期的牛卵母细胞内，将其与精子共同孵育24h使其受精，生产了4头健康的犊牛，它们的皮肤和血液细胞表达乙肝表面抗原，外源基因在宿主基因组中的整合成功率为100%。

该方法应用于转基因方面比较早。与其他方法比较，它的优越性在于感染率高，易感染，操作简单，胚胎存活率高；多数为单一拷贝随机整合，基因表达效率高。但逆转录病毒作为载体，容量不大，其所携带的外源DNA的大小一般不能超过10kb，并且容易产生嵌合体。另外，插入的外源基因容易丢失，逆转录病毒本身的DNA序列也会干扰外源基因的表达，且在安全方面仍存在问题。

（二）慢病毒载体法

慢病毒是逆转录病毒科的成员，它既可以感染分裂活跃期的细胞，又能高效率感染分裂缓慢或非分裂期的细胞，还可以携带较大及多个外源性基因，转染后对转录沉默作用有较强的抵抗力，能长期稳定表达目的基因。目前已分离的慢病毒有：人类免疫缺陷病毒（human immunodeficiency virus，HIV）、马传染性贫血病毒（eqine infectious anemia virus，EIAV）、猴免疫缺陷病毒（simian immunodeficiency virus，SIV）等。

慢病毒载体法是指将病毒感染细胞后，病毒在自身逆转录酶的作用下，以病毒 RNA 为模板，逆转录而形成双链 DNA 中间体，即原病毒（provirus）或前病毒 DNA，然后整合于受精卵的染色体 DNA 上，获得转基因动物（图 16-8）。

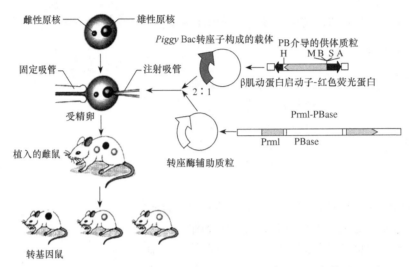

图 16-8　*Piggy* Bac 转座子介导的基因转移法示意图（罗庆苗，2011）

慢病毒载体的研究最初是其作为基因治疗载体而发展起来的。后来，Pfeifer 等（2002）用重组绿色荧光蛋白（green fluorescent protein，GFP）的慢病毒感染小鼠 ES 细胞和桑椹胚时发现出生后的仔鼠细胞有 GFP 的表达情况。同年，Lois 等利用慢病毒载体法成功制备了转基因小鼠和大鼠。其方法是把所获得的重组病毒通过超速离心至滴度为 $1 \times 10^6 IU/\mu L$，然后将病毒液（注射剂量 10～100pL）进行受精卵卵周隙注射，注射后将胚胎移植到假孕母鼠体内，所产仔鼠 86% 携带 1 个以上 GFP 转基因拷贝，其中 90% 高表达。Hofmann 等（2003）利用慢病毒载体法成功制备绿色荧光蛋白转基因猪，他们将滴度为 $10^6 \sim 10^7 IU/\mu L$ 的病毒液进行受精卵卵周隙注射，移植后所产仔猪 74% 整合有 GFP 基因，其中表达率为 94%。

此法与传统的原核显微注射法相比，受精卵卵周隙注射外源基因时，注射针不必插入核内，而原核显微注射法必须将外源基因注入轮廓清晰的核内。由于不同品系原核的大小和核膜清晰度存在显著差异，原核显微注射易导致转基因效率受到所选品系的限制，但受精卵周隙注射不受这一限制，而且操作更简单。此外，卵周隙注射对核膜和胞膜均无损伤，胚胎存活率也明显升高。据统计，慢病毒载体法注射胚胎的转基因效率比显微注射法约提高 8 倍，出生仔鼠的转基因率约提高 4 倍。

慢病毒载体法，因其高效的转染率和转基因的高表达，成为转基因动物方法学上一个新的突破。该方法与 ES 细胞法和精子载体法等方法相结合，能取长补短，可以优化转基因方法。但慢病毒载体法有自身的一些缺陷，如慢病毒载体所能携带的基因片段较小，外源基因和启动子总基因长度之和不能大于 8.5kb，否则会影响基因的活性和稳定，而且存在着在宿主体内进行基因的转录、表达和突变等安全隐患。另外，经传代整合后所得原病毒 DNA 易发生甲基化，可能影响外源基因在宿主动物中的表达。但因为慢病毒载体既能感染分裂细胞又能感染静止细胞，使其应用越来越引起重视。

三、转座子介导的基因转移法

转座子（transposon）也称为转座元件，是一类可以在基因组中的某一位点转移或自我复制到另一个位点，从而改变它们在基因组中原有位置或增加其拷贝数的遗传因子，也属于一种特殊的遗传重组。目前，有两种代表性的转座子，即睡美人（sleeping beauty，SB）转座子和 *Piggy* Bac（PB）转座子。SB 是在研究不同鱼类基因组中有缺陷的拷贝序列比对时的最原始的转座子序列，然后将该序列通过点突变而获得有活性的转座子元件；而 PB 则来源于鳞翅目昆虫。目前，转座子按其转座的方式不同，可以分为两大类：一类为以 DNA 到 DNA 的形式在转座酶的参与下进行 "剪切-粘贴" 式转座，称为 DNA 转座子；另一类则以 RNA 为中介，在逆转录酶参与下完成 "复制-粘贴" 式转座，称为逆转录转座子。

随着对转座子系统的深入研究，丁昇等发现了 *Piggy* Bac 转座子系统能在小鼠细胞中高效转座，并成功培育出带有荧光的转基因小鼠，从而在世界上首次建立了一种高效的哺乳动物转座系统（图 16-8）。

随后，Wu 等利用 *Piggy* Bac 和 Cre-loxP 系统相结合培育出了大量基因突变鼠，并对它们进行了广泛的功能基因研究。Woltjen 等利用 *Piggy* Bac 转座子对细胞进行重编程研究时，发现可以通过来自病毒的 2A 肽序列生成一种结合重编程因子的 "多顺反子载体"，然后将该载体经 *Piggy* Bac 转座子转入细胞中时，在人和小鼠成纤维细胞中均生成了稳定的 iPS 细胞。Klattenhoff 等认为，生殖细胞对转座子特别敏感，为将遗传物质传递给下一代提供了新的途径，但某些多细胞真核生物在进化过程中产生了令生殖细胞转座子沉默的情况，这使得在转座子介导的基因转移过程中困难重重。

转座子介导的基因转移法的优点为基因整合效率高，承载容量大，可同时携带多个基因，且转基因以单拷贝形式整合，易于模拟内源基因的表达，同时易于确定整合位点。缺点为在基因组中转座子的移动（转座）可诱导剪切和插入位点的突变，而且将移动 DNA 片段作为载体，尚存在着转移基因结果不稳定和内源跳跃基因相互作用的可能性。

四、精子载体法

精子载体法是在转基因过程中利用精子作为载体，将外源 DNA 导入受体细胞而获得转基因动物的方法。

Lavitrano 等（1989）首次利用小鼠附睾精子与外源 DNA 一起孵育生产转基因小鼠。后来，日本的 Mayuko Kurome 等（2005）用该方法给猪导入了人血白蛋白（human serum albumin，hALB）基因和加强的绿色荧光蛋白。魏庆信等（2006）将导入了外源 DNA 的猪的精子注入猪输卵管内完成受精过程，从而为精子介导法构建转基因猪提供了新的技术途径。

几乎所有动物的精子都具有与外源 DNA 结合的能力，但只有附睾中的精子和洗涤除去精清的精子才能有效地携带外源 DNA，因为在精清中存在一种或几种影响精子可透过性的因子。这些因子可能是直接作用于 DNA 分子，也有可能是竞争结合 DNA 在精子表面的结合部位而间接起作用。目前，利用精子载体技术生产转基因动物主要通过以下途径来实现。

（一）体外精子转染法

体外精子转染法又可以分为精子与外源 DNA 直接共孵育法、体外电穿孔导入法和脂质体介导转染法等。

1. 精子与外源 DNA 直接共孵育法

（1）精液采集　　采集优良公畜的精液，并检查精子质量，达到标准，以储存备用。

（2）外源 DNA 直接共孵育法　　首先，取一定量的精液，加入血清总碱性磷酸酶/牛血清白蛋白（TALP/BSA）中离心洗涤，除去精清后进行精子计数，当将精子（精子数量为 10^5 个）与外源 DNA（4～5μg）直接混合孵育时，外源 DNA 就可以进入动物精子中，之后随精子能将外源 DNA 携入卵母细胞。此法是精子介导基因转移最早使用的方法。

2. 体外电穿孔导入法　　电穿孔导入法是利用高压电场使精子质膜发生暂时性孔洞，从而使外源 DNA 比较容易地进入精子内的一种物理方法。其主要过程是：在电穿孔前，对精子进行离心洗涤，然后用电穿孔缓冲液稀释精子，再将精子悬浮液置于高压细胞处理器中进行电脉冲处理。Gagne 等处理牛的精子时使用电击，电压为 500V/300μs，处理后在桑椹胚期的胚胎中检测到了外源基因。

3. 脂质体介导转染法　　在外源 DNA 使用前先用脂质体包裹，这时脂质体自发地与 DNA 相互作用而形成脂质体-DNA 复合体，这种复合体较易与精子细胞质膜融合，从而进入精子细胞内部。

随着对新型脂质体的研究开发，脂质体包裹的外源 DNA 能更有效地被精子吸附，并且也能在有血清的环境下发挥作用。Rottmann 等（1996）将 DNA 用脂质体包裹后与精子共处理，在人工受精的后代中 63% 的转基因兔表现出较高的转染效率。该方法不仅可提高 DNA 转染效率，而且能保护核苷酸酶对 DNA 的降解。目前在鸡、兔、小鼠上已获得成功。此方法与其他方法相比，具有脂质体高效、毒性小、无潜在感染及能把目标基因转移到特定组织的优势。

（二）体内精子转染法

体内精子转染法又可以分为睾丸内注射法、输精管注射法和曲细精管注射法。

1. 睾丸内注射法　　睾丸内注射法是将外源 DNA 直接注射到动物睾丸网内的方法。具体方法是在注射前，先用装有脂质体-DNA 复合物的进样器将曲精细管划破，此时复合物就随即从伤口处进入曲精细管，完成对生殖细胞的转染，或进入的组织液随体液循环和渗透作用到达曲精细管内，从而完成对生殖细胞的转染过程。

沈新民等（2002）应用该法获得了转基因小鼠，步骤是将外源 DNA 用脂质体包裹后注入睾丸组织中让外源 DNA 转染精子。脂质体与精子膜融合，外源 DNA 便进入精子细胞。肖红卫等采用注射脂质体-DNA 复合物进入睾丸的方法，生产转基因猪的成功率为 4.3%。何新等利用睾丸直接注射法，将含有绿色荧光蛋白的重组质粒直接多次多点注射到雄性小鼠的睾丸内，几周后，让雄性小鼠与自然发情的雌性动物交配，生产出转基因动物，经 PCR 检测及 DNA 印迹实验结果表明，F_1 代小鼠转基因阳性率为 41%，F_2 代转基因阳性率 37%。目前建立的体内系统转基因方法简便、高效，适用于大规模制备转基因动物，特别适用于一些大型家畜。

2. 输精管注射法　　输精管注射法是将外源 DNA 直接注射进雄性动物的输精管内，外源 DNA 可从注射部位向整个输精管内扩散，从而使输精管内的精子都能与外源 DNA 接触，进而完成外源 DNA 转染进精子内的方法。

3. 曲细精管注射法　　使用曲细精管注射法来转染精子载体，主要是将外源 DNA 注射到雄性动物的曲细精管内，转染进各阶段的精子细胞（尤其是精原干细胞）内，转染精子经体内成熟后排出体外，然后采用人工受精或自然交配的方法获得转基因动物。

（三）其他

在以上方法的基础上，可以通过冷冻、去污剂处理等技术提高精子细胞质膜的通透性，从而协助目的基因进入精子细胞质，携带外源基因的精子与卵子结合成受精卵，把外源基因带入受体基因组中，达到基因导入的目的，最终获得转基因动物。

五、体细胞核移植转基因法

体细胞核移植转基因法是指将外源基因通过脂质体介导等方法转染动物体细胞，并对整合外源基因的体细胞进行筛选和鉴定，从而获得阳性转基因细胞克隆，然后将扩增后的转基因阳性的体细胞（供体细胞）注入去核卵母细胞内。重构的胚胎被激活后，在体外培养至桑椹胚或囊胚阶段，再通过胚胎移植的方法，生产转基因动物（图 16-9）。

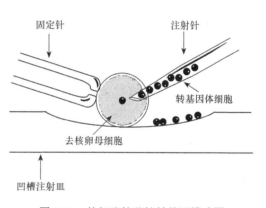

图 16-9　体细胞核移植转基因模式图

Schniek 与 Wilmut（1997）利用人的凝血因子Ⅸ基因和新霉素抗性基因共同转染绵羊胎儿成纤维细胞，筛选出了同时整合上述两个基因的细胞，再以整合了上述两个基因的胎儿成纤维细胞作为核供体，克隆了 3 只转基因绵羊。2002 年，Lai 和 Dai 等结合基因打靶和体细胞核移植技术，采用敲除 α-1,3 半乳糖苷转移酶基因的胎儿成纤维细胞作为核供体，成功地获得了 α-1,3 半乳糖苷转移酶基因敲除的猪。次年，龚国春等（2003）将新霉素抗性基因和增强绿色荧光蛋白基因的双标记牛体细胞核导入去核受精卵中，体外发育至囊胚后移入发情期的牛子宫，得到 3 头转基因牛。利用体细胞核移植技术生产转基因动物的方法如下。

（一）体细胞体外培养

取供体动物某一部位的组织，分离体细胞，并对该体细胞进行体外培养或传代后保存备用。

（二）转基因体细胞准备

将外源基因或含有外源基因的重组质粒 DNA 转染体外培养的动物体细胞后，筛选出阳性克隆。

细胞工程

（三）卵母细胞的体外培养及去核

卵母细胞体外培养到减数第二次分裂的中期（M_2），然后通过显微操作技术去除卵母细胞中的细胞核，这一期细胞核的位置一般靠近第一极体，因此，去核时用去核针管一并吸出细胞核和第一极体。

（四）显微注射

选取含有目的基因的供体细胞（阳性克隆），用显微操作仪将其注射入去除细胞核的卵细胞中。

（五）细胞融合

核移植后，通过电刺激促使供体细胞和受体卵母细胞融合并构建重构胚，再通过化学或物理方法（如钙离子载体、乙醇、蛋白酶合成抑制剂和电脉冲等）激活受体细胞，使其继续完成细胞分裂和发育。

（六）重构胚移植

重构胚胎体外培养到一定阶段后，将其移植到代孕母体中，使其继续发育为新个体。该方法的优点为外源基因整合效率较高，目前通过此方法已获得的转基因动物有绵羊、牛、猪和山羊等。但该方法不足之处是克隆技术的效率有待提高，有些技术细节有待完善。

六、胚胎干细胞介导法

胚胎干细胞（embryonic stem cell，ES 细胞或 ESC）是从动物或人囊胚（blastocyst）的内细胞团（inner cell mass，ICM）或原始生殖细胞（primordial germ cell，PGC）中分离出来的尚未分化的细胞。在转基因领域，ES 细胞是公认的研究基因转移、基因定位整合的一类极有前途的实验材料。ES 细胞的发育类似于早期胚胎的内细胞团细胞，具有与早期胚胎细胞相似的分化潜能和正常整倍体核型两大特点，当胚胎干细胞被注入囊胚腔后可分化成为包括生殖细胞在内的各种组织细胞。胚胎干细胞介导法是指将外源基因转染 ES 细胞，通过各种筛选手段挑选转染了外源基因的 ES 细胞阳性克隆，然后再将这些阳性细胞直接注入另一胚胎的囊腔中，阳性 ES 细胞能与受体的内细胞团细胞聚集在一起共同参与正常胚泡的发育，从而得到转基因动物（图 16-10）。下面介绍胚胎干细胞介导法生产转基因小鼠的步骤。

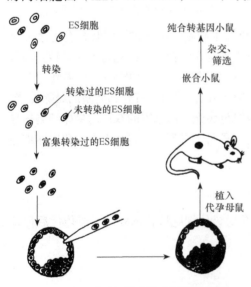

图 16-10　胚胎干细胞介导法制备转基因小鼠（王蒂，2003）

（一）ES 细胞的获得

选择妊娠 3.5d 的小鼠，获取胚胎，体外培养 4～6d 后分离出内细胞团继续培养，然后经过胰蛋白酶处理，从中分离出 ES 细胞，并克隆 ES 细胞（图 16-11）。

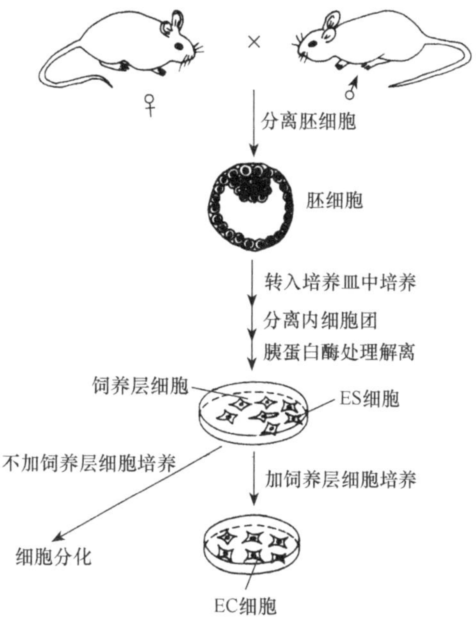

（二）目的基因的选择与克隆

1. 目的基因的选择

1）按照质粒提取试剂盒说明书操作规程提取质粒或载体，然后将质粒与目的基因进行双酶切，为了达到最佳的酶切效果，最好根据所选用的酶来确定所需要的反应温度及酶切的时间。

2）将酶切产物进行琼脂糖凝胶电泳，检测酶切是否成功。

3）电泳检测酶切成功后，切割所需的目的片段，然后将胶体回收（依照胶回收试剂盒说明书操作），最后连接回收的目的片段和载体。

2. 目的基因的克隆

1）制备感受态细胞并进行转化。

2）检测和筛选单克隆。

3）上述转化得到的菌液接种到筛选培养基中过夜培养、挑菌并将菌液做 PCR。

4）菌液 PCR 结果与预期相符说明该载体构建成功。

图 16-11　用鼠胚细胞培养胚胎干细胞
（冯伯森等，2000）

（三）目的基因的导入

1. 外源基因导入 ES 细胞　通过相应实验手段（显微注射法、逆转录病毒感染法、电穿孔法或磷酸钙沉淀法）把外源基因导入 ES 细胞，筛选阳性克隆。外源基因导入 ES 细胞基因组后，既能高效表达，又不影响 ES 细胞的各种功能，对原有的基因结构没有影响或影响最小，这是 ES 细胞基因组操作的关键。

2. 磷酸钙-DNA 共沉淀法导入目的基因

1）供体 DNA 准备。

2）选择动物细胞系作为受体细胞，并进行体外培养。应用胎儿成纤维细胞系，该细胞有一定自发转化倾向，一般在转染前 1d 接种细胞，然后进行体外培养，待细胞生长至瓶底面积的 50%～70% 时，可以用于转染。

3）转染受体细胞。转染前 3h 更换新鲜培养液，将质粒 DNA 溶于 1mL HBS（HEPES 5.0g/L、NaCl 8.0g/L，pH 6.95）中，加入 10μL 20.0g/L Na_2HPO_4 混匀，再逐滴加入 50.0μL 2.5mmol $CaCl_2$，轻轻振荡混匀至溶液呈现细颗粒状沉淀物，在室温下，静置 20min 后逐滴加入培养皿中，在 37℃孵育 6h 后，用含 10% 二甲基亚砜的 DMEM 培养液处理转染细胞 2～3min，然后重新加入新鲜培养液继续进行培养，经 24h，根据细胞生长情况进行传代，48h 后加入选择性培养基进行阳性筛选。

4）核酸以磷酸钙-DNA 共沉淀物的形式出现时，可使 DNA 附于细胞表面，利于细胞吞入摄取，或通过细胞膜收缩时裂开的空隙进入细胞内。

磷酸钙-DNA 共沉淀法转染细胞虽然简单、实用，但对细胞有一定的选择性，其应用有一定的局限性。

（四）受体细胞的准备

获取正常小鼠囊胚期胚胎，选择发育良好、轮廓清晰的小鼠囊胚作为 ES 细胞的移植受体。

（五）显微注射 ES 细胞

通过显微操作将 ES 细胞注射到囊胚期胚胎的囊胚腔内，形成嵌合体胚胎。

（六）胚胎移植

将注射过 ES 细胞的胚胎移植到代孕母体内，培育出转基因嵌合动物。胚胎干细胞介导法在小鼠上应用比较成熟，但在大动物上应用较晚。该方法的优点是对 ES 细胞进行特定遗传修饰，可借助于同源重组技术将外源基因整合到靶细胞染色体的特定位点上，实现基因定点整合；通过 ES 细胞法可以进行基因打靶或基因剔除生产基因缺陷动物，这是目前建立某些疾病动物模型的一种新的有效途径。不足之处为不易建立细胞系，ES 细胞法大多只能建立嵌合体动物，由于需要通过嵌合体途径，因此实验周期长。

七、其他技术

近十年来转基因技术发展非常迅速，除以上技术外，还发展了很多新技术，如 RNA 干扰技术、基因打靶、锌指核酸酶和 iPS 技术等，为转基因技术研究开辟了新的途径。

第三节　转基因动物的鉴定

转基因动物的鉴定主要是检测外源基因的整合情况，即采用一系列方法检测外源基因是否整合入动物体及外源基因整合拷贝数和表达效率，以确定转基因动物及其新的遗传物质的表达情况。目前，转基因动物的鉴定根据转基因的特征或转基因策略的不同可采用不同的检测方法。

一、整体表型变化的观察

如果转基因动物有明显的表型变化，则不必对转基因 DNA 序列的实际存在做基因型的筛查即可知道转基因的存在、完整性及功能等信息。对于转基因不引起表型变化的也可设计引入表型变化，其原理是将两种线性 DNA 共注射到 1 细胞胚胎（受精卵）时，两种转基因可整合到染色体的同一位置。方法如下。

（一）导入酪氨酸酶色素基因

将酪氨酸酶色素基因和目的基因共同注射入白化的小鼠中来制备转基因动物。酪氨酸酶色素基因整合到小鼠染色体上，能非依赖性表达，生下的皮肤和眼睛有色素的小鼠可能不仅整合了酪氨酸酶色素基因，还整合了目的基因。

（二）通过毛色来区别合子类型

可根据小鼠毛色的深浅判断转基因小鼠的合子类型，即纯合子小鼠有较深的毛色，而杂合子小鼠毛色较淡。

（三）插入突变

可借助插入突变引起表型的变化。用这种方法来检测转基因动物简单明了，但动物体内必须有转基因的表达才能被识别，因而转基因的构建是关键。

二、外源基因在 DNA 水平上的检测

外源基因检测法一般有 Southern 印迹法、PCR、狭线印迹法和荧光原位杂交等。

（一）外源 DNA 的提取

1. 样品采集　　外源 DNA 提取，通常从待检动物的尾、耳、全血或唾液等组织或分泌物中提取 DNA 检测的样品。

2. DNA 的提取

1）按动物细胞 DNA 提取方法获得外源 DNA。提取外源 DNA 后，用琼脂糖凝胶电泳评估 DNA 的质量。

2）检测与内源序列类似或相同的转基因片段长度、多态性（RFLP）。用 cDNA 作转基因时，不含有内含子，易于与内源基因进行区分。用基因组大片段作转基因时整合位点侧翼的酶切位点可供利用。另外，还可在进行转基因时将内源基因中的某个限制性酶切位点删除，从而与内源基因相区别。

在构建转基因时还可引入"分子标签"，整合后可利用其"标签"序列来加以检测，如转基因中含有的载体序列会抑制转基因的表达。因此，可考虑引入一段 DNA 序列或改变限制性酶切位点等。

（二）Southern 印迹法

Southern 印迹法（Southern blotting）是研究 DNA 图谱的基本技术，在遗传病诊断、DNA 图谱分析及 PCR 产物分析等方面有重要价值。Southern 印迹法的原理是提取 DNA 后，用限制性内切酶将 10～20μg 的 DNA 进行消化，通过琼脂糖凝胶电泳、变性、中和，并印吸转移到硝酸纤维素膜上，凝胶中 DNA 片段的相对位置在 DNA 片段转移到膜的过程中继续保持着，附着在膜上的 DNA 与 ^{32}P 标记的探针杂交，利用放射自显影技术确立探针互补的每一条 DNA 带的位置，从而可以确定在众多消化产物中含某一特定序列的 DNA 片段的位置和大小。

应用 Southern 印迹法还可得到外源基因结构、整合形式和拷贝数方面的信息，但缺点是比较费时。应用此方法时要注意对基因组 DNA 的酶切应完全，在提取过程中避免高温和机械剪切，以提取到尽可能大的 DNA 分子，琼脂糖凝胶电泳检测应为一条完整的带型。因此，在实验

中，通常应用 PCR 方法进行初筛，再以 Southern 印迹法结果进行最终判定。

（三）PCR 检测

聚合酶链式反应（polymerase chain reaction，PCR）是一种分子生物学技术，用于放大特定的 DNA 片段，可以把它看作是生物体外的特殊 DNA 复制。

PCR 检测的方法是将待检动物的尾、耳、全血或唾液等组织或分泌物经蛋白酶水解、煮沸，提取 DNA 用于 PCR，扩增转基因靶序列，再利用半定量 PCR 法或比较 PCR 法（利用内源基因做参比）对转基因拷贝数进行测定，判断动物是否为纯合子。

PCR 法已被广泛用于动物基因整合、表达的检测。但不能检测转基因的完整性和整合的方向性。虽然 PCR 法的灵敏度高，但同时易产生鉴定结果的假阳性。因此，常被作为初筛使用，以减少要做 Southern 印迹杂交鉴定的样品数。

（四）狭线印迹法

狭线印迹法（slot blotting）是指获得待检动物的 DNA 后将样品固定在固体支持物（如硝酸纤维素膜）上，而后将膜与转基因特异的探针一起温育。狭线印迹法可以检测到转基因的存在，通过密度扫描可估计转基因的近似拷贝数。该方法与 Southern 印迹法相比不需进行限制性内切酶处理，简化了操作，但杂交本底信号高，提高了检测的假阳性率，而且也不能检测转基因的完整性和整合的方向性。

（五）荧光原位杂交法

荧光原位杂交（fluorescence *in situ* hybridization，FISH）法是 20 世纪 80 年代末在放射性原位杂交技术基础上发展起来的一种非放射性分子细胞遗传技术，是以荧光标记取代同位素标记而形成的一种新的原位杂交方法。探针首先与某种报道分子（reporter molecule）结合，杂交后再通过免疫细胞化学过程连接上荧光染料。

荧光原位杂交原理是将 DNA（或 RNA）探针用特殊的核苷酸分子标记，然后将探针直接杂交到染色体或 DNA 纤维切片上，再用与荧光素分子偶联的单克隆抗体与探针分子特异性结合来检测 DNA 序列在染色体或 DNA 纤维切片上的定性、定位及相对定量分析。用染色体标本进行原位杂交可对转基因定位，检测基因整合位点，还可区分纯合子与杂合子。

FISH 法优点是安全、快速、灵敏度高，探针能长期保存、能同时显示多种颜色等。缺点是不能达到 100% 杂交，特别是在应用较短的 cDNA 探针时效率明显下降。

三、外源基因在转录水平的检测

对外源基因转录产物进行分析，可以研究外源基因在宿主体内的转录表达情况。目前，检测外源基因转录产物 mRNA 及其含量的方法主要有 Northern 印迹法（Northern blotting）、RT-PCR 扩增和 RNase 保护分析法等。

（一）Northern 印迹法

Northern 印迹法（Northern blotting）可以检测 RNA 分子的表达模式。Northern blotting 的原理是提取 mRNA，通过琼脂糖凝胶电泳，将 mRNA 转移到硝酸纤维素膜或尼龙膜上，固定后膜上的 mRNA 与同位素或其他标记物标记的与其互补的 mRNA 的探针杂交过夜，然后在低盐高温条件下洗膜，经过信号显示后检测基因的表达。该技术操作简单，但外源基因与内源性基因同源性较高时，检测效果不理想。

（二）RT-PCR 扩增

RT-PCR（reverse transcription-polymerase chain reaction）扩增法即逆转录聚合酶链反应的原理是以总 RNA、mRNA 或体外转录的 RNA 产物作为模板，在逆转录酶的作用下合成 cDNA 第一条链，再以 cDNA 为模板进行 PCR 扩增而获得目的基因或检测基因表达，还可以对目的基因的表达进行定量检测。该方法的操作简单，灵敏度高，能精确检测和分析微量 RNA 样品，而且其分析半衰期短，但重复性低，不适合转基因动物的初步筛选。

（三）RNase 保护分析法

RNase 保护分析法（RNase protection assay，RPA）原理是通过标记的特异 RNA 探针与待测 RNA 样品进行液相杂交，形成完全互补的双链 RNA，未杂交的经 RNA 酶消化形成单链 RNA，而待测的 RNA 与特异 RNA 探针结合后形成双链 RNA 过程中免受 RNA 酶的消化，杂交形成的双链 RNA 代表了样本中相应基因的表达量。该方法的优点是可以同时检测多种基因的表达，灵敏度高，与 Northern blotting 分析相比，该方法更为准确，仍可以对部分降解的 RNA 样品进行分析，因此，该方法广泛应用于 RNA 水平的检测。

四、外源基因在翻译水平的检测

外源基因在翻译水平上检测的关键在于外源蛋白是否表达，表达的蛋白质是否具有活性。

（一）酶联免疫吸附试验

酶联免疫吸附试验（enzyme-linked immunosorbent assay，ELISA）是继免疫荧光和放射免疫技术之后发展起来的一种免疫酶技术。此方法是以免疫学反应为基础，将抗原、抗体的特异性反应与酶对底物的高效催化作用相结合的一种敏感性很高的试验技术。由于抗原、抗体的反应在一种固相载体——聚苯乙烯微量滴定板的孔中进行，每加入一种试剂孵育后，可通过洗涤除去多余的游离反应物，从而保证试验结果的特异性与稳定性。ELISA 可用于测定抗体，也可用于检测抗原，还用于转基因动物基因表达的靶蛋白水平的分析测定。该方法适用于大规模样品检测，但对目的蛋白结构要求高，不能检测不同物种的同一蛋白质。根据检测目的和操作步骤不同，有以下三种常用方法。

1. 间接法 将已知抗原吸附于固相载体，加入待检标本（含有相应抗体）与其结合，经洗涤后，加入酶标抗球蛋白抗体（酶标抗抗体）和底物进行测定。此法是测定抗体最常用的方法。

2. 双抗体夹心法 将已知抗体吸附于固相载体，加入待检标本（含有相应抗原）与其结合。温育后洗涤，加入酶标板中。此法常用于测定抗原。

3. 竞争法 以测定抗原为例，将特异性抗体吸附于固相载体，然后加入待测抗原和一定量的酶标已知抗原，使二者竞争与固相抗体结合。经过洗涤分离，最后结合于固相的酶标抗原与待测抗原含量呈负相关。比较常用的是 ELISA 双抗体夹心法及 ELISA 间接法。

（二）蛋白质印迹法

蛋白质印迹法即 Western blotting，其基本原理是通过特异性抗体对凝胶电泳处理过的细胞或生物组织样品进行着色，通过分析着色的位置和深度，获得特定蛋白质在所分析的细胞或组织中表达的信息。具体流程包括蛋白质样品的制备、SDS 聚丙烯酰胺凝胶电泳、转膜、封闭、一抗杂交、二抗杂交和底物显色等。蛋白质印迹法可用作目的蛋白的表达特性分析、目的蛋白与其他蛋白质的互作、目的蛋白的组织定位和目的蛋白的表达量分析。该方法的优点是分辨力高、特异、敏感等，但检测过程中用时长、检测通量小。

五、转基因检测过程中发展的新技术

随着转基因动物及其产品的增多，建立使用范围广和精度高的高通量、高灵敏度及低成本的检测技术非常必要。近年来提出的第三代测序技术（third generation sequencing technique）也叫单分子测序技术，可以对 DNA 片段进行大规模测序和单分子检测，适用于对未知序列转基因动物的分析，是未来主要发展方向。

第四节　动物转基因技术的应用

动物转基因技术在生物学、药理学及农业等领域具有广泛的应用价值。它不仅为人们揭示生命奥秘提供了一个有效的手段，而且其产品也在农业、食品工业和医疗卫生领域得到了应用。

一、在生命科学基础研究领域中的应用

（一）研究基因结构与功能

在生命科学研究的应用实践中，转基因动物技术可为生命科学领域的深入研究提供一定的参考资料。通过对研究对象的基因进行敲除、整合与过量表达等，可以研究相关基因的表达、功能和调控，从而更进一步了解基因结构和功能的相关性。例如，基因敲除的动物模型对于蛋白质生理功能的研究提供了很大的帮助，从而使转基因技术成为生命科学研究领域内的重要工具。

（二）研究组织表达特异性

把转基因本身当作一个理想的功能标记，可以研究外源基因在宿主动物表达的组织特异性，了解基因顺序调控元件在组织特异性表达中的作用。

（三）研究与发育相关基因的表达与调控

将外源基因转入宿主动物受精卵或胚胎干细胞，研究在不同发育阶段的特异性表达、关闭及调控机制。通过基因剔除的方法可阐明某一特定基因在发育过程中的功能。

（四）研究基因多级调节系统

通过基因多级调节（multiplex gene regulation，MGR）可以了解发育中的时间和空间调

控，检测不同发育阶段和不同组织中的基因。通过建立一个网络系统，研究不同调节基因间的关系。

二、在畜牧业领域的应用

从这项技术诞生的那天起，它就在改良畜禽生产性状、提高畜禽抗病力及利用转基因畜禽生产非常规畜牧产品（如人类药用蛋白）等方面显示了广阔的应用前景。目前，转基因动物技术在畜牧业领域中的应用主要有以下几方面。

（一）促进动物生长

转基因研究中最早被应用的基因是生长激素（growth hormone，GH）基因，至今已生产出转基因家禽、啮齿类、鱼类、昆虫等多种动物。Hammer 等（1985）利用显微注射法将人生长激素基因转移到兔、绵羊和猪。转基因猪血浆中 GH 水平持续地提高，猪的生长速度增快，饲料利用率提高了 17%，胴体脂肪为对照组的 50%。20 世纪 80 年代中后期，新疆畜牧科学院与北京农业大学合作，用精子载体人工法获得了含有牛生长激素基因的生长速度快、周岁体重较高的转基因绵羊。在提高动物生长速度的同时也带来了一些副作用，如在转 GH 基因动物中，死胎和畸形率较高，繁殖力下降，这可能与转基因整合位点不当和 GH 表达水平失控有关。

（二）改善产品品质

研究者利用基因敲除、转入功能基因或性状基因等，培育抗病力增强、产肉量增加和肉品质改善的家畜新品种取得了重要进展。2008 年，中国农业科学院北京畜牧兽医研究所等单位，通过克隆和基因重组技术，成功制备了转基因猪，该转基因猪与普通猪相比，在肌肉和脂肪中不饱和脂肪酸的含量显著提高。许多研究证实，转有 GH 基因的动物，体脂减少，瘦肉率明显提高。利用 GH 基因抑制脂肪生成的特性，可对瘦肉型猪进行定向育种和培育。Liu 等通过 CRISPR/Cas9 技术获得双等位基因缺失 IGF-2 基因编辑猪，证明 IGF-2 基因内含子 3 的突变对肌生成有着重要影响，为培育具有较高瘦肉率的两广小耳猪提供了依据。Qian 等（2015）利用 ZFN 技术成功获得肌肉生长抑制素（myastatin，MSTN）突变的基因编辑梅山猪，目前已经繁育至第 5 代。Zhang 等（2017）通过在猪肌肉中超表达 PGC-1α 基因，使转基因猪酵解型肌纤维减少，肉色鲜红，滴水损失显著降低，从而改善了猪肉的口感，有效解决了肉质和产肉量的矛盾。

（三）动物抗病育种

应用转基因技术克隆特定基因组中的某些编码片段，对其加以一定形式的修饰以后转入畜禽基因组中，由此发育成的个体具有较强的抗病能力；对一些种属特异性的疾病，如果可以从抗该病的动物体中克隆出有关的基因，并将其转移给易感动物品种，则可以培育出抗该病的品系。此外，在对畜禽类病原体基因组结构进行深入研究的基础上，还可将病原体致病基因的反义基因导入畜禽细胞，使侵入畜禽机体的病原体所产生的 mRNA 不能表达，从而起到抗病作用。

近年来，转基因技术在动物抗病育种方面取得了许多可喜的成果。Hu 等（2015）成功制备了靶向口蹄疫病毒（foot and mouth disease virus，FMDV）转干扰 RNA 的转基因猪，该猪能有效抑制 FMDV 病毒繁殖，不表现出感染病毒后的临床症状和病理特征；随后 Xie 等（2018）利用同样的方法，成功获得定点整合并转 shRNA 的抗猪瘟转基因猪，该猪能有效抵抗猪瘟病毒（classical swine fever virus，CSFV）的感染。江戈龙等（2017）通过细胞水平上筛选出能有效抑制圆环病毒（porcine circovirus type 2，PCV2）的 siRNA 片段，并利用体细胞克隆技术成功培育出抗 PCV2 克隆转基因猪，经过两代的跟踪结果发现，转基因猪可有效抑制 PCV2 复制，且其余各项生长性能指标与野生型猪无显著差异。

（四）提高羊的产毛性能

Damak 等（1996）将小鼠超高硫角蛋白启动子与绵羊的 IGF-1 cDNA 融合基因显微注入绵羊受精卵得到转基因羊，净毛平均产量比非转基因羊提高了 6.2%。Bawden 等（1998）将毛角蛋白 II 型中间细丝基因导入绵羊基因组并使其在皮质中特异表达，结果转基因羊毛光泽亮丽，羊毛中羊毛脂的含量明显提高。目前，人们已经开始用转基因手段培育超细型细毛羊，并将彩色毛基因导入绵羊以生产彩色羊毛，这无疑为羊毛生产及纺织业带来巨大影响。

三、在医学领域的应用

（一）人类疾病及遗传病的转基因动物模型研究

很多研究表明绝大多数疾病与基因遗传均有一定程度的相关性。利用动物转基因技术将产生某些疾病或遗传病的基因作为外源基因，构建出人类疾病和遗传病的转基因动物模型，能帮助人们研究人类疾病的发生机制和发展过程，并对治疗和预防某些遗传性疾病或基因相关疾病具有重要意义。目前，已经培育出了动脉粥样硬化、镰刀型红细胞贫血症、阿尔茨海默病、自身免疫性疾病、淋巴系统疾病、糖尿病、甲状腺功能亢进、真皮炎及前列腺癌等多种疾病的模型动物，还有利用果蝇构建人类帕金森病模型等，为这类疾病的研究提供了方便。

此外，近年来，转基因动物模型研究取得了可喜的成就。Yang 等（2014）对肌萎缩侧索硬化症（amyotrophic lateral sclerosis，ALS）的致病基因 *SOD1* 进行了基因编辑，成功构建了 *SOD1* 基因突变猪。随后 Wang 等（2015）利用转基因技术针对另一个 ALS 的致病基因 *TDP-43*，成功构建了 *ALS* 猪模型，这将为 ALS 的治疗提供有力保障。Zhou 等（2015）利用 CRISPR/Cas9 技术同时成功构建 *PINK1* 和 *PARKIN* 双基因敲除猪，随后 Zhou 等通过敲除 *PINK1* 和 *PINK2* 双基因，成功获得了帕金森病（Parkinson's disease，PD）猪模型；Yan 等（2018）同样应用 CRISPR/Cas9 技术将人源的突变亨廷顿基因（huntingtin，*HTT*）定点插入猪 *HTT* 基因内，建立了表达人源性全长突变型 *HTT* 的基因编辑猪，该猪模型能精准地模拟出人类神经退行性疾病的特征，如运动、行为异常，早死症状，大脑出现纹状体神经元退化等，可将其用于研究大型哺乳动物神经性疾病的发病机制及其治疗方案。

（二）乳腺生物反应器的应用

乳腺生物反应器是指能将目的基因在血液循环系统或乳腺中高效表达的转基因动物的总称，通过其可生产多肽或蛋白质类药物。目前，随着医疗水平的发展和人们对重组蛋白药物的接受度提高，传统生产重组蛋白的方式已无法满足人们的需求。因此，必须寻求更高效生产医用蛋白的途径，其中猪生物反应器生产的重组蛋白因其活性高、质量好而被广泛使用。研究人员将乳腺生物反应器用于猪等较大型动物的研究，其中血清白蛋白、乳铁蛋白和溶菌酶等的表达已经达到商业化水平。Bleck 等（1998）成功制备在乳腺中 α-牛乳清蛋白特异性表达的转基因猪，该猪在整个泌乳期内产生的牛乳清蛋白显著高于对照组。Ma 等（2016）通过乳腺中高表达重组人 α-乳清蛋白转基因猪，成功获得活性高的人重组乳清蛋白。Peng 等（2015）利用 CRISPR/Cas9 技术，首次将猪作为乳腺生物反应器生产人重组血清白蛋白。这些生物反应器的发展与应用极大程度上弥补了小鼠等生物反应器蛋白质表达总量相对较少、活性不高等缺点，为推动重组蛋白的应用做出了重要贡献。

第五节　动物转基因技术的安全及伦理问题

一、动物转基因技术的安全性

（一）动物转基因技术本身存在的问题

转基因技术作为一种新兴的生物技术，具有广阔的应用前景。但这一技术在发展过程中许多问题也日渐突出。目前存在的主要问题是：转基因动物的成功率和成活率低，转基因动物的遗传率、外源基因在目的基因中的整合和表达效率低，转基因在宿主基因组中的行为难以控制等。例如，转入的外源基因可能会给动物带来病毒；转基因动物器官的移植会向人体传播"人畜共患病"；使用转基因动物生产的食物和药品可能会给机体带来过敏反应等。

（二）转基因食品及其安全性

1. 转基因动物食品的概念　　转基因动物食品又称为现代生物技术食品，是指利用 DNA 重组技术将基因植入受体动物后产生的食品原料、成品等，并最终可以被直接食用，或者可以作为生产食品的原料，这样的产品统称为转基因食品。

目前已经问世的转基因动物类产品有：提高饲料转化率的转基因猪、增加产毛量的转基因羊、快速生长的转基因鱼及由各种动物反应器产生的药用蛋白等。

2. 转基因食品安全性的提出　　早在 20 世纪 70 年代，人们就对基因工程操作的安全性提出了担忧，在 1973 年美国新罕布什尔州举行的 Gordon 会议上，许多生物学家针对即将到来的大量基因工程操作的安全性问题建议成立专门的委员会来管理，并制定指导性的法规。1976 年美国国立卫生研究院（NIH）发布的《重组 DNA 分子研究准则》成为第一个有关生物安全的法规。2000 年 1 月在加拿大召开的蒙特利尔会议正式通过《生物安全议定书》。2000 年 8 月 8 日我国正式签署了《生物多样性公约》。

3. 转基因动物食品的安全性问题　　目前，人们对转基因动物食品担忧的主要问题有：转基因动物食品及其组成或代谢产物产生的毒性或过敏反应问题；转基因动物中的新基因对生态平衡、生态多样性、生态环境产生潜在的不利影响，特别是各类转基因活生物体释放到环境中可能对生物多样性构成潜在的风险与威胁。

（三）转基因动物产品安全性评价

随着转基因动物的研发和未来产业化规模不断扩大，转基因动物食品及其制品也必将更加丰富。相伴随的便是转基因动物及其产品的安全性评价体系的建立，这一领域的发展将是未来转基因动物食品的重点，也是转基因动物食品顺利进入市场的安全保证。

1. 安全性评价原则

（1）**转基因动物的安全性评价原则**　　现今公认的一些关于转基因动物的安全性评价原则是：①基于最大限度地保证人类自身安全、动物自身安全和动物福利的前提下建立明晰的技术标准和安全评价指导法则；②提供科学严谨的风险评估方法；③兼顾技术受益者和风险承担者双方，即考虑技术使用者和产品消费者两方面因素；④随着技术水平的发展要不断更新和调整已有的法规法则；⑤保护生物的遗传多样性和环境安全，遗传修饰物种不能对传统的物种造成威胁。

（2）**转基因动物食品安全性评价原则**　　转基因食品食用安全性评价的基本原则有科学原则、实质等同性原则、个案原则和逐步原则等。其中实质等同性原则是安全性评价的起点，它是指以有安全食用历史的传统食品为基础，要求转基因食品和它所替代的传统食品至少要同样安全。

目前普遍认可的原则是"对比评价原则"，也就是最初的"实质等同性原则"，它的基准点是将传统的已经被认为是安全的食品作为标准。转基因食品如果在组成成分和食用功能上与传统食品没有区别即可被认为是安全的。对比评价原则的前提是转基因食物和传统的安全食物必须具有可比性。对比评价方法包括三方面内容：①被转入基因的分子特征分析；②转基因动物组织的形态分析；③所构成食物的成分分析。这种方法除可以用于评价转基因食品外，还可用来评价其他任何技术产生的新食品。

2. 转基因动物与食品安全评价内容　　安全性评价的内容包括外源基因的安全性、基因载体的安全性、转基因过程（插入序列、插入位点、插入序列拷贝数等）、基因插入引起的副作用、基因重组的非预期效应、新表达物质的毒性和致敏性、转基因动物的健康状况、转基因动物及其产品营养成分分析、转基因动物食品在膳食中的作用和暴露水平、食品加工过程对食物的影响、对人体抗病能力的影响及售后去向和消费人群的流行病学调查。另外，根据所使用的基因重组的方法，还要评价基因载体的感染性、载体上调控元件对宿主细胞的潜在效应及调控元件与内源性致病序列发生整合的可能性，但目前还没有合适的方法进行这方面的安全性评价。

二、伦理道德问题

（一）问题的由来

转基因技术发展以来，给人类带来巨大的社会和经济效益，同时，与其他新技术类似，它在实际的运用中也存在着不少的争议。由于人体的基因可以在不同生物体中被转移，因此人们担忧：人类基因的任意转移会不会出现科学怪人，而使人类遭受灾难；转基因生物年龄的计算、亲缘关系的界定等，涉及一系列的安全问题和人类伦理问题。

（二）问题的对策

关于转基因技术的伦理问题涉及遗传学、动物学、伦理学及医学等多学科，为此，在转基因研究工程中应重视多学科交叉和融合问题。争论的焦点不应放在发展转基因技术还是遏制转基因技术上；应该考虑进一步发掘转基因技术的积极作用方面。

1. 高度重视和正确对待转基因方面的科学研究 进一步强化应用生物学、基因组学、功能基因组学、遗传学和蛋白组学等基础学科理论的系统或深入研究，进一步阐明基因的功能与表达规律，探索基因转录应满足的条件和操作步骤，增加基因调控转基因食品产量、品质等方面的特性，为转基因技术的发展和完善提供知识支撑。

2. 建立转基因技术安全长远发展规划 确立转基因技术能够安全发展的长远目标，建立一套符合本国国情的科学合理的转基因技术发展规划。对转基因动物伦理进行多方位、多层面分析，对可能产生的问题预见越全面，就越有利于减少它的负面影响。

3. 建立和健全转基因技术安全监管机制 除加大对转基因技术的研究力度，提高其安全性外，还应完善转基因技术安全监管机制，从外部环境保障转基因技术的安全运用。运用各种政策、指令、法律法规等对其进行管理和监督，充分发挥一般性伦理原则的指导作用，从生命伦理、生态伦理、科技伦理和社会伦理等角度对转基因动物伦理进行反复分析，并确立科学的伦理原则，将有利于对转基因动物伦理的研究。

思 考 题

1. 生产转基因动物的常用方法有哪些？各有何优缺点？

2. 显微注射法生产转基因小鼠有哪些步骤？需要注意哪些问题？

3. 鉴定转基因动物的方法有哪些？

4. 何为纯合子转基因小鼠？如何获得纯合子转基因小鼠？

5. 基因打靶技术的应用范围有哪些？

6. 基因打靶法联合体细胞核移植法生产转基因动物有何优越性？还有哪些技术障碍？

7. 何为乳腺生物反应器？应用范围有哪些？

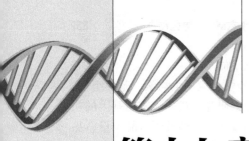

第十七章　动物染色体工程

染色体工程（chromosome engineering）是指人们按照一定的设计，有计划地合并、添加、替换、消减或易位单条染色体或染色体片段，对生物染色体组或染色体结构进行改造，以定向改变物种遗传特性的新技术。从染色体组的改变来看，异种动物杂交就是一种染色体工程技术，可以使后代的染色体组型发生改变。

从广义上讲，染色体工程还包括染色体内部的遗传操作技术，简称为染色体操作。染色体工程是基因定位和染色体转移等基础研究的有效手段。染色体数目的变异，尤其是染色体组数目的改变对培育动物新品种具有重要意义。

动物染色体工程主要包括单倍体育种、染色体加倍、染色体的显微操作技术及人工染色体技术等。

动物的单倍体育种是指人工单性生殖，其方法主要包括雌核发育和雄核发育。

染色体加倍是一种动物多倍体育种技术，可通过物理、化学和生物学方法实现。物理方法包括温度休克法和水静压法；化学方法是利用秋水仙碱和细胞松弛素 B 等化学物质通过抑制细胞分裂而获得同源多倍体；生物学方法主要是通过动物杂交获得异源多倍体。多倍体动物具有生存能力强、生长速度快等特点，而且还具有较好的经济性状和潜在的理论研究价值。

染色体的显微操作技术主要包括染色体的分离与微切割技术，分离到的染色体或染色体片段可通过 PCR 扩增，获得染色体微克隆。

人工染色体可以作为基因转移的大容量载体，在基因组计划、基因转导和基因治疗中发挥重要作用。人工染色体主要有酵母人工染色体、细菌人工染色体和哺乳动物人工染色体等。

第一节　染色体变异

生物体的遗传信息主要集中在染色体上。一般来说，每种生物所具有的染色体形态、结构和数目是很稳定的，但在特定情况下，染色体结构和数目也会发生变异，这可能是内因（如生物体内代谢过程的失调、衰老等）和外因（如各种射线、化学药剂、温度的剧变等）共同作用的结果。染色体发生变异时可能会引起染色体片段的断裂，但是断裂端可能具有愈合与重接能力。因此，染色体在不同区段发生断裂后，可能在同一条染色体内或不同的染色体之间以不同方式重接，从而导致染色体结构发生变异。

一、染色体的结构变异

（一）染色体的结构变异类型

在自然条件或人为因素的影响下，染色体发生的结构变异主要有 4 种类型。

1. 染色体缺失　染色体的某一区段及其基因一起丢失，从而引起变异的现象，称为染色体缺失。如果缺失的区段发生在染色体两臂的内部，称为中间缺失；如果缺失区段发生在染色体的一端，则称为顶端缺失。在缺失杂合体中，由于缺失的染色体不能和它的正常同源染色体完全相应地配对，因此当同源染色体联会时，可以看到正常的一条染色体多出了一段（顶端缺失），或者形成一个拱形的结构（中间缺失），这条正常染色体上多出的一段或者一个结，正是缺失染色体上相应失去的部分。缺失引起的遗传效应随着缺失片段的大小和细胞所处发育时期的不同而不同。在个体发育中，缺失发生得越早，缺失的片段越大，对个体的影响也越严重。轻则影响个体的生活力，重则可能引起个体死亡；人类染色体缺失常会引起较严重的遗传性疾病。

2. 染色体重复　染色体结构上增加相同区段而引起变异的现象，称为染色体重复。在重复杂合体中，当同源染色体联会时，染色体的重复区段形成一个拱形结构，或者比正常染色体多出一段。重复引起的遗传效应比缺失的小。但是如果重复的部分太大，也会影响个体的生活力，甚至引起个体死亡。例如，果蝇由正常的卵圆形眼变为棒状眼，就是 X 染色体上某一区段重复的结果。

3. 染色体倒位　染色体倒位是由于同一条染色体上发生了两次断裂，产生的断片颠倒 180° 后重新连接造成的。倒位杂合体形成的配子大多是异常的，从而影响了个体的育性。倒位纯合体通常也不能和原种个体间进行有性生殖，但是这样形成的生殖隔离，为新物种的进化提供了有利条件。例如，普通果蝇的第 3 号染色体上有三个基因按猩红眼—桃色眼—三角翅脉的顺序排列（*St—P—Dl*）。但是这三个基因，在另一种果蝇中的顺序是 *St—Dl—P*，仅仅这一倒位的差异便构成了两个物种之间的差别。

4. 染色体易位　染色体片段位置的改变称为易位。如果两条非同源染色体之间相互交换片段，叫作相互易位，这种易位比较常见。相互易位的遗传效应主要是产生部分异常的配子，使配子的育性降低或产生有遗传病的后代。例如，慢性粒细胞白血病就是由人的第 22 号染色体和第 14 号染色体易位造成的。但易位在生物进化中具有重要作用。如在 17 个科、29 个属的种子植物中，都有易位产生的变异类型，直果曼陀罗的近 100 个变种，就是不同染色体易位的结果。

（二）染色体结构的改造

1. 染色体片段的删除和重排　通过对染色体片段的删除和重排而产生的携带特定染色体区段缺失突变的动物，有助于在特定的染色体区实现系统的基因定位和功能分析。

（1）射线诱导发生染色体缺失或突变　射线照射可以引起染色体产生缺失、易位、倒位、复制及基因内的点突变等现象。Russell（1951）等利用射线诱导小鼠的 7 个非常显著的遗传标记位点产生突变，并进行了基因功能的研究。诱导 ES 细胞产生突变，再将带有突变的 ES 细胞植入小鼠的囊胚，从而产生带有突变的个体，进一步进行功能的研究，这已成为功能基因组学研究的热点。Thomas 等（1995）利用此方法在小鼠的 9 号染色体的 Ncam 位点，产生了一系列的缺失突变，缺失的大小多数在 3cM 以下，有的可达 35cM，缺失图谱几乎包括了 9 号染色体的一半，为研究 9 号染色体的功能提供了很好的材料。

（2）Cre-2loxP 介导染色体重组　　Cre 重组酶（Cre recombinase）是在噬菌体 P$_1$ 中发现的一个 38kDa 的蛋白质。它能识别 34bp 的特异序列（*loxP*），介导两个 *loxP* 之间的序列重组。*loxP* 的位置和方向不同，Cre 重组酶介导重组形成的产物也不相同，可以导致染色体的倒位、删除和易位。实现染色体的定点操作，克服了用放射性射线诱导产生的突变不能定位的缺点，已被应用于果蝇、哺乳动物和植物中。

通过小鼠染色体大片段删除和重排可以产生一些人为可见的表型，建立疾病动物模型，为肿瘤抑制基因的识别和疾病的治疗诊断找到了捷径。

2. 染色体的易位工程　　家蚕的性别控制是一个实践和理论上的重要问题。雄蚕茧比雌蚕茧出丝率高 20% 以上，雄蚕体质要比雌蚕强壮。养殖生产上所用一代杂交种（大体上是雌雄各一半），如果全是雄蚕，那么既不用增加成本，又不用多费劳动力就可增加 10%～15% 的蚕丝。

近年来，运用辐射诱变和染色体工程手段先后培育出了有性别标记的限性蚕品种。目前生产上可利用的有卵色限性系、斑纹限性系和茧色限性系。卵色限性已建立了一个较为完整的系统。家蚕的性染色体组型为 ZW 型，即雌蚕为异型 ZW，雄蚕为同型 ZZ。这与人类、果蝇的性染色体组型相反。用辐射诱发两个第 10 号染色体向 W 染色体易位的品系，其中一个在易位的第 10 号染色体片段上含有基因 ω，另一个含有基因 ω_2。由于 $+\omega_2$ 和 $+\omega_3$ 具有互补作用，故只有这两种基因同时存在时才表现黑卵。ω_2 或 ω_3 均为隐性基因，只要其中一个成为纯合体便表现为杏黄褐色或淡黄褐色卵。当这两个品系互交时，就得到黑雄卵和杏黄褐色或淡黄褐色雌卵。采用这样的品系繁殖时，可由光电选卵机多选雌卵孵化，提高制种能力，降低成本。

二、染色体的数目变异

染色体数目以单条或以染色体组为单位增加或减少。所谓染色体组，指配子中所包含的染色体或基因的总和。以二倍体生物为例，其一个配子的全部染色体（包括一定数目、形态结构和一定基因组成的染色体群）称为一个染色体组。

染色体组数目的变异可分为两种情况：一是体细胞内以染色体组为基数进行的整倍性变化，以整倍性染色体数目变化产生的变异会产生多倍体和单倍体；另一种是染色体组内的个别染色体数目有所增减，使细胞内的染色体数目不是基数的完整倍数，因此被称为非整倍体。

第二节　动物的倍性育种

一、动物的单倍体育种

单性生殖是在很多种动物中自然存在的生殖现象，尤其在无脊椎动物中较为多见。例如，蜜蜂的雄蜂是由卵不经受精直接发育而来，蚜虫在夏季可以进行孤雌生殖，在爬行类和鸟类中也有孤雌生殖现象。动物的单倍体育种是指用人工方法使动物单性生殖的过程。通过单倍体育种可以研究孤雌胚的发育机制，而且也能在动物的繁育上创造具有经济价值的单性群体。自 20 世纪 40 年代以来，人们就开始对单性生殖进行了大量的研究和实践，积累了丰富的实践经验。

（一）人工单性生殖的概念

人工单性生殖主要包括雌核发育（gynogenesis）和雄核发育（androgenesis）。

1. 雌核发育　　雌核发育是指用物理方法、化学方法或精子进入卵子（精子的细胞核并未参与受精卵的发育，精子在染色体中很快消失）使卵子激活，胚胎的发育仅是在母体遗传控制下进行的一种发育方式。自然界中一些无脊椎动物和鱼类都存在雌核发育现象。

赫尔威氏（Hertwig，1911）首次成功地用人工方法消除了精子染色体活性。他在两栖类动物的研究中利用辐射对精子进行处理时发现，当辐射剂量在极限剂量以下时，精子和受精后的胚胎都很正常，随着辐射剂量的渐增，胚胎存活率逐渐下降；倘若继续增加辐射剂量，又能回复到正常卵裂并提高早期胚胎存活率。这一现象被称为"赫尔威氏效应"。如果辐射剂量不断增加以使精子完全失活而丧失受精能力，卵球便决然不能发育下去。因此，"赫尔威氏效应"即意味着只有在适当的高辐射剂量下才能导致精子染色体完全失活，届时精子虽然穿入卵内，却只能起到激活卵球启动发育的作用。

凡雌核发育的个体，都是具有纯母系的单倍体染色体组（图 17-1）。因此，雌核发育的生命力，依赖于卵子染色体组的二倍体化。在一些天然的雌核发育过程中，由于卵母细胞的成熟分裂通常受到限制，染色体数目减半受阻，而使雌核发育个体成为二倍体。因此人为阻止卵母细胞第二极体的外排，或限制第一次有丝分裂，均有可能得到雌核二倍体。

20 世纪 70 年代以来，在鱼类雌核发育方面的研究非常活跃。由于鱼类精子的处理方法简单，又易于施行体外受精，因此雌核发育在鱼类上具有潜在的经济效益，并日益引起人们的兴趣。在两栖类方面，也已经获得具有生存能力的雌核发育二倍体动物。在哺乳类方面，人工诱导雌核发育尚存在许多问题，但通过人工诱导雌核发育的胚胎，仍能完成胚胎早期发育阶段。

2. 雄核发育　　雄核发育（androgenesis）是指将经过紫外线、X 射线或 γ 射线处理的卵子与正常的精子受精，再在适当时间施以冷、热、高压等物理处理，促使进入卵子内的精子染色体加倍，并能发育成完全为父本性状的二倍体。相比之下，雄核

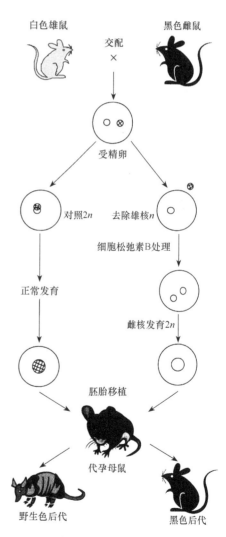

图 17-1　单亲纯和双倍体动物育成示意图
（李志勇，2004）

发育研究比雌核发育少得多，而且不成熟。近年来鱼类雄核发育的研究表明，二倍体雄核生殖的个体，其生存率非常低。

（二）人工诱导雌核发育的方法

人工诱导雌核发育必须解决两个主要问题：一是人为地使精细胞的遗传物质失活；二是阻止雌核个体染色体数目减少。

1. 人为地使精细胞的遗传物质失活的方法

（1）物理辐射　　物理辐射是指经过γ射线（通常用 ^{60}Co 或 ^{173}Cs）、X 射线和紫外线处理导致精子遗传物质失活的方法。此方法的基本原理为γ射线和 X 射线具有较高的穿透能力，有利于处理大量精子，其主要作用可能是诱使染色体断裂，因而对精子的受精能力和存活率产生一定影响。例如，用 X 射线处理过的精子，保存活力的时间比正常精子短，如采用 ^{60}Coγ射线照射精子，并于 0℃保存，它的活力只能保持 5d 左右。紫外线的主要作用是诱使胸腺嘧啶二聚化，与物理辐射处理相比，用紫外线处理精子的优点是安全、经济和简便，但缺点是紫外线对细胞的穿透能力较弱，故对较厚的、不透明的精细胞样品，紫外线致使染色体失活的效果较差。

（2）化学处理　　某些化学药品可以导致精子遗传物质失活。在两栖类和鱼类雌核发育的研究中，发现甲苯胺蓝、乙烯尿素和二甲基硫酸等化学物质具有消除精子染色体遗传活性的能力。它们导致精子染色体失活的机制可能与精子中的 DNA 相互作用有关。

（3）显微操作　　显微操作是在显微操作仪下除去受精卵中雄原核的方法。通过显微操作技术，先使受精卵单倍体化，再使用化学试剂如秋水仙胺处理，使其染色体二倍体化。已在小鼠上成功地获得了雌核发育的二倍体。人工诱发的哺乳类雌核具备生长发育为完整个体的潜能。

2. 阻止雌核个体染色体数目减少

（1）温度休克法　　人工诱导雌核发育除使精子遗传物质失活外，还必须解决雌核染色体二倍体化的问题。保留卵母细胞第二极体和阻碍受精卵早期有丝分裂，是至今解决二倍体化最为常见的两种途径。温度处理可诱使雌核二倍体化。例如，在鱼类中，广泛应用温度作用可达到阻止第一次有丝分裂或第二极体外排，像冷休克处理就颇有成效。鱼的品种不同，所需的处理温度、开始处理时间和持续时间也有所不同。对温度休克敏感性的差异，既与遗传性状有关，也与卵子的成熟有关。

（2）流体静水压法　　利用流体静水压作用，在鱼类和两栖类上成功地阻止了卵母细胞第二极体的外排或受精卵的有丝分裂。此方法的缺点是需要专门的设备，而且比温度休克法的操作过程复杂，但它对胚胎的危害性较小。例如，用流体静水压产生的三倍体蝾螈的生命力比温度休克产生的三倍体强得多。

（3）化学试剂处理法　　利用化学试剂也能阻止卵母细胞第二极体的外排或受精卵早期有丝分裂。例如，用细胞松弛素 B 处理大西洋大马哈鱼的受精卵和以秋水仙碱处理鳟鱼的受精卵都能得到镶嵌式多倍体。

（三）雌核发育的鉴别

经人工或自然诱导的雌核发育个体，需经可靠方法进行鉴定，以证明它确属雌核发育的个体。鉴定方法有以下 4 种。

1. 以颜色、形态作为鉴别依据　　鉴别雌核发育的个体，通常以颜色、形态等方面的指标为依据。例如，在虹鳟鱼和斑马鱼的研究中，具有鲜明色彩等位基因的精液有助于鉴别雌核发育后代的遗传性状。

2. 生化方法鉴别　　测定转铁蛋白位点的变化，可作为鉴别雌核发育的证据。

3. 细胞学方法　　通过该方法能精确地判断雌核发育的个体。若是雌核发育，其囊胚细胞中只出现一套来自雌核的染色体。否则，雌核和雄核染色体各占一半，得到的是杂交种。

4. 遗传标志方法　　此方法能鉴别雌核发育的二倍体。假如二倍体源自第一次有丝分裂的抑制，杂合雌性个体的子代应该都是纯合型。如果是通过阻止第二极体外排产生的雌核发育成的个体，则子代的情况取决于着丝点在基因间的位置。

二、动物的多倍体育种

多倍体（polyploid）是 Winkler 于 1916 年首先提出的，是指每个体细胞中含有三个或更多染色体组的个体。根据细胞中染色体组数的不同称为三倍体（triploid）、四倍体（tetraploid）、五倍体（pentaploid）等。染色体形成多倍体现象在高等植物中比较多见，但在动物界多倍体现象却很少。美洲角蛙是最先发现的多倍体动物，它具有四套染色体，又称为四倍体。以后，科学家又陆续在低等动物中发现一些多倍体动物，包括鱼类、两栖类和爬行类。由于多倍体动物具有生长速度快、成活率高及抗病能力强等特点，因此人工诱导多倍体、改善动物经济性状备受重视。现将染色体加倍技术和多倍体的倍性鉴定技术介绍如下。

（一）染色体加倍技术

染色体加倍是染色体倍性改造工程的关键技术之一，可分为自然加倍和人工诱导加倍两种。自然加倍的效率较低，在生产上主要是采用以下 3 类人工诱导加倍的方法。

1. 化学诱导法　　化学诱导法是染色体加倍最常用的方法之一。常用的化学药剂有以下几种。

（1）秋水仙碱（colchicine）　　秋水仙碱在一定浓度范围内对细胞染色体的复制无破坏作用，但能抑制和破坏纺锤丝的形成。因此，用秋水仙碱处理正在分裂的细胞，可使染色体正常复制而细胞不发生分裂，从而形成同源多倍体的细胞。当处理消除后，细胞可恢复继续分裂。秋水仙碱主要用于植物多倍体的诱导，在动物中容易诱导产生嵌合体，成活率低，使用较少，只在与种间杂交相结合诱发异源多倍体时使用。

（2）细胞松弛素 B（cytochalasin B，CB）　　CB 是最常用的动物多倍体诱导剂，通过抑制动物的肌动蛋白聚合成微丝，阻止细胞质的分裂。在中华绒螯蟹（*Eriocheir sinensis*）、大西洋鲑（*Salmo salar*）和多种贝类中利用 CB 诱导都获得了多倍体。

（3）PEG　　用 PEG 处理虹鳟精子，使两个精子细胞首先发生融合后，与卵子受精，也获得了三倍体（双精受精）。另外，也可用麻醉剂，如氧化二氮（nitrous oxide，N_2O）和二氟一氯甲烷（chlorodifluoromethane，$CHClF_2$）等来诱导大西洋鲑鱼受精卵获得较高比例的三倍体。

化学诱导法所用的化学药品一般较贵，且有一定的毒性，使用时应慎重。

2. 物理学方法　　物理学方法包括温度休克法、水静压法和高盐高碱法等。

（1）温度休克法　　包括冷休克法（0～5℃）和热休克法（30℃左右）两种。最佳诱导条件因动物遗传背景和卵子成熟度的不同而异，必须优化的三个因素是处理开始时间（一般从受精开始算起）、处理持续时间和处理温度。尤锋（1993）在黑鲷（*Sparus macrocephalus*）三倍体的诱导实验中发现，在开始时间为 5min、持续时间为 10～15min、温度为 4～5℃（培育水温 17～20℃）条件下的诱导效果最好。处理温度不宜过高或过低，考虑到处理后的发育问题，最好选用亚致死温度进行短期处理。一般来说，冷水性鱼类（如鲑科）应用热休克法，而温水性鱼类用冷休克法效果较好。

此方法的优点是廉价、易操作，是诱导动物细胞多倍体的常用手段，适合养殖场大规模生产使用。

（2）水静压法　　采用较高的水静压（如 65kg/cm^2）抑制第二极体的释放或第一次卵裂产生多倍体。这种方法诱导率高（一般在 90%～100%）、处理时间短（3～5min）、对受精卵损伤小、成活率高。此方法的缺点是需要专门的设备——水压机，成本较高，处理卵的量有限，不适于大规模生产。

（3）高盐高碱法　　高盐高碱法是采用高 pH 或高盐的条件来诱导产生多倍体的方法。该法尚待进一步完善。

3. 生物学方法　　主要是通过杂交，尤其是种间或不同属、科间的远缘杂交，使染色体加倍，获得异源多倍体，也称为染色体组融合（chromosome set fusion）技术。该方法可按照人们的设计获得优良基因组合的异源多倍体，从而创造动物的新品种，也可利用该技术来研究物种的进化和亲缘关系。

（二）多倍体的倍性鉴定技术

由于各种处理方法均不能确保成功诱导出多倍体，因此处理过的群体可能是由多倍体、二倍体甚至是多倍体与二倍体构成的嵌合体等组成的混合体，从而需用一个准确的方法来确定染色体的倍性就显得格外重要了。多倍体的倍性鉴定方法包括直接法和间接法。

1. 直接法

（1）染色体计数　　染色体计数是鉴定多倍性的一个直接方法，通常在荧光显微镜下进行。质量好的染色体标本可以从胚胎获得，因为胚胎细胞分裂指数高。对于鱼类来讲，可以把培养的再生鳍或淋巴细胞的染色体标本用作鱼的倍性测定。

（2）DNA 含量测定　　细胞 DNA 含量测定是应用流式细胞仪（flow cytometer）快速、准确地测定单细胞 DNA 含量，从而确定细胞的倍性。也可以用福尔根（Feulgen）染色的方法，将染色组织切片，在显微光密度计上测定杂种体细胞核的 DNA 含量。若杂种的 DNA 含量是其亲本的一倍半，就可确定其为三倍体。

2. 间接法

（1）核体积测量　　核体积测量是根据细胞核大小与其所含染色体数目成比例的原理而设计的。为维持恒定的核质比例，细胞大小与染色体数成比例增加，随着细胞核的增大，细胞大小也按比例增加。因而，组成多倍体有机体的细胞及细胞核通常要比二倍体大一些，但多倍体的器官或身体并不一定都比二倍体大。

通常通过测量血红细胞来鉴定多倍性，其中核体积之比最为常用，也可以用核面积甚至单独用核长轴或短轴之比来表示。一般二倍体与三倍体红细胞的核体积之比为 1∶1.5，二倍体与四倍体的核体积之比为 1∶1.74。

该方法简便易行，所需专门设备少，但准确性远不如直接法，也不能检测出嵌合体。

除红细胞外，也可以用其他体细胞（如脑细胞、软骨细胞、网膜细胞、上皮细胞、肝细胞及肾细胞等）的核体积鉴定染色体的倍性，但这些细胞预先要制作成连续切片，比较费时。

（2）蛋白质电泳　　蛋白质电泳可以用来鉴定多倍体。Balsno 等（1972）用血清蛋白电泳图差异来辨别二倍体与三倍体卵胎生帆鳉（*Poecilia formosa*），获得了较好的效果，但二倍体与三倍体的关东银鲫（*Carassius auratus langsdorfii*）在血清蛋白上并没有明显的差异，这说明使用蛋白质电泳方法鉴定倍性时要慎重。

（3）生化分析　　Sezaki 等（1983）对关东银鲫二倍体及三倍体种群的肌肉与血液的化学组成进行了生化分析，结果发现二者的肌肉及蛋白质组成也基本一致，但三倍体的红细胞数量较二倍体少，而且具有较高的平均血球体积及血红蛋白含量。另外，三倍体红细胞的丙酮酸激酶（pyruvate kinase）活性显著高于二倍体，已糖激酶（hexokinase）与磷酸果糖激酶（phosphofructokinase）活性也较高。

上述方法各有其特点，其中染色体直接计数法准确、直接，但较费时；虽然红细胞体积测量法省时、简单，在生产现场就能进行，但缺乏准确性，也测不出嵌合体，往往需要校正。而 DNA 含量测定法是较为先进和常用的方法，其测定快速准确，并能测出嵌合体，缺点是需要特殊的仪器设备。因此，采用何种方法进行鉴定主要依赖于所测样本的发育时期、实验要求和所具备的仪器设备条件。

多倍体育种技术的特点是方法简单、见效快，而且具有潜在的理论和应用价值，目前，国内外研究日趋深入和广泛。但是在进行多倍体育种研究中也存在一些难点亟待解决。例如，准确的处理时间、诱导率、成活率及孵化率的提高，建立准确可靠的倍性鉴定方法等。这些问题的存在限制了多倍体育种技术的应用。

第三节　染色体的显微操作技术

染色体显微操作技术主要包括染色体的分离、微切割及转移技术。

一、染色体分离

（一）基本原理

染色体分离主要利用了 Hoechst 染料只对 A-T 特异性染色，而色霉素（chromomycin）染料只对 G-C 特异性染色的特性。由于染色体上 DNA 碱基序列不同，这些特异性染料与不同染色体上 DNA 结合的量和比例不同，因此，染色体先经染料处理，再经激光照射，就会呈现不同的荧光带。然后将特定染色体发出的荧光波长输入计算机，并通过计算机控制系统将发出同一波长的染色体收集在一起，就能实现染色体分离。

（二）分离方法

1. 秋水仙碱和消化酶处理　　将处于对数生长期的细胞采用秋水仙碱等有丝分裂阻断剂处理，再用消化酶处理，使中期细胞与间期细胞分开。

2. 破碎细胞和收集染色体沉淀   将收集的分裂中期细胞洗涤数次，除去残存的秋水仙碱、酶等，然后在中性缓冲液中培育，以利于细胞破碎和保持染色体形状。最后用显微注射针喷射细胞使其破碎，释放出染色体，离心收集染色体。

3. 分离染色体   根据需要可采用蔗糖梯度离心使分离得到的染色体按大小分布，或进一步采用流式细胞仪将其分离为单条染色体。

二、染色体微切割

（一）微细玻璃针切割法

运用微细的玻璃针（尖端直径约为 0.17μm），在倒置显微镜下对目的基因所在的染色体区段进行切割和分离。这种方法费用低，但技术要求高、不易掌握。

（二）显微激光切割法

将染色体标本制作于底部贴有特殊薄膜的培养皿上，然后利用激光共聚焦扫描显微系统，依靠高能量激光照射非选择细胞或染色体，使其受热蒸发，最后只留下目的染色体。此方法操作简便、容易掌握，但仪器昂贵。

三、染色体转移技术

（一）染色体介导的基因转移

染色体介导的基因转移法是指将分离得到的染色体转入相应受体细胞的一种技术。染色体介导技术一般包括首先诱发细胞同步分裂，继而用秋水仙碱阻断细胞分裂于中期，再破碎细胞，通过离心收集大量的中期染色体，然后通过适当的分类，即可转移到受体细胞中去。一般可以采用磷酸钙和染色体共沉淀，再用二甲基亚砜处理受体细胞，或用卵磷脂与胆固醇制备脂质体，通过细胞的吞噬作用而使染色体进入受体细胞。

（二）染色质介导的基因转移

1. 染色质作为转基因载体的提出   染色体介导基因转移初始的目的是利用染色体或染色体片段来转移外源基因，但是由于不能控制所转基因的染色体或染色体片段的种类、数目和大小，故不能有选择地转移目的基因，并且不能对被转移的染色体片段进行克隆及重组，因此它仅仅用作染色体内的作图技术。李振刚等（1986年）提出了以染色质为介导的基因转移工作，为了克服染色体工程中不能选择性地转移目的基因的缺点，利用了模板活性染色质（template active chromatin）来转移预期基因。实际上，利用这种方法转移的是一个预期的基因群，而不是单个基因。这恰好弥补了基因工程的不足。

2. 染色质的分离   按徐永华（1984）的方法进行，其分离步骤如下。

1）取 1g 组织（湿重）放入杜恩斯（Dounce）组织匀浆器的 36mL 匀浆液中〔5mmol/L MgCl_2，1mmol/L 二硫苏糖醇（dithiothreitol，DTT），3mmol/L CaCl_2，0.1% Triton X-100，2mmol/L Tris-HCl（pH 7.5）〕进行手工匀浆 2min，然后把匀浆物置冰上 5min。

2）加入 4mL 4mol/L 蔗糖溶液，匀浆 30s。

3）把 20mL 匀浆物铺于 15mL 离心液上〔2mol/L 蔗糖，1mmol/L 二硫苏糖醇，5mmol/L

MgCl₂，0.28mol/L NaCl，2mmol/L Tris-HCl（pH 7.5）]，在4℃下，以 30 000×g 离心 1h。所得沉淀为细胞核。

4）把细胞核沉淀重悬于 20mL 的低渗液中 [2mmol/L EDTA，1% TritonX-100，0.28mol/L NaCl，1mmol/L Tris-HCl（pH 7.9）]，在4℃下，以 12 000×g 离心 10min。

5）以 2mmol/L EDTA，1mmol/L Tris-HCl（pH 7.9）洗涤沉淀 3 次。洗涤方式同 4），反复地重新悬浮与离心（12 000×g，4℃，10min）。

纯化的染色质在电泳上为均匀连续的带，其 A_{320}/A_{260} 的值小于 0.1。将染色质悬浮于 0.01mol/L Tris 缓冲液中，在 0～1℃下储存备用。

3. 活性染色质的制备　　制备活性染色质的基本方式是将含有活性基因的染色质片段用酶解法、热层析法或机械性断裂（匀浆器、超声波）的方法从长的全染色质片段中选择性地截取。不同的方法所得的染色质片段的长度不同，可以从仅相当于一个核小体的 DNA 长度（200bp）到数百个核小体的 DNA 长度（70～150kb）。

（1）羟基磷灰石柱层析法　　此种方法限于提取基因群中小于 10kb 的目的基因。参考徐永华（1984）的方法。将全染色质悬浮液（0.01mol/L Tris 缓冲液）兑 200 倍体积的 0.025mol/L 磷酸缓冲液（pH 6.8），在4℃下透析过夜。透析物经匀浆器全速匀浆（220V）90s，然后减速（120V）匀浆 30min。以 10 000×g 离心 30min，收集上清液即为染色质溶液。染色质片段的 DNA 长度为 1～10kb，然后将染色质溶液通过 0.12mol/L 磷酸缓冲液平衡的羟基磷灰石柱，柱外附加热水夹套（起始温度 60℃），并逐渐升高温度，活性染色质在 70～75℃时被洗脱下来，再用 Ringer's 溶液透析 24h，在 1℃下真空冷冻浓缩至最终浓度为 100～300μg/mL，备用。

（2）手匀浆法　　将全染色质悬浮液（0.01mol/L Tris 缓冲液）兑 200 倍体积的低离子溶液（0.2mmol/L EDTA，0.2mmol/L DTT，pH 7.2），在4℃下透析过夜。利用匀浆器把全染色质断裂为 76～150kb 的片段。断裂应在小于 1mmol/L 的低离子强度的溶液中进行，其中的 EDTA 为螯合剂，DDT 或 β-巯基乙醇是减少二硫键形成的试剂。染色质片段中仍可能混杂有核仁或核膜孔结构及细胞的碎片，故可用离心法（15 000×g 离心 15min）除去。染色质 DNA 的长度可用电泳测定。这样得到的染色质，其 DNA 长度为 76～150kb。可保证一个复杂系统中活性基因的完整性。

此方法的缺点是收获量不大，因为一个长达 76～150kb 的染色质片段中，只有活性片段占据的长度在 70% 左右时，才可能呈溶解状态留在含 Mg²⁺ 的上清液内。许多活性染色质片段往往因为所占比率不够，而与非活性染色质一起作为沉淀被废弃。这个缺点可以用加大样品量来弥补，也可以进一步对染色质 DNA 进行克隆。

4. 活性染色质作为基因载体的特性与鉴定　　染色质工程能选择性地转移基因，并可在不知道目的基因序列或其探针的情况下进行，且可获得一个复杂系统的全部活性基因，可以对所获取的活性基因进行克隆（如 YAC 克隆或其他质粒的克隆），然后进行基因转移或对一个复杂系统的基因活动进行分析。

第四节　人工染色体

所谓人工染色体（artificial chromosome）是指人工组建的具有染色体功能的 DNA 分子。换句话说，就是人们利用线性染色体稳定的功能序列构建载体，重组后的 DNA 以线性状态存在，这样不仅稳定，还大大提高了插入外源基因的能力，并且可以像天然染色体一样在寄主细胞中稳定复制和遗传。

真核生物染色体的主要功能组成部分，除基因外，还有 3 个关键序列，包括自主复制序列（autonomously replicating sequence，ARS）、着丝粒 DNA 序列（centromere DNA sequence，CEN）和端粒 DNA 序列（telomere DNA sequence，TEL）。自主复制序列是染色体复制所必需的，着丝粒是有丝分裂过程中纺锤丝所连接的那段 DNA。没有着丝粒，染色体就不能在有丝分裂时正确分离。端粒是保持细胞内线性染色体完整所必需的。这三者研究得最清楚的生物是酿酒酵母，因此人工染色体首先在酵母菌中获得了成功。目前，正在研究或应用的人工染色体有三种：酵母人工染色体（yeast artificial chromosome，YAC，1000kb）、细菌人工染色体（bacterial artificial chromosome，BAC，300kb）和哺乳动物人工染色体（mammalian artificial chromosome，MAC），应用广泛的是 YAC、BAC。

一、酵母人工染色体

1983 年，美国科学家成功构建了 YAC，他们从酵母基因组中分离得到了着丝粒、自主复制序列及一些标记基因，又从四膜虫的大核 rDNA 的末端分离到了端粒，然后将这三部分及标记基因连在一起就构成了 YAC。人工染色体与正常染色体一样，能稳定遗传。YAC 是目前容量最大的载体，但也存在一些缺点：插入片段大，稳定性较差；插入的大片段易发生缺失，使文库不完整；插入片段易发生重排，造成序列错误；DNA 片段来自两个或两个以上的染色体，使文库中的嵌合现象严重，影响基因的分离和分析；YAC 与酵母的染色体结构极为相似，从酵母细胞中难以分离。

YAC 的构建与其他克隆载体的构建程序相似，包括大片段 DNA 的获取、YAC 重组体的构建、YAC 重组体对酵母的转化、YAC 基因库的鉴定、目的基因 YAC 克隆的筛选、目的基因 YAC 克隆的鉴定（图 17-2）。

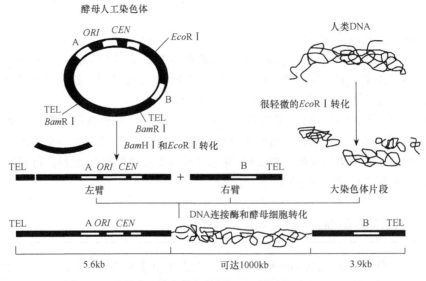

图 17-2　酵母人工染色体与外源 DNA 的重组（Alberts，1990）

2017 年 3 月 10 日出版的国际顶级学术期刊《科学》，以封面形式同时刊发了中国科学家完成的 4 条真核生物酿酒酵母染色体的从头设计与化学合成的 4 篇研究长文。中外科学家共完成了 5 条染色体的化学合成，其中中国科学家完成了 4 条，由天津大学、清华大学和华大基因完成。这项工作突破了生物合成方面的多项关键核心技术，如突破合成型基因组导致细胞失活的难题，设计构建染色体成环疾病模型，开发长染色体分级组装策略，证明人工设计合成的基因组具有可增加、可删减的灵活性等。

1. 大片段 DNA 的获取　提取待研究的染色体 DNA，用合适的 DNA 内切酶将 DNA 酶切为期望大小的片段，进行脉冲电泳分离，将所需的酶切 DNA 片段的电泳条带切割回收，即获得所要的大片段 DNA。

2. YAC 重组体的构建　抽提 YAC 质粒，用 *Bam*H I 和 *Eco*R I 进行酶解，获得 YAC 载体左右臂。YAC 载体左右两臂都带有选择标记，用于转化酵母后的筛选，常用的标记如显性选择标记 G418 和 CYH。用 T$_4$ 连接酶将分离的大片段 DNA 与 YAC 载体连接，构建 YAC 重组体。

3. YAC 重组体对酵母的转化　制备酵母原生质体，加入 YAC 重组体后用选择培养基进行选择培养，挑取阳性克隆，进行双重筛选。

4. YAC 基因库的鉴定　衡量 YAC 基因库质量的一个重要指标是插入外源 DNA 片段的大小，其鉴定方法包括脉冲电泳分离、Southern 转移、探针杂交等。

5. 目的基因 YAC 克隆的筛选　目的基因 YAC 克隆的筛选主要以 PCR 法为主。

6. 目的基因 YAC 克隆的鉴定　将 PCR 法筛选出的阳性克隆取一定长度的片段，以目的基因的某段序列为探针，确定所克隆的片段是否覆盖了目的基因的全长及上下游序列。

二、细菌人工染色体

Shizuya 等（1992）在 F 质粒（pMBO131）基础上构建了第一代 BAC 人工染色体。BAC 载体为 7.4kb 的环状质粒，含有 *E. coli* F 因子的 *parA*、*parB*、*parC* 基因，以保证低拷贝 BAC 质粒在 *E. coli* 分裂时能均匀地分配到子细胞中。它还含有一个由 F 因子控制的决定 DNA 复制的低拷贝和复制起始的 *oriS* 基因，一个易于 DNA 复制和决定复制方向的解旋酶基因 *repE*（需要 ATP 驱动）。载体中还含有选择性标志基因（*Cm^r*，氯霉素抗性基因）、鉴别重组子的 *lacZ* 基因、用于插入的外源 DNA 的限制性内切酶位点、易于克隆 DNA 的回收与操作的 *loxP*、*cosN* 基因（图 17-3）。

BAC 是以大肠杆菌的 F 因子的重要位点及基因为主体的高容量的人工载体。F 因子又称致育因子，是一个 100kb 的质粒，能整合到宿主染色体中，并能高频率地转移遗传标记。因其低拷贝特性使其重排和嵌合程度低，且 F 因子呈闭环结构，可以用常规技术从大肠杆菌中

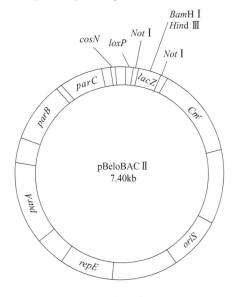

图 17-3　BAC 结构示意图（Kim，1996）

分离。

BAC 基本克服了 YAC 的缺点，在宿主 *E. coli* 中只有 1～2 个拷贝，在传代中插入片段不易发生变化，能稳定遗传。其转化宿主为重组缺陷型菌株，避免了嵌合现象。同时，BAC 转化采用电激法，比 YAC 所用的 PEG 转化率高 10～100 倍。因此，BAC 被广泛用于 300bp 以下的 DNA 克隆（Heintz et al.，2020）。

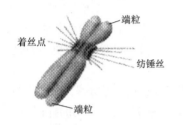

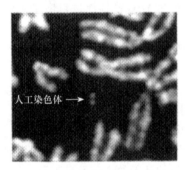

图 17-4　哺乳类人工染色体 MAC 的示意图及照片（Tyler，2000）

三、哺乳类人工染色体

MAC 是以哺乳动物细胞作为宿主细胞的人工染色体技术（图 17-4），作为异源 DNA 片段的载体，比 YAC 容量大。哺乳动物人工染色体（mammalian artificial chromosome，MAC）比 YAC 大了 2～3 个数量级。人类人工染色体（human artificial chromosome，HAC）可用作基因治疗。

哺乳动物染色体远比酵母的染色体复杂，尤其是它们的着丝粒和端粒结构也尚未完全搞清楚，还不能克隆含高度重复序列的着丝粒 DNA 大片段，使得哺乳动物人工染色体研究的进展缓慢。随着 YAC 的构建成功（Ohta and Inaoka，2020），许多科学家试图发展人类人工染色体（HAC），借此确定人染色体成分的最小片段，从而更深入地理解染色体行为。同时，HAC 可以作为有效的非病毒基因转移载体，用于基因治疗。Farr 等（1995）利用端粒介导的染色体片段化技术，制造出了由人的 X 染色体截短而来的小染色体，长度小于 10Mb。Harrington 等（1997）将 PCR 产生的人的端粒 DNA、从 17 号染色体或 Y 染色体上单个 A2 卫星 DNA 单元多聚化形成的 1Mb 片段和人的基因组 DNA 混合起来，用脂质体转染法转入人的肿瘤细胞，产生了人工合成的人类染色体。这种人工染色体含有有丝分裂时染色体正常分离和稳定保存所需的全部成分，可以像天然的染色体那样在细胞分裂时复制、分离并能长期稳定保存。

MAC 的优点是：能容纳更大的基因，维持基因的拷贝数，没有副作用，能长期调控基因表达。

四、人工染色体的应用

人工染色体载体应用于基因组物理图谱的构建、基因图位克隆、基因组文库的构建、基因表达调控和基因转化、基因组测序及基因的结构分析等研究中。它们在各类生物的基因组计划中发挥了重要作用。

（一）基因组物理图谱构建和图位克隆

基因组物理图谱是指一系列 DNA 的限制性酶切片段沿染色体的有序排列形式。它与传统的遗传图谱的主要区别在于，能反映基因组中基因或标记间的实际距离，是基因组组织结构的真实反映，它们所容纳的信息量大，不仅包含了基因的编码区，也包含了内含子和基因的调控区。基因组物理图谱不仅是基因组测序的底物，基因图位克隆的桥梁，而且对研究基因的结构、功能、时空表达调控及基因间的关系都是极其重要的。一些模式生物的全基因组物理图谱一旦得以构建，即可通过基因组序列分析找到大量的功能基因，还能发展新的分子标记以增强遗传图谱上分子标记的密度，加速基因图位克隆的进程。物理图谱的构建是通过菌落杂交、使用 PCR 和 DNA 指纹等方法来确定克隆之间的重叠关系，将顺序重叠的克隆片段排列在一起。BAC 载体具有插入片段大、易分离等特点，其在物理图谱构建中发挥了重要作用。

图位克隆是近年来发展起来的一种有效分离表达产物和表达调控未知基因的方法。它基本包括以下几个环节：①目的基因的定位，建立目的性状的分离群体，并将目的基因定位在染色体的特定位置上。②标记，利用分子标记技术在目的基因两侧寻找与其紧密连锁的分子标记。③文库建立，构建大片段基因组文库。④目的基因的阳性克隆，以紧密连锁的分子标记为探针，通过杂交技术或 PCR 方法筛选 BAC 库，并用染色体步移或登陆的方法寻找含有候选目的基因的阳性克隆。⑤目的基因的检测，通过遗传转化进行功能互补验证目的基因。从以上环节可以看出，大片段基因组文库对图位克隆非常重要，BAC 载体已在许多基因的图位克隆中做出了贡献。

（二）基因表达调控及其功能的研究

人工染色体可以容纳包含编码区、内含子和调控区的大片段 DNA，这些插入基因理论上应和正常染色体上的基因相似。YAC 巨大的承载能克隆包括目的基因在内及其上下游相当范围内的侧翼序列，通过酵母细胞内的较高的同源重组频率在 YAC 上引入碱基的突变、插入、缺失来改变基因或附近调控元件，从而达到对基因的功能及其表达调控研究的目的。

（三）基因组分析

基因组物理图谱的构建和基因组测序是获得生物全部遗传信息的可靠手段。BAC 文库性质稳定，保真度高，而且与普通的自动化 DNA 制备纯化程序相容，所以成为基因组分析中优先选择的克隆系统。BAC 既可以通过亚克隆到质粒上进行测序，也可以直接作为原始底物进行末端测序及内部核苷酸分析。

（四）乳腺生物反应器的研究

目前，基因工程染色体已被用于生产转基因小鼠，以进行基因表达及相关基础研究。采用含有乳汁蛋白基因的 YAC 上调控序列则可严格控制转基因表达的组织特异性和发育的时序性。Fujiwar 等把生长激素基因置换了 A2 乳清白蛋白基因的 YAC 转入到大鼠中，获得了高表达的生长激素蛋白（表达量为 0.25～28.9mg/mL），同时，他们还对母鼠除乳腺以外其他器官的 mRNA 进行分析，证实了 YAC 转基因的表达具有组织特异性，提示动物的乳汁蛋白基因 YAC 可以作为人药用蛋白基因载体在转基因动物乳中获得高浓度的外源基因蛋白质。

（五）医学领域的基因治疗

人类人工染色体可以作为表达载体，通过在人类细胞中表达目的蛋白以修补有缺陷的基因，从而可以达到治疗由基因缺陷所致疾病的目的。人类人工染色体的最大应用价值在于基因治疗。它安全、无副作用，不会像病毒载体产生细胞毒害和免疫原性，是基因治疗的理想载体。自从提出基因治疗以来，已经历了40余年的发展，虽然在有些病例中已经取得了成功，但总体而言效果并不理想。究其原因，在过去的基因治疗方案中，所用载体在转染宿主细胞后，目的基因可能会出现不表达，或通过非同源重组而插入宿主细胞染色体，造成宿主细胞的癌化等结果，这严重影响了基因治疗的效果。而HAC作为载体则可以避免对宿主细胞染色体的负面影响，并由于其具有携带大片段基因的优点，可以将目的基因调控序列一并导入细胞内，从而实现目的基因时空特异性的表达，大大提高了基因治疗的有效性和安全性，显示出了良好的应用前景。

思 考 题

1．什么是染色体工程？动物染色体工程主要包括哪些方面的内容？

2．动物染色体加倍主要有哪些技术？比较它们各自的特点及其适用对象。

3．什么是雌核发育？什么是雄核发育？分析雌核发育与雄核发育在动物单倍体育种中的作用。

4．分析比较几种人工诱导雌核发育方法的原理及其特点。

5．如何鉴别雌核发育动物？

6．简述多倍体动物的鉴定方法。

7．简述染色体转移的常用手段。

8．何为人工染色体？它的主要构成元件是什么？

9．酵母人工染色体如何构建？它在基因组研究中发挥了何种作用？

10．讨论人工染色体的应用现状及其发展前景。

主要参考文献

蔡正云, 吕学莲, 白海波, 等. 2014. 基因型对小麦花药培养的影响研究. 广东农业科学, 41 (24): 1-5.

曹雪, 戴忠良, 秦文斌, 等. 2016. 植物原生质体融合技术的研究进展. 中国农学通报, 32 (25): 84-90.

陈薇, 陈思, 庞基良, 等. 2016. 植物花粉培养研究进展. 氨基酸和生物资源, 38 (1): 6-12.

陈晓玲, 张金梅, 辛霞, 等. 2013. 植物种质资源超低温保存现状及其研究进展. 植物遗传资源学报, 14 (3): 414-427.

陈月华, 朱艳, 张翔, 等. 2016. 植物细胞悬浮培养中次生代谢产物积累的研究进展. 中国野生植物资源, 35 (3): 41-47.

戴莹, 杨世海, 赵鸿峥, 等. 2016. 药用植物组织培养中褐化现象的研究进展. 中草药, 47 (2): 344-351.

杜智欣, 焦悦, 张亮亮, 等. 2017. 转基因成分定量检测技术研究进展. 食品工业科技, 38 (10): 379-384.

段新崇, 李阳, 邸科前, 等. 2016. 一种非手术性小鼠胚胎移植技术. 生物工程学报, 32 (4): 440-446.

付文苑, 唐兵, 邓英. 2019. 辐射花粉授粉诱导黄瓜单倍体及染色体加倍. 分子植物育种, (21): 230-235.

傅伊倩, 孔滢, 刘燕. 2012. 大花卷丹的组织培养及限制生长保存. 植物生理学报, 48 (3): 277-281.

国际农业生物技术应用服务组织. 2019. 全球生物技术/转基因作物商业化发展态势. 中国生物工程杂志, 39 (8): 1-6.

郝艳芳, 王良群, 刘勇, 等. 2016. 禾谷类作物原生质体培养研究进展. 中国农学通报, 32 (35): 19-23.

何婷, 刘成洪, 杜志钊, 等. 2012. 气孔保卫细胞大小与油菜单倍体及二倍体倍性的相关性研究. 上海农业学报, 28 (4): 42-45.

贺苗苗. 2014. 培养基中添加硝酸银对马铃薯花药培养的影响. 陕西农业科学, 60 (1): 21-23.

惠国强, 杜何为, 杨小红, 等. 2012. 不同除草剂加倍玉米单倍体的效率. 作物学报, 38 (3): 416-422.

孔瑶, 冯娇娇. 2018. 玉米根尖组织原生质体的分离和流式分析. 农业生物技术学报, 26 (12): 2160-2167.

赖叶林, 贺莹, 李欣欣, 等. 2020. 一种植物原生质体分离与瞬时转化的方法. 植物生理学报, 56 (4): 895-903.

李鹏承, 万海峰, 李伟. 2020. 非人灵长类胚胎工程研究进展. 生命科学, 32 (7): 661-663.

李志勇. 2020. 细胞工程. 北京: 科学出版社.

刘蓉蓉. 2017. 转基因植物生产疫苗和药物的研发进展. 生物技术通报, 33 (9): 17-22.

刘小双, 陈飞, 赵孟江, 等. 2019. 大规模哺乳动物细胞培养中 pCO_2 的控制策略. 药物生物技术, 26 (2): 172-177.

刘鑫, 魏学宁, 张学文, 等. 2017. 小麦原生质体高效转化体系的建立. 植物遗传资源学报, 18 (1): 117-124.

柳俊, 谢从华. 2011. 植物细胞工程. 2 版. 北京: 高等教育出版社.

罗岸, 覃建兵. 2016. 被子植物雌雄配子及早期胚胎的分离与研究应用. 植物科学学报, 34 (4): 637-653.

罗远华, 林兵, 叶秀仙, 等. 2019. 高产优质文心兰新品种金辉的选育. 福建农业学报, (1): 40-45.

吕学莲, 白海波, 董建力, 等. 2010. 小麦花药培养的基因型差异与亲本选配分析. 中国农学通报, 26 (23): 89-92.

梅建国, 庄金秋, 王金良, 等. 2012. 动物细胞大规模培养技术. 中国生物工程杂志, 32 (7): 127-132.

闫子扬, 邹甜, 阮万辉, 等. 2019. 西瓜离体雌核发育诱导单倍体植株再生. 分子植物育种, 17 (13): 4404-4409.

农业部科技发展中心. 2016. 农业转基因生物安全标准 (2015 版). 北京: 中国农业出版社.

钱韦, 方荣祥, 何祖华. 2016. 植物免疫与作物抗病分子育种的重大理论基础-进展与设想. 中国基础科学, (2): 38-45.

曲丹, 王慧梅, 任杰. 2015. 碳源对迷迭香悬浮培养细胞的生长、迷迭香酸积累及抗氧化酶活性的影响. 植物研究, 35 (4): 623-627.

宋爱华, 张文斌, 孙妹兰, 等. 2017. 非洲菊原生质体制备及瞬时转化系统的建立. 植物学报, 52 (4): 511-519.

宋鑫, 谭丰全, 张苗, 等. 2019. '纽荷尔'脐橙与'尤力克'柠檬种间体细胞杂种的代谢特征分析. 园艺学报, 46 (1): 37-46.

苏爽, 金永杰, 黄瑞晶, 等. 2019. 哺乳动物细胞灌流培养工艺研究进展. 中国生物工程杂志, 39 (3): 105-110.

苏彤, 姚陆铭, 张鑫, 等. 2018. 大豆愈伤原生质体的制备和培养方式探究. 大豆科学, 37 (5): 741-747.

汤沂, 向东, 裴芳, 等. 2019. 转基因植物的环境及食品安全性研究. 现代食品, (15): 126-127.

唐佳妮, 林二培, 黄华宏, 等. 2018. 杉木叶片原生质体分离及 RNA 提取体系的建立. 林业科学, 54 (4): 38-48.

佟桂芝, 韩永胜, 李信涛, 等. 2020. 提高牛胚胎移植效果的技术措施. 中国畜禽种业, 2: 78-79.

汪艳, 肖媛, 刘伟, 等. 2015. 流式细胞仪检测高等植物细胞核 DNA 含量的方法. 植物科学学报, 33 (1): 121-131.

王葆生, 刘湘萍, 廉勇, 等. 2018. 单倍体育种技术研究进展. 北方农业学报, 46 (5): 48-53.

王颢潜, 陈锐, 李夏莹, 等. 2018. 转基因产品成分检测技术研究进展. 生物技术通报, 34 (3): 31-38.

王鹏, 曾丽, 刘国锋, 等. 2016. 矮牵牛叶肉原生质体分离条件的优化. 上海交通大学学报 (农业科学版), 34 (6): 55-60, 67.

王小乐, 迟天华, 刘颖鑫, 等. 2018. 甘露醇和蔗糖对菊花低温离体保存的影响. 核农学报, 33 (1): 60-68.

王远山, 朱旭, 牛坤, 等. 2015. 一次性生物反应器的研究进展. 发酵科技通讯, 44 (3): 56-64.

吴丹, 姚栋萍, 李莺歌, 等. 2015. 水稻花药培养技术及其育种应用的研究进展. 湖南农业科学, (2): 139-142.

吴昀, 张琳, 林田, 等. 2012. 超低温保存植物种质资源的新途径—小滴玻璃化法. 植物生理学报, 48 (5): 511-517.

徐潮. 2014. 重组酶介导的等温扩增技术在转基因检测中的应用. 北京: 中国农业科学院硕士学位论文.

许智宏, 张宪省, 苏英华, 等. 2019. 植物细胞全能性和再生. 中国科学: 生命科学, 80 (10): 1282-1300.

杨颖, 康兰, 耿新, 等. 2021. 植物原生质体再生细胞壁研究进展. 中国农学通报, 37 (4): 25-30.

殷红. 2013. 细胞工程. 北京: 化学工业出版社.

于丽杰, 韦鹏霄, 曾小龙. 2015. 植物组织培养教程. 武汉: 华中科技大学出版社.

余龙江. 2017. 细胞工程原理与技术. 北京: 高等教育出版社.

张保才, 周奕华. 2015. 植物细胞壁形成机制的新进展. 中国科学: 生命科学, 45 (6): 544-556.

张波, 罗青, 张曦燕, 等. 2016. 宁夏枸杞花药培养胚状体的诱导. 北方园艺, (9): 105-108.

张芳. 2018. 不同活性炭浓度对辣椒花药培养的影响. 西北园艺, 55 (5): 63-65.

张芳. 2020. 转基因动物及其产品检测技术研究进展. 中国动物检疫, 37 (12): 77-78.

张杰, 董莎萌, 王伟, 等. 2019. 植物免疫研究与抗病虫绿色防控: 进展、机遇与挑战. 中国科学: 生命科学, 49: 1479-1507.

张洁, 王桂香, 韩硕, 等. 2016. 花椰菜—黑芥体细胞杂种的性状演变和对黑腐的转育. 园艺学报, 43 (2): 271-280.

张良波, 李培旺, 黄振, 等. 2011. 木本植物原生质体制备体系的研究进展. 中南林业科技大学学报, 31(8): 102-107.

张琼琼, 方明月, 栗军杰, 等. 2020. 哺乳动物细胞灌流培养工艺开发与优化. 生物工程学报, 36(6):10.

张娅, 刘晓烽, 张姑, 等. 2019. 茉莉花原生质体瞬时表达体系的建立及应用. 福建农林大学学报 (自然科学版), 48 (6): 727-735.

张煜欣, 朱大伟, 徐策义, 等. 2020. 羊胚胎移植技术. 畜牧兽医杂志, 39 (2): 54-56.

张跃非, 李碧如. 2010. 温度在水稻花药培养过程中的影响研究. 吉林农业, (11): 76, 84.

张钟仁, 陈鹏. 2016. 苦荞叶肉细胞原生质体的分离纯化及瞬时转化. 西北植物学报, 36 (1): 183-189.

张自由, 吕小琳, 高继伟, 等. 2019. 奶山羊繁殖调控技术研究进展. 中国奶牛, 12: 38-41.

赵雅楠, 骆强伟, 王跃进. 2018. 利用胚挽救技术创制无核抗寒葡萄新种质. 中国农业科学, 51 (21): 4119-4130.

赵焱. 2019. 关于高级别生物安全实验室若干管理要素的探讨. 病毒学报, (2): 288-291.

赵永英, 赵献林, 相志国, 等. 2015. TDZ 在小麦花药培养中的作用. 麦类作物学报, 35 (2): 159-166.

周霞, 张璐, 周俊国, 等. 2020. 黄瓜未授粉子房离体培养获得胚囊再生植株. 园艺学报, 47 (3): 455-466.

周怡, 杨美, 王柏林, 等. 2019. 动物细胞培养生物反应器研究进展. 贵州畜牧兽医, (4): 27-30.

朱云芬, 程群, 李卫东, 等. 2014. 植物生长延缓剂 B9 对马铃薯种质资源离体保存的影响. 湖北农业科学, 53 (15): 3501-3503.

邹雪, 肖乔露, 文安东, 等. 2015. 通过体细胞无性系变异获得马铃薯优良新材料. 园艺学报, 42 (3): 480-488.

Abad M, Mosteiro L, Pantoja C, et al. 2013. Reprogramming in vivo produces teratomas and iPS cells with totipotency features. Nature, 502(7471):340.

Bogliotti Y S, Wu J, Vilarino M, et al. 2018. Efficient derivation of stable primed pluripotent embryonic stem cells from bovine blastocysts. Proc Natl Acad Sci U S A, 115(9): 2090-2095.

Browna D M, Glassb J I. 2020. Technology used to build and transfer mammalian chromosomes. Experimental Cell Research, 388: 111851.

Ćalić-Dragosavac D, Stevovic S, Zdravkovic-Korac S. 2010. Impact of genotype, age of tree and environmental temperature on androgenesis induction of Aesculus hippocastanum L. African Journal of Biotechnology, 9(26):4042-4049.

Chan L K, Koay S S, Boey P L, et al. 2010. Effects of abiotic stress on biomass and anthocyanin production in cell cultures of Melastoma malabathricum . Biological Research, 43(1):127-135.

Chiem K, Ye C, Martinez-Sobrido L. 2020. Generation of recombinant SARS-CoV-2 using a bacterial artificial chromosome. Current Protocols in Microbiology, 59: e126.

Choi H W, Hong Y J, Kim J S, et al. 2017. In vivo differentiation of induced pluripotent stem cells into neural stem cells by chimera formation. PLoS One, 12(1):e0170735.

Cong X, Zhang S M, Ellis M W, et al. 2019. Large animal models for the clinical application of human induced pluripotent stem cells. Stem cells and Development, 28(19): 1288-1298.

Dede A, Arslanyolu M. 2020. Construction and dynamic characterization of a Tetrahymena thermophila macronuclear artificial chromosome. Gene, 748:144697.

Ghasemi S, Ahmadvand M, Karami E, et al. 2020. Social risk perceptions of genetically modified foods of engineers in training: application of a comprehensive risk model. Science and Engineering Ethics，26(2):641-665.

Gosal S S, Wani S H. 2018.Biotechnologies of Crop Improvement, Volume 1 Somaclonal Variation for Sugarcane Improvement.

Gtowacka K, Kromdijk J, Leonelli L, et al. 2016. An evaluation of new and established methods to Determine T-DNA copy number and homozygosity in transgenic plants. Plant Cell & Environment, 39(4):908-917.

Haraguchi S, Tokunaga T, Furusawa T, et al. 2013. A feature of self-renewal porcine embryonic stem cell-like cell lines established by inhibitors. Reproduction Fertility and Development, 25(1): 297.

Hoque M E, Morshad M N. 2014. Somaclonal variation in potato (*Solanum tuberosum* L.) using chemical mutagens. Agriculturists, 12(1):15-25.

Horstman A, Bemer M, Boutilier K. 2017. A transcriptional view on somatic embryogenesis. Regeneration, 4: 201-216.

Isogai S, Yamamoto N, Hiramatsu N, et al. 2018. Preparation of induced pluripotent stem cells using human peripheral blood monocytes. Cellular Reprogramming (Formerly "Cloning and Stem Cells"), 20(6):347-355.

Ivics Z, Garrels W, Mátés L, et al. 2014. Germline transgenesis in pigs by cytoplasmic microinjection of sleeping beauty transposons. Nature Protocols, 9(4):810-827.

Jimenez-Rojo L, Pagella P, Harada H, et al. 2019. Dental epithelial stem cells as a source for mammary gland regeneration and milk producing cells *in vivo*. Cells, 8(10):1302.

Kadam U S, Chavhan R L, Schulz B A. 2017. Single molecule Raman spectroscopic assay to detect transgene from GM plants. Analytical Biochemistry, 532:60-63.

Kawaguchi T, Tsukiyama T, Kimura K, et al. 2015. Generation of naive bovine induced pluripotent stem cells using piggybac transposition of doxycycline-inducible transcription factors. PLoS One, 10(8):e0135403.

Kaya E, Souza F V D. 2017. Comparison of two PVS2-based procedures for cryopreservation of commercial sugarcane (Saccharum spp.) germplasm and confirmation of genetic stability after cryopreservation using ISSR markers. *In Vitro* Cellular & Developmental Biology Plant, 53(4):410-417.

Kim M, Park E J, An D, et al. 2013. High-quality embryo production and plant regeneration using a two-step culture system in isolated microspore cultures of hot pepper (*Capsicum annuum* L.). Plant Cell, Tissue and Organ Culture, 112(2):191-201.

Krishna H, Alizadeh M, Singh D, et al. 2016. Somaclonal variations and their applications in horticultural crops improvement. Biotech, 6(1):54.

Leva A R, Petruccelli R, Rinaldi L M R. 2012. Somaclonal Variation in Tissue Culture: a Case Study with Olive// Recent advances in plant *in vitro* culture. Croatia: INTECH Open Access Publisher: 123-150.

Li C, Teng X N, Peng H D, et al. 2020. Novel scale-up strategy based on three-dimensional shear space for animal cell culture. Chemical Engineering Science, 212 :115329.

Liu Y W, Chen B, Yang X, et al. 2018. Human embryonic stem cell-derived cardiomyocytes restore function in infarcted hearts of non-human primates. Nature Biotechnology, 36(7): 597-605.

Liu Z, Cai Y, Wang Y, et al. 2018. Cloning of macaque monkeys by somatic cell nuclear transfer. Cell, 172(4):881-887. e7.

Long C, Li H, Tiburcy M, et al. 2018. Correction of diverse muscular dystrophy mutations in human engineered heart muscle by single-site genome editing . Science Advances, 4(1):eaap9004.

Malaviya D R, Roy A K, Kaushal P, et al. 2018. Interspecific compatibility barriers, development of interspecific hybrids through embryo rescue and lineage of Trifolium alexandrinum(Egyptian clover)-important tropical forage legume. Plant Breeding, 137(4):655-672.

Malik S, Bhushan S, Sharma M, et al. 2011. Physico-chemical factors influencing the shikonin derivatives production in cell suspension cultures of Arnebia euchroma (Royle) Johnston, a medicinally important plant species. Cell Biol Int, 35(2):153-158.

Megumi O, Kentaro T, Sho T, et al. 2019. A new method to confirm the absence of human and animal serum in mesenchymal stem cell culture media. International Journal of Medical Sciences,16(8):1102-1106.

Morallia D, Monaco Z L. 2020. Gene expressing human artificial chromosome vectors: advantages and challenges for gene therapy. Experimental Cell Research ,390 (1): 111931.

Ouyang Y, Chen Y, Lü J F, et al. 2016. Somatic embryogenesis and enhanced shoot organogenesis in Metabriggsia ovalifolia W. T. Wang. Scientific Reports, 6:24662.

Pahnekolayi M D, Tehranifar A, Samiei L, et al. 2016. Ptimization of the micro-propagation protocol of two native rose species of Iran (Rosa canina and Rosa beggeriana). ActaHortic, 1131:12.

Ravi M, Kwong P N, Menorca R M G, et al. 2010. The rapidly evolving centromere-specific histone has stringent functional requirements in Arabidopsis thaliana . Genetics, 186(2):461-471.

Rawat J, Gadgil M. 2020. Towards in situ continuous feeding via controlled release of complete nutrients for fed-batch culture of animal cells. Biochemical Engineering Journal, 154:107436.

Rodgers K R, Chou R C. 2016. Therapeutic monoclonal antibodies and derivatives: historical perspectives and future directions. Biotechnology Advances, 34: 1149-1158.

Saha S, Tullu A, Yuan H Y, et al. 2014. Improvement of embryo rescue technique using 4-chloroindole-3 acetic acid in combination with *in vivo* grafting to overcome barriers in lentil interspecific crosses. Plant Cell, Tissue and Organ Culture, 120(1):109-116.

Santos M L D, Quintilio W, Manieri T M, et al. 2018. Advances and challenges in therapeutic monoclonal antibodies drug development. Brazilian Journal of Pharmaceutical Sciences,54.

Singh H, Kumar S, Singh B D. 2015. *In vitro* conservation of pointed gourd (*Trichosanthes dioica*) germplasm through slow-growth shoot cultures: effect of flurprimidol and triiodobenzoic acid. Scientia Horticulturae, 182:41-46.

Strohl W R. 2018. Current progress in innovative engineered antibodies. Protein & Cell,9: 86-120.

Tassoni A, Durante L, Ferri M. 2012 .Combined elicitation of methyl-jasmonate and red light on stilbene and anthocyanin biosynthesis. J Plant Physiol, 169(8):775-781.

Timothy K, Dakota S, Wenling W, et al. 2016. Maternal haploids are preferentially induced by CENH3-tailswap transgenic complementation in maize . Frontiers in Plant Science, 7:414.

Uchida H, Machida M, Miura T, et al. 2017. A xenogeneic-free system generating functional human gut organoids from pluripotent stem cells. JCI Insight, 2 (1):e86492.

Venturelli G L, Brod F C, Rossi G B, et al. 2014. A specific endogenous reference for genetically modified common bean（Phaseolus vulgaris L.）DNA quantification by real-time PCR targeting lectin gene. Molecular Biotechnology, 56(11):1060-1068.

Wang D Y. 2016. Implications of US GMO Salmon approved for commercial food use. Chinese Science Bulletin, 61(3):289-295.

Wang H, Liu J, Xu X, et al. 2016. Fully-automated high-throughput NMR system for screening of haploid kernels of maize (corn) by measurement of oil content . PLoS One, 11(7):e0159444.

Wang H, Yang H, Shivalila C S, et al. 2013. One-step generation of mice carrying mutations in multiple genes by CRISPR/Cas-mediated genome engineering. Cell, 153(4): 910-918.

Wang Y, Lv Y, Liu H, et al. 2018. Identification of maize haploid kernels based on hyperspectral imaging technology . Computers and Electronics in Agriculture, 153:188-195.

Wu Y, Zeng J, Roscoe B P, et al. 2019. Highly efficient therapeutic gene editing of human hematopoietic stem cells. Nature Medicine, 25(5):776-783.

Xie Z, Pang D, Yuan H, et al. 2018. Genetically modified pigs are protected from classical swine fever virus. PLoS Pathog,14(12): e1007193.

Yang D H, Kwak K J, Kim M K, et al. 2014. Expression of Arabidopsis glycine-rich RNA-binding protein At GRP2 or At GRP7 improves grain yield of rice (*Oryza sativa*) under drought stress conditions. Plant Science, 214:106-112.

Yu T F, Xu Z S, Guo J K, et al. 2017. Improved drought tolerance in wheat plants overexpressing a synthetic bacterial cold shock protein gene Se Csp A. Scientific Reports, 7: 44050.

Zeng A, Yan Y, Yan J, et al. 2015. Microspore embryogenesis and plant regeneration in Brussels sprouts (*Brassica oleracea* L. var. *gemmifera*). Scientia Horticulturae, 191:31-37.

Zhang B, Yue L, Zhou L G, et al. 2017. Conserved TRAM domain functions as an archaeal cold shock protein via RNA chaperone activity. Front Microbiol, 8:1597.

Zhang J, Xue B, Gai M, et al. 2017. Small RNA and transcriptome sequencing reveal a potential miRNA-mediated interaction network that functions during somatic embryogenesis in Lilium pumilum DC. Fisch, Frontiers in Plant Science, 8:566.

Zhao X, Meng Z, Wang Y, et al. 2017. Pollen magnetofection for genetic modification with magnetic nanoparticles as gene carriers. Nature Plants, 3:956-964.